CAD/CAM 专业技能视频教程

CAXA 制造工程师 2019 技能课训

云杰漫步科技 CAX 教研室

张云杰　郝利剑　编著

電子工業出版社
Publishing House of Electronics Industry
北京 · BEIJING

内 容 简 介

CAXA 制造工程师是北京数码大方科技有限公司开发的全中文界面、面向数控铣床和加工中心的三维CAD/CAM 软件，它功能强大，是国内应用普及率较高的 CAD/CAM 软件之一。本书针对 CAXA 制造工程师的功能，详细介绍 CAXA 制造工程师基础、线架造型、曲面设计、特征实体设计、特征编辑和模具、基本数控加工方法、二轴和三轴与多轴加工、雕刻和其他加工、轨迹编辑和后置处理等内容，给读者最实用的使用方法和职业知识。另外，本书还配备有交互式多媒体教学资源，便于读者学习。

本书结构严谨、内容翔实、知识全面、可读性强、实例专业性强、步骤清晰，是广大读者快速掌握CAXA 制造工程师的实用指导书，同时也适合作为职业培训学校和大专院校相关专业课的教材。

图书在版编目（CIP）数据

CAXA制造工程师2019技能课训 / 张云杰，郝利剑编著. —北京：电子工业出版社，2020.12

CAD/CAM专业技能视频教程

ISBN 978-7-121-40235-7

Ⅰ. ①C… Ⅱ. ①张… ②郝… Ⅲ. ①数控机床－计算机辅助设计－应用软件－教材 Ⅳ. ①TG659.022

中国版本图书馆CIP数据核字（2020）第255091号

责任编辑：许存权
文字编辑：苏颖杰
印　　刷：涿州市京南印刷厂
装　　订：涿州市京南印刷厂
出版发行：电子工业出版社
　　　　　北京市海淀区万寿路173信箱　邮编：100036
开　　本：787×1 092　1/16　印张：29.25　字数：748.8千字
版　　次：2020 年12月第 1 版
印　　次：2020 年12月第 1 次印刷
定　　价：79.00 元

凡所购买电子工业出版社图书有缺损问题，请向购买书店调换。若书店售缺，请与本社发行部联系，联系及邮购电话：（010）88254888，88258888。

质量投诉请发邮件至 zlts@phei.com.cn，盗版侵权举报请发邮件至 dbqq@phei.com.cn。

本书咨询联系方式：（010）88254484，xucq@phei.com.cn。

Preface/前 言

本书是“CAD\CAM 专业技能视频教程”丛书中的一本，本套丛书是建立在云杰漫步科技 CAX 设计教研室与众多 CAD 软件公司长期密切合作的基础上，通过继承和发展各公司内部培训方法，吸收和细化其在培训过程中客户需求的经典案例，而推出的一套专业课训教材。丛书本着服务读者的理念，通过大量的内训经典实用案例对功能模块进行讲解，使读者全面掌握所学知识，提高读者的应用水平。丛书拥有完善的知识体系和教学套路，采用阶梯式学习方法，对设计专业知识、软件构架、应用方向以及命令操作都进行了详尽讲解，可以循序渐进地提高读者的使用技能。

CAXA 制造工程师，是北京数码大方科技有限公司开发的全中文界面、面向数控铣床和加工中心的三维 CAD/CAM 软件，目前最新版本是 2019 年发布的 CAXA 制造工程师 2016r1 大赛专用版（通常也被称为 CAXA 制造工程师 2019），其各方面的功能得到了进一步提升，更加适合用户使用。为了使读者能更好地学习和尽快熟悉 CAXA 制造工程师 2019 的各项功能，作者根据多年在该领域的设计经验，精心编写了本书。本书按照合理的 CAXA 制造工程师软件教学分类，采用阶梯式学习方法，对 CAXA 制造工程师软件的构架、应用方向以及命令操作进行详尽的讲解。全书共 10 章，内容包括 CAXA 制造工程师基础、线架造型、曲面设计、特征实体设计、特征编辑和模具、基本数控加工方法、二轴和三轴与多轴加工、雕刻和其他加工、轨迹编辑和后置处理等，详细介绍了 CAXA 制造工程师的设计方法和设计职业知识。

CAX 设计教研室长期从事 CAXA 制造工程师的专业设计和教学，数年来承接了大量的项目，参与了 CAXA 制造工程师的教学和培训工作，积累了丰富的实践经验。本书就像一位专业教师，将设计项目时的思路、流程、方法和技巧、操作步骤面对面地与读者交流，是广大读者快速掌握 CAXA 制造工程师的自学实用指导书，同时也适合作为职业培训学校和大专院校相关专业课的教材。

本书还配有交互式多媒体教学资源，将案例制作过程做成了多媒体进行讲解，由从教多年的专业教师全程多媒体视频教学，以面对面的形式讲解，便于读者学习。同时还提供了所有实例的源文件，以便读者练习时使用。读者可以关注“云杰漫步科技”微信公众号，查看关于多媒体教学资源的使用方法和下载方法。读者也可以关注“云杰漫步智能科技”今日头条号，为读者提供了技术支持和技术交流场所。

本书由云杰漫步科技 CAX 设计教研室编写，参加编写工作的有张云杰、郝利剑、尚蕾、张云静等。书中的设计范例、多媒体视频均由北京云杰漫步多媒体科技公司设计制作，同时感谢出版社的编辑们的大力协助。

由于本书的编写时间紧张，编写人员的水平有限，因此书中难免有不足之处，在此，我们向广大读者表示歉意，望读者不吝赐教，对书中的不足之处给予指正。

注：为保持图文一致，文中的 X、Y 字母统一用正体；未标注的尺寸单位默认为毫米（mm）。

编著者

（扫码获取资源）

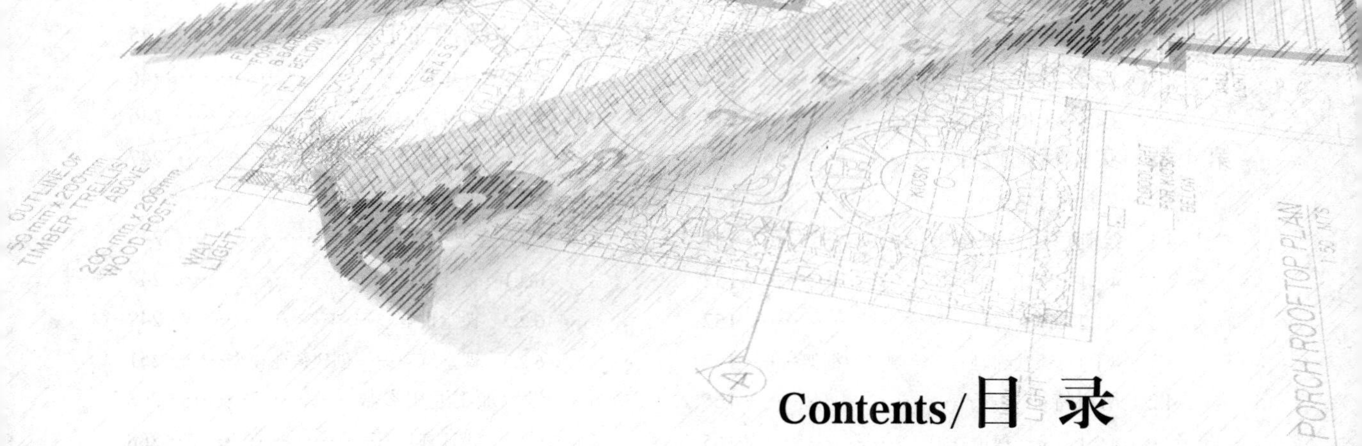

Contents/目 录

第1章　CAXA制造工程师基础

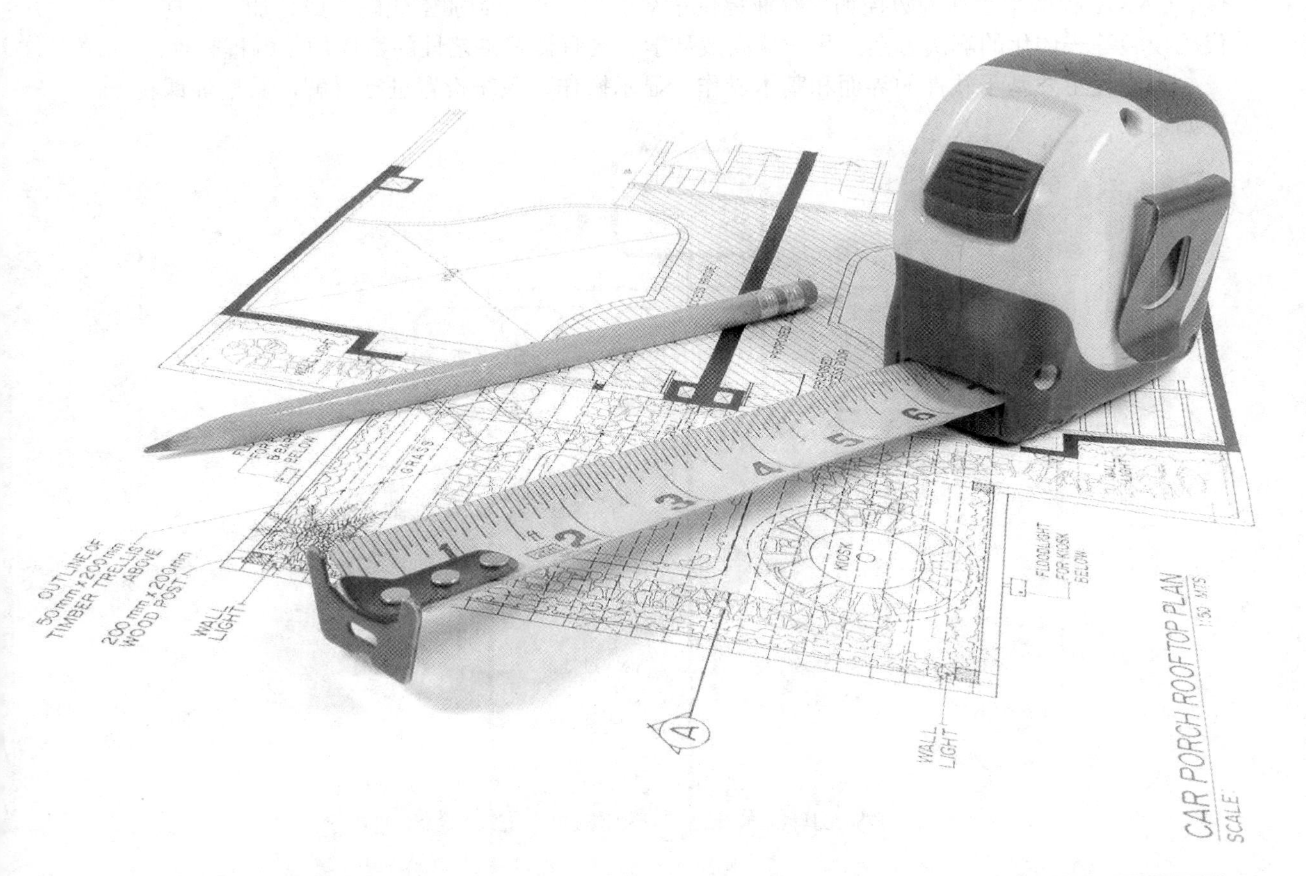

课训目标	内　容	掌握程度	课　时
	界面和基本操作	熟练运用	2
	显示操作	熟练运用	2
	系统设置	熟练运用	2

课程学习建议

CAXA 制造工程师是在 Windows 环境下运行的 CAD/CAM 一体化的数控加工编程软件。CAXA 制造工程师为数控加工行业提供了从造型、设计到加工代码生成、加工仿真、代码校验等一体化的解决方案，是一款高效易学、具有良好工艺性的数控加工编程软件。

本课程主要基于软件的界面和基本操作、显示操作、系统设置进行讲解，其培训课程表如下。

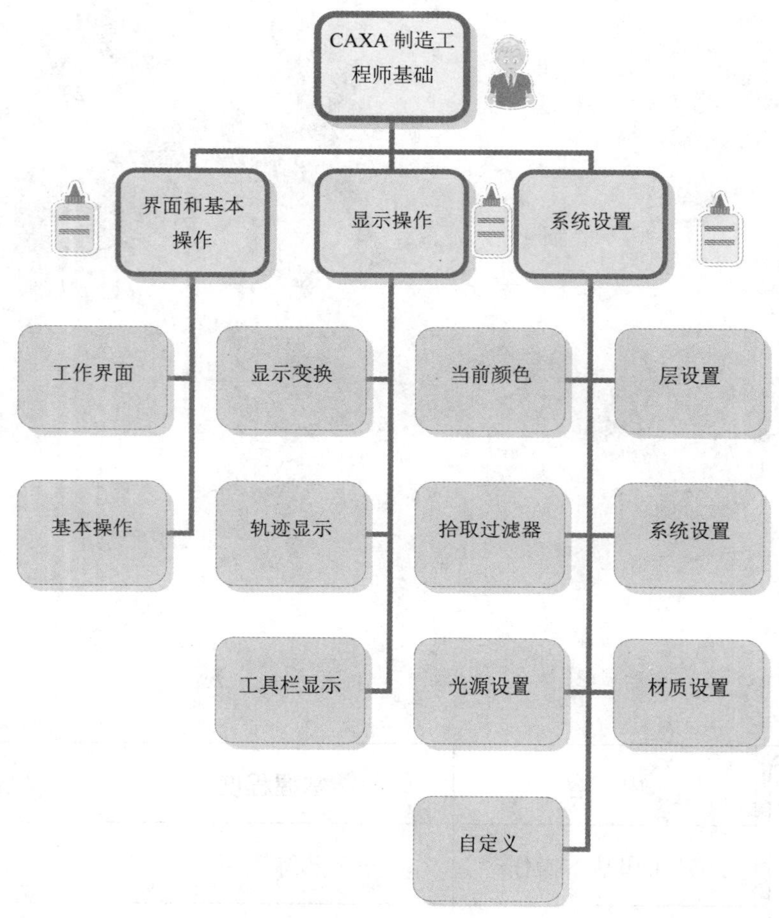

1.1 界面和基本操作

基本概念

CAXA 制造工程师是北京数码大方科技有限公司研制开发的全中文界面、面向数控铣床和加工中心的三维 CAD/CAM 软件。CAXA 制造工程师基于微机平台，采用原创的菜单和交互方式，包含特征实体造型、自由曲面造型、两轴到五轴的数控加工等重要功能。其在 2019 年发布的最新版本是 CAXA 制造工程师 2016r1 大赛专用版，因此本书在此将其作为 CAXA 制造工程师 2019 版本进行介绍。

课堂讲解课时：2 课时

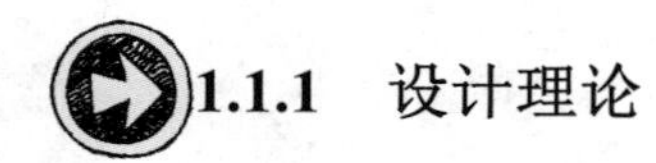

1.1.1 设计理论

CAXA 制造工程师有以下特点。

1. 实体和曲面设计

（1）特征实体造型

CAXA 采用精确的特征实体造型技术，可将设计信息用特征术语来描述，简便而准确。通常的特征包括孔、槽、型腔、凸台、圆柱体、圆锥体、球体和管子等，CAXA 制造工程师可以方便地建立和管理这些特征信息，如图 1-1 所示。

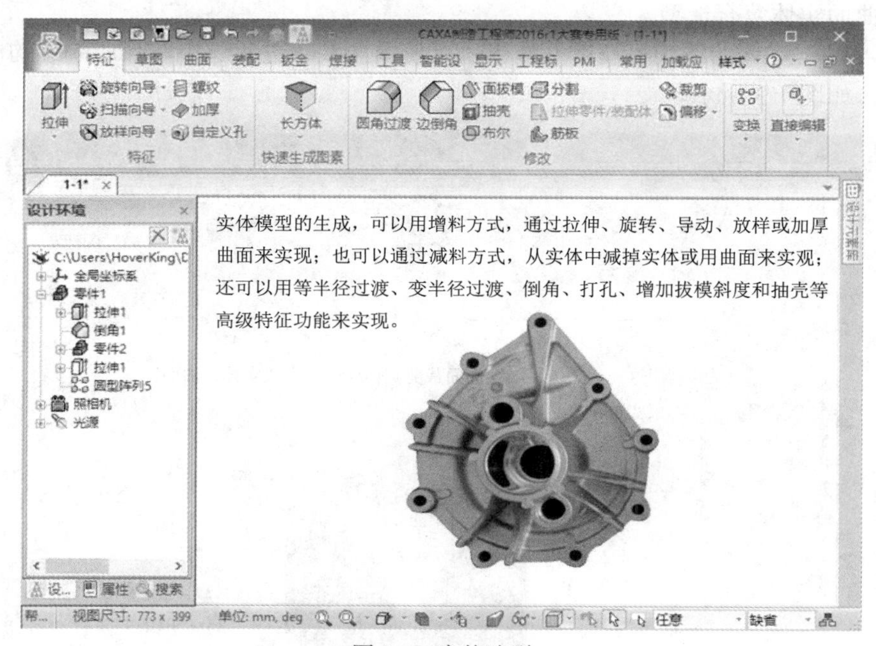

图 1-1　实体造型

（2）自由曲面造型（NURBS）

CAXA 制造工程师从线框到曲面，提供了丰富的建模手段。通过曲面模型生成真实的零件特征，可直观显示设计结果，如图 1-2 所示。

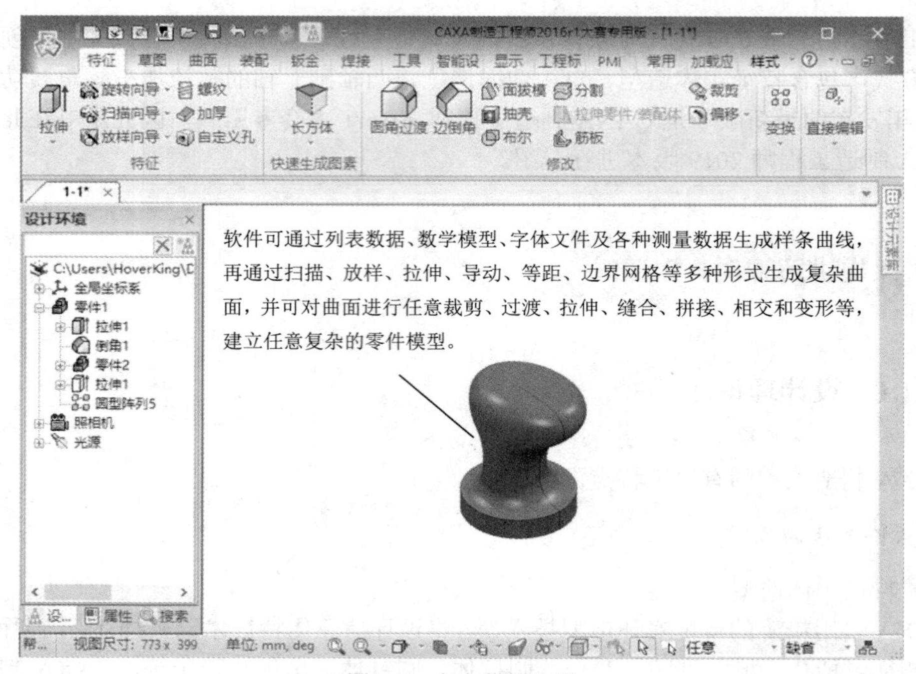

图 1-2　自由曲面造型

（3）曲面实体复合造型

CAXA 基于实体的精确特征造型技术，可使曲面融合进实体中，形成统一的曲面实体复合造型，如图 1-3 所示。

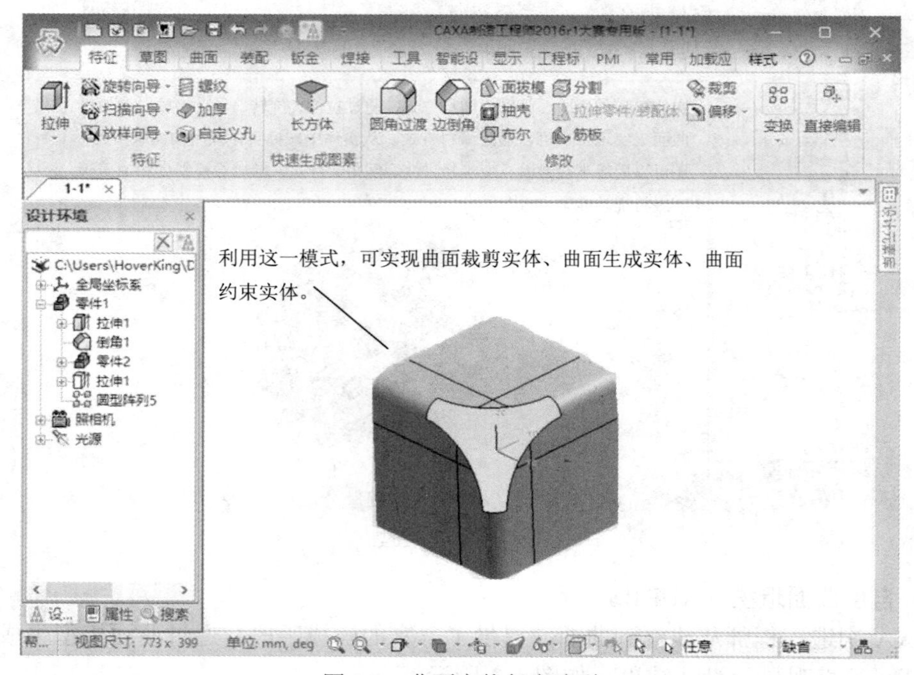

图 1-3　曲面实体复合造型

2. 高效的数控加工

CAXA制造工程师将CAD模型与CAM加工技术无缝集成，可直接对曲面、实体模型进行一致的加工操作；支持轨迹参数化和批处理功能，明显提高工作效率；支持高速切削，大幅度提高加工效率和加工质量，通用的后置处理可向任何数控系统输出加工代码。

（1）两轴到五轴的数控加工功能

软件提供了多种加工方式供自动编程时灵活选择，以保证合理安排从粗加工、半精加工到精加工的工艺路线，从而可以生成各种刀具轨迹，如图1-4所示。

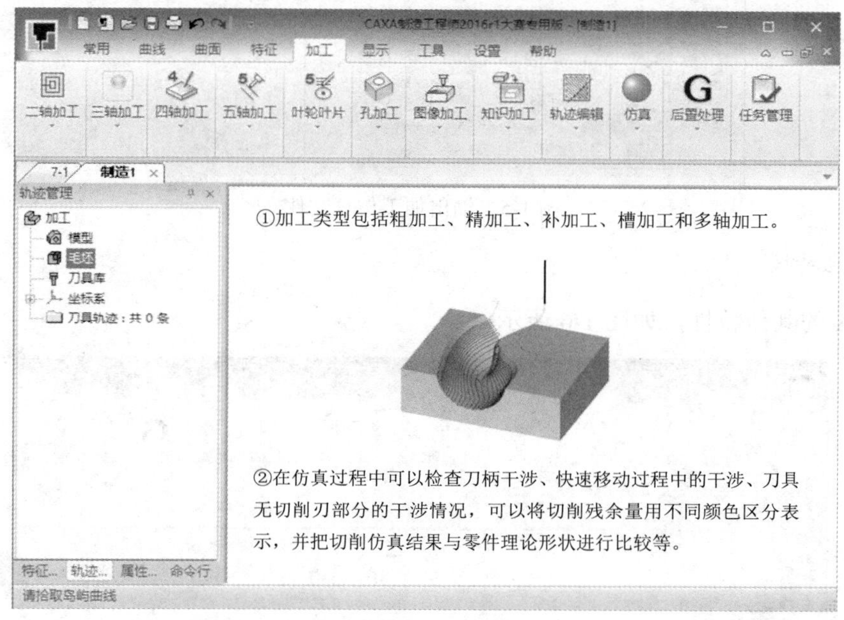

图1-4　加工类型

（2）支持高速加工和参数化轨迹

软件支持高速切削工艺，以提高产品精度，降低代码数量，使加工质量和效率大大提高。CAXA制造工程师的“轨迹编辑”功能可实现参数化轨迹编辑。用户只需选中已有的数控加工轨迹，修改原定义的加工参数表，即可重新生成加工轨迹。

（3）加工仿真与代码验证

软件可直观、精确地对加工过程进行模拟仿真、对代码进行反读校验，如图1-4所示。仿真过程可以随意放大、缩小、旋转，便于观察细节，可以调节仿真速度；能显示多道加工轨迹的加工结果。

（4）加工工艺控制

CAXA制造工程师提供了丰富的工艺控制参数，可以方便地控制加工过程，使编程人员的经验得到充分体现。

（5）通用后置处理

全面支持SIEMENS、FANUC等多种主流机床控制系统。CAXA制造工程师提供的后置处理器，无须生成中间文件就可直接输出G代码控制指令，如图1-5所示。

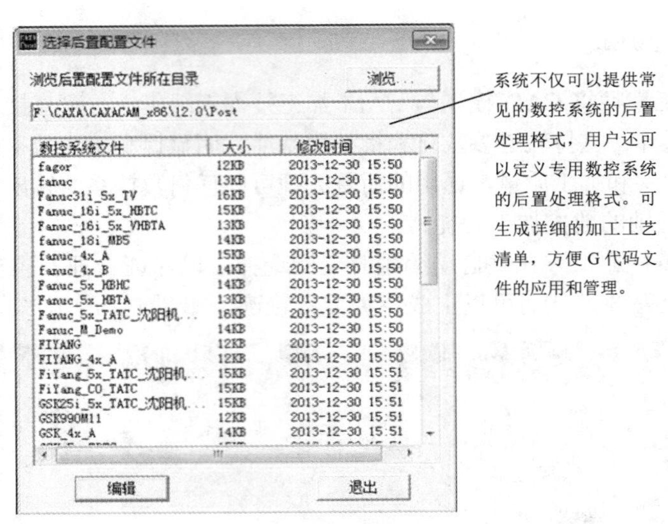

图 1-5　输出加工仿真文件

3. 其他特性

CAXA 的其他特性，如图 1-6 所示。

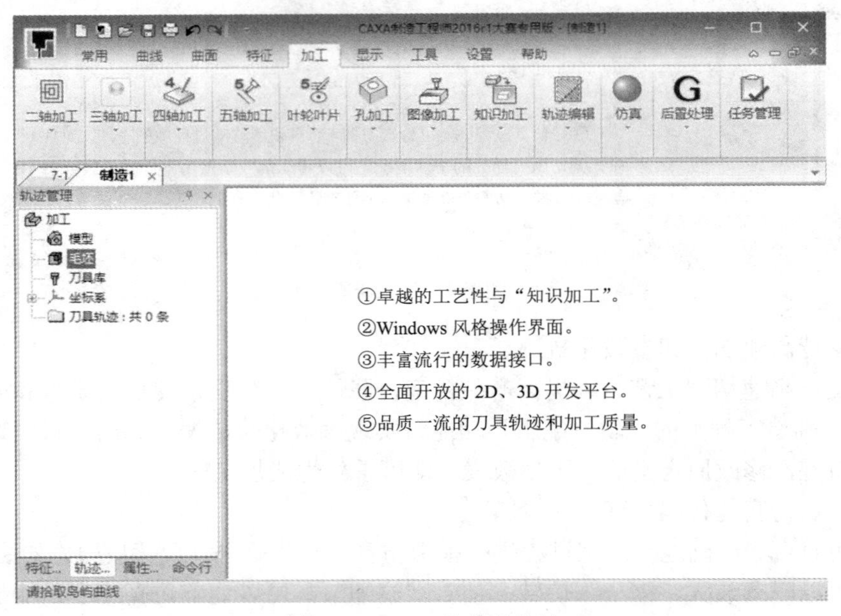

图 1-6　CAXA 的其他特性

1.1.2　课堂讲解

1. 工作界面

任意打开一个文件，进入 CAXA 制造工程师的加工工作界面，可以将该界面划分为不同的区域，如图 1-7 所示。

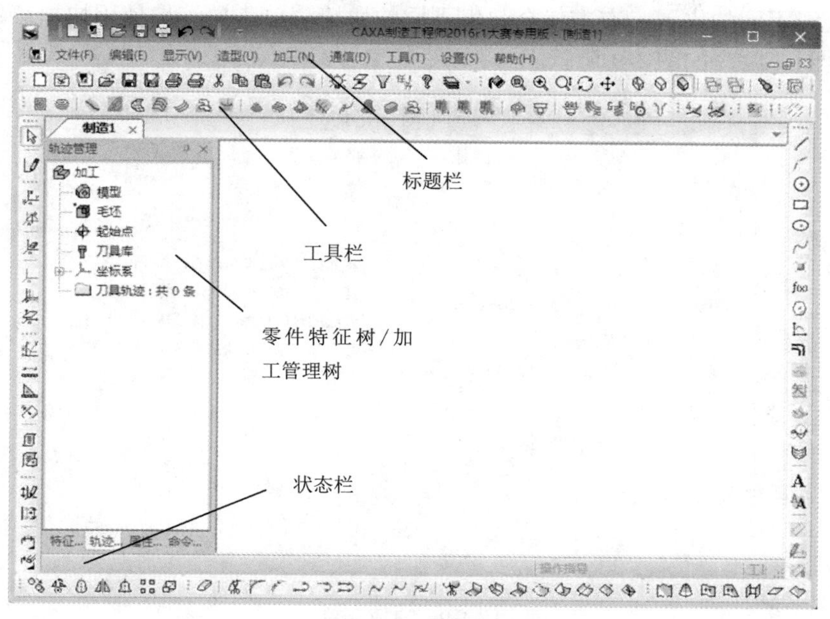

图 1-7　软件界面

（1）菜单栏

菜单栏包含软件中所有的操作命令：【文件】、【编辑】、【显示】、【造型】、【加工】、【通信】、【工具】、【设置】、【帮助】。单击菜单栏任意一个菜单项，都会弹出一个下拉式菜单，如图 1-8 所示。

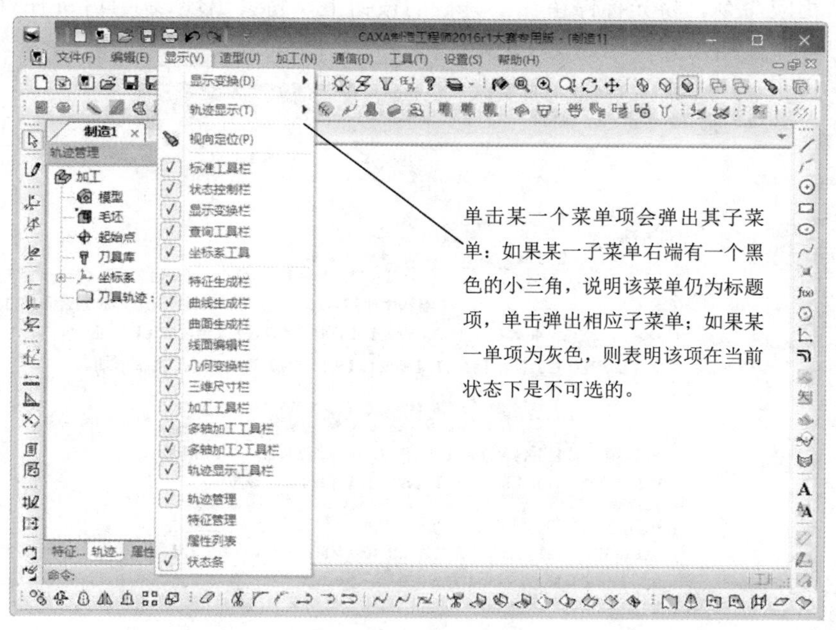

图 1-8　下拉菜单

（2）快捷菜单

光标处于不同的位置，右击就会弹出不同的快捷菜单。熟练地使用快捷菜单，可以大大地提高绘图速度，如图 1-9 所示。

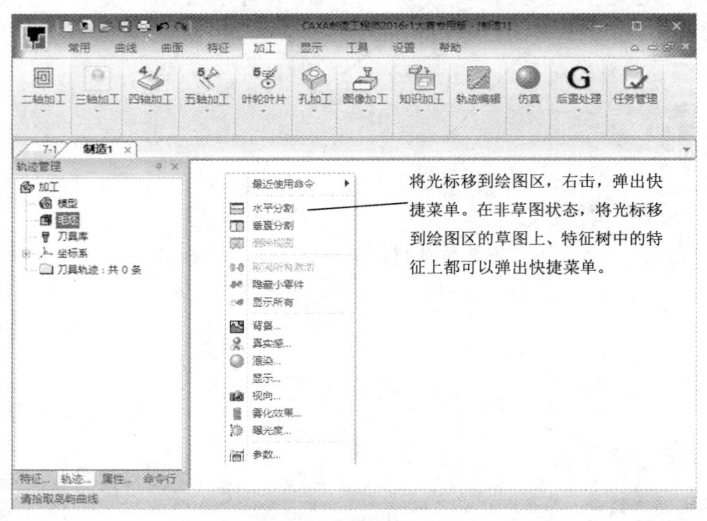

图 1-9　快捷菜单

（3）工具栏

工具栏是一组工具的集合，以图标按钮方式表示。零件模型创建界面上的工具栏包括：【标准工具栏】、【显示工具栏】、【状态工具栏】、【曲线工具栏】、【几何变换工具栏】、【线面编辑工具栏】、【曲面工具栏】和【特征工具栏】，如图 1-10 和图 1-11 所示。单击图标即可以直接启动相应命令。将光标停留在工具栏的按钮上，将会出现该工具按钮的功能提示。另外，用户可以根据需要自己定义工具栏。

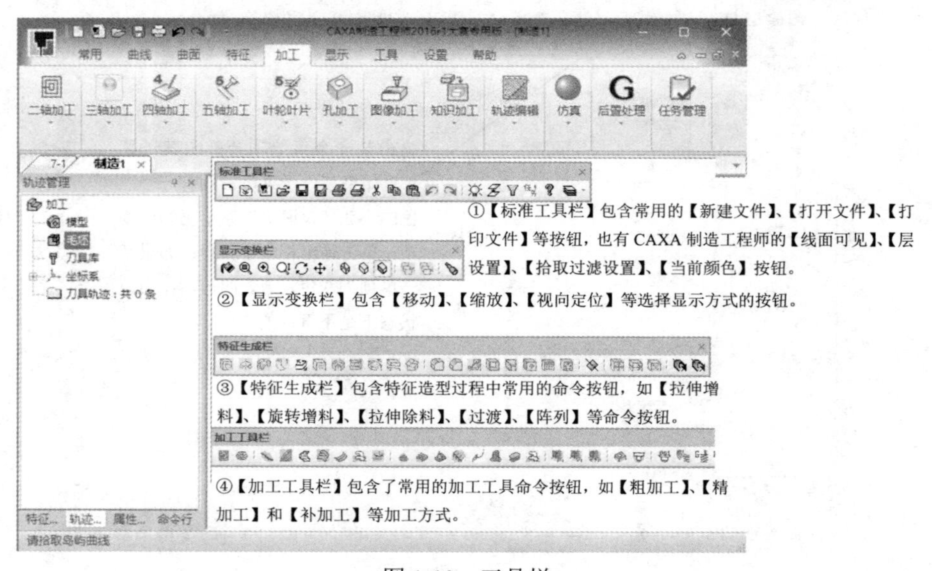

图 1-10　工具栏

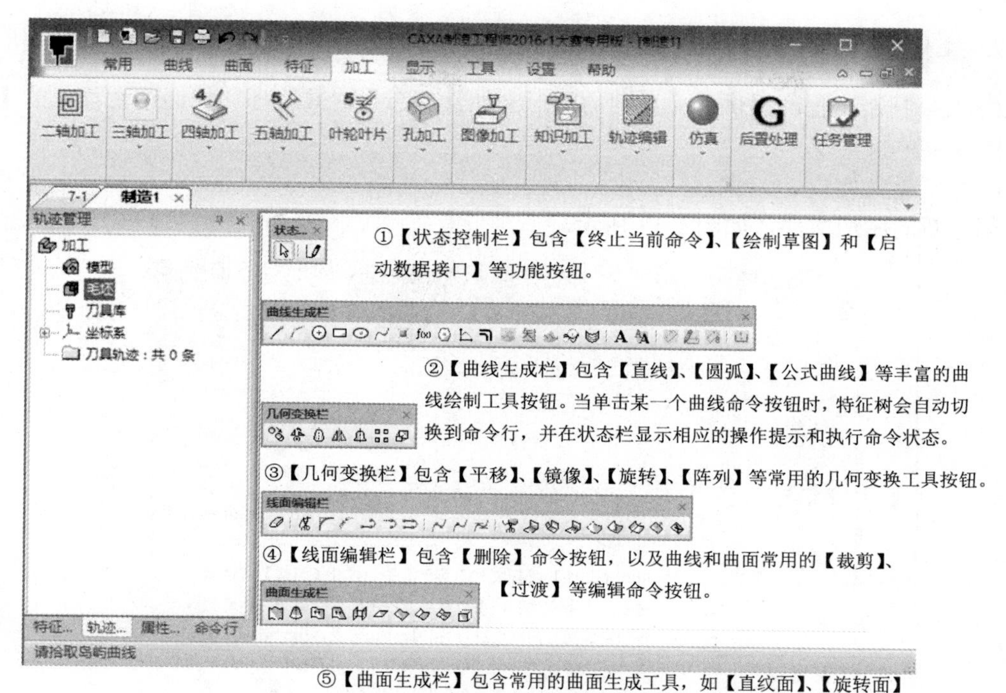

图 1-11　其他工具栏

（4）零件特征树/加工管理树

零件特征树/加工管理树位于工作界面的左侧，以树形格式直观地再现了该文件的一些特性，如图 1-12 所示。

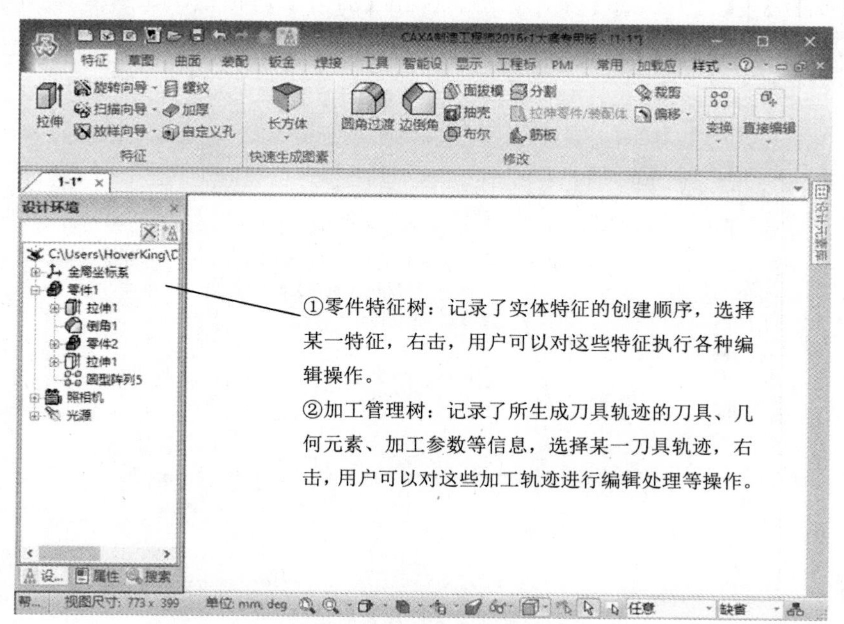

图 1-12　特征树/加工管理树

2. 基本操作

CAXA 制造工程师提供了一系列的图形文件管理命令，其管理功能通过主菜单的【文件】下拉菜单来实现。

（1）新建文件

创建新的图形文件，如图 1-13 所示。

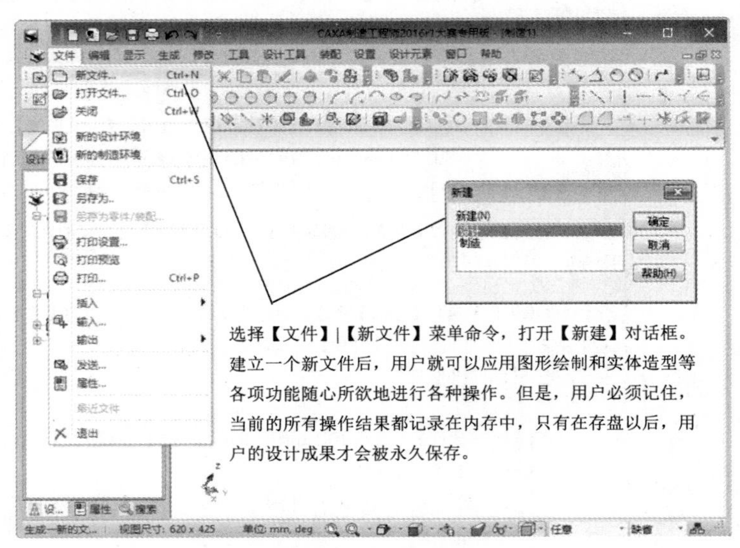

图 1-13　新建文件

（2）打开文件

选择【文件】|【打开文件】菜单命令，弹出【打开】对话框，如图 1-14 所示，打开一个已有的 CAXA 制造工程师存储的数据文件。

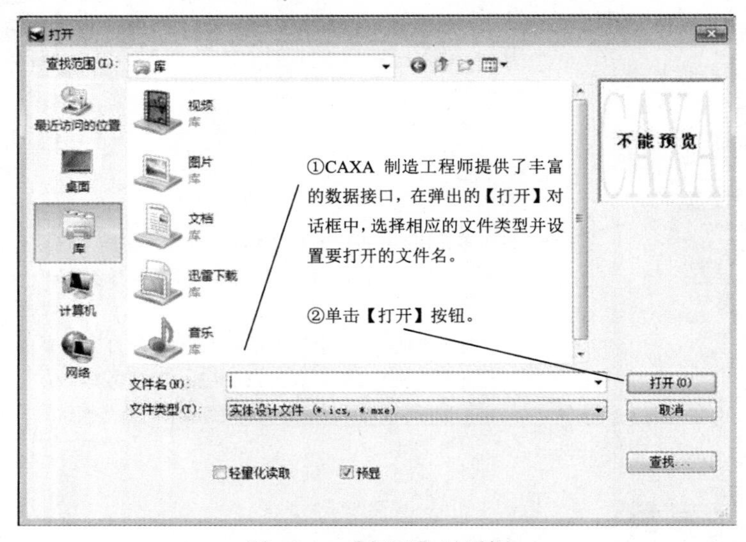

图 1-14　【打开】对话框

（3）保存文件

选择【文件】|【另存为】菜单命令，弹出【另存为】对话框，如图 1-15 所示，进行保存。

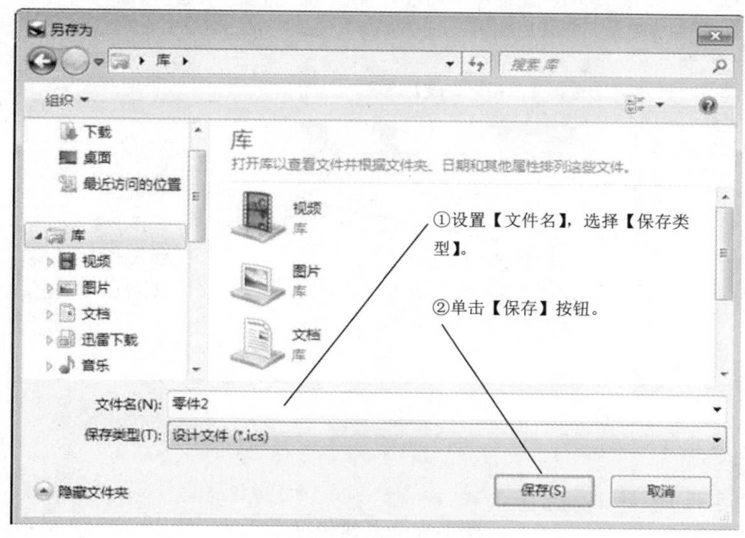

图 1-15　另存为

（4）创建坐标系

系统默认的坐标系为世界坐标系，系统允许同时存在多个坐标系，其中正在使用的坐标系为当前坐标系，其坐标架为红色，其他坐标架为白色。

在实际使用中，为方便作图，用户可以根据自己的实际需要，创建新的坐标系，在特定的坐标系下进行操作，如图 1-16 和图 1-17 所示。

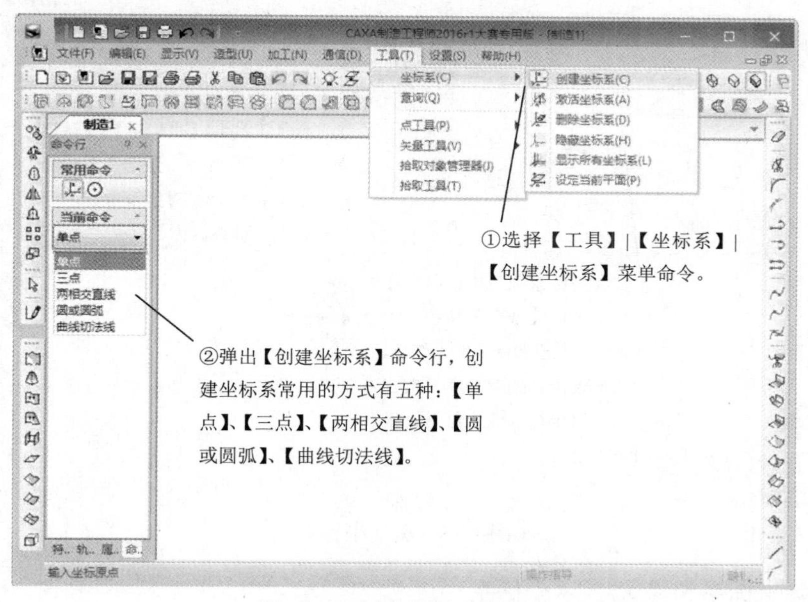

图 1-16　创建坐标系的方式

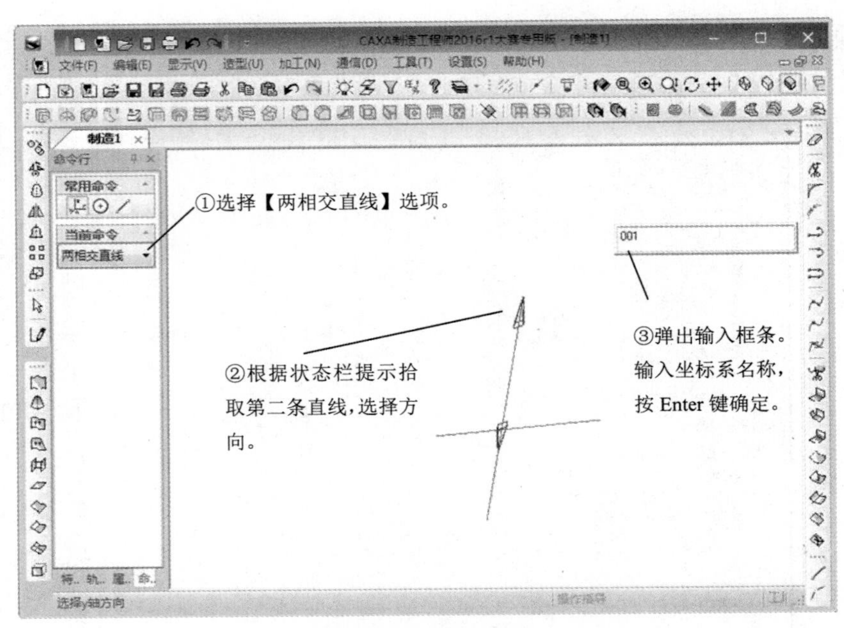

图 1-17　创建坐标系

（5）激活坐标系

有多个坐标系时，激活某一坐标系就是将这一坐标系设为当前坐标系，操作如图 1-18 所示。

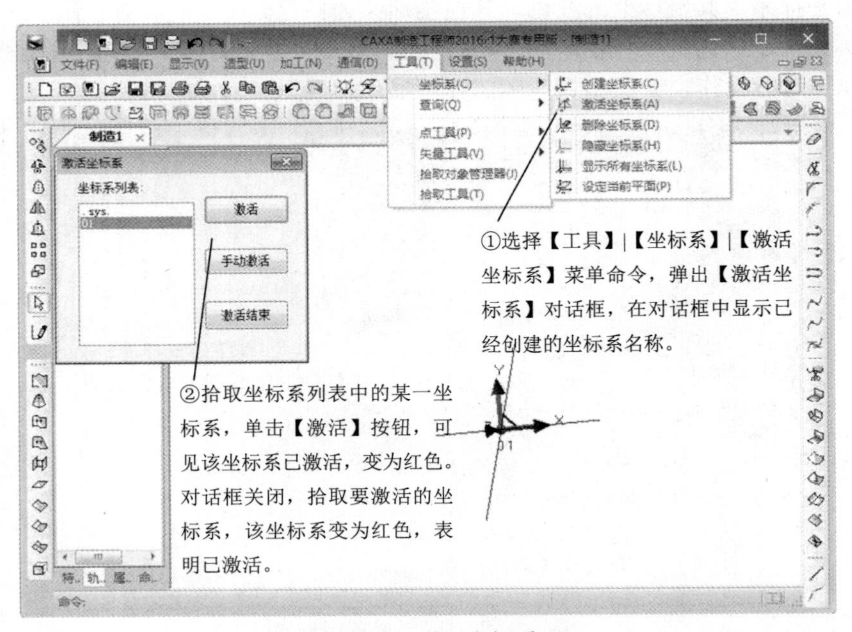

图 1-18　激活坐标系

（6）删除坐标系和隐藏/显示坐标系

删除用户创建的坐标系和隐藏/显示坐标系的操作，如图 1-19 所示。

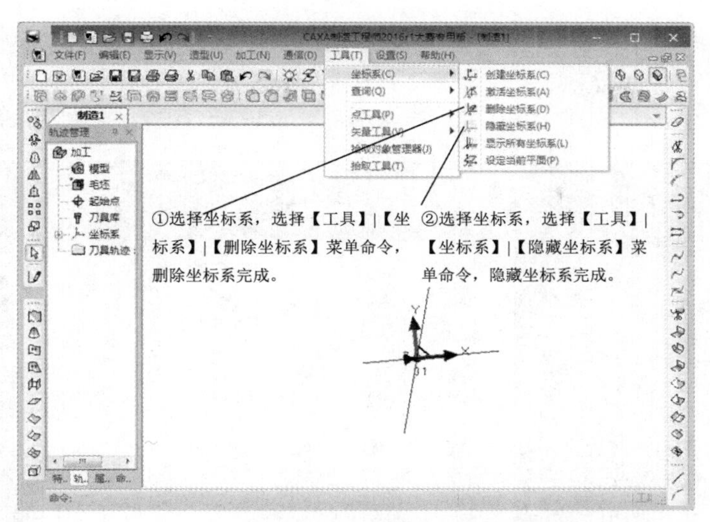

图 1-19　删除坐标系和隐藏/显示坐标系

1.1.3　课堂练习——绘制盘盖零件

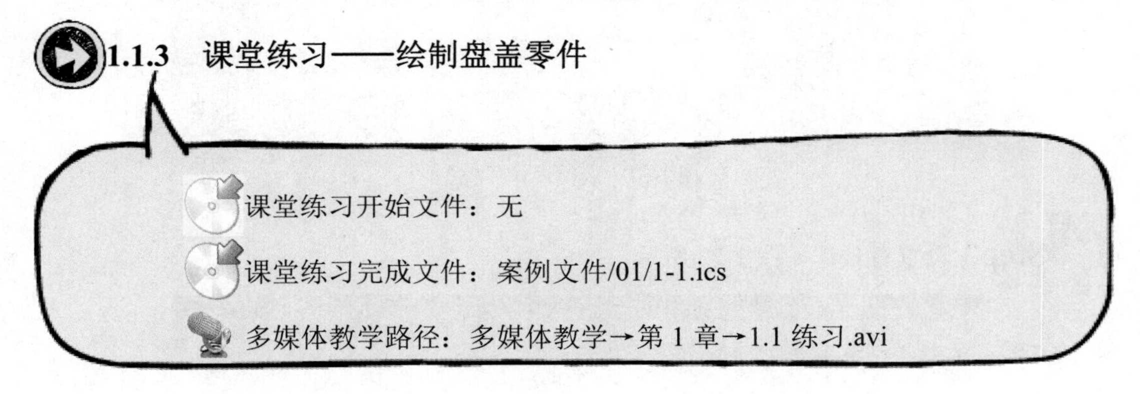

课堂练习开始文件：无

课堂练习完成文件：案例文件/01/1-1.ics

多媒体教学路径：多媒体教学→第 1 章→1.1 练习.avi

Step1 新建设计，如图 1-20 所示。

图 1-20　新建制造文件

Step2 选择设计环境，如图 1-21 所示。

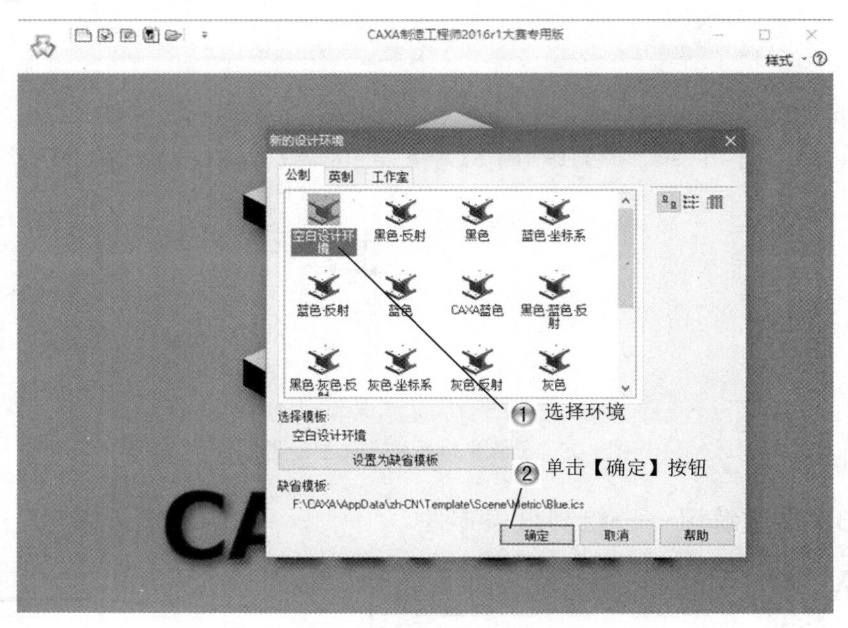

图 1-21　选择设计环境

Step3 设置背景，如图 1-22 所示。

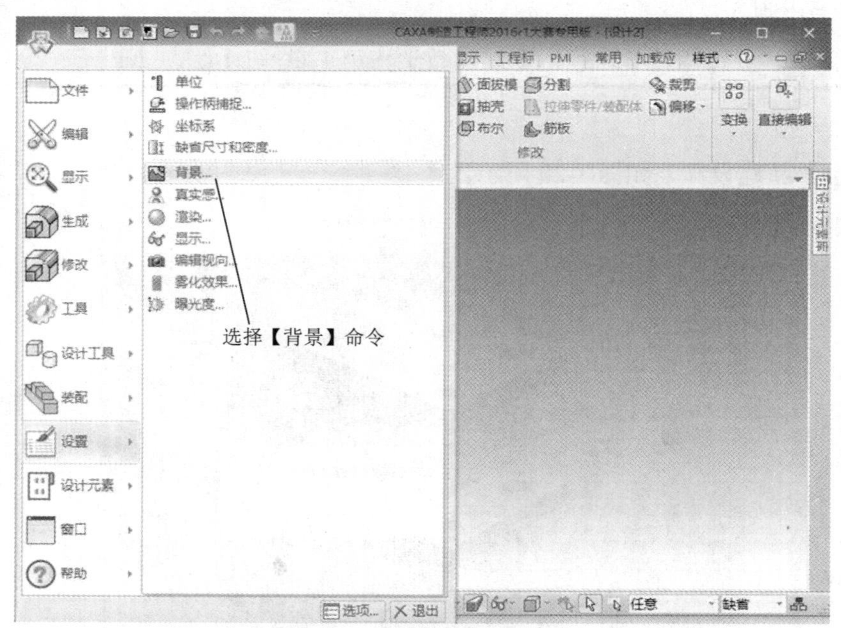

图 1-22　设置背景

Step4 设置背景颜色，如图 1-23 所示。

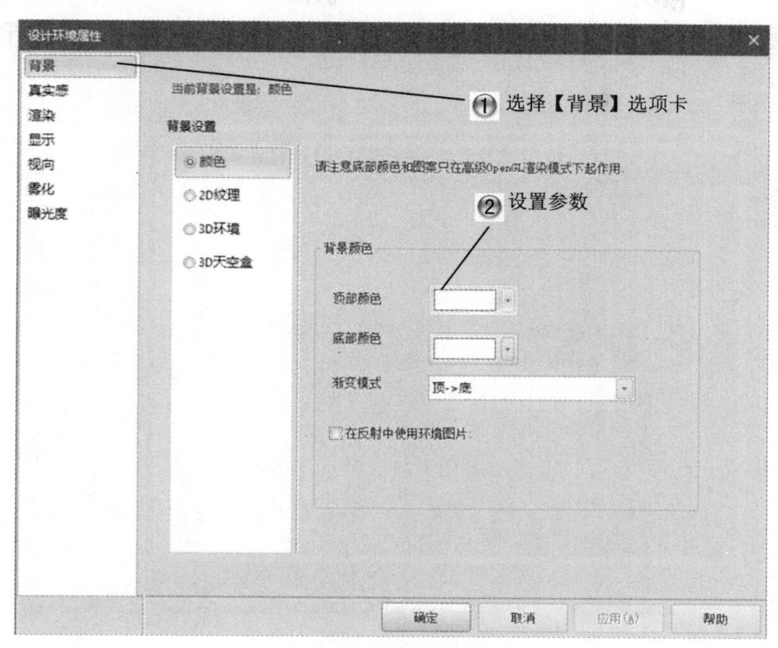

图 1-23　设置背景颜色

Step5 设置环境显示，如图 1-24 所示。

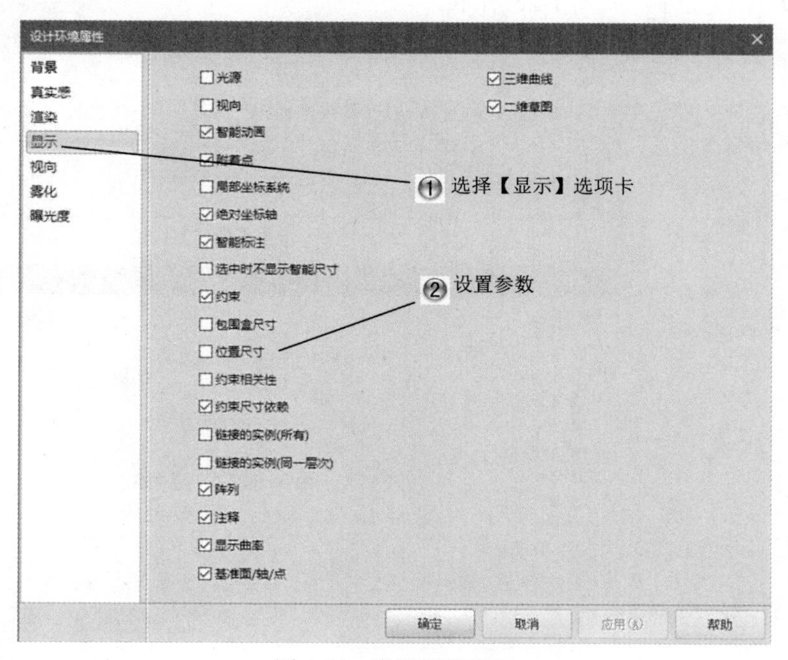

图 1-24　设置环境显示

Step6 设置视向，如图 1-25 所示。

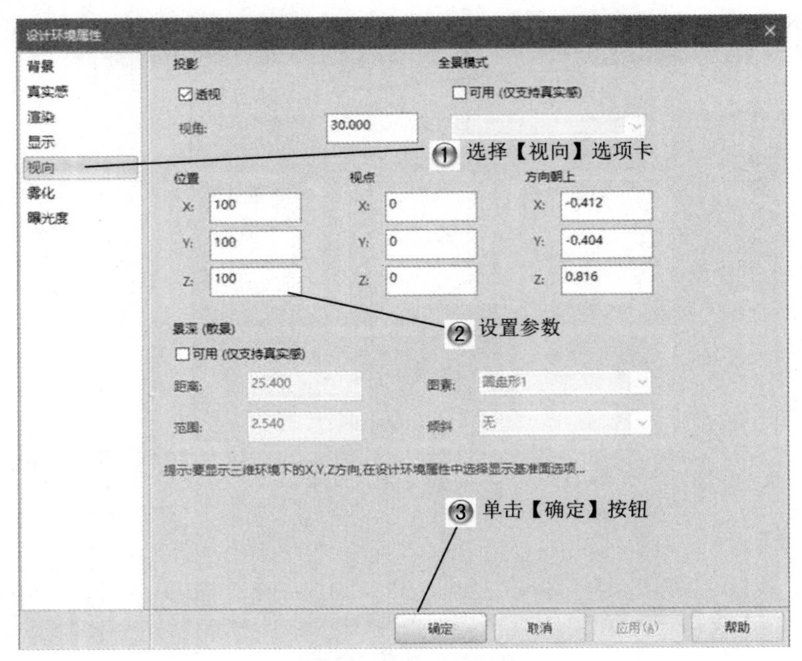

图 1-25　设置视向

Step7 保存文件，如图 1-26 所示。

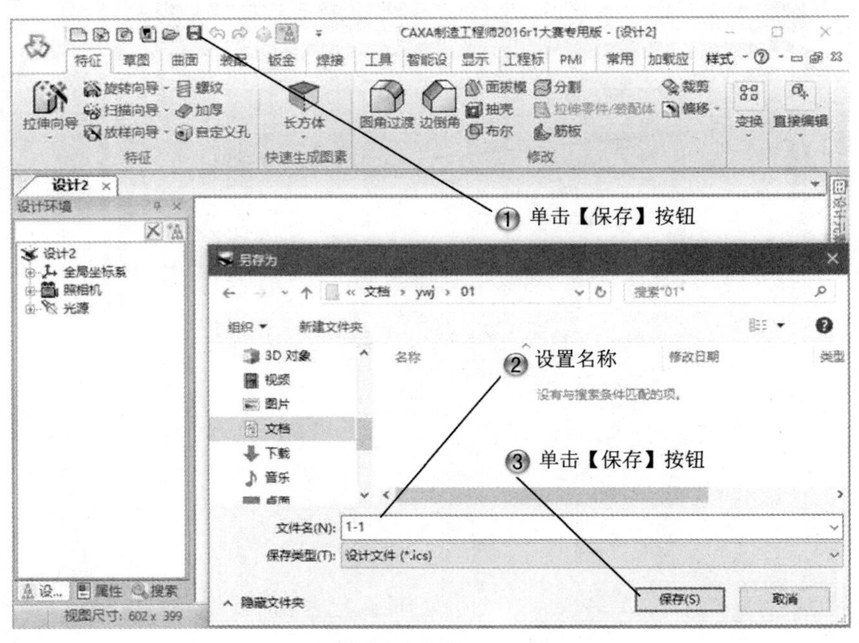

图 1-26　保存文件

Step8 选择草绘面，如图 1-27 所示。

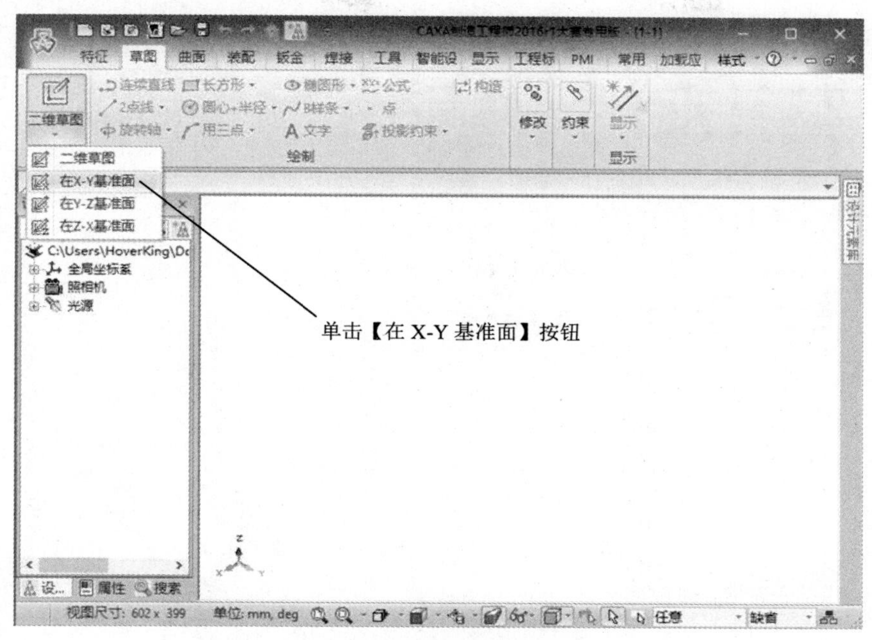

图 1-27　选择草绘面

Step9 绘制半径为 60 的圆形，如图 1-28 所示。

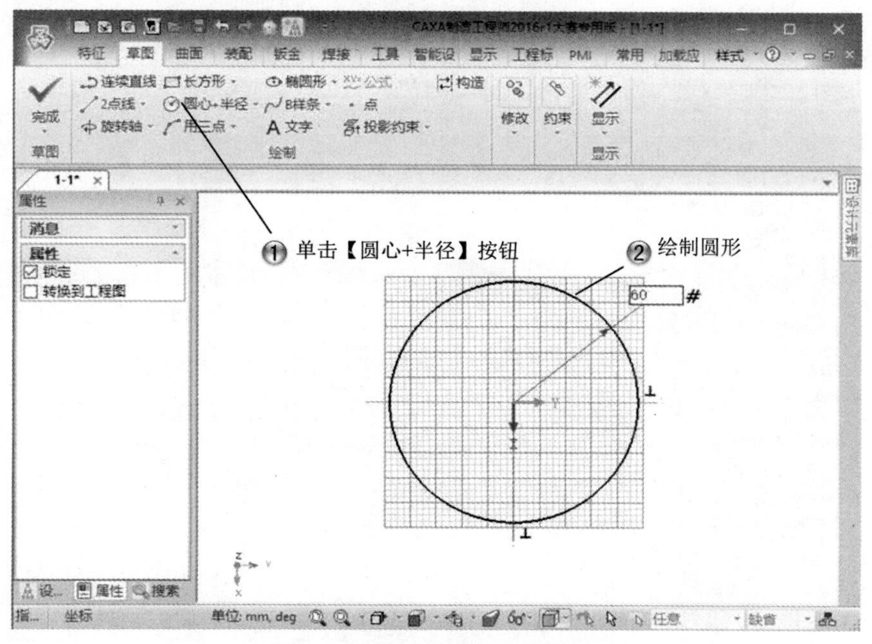

图 1-28　绘制半径为 60 的圆形

Step10 创建拉伸特征，如图 1-29 所示。

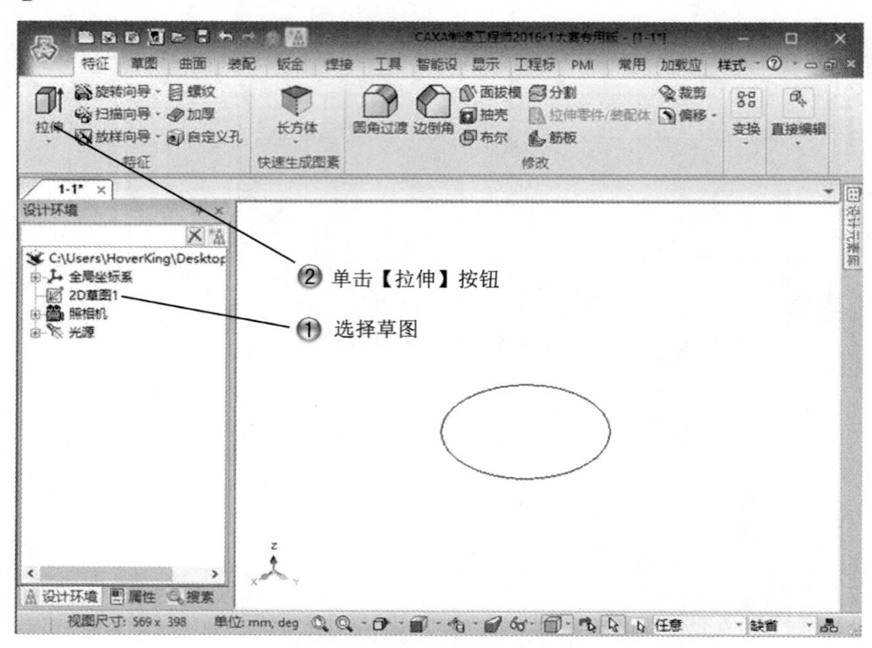

图 1-29　创建拉伸特征

Step11 设置拉伸参数，如图 1-30 所示。

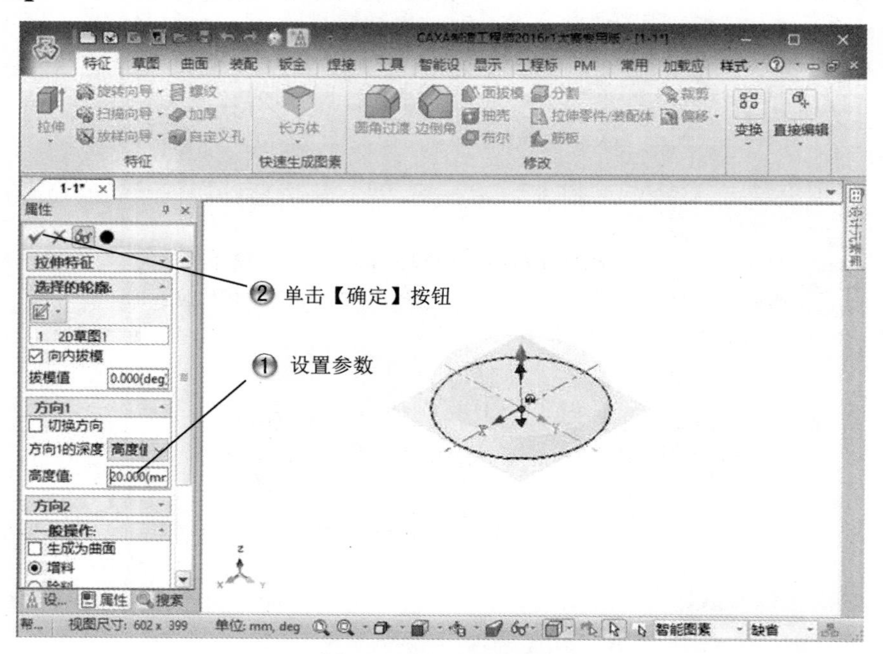

图 1-30　设置拉伸参数

Step12 选择草绘面，如图 1-31 所示。

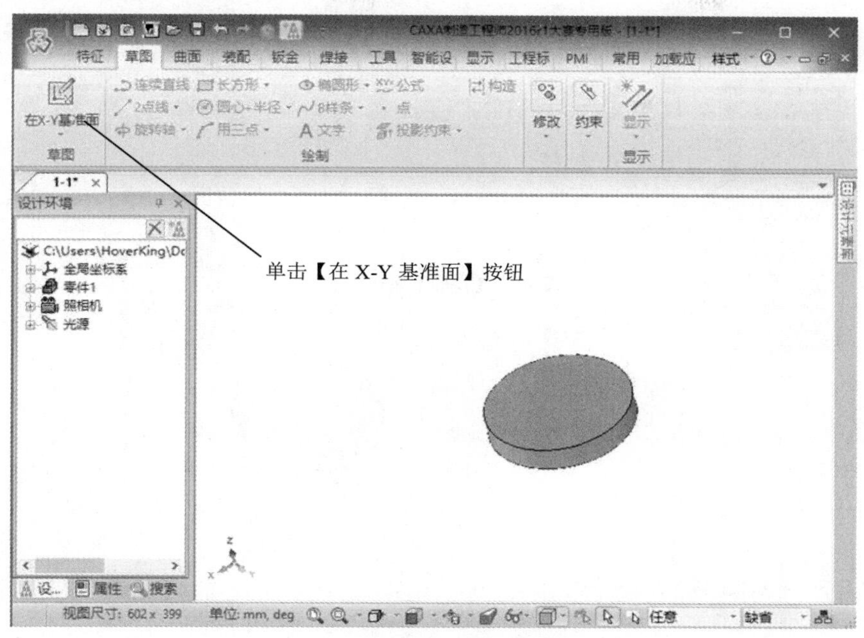

图 1-31 选择草绘面

Step13 绘制半径为 20 的圆形，如图 1-32 所示。

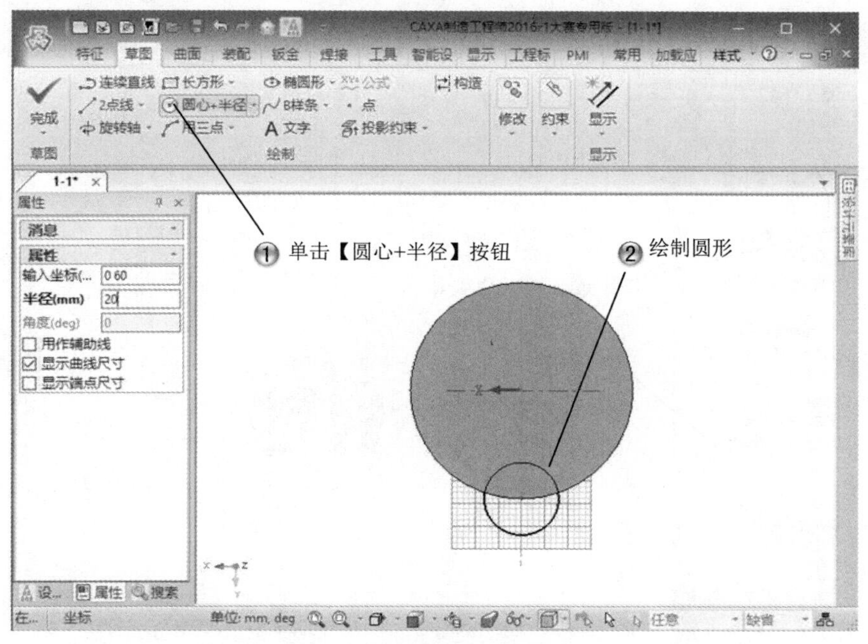

图 1-32 绘制半径为 20 的圆形

Step14 创建拉伸特征，如图 1-33 所示。

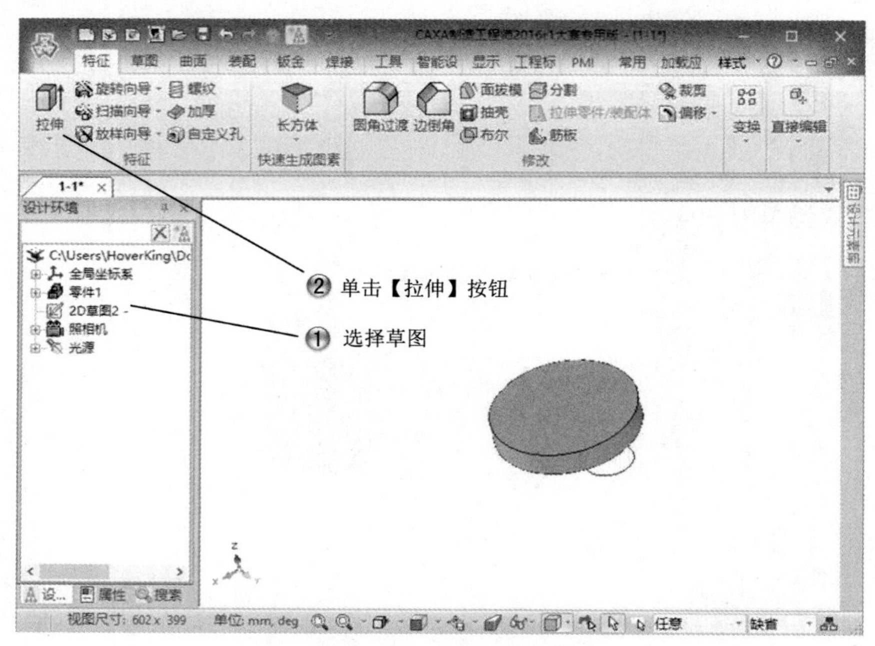

图 1-33　创建拉伸特征

Step15 设置拉伸参数，如图 1-34 所示。

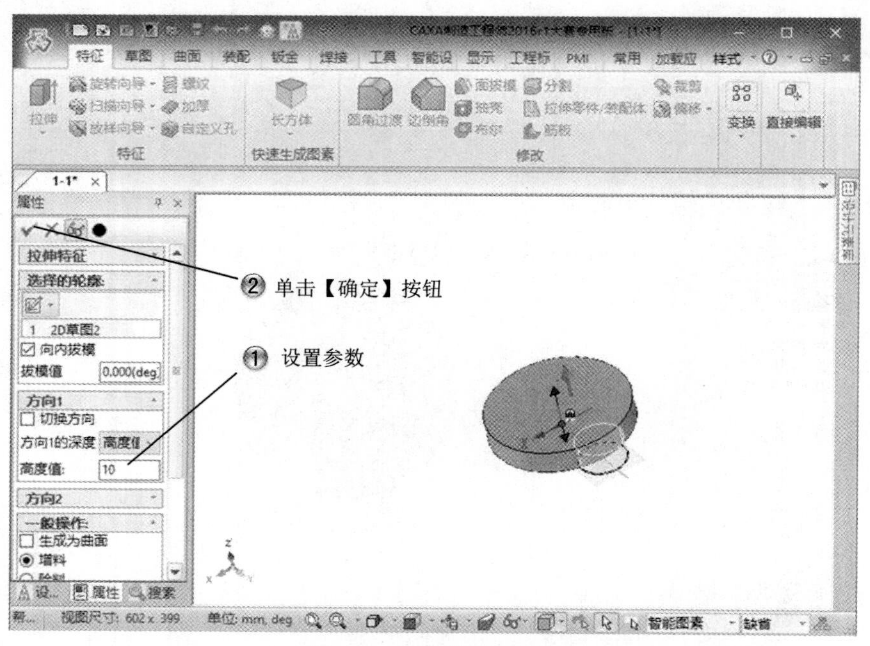

图 1-34　设置拉伸参数

Step16 创建圆角过渡，如图 1-35 所示。

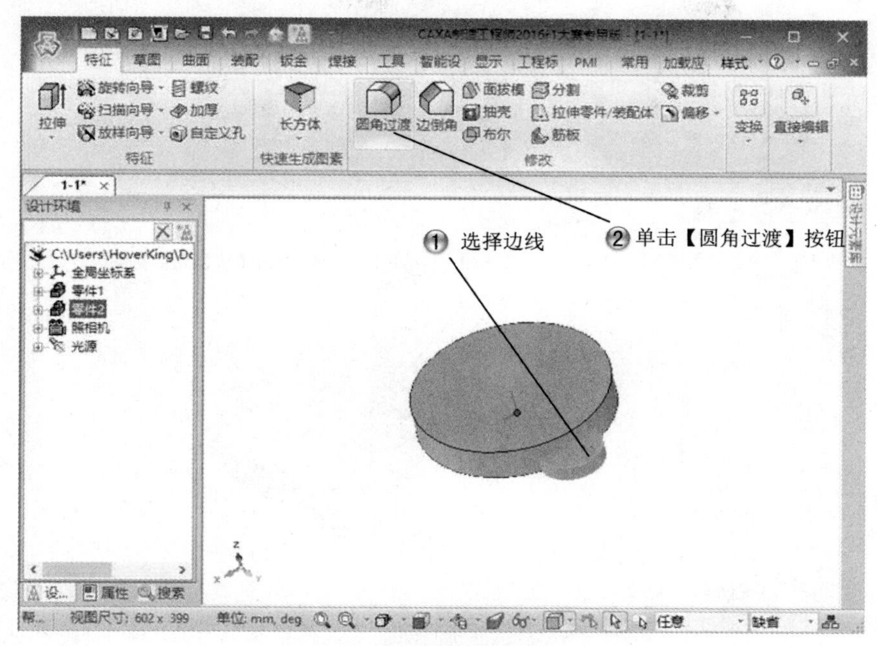

图 1-35　创建圆角过渡

Step17 设置圆角参数，如图 1-36 所示。

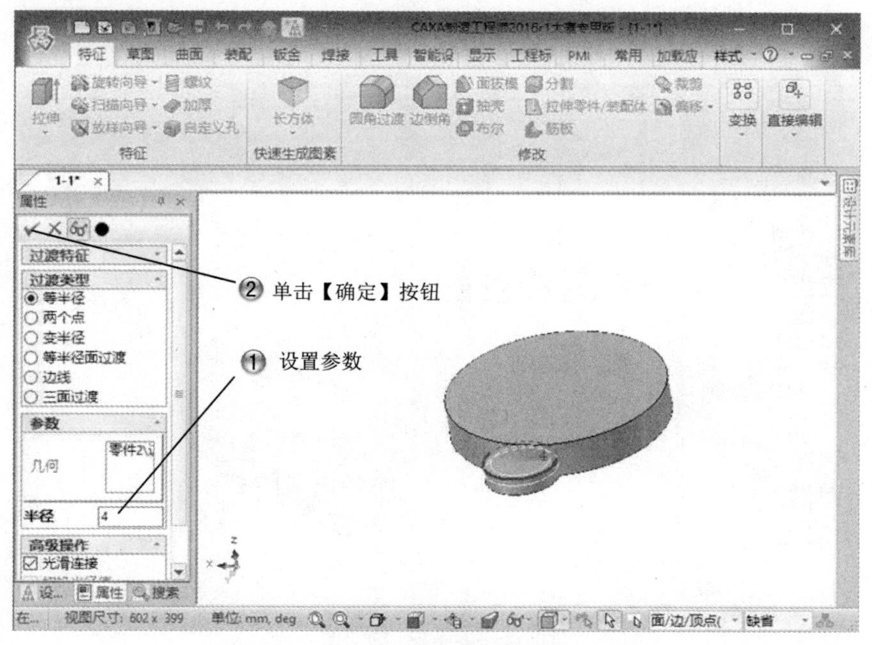

图 1-36　设置圆角参数

Step18 创建边倒角，如图 1-37 所示。

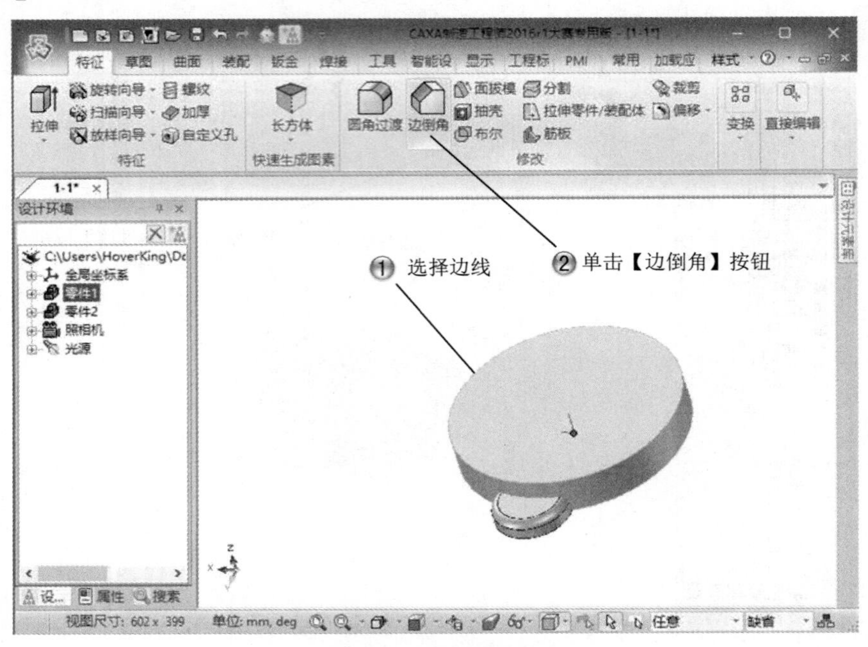

图 1-37　创建边倒角

Step19 设置倒角参数，如图 1-38 所示。

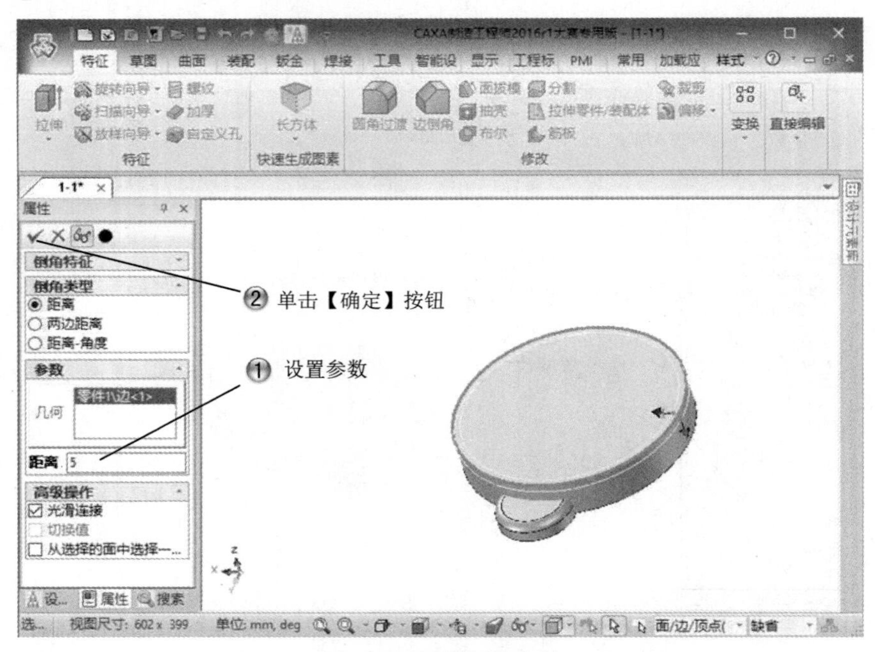

图 1-38　设置倒角参数

Step20 创建布尔加运算，如图 1-39 所示。

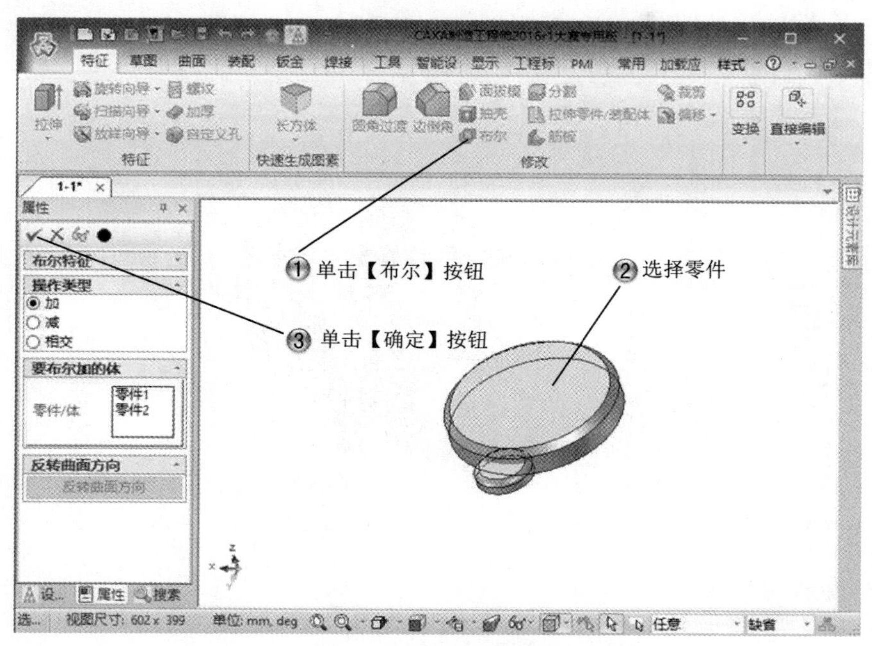

图 1-39　创建布尔加运算

Step21 选择草绘面，如图 1-40 所示。

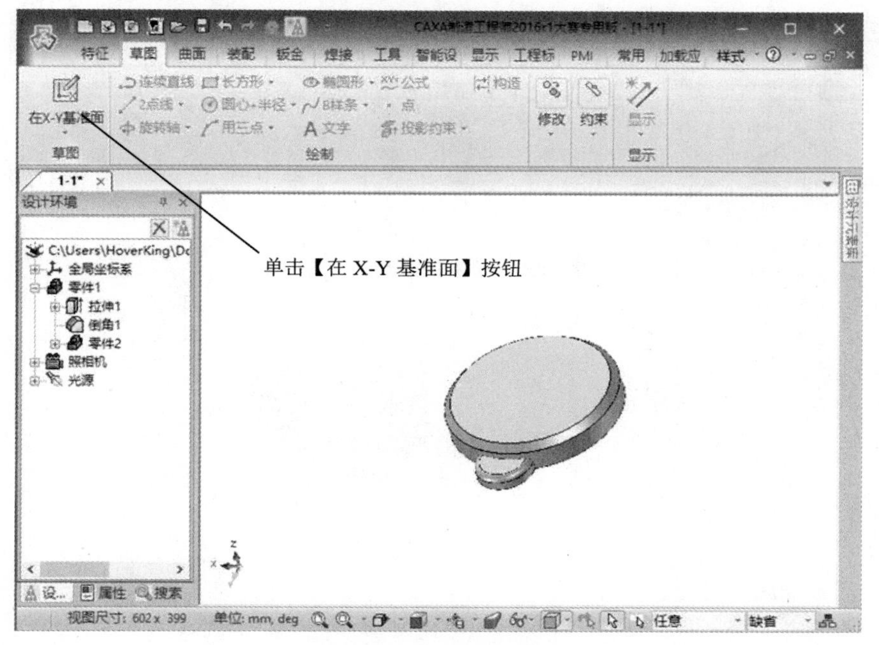

图 1-40　选择草绘面

Step22 绘制半径为 10 的圆形，如图 1-41 所示。

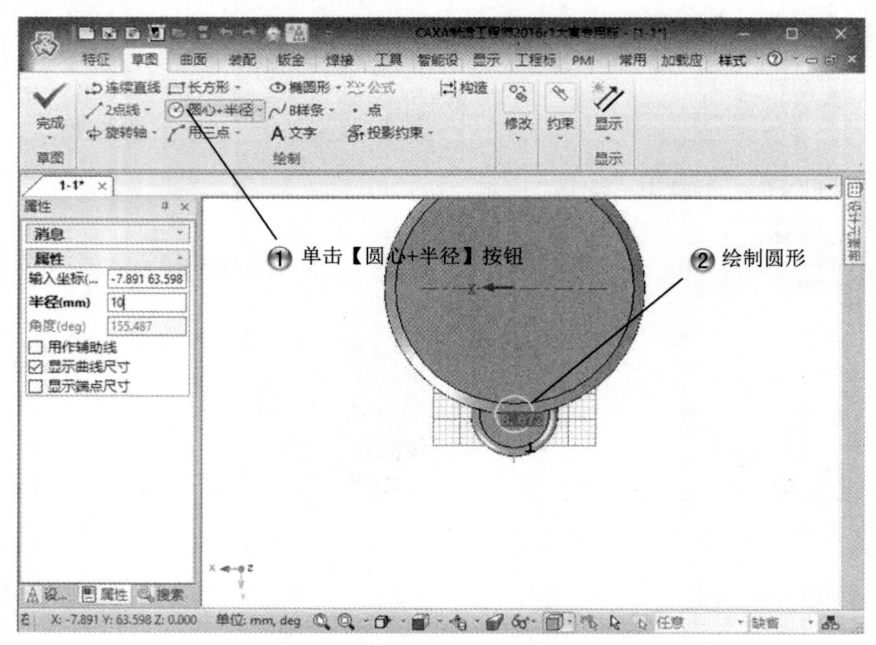

图 1-41　绘制半径为 10 的圆形

Step23 创建拉伸特征，如图 1-42 所示。

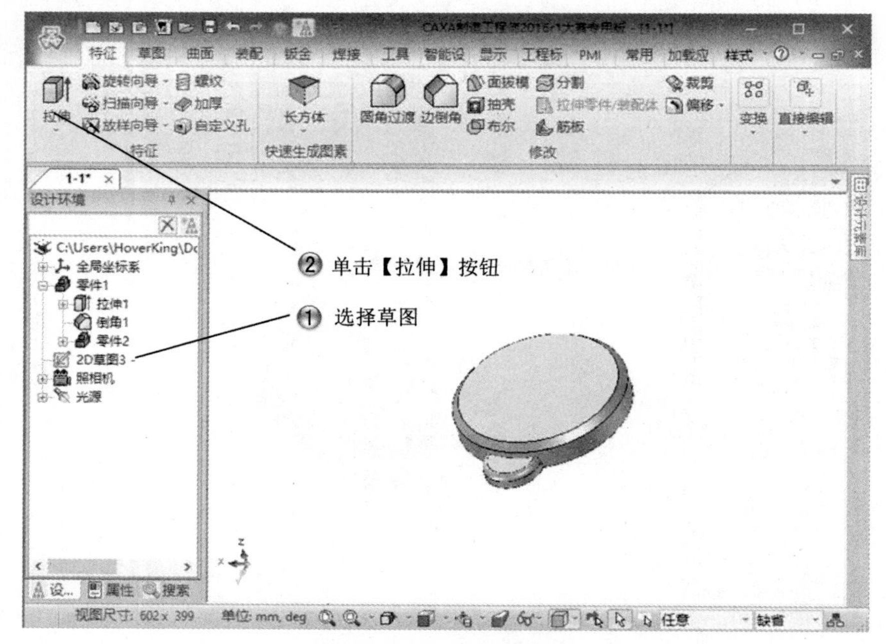

图 1-42　创建拉伸特征

Step24 设置拉伸参数，如图 1-43 所示。

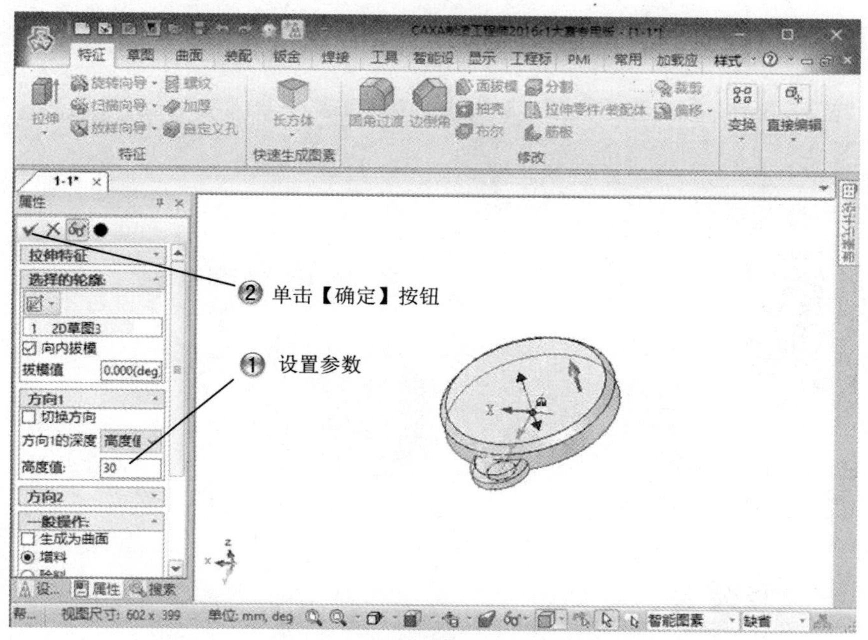

图 1-43　设置拉伸参数

Step25 创建布尔减运算，如图 1-44 所示。

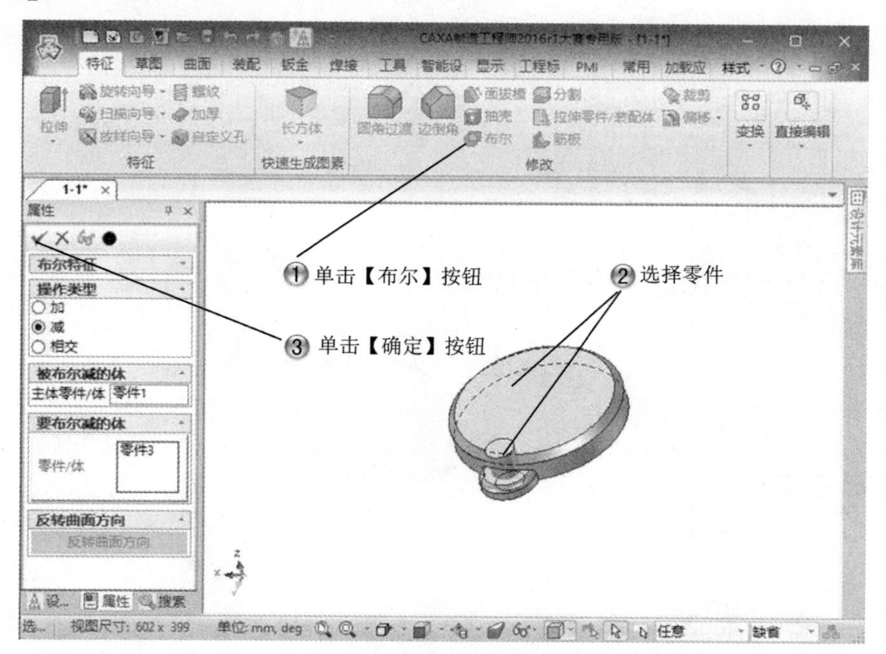

图 1-44　创建布尔减运算

Step26 创建阵列特征，如图 1-45 所示。

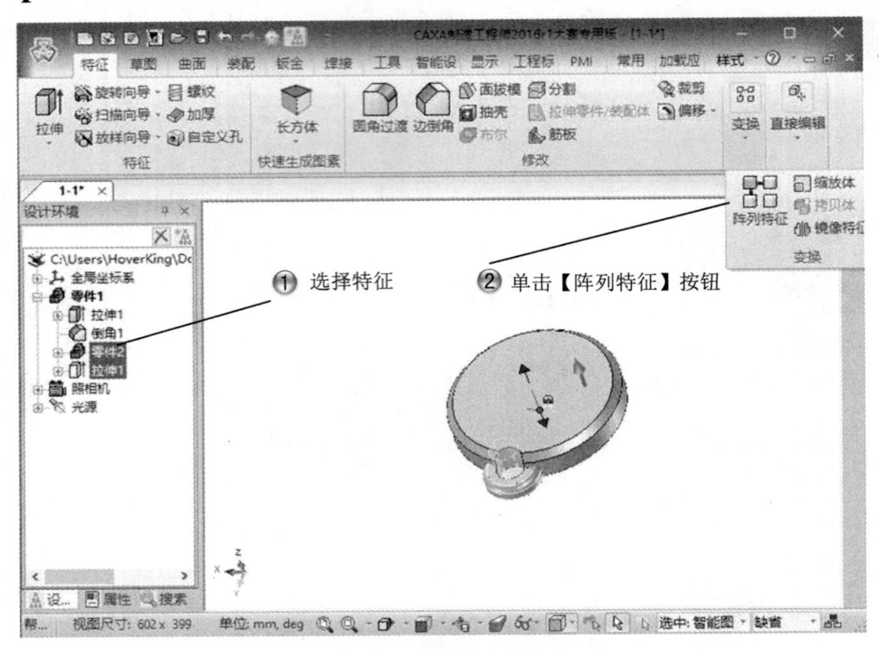

图 1-45　创建阵列特征

Step27 设置圆型阵列参数，如图 1-46 所示。

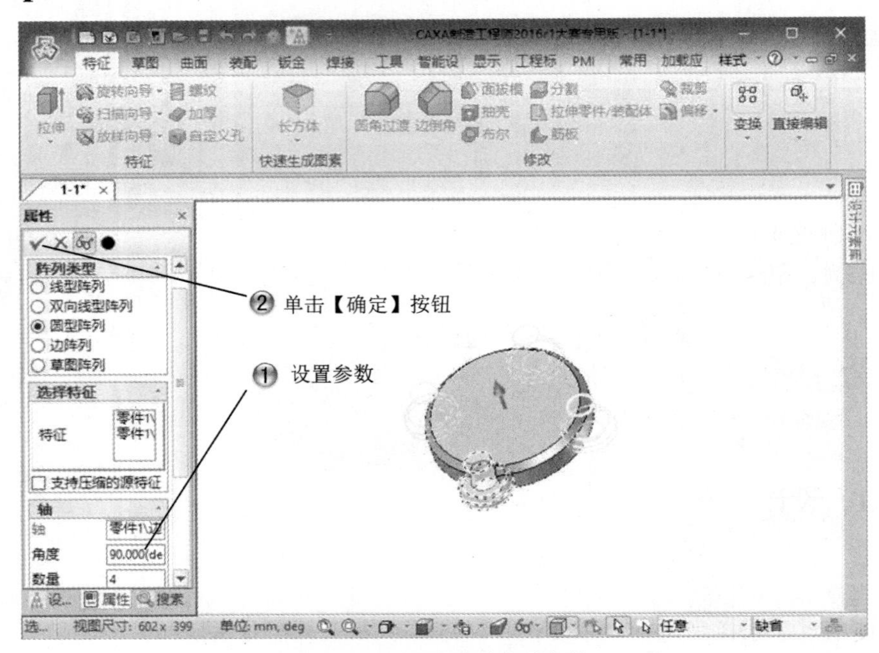

图 1-46　设置圆型阵列参数

Step28 完成零件模型创建，如图 1-47 所示。

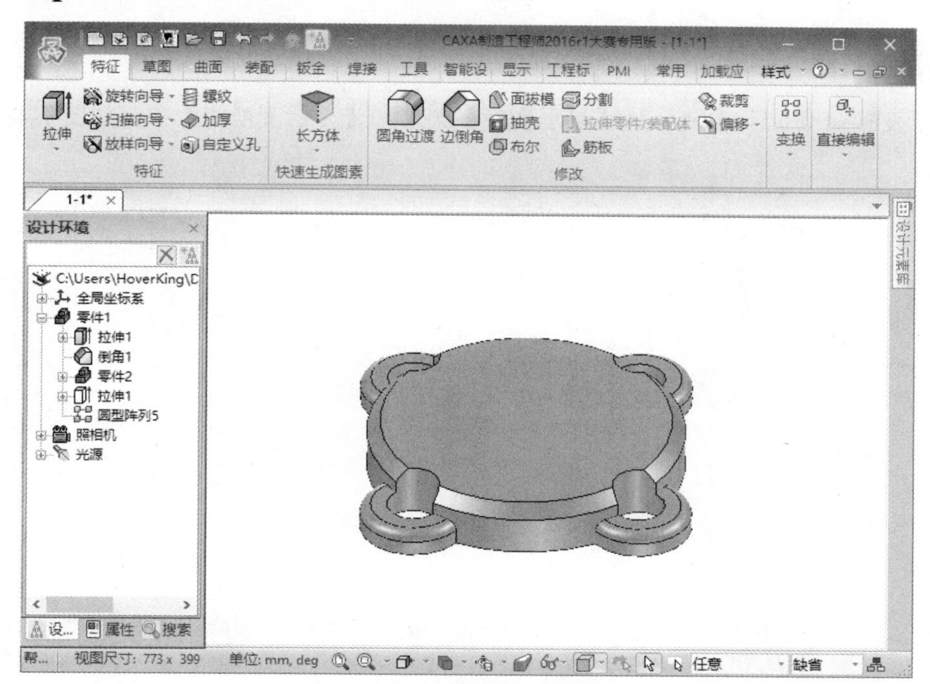

图 1-47　完成零件模型创建

1.2　显示操作

CAXA 制造工程师为用户提供了绘制图形的显示命令，它们只改变图形在屏幕上显示的位置、比例、范围等，不改变原图形的实际尺寸。

1.2.1　设计理论

图形的显示控制对绘制复杂视图和大型图纸具有重要作用，在图形绘制和编辑过程中也要经常使用。显示控制包括显示变换、轨迹显示和工具栏显示操作。

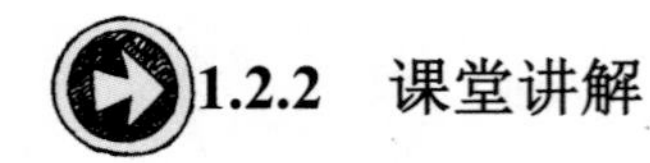

1.2.2 课堂讲解

1. 显示变换

显示变换命令位于【显示】|【显示变换】菜单和【显示变换栏】中，如图 1-48 所示。

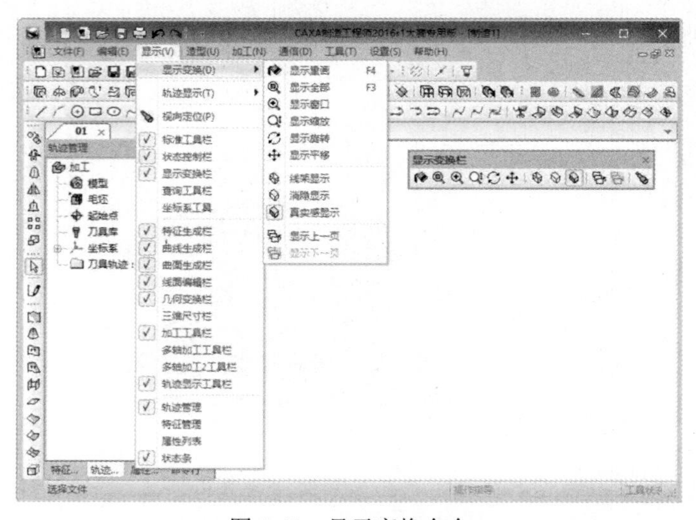

图 1-48 显示变换命令

（1）显示重画

选择【显示】|【显示变换】|【显示重画】菜单命令，或者直接单击【显示变换栏】中的【重画】按钮，屏幕上的图形发生闪烁，原有图形消失，但立即在原位置把图形重画一遍也就实现了图形的刷新，如图 1-49 所示。也可以通过 F4 键使图形显示重画。

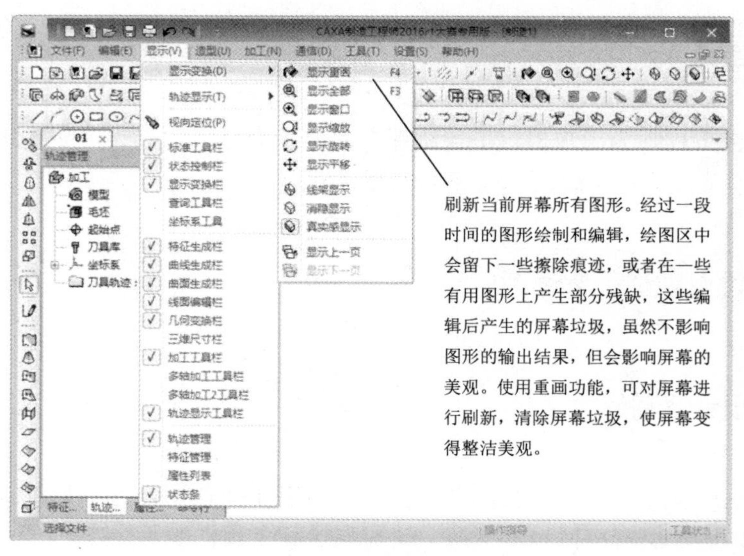

图 1-49 显示重画

（2）显示全部

选择【显示】|【显示变换】|【显示全部】菜单命令，或者直接单击【显示变换栏】中的【显示全部】按钮。也可以通过 F3 键使图形显示全部，如图 1-50 所示。

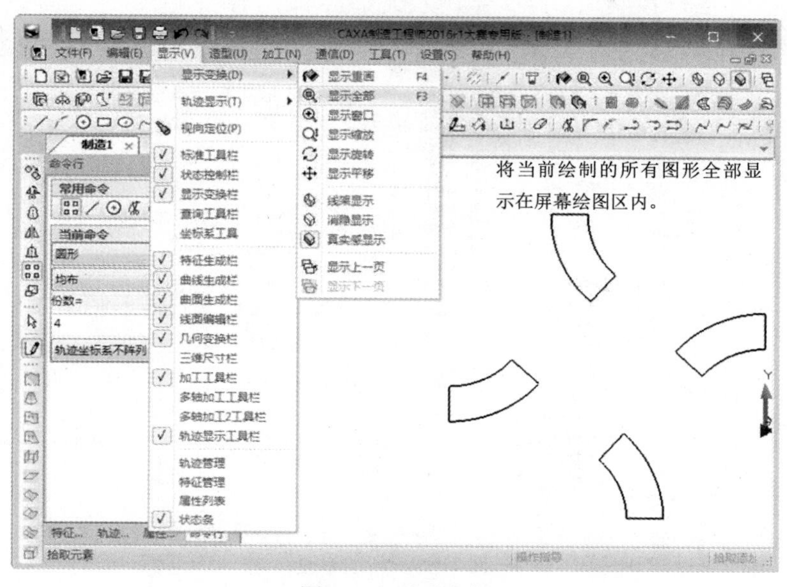

图 1-50　显示全部

（3）显示窗口

提示用户输入一个窗口的上角点和下角点，系统将两角点所包含的图形充满屏幕绘图区加以显示。选择【显示】|【显示变换】|【显示窗口】菜单命令，或者直接单击【显示变换栏】中的【显示窗口】按钮，如图 1-51 所示。

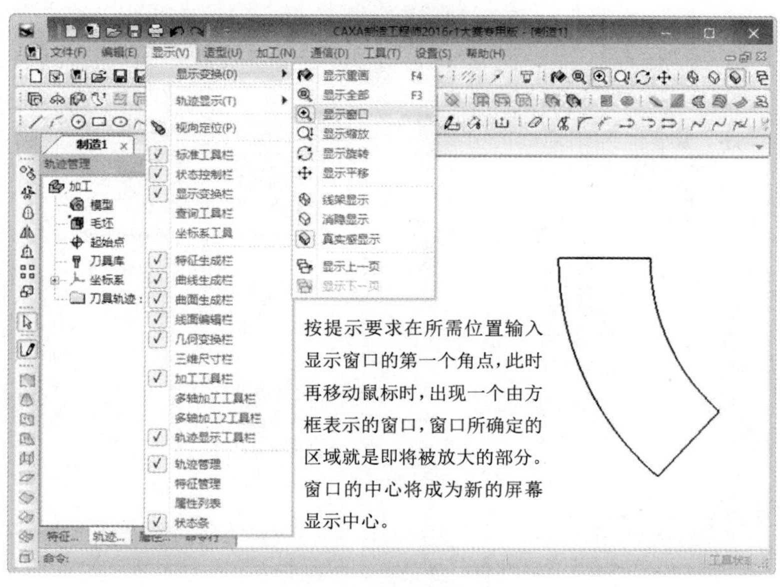

图 1-51　显示窗口

（4）显示缩放

按照固定的比例将绘制的图形进行放大或缩小。选择【显示】|【显示变换】|【显示缩放】菜单命令，或者直接单击【显示变换栏】中的【显示缩放】按钮，如图 1-52 所示。

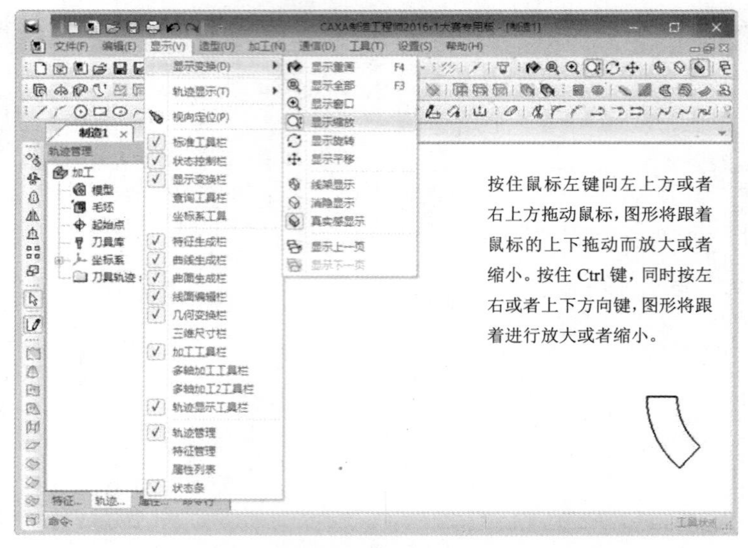

图 1-52　显示缩放

（5）显示旋转和显示平移

将拾取到的零部件进行旋转，选择【显示】|【显示变换】|【显示旋转】菜单命令，或者直接单击【显示变换栏】中的【显示旋转】按钮；显示平移命令可以将显示的图形移动到所需的位置，选择【显示】|【显示变换】|【显示平移】菜单命令，或者直接单击【显示变换栏】中的【显示平移】按钮，如图 1-53 所示。

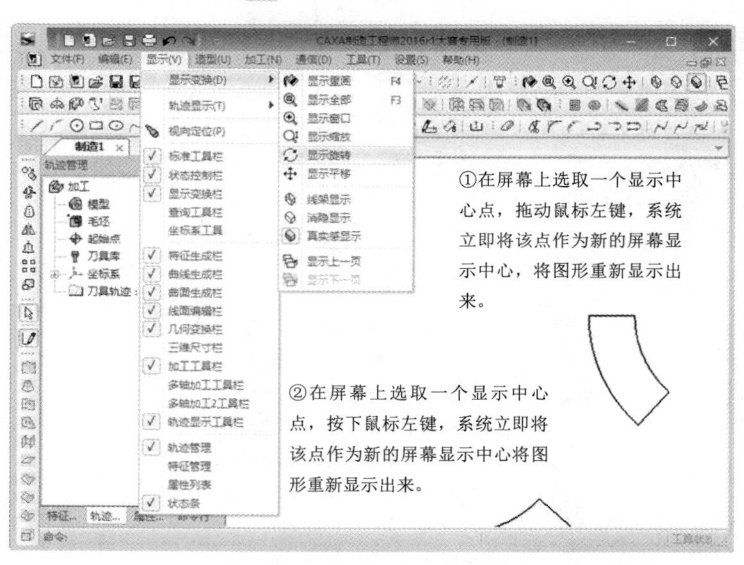

图 1-53　显示旋转和显示平移

（6）线架显示

选择【显示】|【显示变换】|【线架显示】菜单命令，或者直接单击【显示变换栏】中的【线架显示】按钮，如图 1-54 所示。

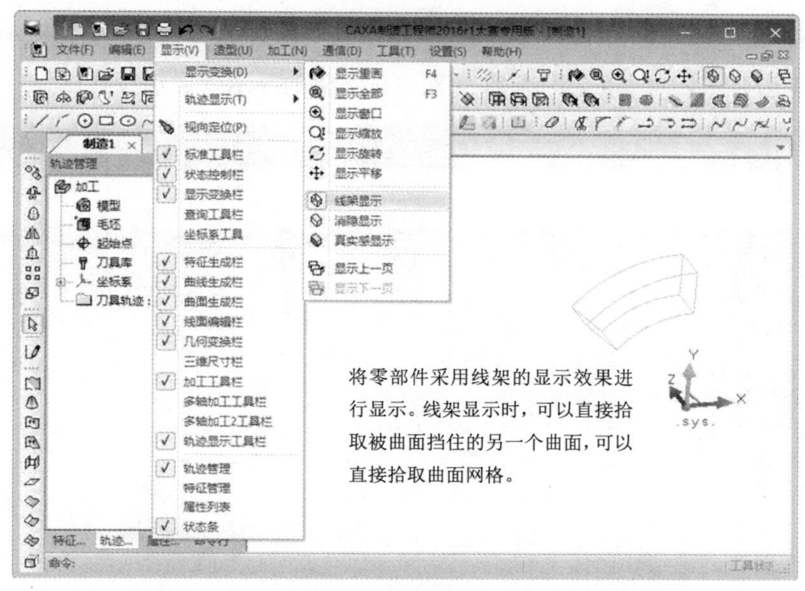

图 1-55 线架显示

（7）消隐显示

选择【显示】|【显示变换】|【消隐显示】菜单命令，或者直接单击【显示变换栏】中的【消隐显示】按钮，如图 1-55 所示。

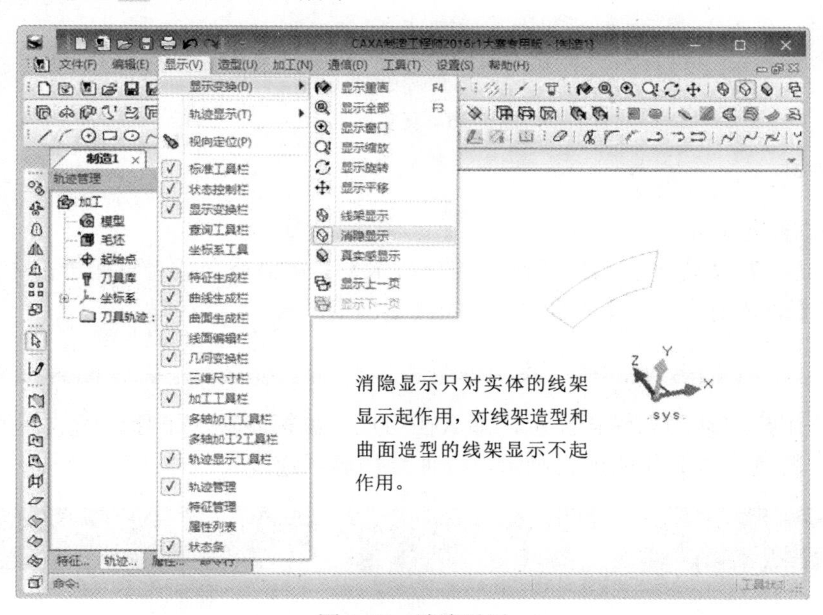

图 1-55 消隐显示

（8）真实感显示

选择【显示】|【显示变换】|【真实感显示】菜单命令，或者直接单击【显示变换栏】中的【真实感显示】按钮，如图 1-56 所示。

【真实感显示】命令可以使零部件采用真实感的显示效果进行显示。

名师点拨

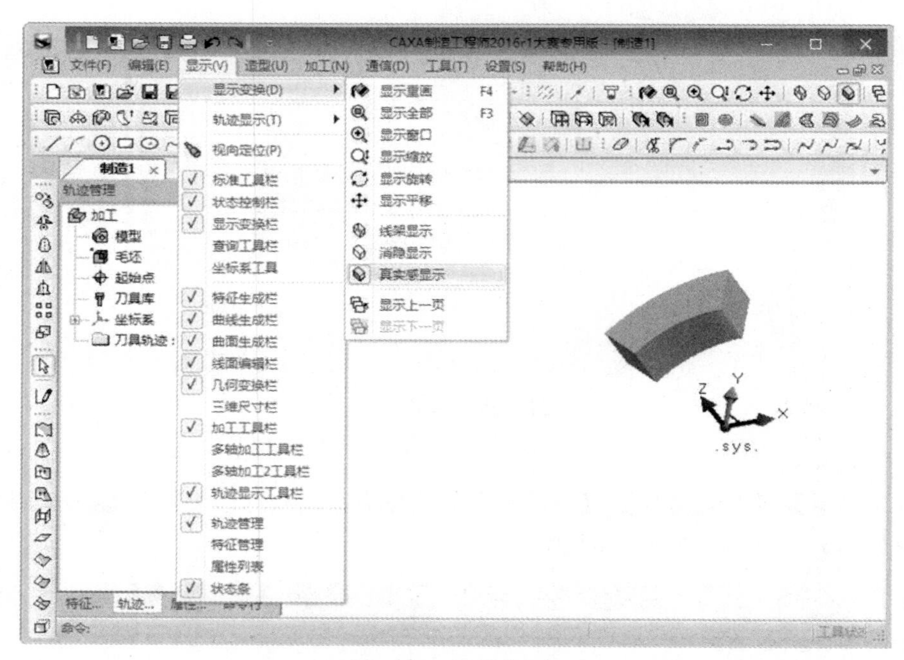

图 1-56　真实感显示

2．轨迹显示

（1）动态简化显示

选择【显示】|【轨迹显示】|【动态简化显示】菜单命令，或者直接单击【轨迹显示工具栏】中的【动态简化显示】按钮，如图 1-57 所示。

如果用户启动动态简化显示，那么在用户用鼠标旋转、平移、缩放模型的过程中，轨迹会以简化的形式显示，以便增加显示速度。

名师点拨

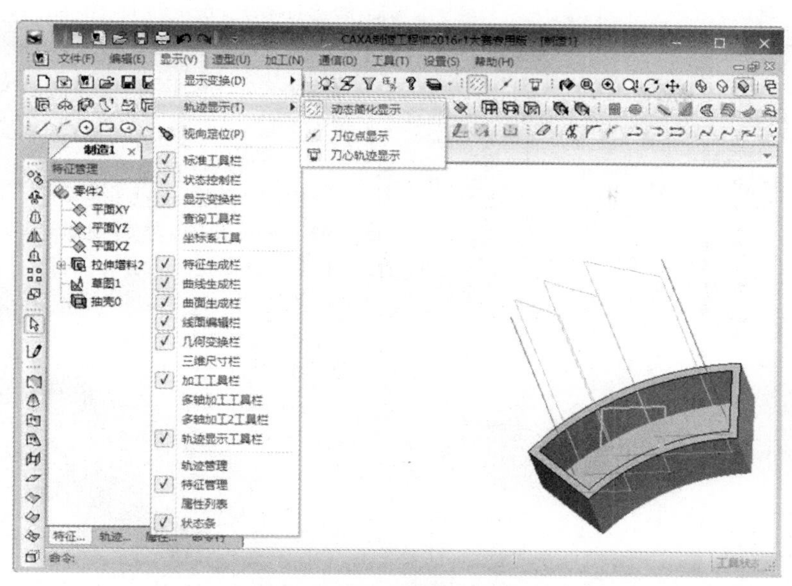

图 1-57　动态简化显示

（2）刀位点显示

选择【显示】|【轨迹显示】|【刀位点显示】菜单命令，或者直接单击【轨迹显示工具栏】中的【刀位点显示】按钮，如图 1-58 所示。

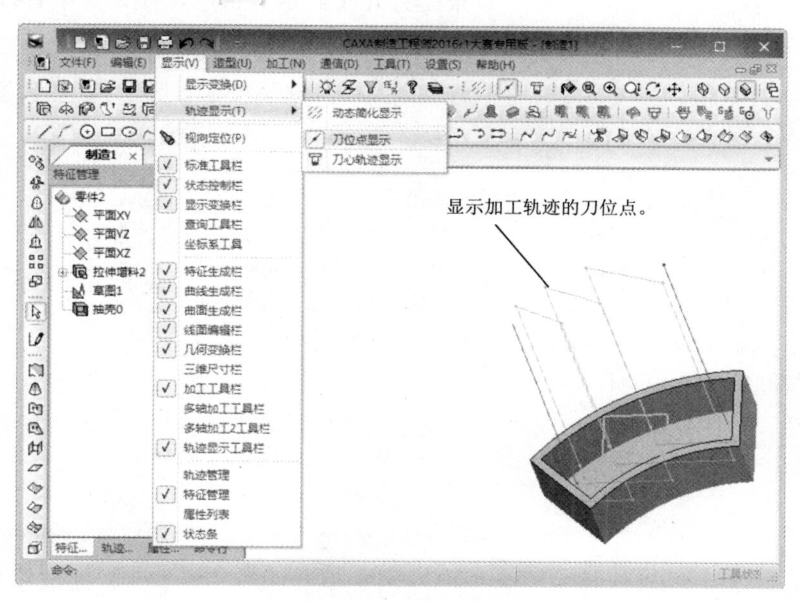

图 1-58　刀位点显示

（3）刀心轨迹显示

选择【显示】|【轨迹显示】|【刀心轨迹显示】菜单命令，或者直接单击【轨迹显示工具栏】中的【刀心轨迹显示】按钮，如图 1-59 所示。

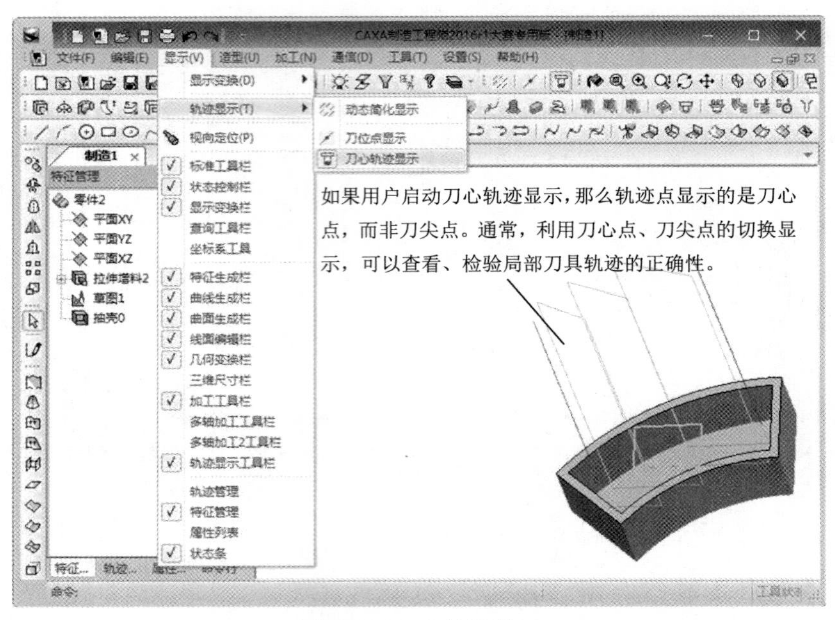

图 1-59　刀心轨迹显示

3. 工具栏显示

显示和关闭系统主界面的各处工具条。打开【显示】菜单，在菜单中有很多个选项，每一项前有一个“√”符号，表示相应的工具条，如图 1-60 所示。

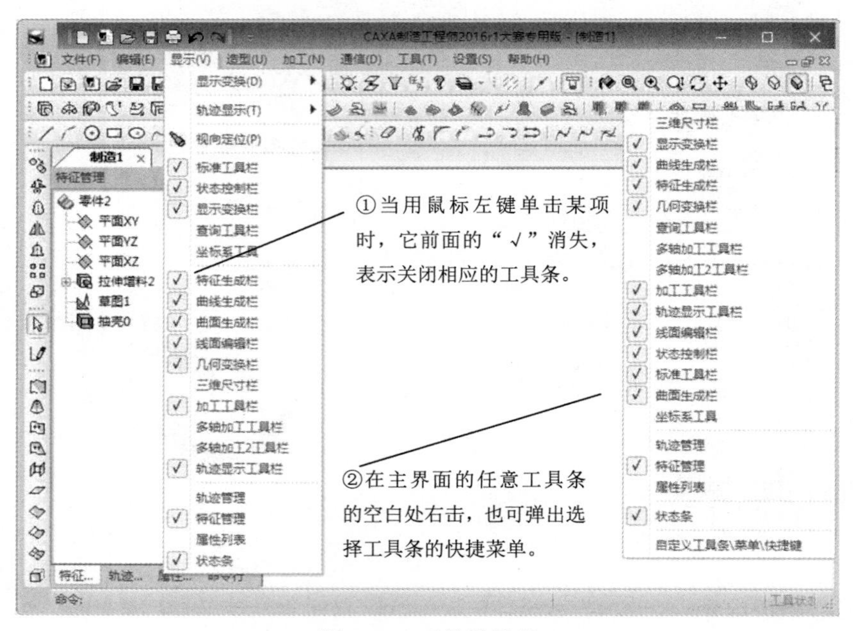

图 1-60　工具栏显示

1.2.3 课堂练习——盘盖零件显示操作

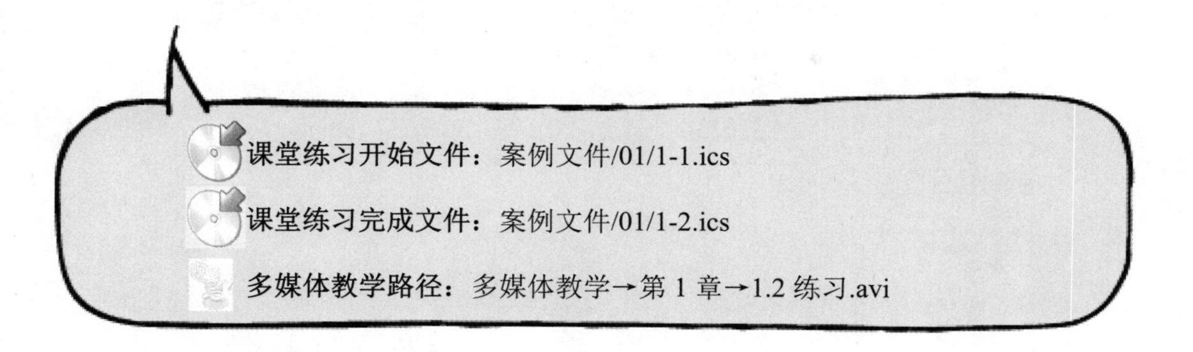

Step1 设置主视图，如图 1-61 所示。

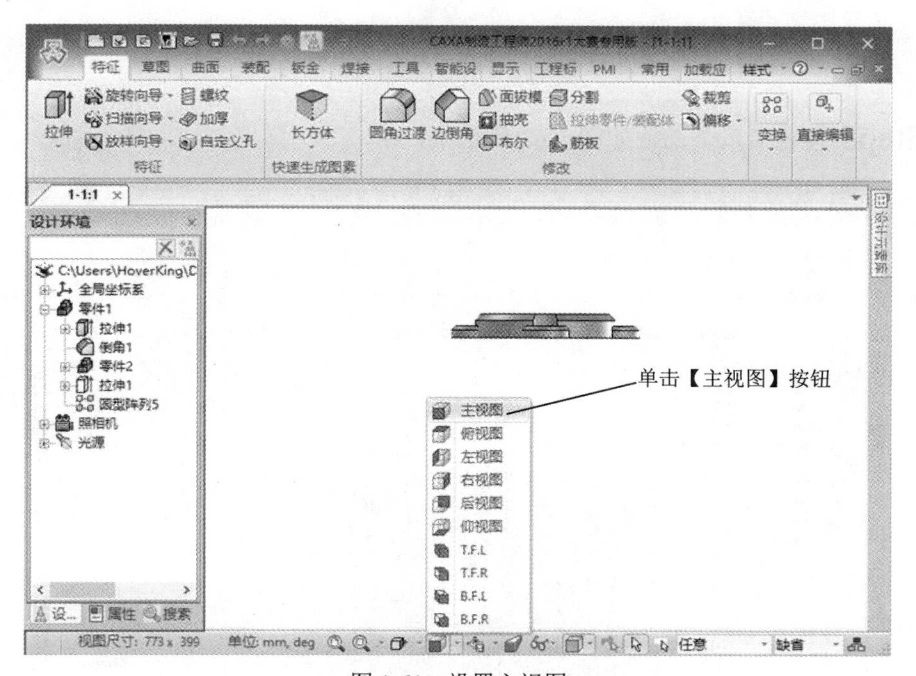

图 1-61　设置主视图

Step2 设置轴测视图，如图 1-62 所示。

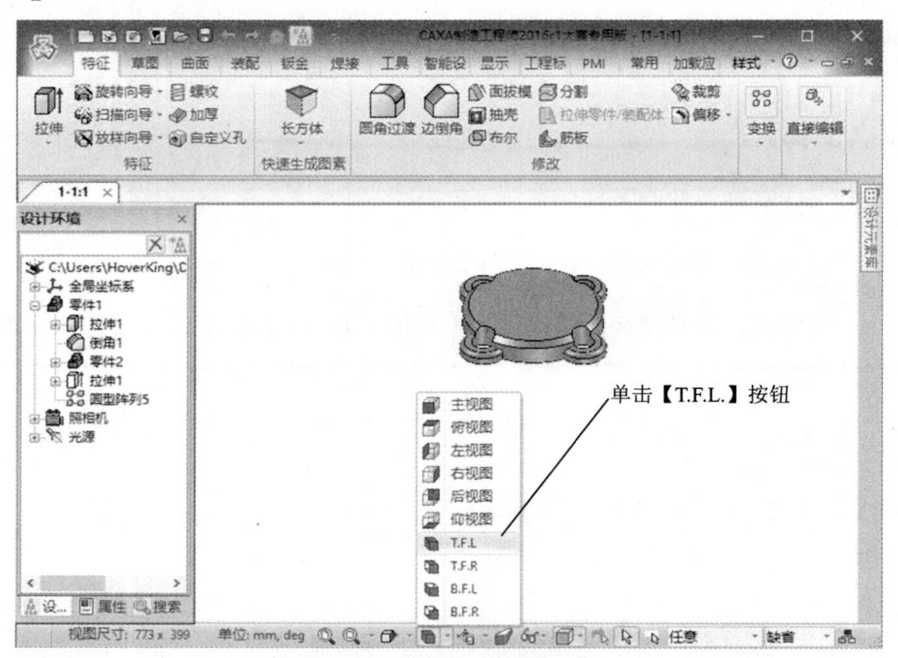

图 1-62　设置轴测视图

Step3 设置显示全部，如图 1-63 所示。

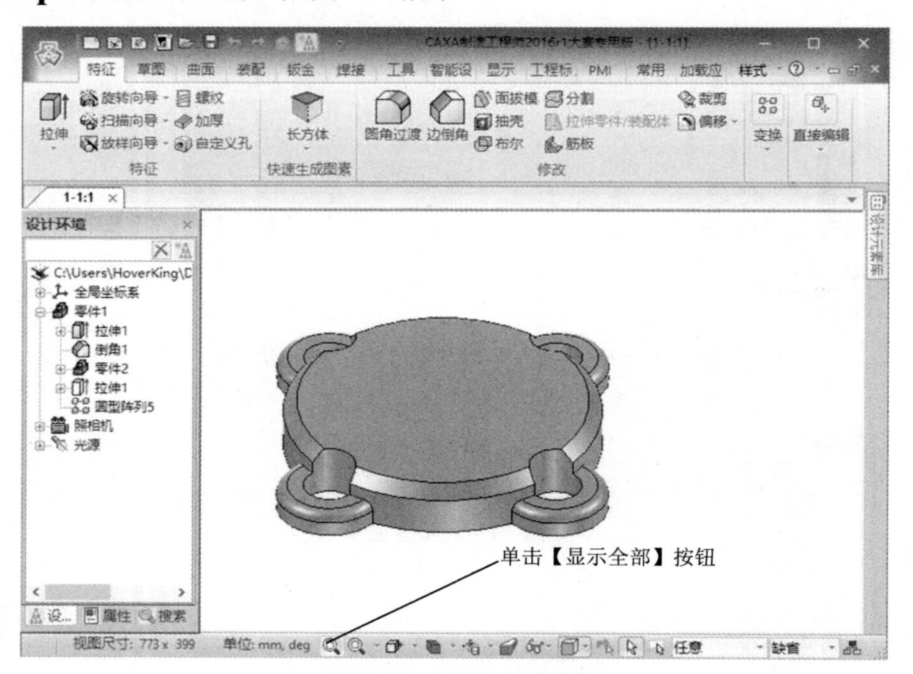

图 1-63　设置显示全部

Step4 设置局部放大视图，如图 1-64 所示。

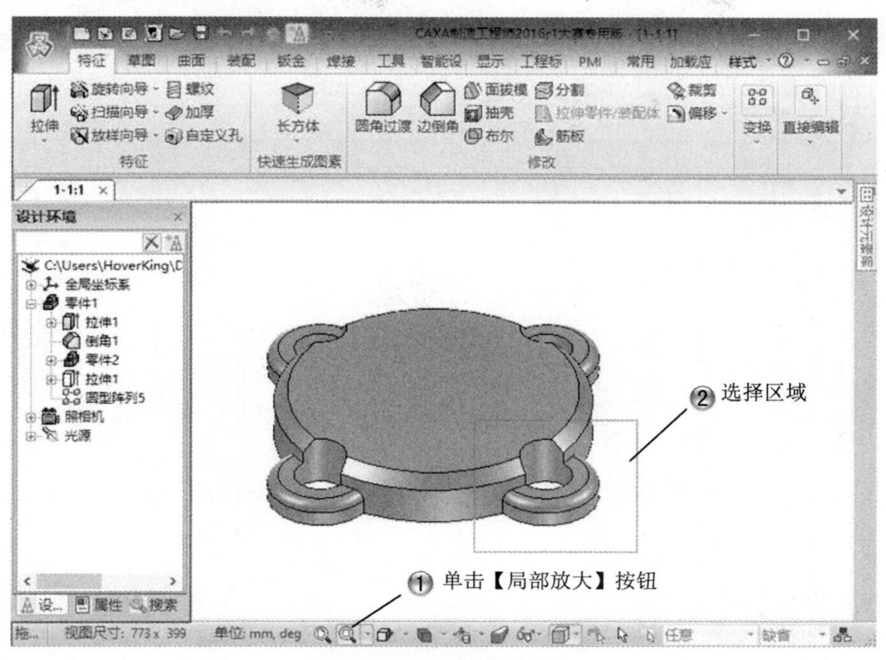

图 1-64　设置局部放大视图

Step5 完成放大视图，如图 1-65 所示。

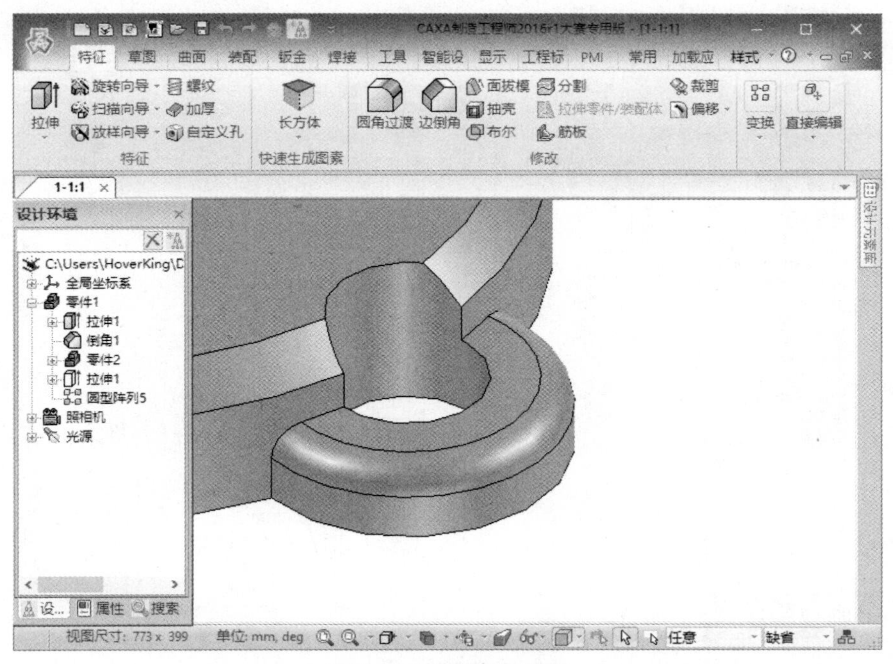

图 1-65　完成放大视图

Step6 设置真实感图显示，如图 1-66 所示。

图 1-66　设置真实感图显示

Step7 设置线框显示，如图 1-67 所示。

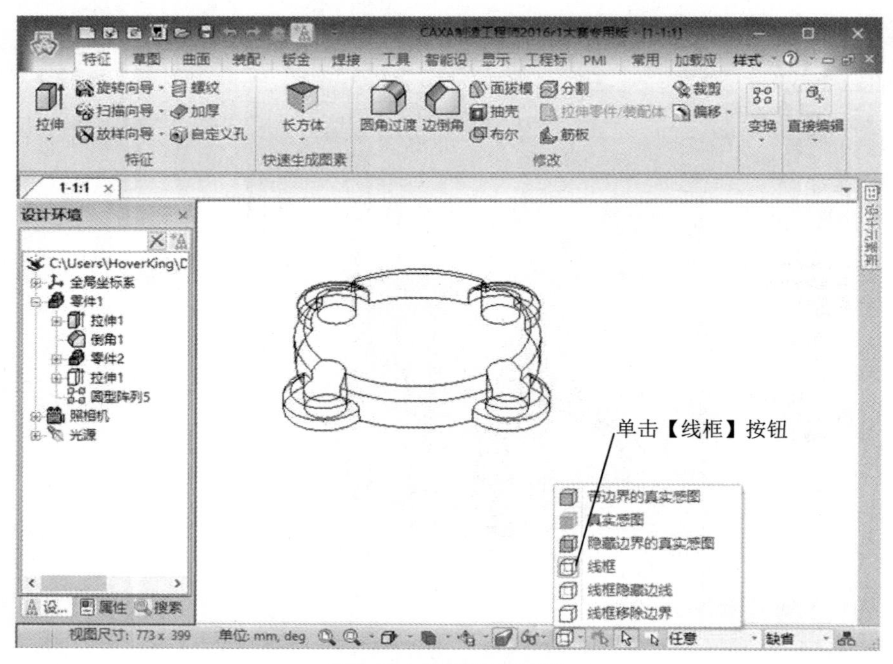

图 1-67　设置线框显示

Step8 选择指定面显示，如图 1-68 所示。

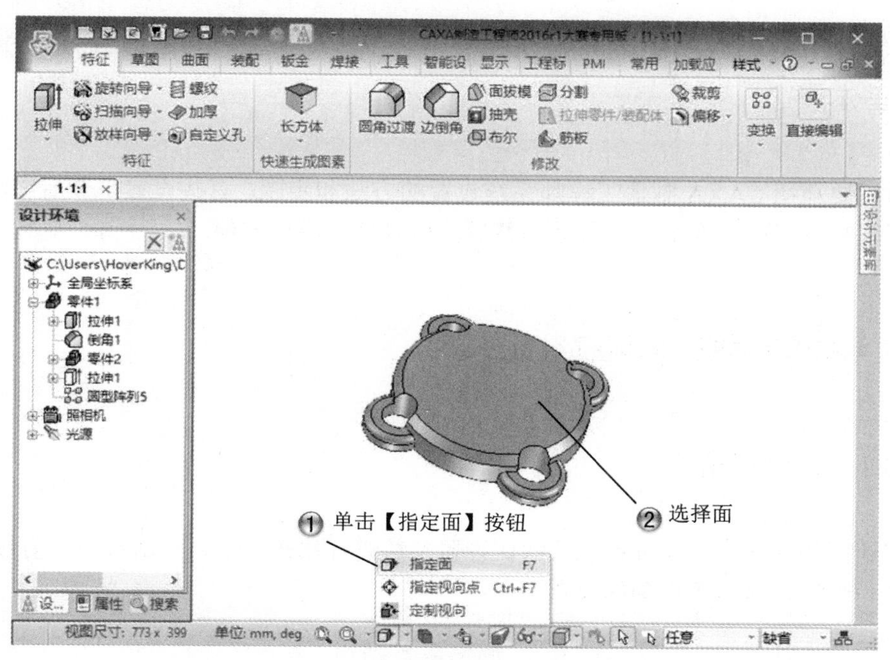

图 1-68　选择指定面显示

Step9 完成模型视图操作，如图 1-69 所示。

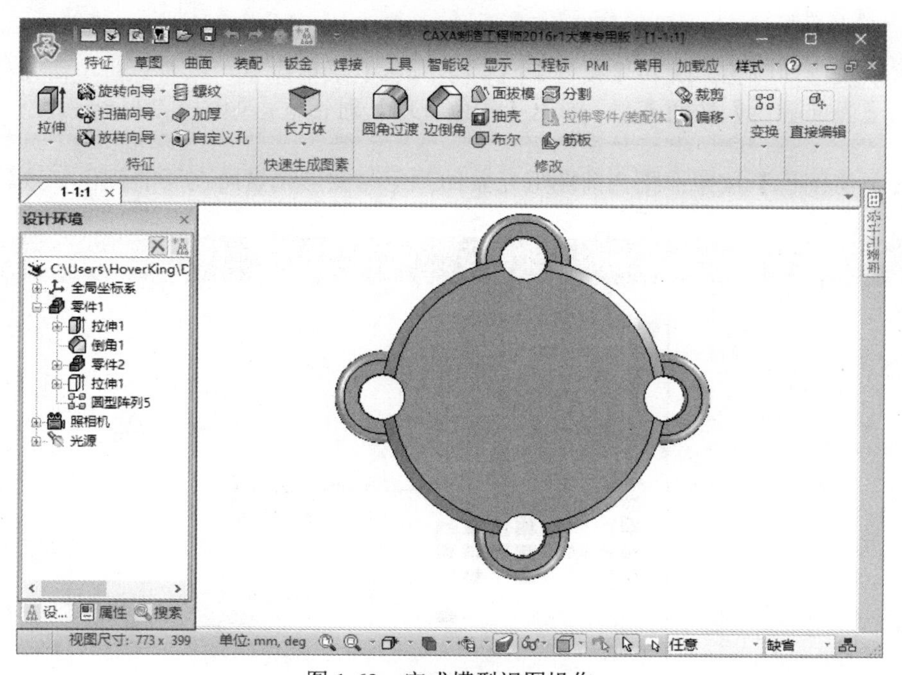

图 1-69　完成模型视图操作

1.3 系统设置

基本概念

本节主要介绍 CAXA 制造工程师系统设置的方法和步骤。有些设置是今后绘图经常用到的，而有些设置在根据个人的习惯调整后，可以使绘图更方便。

课堂讲解课时：2 课时

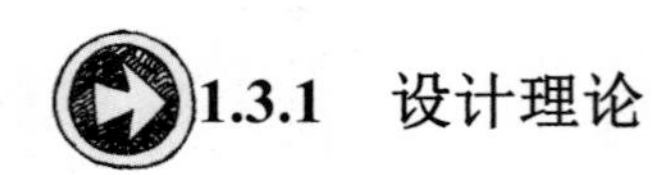

1.3.1 设计理论

根据绘图的需要，可以对系统的默认设置参数进行修改，主要包括系统当前颜色、层、拾取过滤、光源、材质等选项的设置。

1.3.2 课堂讲解

1. 当前颜色

设置系统当前颜色。旋转【设置】|【当前颜色】菜单命令，或者直接单击【标准工具栏】上的【当前颜色】按钮，弹出【颜色管理】对话框，如图 1-70 所示。

【与层同色】按钮：指当前图形元素的颜色与图形元素所在层的颜色一致。

名师点拨

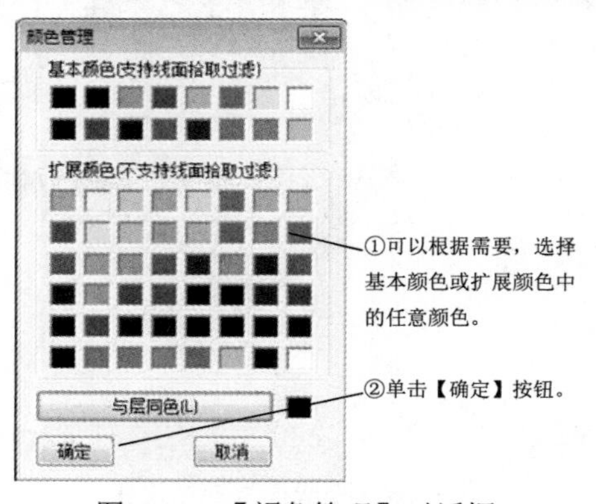

图 1-70　【颜色管理】对话框

2. 层设置

层设置可用于修改或查询图层名、图层状态、图层颜色、图层可见性以及创建新图层。选择【设置】|【层设置】菜单命令，或者直接单击【标准工具栏】中的【层设置】按钮，弹出【图层管理】对话框，如图 1-71 所示。

当部分图层上存在有效元素时，将无法重置图层和导入图层。

名师点拨

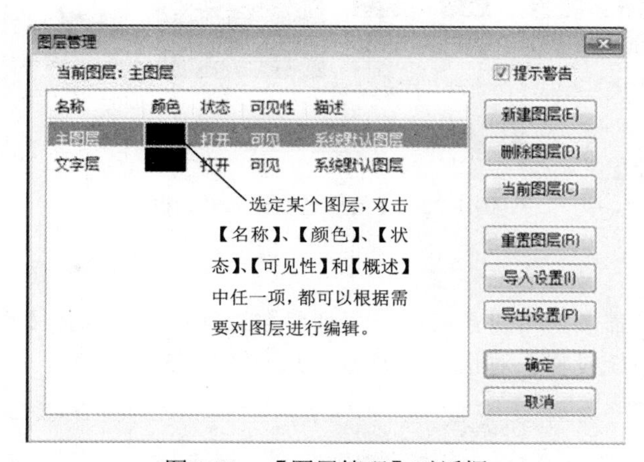

图 1-71 【图层管理】对话框

3. 拾取过滤设置

该功能可以用于设置拾取过滤和导航过滤类型；拾取过滤是指光标能够拾取到屏幕上的图形类型，拾取到的图形类型被加亮显示；导航过滤是指光标移动到要拾取的图形类型附近时，图形能够加亮显示。

选择【设置】|【拾取过滤设置】菜单命令，或者直接单击【标准工具栏】中的【拾取过滤设置】按钮，弹出【拾取过滤器】对话框，如图 1-72 所示。

拾取元素时，系统提示导航功能。拾取盒的大小与光柱拾取范围成正比。当拾取盒较大，光标距离要拾取到的元素较远时，也可以拾取到该元素。

名师点拨

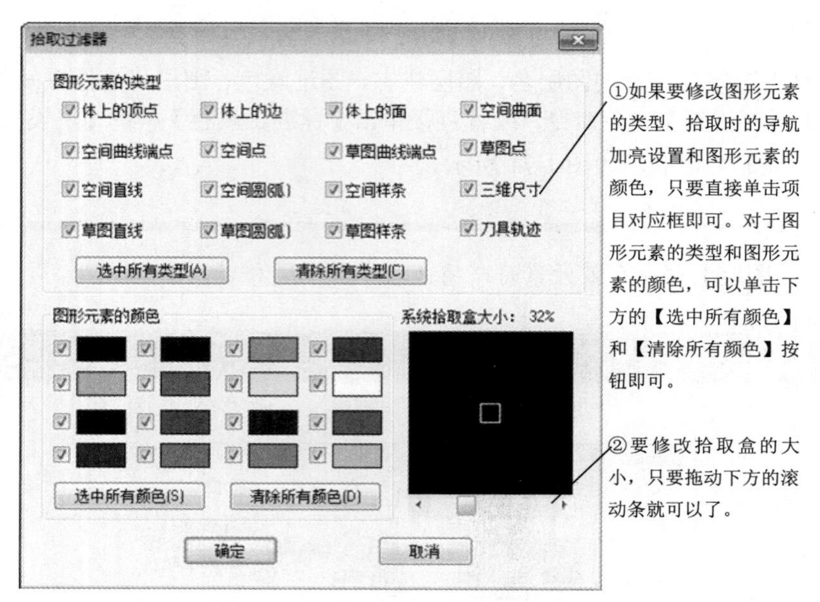

图 1-72 【拾取过滤器】对话框

4. 系统设置

用户根据绘图的需要，可对系统的一系列参数进行设置。选择【设置】|【系统设置】菜单命令，弹出【系统设置】对话框，如图 1-73～图 1-75 所示。

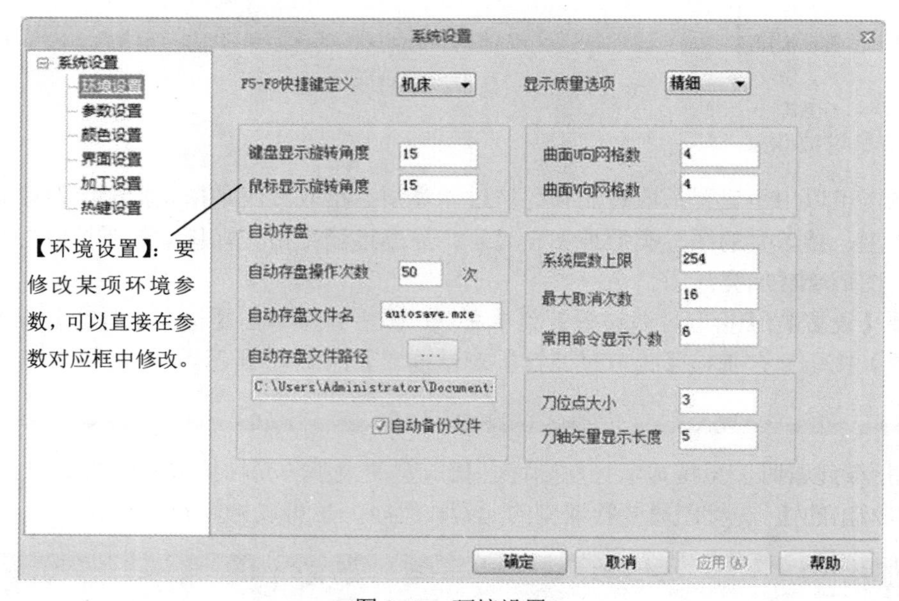

图 1-73 环境设置

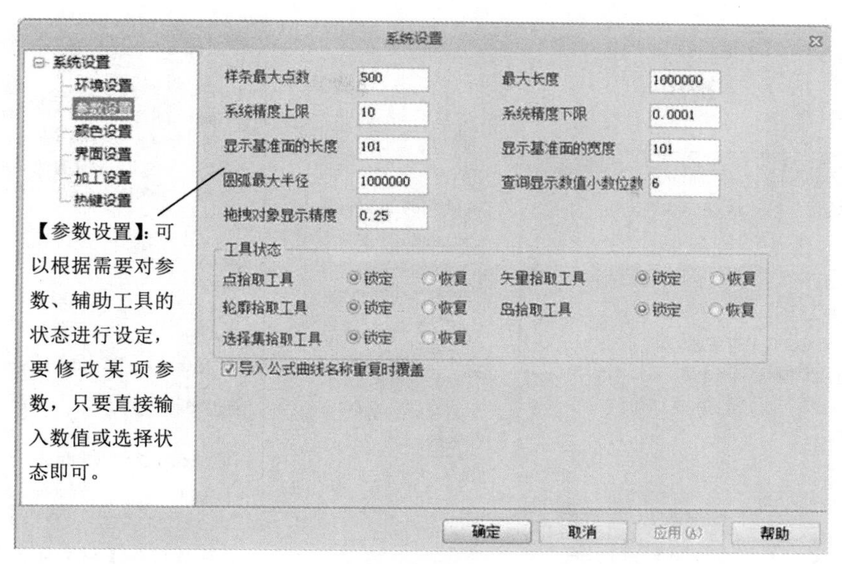

图 1-74　参数设置

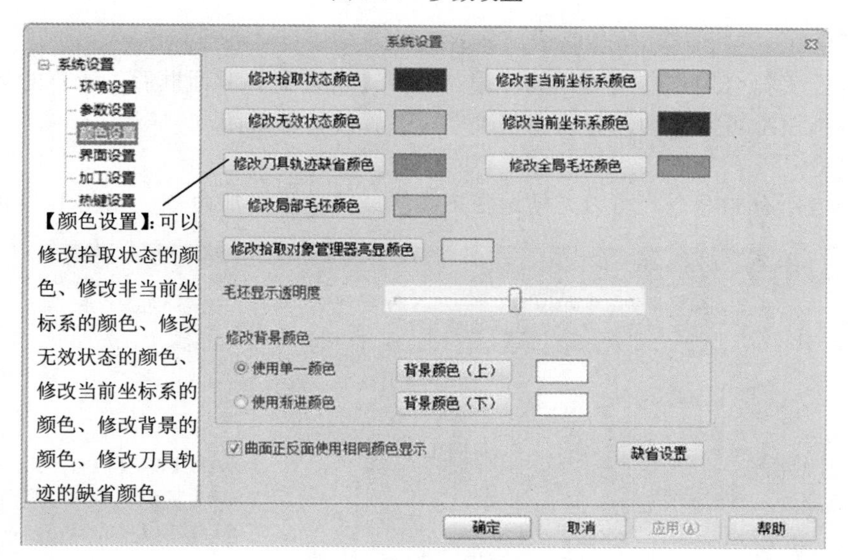

图 1-75　颜色设置

5. 光源设置

该命令可以对零件的环境和自身的光线强弱进行改变。选择【设置】|【光源设置】菜单命令，弹出的【光源设置】对话框，如图 1-76 所示。

6. 材质设置

该命令对生成实体的材质进行改变。选择【设置】|【材质设置】菜单命令，弹出的【材质属性】对话框，如图 1-77 所示，用户可以根据需要对实体的材质进行选择。

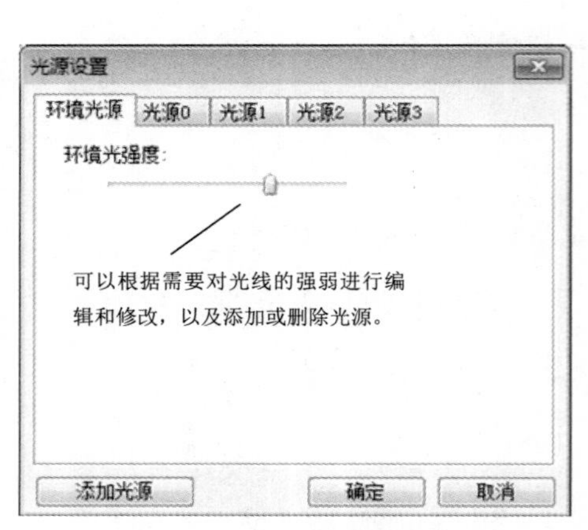

图 1-76　【光源设置】对话框

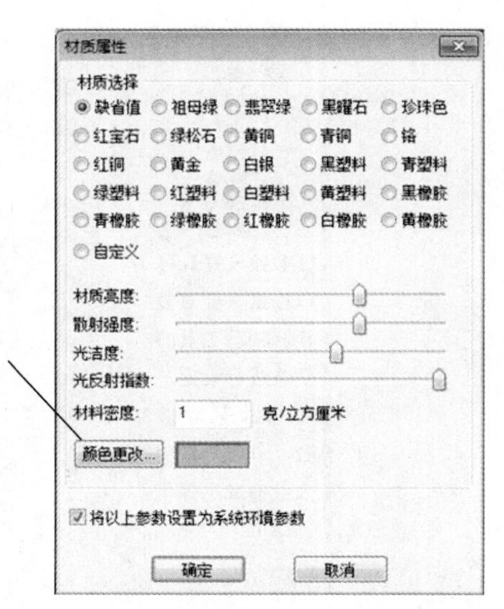

图 1-77　【材质属性】对话框

7. 自定义

该命令定义符合用户使用习惯的环境。打开【自定义】对话框后，所有的菜单项和工具栏的命令按钮都可以拖动，可以调整顺序、位置或将其关闭。

（1）命令

这里包含所有的命令，可以方便地在工具栏或菜单里添加命令，如图 1-78 所示。

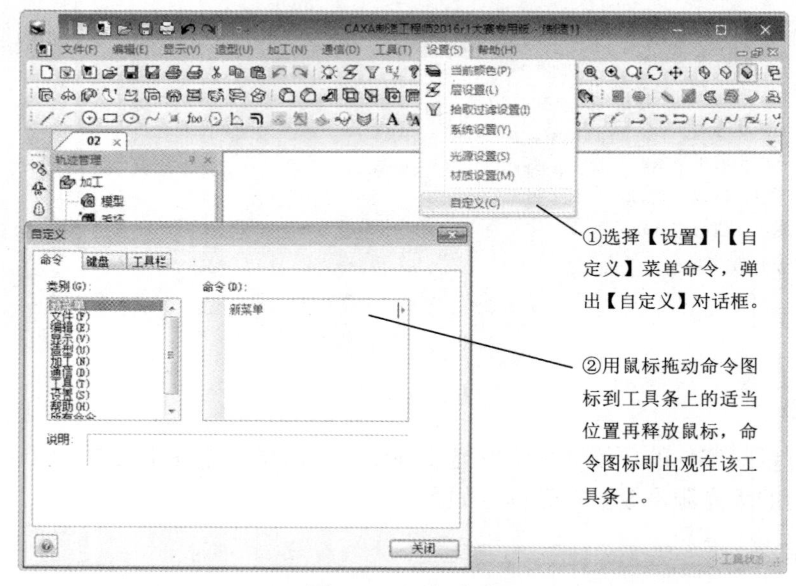

图 1-78　添加命令

（2）工具栏

根据用户使用习惯，定义自己的工具栏。选择【设置】|【自定义】菜单命令，打开【自

定义】对话框，单击【工具栏】选项卡，如图 1-79 所示。根据用户自己的使用特点选取工具栏是否显示，如果有特殊需要，用户还可以自定义新工具栏。

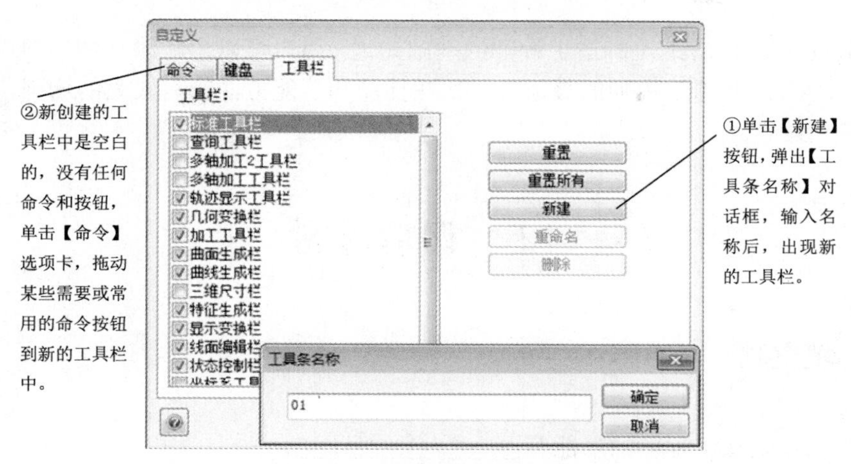

图 1-79 【自定义】对话框

【重置】和【重置所有】按钮用于将做过更改的系统菜单、工具栏恢复到默认状态，用户创建的工具栏不受影响。按住 Ctrl 键，单击某个图标拖动可以复制一个按钮；若取消按住 Ctrl 键时，系统将移动选择的按钮，而且可以在不同的工具条及菜单栏之间复制、移动命令按钮。

名师点拨

（3）键盘设置

根据用户的使用习惯定义自己的快捷键。打开【自定义】对话框，打开【键盘】选项卡，如图 1-80 所示，用户根据快捷键的类别进行选择。

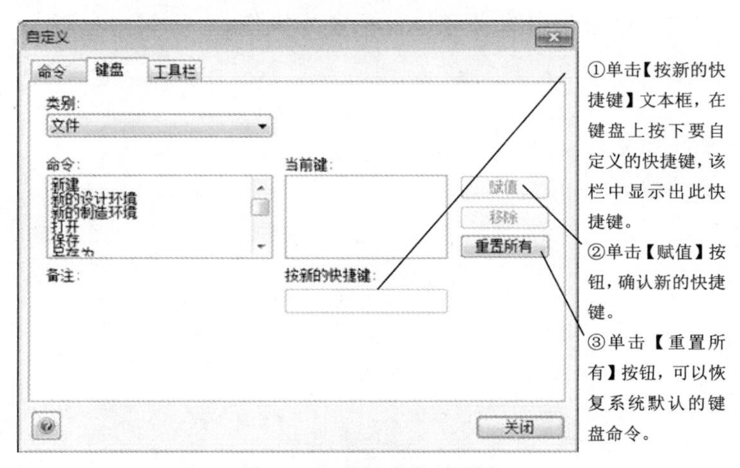

图 1-80 【键盘】选项卡

1.4　专家总结

本章重点介绍了 CAXA 制造工程师的基础知识，用户可以了解该软件的功能特点和常用的操作。CAXA 制造工程师的最新版本，在性能和功能方面都有较大的增强，同时保证与低版本完全兼容。

1.5　课后习题

1.5.1　填空题

（1）CAXA 制造工程师的功能有________________。

（2）CAXA 制造工程师的组成部分有________________。

（3）菜单栏中的主要命令有________________。

（4）工具栏都有________种。

1.5.2　问答题

（1）如何进行系统的颜色设置？

（2）试述如何调用工具栏？

1.5.3　上机操作题

使用本章学过的各种命令来练习 CAXA 的基本操作。

一般创建步骤和方法如下：

（1）新建文件。

（2）创建一个简单文件。

（3）设置系统参数。

（4）保存文件。

第2章　线架造型

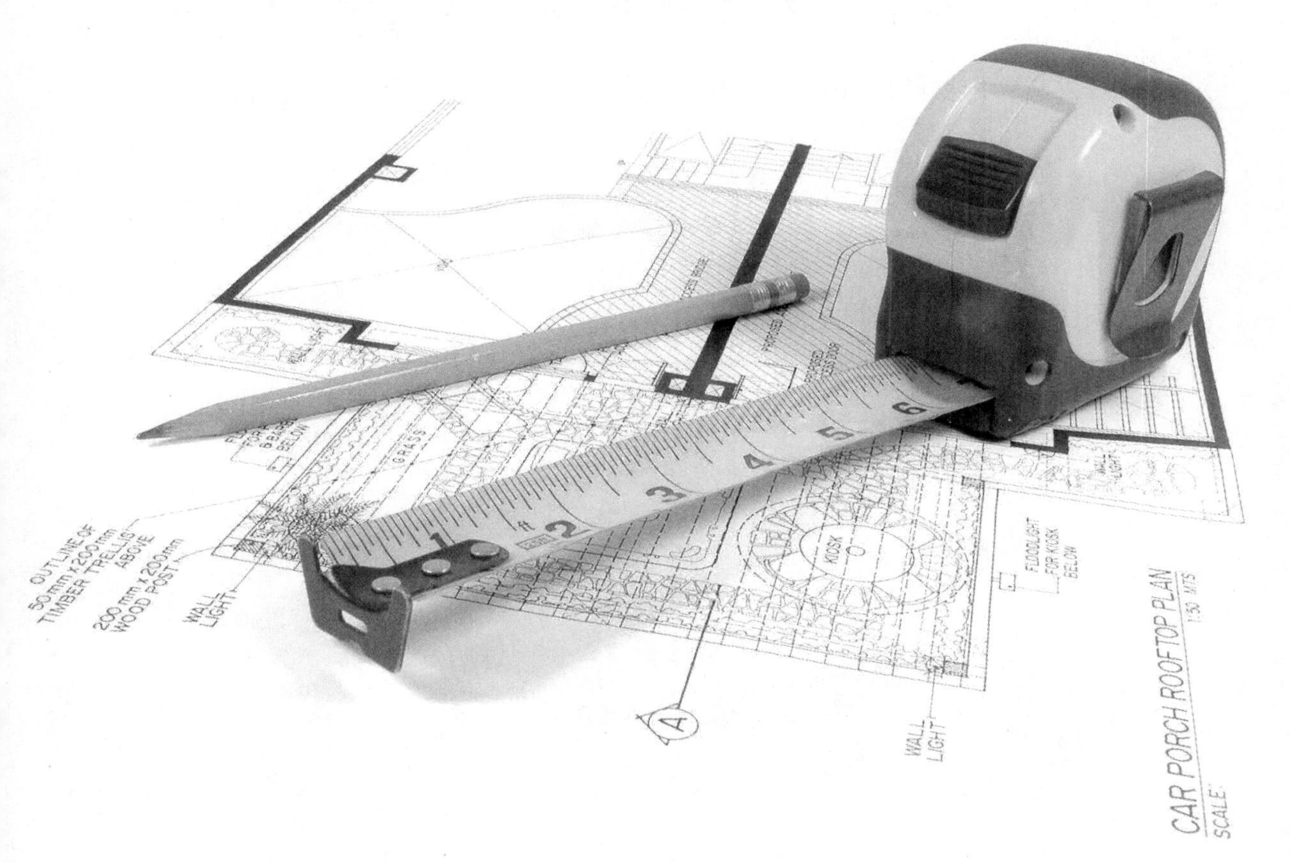

课训目标	内　容	掌握程度	课　时
	生成曲线	熟练运用	2
	曲线编辑	熟练运用	2
	几何变换	熟练运用	2

课程学习建议

CAXA 制造工程师提供了三种几何建模方式，即线架造型、曲面造型和特征造型。线架造型就是直接使用空间点、曲线来表达三维零件形状的造型方法。线架造型是曲面造型和特征造型的基础。

本课程主要基于软件的线架造型功能进行讲解，其培训课程表如下。

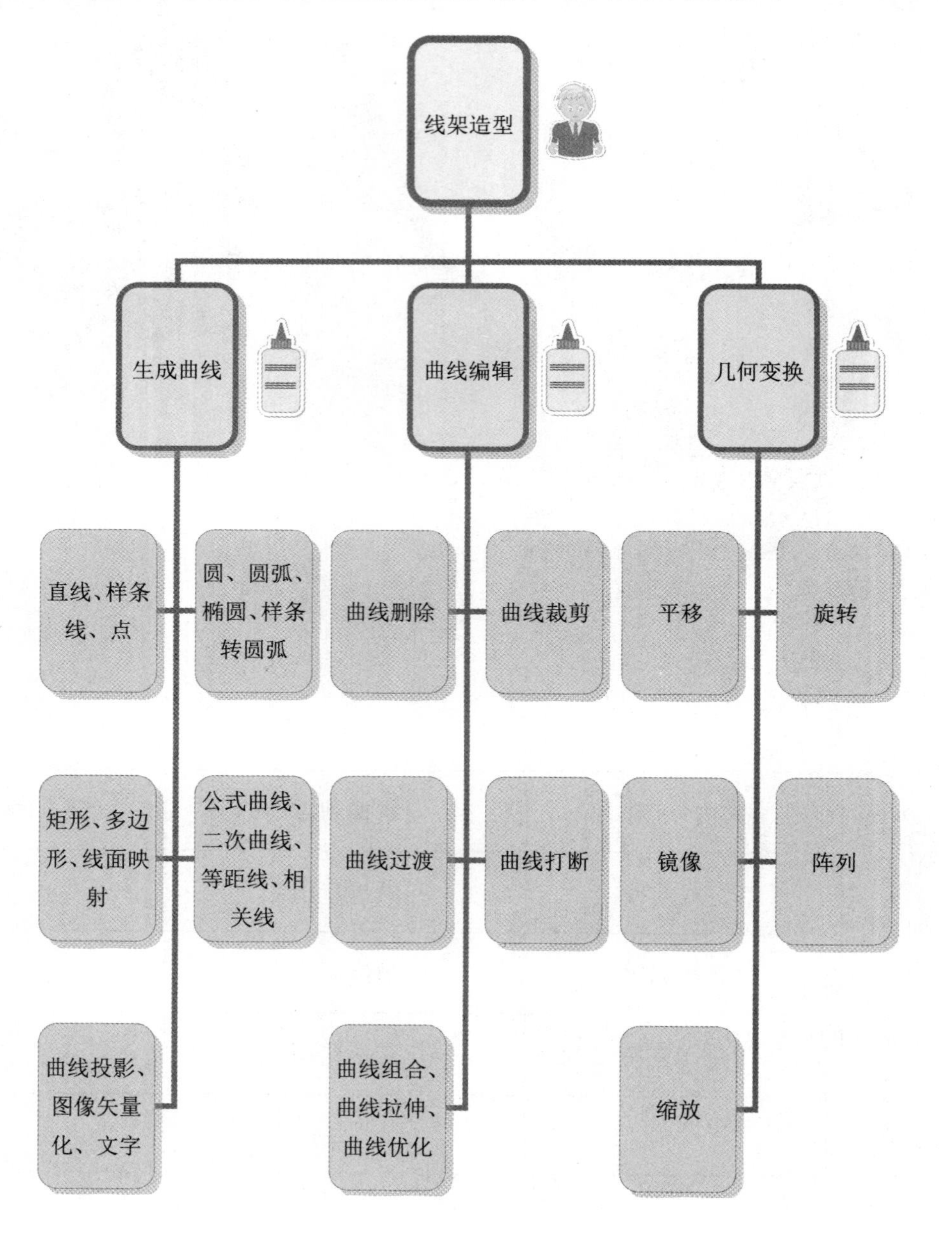

2.1 生成曲线

基本概念

CAXA 制造工程师为曲线绘制提供了很多功能，主要包括直线、圆弧、圆、矩形、椭圆、样条线、点、公式曲线、多边形、二次曲线、等距线等。用户可以利用这些功能，方便快捷地绘制出各种各样复杂的图形。无论是在草图状态还是非草图状态，曲线绘制和编辑功能的意义是相同的，操作方式也是一样的。

课堂讲解课时：2 课时

2.1.1 设计理论

在讲述具体的特征实体造型命令之前，首先要学习特征实体造型命令常用到的一些基础知识，包括点的输入、视图平面和作图平面的知识等。

1. 点的输入方法

点的输入方式有两种：键盘输入和鼠标输入。

（1）键盘输入

CAXA 制造工程师提供了输入坐标点的功能，主要支持如下：

1）绝对坐标点输入和相对坐标点输入。

2）笛卡儿坐标输入方式。

3）柱坐标输入方式（极坐标可以用 Z=O 的柱坐标来表示）。

4）球坐标输入方式。

在造型过程中，当需要拾取点或者输入点时，可以直接按 Enter 键，启动坐标输入功能，坐标输入的形式为：“[@][tt：]x，y，z”，如图 2-1 所示。

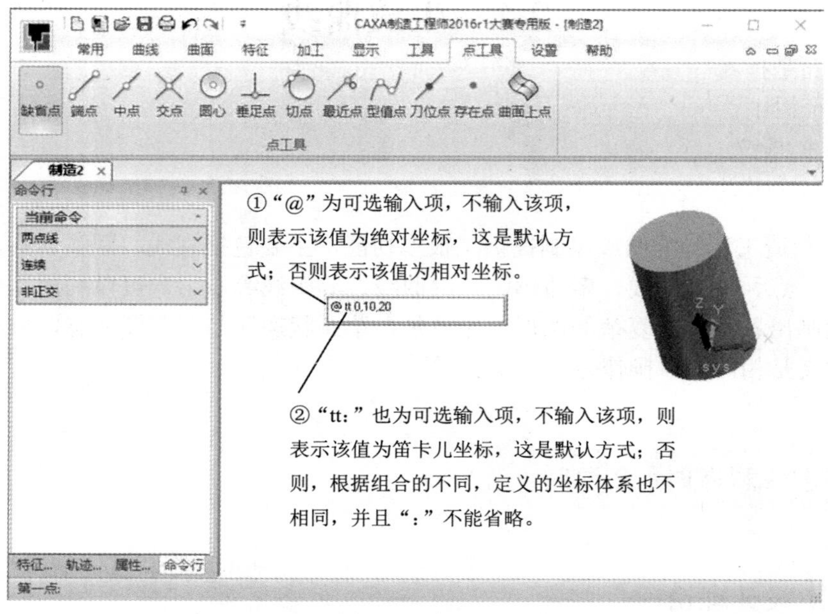

图 2-1　输入点

（2）鼠标输入

鼠标输入用于捕捉图形对象的特征值点，主要指使用点弹出菜单进行设置，如图 2-2 所示。

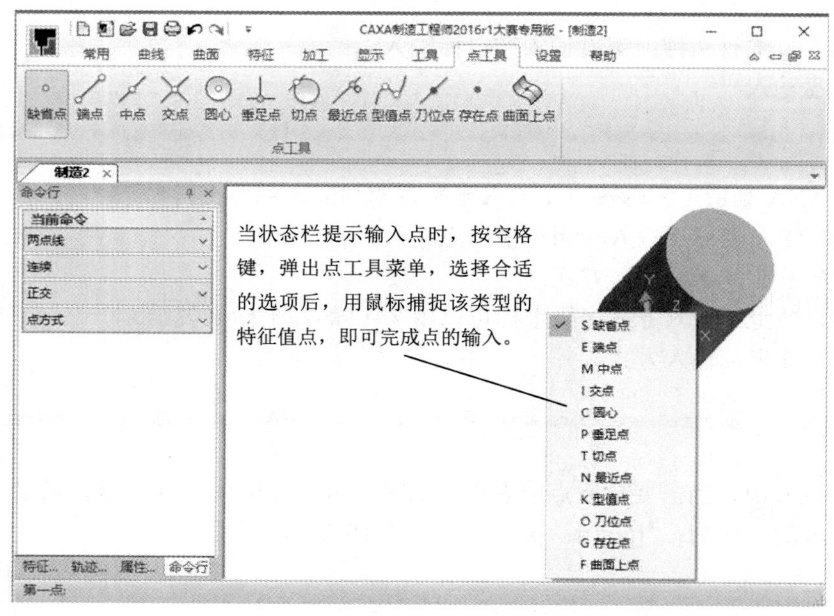

图 2-2　点弹出菜单

2. 视图平面和作图平面

视图平面是指看图时使用的平面，作图平面是指绘制图形时使用的平面。CAXA 制造工程师的特征树中默认的平面有三个：平面 XY（俯视图）、平面 YZ（左视图）、平面 XZ（主视图）。在二维平面绘图中，视图平面与作图平面是统一的，在三维平面绘图中，视图平面与作图平面可以不统一，如图 2-3 所示。

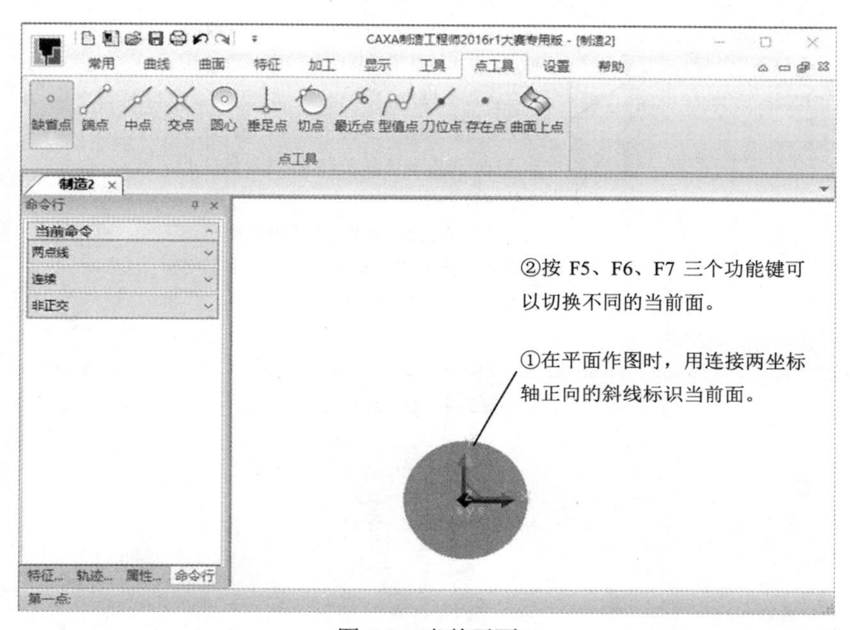

图 2-3　当前平面

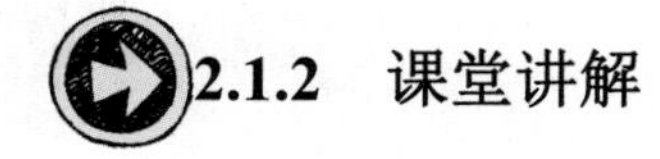

2.1.2　课堂讲解

1. 直线

直线是构成图形的基本要素。直线命令提供了【两点线】、【平行线】、【角度线】、【切线/法线】、【角等分线】和【水平/铅垂线】功能方式。选择【造型】|【曲线生成】|【直线】菜单命令，或者单击【曲线生成栏】中的【直线】按钮，通过直线命令，可选择直线生成方式，生成直线的方式主要包括以下六种。

（1）两点线：两点线就是在屏幕上按给定两点画一条直线段，或按给定的连续条件画连续直线段，如图 2-4 所示。

（2）平行线：按给定距离或通过给定的已知点绘制与已知线段平行、且长度相等的平行线段，如图 2-5 所示。

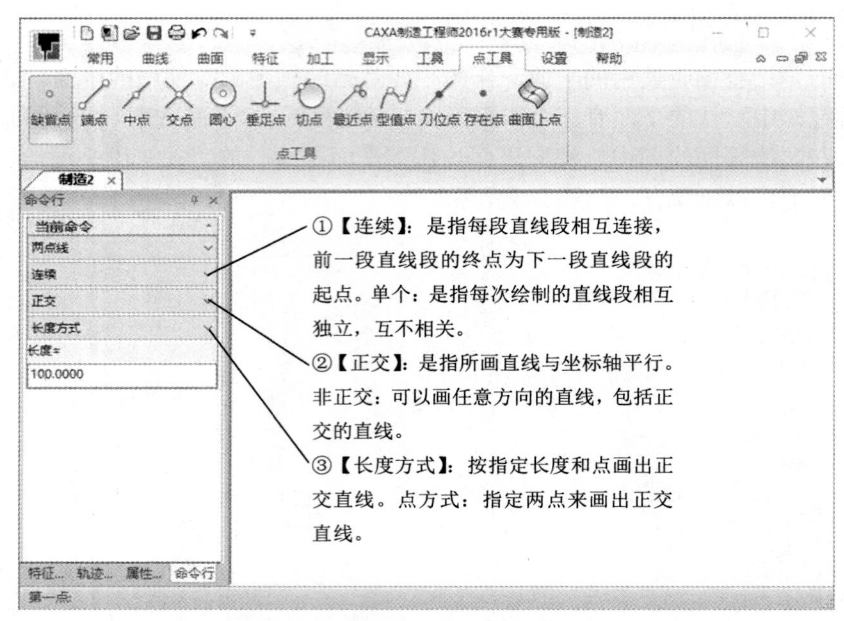

图 2-4　两点线

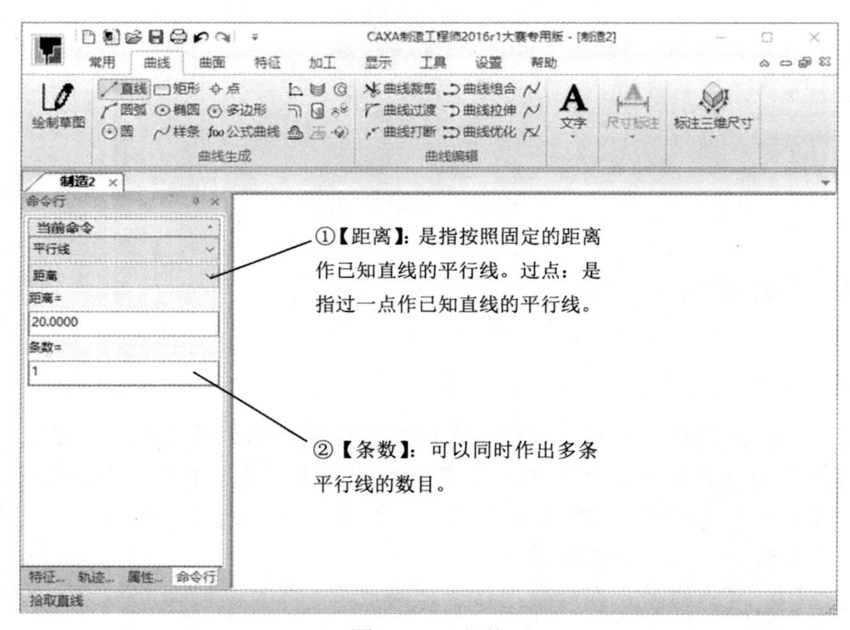

图 2-5　平行线

（3）角度线：生成与坐标轴或一条直线成一定夹角的直线，如图 2-6 所示。在命令行中选择角度线绘制直线时，选择【X 轴夹角】、【Y 轴夹角】或【直线夹角】等方式，输入角度值。

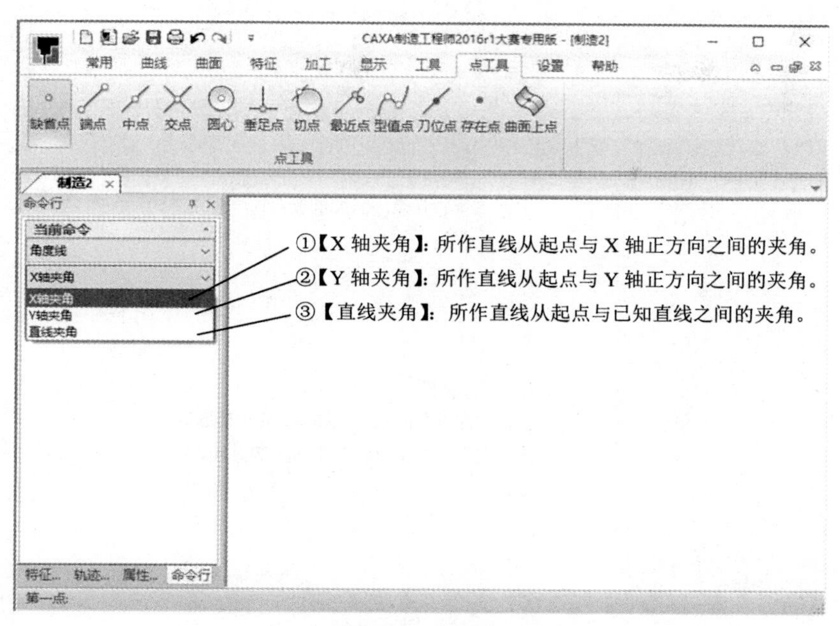

图 2-6　角度线

（4）切线/法线：过给定点作已知曲线的切线或法线，如图 2-7 所示。

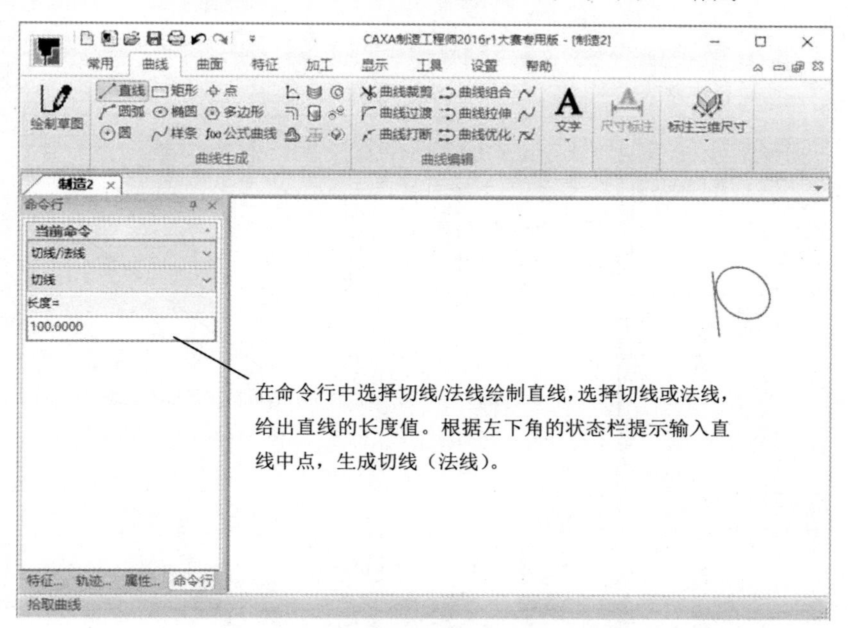

图 2-7　切线/法线

（5）角等分线：按给定等分份数、给定长度画一条直线段将一个角等分，如图 2-8 所示。

（6）水平/铅垂线：生成平行或垂直于当前平面坐标轴的给定长度的直线，如图 2-9 所示。

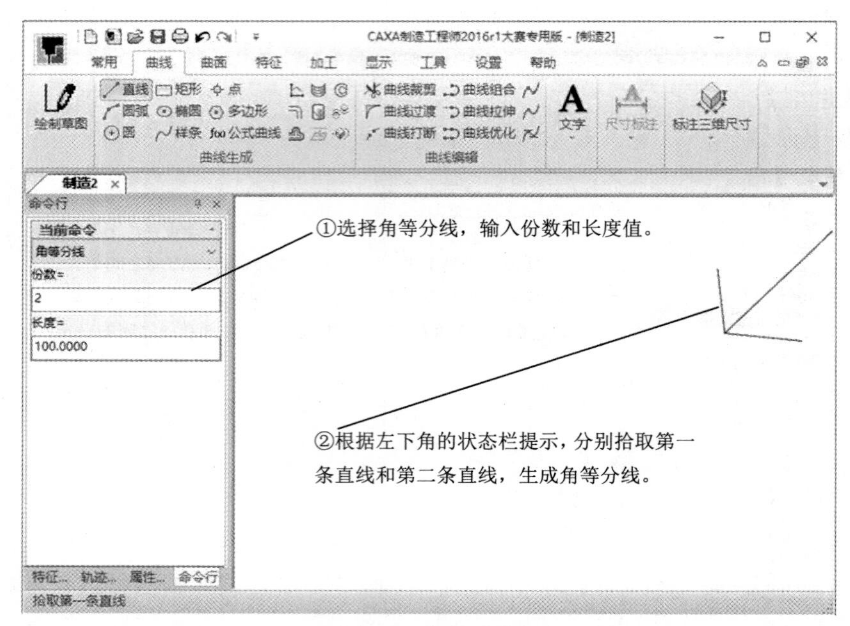

图 2-8　角等分线

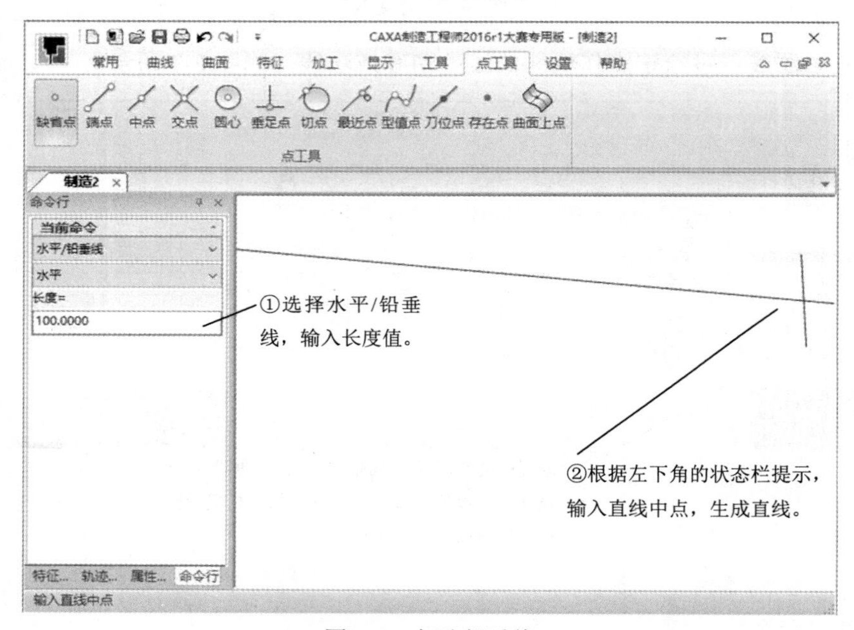

图 2-9　水平/铅垂线

在“角度线”绘制直线方式中，角度值可正可负；逆时针为正，顺时针为负。

名师点拨

2. 圆弧

选择【造型】|【曲线生成】|【圆弧】菜单命令，或者单击【曲线生成栏】中的【圆弧】按钮，弹出命令行，如图 2-10 所示。圆弧功能提供了六种方式：【三点圆弧】、【圆心_起点_圆心角】、【圆心_半径_起终角】、【两点_半径】、【起点_终点_圆心角】和【起点_半径_起终角】。

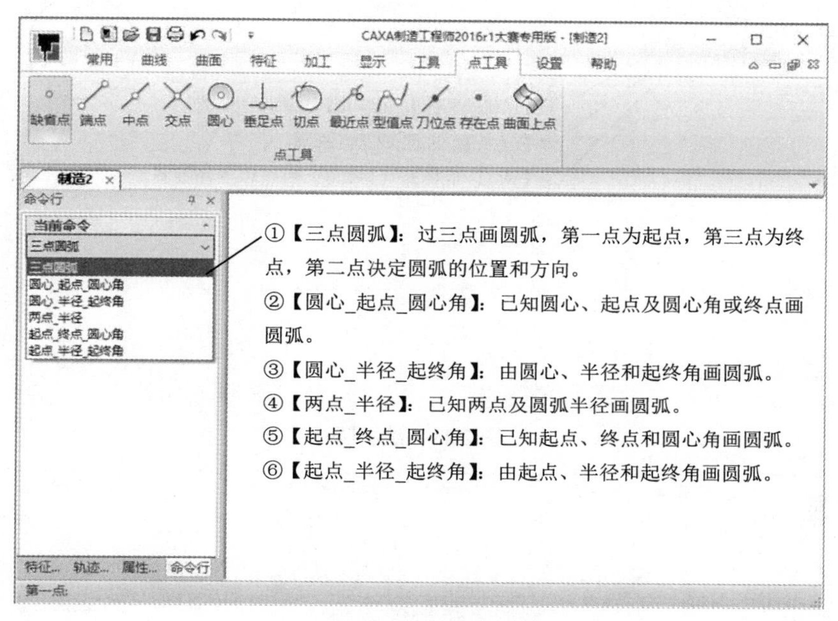

图 2-10　绘制圆弧

绘制圆弧或圆时，状态栏动态显示半径大小。

名师点拨

3. 圆

选择【造型】|【曲线生成】|【圆】菜单命令，或者单击【曲线生成栏】中的【整圆】按钮，弹出命令行，如图 2-11 所示。

4. 矩形

选择【造型】|【曲线生成】|【矩形】菜单命令，或者直接单击【曲线生成栏】中的【矩形】按钮，弹出命令行。系统提供了【两点矩形】和【中心_长_宽】两种方式绘制矩形，如图 2-12 所示。

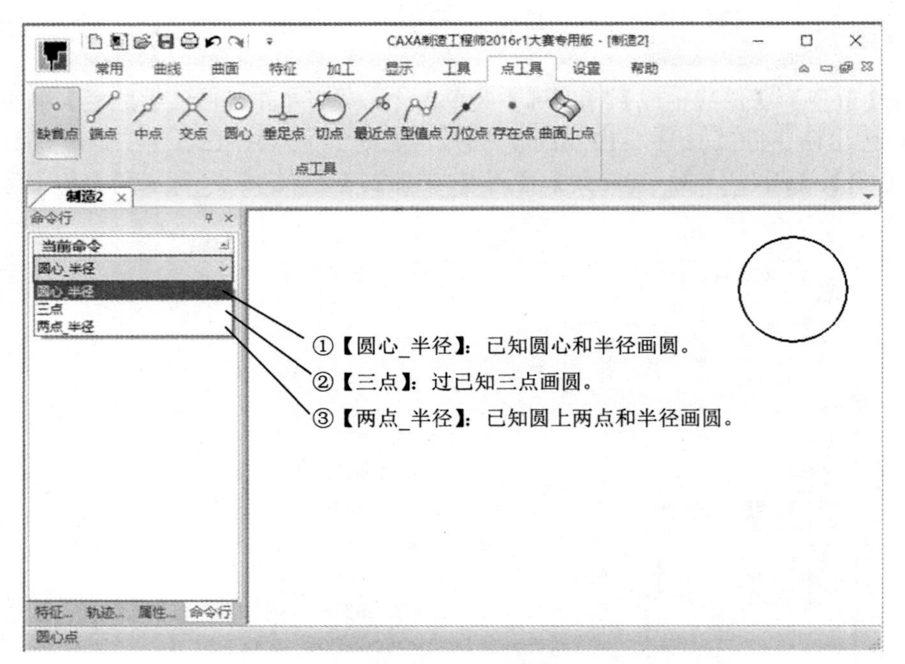

图 2-11　绘制圆

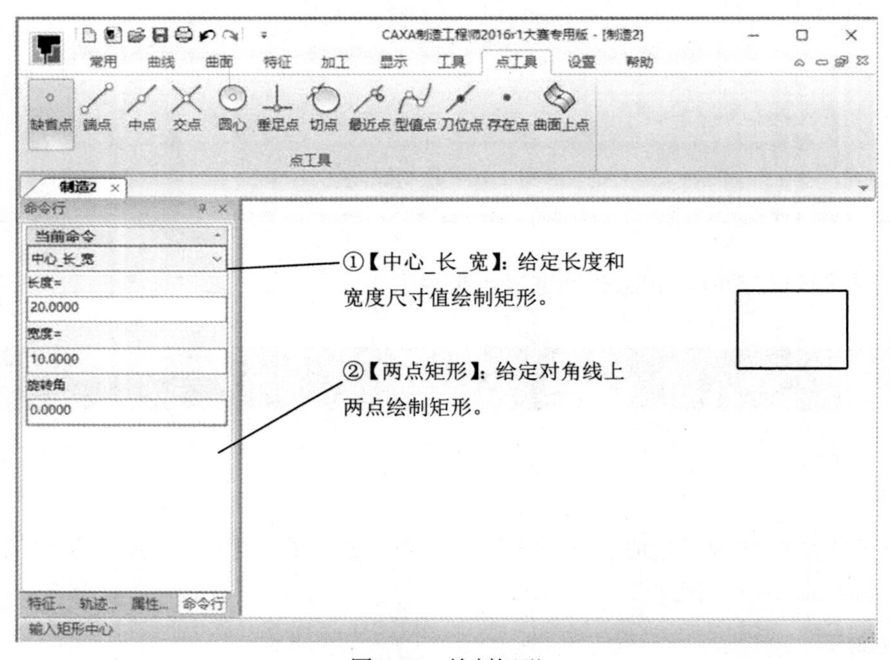

图 2-12　绘制矩形

5. 椭圆

选择【造型】|【曲线生成】|【椭圆】菜单命令，或者直接单击【曲线生成栏】中的【椭圆】按钮，弹出命令行，如图 2-13 所示。

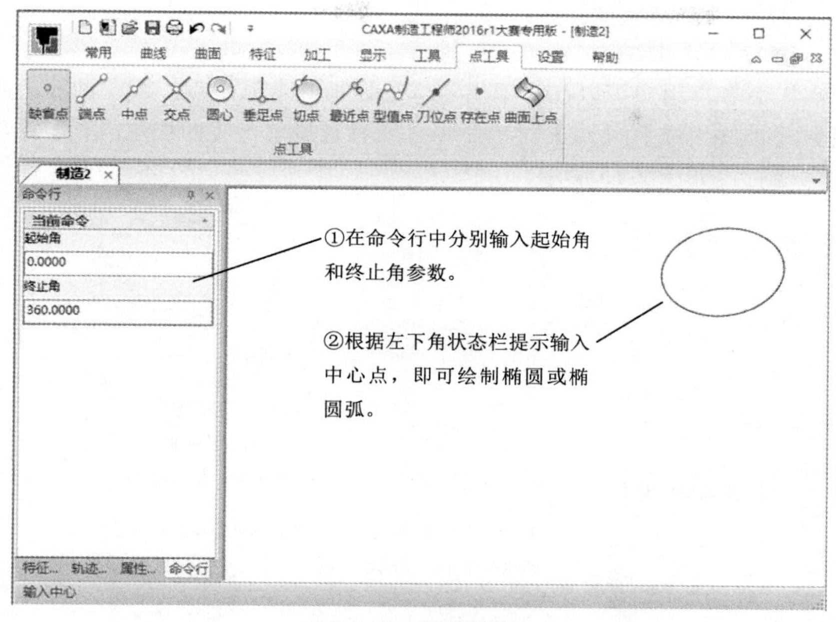

图 2-13　绘制椭圆

6. 样条线

绘制样条线就是生成过给定顶点（样条插值点）的曲线。点的输入可由鼠标输入或由键盘输入。选择【造型】|【曲线生成】|【样条】，或者直接单击【曲线生成栏】中的【样条线】按钮，弹出命令行，如图 2-14 所示。

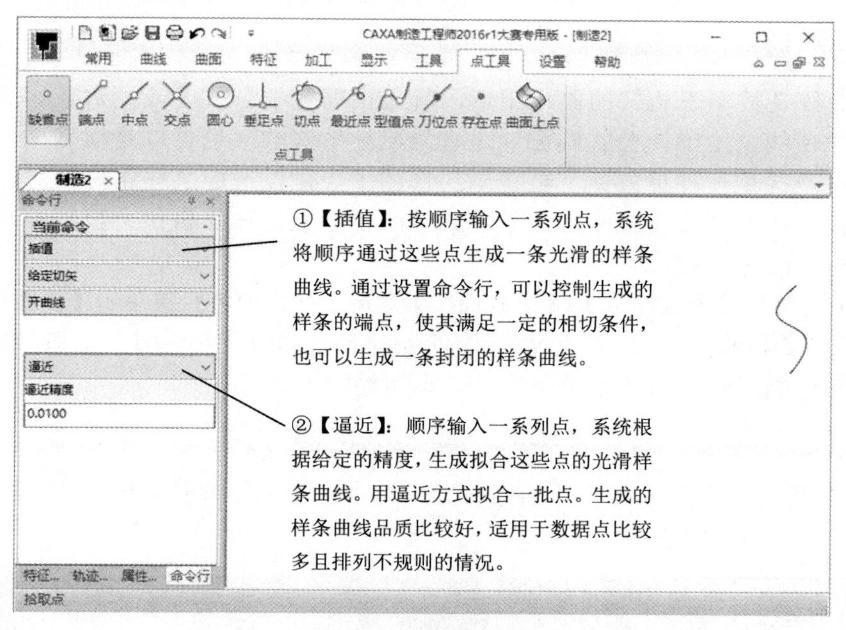

图 2-14　绘制样条线

7. 点

通过“点”命令，用户可以在屏幕指定位置处画一个孤立点，或在曲线上画等分点。选择【造型】|【曲线生成】|【点】菜单命令，或者直接单击【曲线生成栏】中的【点】按钮，弹出命令行，如图 2-15 所示。

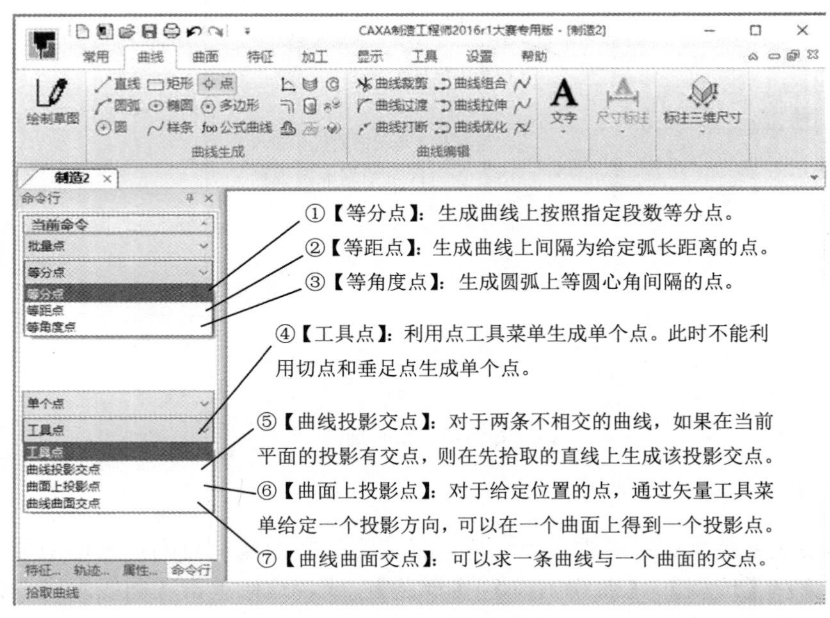

图 2-15　绘制点

8. 公式曲线

公式曲线是数学表达式的曲线图形，就是根据数学公式（或参数表达式）绘制出相应的数学曲线，给出的公式既可以是直角坐标形式的，也可以是极坐标形式的。公式曲线为用户提供一种更方便、更精确的作图手段，以适应某些精确型腔、轨迹线型的作图设计。用户只要交互输入数学公式，给定参数，计算机便会自动绘制出该公式描述的曲线。

选择【造型】|【曲线生成】|【公式曲线】菜单命令，或者直接单击【曲线生成栏】中的【公式曲线】按钮 f(x)，弹出【公式曲线】对话框，如图 2-16 所示，选择坐标系，给出参数和参数方式，确定公式曲线的定位点，即可绘制出公式曲线。

> 在表达式中，乘号用“*”表示，除号用“/”表示；表达式中没有中括号和大括号，只能用小括号。
>
> 名师点拨

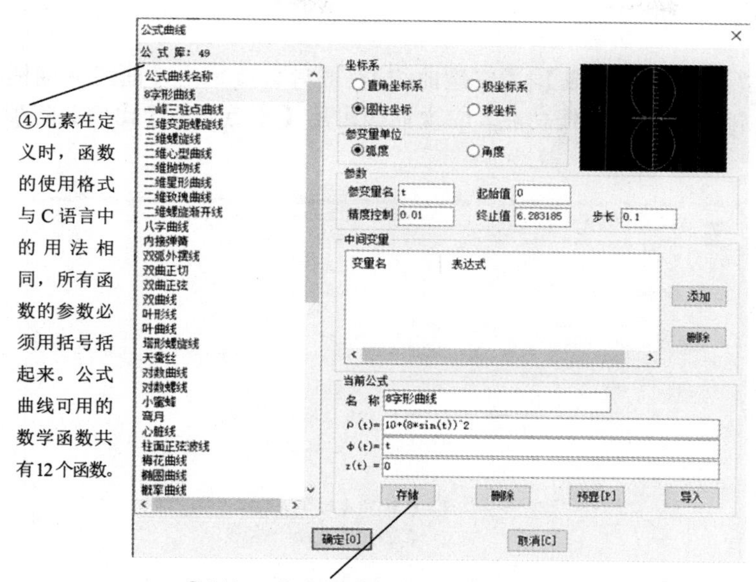

①存储：可将当前的曲线存入系统中，而且可以存储多个公式曲线。

②删除：将存入系统中的某一公式曲线删除。

③预显：新输入或修改参数的公式曲线在右上角框内显示。

图 2-16　【公式曲线】对话框

9. 多边形

选择【造型】|【曲线生成】|【多边形】菜单命令，或者直接单击【曲线生成栏】中的【多边形】按钮 ，弹出多边形的命令行，系统提供了【边】和【中心】两种方式绘制正多边形，如图 2-17 所示。

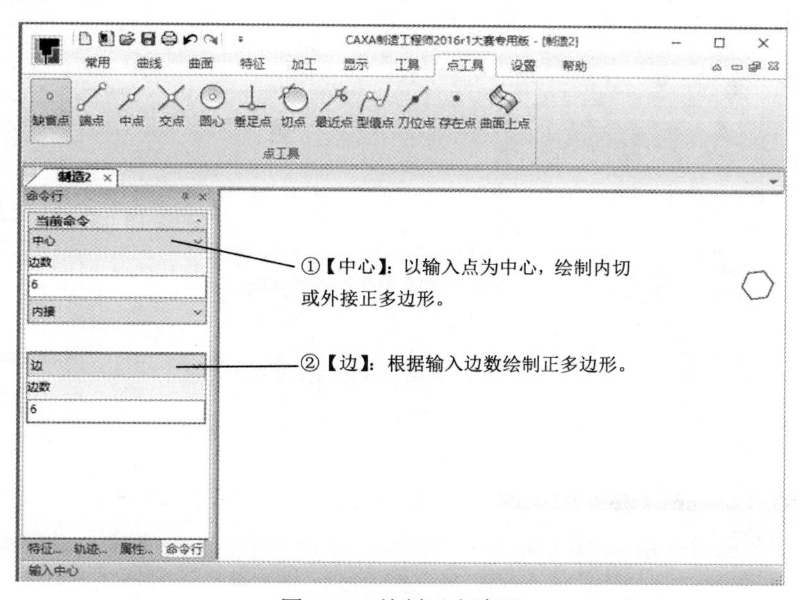

图 2-17　绘制正多边形

10. 二次曲线

选择【造型】|【曲线生成】|【二次曲线】，或者直接单击【曲线生成栏】中的【二次曲线】按钮，激活二次曲线功能。二次曲线可用【定点】和【比例】两种方式生成，如图 2-18 所示。

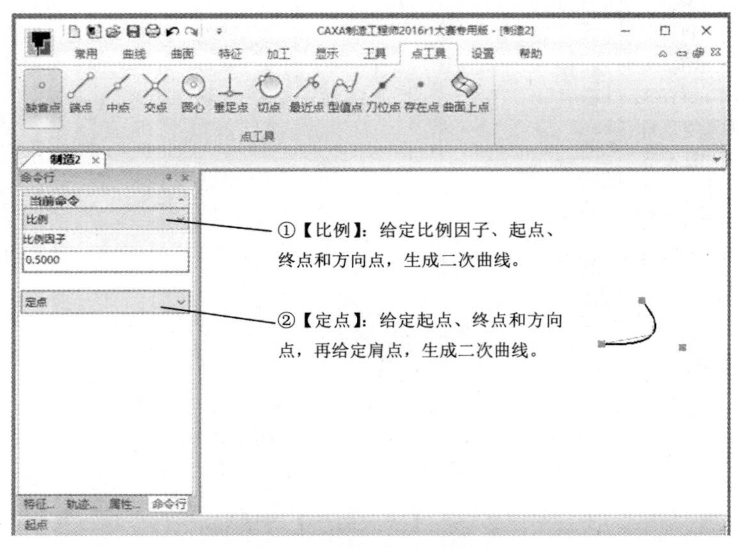

图 2-18　绘制二次曲线

11. 等距线

选择【造型】|【曲线生成】|【等距线】菜单命令，或者直接单击【曲线生成栏】中的【等距线】按钮，激活等距线命令行。等距线有【等距】和【变等距】两种生成方式，如图 2-19 所示。

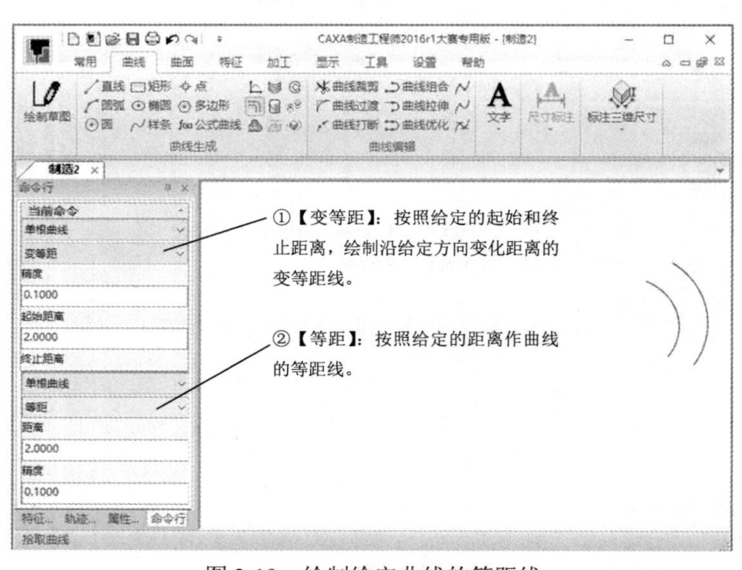

图 2-19　绘制给定曲线的等距线

2.1.3 课堂练习——绘制空间曲线图

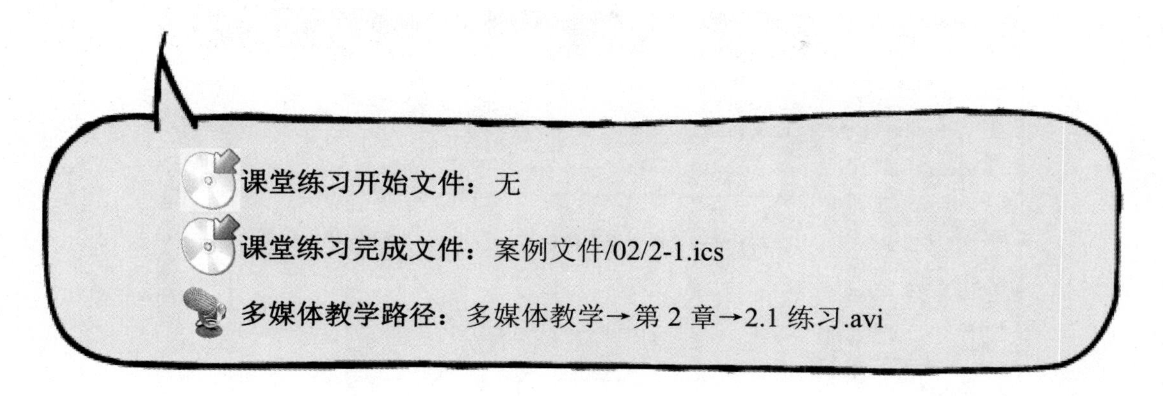

Step1 选择草绘面，如图 2-20 所示。

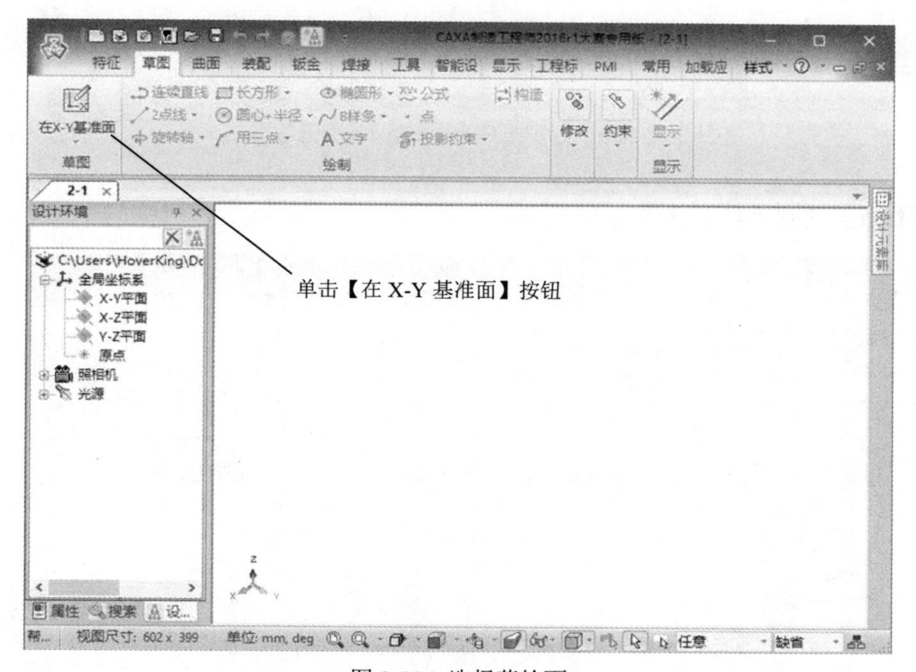

图 2-20　选择草绘面

Step2 绘制半径为 20 的圆外接五边形，如图 2-21 所示。

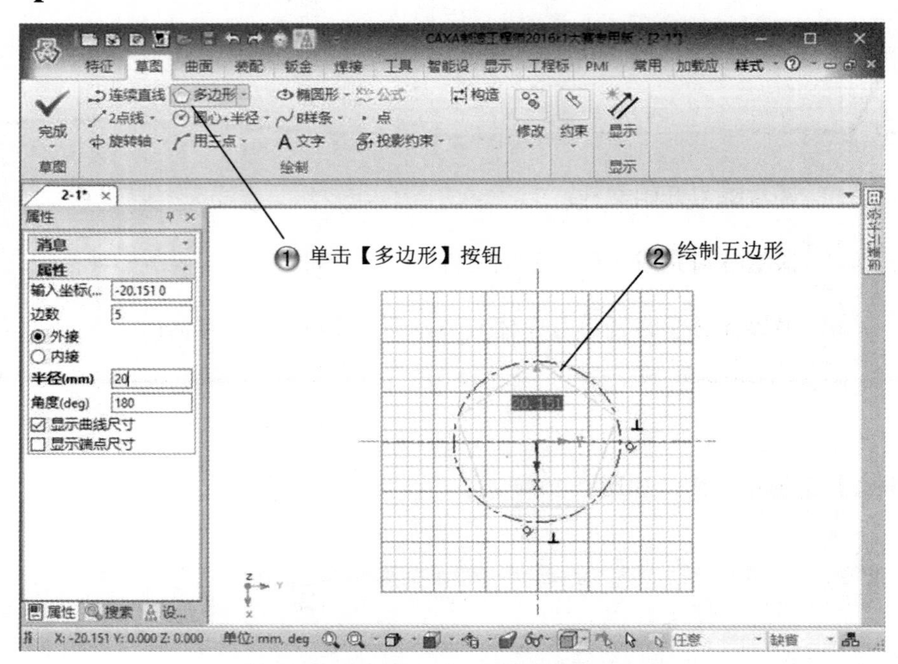

图 2-21　绘制半径为 20 的圆外接五边形

Step3 绘制直线，如图 2-22 所示。

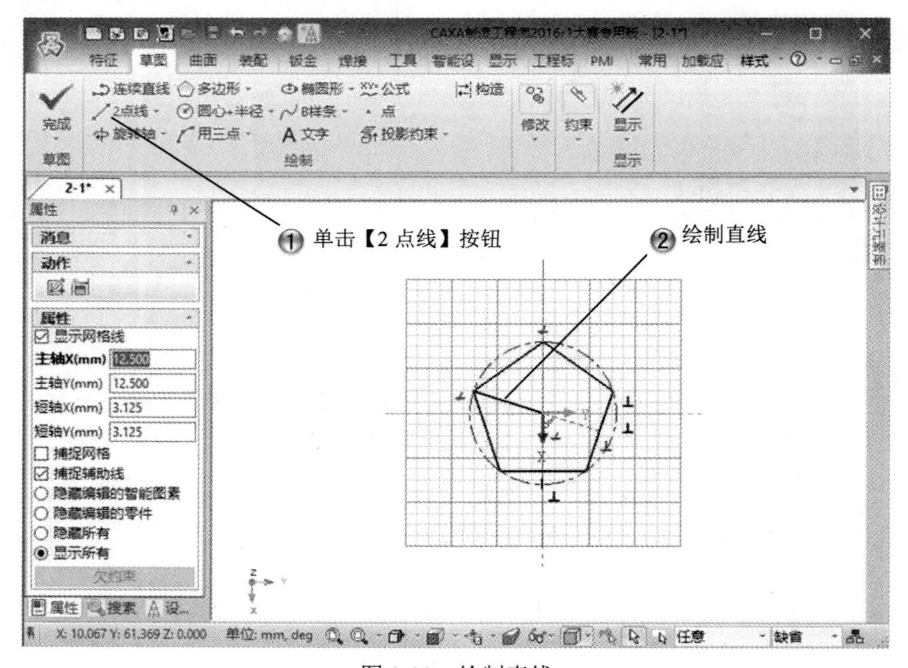

图 2-22　绘制直线

Step4 绘制其余直线，如图 2-23 所示。

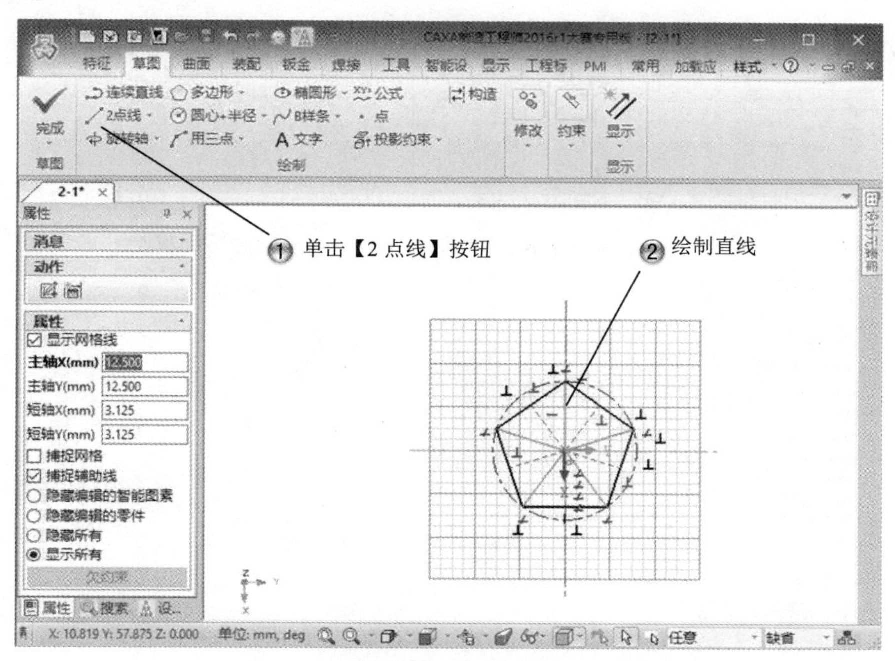

图 2-23　绘制其余直线

Step5 创建基准面，如图 2-24 所示。

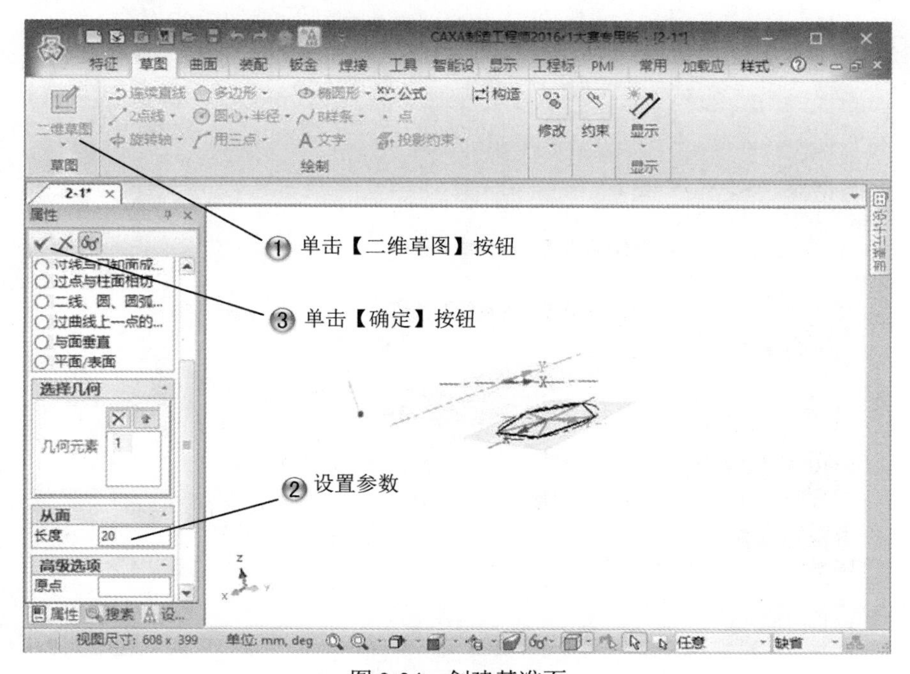

图 2-24　创建基准面

Step6 绘制五边形，如图 2-25 所示。

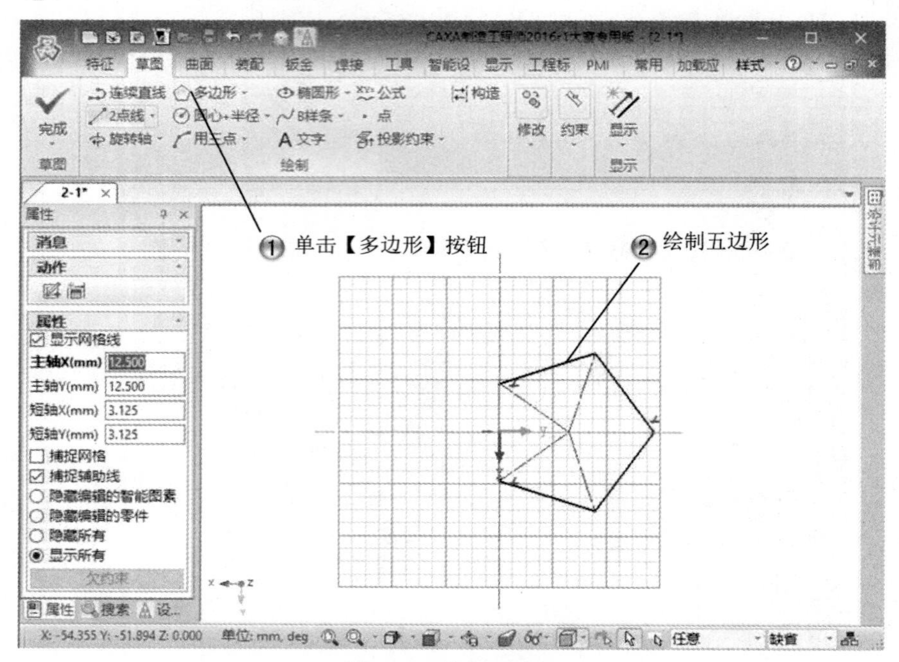

图 2-25　绘制五边形

Step7 绘制三维直线，如图 2-26 所示。

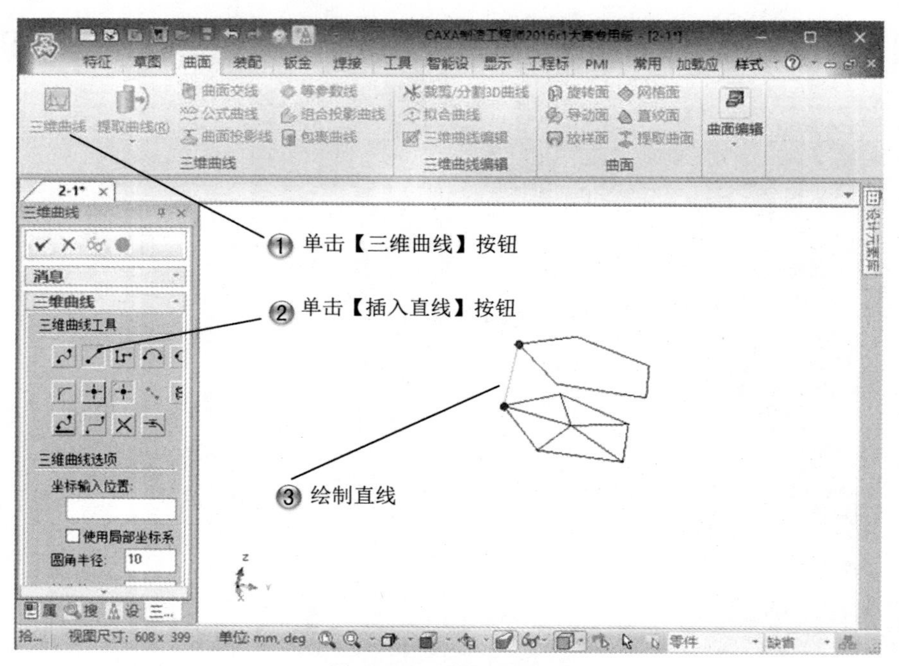

图 2-26　绘制三维直线

Step8 绘制其余直线，如图 2-27 所示。

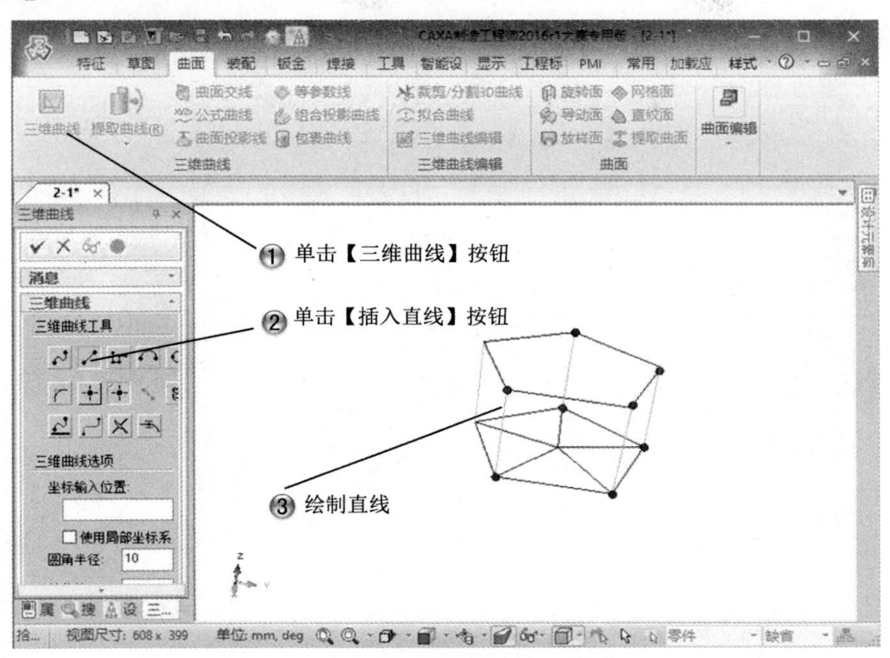

图 2-27　绘制其余直线

Step9 创建基准面，如图 2-28 所示。

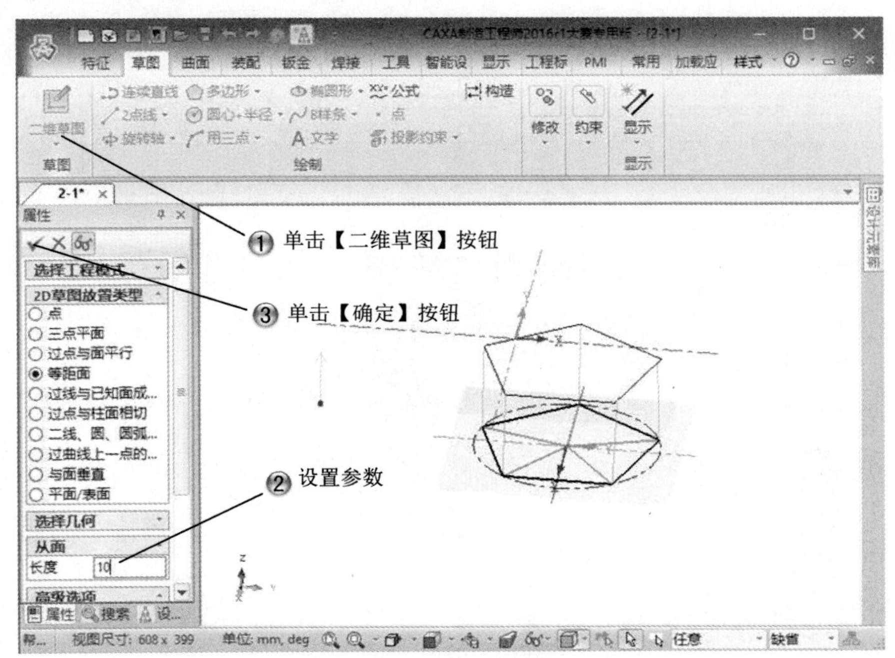

图 2-28　创建基准面

Step10 绘制五边形，如图 2-29 所示。

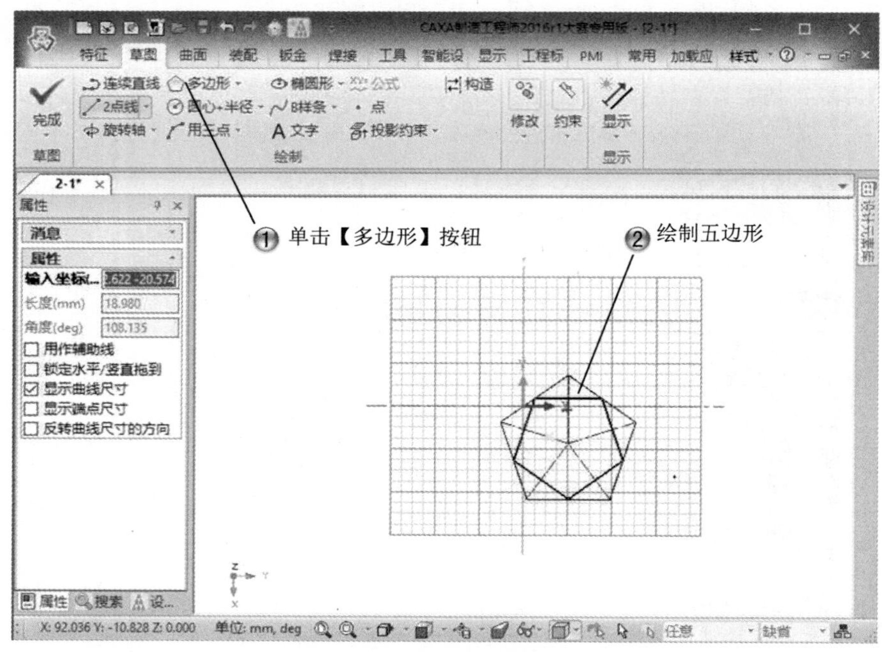

图 2-29　绘制五边形

Step11 绘制内切圆形，如图 2-30 所示。

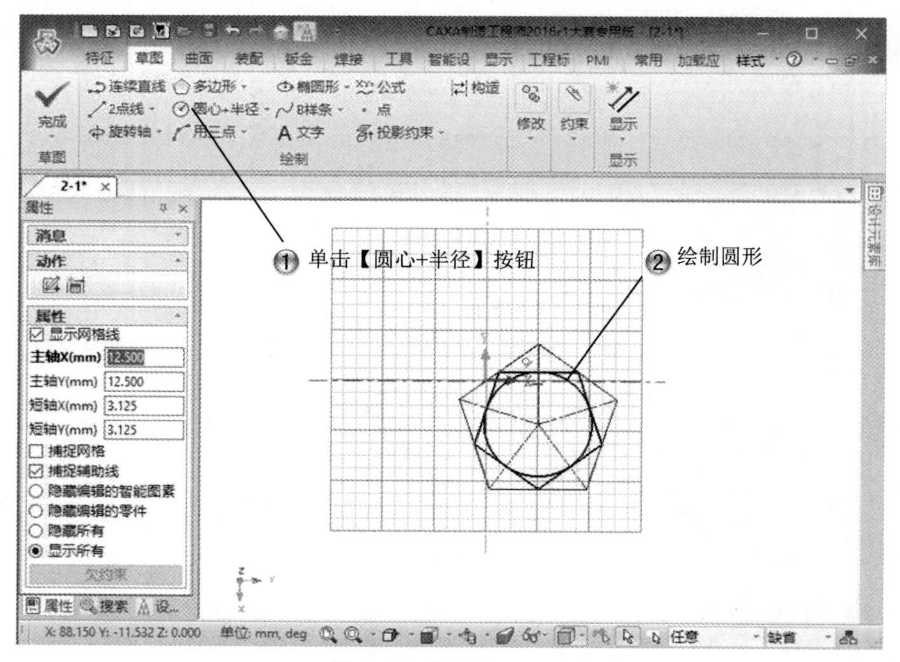

图 2-30　绘制内切圆形

Step12 编辑草图，如图 2-31 所示。

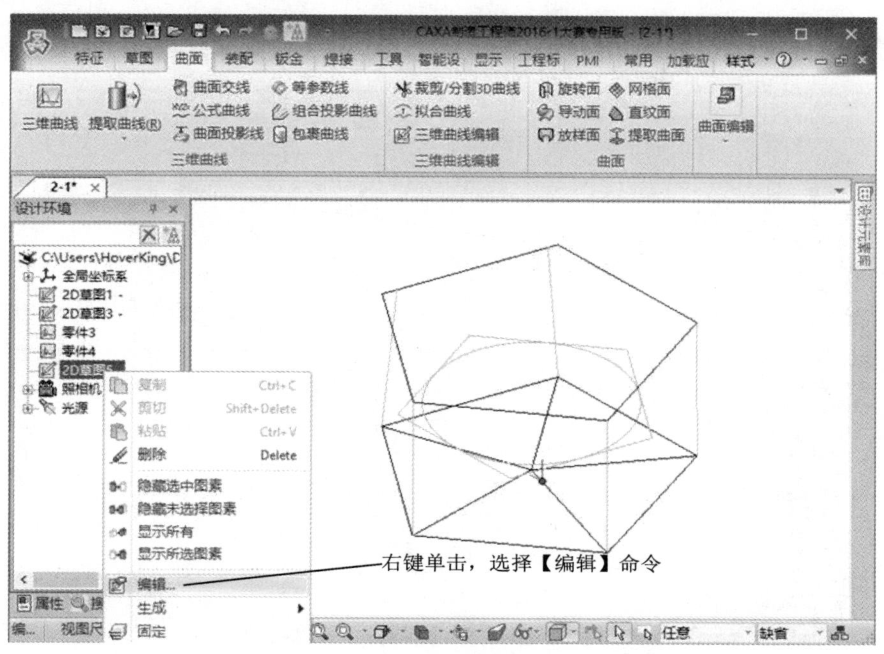

图 2-31　编辑草图

Step13 绘制圆角，如图 2-32 所示。

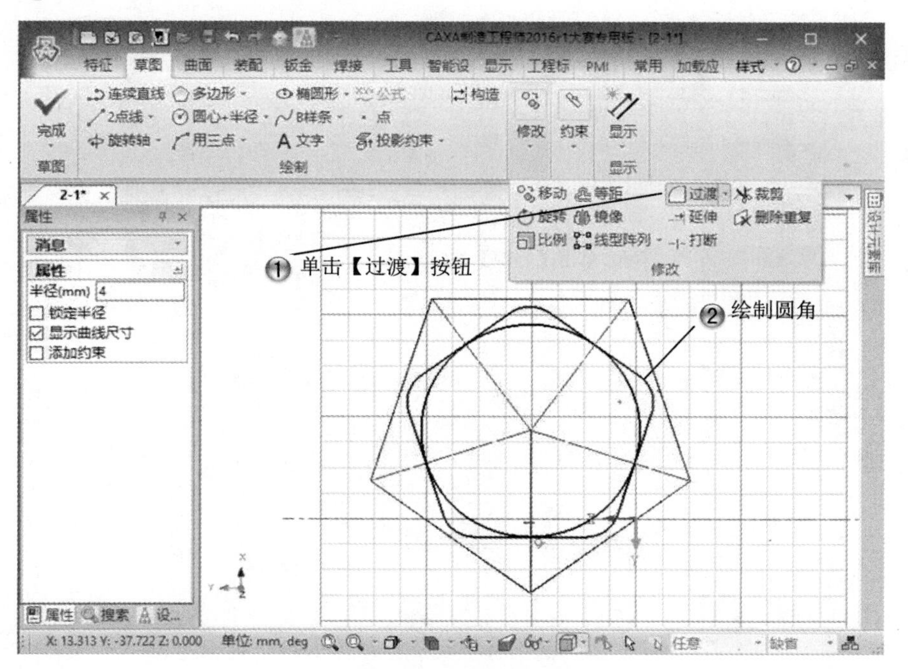

图 2-32　绘制圆角

Step14 剪裁草图，如图 2-33 所示。

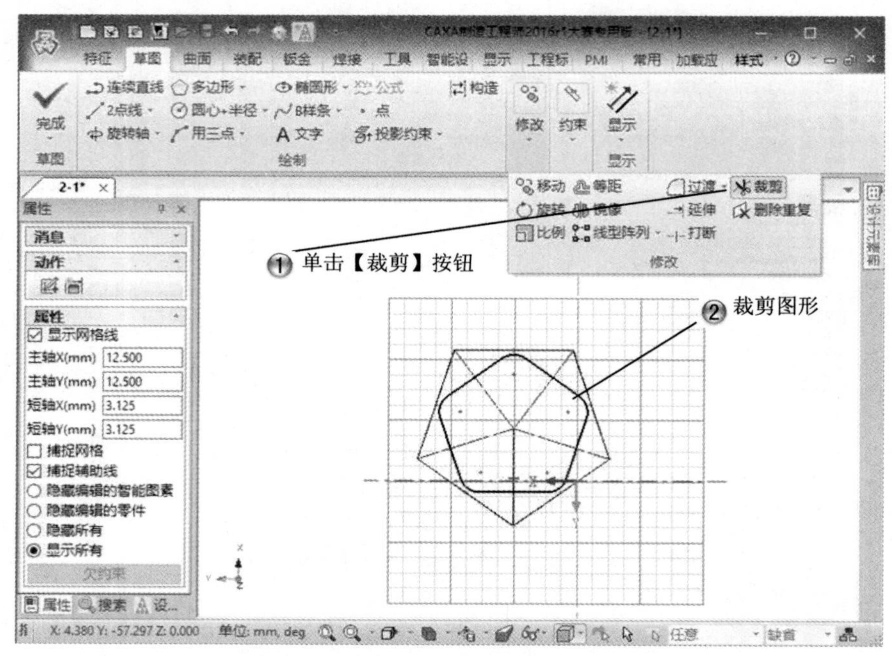

图 2-33　剪裁草图

Step15 创建等距图形，如图 2-34 所示。

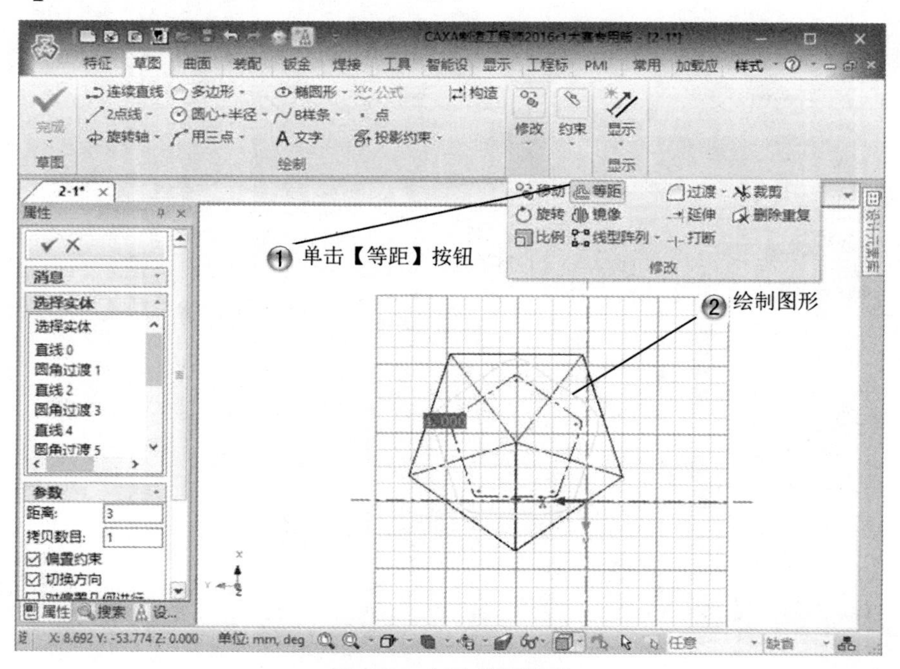

图 2-34　创建等距图形

Step16 选择草绘面，如图 2-35 所示。

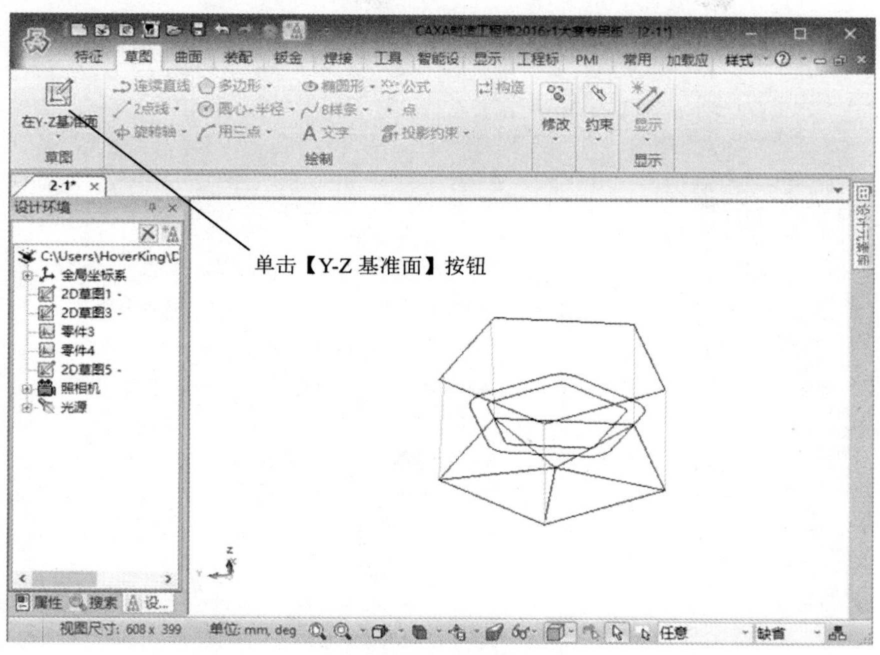

图 2-35　选择草绘面

Step17 绘制矩形，如图 2-36 所示。

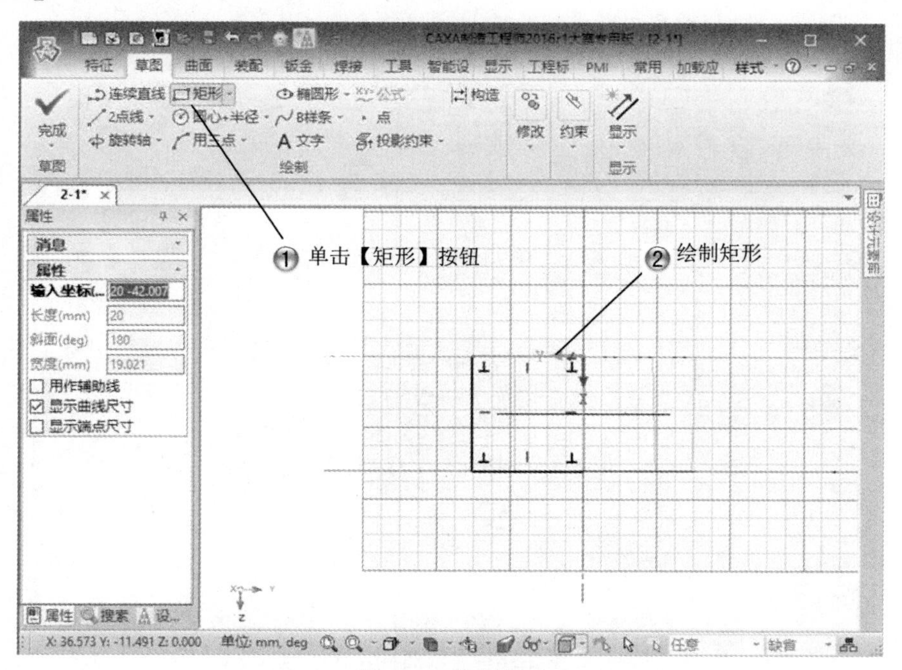

图 2-36　绘制矩形

Step18 镜像矩形，如图 2-37 所示。

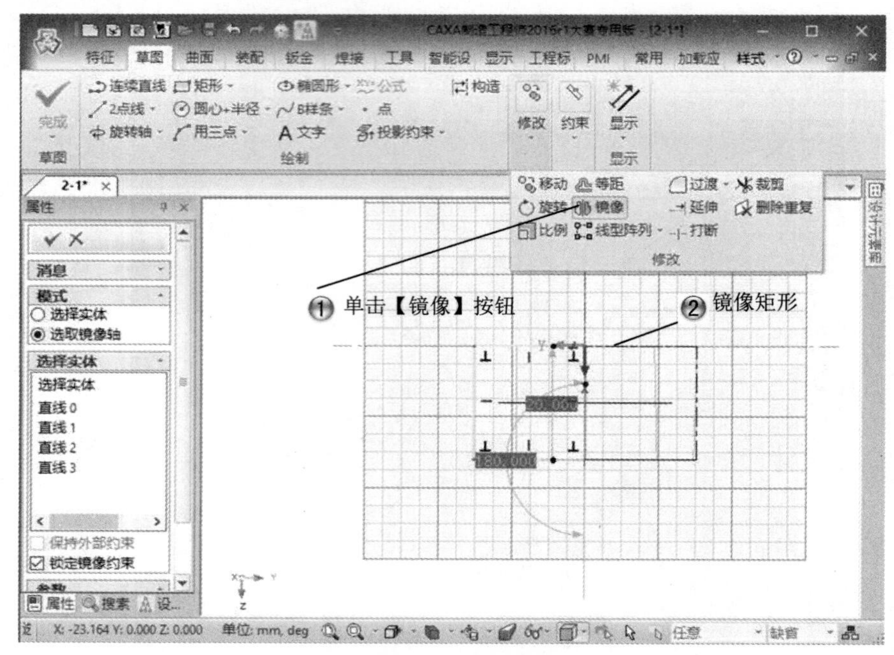

图 2-37　镜像矩形

Step19 完成曲线设计，如图 2-38 所示。

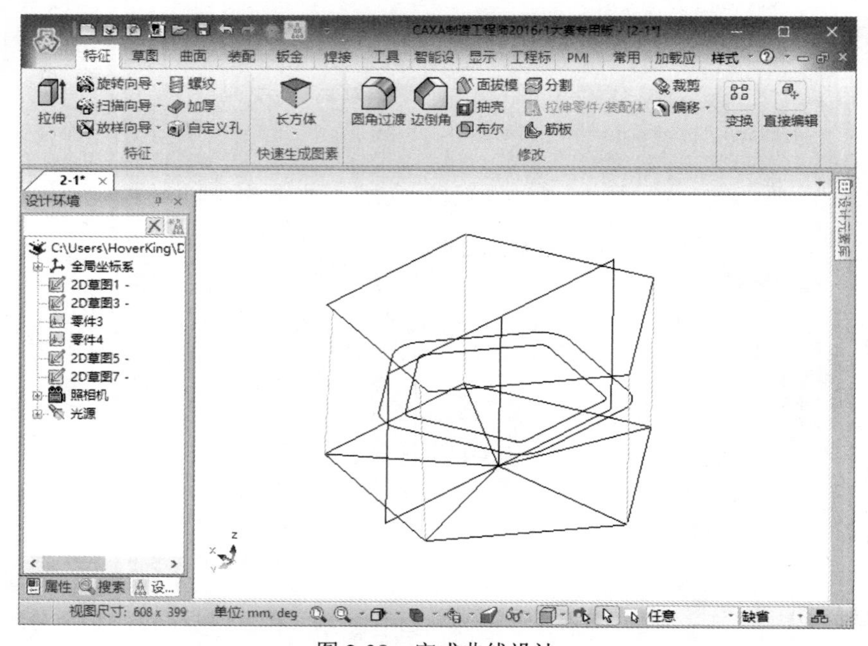

图 2-38　完成曲线设计

2.2　曲线编辑

基本概念

曲线编辑是有关曲线的常用编辑命令及操作方法，它是交互式绘图软件不可缺少的基本功能，对于提高绘图速度及质量都具有至关重要的作用。

课堂讲解课时：2 课时

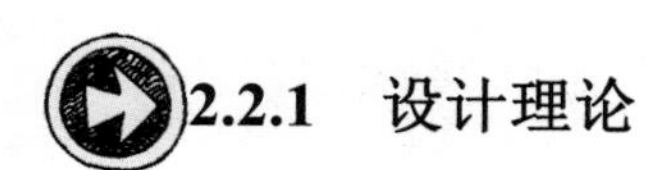

2.2.1　设计理论

曲线编辑包括曲线裁剪、曲线过渡、曲线打断、曲线组合、曲线拉伸、曲线优化和删除等功能。曲线编辑命令在【曲线】选项卡【曲线编辑】组中，如图 2-39 所示。

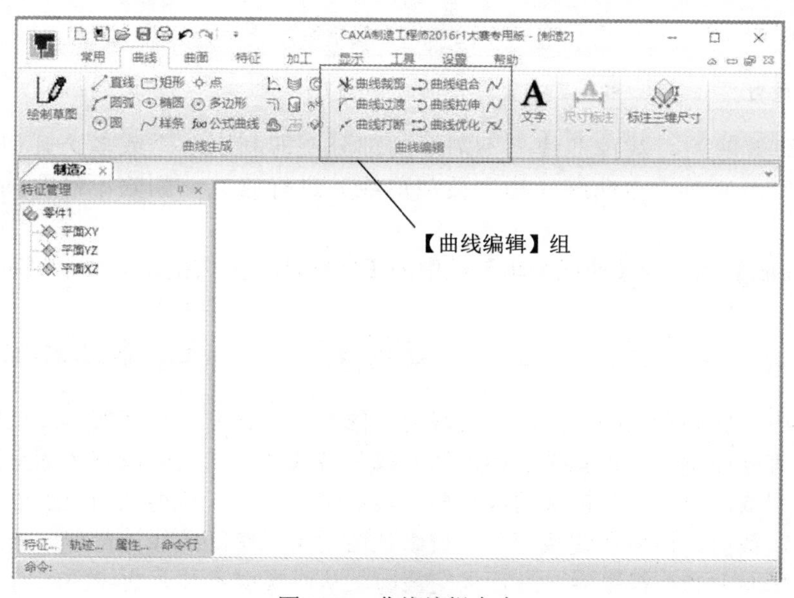

图 2-39　曲线编辑命令

2.2.2　课堂讲解

1. 曲线删除

删除拾取到的元素。先拾取要删除的元素，按 Del 键即可删除。拾取元素时有多种方式，如图 2-40 所示。

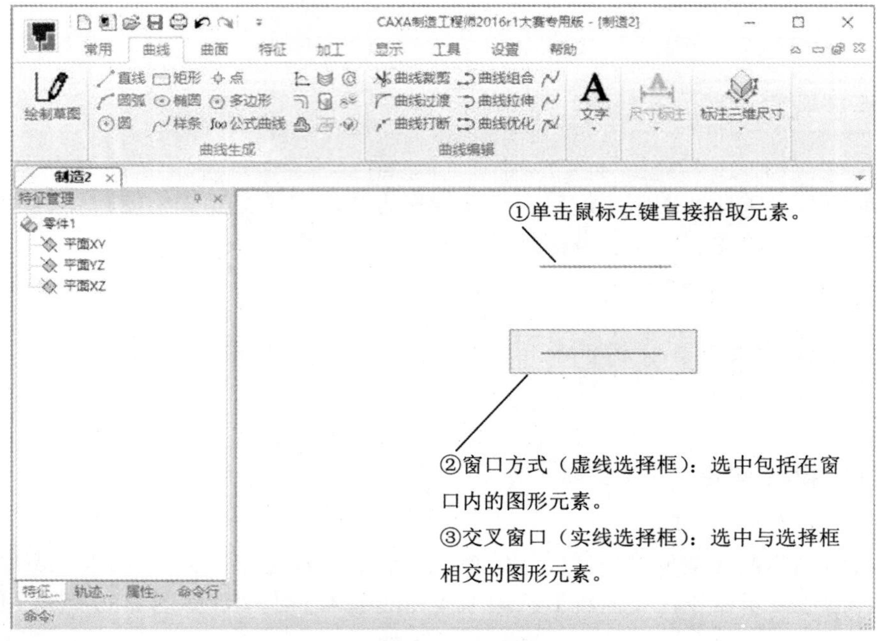

图 2-40　曲线删除

2. 曲线裁剪

使用曲线做剪刀，裁掉曲线上不需要的部分。即利用一个或多个几何元素（曲线或点，称为剪刀）对给定曲线（称为被裁剪线）进行修整，删除不需要的部分，得到新的曲线。

单击【曲线】选项卡【曲线编辑】组中的【曲线裁剪】按钮，即可激活曲线裁剪命令。

曲线裁剪共有四种方式：快速裁剪、修剪、线裁剪、点裁剪。线裁剪和点裁剪具有延伸特性，也就是说如果剪刀线和被裁剪曲线之间没有实际交点，系统在分别依次自动延长被裁剪线和剪刀线后进行求交，在得到的交点处进行裁剪。快速裁剪、修剪和线裁剪中的投影裁剪适用于空间曲线的裁剪。曲线在当前坐标平面上施行投影后，进行求交裁剪，从而实现不共面曲线的裁剪。

（1）快速裁剪：指系统对曲线修剪具有指哪裁哪的快速反应功能。快速裁剪包括正常裁剪和投影裁剪两种方式，如图 2-41 所示。

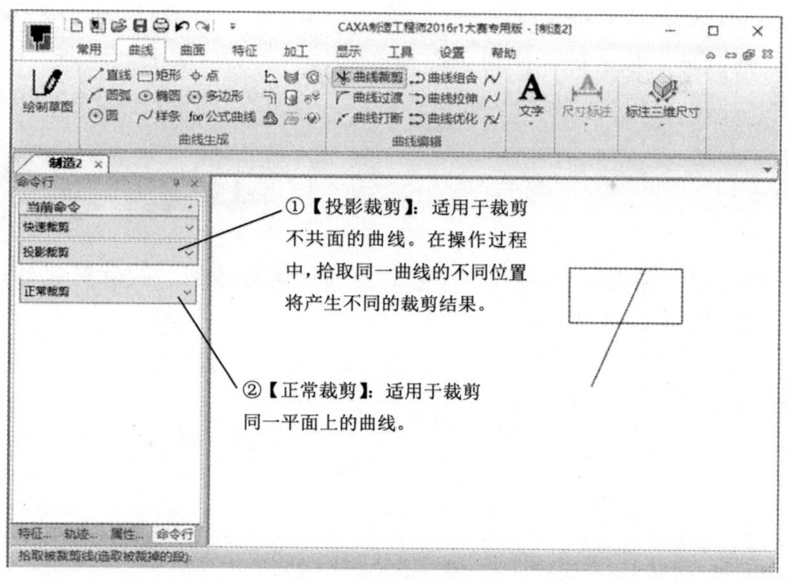

图 2-41　快速裁剪

> 当系统中的复杂曲线较多的时候，不建议用快速裁剪。因为在大量复杂曲线的处理过程中，系统计算速度较慢，从而影响用户的工作效率。
>
> **名师点拨**

（2）修剪：需要拾取一条曲线或多条曲线作为剪刀线，再对一系列被裁剪曲线进行裁剪。包括正常裁剪和投影裁剪两种方式，如图 2-42 所示。

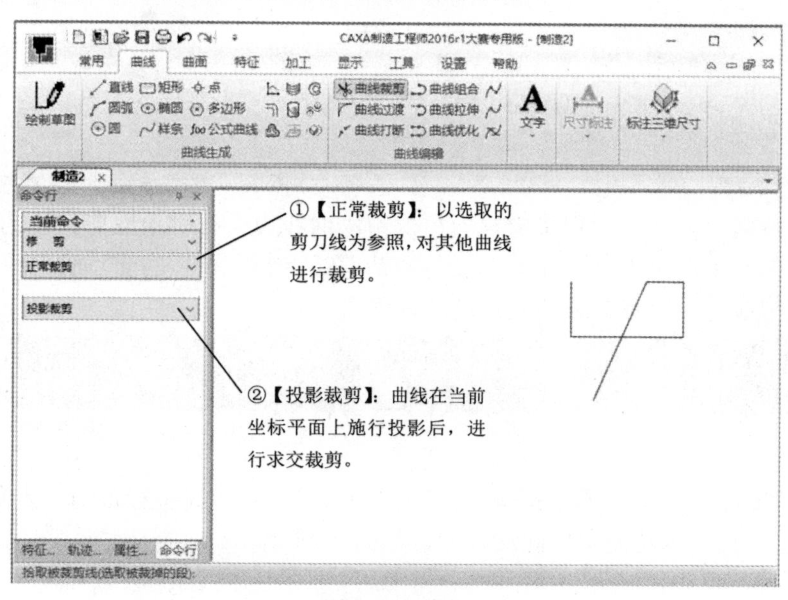

图 2-42　修剪

修剪将裁剪掉所拾取的曲线段，而保留在剪刀线另一侧的曲线段；修剪不采用延伸的做法，只在有实际交点处进行裁剪；剪刀线同时也可作为被裁剪线。

名师点拨

（3）线裁剪：以一条曲线作为剪刀，对其他曲线进行裁剪。线裁剪包括正常裁剪和投影裁剪两种方式，如图 2-43 所示。

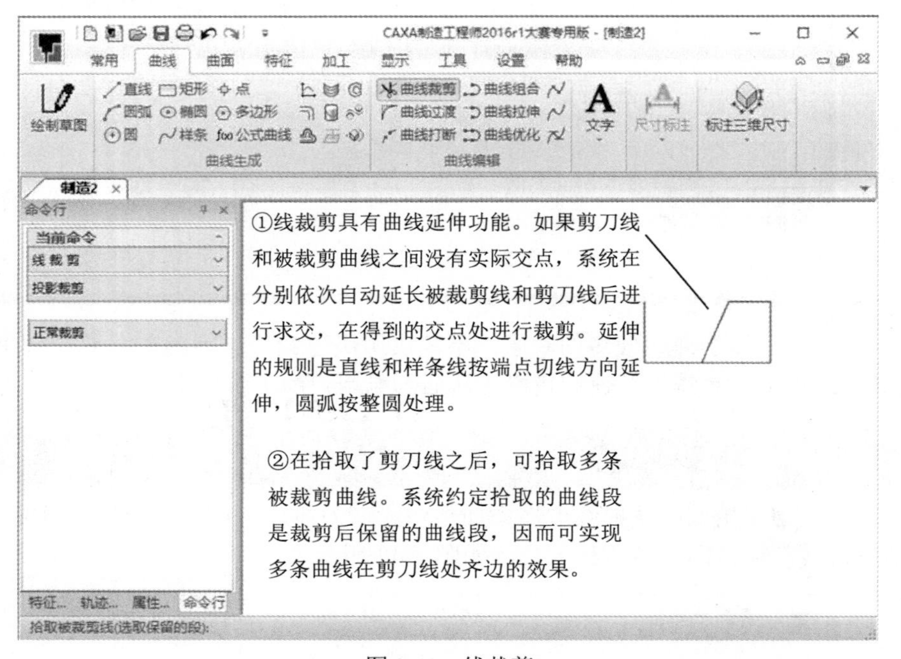

图 2-43　线裁剪

拾取被裁剪曲线的位置确定裁剪后保留的曲线段，有时拾取剪刀线的位置也会对裁剪结果产生影响；在剪刀线与被裁剪线有两个以上的交点时，系统约定取离剪刀线上拾取点较近的交点进行裁剪。

名师点拨

（4）点裁剪：利用点（通常是屏幕点）作为剪刀，对曲线进行裁剪。点裁剪具有曲线延伸功能，可以利用本功能实现曲线延伸，如图 2-44 所示。

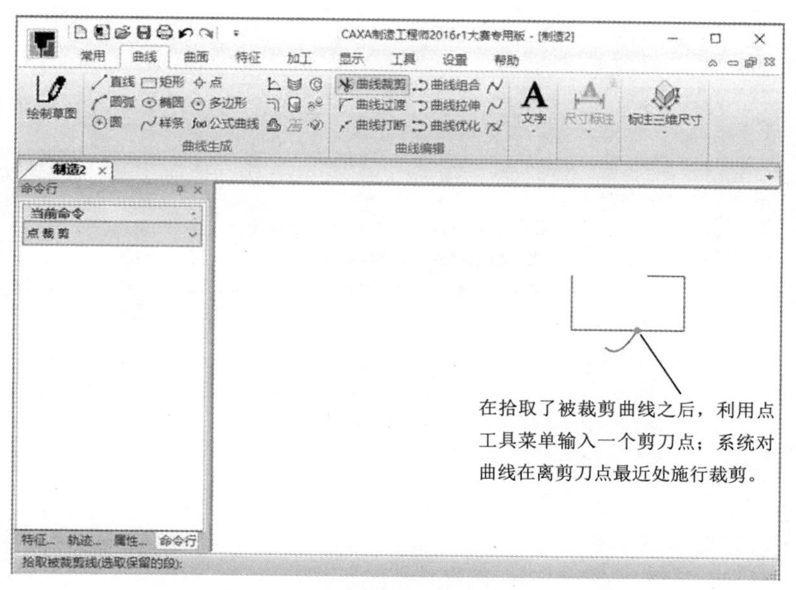

图 2-44　点裁剪

3. 曲线过渡

单击【曲线】选项卡【曲线编辑】组中的【曲线过渡】按钮，即可激活曲线过渡命令行，曲线过渡共有三种方式：【圆弧过渡】、【尖角】和【倒角】，如图 2-45 所示。

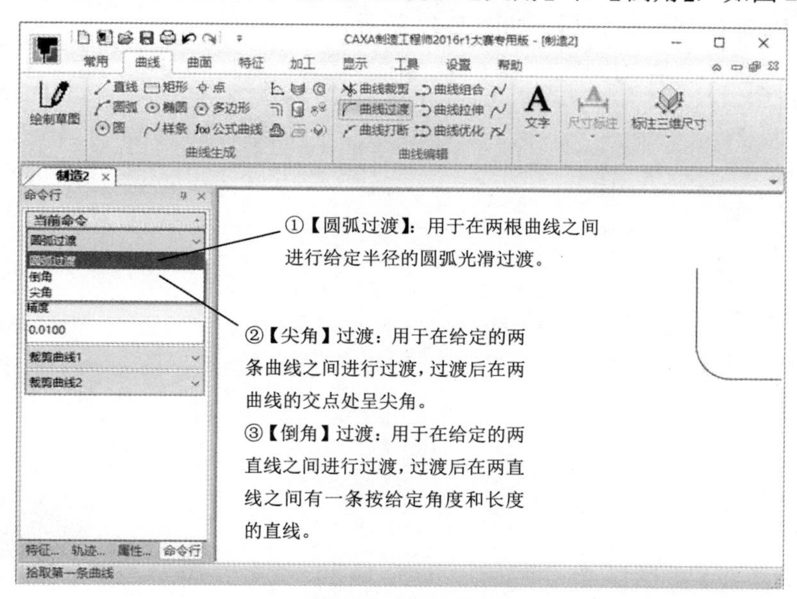

图 2-45　曲线过渡

4. 曲线打断

曲线打断用于把拾取到的一条曲线在指定点处打断，形成两条曲线。单击【曲线】选项卡【曲线编辑】组中的【曲线打断】按钮，如图 2-46 所示。

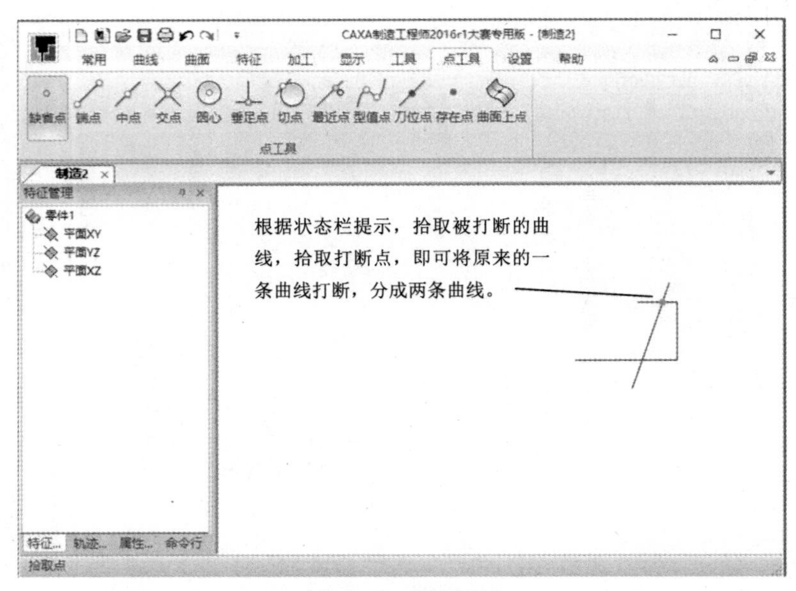

图 2-46　曲线打断

5. 曲线组合

曲线组合用于把拾取到的多条相连曲线组合成一条样条曲线。单击【曲线】选项卡【曲线编辑】组中的【曲线组合】按钮，即可激活曲线组合功能。曲线组合有两种方式：【保留原曲线】和【删除原曲线】，如图 2-47 所示。

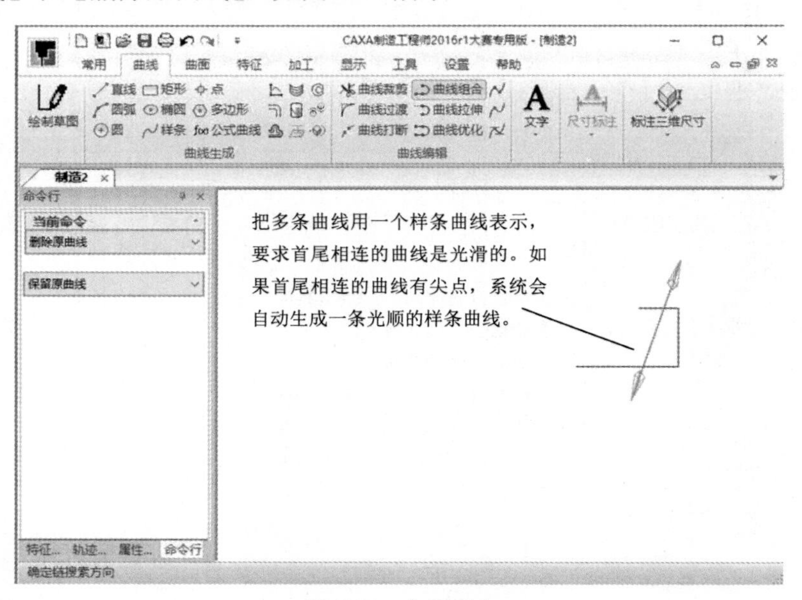

图 2-47　曲线组合

6. 曲线拉伸

曲线拉伸用于将指定曲线拉伸到指定点。单击【曲线】选项卡【曲线编辑】组中的【曲线拉伸】按钮 曲线拉伸，即可激活曲线拉伸功能。曲线拉伸有【伸缩】和【非伸缩】两种方式，如图 2-48 所示。

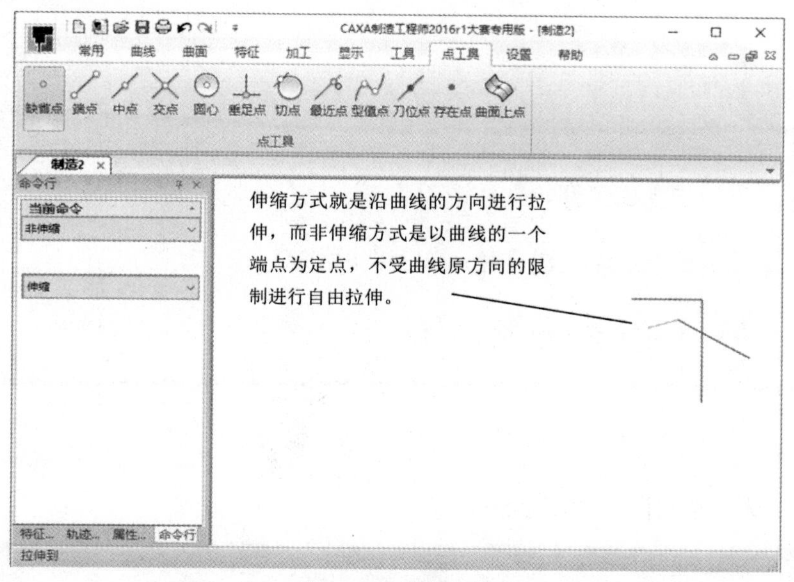

图 2-48　曲线拉伸

7. 曲线优化

曲线优化可以对控制顶点太密的样条曲线在给定的精度范围内进行优化处理，减少其控制顶点。单击【曲线】选项卡【曲线编辑】组中的【曲线优化】按钮 曲线优化，即可激活曲线优化命令，曲线优化可以分为【保留原曲线】和【删除原曲线】两种方式，如图 2-49 所示。

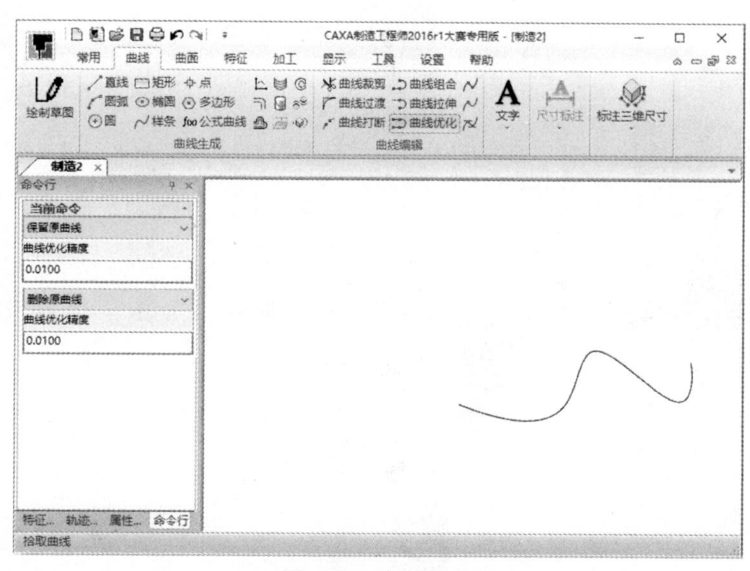

图 2-49　曲线优化

2.2.3　课堂练习——绘制轴承座草图

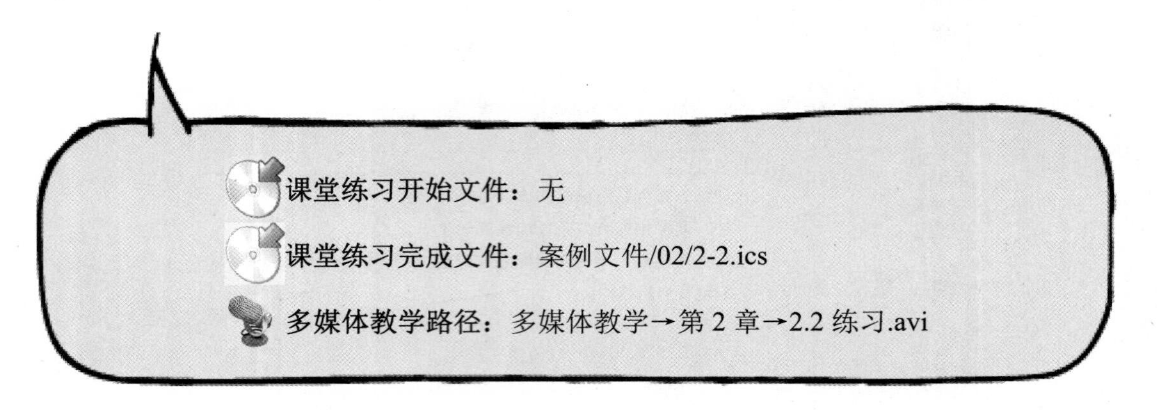

Step1 选择草绘面，如图 2-50 所示。

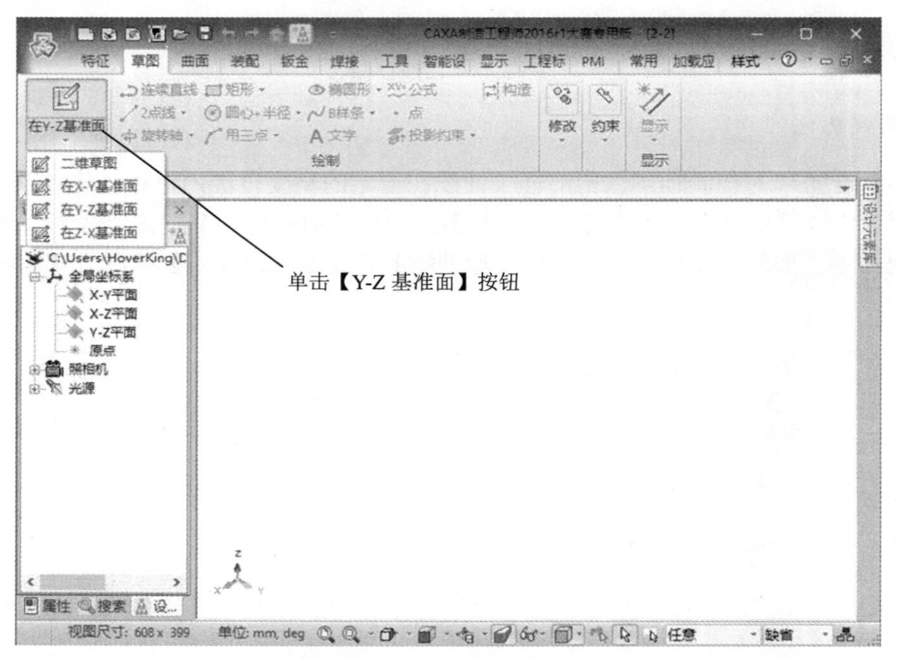

图 2-50　选择草绘面

Step2 绘制半径为 50 的圆形，如图 2-51 所示。

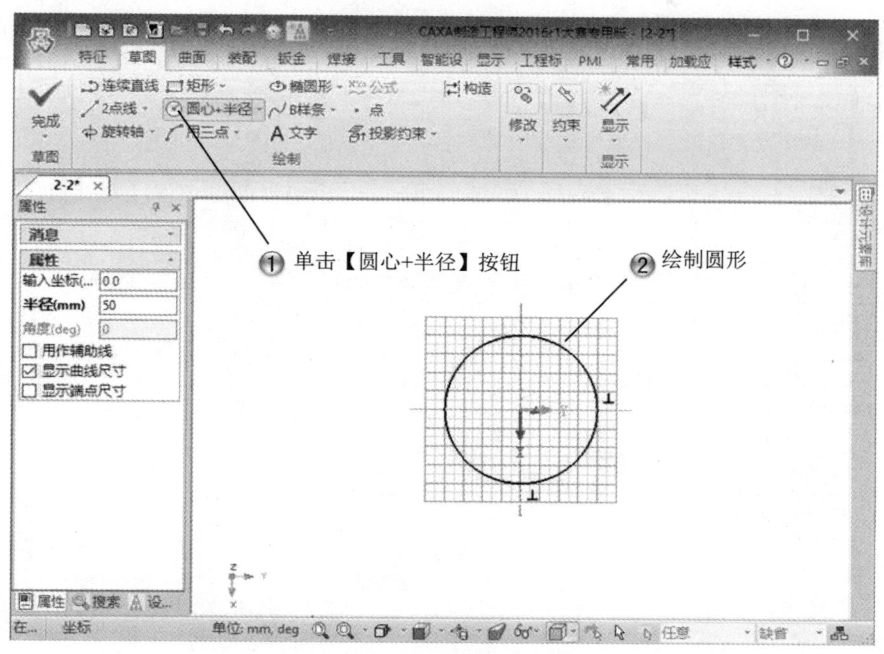

图 2-51　绘制半径为 50 的圆形

Step3 绘制矩形，如图 2-52 所示。

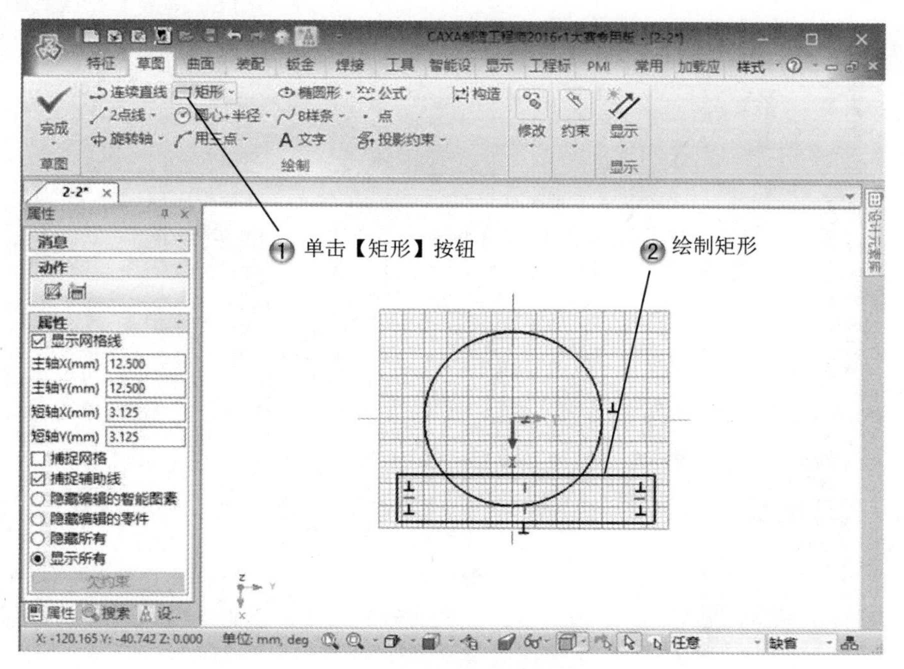

图 2-52　绘制矩形

Step4 标注矩形，如图 2-53 所示。

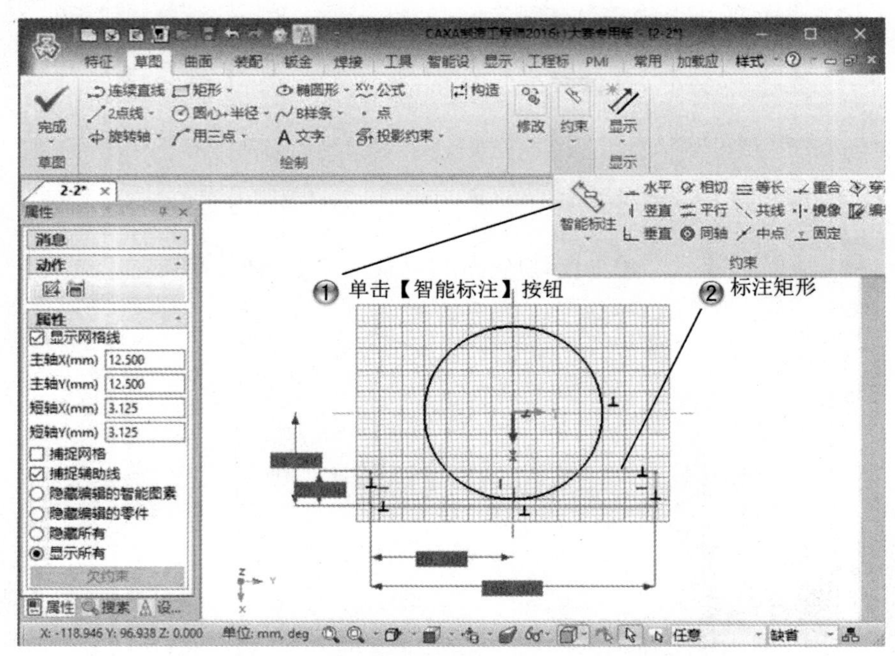

图 2-53　标注矩形

Step5 绘制矩形，如图 2-54 所示。

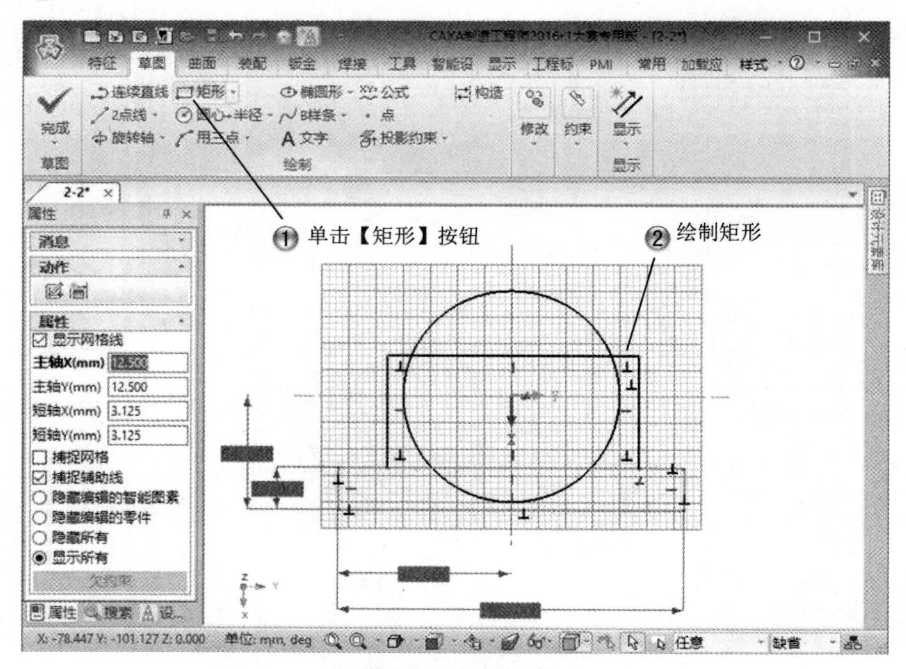

图 2-54　绘制矩形

Step6 标注矩形，如图 2-55 所示。

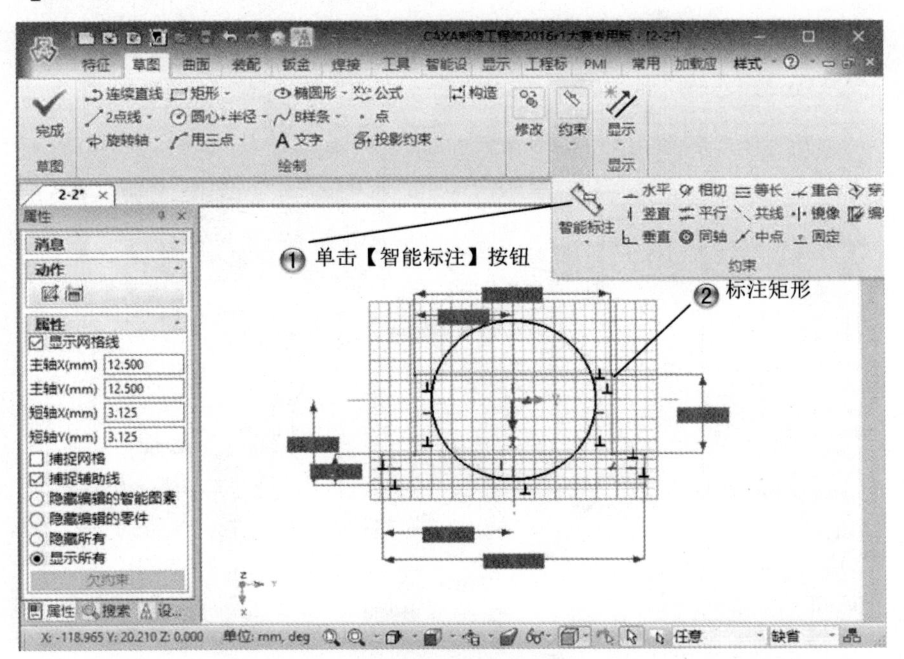

图 2-55　标注矩形

Step7 绘制圆角，如图 2-56 所示。

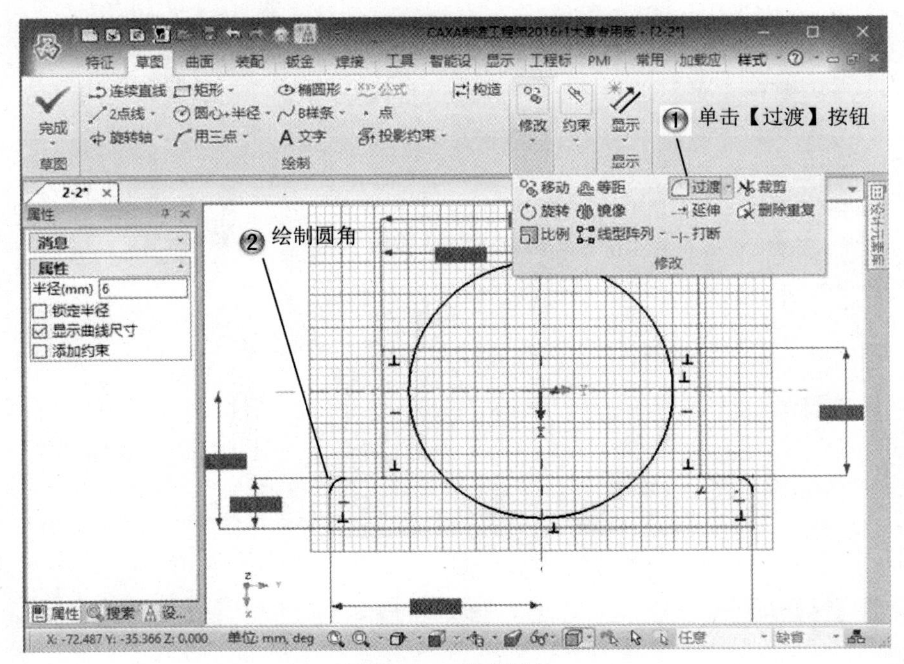

图 2-56　绘制圆角

Step8 裁剪图形，如图 2-57 所示。

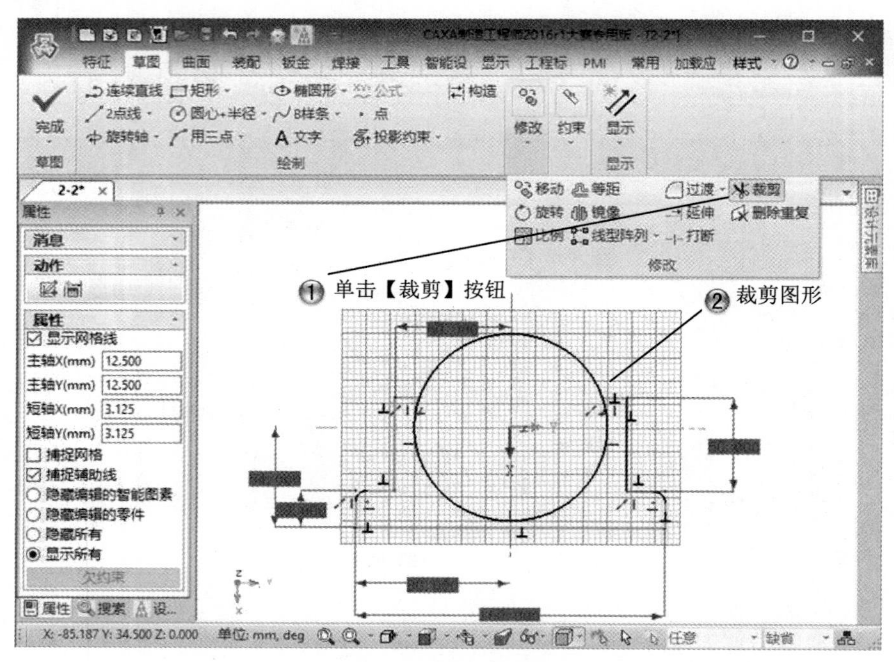

图 2-57　裁剪图形

Step9 绘制半径为 10 的圆形，如图 2-58 所示。

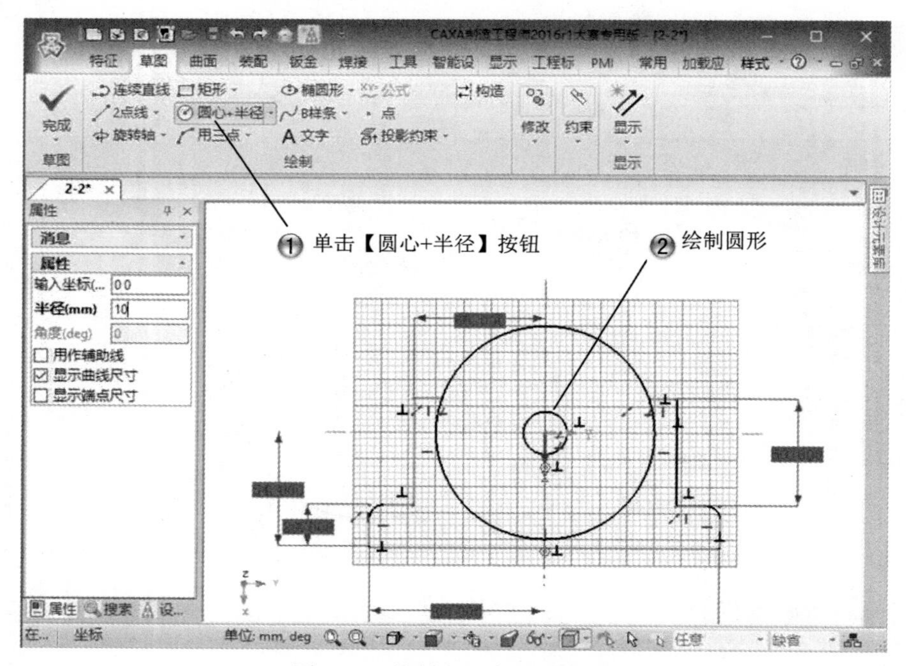

图 2-58　绘制半径为 10 的圆形

Step10 绘制半径为 20 的圆形，如图 2-59 所示。

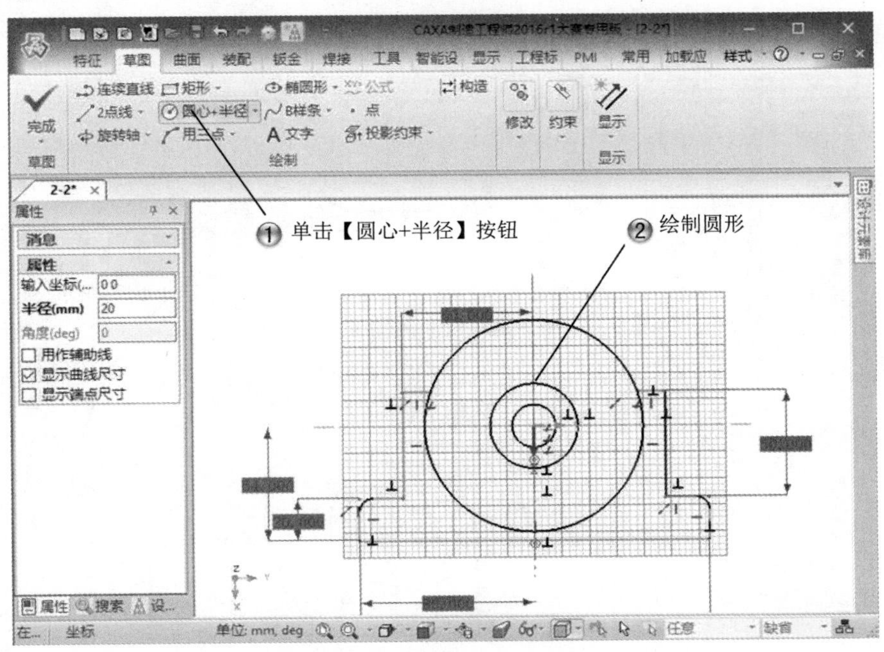

图 2-59　绘制半径为 20 的圆形

Step11 绘制矩形，如图 2-60 所示。

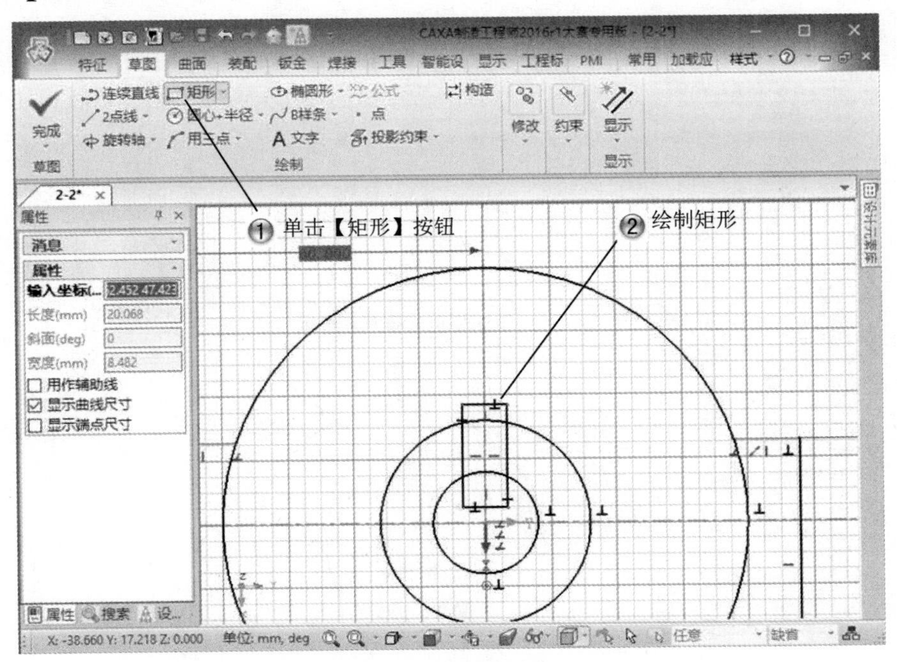

图 2-60　绘制矩形

Step12 标注矩形，如图 2-61 所示。

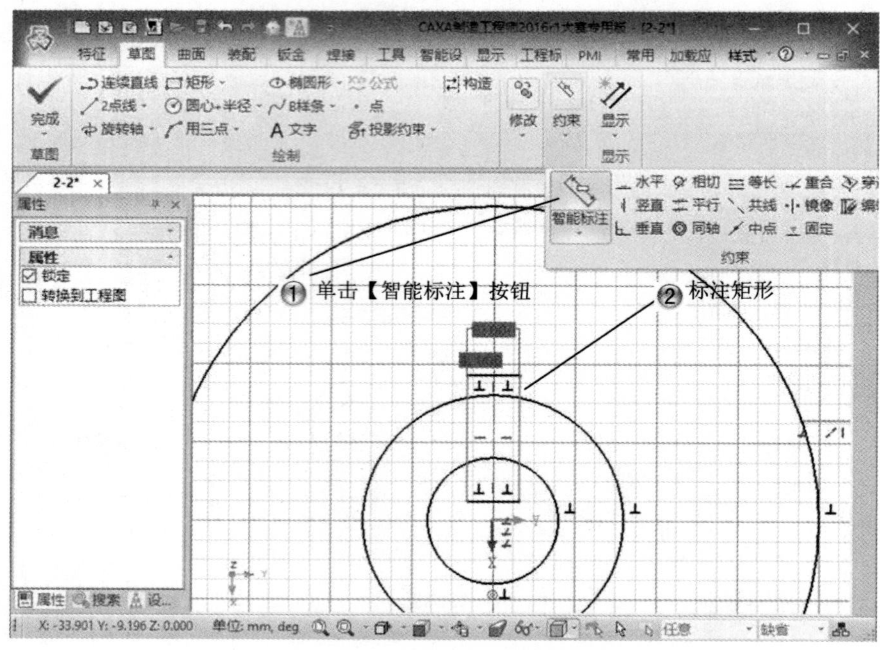

图 2-61　标注矩形

Step13 裁剪图形，如图 2-62 所示。

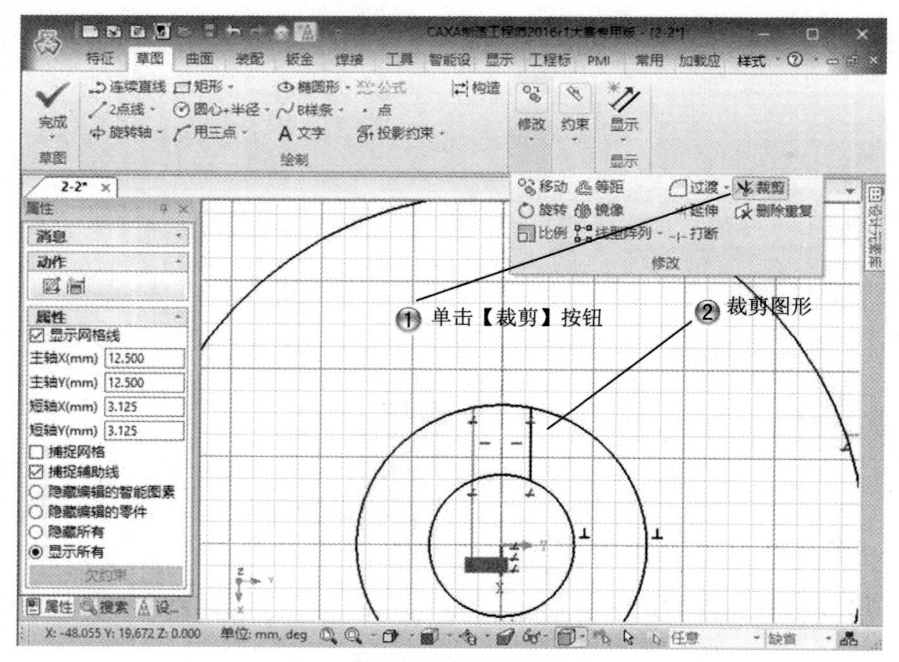

图 2-62　裁剪图形

Step14 绘制半径为 40 的圆形，如图 2-63 所示。

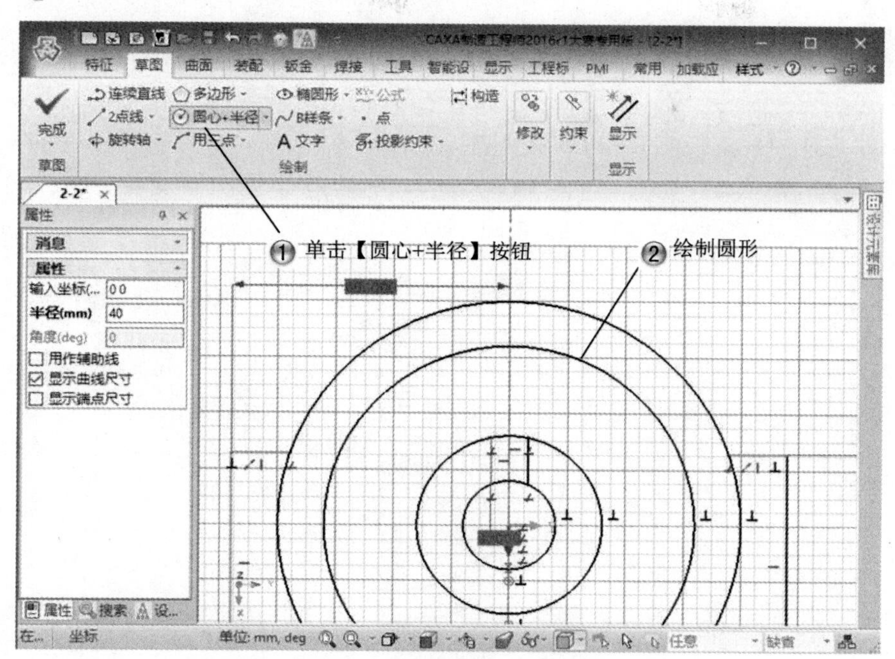

图 2-63　绘制半径为 40 的圆形

Step15 绘制六边形，如图 2-64 所示。

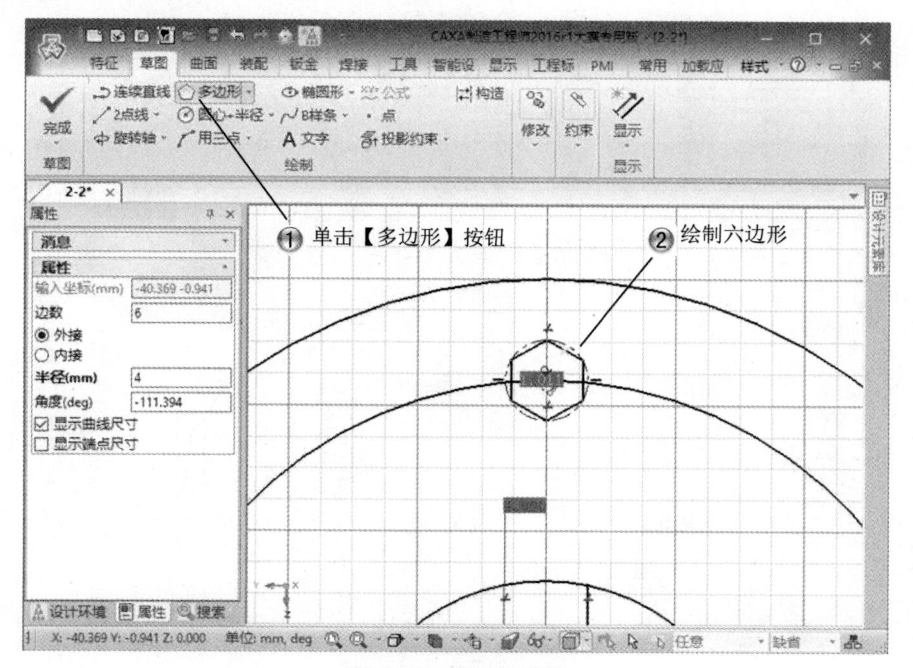

图 2-64　绘制六边形

Step16 镜像图形，如图 2-65 所示。

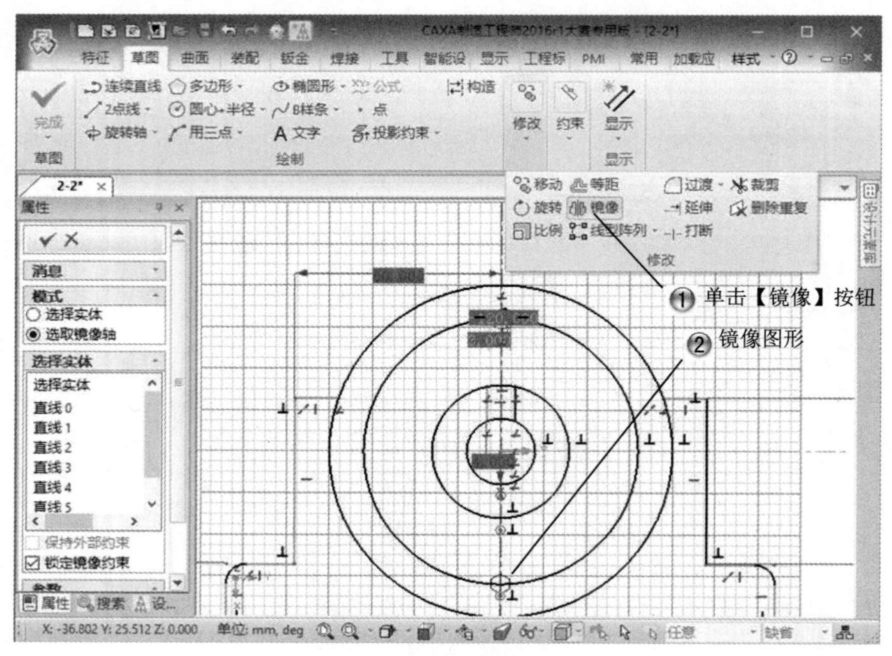

图 2-65　镜像图形

Step17 旋转图形 1，如图 2-66 所示。

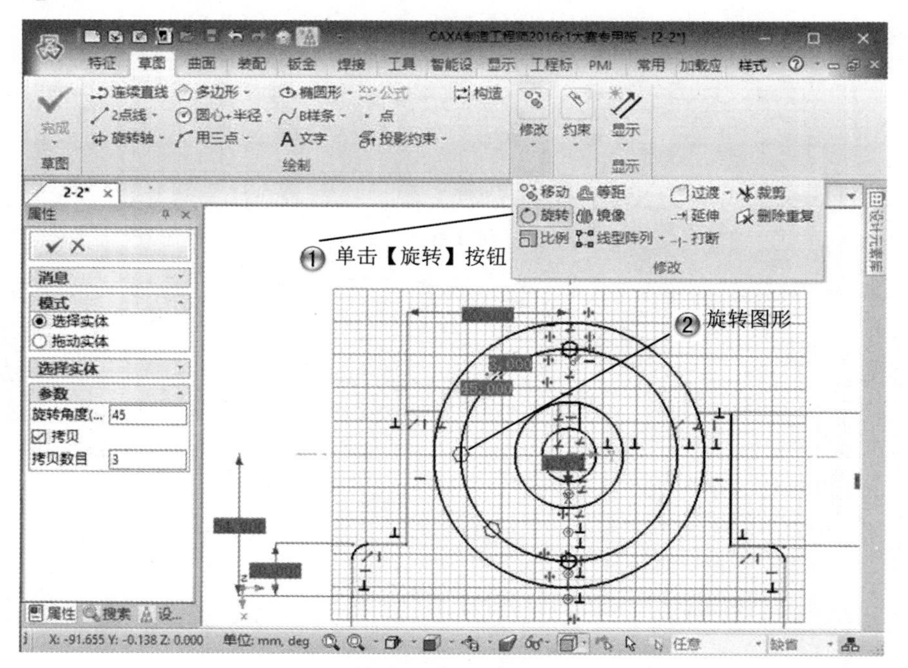

图 2-66　旋转图形 1

Step18 旋转图形 2，如图 2-67 所示。

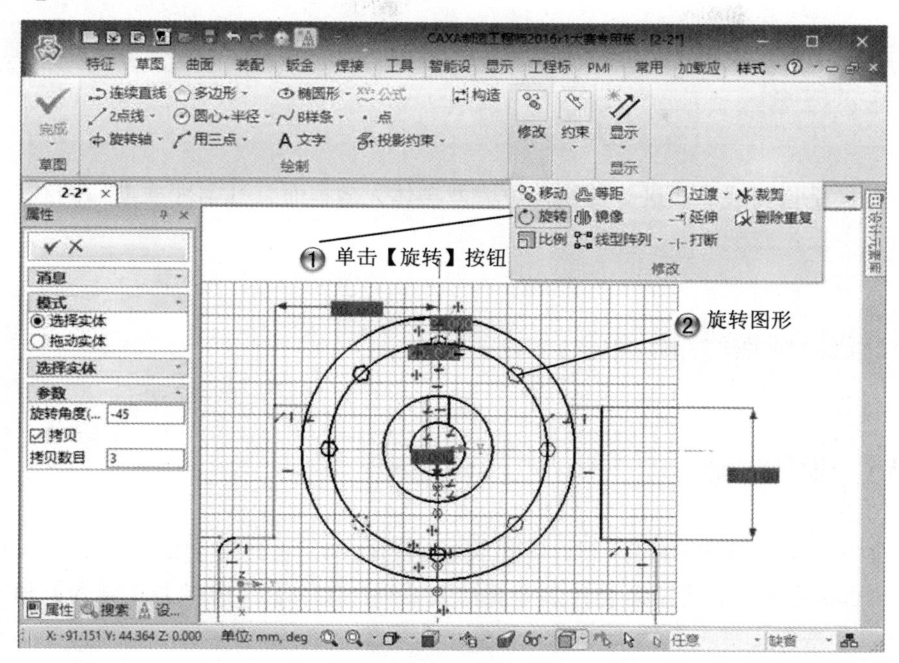

图 2-67　旋转图形 2

Step19 完成曲线编辑，如图 2-68 所示，至此范例制作完成。

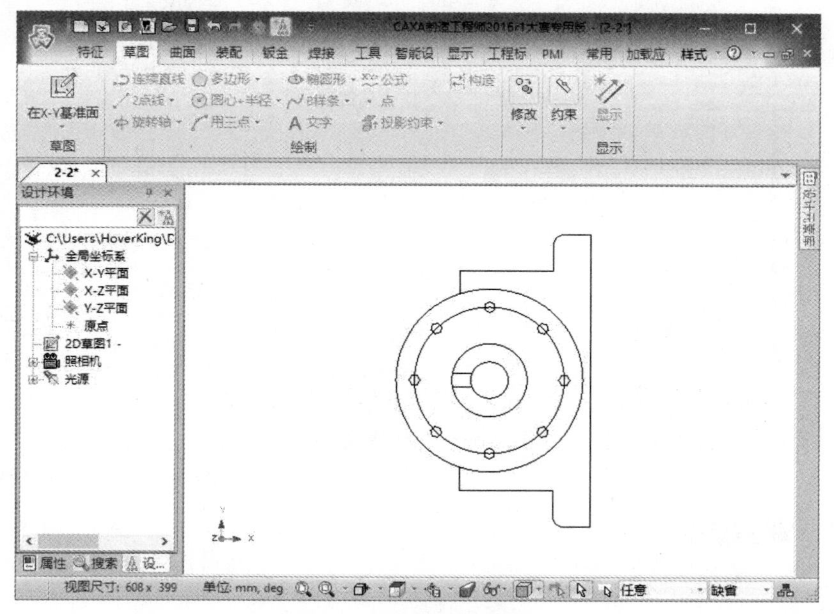

图 2-68　完成曲线编辑

2.3 几何变换

基本概念

几何变换是指对线、面进行变换，对造型实体无效，而且几何变换前后的线、面颜色、图层等属性不发生改变。

课堂讲解课时：2 课时

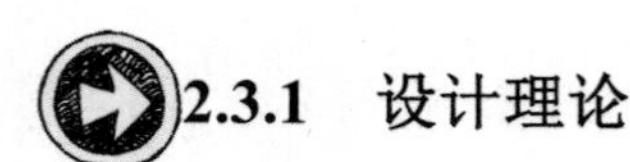

2.3.1 设计理论

几何变换对于编辑图形和曲面有着极为重要的作用，可以极大地方便用户。几何变换共有七种功能：【平移】、【平面旋转】、【旋转】、【平面镜像】、【镜像】、【阵列】和【缩放】。几何变换的命令在【常用】选项卡【几何变换】组中，如图 2-69 所示。

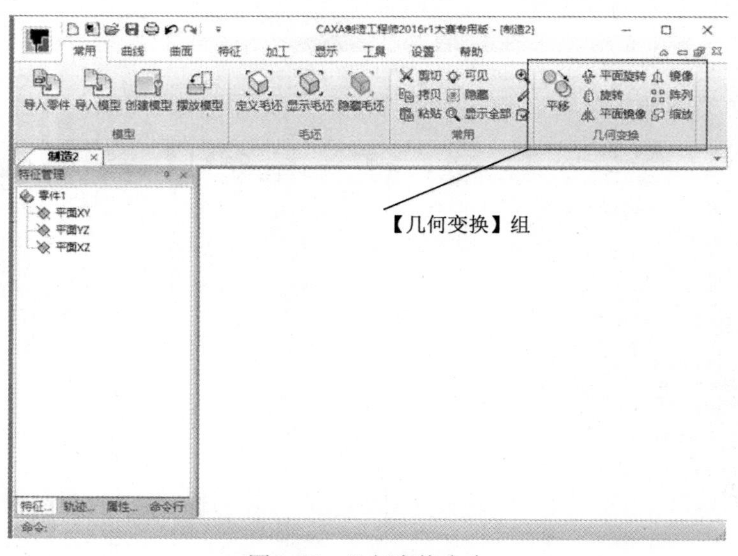

图 2-69　几何变换命令

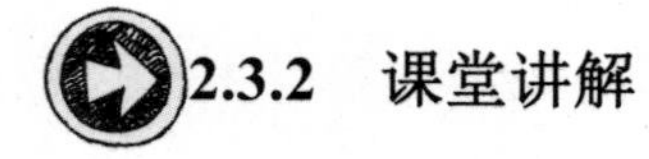

2.3.2 课堂讲解

1. 平移

平移就是对拾取到的曲线或曲面进行平移或复制。单击【常用】选项卡【几何变换】

组中的【平移】按钮，即可激活平移命令。平移有【两点】和【偏移量】两种方式，如图 2-70 所示。

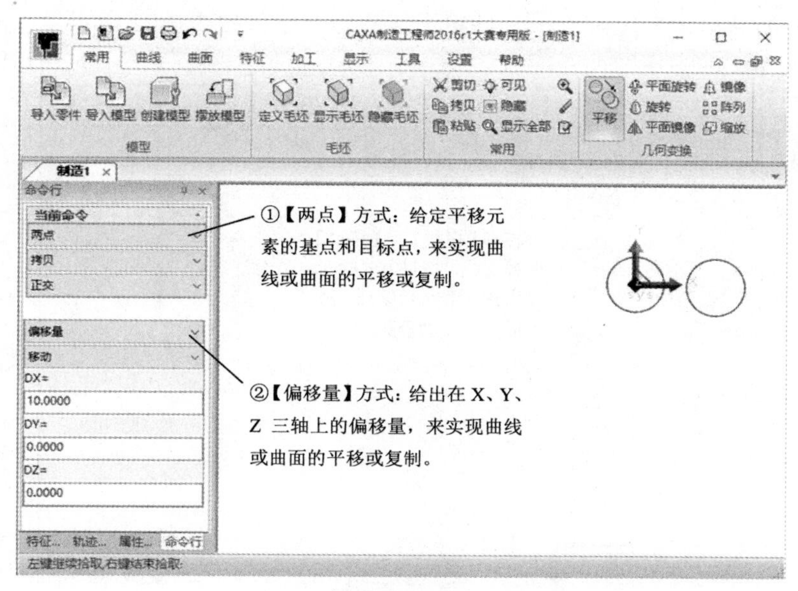

图 2-70　平移

2. 平面旋转

平面旋转是对拾取到的曲线或曲面进行同一平面上的旋转或旋转复制。单击【常用】选项卡【几何变换】组中的【平面旋转】按钮，即可激活平面旋转命令，如图 2-71 所示。

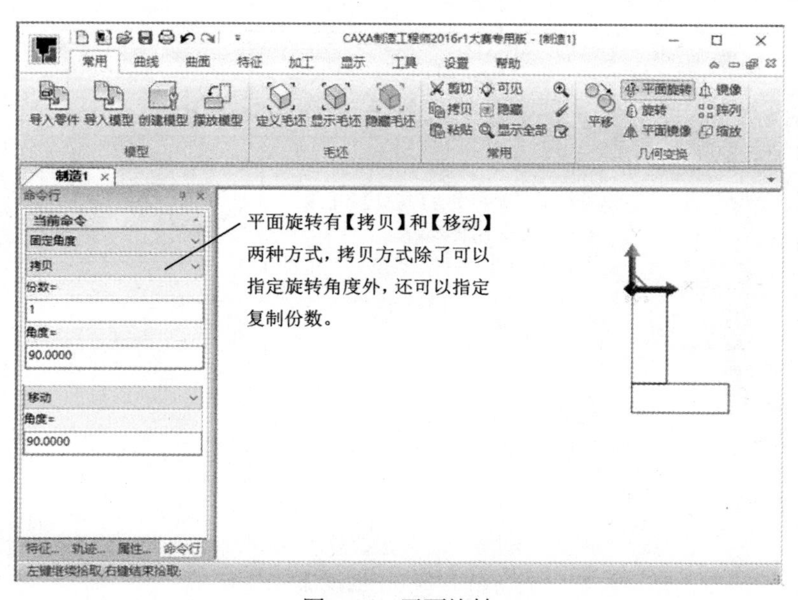

图 2-71　平面旋转

3. 旋转

旋转是对拾取到的曲线或曲面进行空间的旋转或旋转复制。单击【常用】选项卡【几何变换】组中的【旋转】按钮，即可激活旋转命令，如图 2-72 所示。

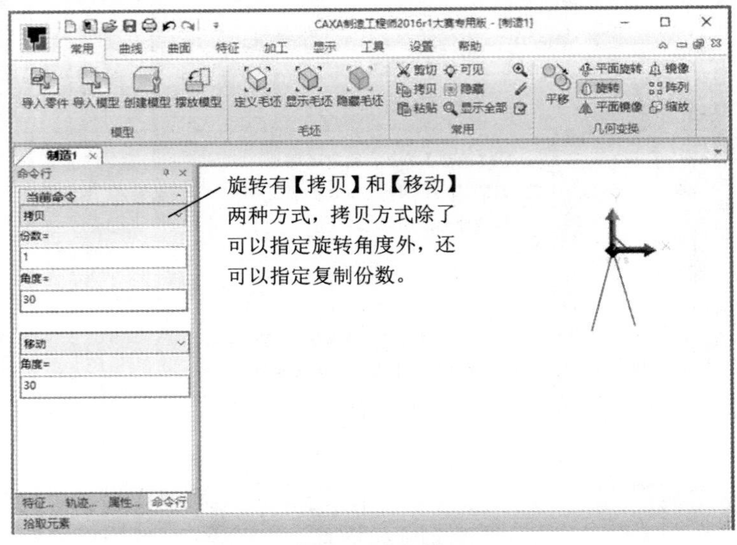

图 2-72 旋转

4. 平面镜像

平面镜像是对拾取到的曲线或曲面以某一条直线为对称轴，进行同一平面上的对称镜像或对称复制。单击【常用】选项卡【几何变换】组中的【平面镜像】按钮，即可激活平面镜像命令，如图 2-73 所示。

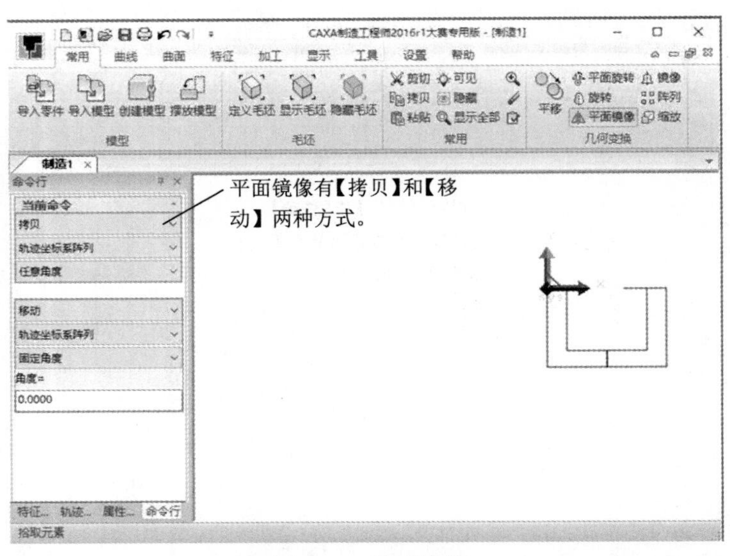

图 2-73 平面镜像

5. 镜像

镜像是对拾取到的曲线或曲面以某一条直线为对称轴，进行空间上的对称镜像或对称复制。单击【常用】选项卡【几何变换】组中的【镜像】按钮，即可激活镜像命令，如图 2-74 所示。

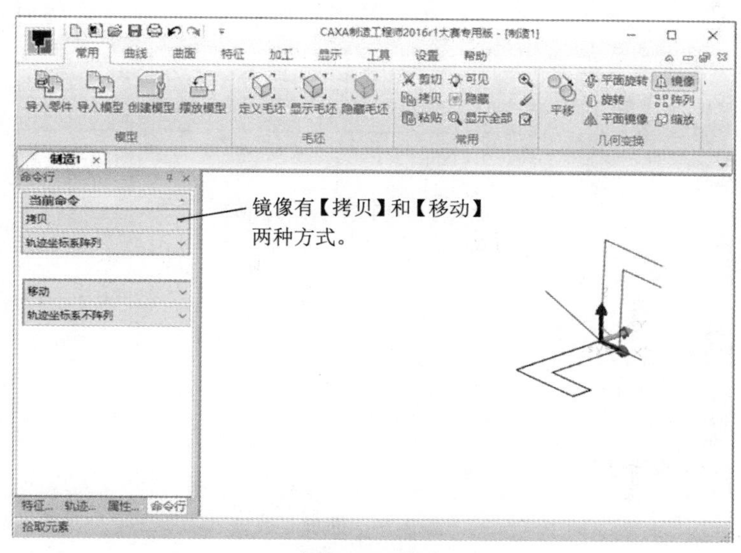

图 2-74　镜像

6. 阵列

阵列是对拾取到的曲线或曲面，按圆形或矩形方式进行阵列复制。单击【常用】选项卡【几何变换】组中的【阵列】按钮，即可激活阵列命令，阵列分为【圆形】或【矩形】两种方式，如图 2-75 所示。

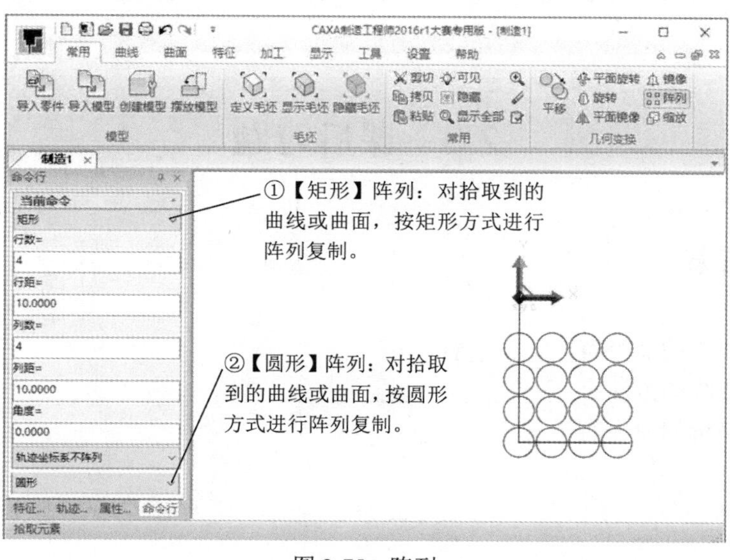

图 2-75　阵列

7. 缩放

缩放是对拾取到的曲线或曲面进行按比例放大或缩小。单击【常用】选项卡【几何变换】组中的【缩放】按钮缩放，即可激活缩放命令，如图 2-76 所示。

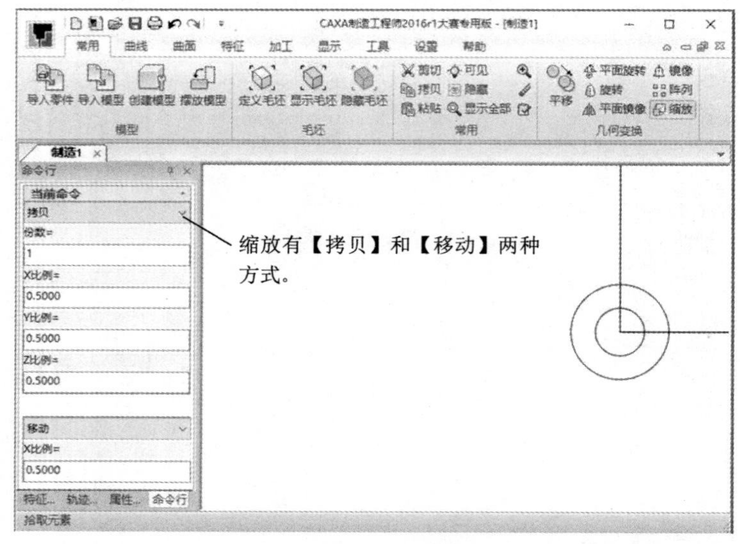

图 2-76　缩放

2.4　专家总结

线架造型主要包括曲线生成、曲线编辑和几何变换等功能，可以通过这些功能，方便、快捷地绘制各种复杂的图形。通过本章的学习，可以为后面曲面和立体造型的学习打下基础。

2.5　课后习题

2.5.1　填空题

（1）生成曲线的命令有________种。
（2）创建直线的方法有__________________________。
（3）曲线编辑的命令有____________。

2.5.2 问答题

（1）曲线编辑命令的作用是什么？
（2）几何变换应用在什么场合？

2.5.3 上机操作题

如图 2-77 所示，使用本章学过的命令来创建草图图纸。
一般创建步骤和方法如下：
（1）绘制中心线。
（2）绘制直线图形。
（3）绘制圆弧图形。
（4）裁剪草图。

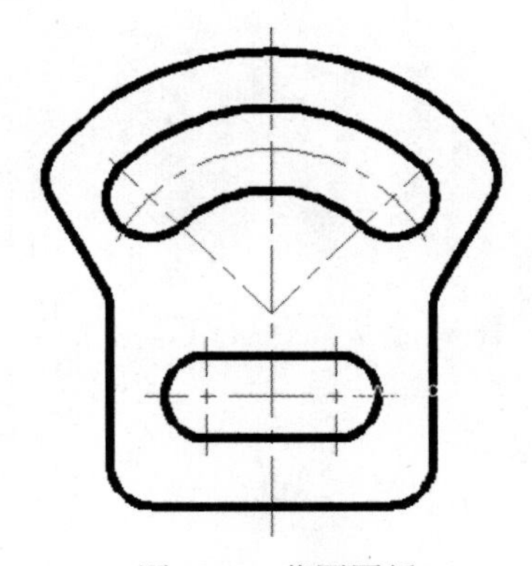

图 2-78 草图图纸

第3章　曲面设计

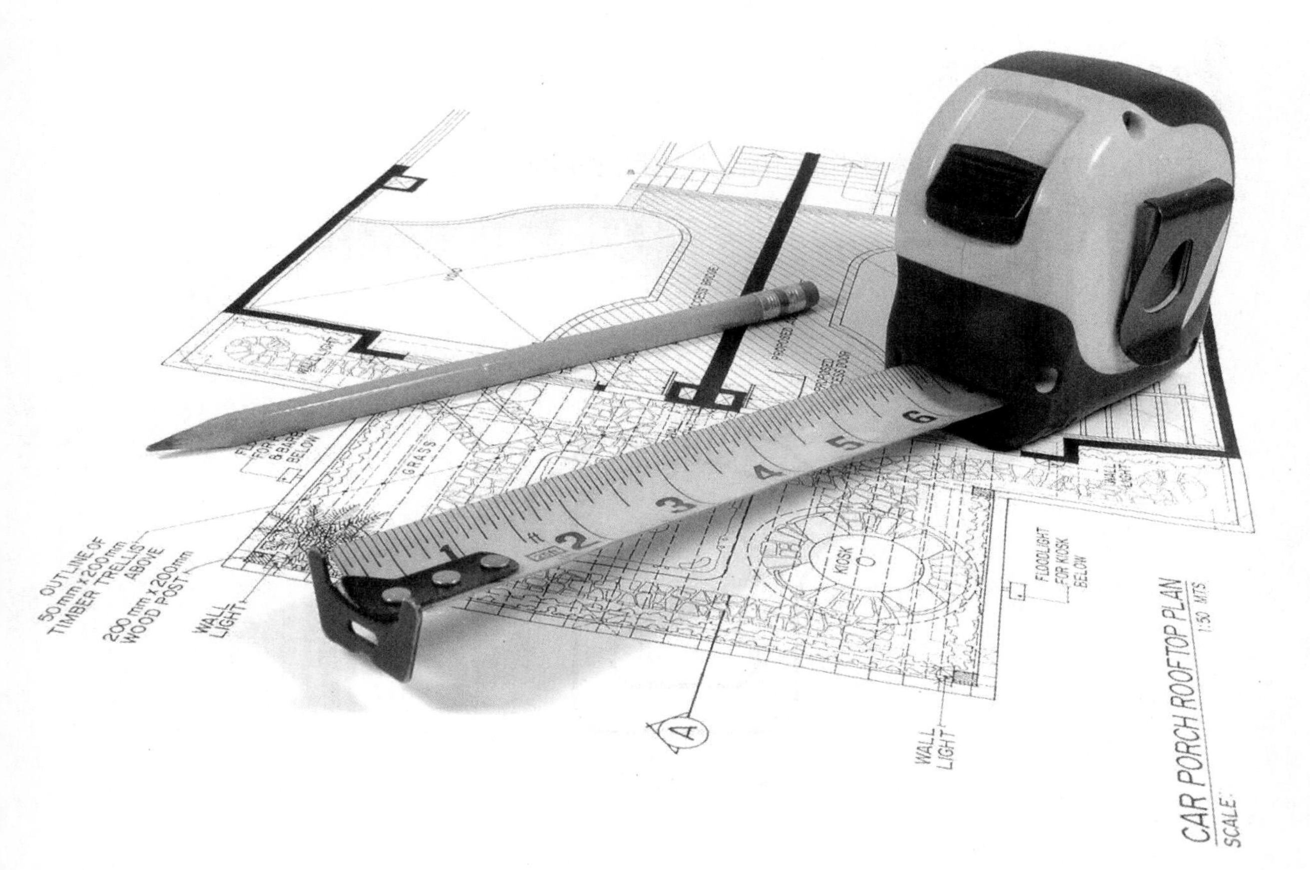

课训目标	内　容	掌握程度	课　时
	曲面生成	熟练运用	2
	曲面编辑	熟练运用	2

课程学习建议

线架造型构造完决定曲面形状的关键线框后，就可以在线架的基础上选用各种曲面的生成和编辑方法，在线框上构造所定义的曲面，以描述零件的外表面。CAXA 制造工程师提供了丰富的曲面造型方法和手段。采用不同方法生成的曲面造型，之后生成的刀路轨迹也有所不同。

本课程主要基于软件的曲面生成和曲面编辑命令进行讲解，其培训课程表如下。

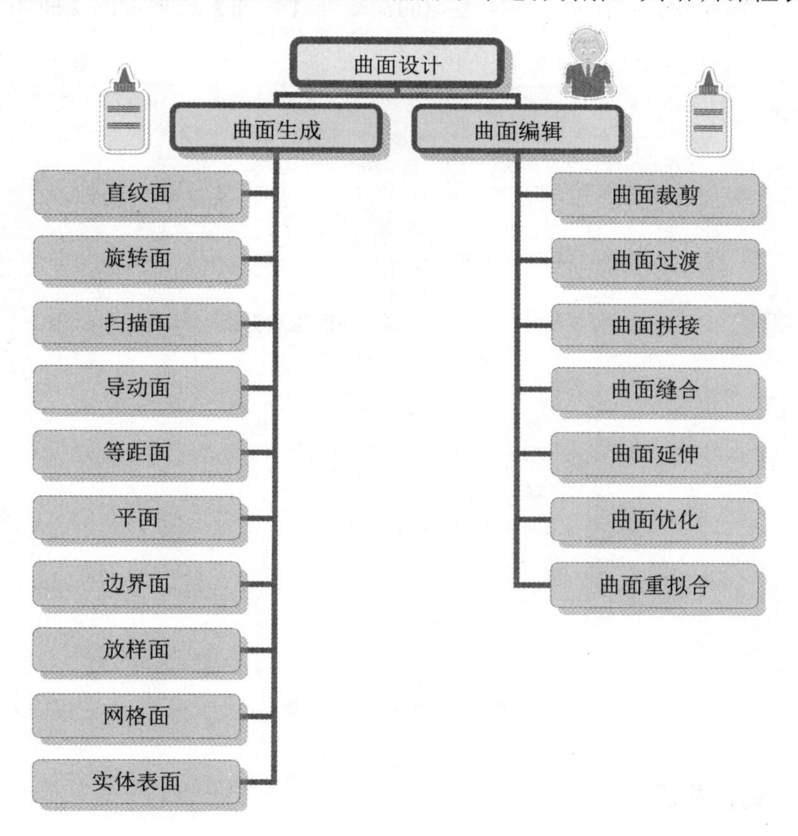

3.1 曲面生成

曲面的生成是在直线或曲线的基础上，运用曲面生成命令生成曲面造型。根据曲面特征线的不同组合方式，可以组织不同的曲面生成方式。

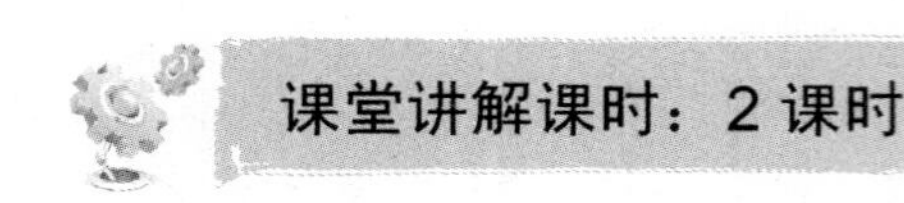

3.1.1 设计理论

曲面的生成方式共有 10 种：直纹面、旋转面、扫描面、边界面、放样面、网格面、导动面、等距面、平面和实体表面。曲面造型的命令在【曲面】选项卡的【曲面生成】组中，如图 3-1 所示。

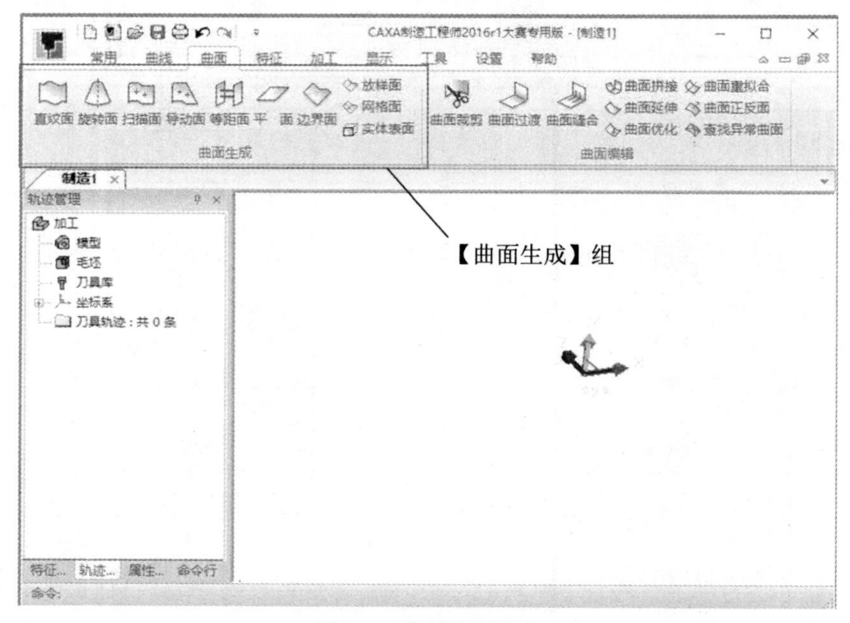

图 3-1 曲面造型命令

3.1.2 课堂讲解

1. 直纹面

直纹面是由一根直线两端点分别在两曲线上匀速运动而形成的轨迹曲面。单击【曲面】选项卡【曲面生成】组中的【直纹面】按钮，弹出命令行，如图 3-2 所示。通过命令行，可选择直纹面的生成方式，有【曲线+曲线】、【点+曲线】和【曲线+曲面】三种。

（1）曲线+曲线

用给定的两条空间曲线生成直纹面，如图 3-3 所示。

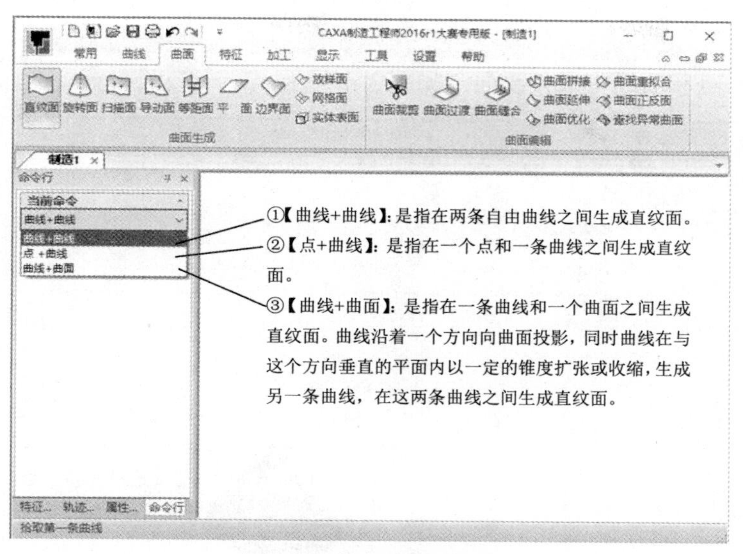

图3-2　直纹面生成方式

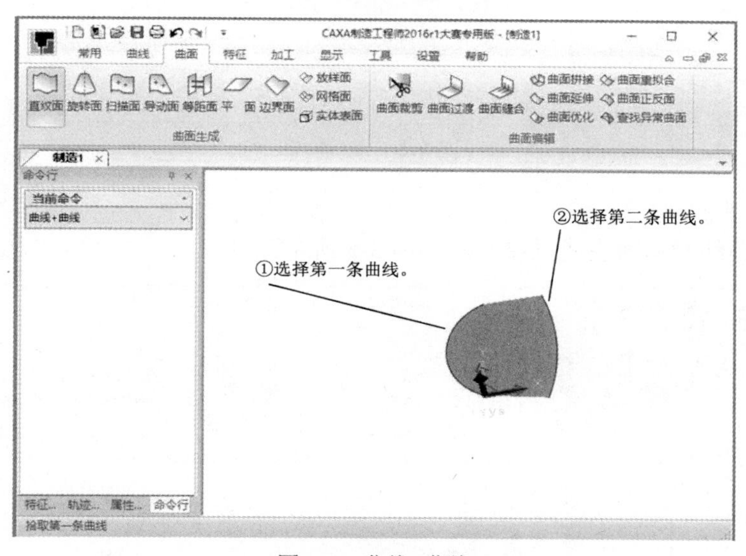

图3-3　曲线+曲线

在拾取曲线时应注意拾取点的位置，要拾取曲线的同侧对应位置；否则将使两曲线的方向相反，生成的直纹面发生扭曲。如系统提示“拾取失败”，可能是由于在拾取的设置中没有这种类型的曲线，解决方法是选择【设置】|【拾取过滤设置】菜单命令，在打开的【拾取过滤器】对话框的【图形元素的类型】中选择所有类型。

名师点拨

（2）点+曲线

用给定的一点和曲线生成直纹面，如图 3-4 所示。

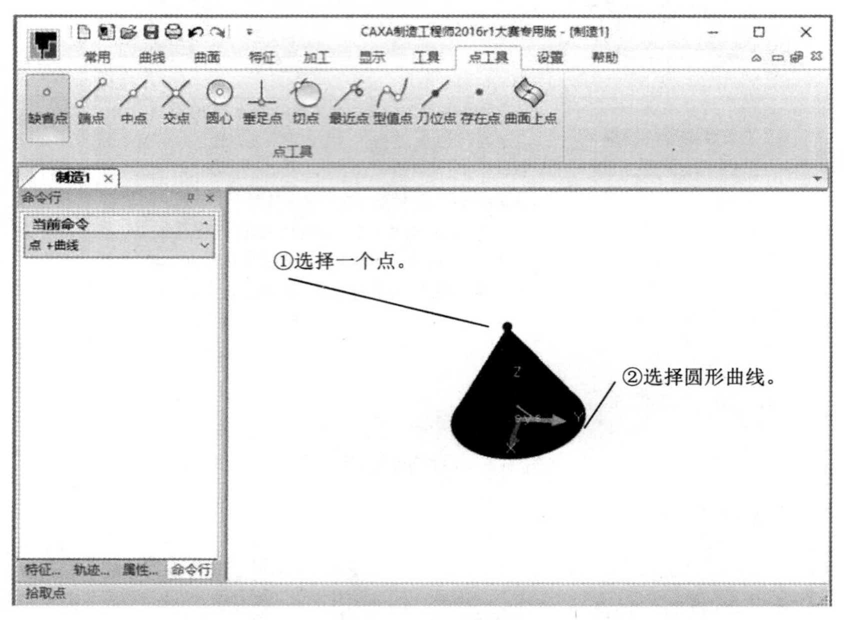

图 3-4　点+曲线

（3）曲线+曲面

用给定的曲线和曲面生成直纹面，如图 3-5 所示。

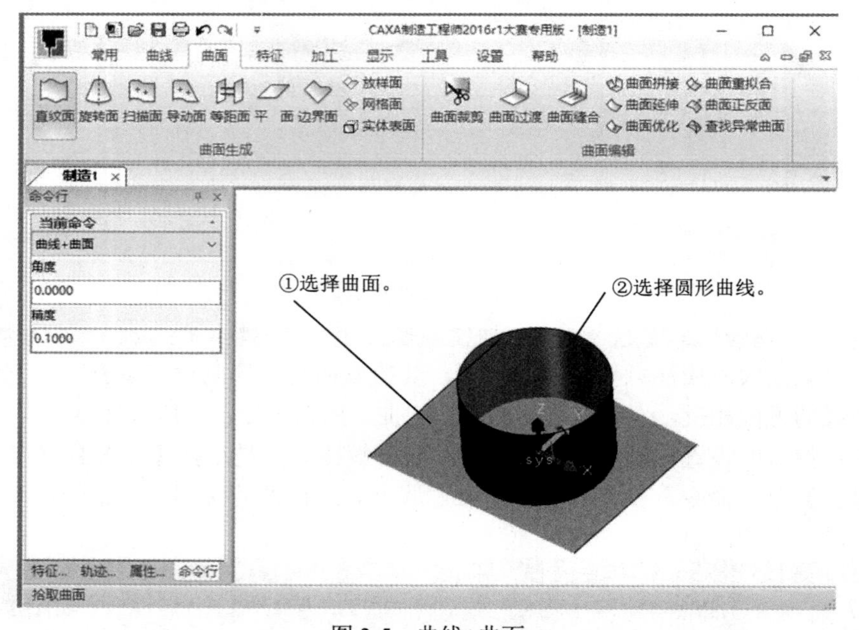

图 3-5　曲线+曲面

当曲线沿指定方向以一定的锥度向曲面投影作直纹面时，如曲线的投影不能全部落在曲面内，直纹面将无法生成，输入方向时可按空格键或鼠标中键在弹出的工具菜单中选择输入方向。

名师点拨

2. 旋转面

旋转面是按给定的起始角度和终止角度，将曲线绕一个旋转轴旋转而生成的轨迹曲面。单击【曲面】选项卡【曲面生成】组中的【旋转面】按钮，弹出命令行，如图3-6所示。

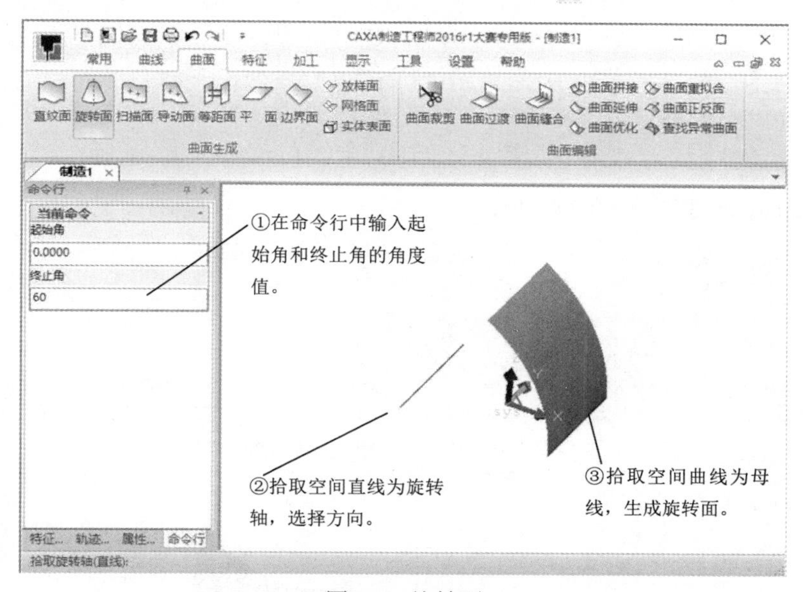

图3-6　旋转面

选择方向时，箭头方向与曲面旋转方向都遵循右手螺旋法则。旋转时以母线的当前位置为起始位置。

名师点拨

3. 扫描面

按照给定的起始位置和扫描距离，将曲线沿指定方向以一定的锥度扫描生成曲面。单击【曲面】选项卡【曲面生成】组中的【扫描面】按钮，弹出命令行，如图3-7所示。

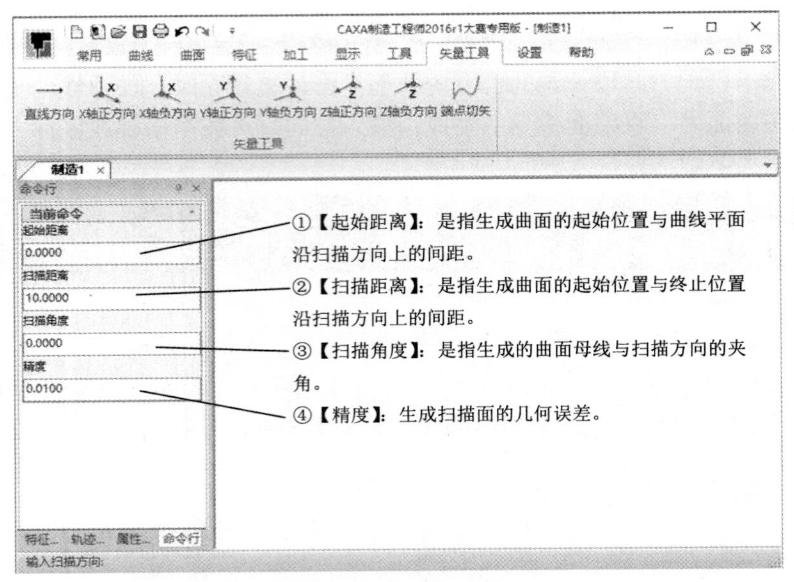

图 3-7　扫描面命令行

创建扫描面的步骤，如图 3-8 所示。

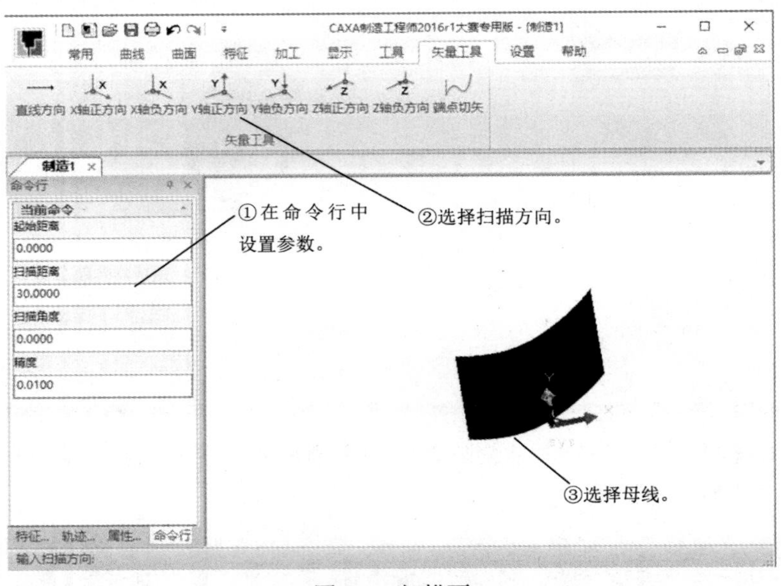

图 3-8　扫描面

4. 导动面

导动面是让特征截面线沿着特征轨迹线的某一方向扫动生成的曲面。单击【曲面】选项卡【曲面生成】组中的【导动面】按钮，弹出命令行，导动面的生成有六种方式：【平行导动】、【固接导动】、【导动线&平面】、【导动线&边界线】、【双导动线】和【管道曲面】，如图 3-9 所示。

生成导动曲面的基本思想：选取截面曲线或轮廓线沿着另外一条轨迹线扫动生成曲面。为了满足不同形状的要求，可以在扫动过程中，对截面线和轨迹线施加不同的几何约束，让截面线和轨迹线之间保持不同的位置关系，就可以生成形状变化多样的导动曲面。如在截面线沿轨迹线运动过程中，可以让截面线绕自身旋转，也可以绕轨迹线扭转，还可以进行变形处理，这样就可产生各种方式的导动曲面。

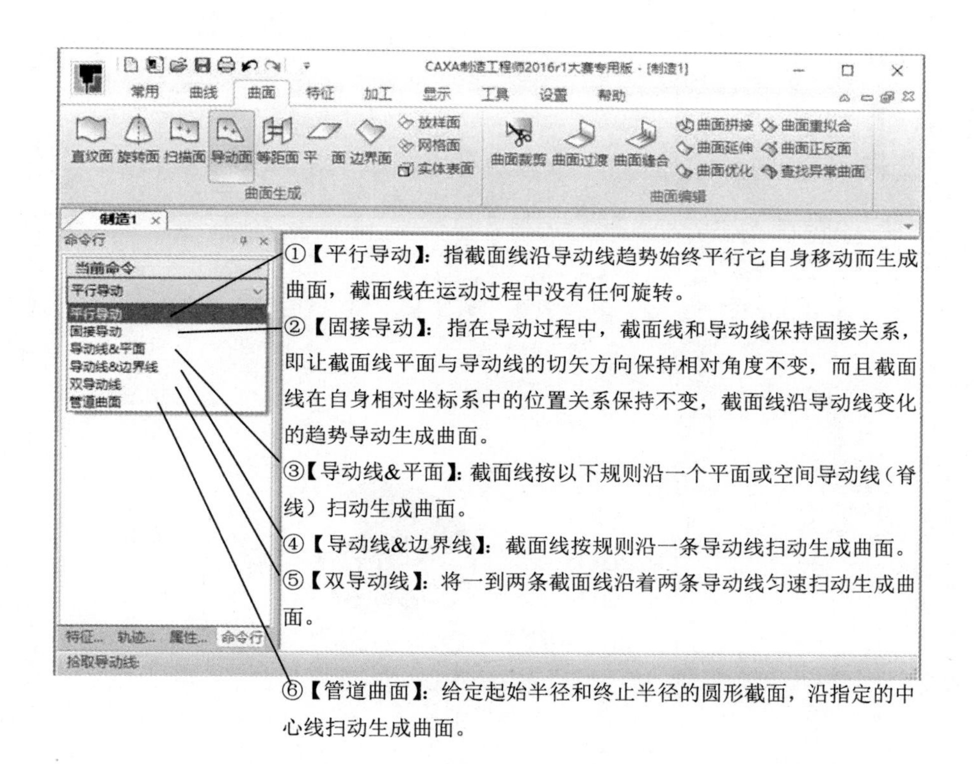

图 3-9　导动面的六种方式

（1）平行导动面

将圆沿着直线作平行导动，生成一个导动面，如图 3-10 所示。

（2）固接导动面

固接导动面可以生成一个双截面固接导动面，如图 3-11 所示。

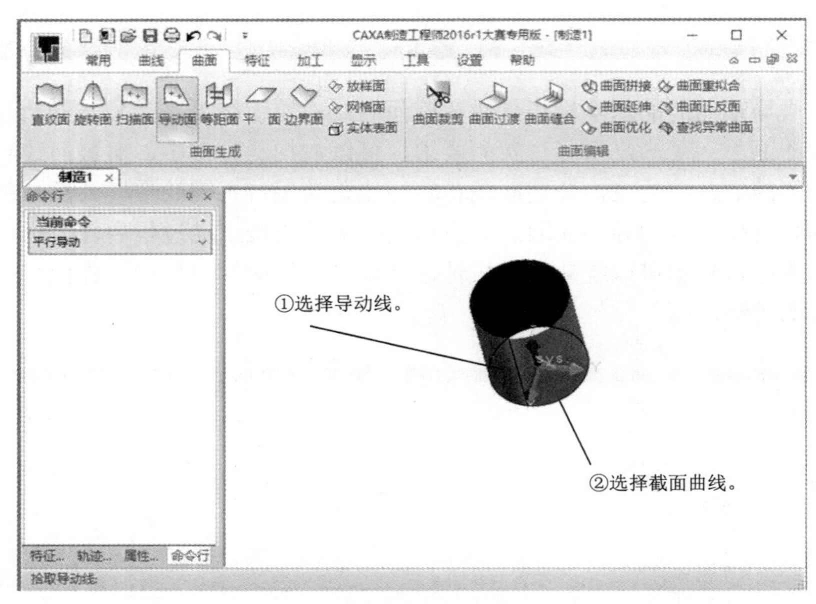

图 3-10 平行导动面

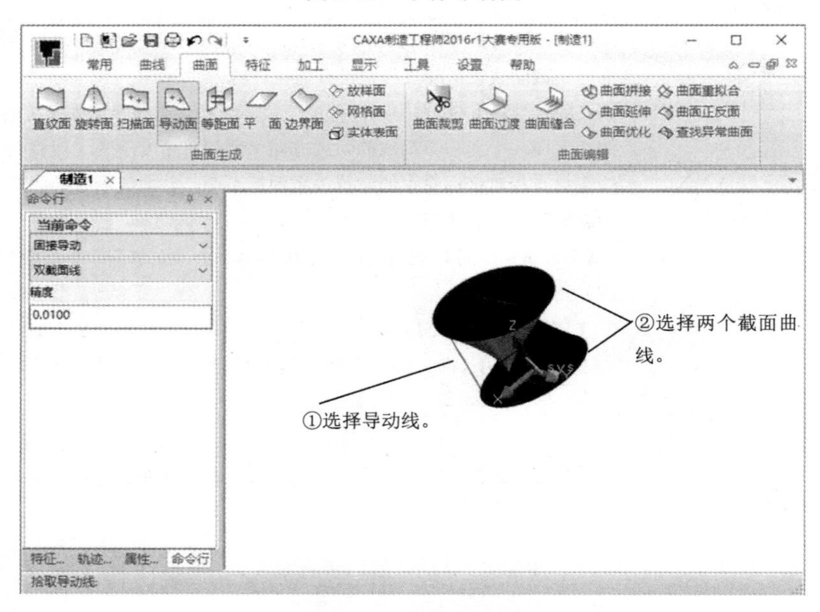

图 3-11 固接导动面

导动曲线、截面曲线应当是光滑曲线。在两条截面线之间进行导动时，拾取两条截面线应使得它们方向一致，否则曲面将发生扭曲，形状不可预料。

名师点拨

（3）导动线&平面

应用【导动线&平面】方式生成一个导动面，给定的平面法矢尽量不要与导动线的切矢方向相同，如图 3-12 所示。

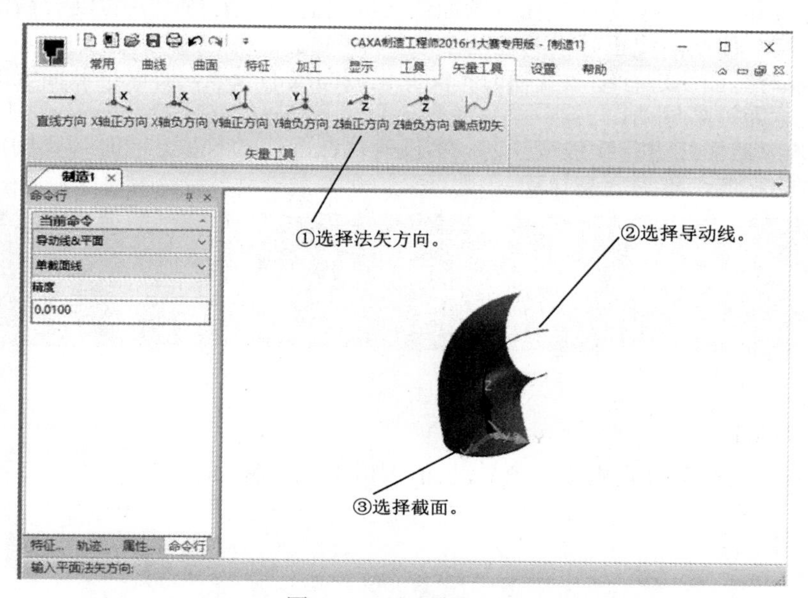

图 3-12　导动线&平面

（4）导动线&边界线

应用【导动线&边界线】方式生成一个导动面，如图 3-13 所示。

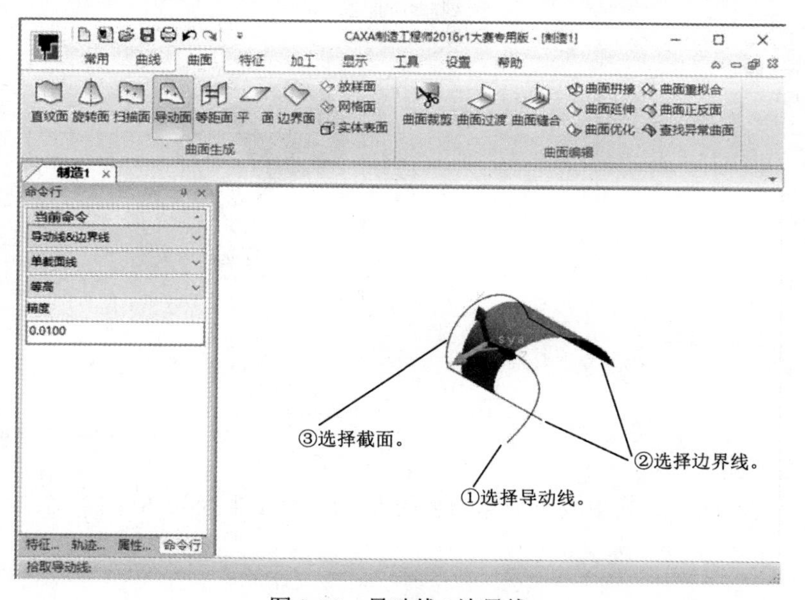

图 3-13　导动线&边界线

① 在导动过程中，截面线始终在垂直于导动线的平面内摆放，并求得截面线平面与边界线的两个交点。在两截面线之间进行混合变形，并对混合截面进行缩放变换，使截面线正好横跨在两个边界线的交点上。

② 若对截面线进行缩放变换时；仅变化截面线的长度，而保持截面线的高度不变，称为等高导动。

③ 若对截面线进行缩放变换时，不仅变化截面线的长度，同时等比例地变化截面线的高度，称为变高导动。

名师点拨

（5）双导动线

应用【双导动线】方式生成一个导动面，如图 3-14 所示。

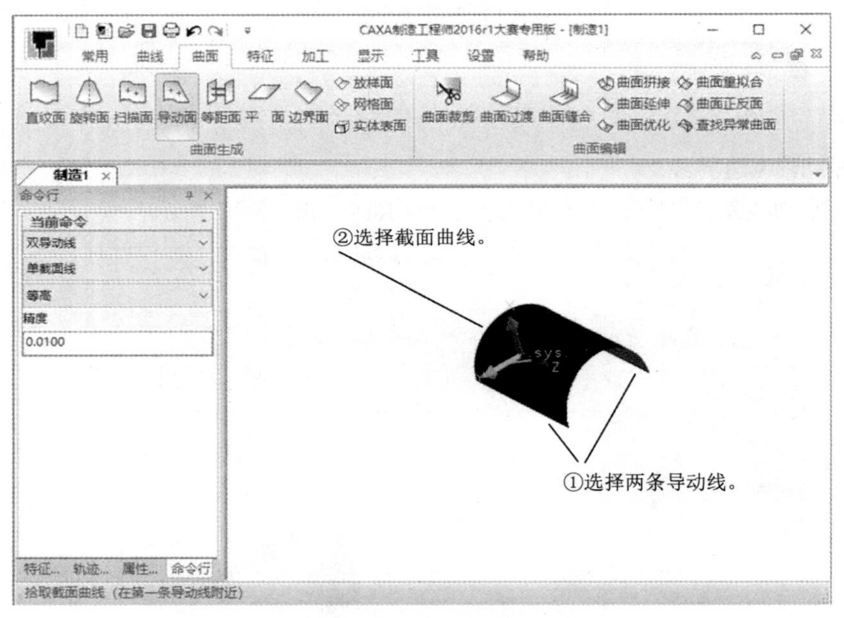

图 3-14 双导动线

（6）管道曲面

应用【管道曲面】方式生成一个起始半径为 10、终止半径为 20 的管道曲面，如图 3-15 所示。

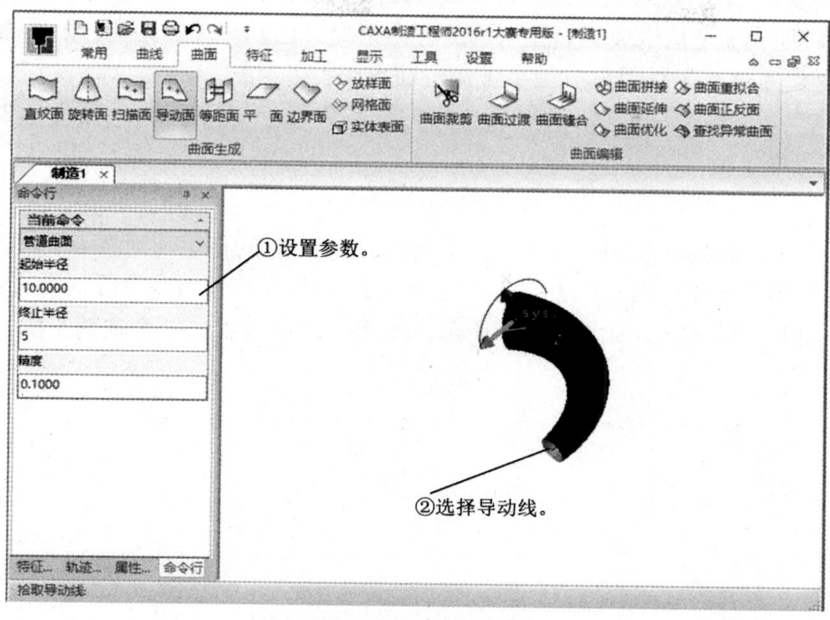

图 3-15　管道曲面

5. 等距面

【等距面】是按给定距离与等距方向生成与已知面等距的面（平面或者曲面）。这个命令类似曲线中的【等距线】命令，不同的是“线”改成了“面”。单击【曲面】选项卡【曲面生成】组中的【等距面】按钮，弹出命令行，如图 3-16 所示。

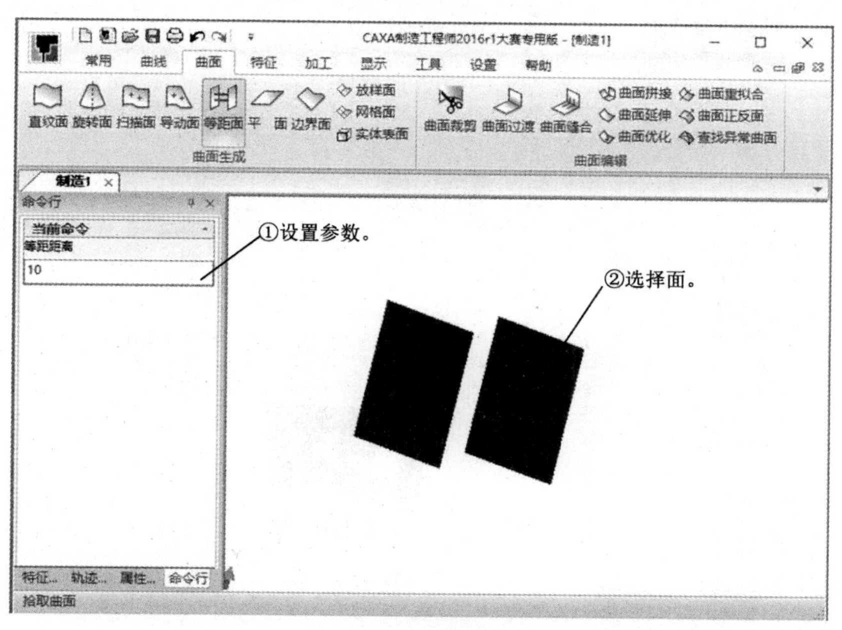

图 3-16　等距面

【等距距离】是指生成平面在所选的方向上离开已知平面的距离。如果曲面的曲率变化太大，等距距离应当小于最小曲率半径。

名师点拨

6. 平面

平面与基准面是不同的，基准面是在绘制草图时的参考面，而平面则是一个实际存在的面。单击【曲面】选项卡【曲面生成】组中的【平面】按钮，弹出命令行，有【裁剪平面】和【工具平面】两种方式，如图 3-17 所示。使用平面命令生成一个裁剪平面，如图 3-18 所示。

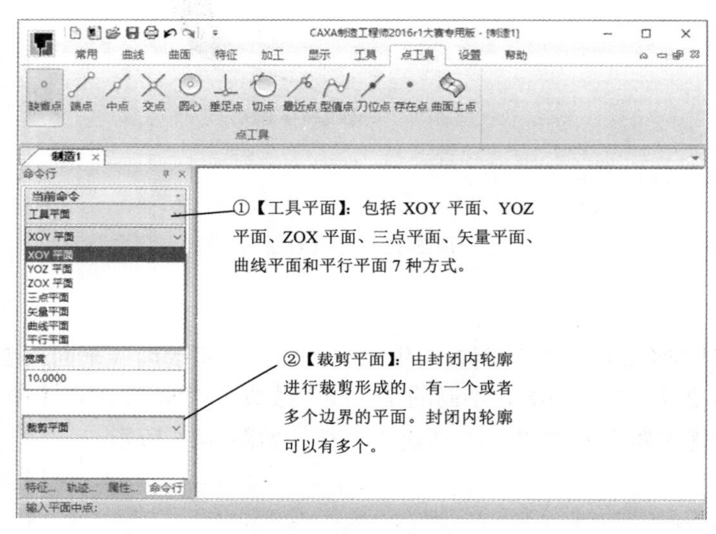

图 3-17　平面命令行

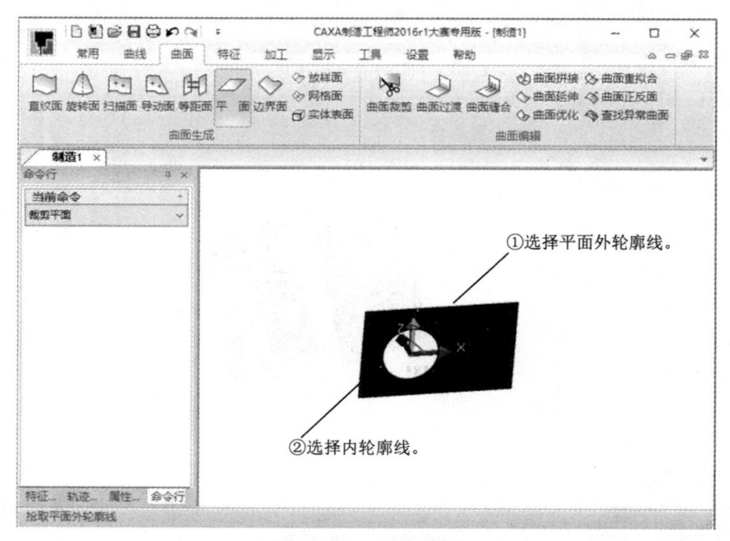

图 3-18　裁剪平面

7. 边界面

边界面就是在由已知曲线围成的边界区域上生成曲面。单击【曲面】选项卡【曲面生成】组中的【边界面】按钮，弹出命令行，边界面有两种方式：【四边面】和【三边面】，如图 3-19 所示。

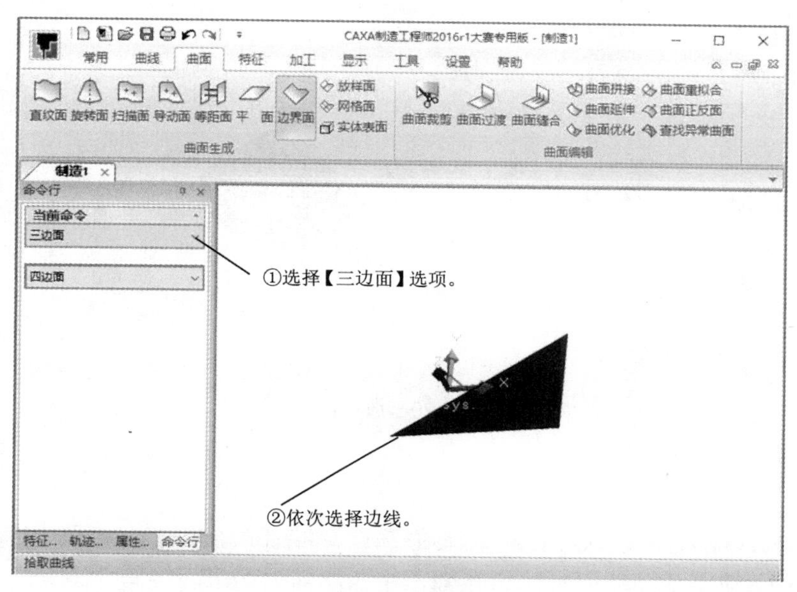

图 3-19 边界面

拾取的四条曲线（或三条曲线）必须首尾相连构成封闭环，才能作出四边面（或三边面）；并且拾取的曲线应当是光滑曲线。

名师点拨

8. 放样面

以一组互不相交、方向相同、形状相似的特征线（或截面线）为骨架进行形状控制，过这些曲线生成的曲面称为放样面。单击【曲面】选项卡【曲面生成】组中的【放样面】按钮，弹出命令行，放样面有【截面曲线】和【曲面边界】两种类型，如图 3-20 所示。

①拾取的一组特征曲线互不相交、方向一致、形状相似，否则生成结果将发生扭曲，形状不可预料。②截面线需保证其光滑性。③需按截面线摆放的方向顺序拾取曲线。④拾取曲线时需保证截面线方向的一致。

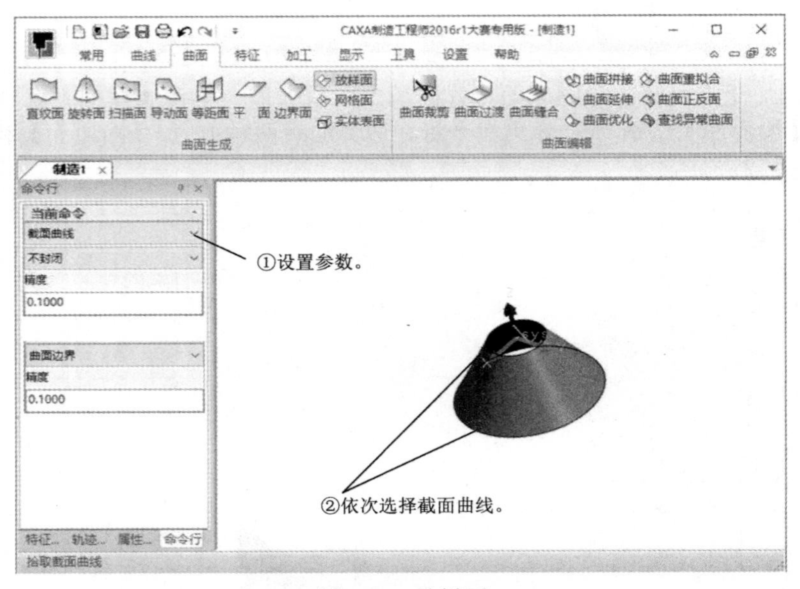

图 3-20　放样面

9. 网格面

以网格曲线为骨架，蒙上自由曲面生成的曲面称为网格面。网格曲线是由特征线组成的横竖相交线。网格面的生成思路：首先构造曲面的特征网格线以确定曲面的初始骨架形状，然后用自由曲面插入特征网格线生成曲面。

特征网格线可以是曲面边界线或曲面截面线等。由于一组截面线只能反映一个方向的变化趋势，所以还可以引入另一组截面线来限定另一个方向的变化，这就形成了一个网格骨架，控制住了两个方向（U 和 V 两个方向）的变化趋势，使特征网格线基本上反映设计者想要的曲面形状，在此基础上插入网格骨架生成的曲面一般能满足设计者的要求。

单击【曲面】选项卡【曲面生成】组中的【网格面】按钮，弹出命令行，激活网格面功能，网格曲线组成网状四边形网格，规则四边网格与不规则四边网格均可，如图 3-21 所示。

①每一组曲线都必须按其方位顺序拾取，而且曲线的方向必须保持一致。曲线的方向与放样面功能中的一样，由拾取点的位置来确定曲线的起点。②拾取的每条 U 向曲线与所有的 V 向曲线都必须有交点。③拾取的曲线应当是光滑曲线。

名师点拨

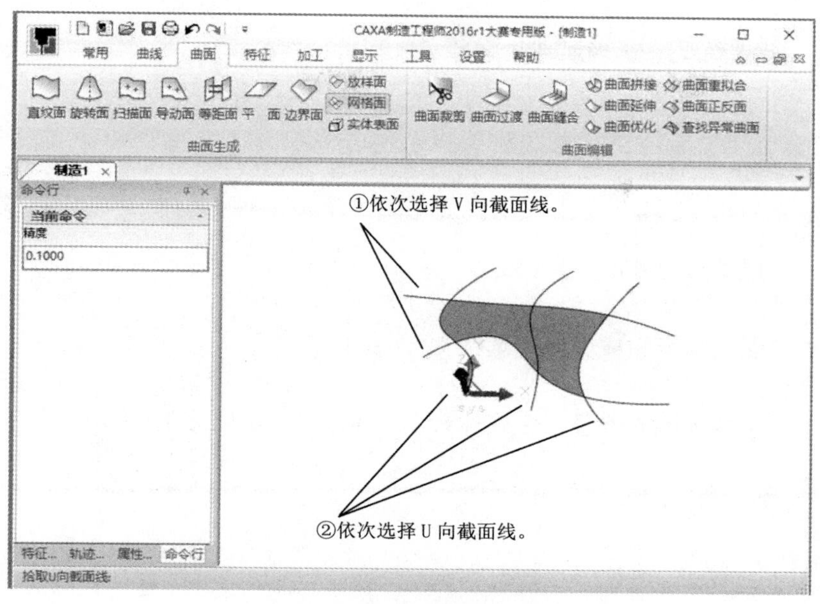

图 3-21　生成网格面

10. 实体表面

把通过特征生成的实体表面剥离出来，从而形成一个独立的面称之为实体表面。单击【曲面】选项卡【曲面生成】组中的【实体表面】按钮实体表面，弹出命令行，激活实体表面功能，选取实体表面时，既可以拾取单个表面，也可以拾取所有表面，如图 3-22 所示。

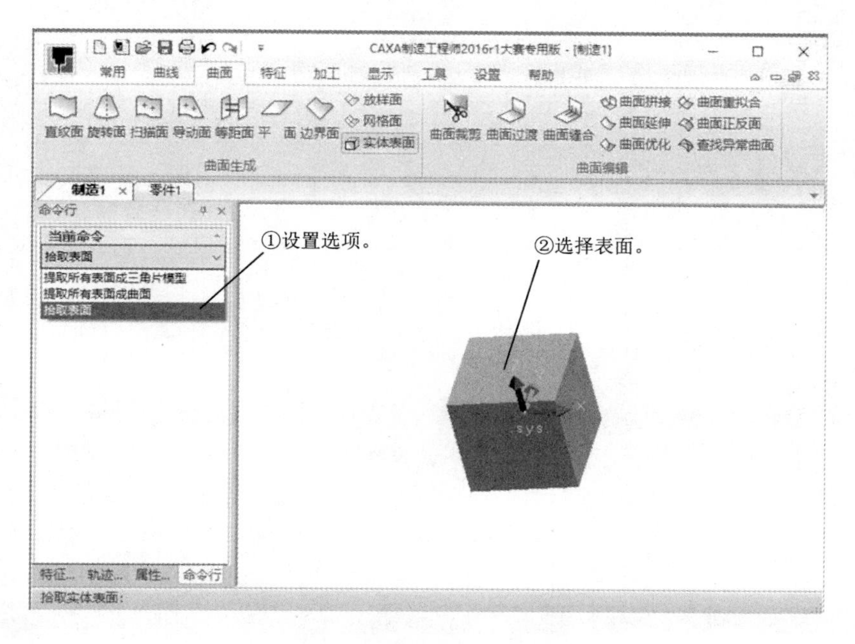

图 3-22　生成长方体表面

3.1.3 课堂练习——绘制曲面滑道

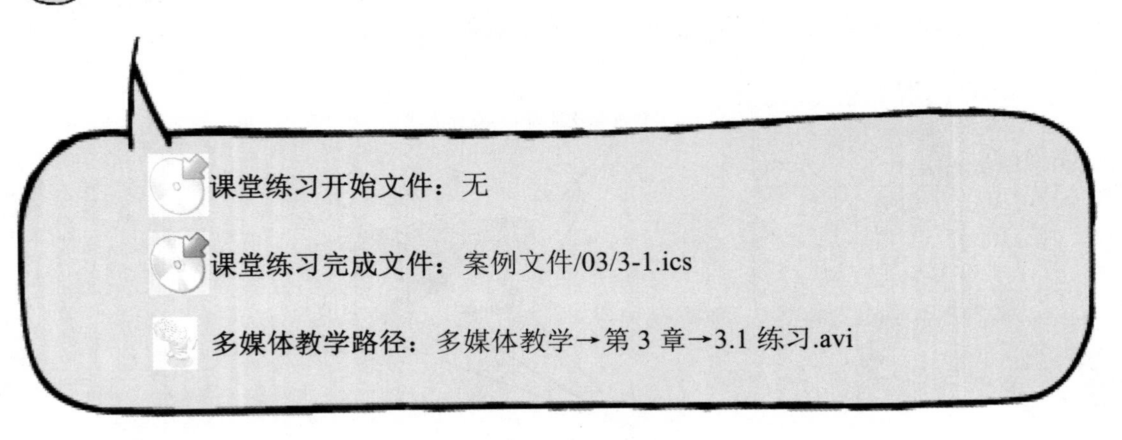

课堂练习开始文件：无

课堂练习完成文件：案例文件/03/3-1.ics

多媒体教学路径：多媒体教学→第 3 章→3.1 练习.avi

Step1 选择草绘面，如图 3-23 所示。

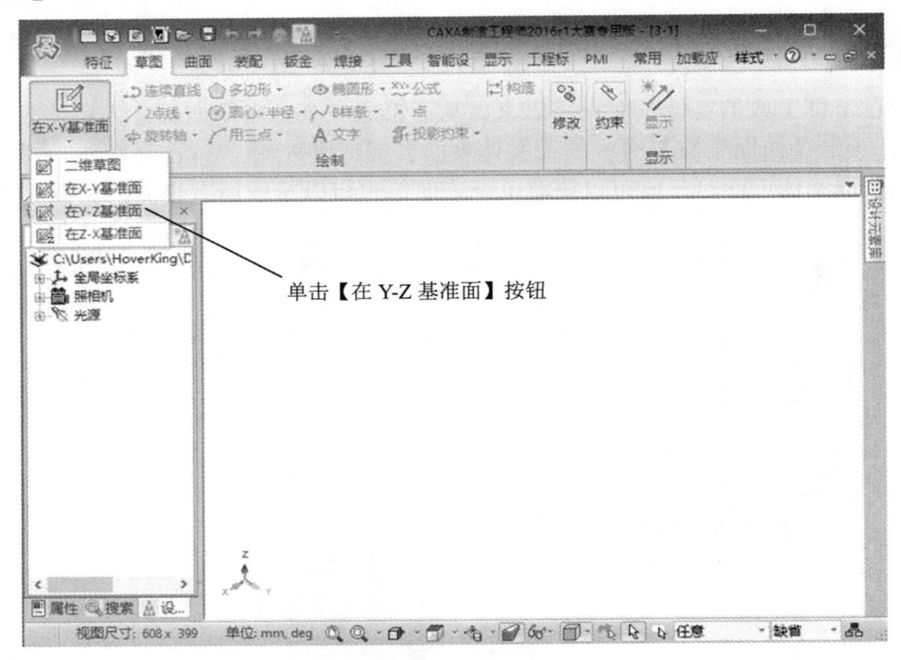

图 3-23　选择草绘面

Step2 绘制水平线，如图 3-24 所示。

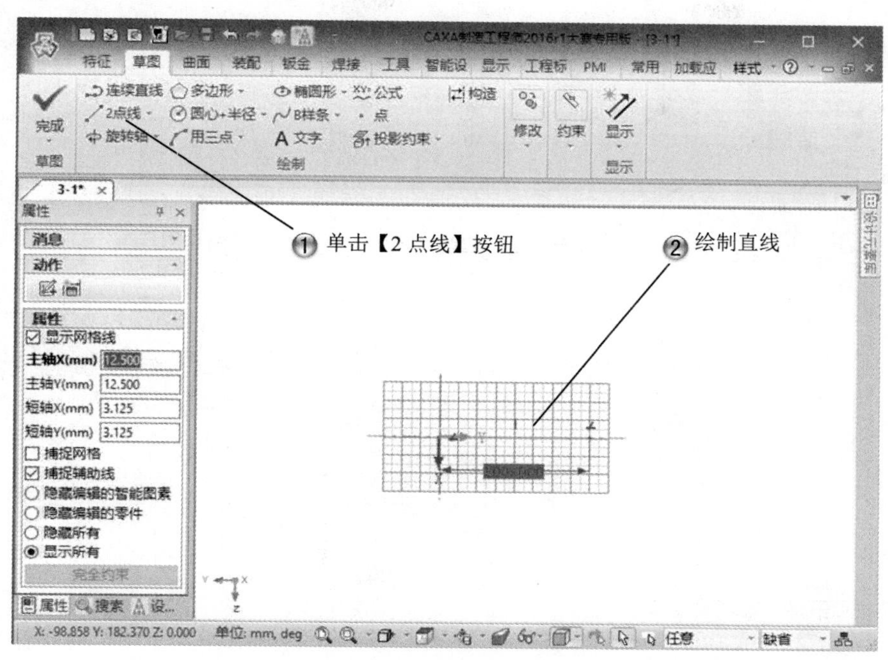

图 3-24　绘制水平线

Step3 绘制斜线，如图 3-25 所示。

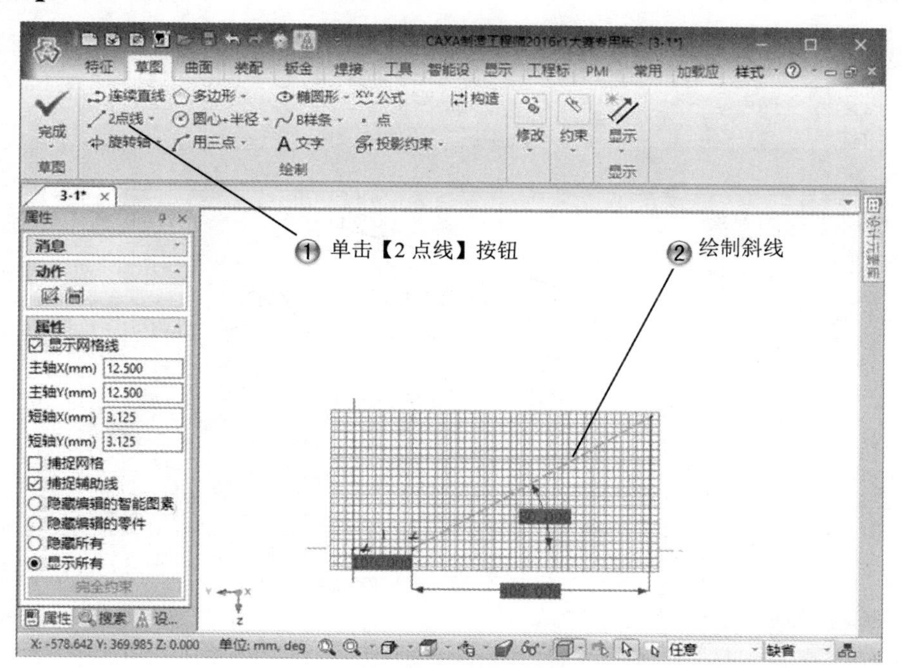

图 3-25　绘制斜线

Step4 绘制水平线，如图 3-26 所示。

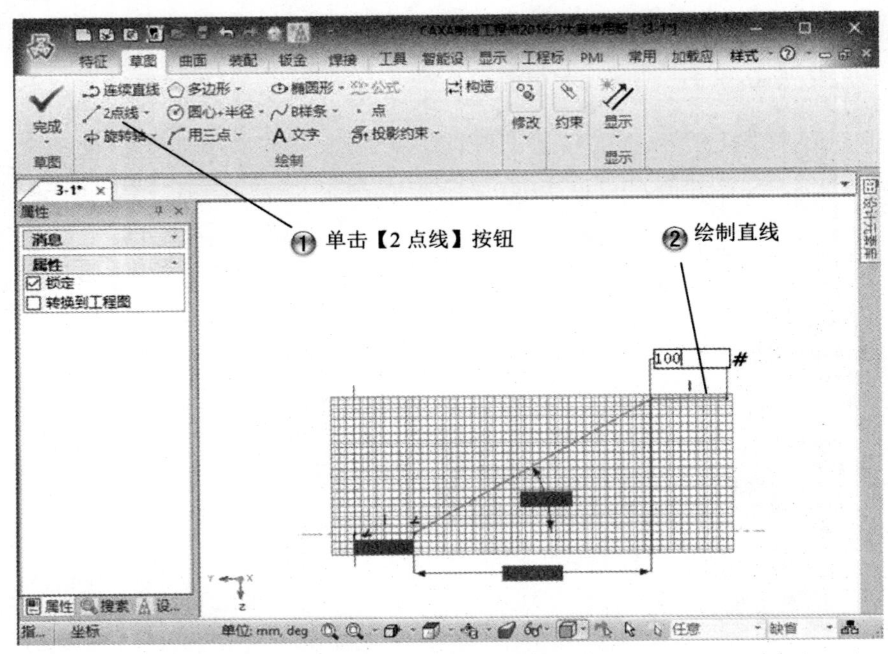

图 3-26　绘制水平线

Step5 绘制圆角，如图 3-27 所示。

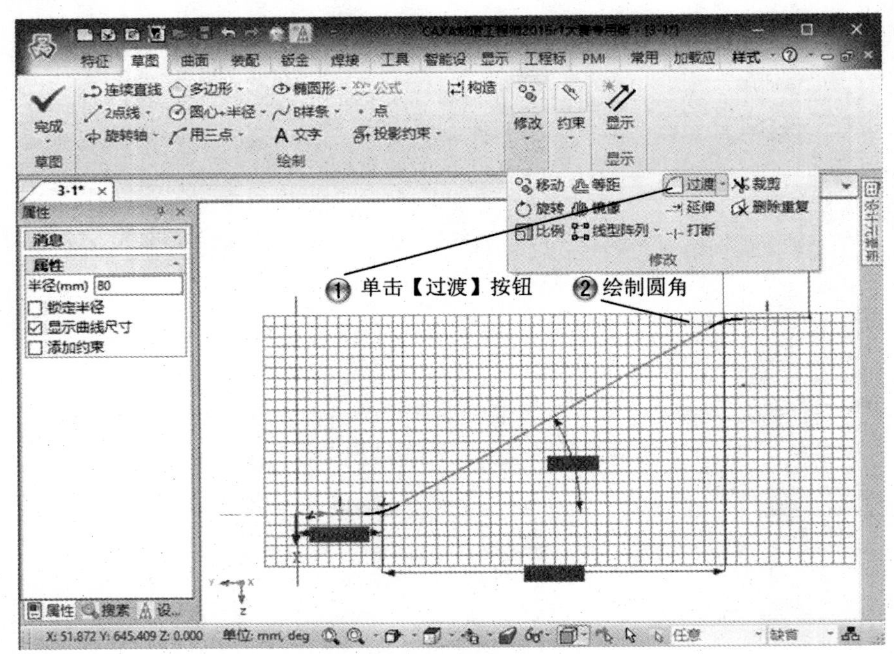

图 3-27　绘制圆角

Step6 选择草绘面，如图 3-28 所示。

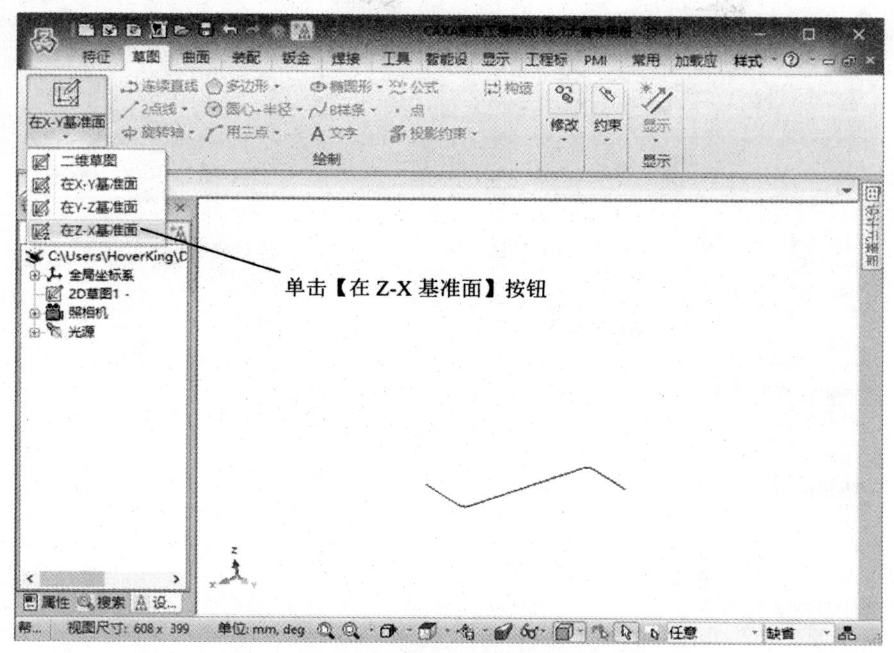

图 3-28　选择草绘面

Step7 绘制直线，如图 3-29 所示。

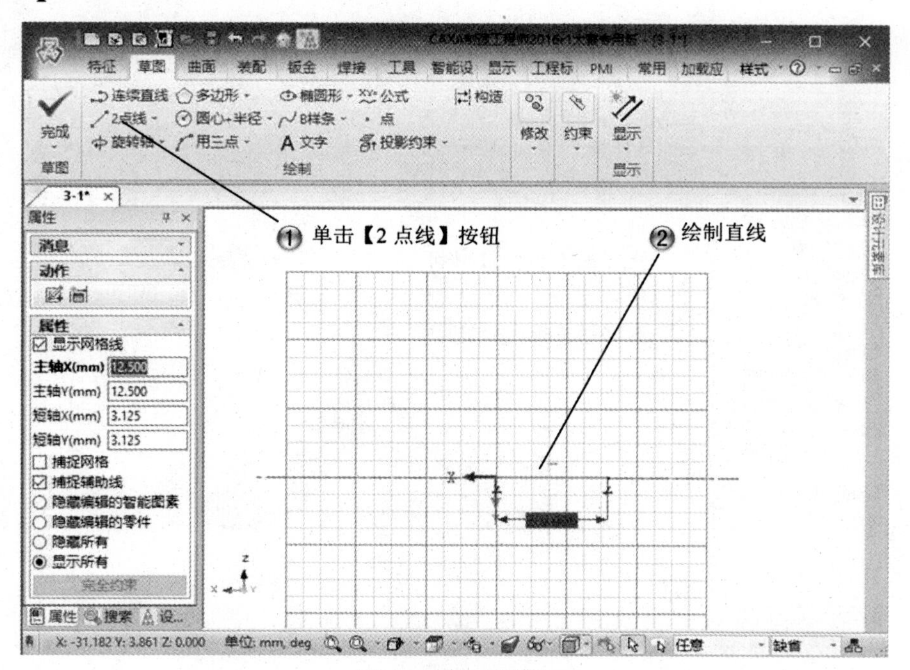

图 3-29　绘制直线

Step8 创建导动面 1，如图 3-30 所示。

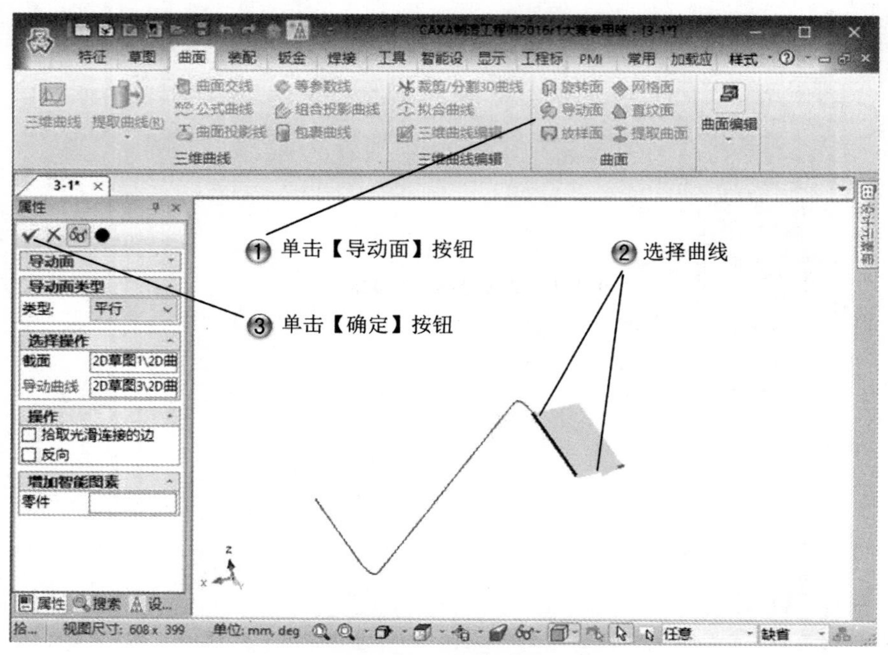

图 3-30　创建导动面 1

Step9 创建导动面 2，如图 3-31 所示。

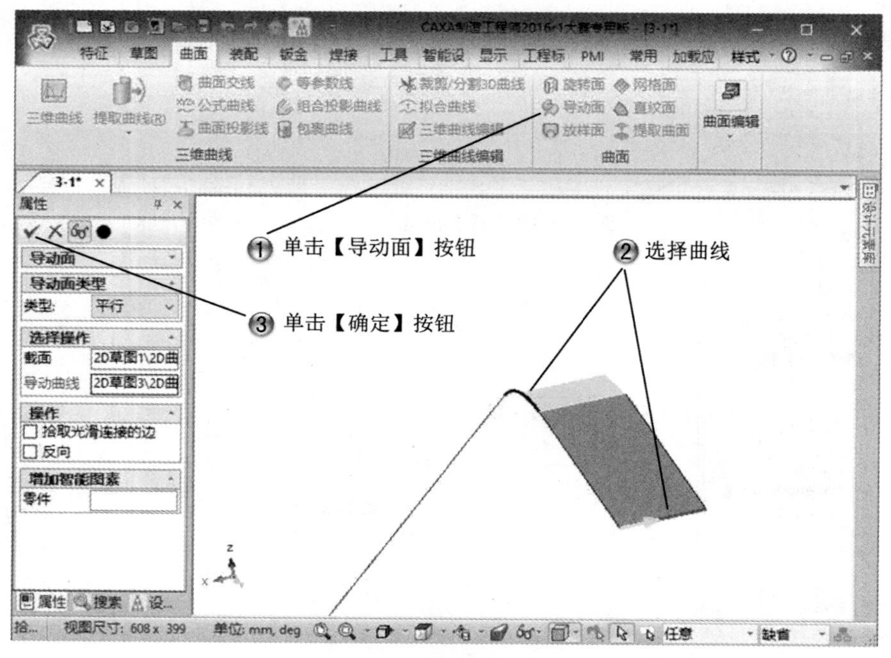

图 3-31　创建导动面 2

Step10 创建导动面 3，如图 3-32 所示。

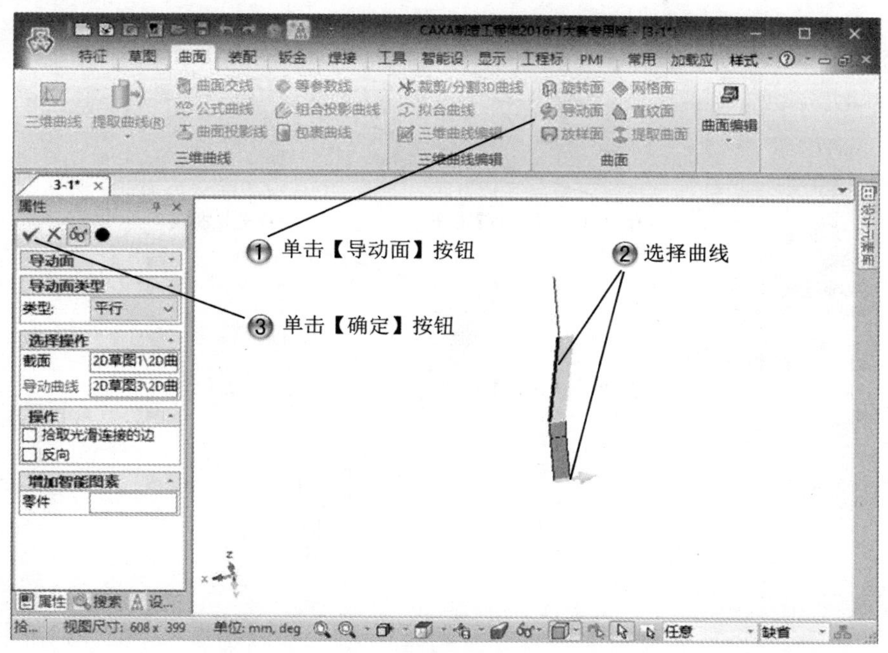

图 3-32　创建导动面 3

Step11 创建导动面 4，如图 3-33 所示。

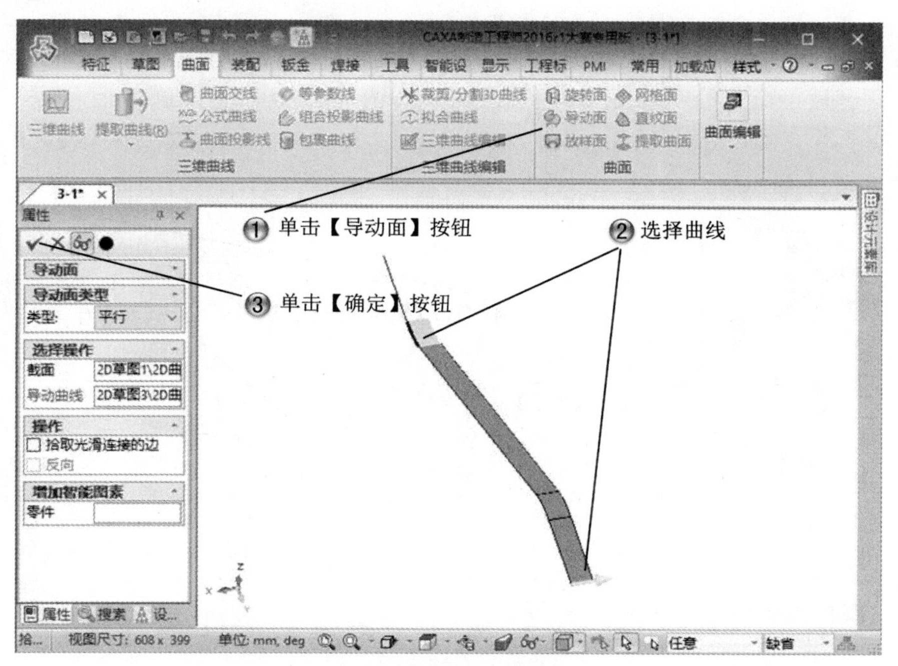

图 3-33　创建导动面 4

Step12 创建导动面 5，如图 3-34 所示。

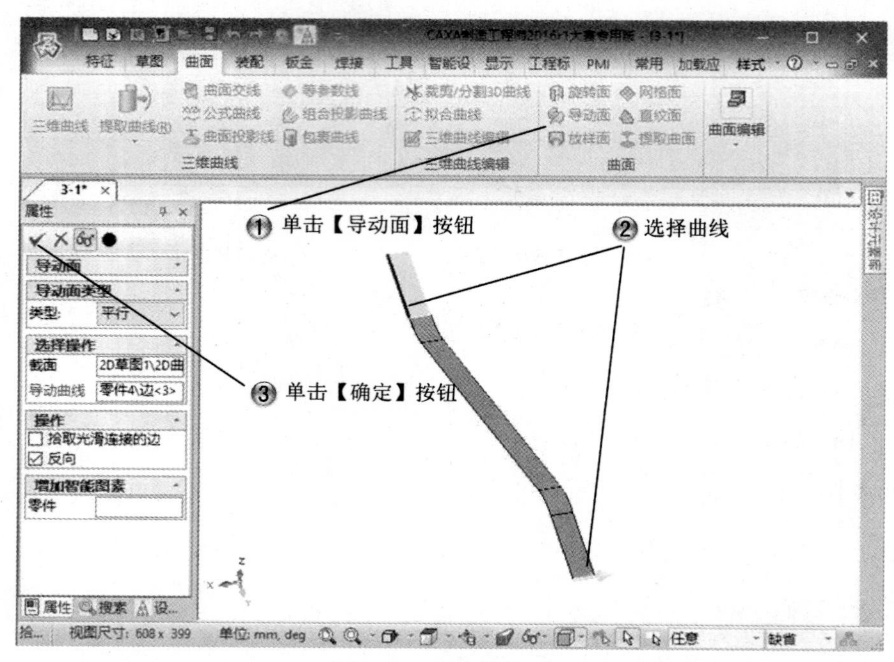

图 3-34　创建导动面 5

Step13 创建偏移曲面 1，如图 3-35 所示。

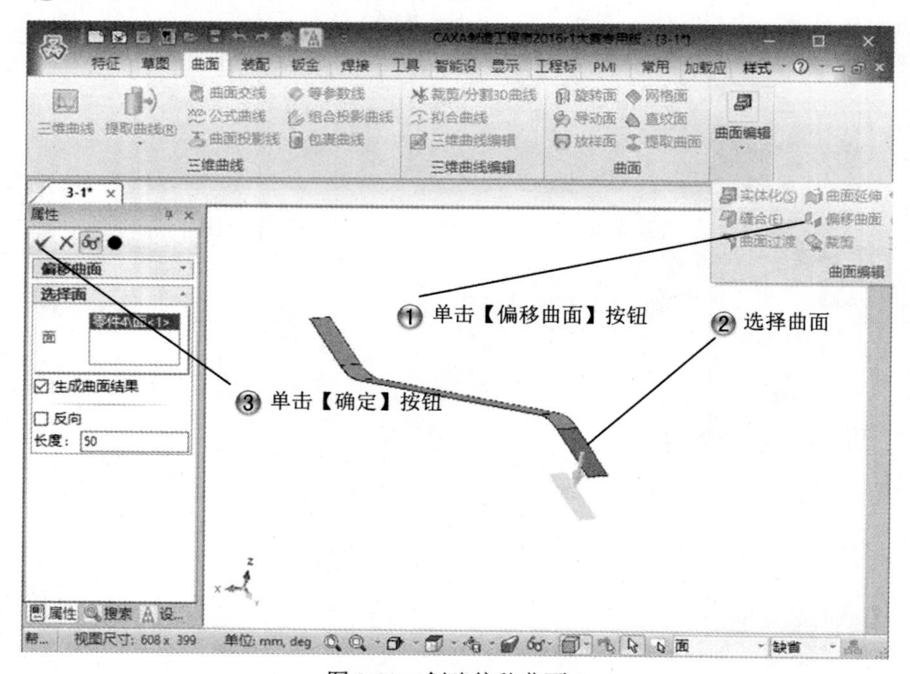

图 3-35　创建偏移曲面 1

Step14 创建偏移曲面 2，如图 3-36 所示。

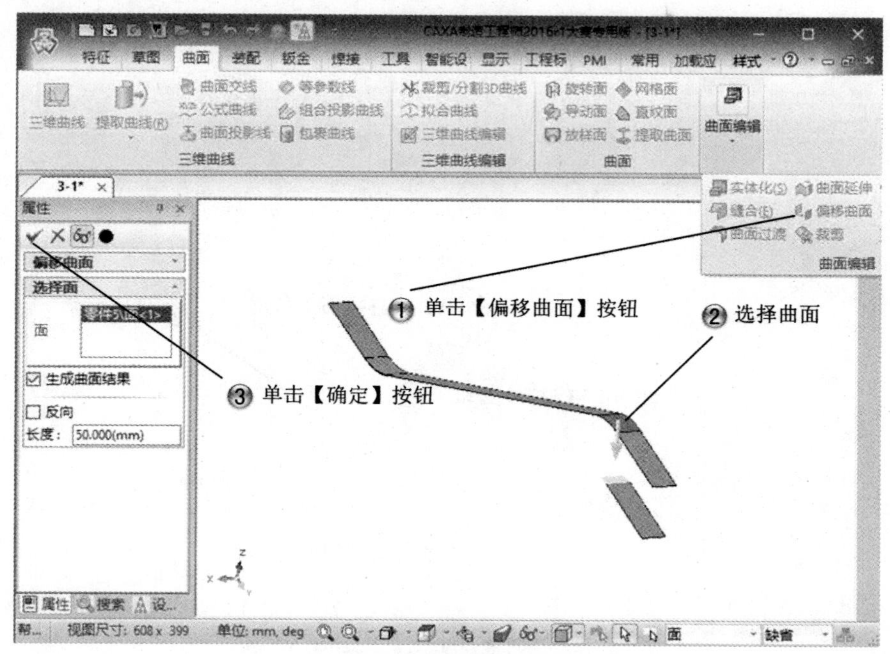

图 3-36　创建偏移曲面 2

Step15 创建偏移曲面 3，如图 3-37 所示。

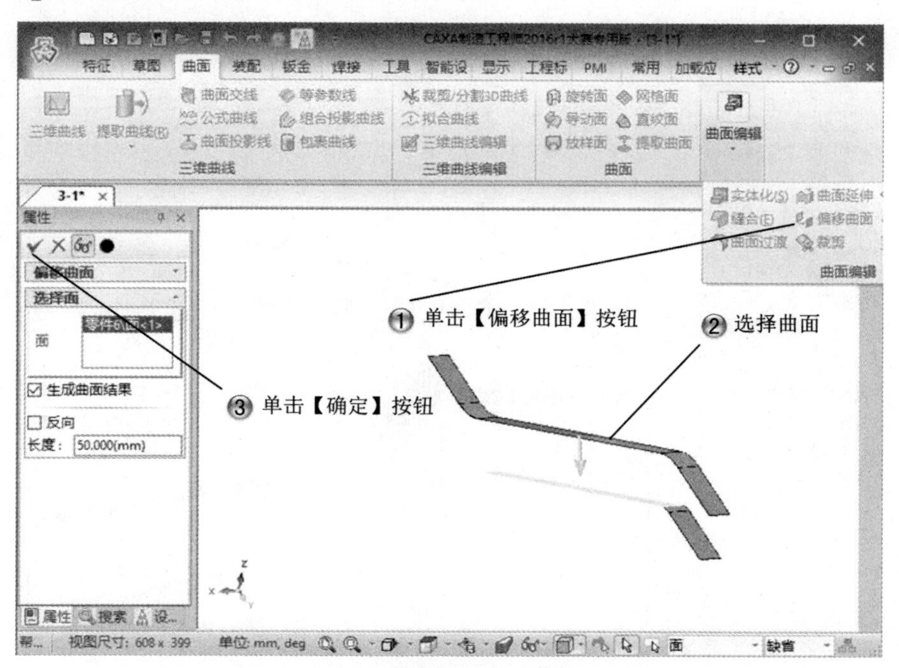

图 3-37　创建偏移曲面 3

Step16 创建偏移曲面 4，如图 3-38 所示。

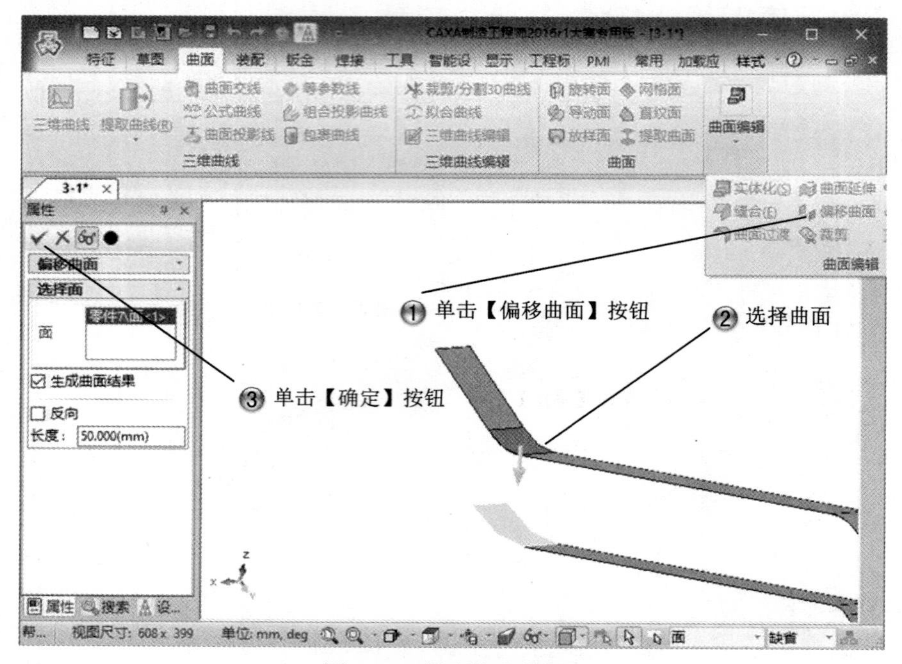

图 3-38 创建偏移曲面 4

Step17 创建偏移曲面 5，如图 3-39 所示。

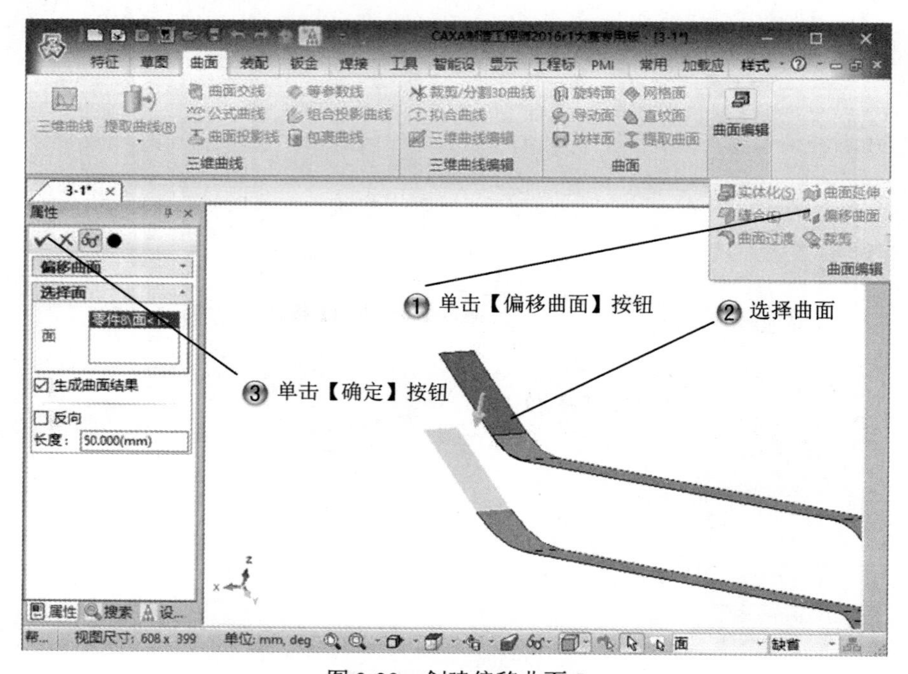

图 3-39 创建偏移曲面 5

Step18 绘制三维直线 1，如图 3-40 所示。

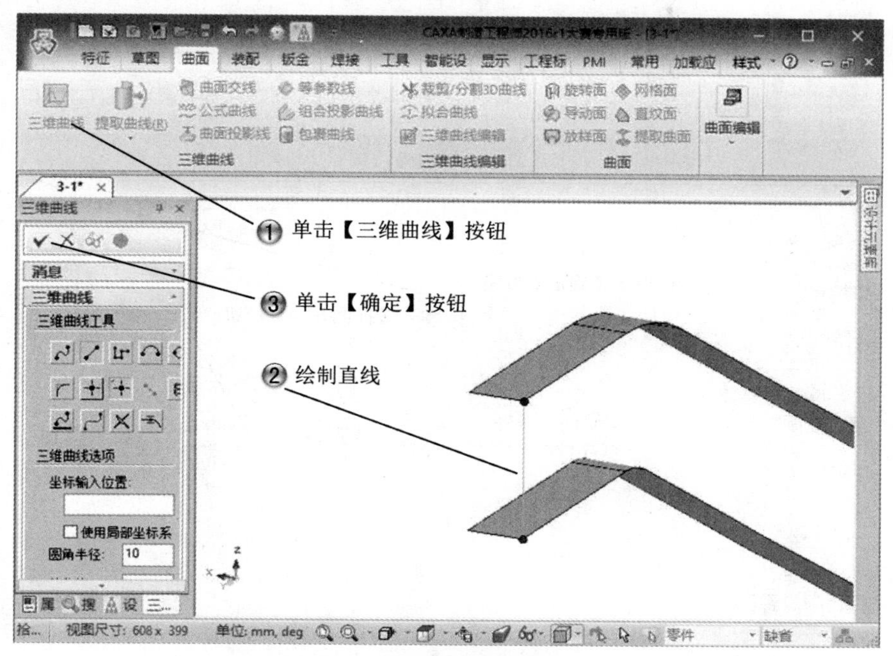

图 3-40　绘制三维直线 1

Step19 绘制三维直线 2，如图 3-41 所示。

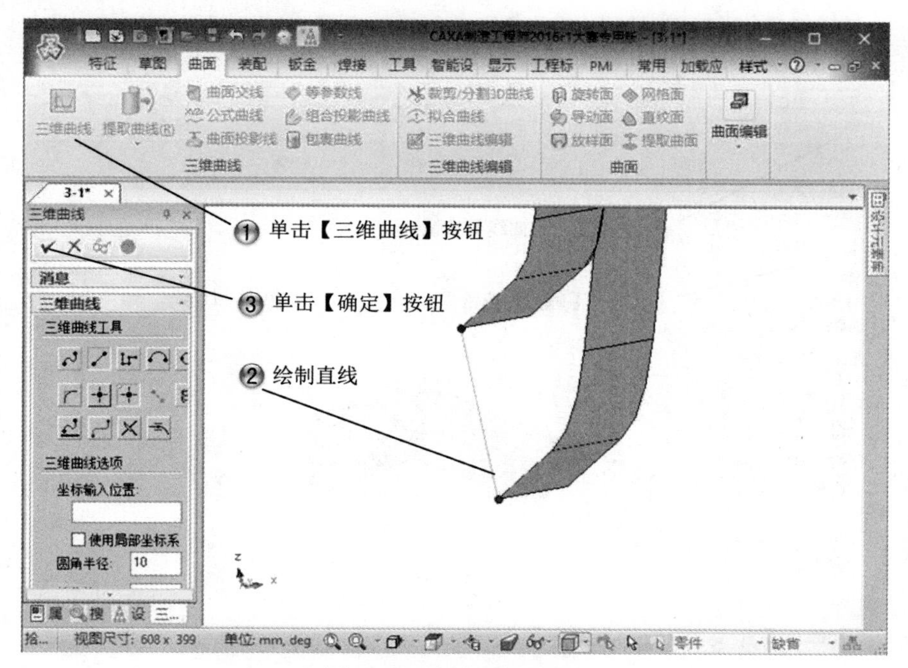

图 3-41　绘制三维直线 2

Step20 曲面补洞，如图 3-42 所示。

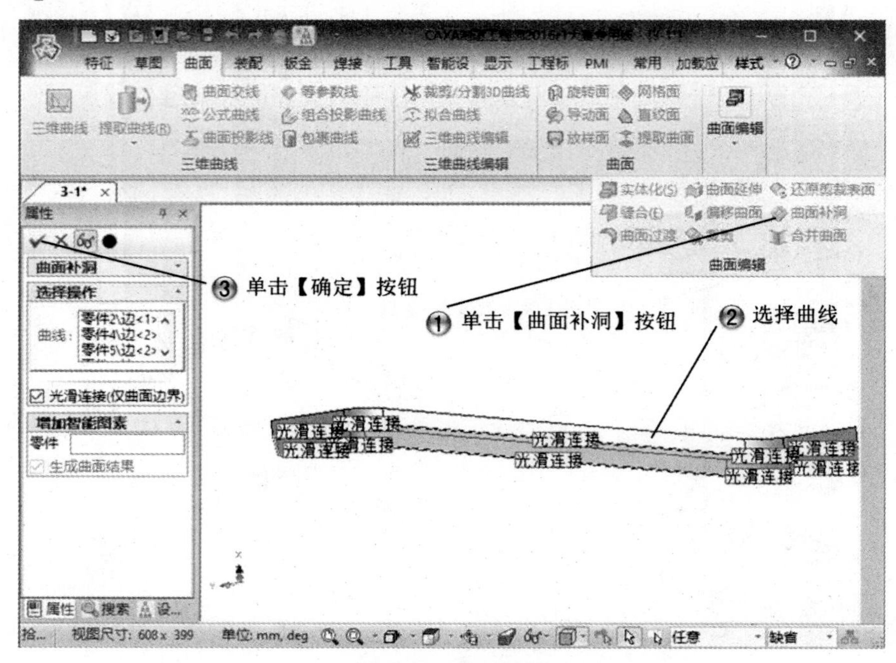

图 3-42 曲面补洞

Step21 绘制三维直线 3，如图 3-43 所示。

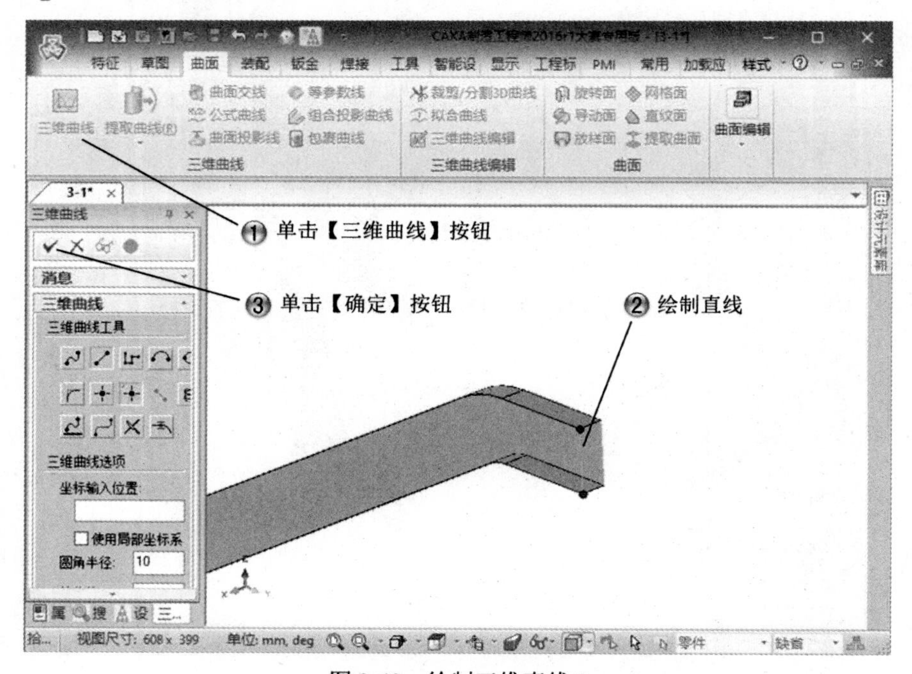

图 3-43 绘制三维直线 3

Step22 绘制三维直线 4，如图 3-44 所示。

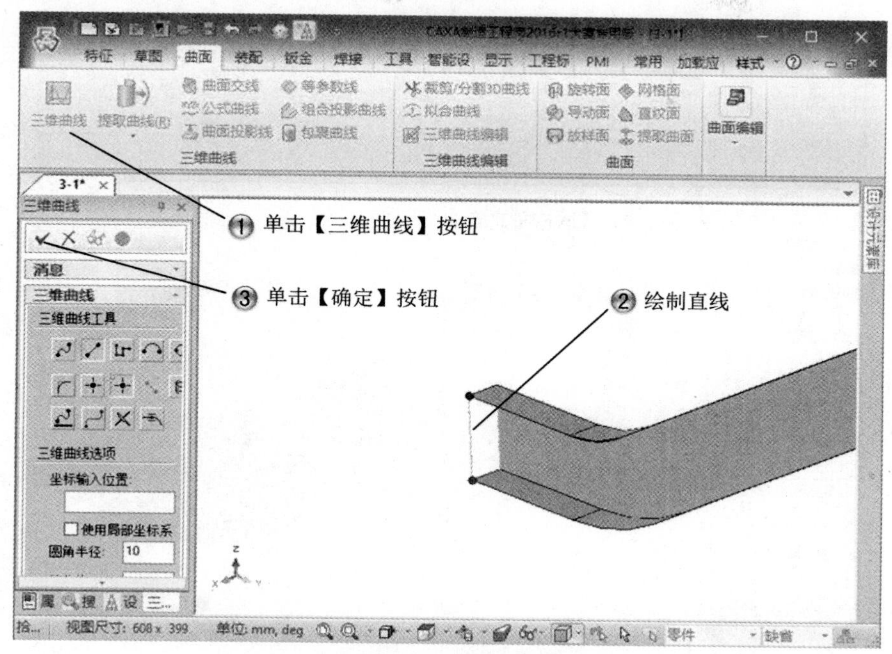

图 3-44　绘制三维直线 4

Step23 创建网格面 1，如图 3-45 所示。

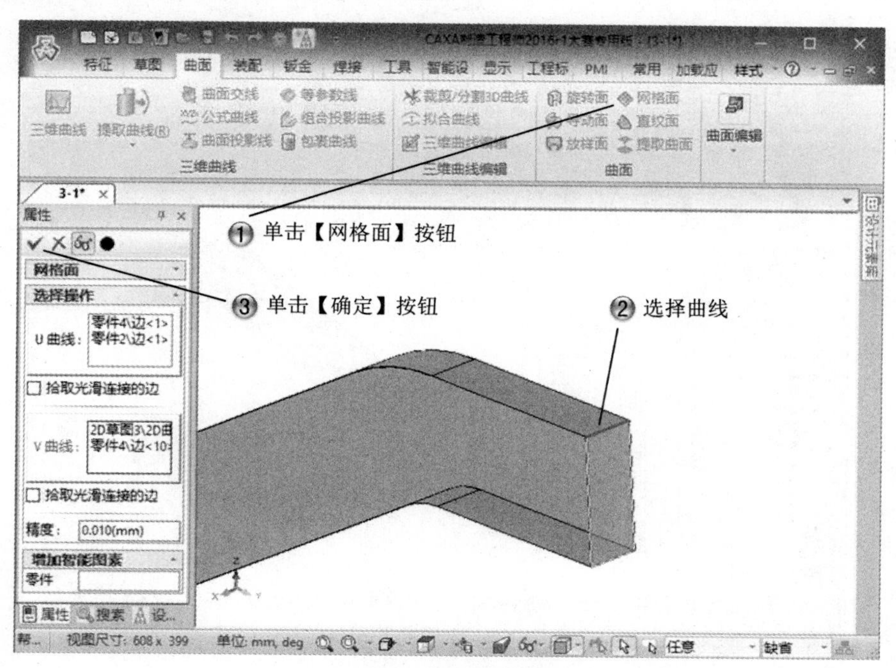

图 3-45　创建网格面 1

Step24 创建网格面 2，如图 3-46 所示。

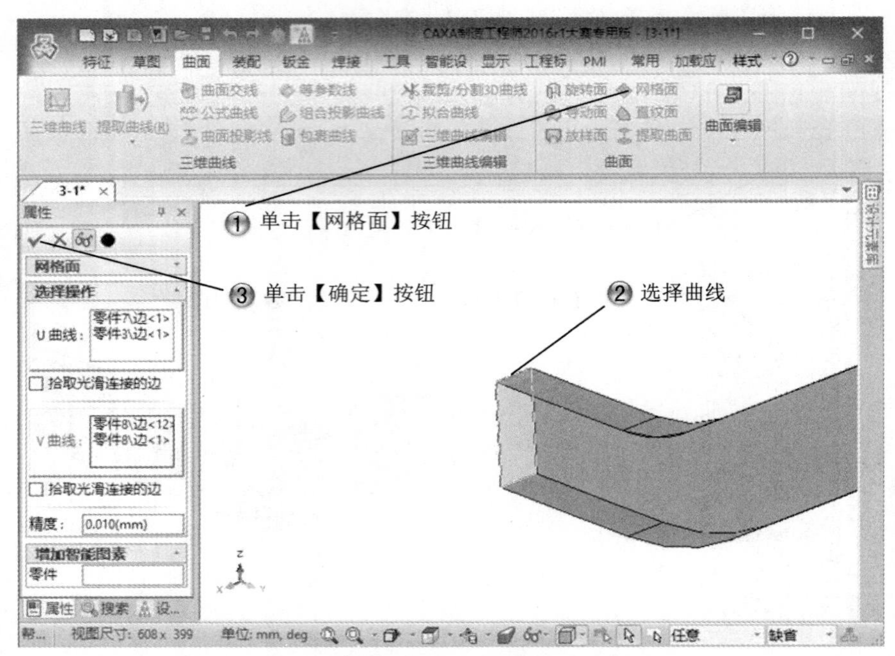

图 3-46 创建网格面 2

Step25 完成曲面设计，如图 3-47 所示。

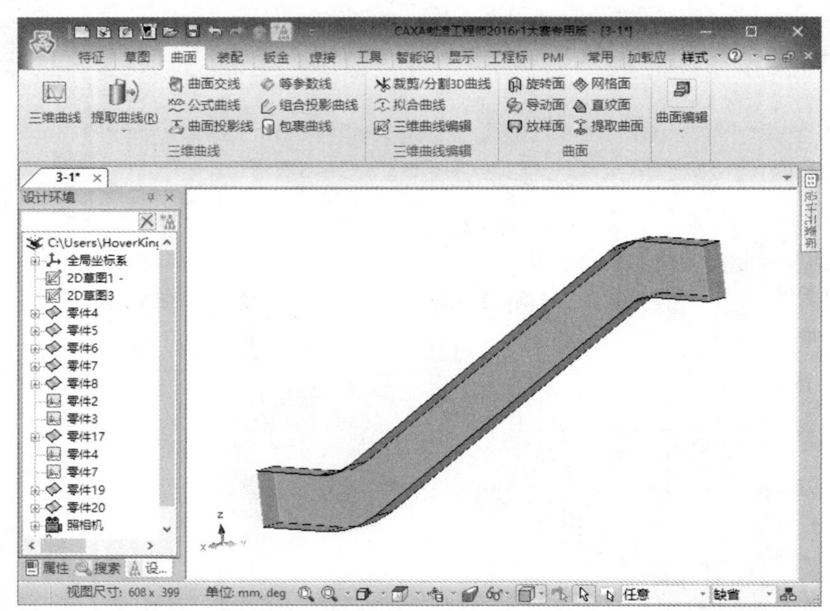

图 3-47 完成曲面设计

3.2 曲面编辑

曲面产生后如果并不能符合要求，这时就要进行编辑，曲面编辑主要讲述有关曲面的常用编辑命令及操作方法，它是 CAXA 制造工程师的重要功能。

3.2.1 设计理论

曲面编辑包括曲面裁剪、曲面过渡、曲面缝合、曲面拼接、曲面延伸、曲面优化、曲面重拟合等功能。曲面编辑命令在【曲面】选项卡的【曲面编辑】组中，如图 3-48 所示。

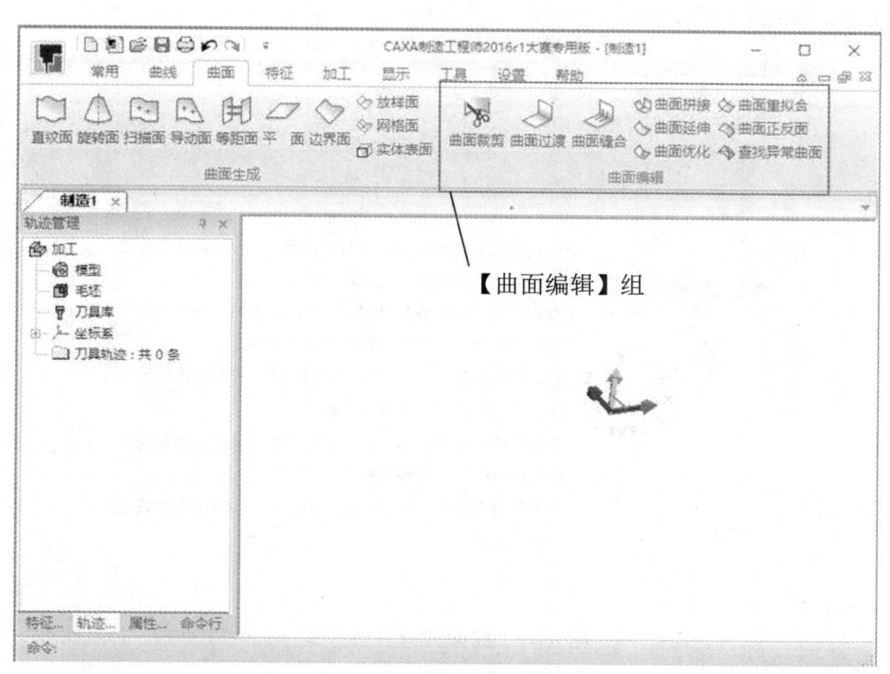

图 3-48　曲面编辑命令

3.2.2 课堂讲解

1. 曲面裁剪

曲面裁剪是对生成的曲面进行修剪，去掉不需要的部分。在曲面裁剪功能中，可以选用各种元素（包括各种曲线和曲面）来裁剪曲面，获得所需要的曲面形态。也可以将被裁剪了的曲面恢复到原来的样子。

在各种曲面裁剪方式中，可以通过切换命令行来选用裁剪或分裂的方式。在分裂的方式中，系统用剪刀线将曲面分成多个部分，并保留裁剪生成的所有曲面部分。在裁剪方式中，系统只保留用户所需要的曲面部分，其他部分将都被裁剪掉。系统根据拾取曲面时鼠标的位置来确定用户所需要的部分，即剪刀线将曲面分成多个部分，在拾取曲面时单击在哪一个曲面部分上，就保留哪一部分。

单击【曲面】选项卡【曲面编辑】组中的【曲面裁剪】按钮，弹出命令行，曲面裁剪有五种方式，如图 3-49 所示。

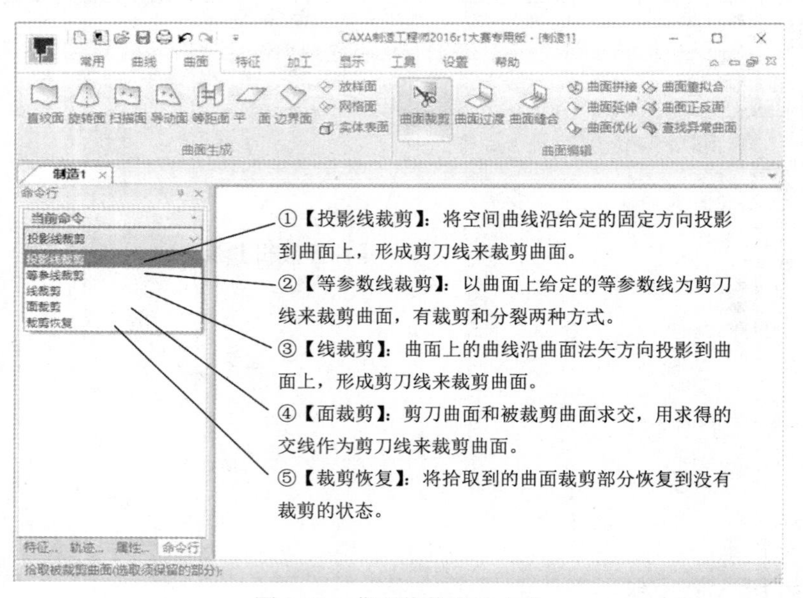

图 3-49　曲面裁剪五种方式

（1）投影线裁剪

用投影线裁剪，将圆投影到一个曲面上进行裁剪，如图 3-50 所示。

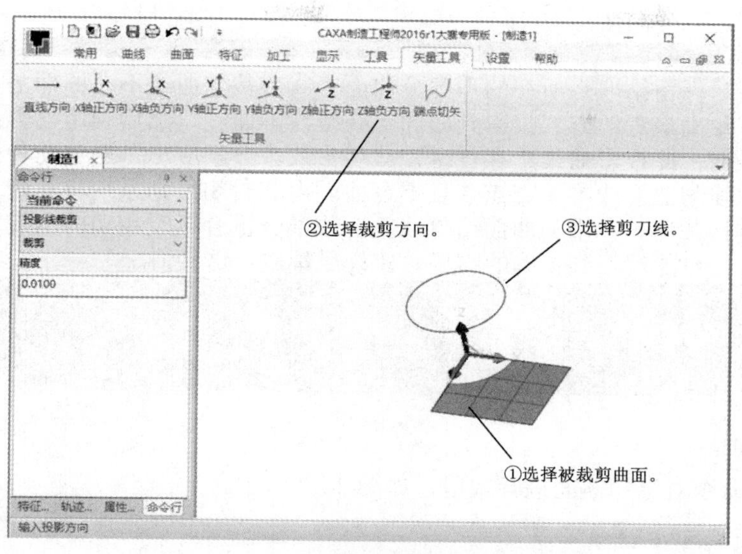

图 3-50　投影线裁剪曲面

拾取的裁剪曲线沿指定投影方向，向被裁剪曲面投影时必须有投影线，否则无法裁剪曲面。剪刀线与曲面边界线重合或部分重合以及相切时，可能得不到正确的裁剪结果。

名师点拨

（2）线裁剪

用线裁剪命令对已知曲面进行裁剪，如图 3-51 所示。

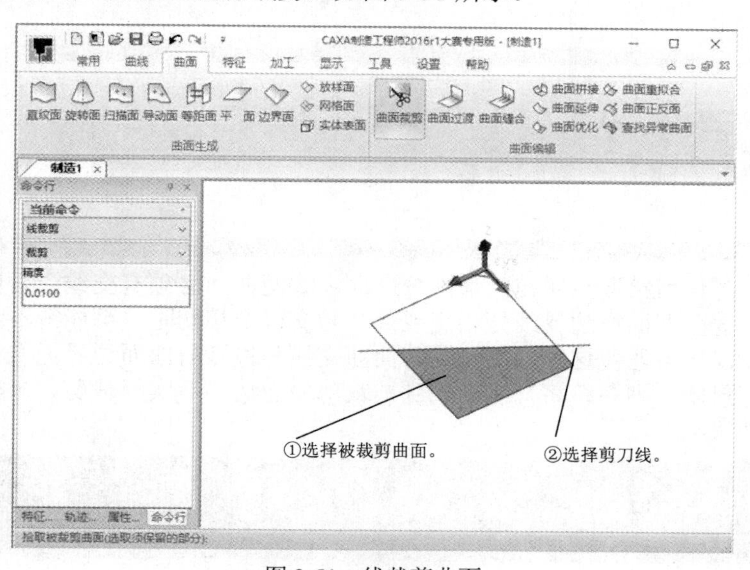

图 3-51　线裁剪曲面

①裁剪时保留拾取点所在的那部分曲面。②若裁剪曲线不在曲面上，则系统将曲线按距离最近的方式投影到曲面上获得投影曲线，然后利用投影曲线对曲面进行裁剪，此投影曲线不存在时，裁剪失败。一般应尽量避免此种情形。③若裁剪曲线与曲面边界无交点，且不在曲面内部封闭，则系统将其延长到曲面边界后实行裁剪。④用与曲面边界线重合或部分重合以及相切的曲线对曲面进行裁剪时，可能得不到正确的结果，建议尽量避免这种情况。

名师点拨

（3）面裁剪

用面裁剪命令对已知曲面进行裁剪，如图 3-52 所示。

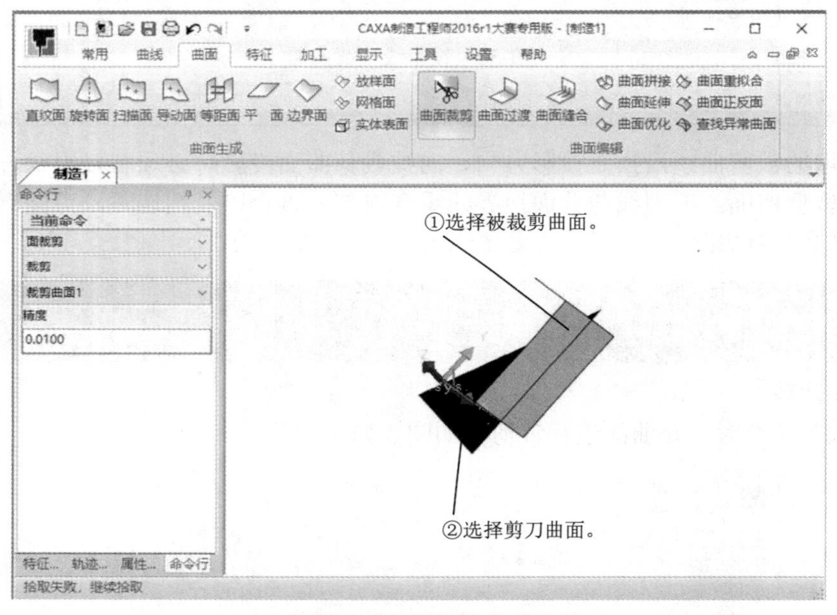

图 3-52　面裁剪曲面

①裁剪时保留拾取点所在的那部分曲面；②两曲面必须有交线；否则无法裁剪曲面。③两曲面在边界线处相交或部分相交以及相切时，可能得不到正确的结果；建议尽量避免这种情况。④若曲面交线与被裁剪曲面边界无交点，且不在其内部封闭，则系统将交线延长到被裁剪曲面边界后实行裁剪。一般应尽量避免这种情况。

名师点拨

（4）等参数线裁剪

用等参数线裁剪命令对已知曲面进行裁剪，如图 3-53 所示。

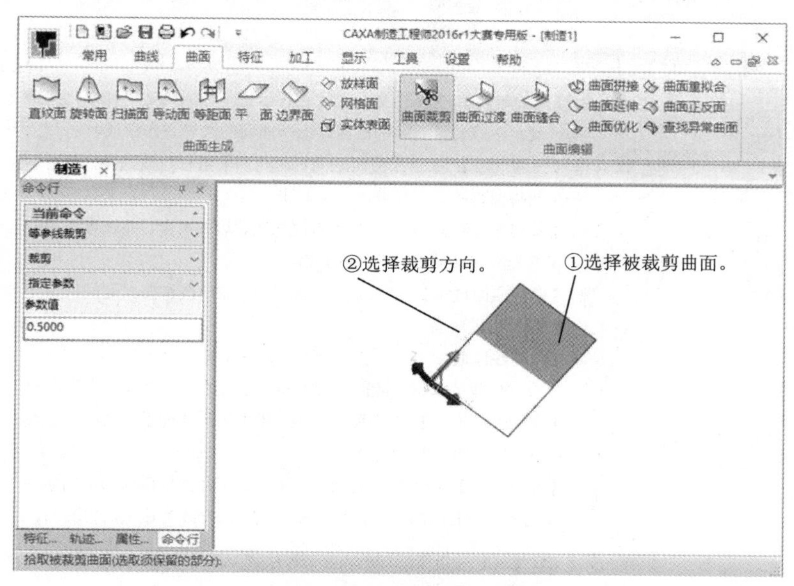

图 3-53　等参数线裁剪曲面

2. 曲面过渡

在给定的曲面之间以一定的方式作给定半径或半径规律的圆弧过渡面，以实现曲面之间的光滑过渡。曲面过渡就是用截面是圆弧的曲面将两张曲面光滑连接起来，过渡面不一定过原曲面的边界。

每一种曲面过渡都支持等半径过渡和变半径过渡。变半径过渡是指沿着过渡面半径是变化的过渡方式。不管是线性变化半径还是非线性变化半径，系统都能提供有力的支持。用户可以通过给定导引边界线或给定半径变化规律的方式来实现变半径过渡，等半径过渡有裁剪曲面和不裁剪曲面两种方式。

变半径过渡可以拾取参考线，定义半径变化规律，过渡面将从头到尾按此半径变化规律来生成。在这种情况下，依靠拾取的参考线和过渡面中心线之间弧长的相对比例关系来映射半径变化规律。因此，参考曲线越接近过渡面的中心线，就越能在需要的位置上获得给定的精确半径。同样，变半径过渡也分为裁剪曲面和不裁剪曲面两种方式。

单击【曲面】选项卡【曲面编辑】组中的【曲面过渡】按钮，弹出命令行，曲面过渡共有七种方式，如图 3-54 所示。

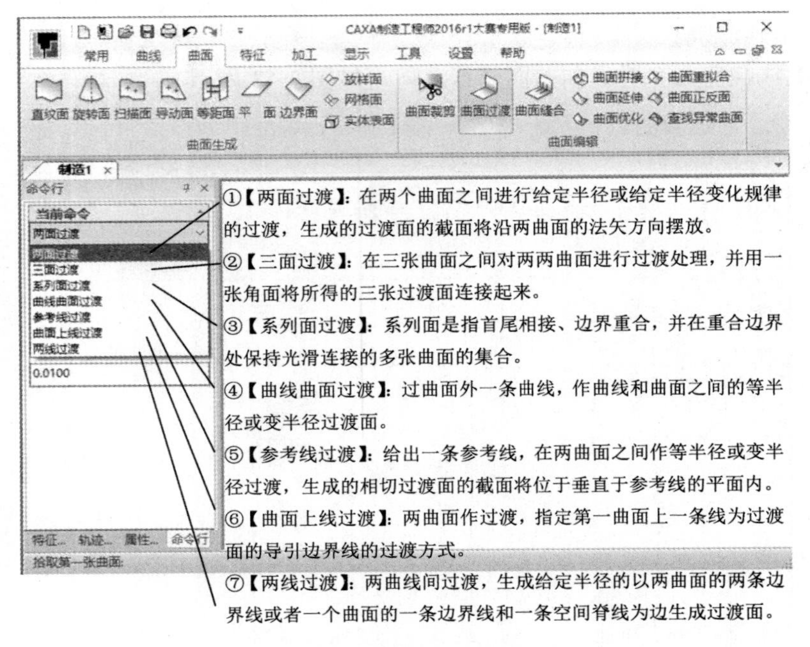

图 3-54　曲面过渡的七种方式

用变半径方式对两个平面进行过渡，如图 3-55 所示。

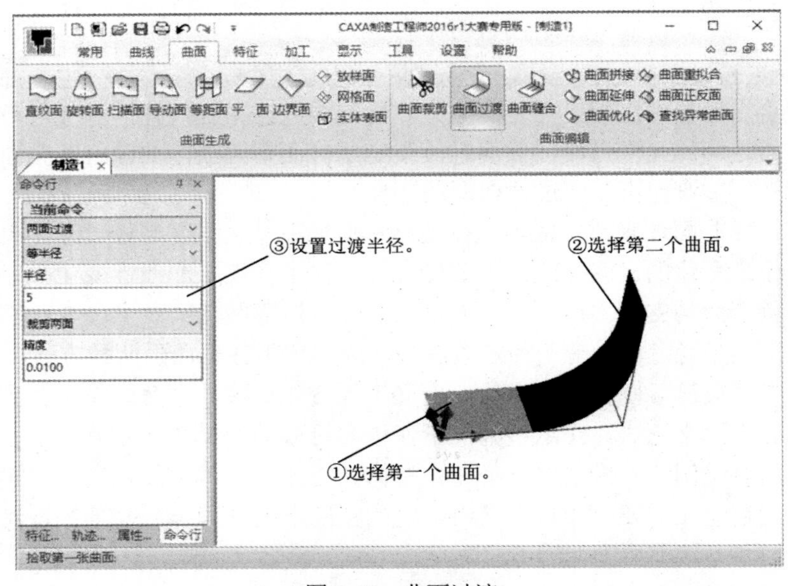

图 3-55　曲面过渡

3. 曲面拼接

曲面拼接是曲面光滑连接的一种方式，它可以通过多个曲面的对应边界，生成一张曲面与这些曲面光滑相接。单击【曲面】选项卡【曲面编辑】组中的【曲面拼接】按钮 曲面拼接，弹出命令行，曲面拼接共有三种方式，如图 3-56 所示。

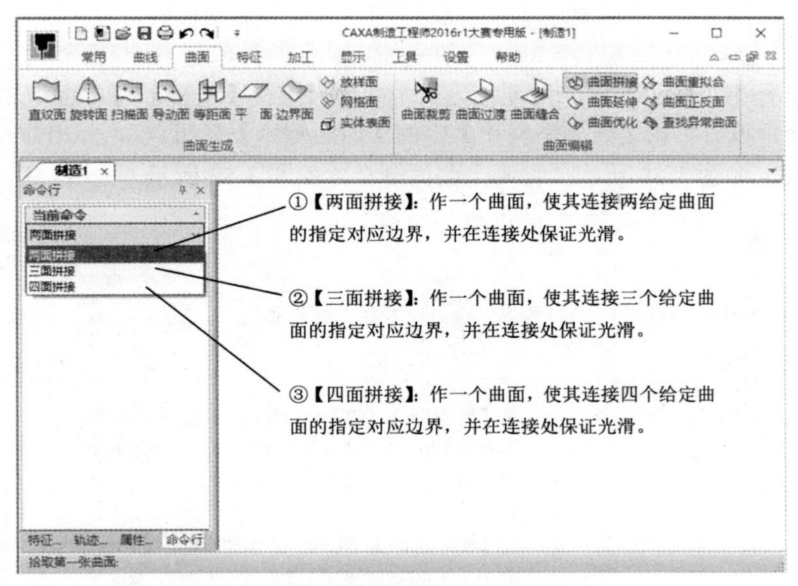

图 3-56　曲面拼接的三种方式

作两个曲面的拼接，如图 3-57 所示。

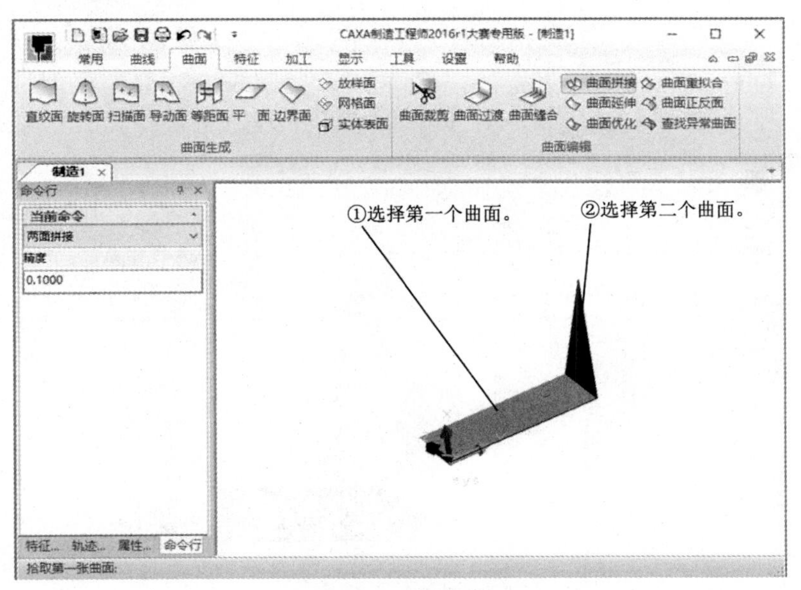

图 3-57　曲面拼接

要拼接的四个曲面必须在角点两两相交，要拼接的四个边界应该首尾相连，形成一串封闭曲线。围成一个封闭区域。操作中，拾取曲线时需先右击，再单击曲线才能选择曲线。

名师点拨

4. 曲面缝合

曲面缝合是指将两个曲面光滑连接为一个曲面。选择【造型】|【曲面编辑】|【曲面缝合】菜单命令，或者单击【线面编辑栏】中的【曲面缝合】按钮，弹出命令行，曲面缝合有两种方式，如图 3-58 所示。将两个曲面缝合，如图 3-59 所示。

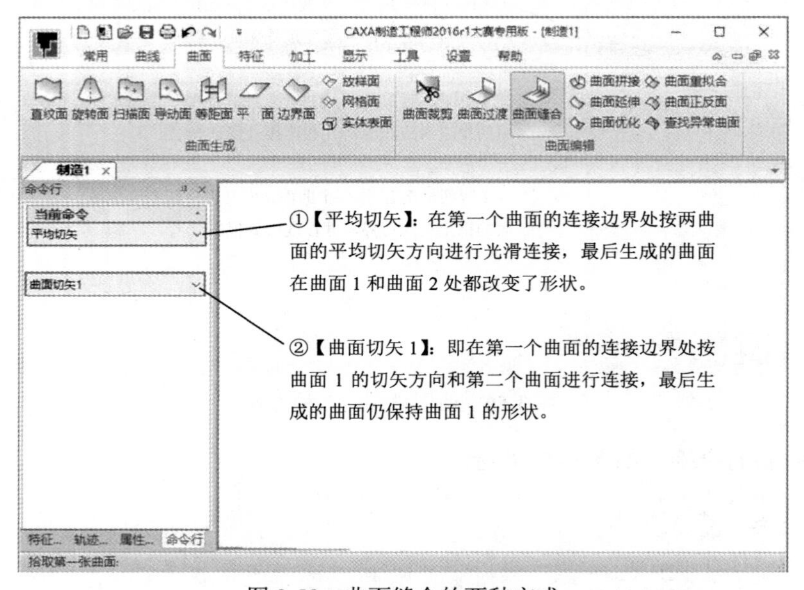

图 3-58　曲面缝合的两种方式

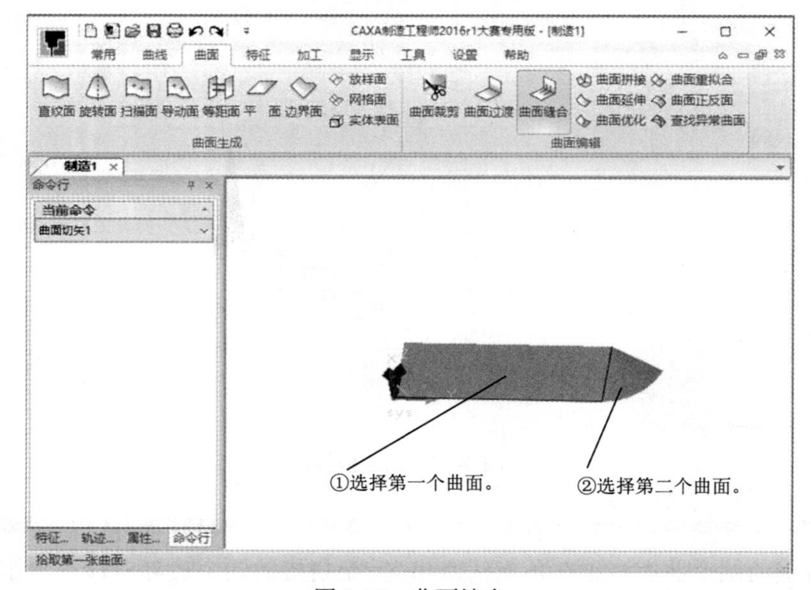

图 3-59　曲面缝合

5. 曲面延伸

在实际应用中，很多情况会遇到所绘的曲面短了或窄了，无法进行下一步操作的情况。

这就需要把一个曲面从某条边延伸出去。曲面延伸就是针对这种情况，把原曲面按所给长度沿相切的方向延伸出去，扩大曲面，以进行下一步操作。

单击【曲面】选项卡【曲面编辑】组中的【曲面延伸】按钮，弹出命令行，曲面延伸有【长度延伸】和【比例延伸】两种方式，如图 3-60 所示。

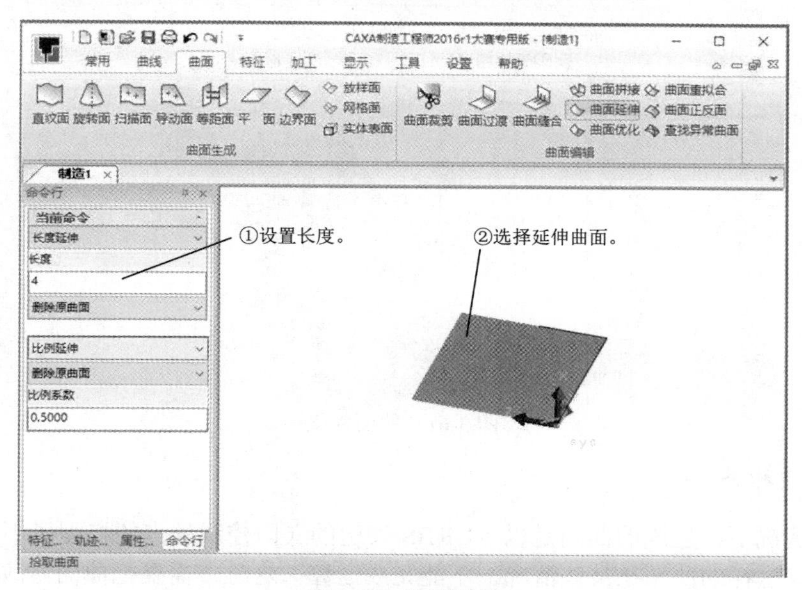

图 3-60　曲面延伸

曲面延伸功能不支持裁剪曲面的延伸。

名师点拨

6. 曲面优化

在实际应用中，有时生成的曲面控制顶点很密很多，会导致对这样的曲面处理起来很慢，甚至会出现问题。曲面优化功能就是在给定的精度范围之内，尽量去掉多余的控制顶点，使曲面的运算效率大大提高。

单击【曲面】选项卡【曲面编辑】组中的【曲面优化】按钮，弹出命令行，如图 3-61 所示。

曲面优化功能不支持裁剪曲面操作。

名师点拨

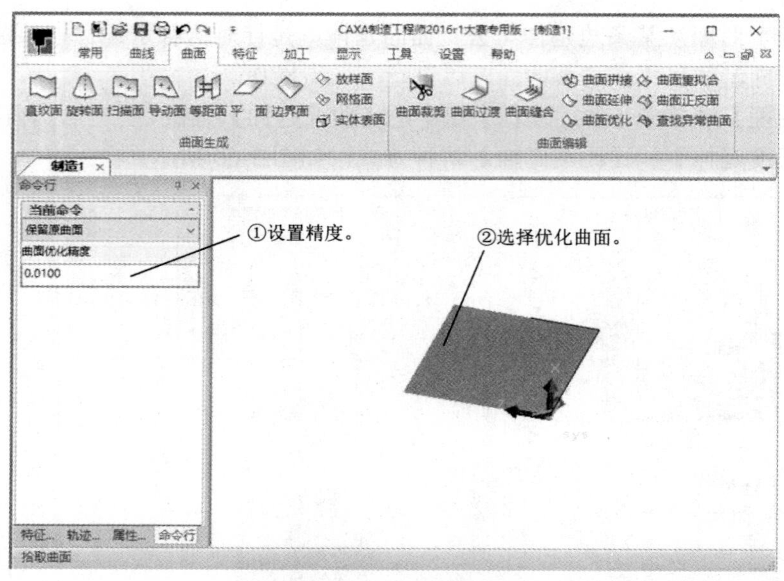

图 3-61　曲面优化

7. 曲面重拟合

在很多情况下，生成的曲面是以 NURBS 表达的（即控制顶点的权因子不全为 1），或者有重节点，这样的曲面在某些情况下不能完成运算。这时，需要把曲面修改为 B 样条表达形式（没有重节点，控制顶点权因子全部是 1）。曲面重拟合功能就是把 NURBS 曲面在给定的精度条件下拟合为 B 样条曲面。

单击【曲面】选项卡【曲面编辑】组中的【曲面重拟合】按钮，弹出命令行，如图 3-62 所示。

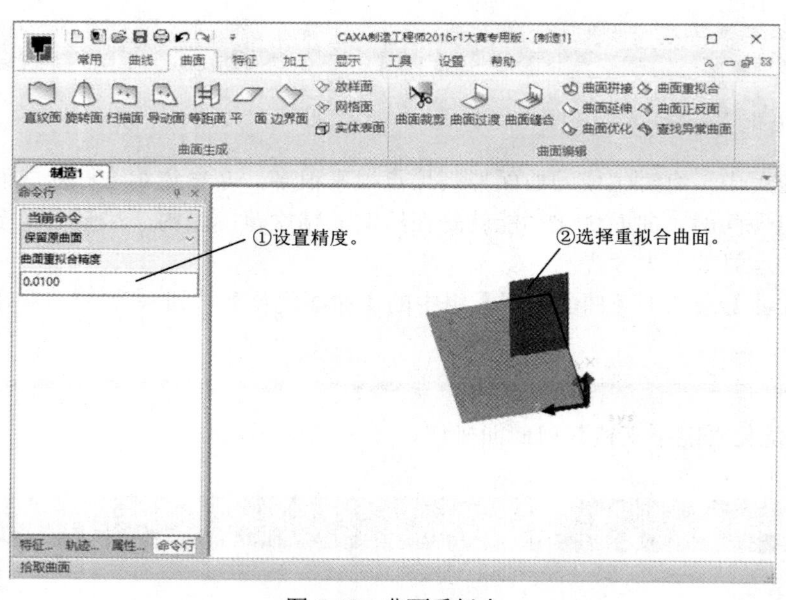

图 3-62　曲面重拟合

曲面重拟合功能不支持裁剪曲面操作。

名师点拨

3.2.3 课堂练习——编辑曲面滑道

课堂练习开始文件：案例文件/03/3-1.ics

课堂练习完成文件：案例文件/03/3-2.ics

多媒体教学路径：多媒体教学→第 3 章→3.2 练习.avi

Step1 打开上节练习的案例，创建偏移曲面，如图 3-63 所示。

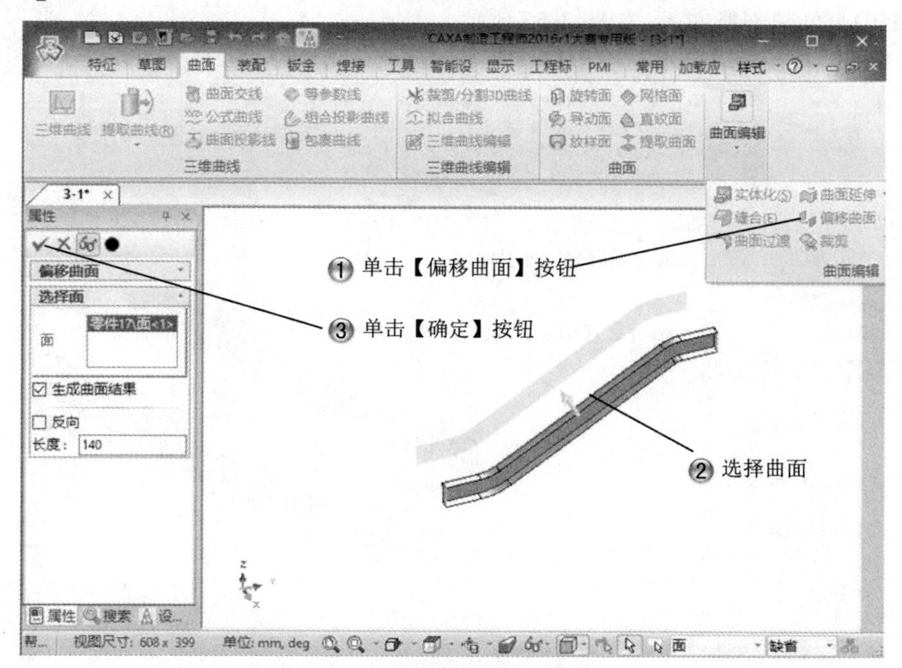

图 3-63 创建偏移曲面

Step2 绘制三维直线，如图 3-64 所示。

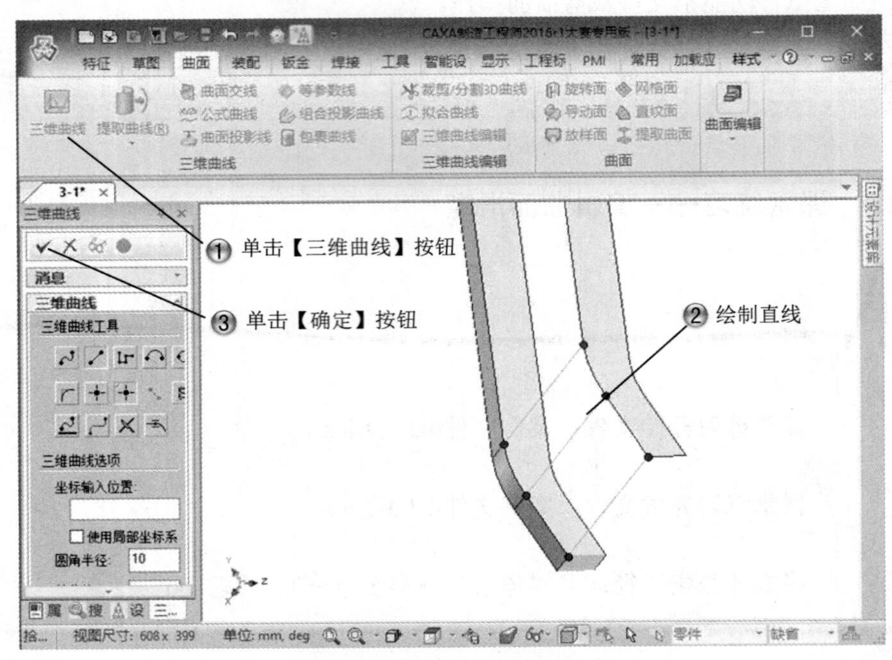

图 3-64　绘制三维直线

Step3 创建网格面 1，如图 3-65 所示。

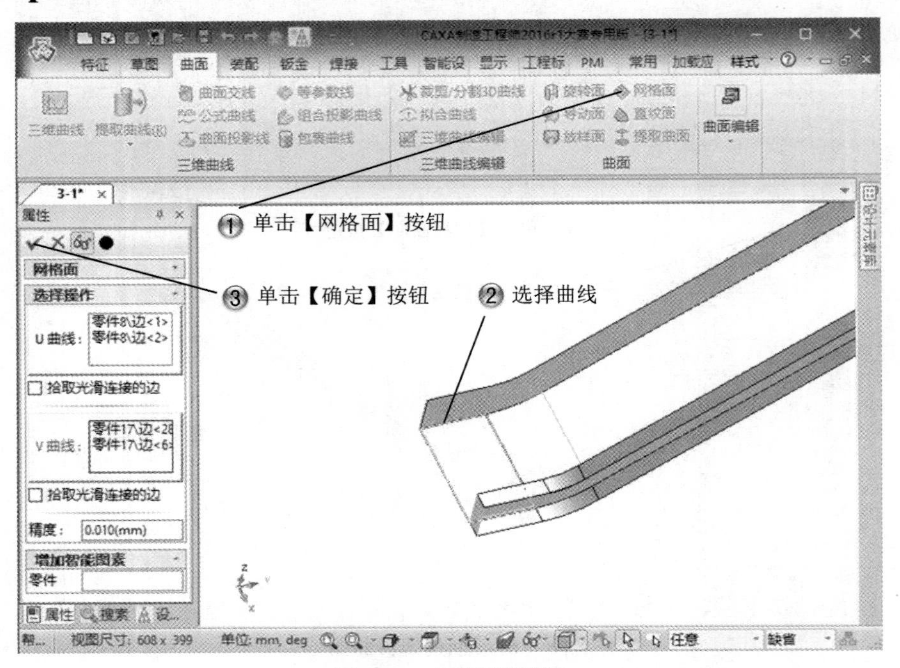

图 3-65　创建网格面 1

Step4 创建网格面 2，如图 3-66 所示。

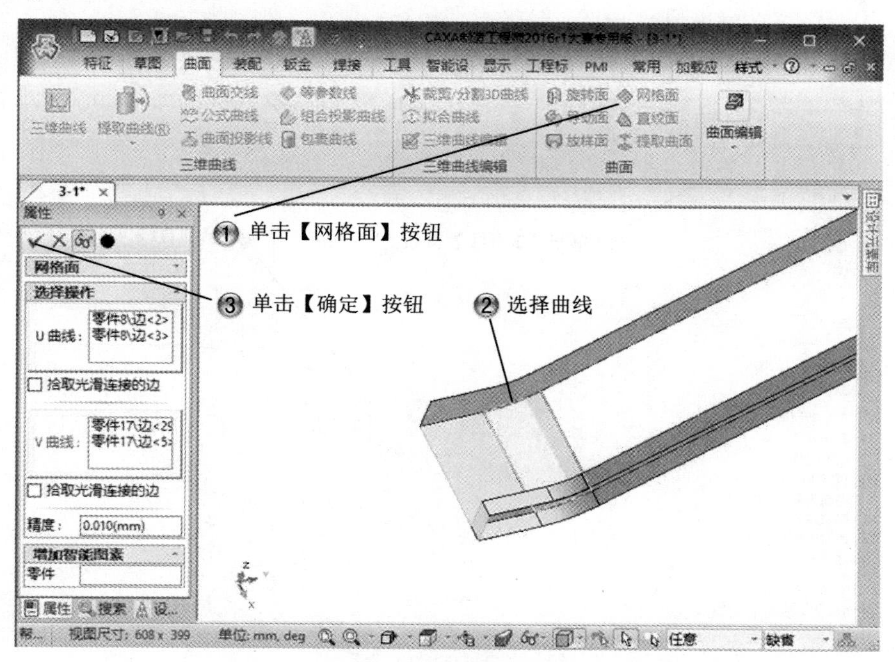

图 3-66　创建网格面 2

Step5 选择草绘面，如图 3-67 所示。

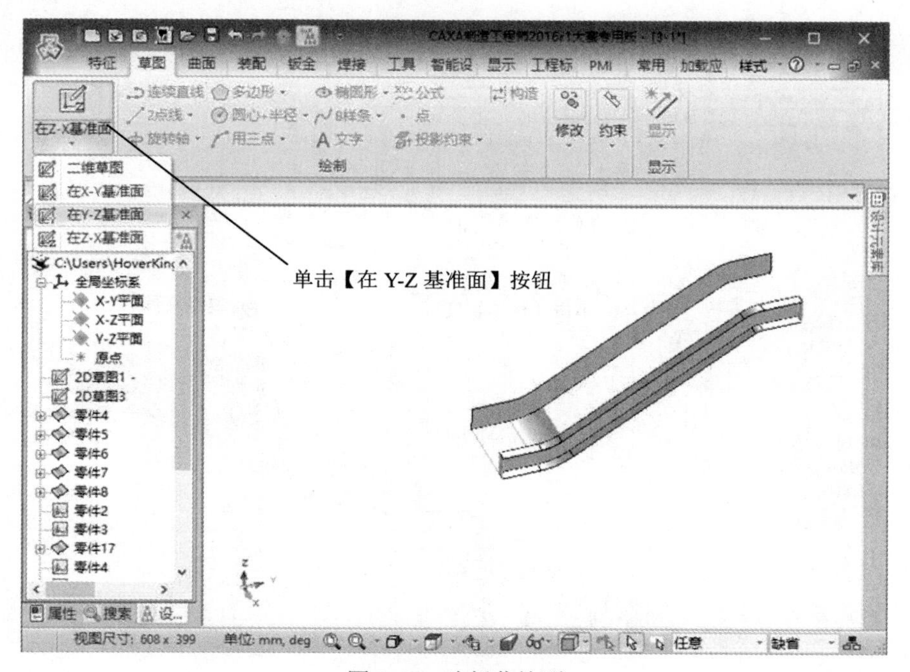

图 3-67　选择草绘面

Step6 绘制直线图形，如图 3-68 所示。

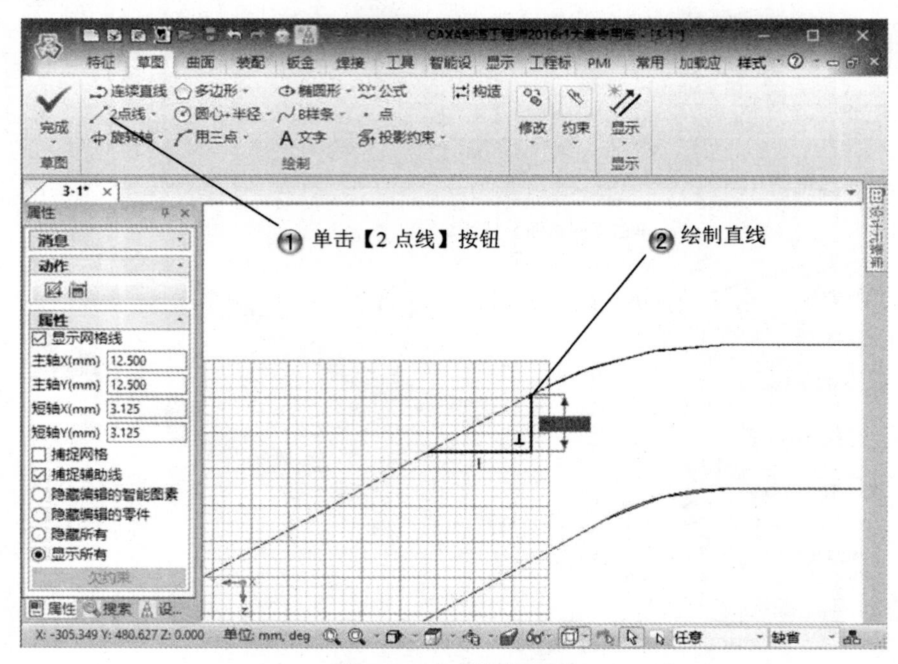

图 3-68 绘制直线图形

Step7 复制移动图形，如图 3-69 所示。

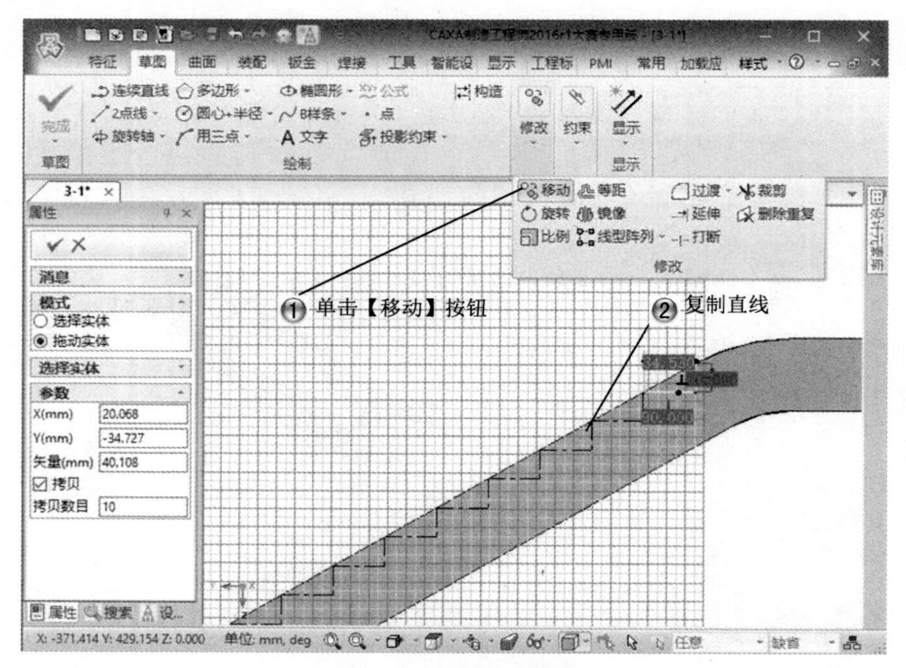

图 3-69 复制移动图形

Step8 创建导动面 1，如图 3-70 所示。

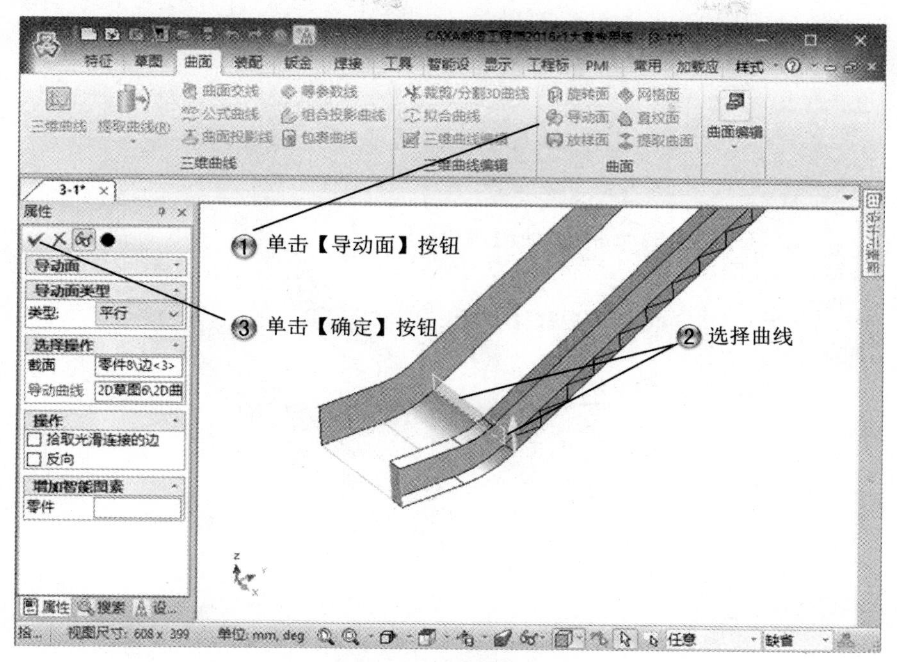

图 3-70　创建导动面 1

Step9 创建导动面 2，如图 3-71 所示。

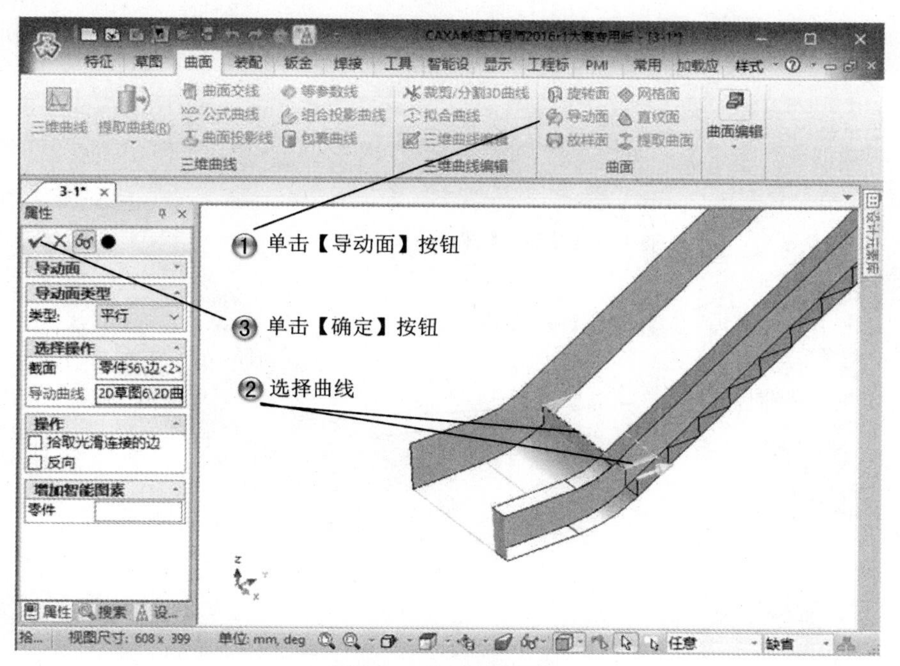

图 3-71　创建导动面 2

Step10 创建导动面 3，如图 3-72 所示。

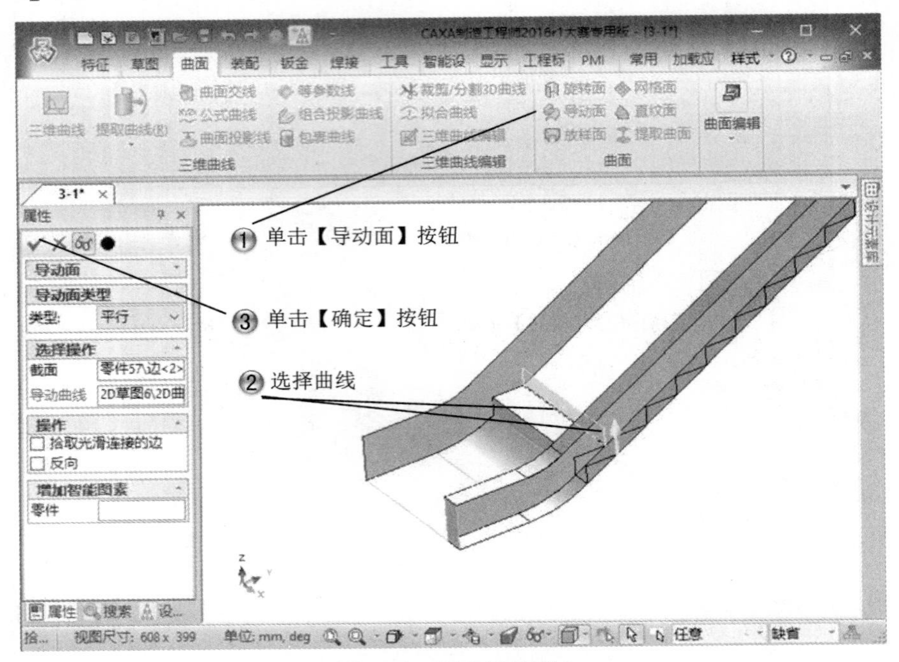

图 3-72 创建导动面 3

Step11 创建导动面 4，如图 3-73 所示。

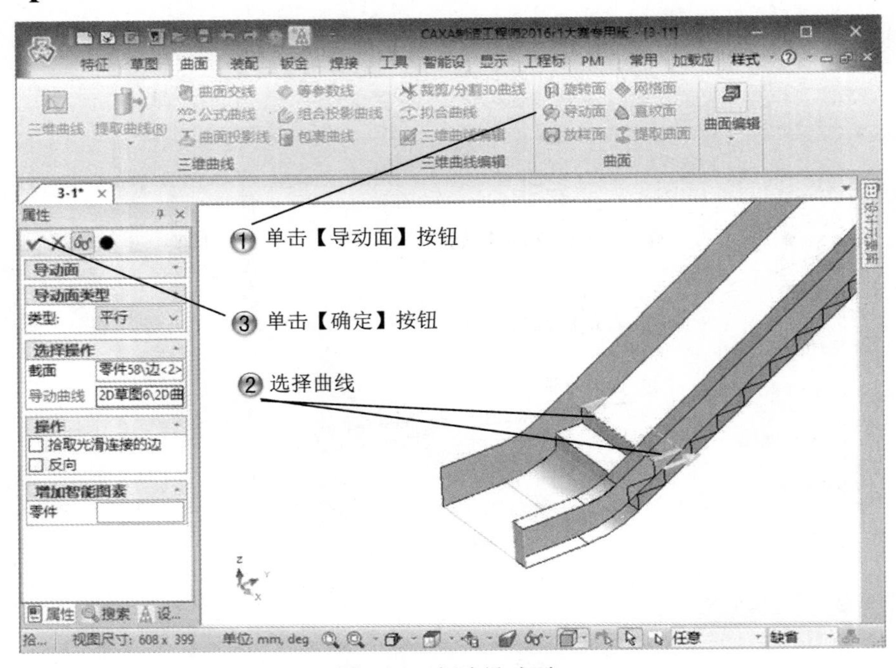

图 3-73 创建导动面 4

Step12 创建导动面5，如图3-74所示。

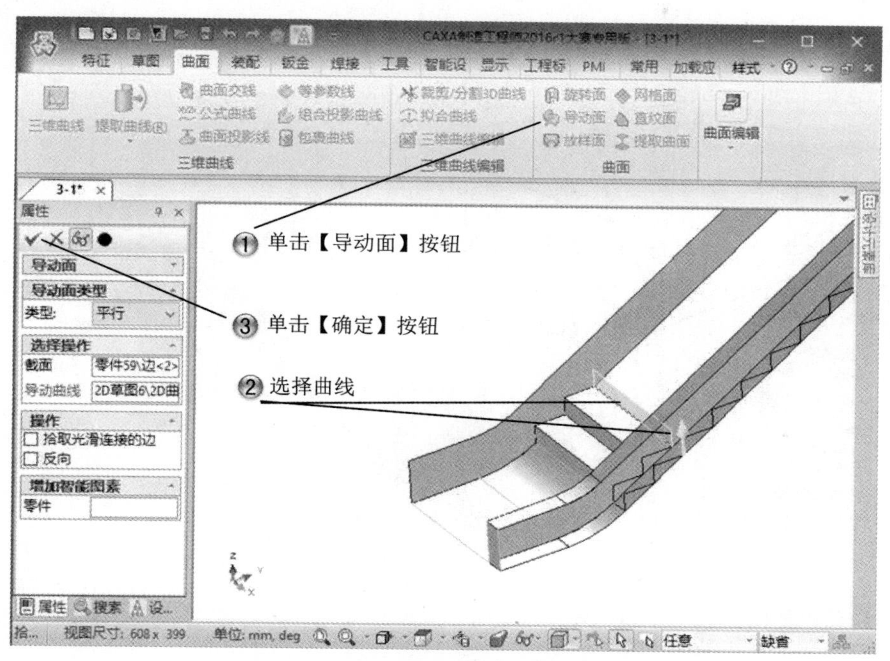

图3-74　创建导动面5

Step13 创建导动面6，如图3-75所示。

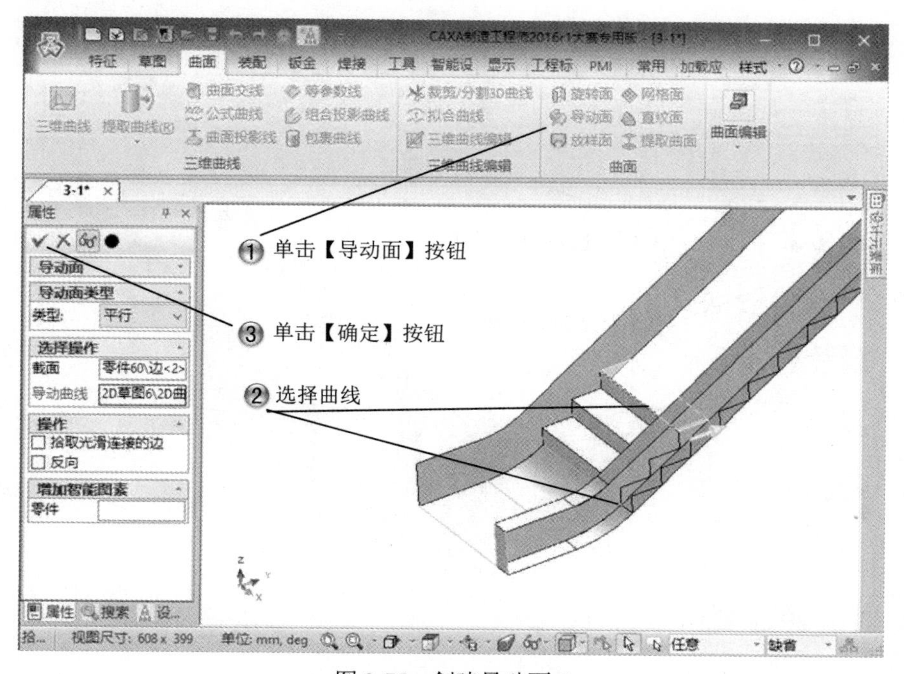

图3-75　创建导动面6

Step14 创建导动面 7，如图 3-76 所示。

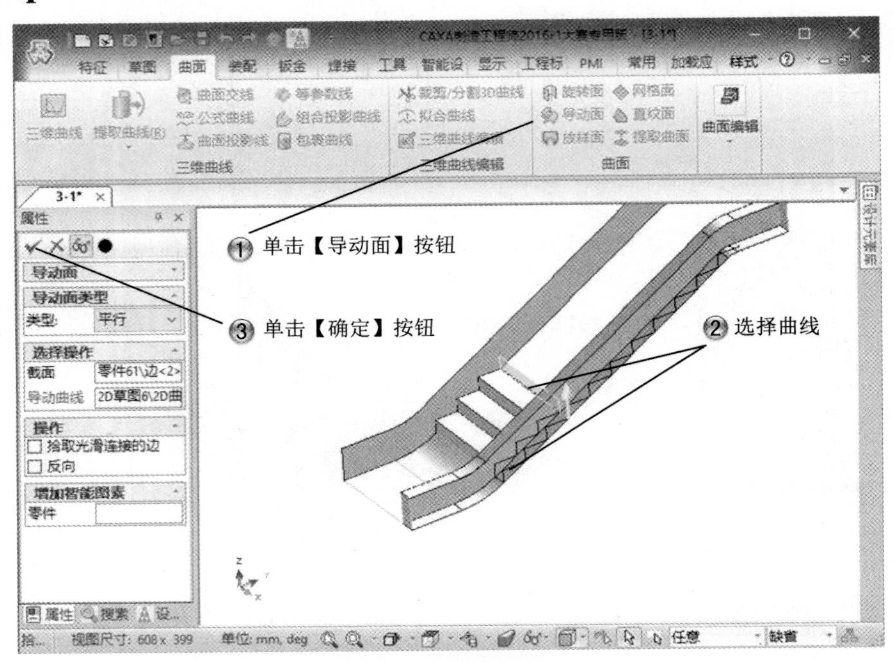

图 3-76　创建导动面 7

Step15 创建导动面 8，如图 3-77 所示。

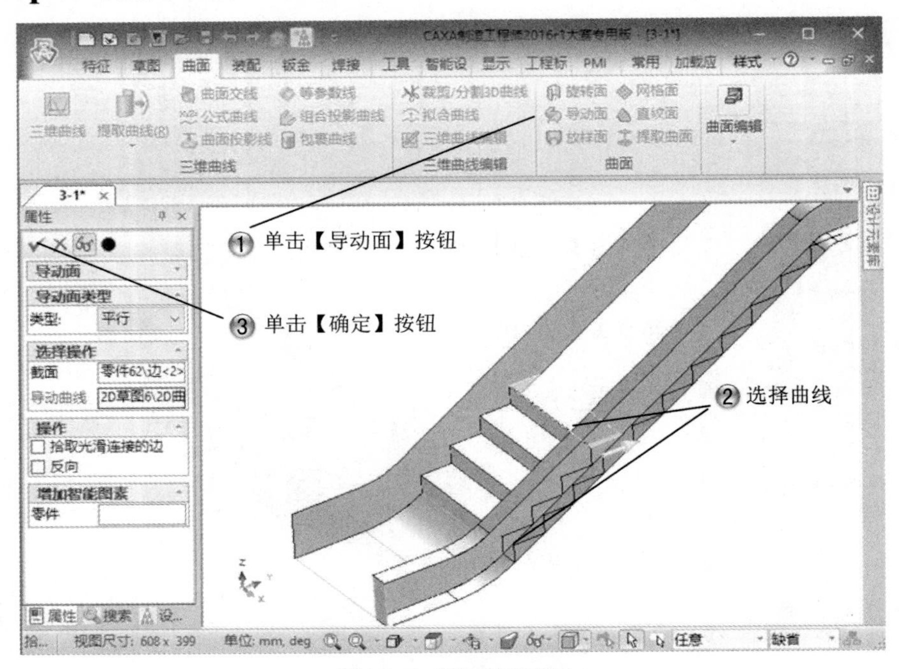

图 3-77　创建导动面 8

Step16 创建导动面 9，如图 3-78 所示。

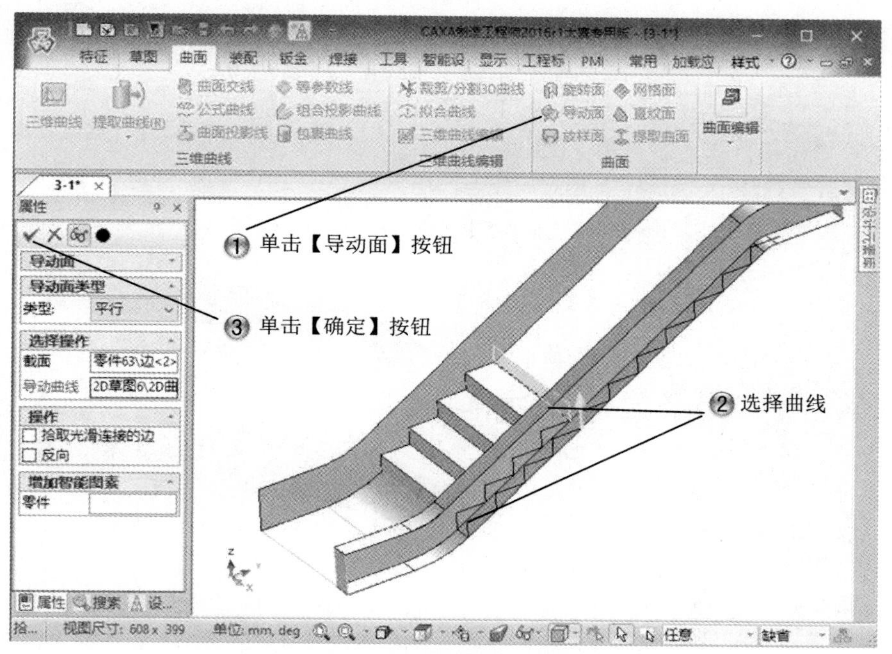

图 3-78 创建导动面 9

Step17 创建导动面 10，如图 3-79 所示。

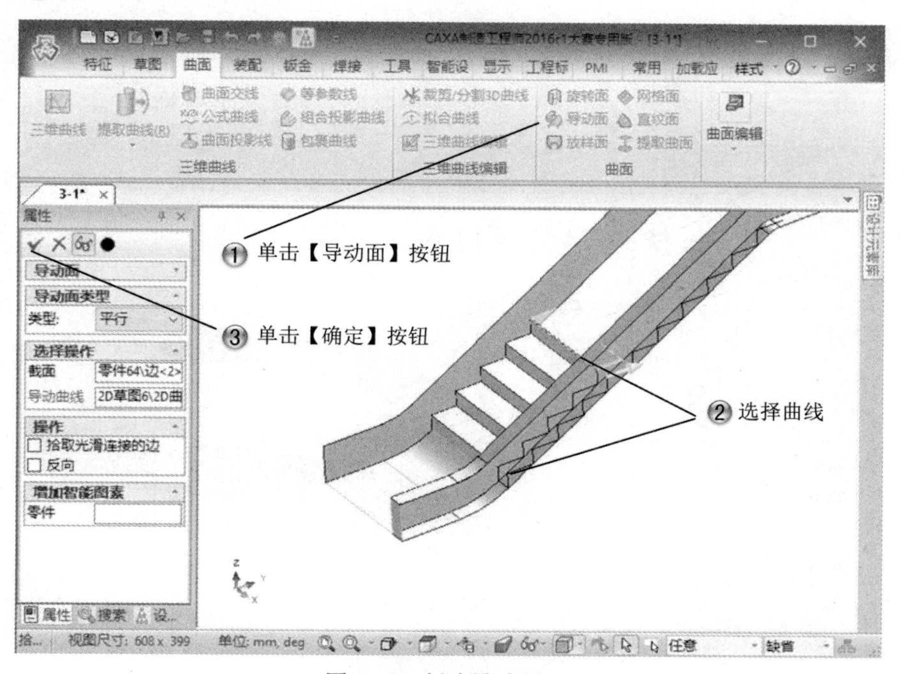

图 3-79 创建导动面 10

Step18 绘制三维直线 1，如图 3-80 所示。

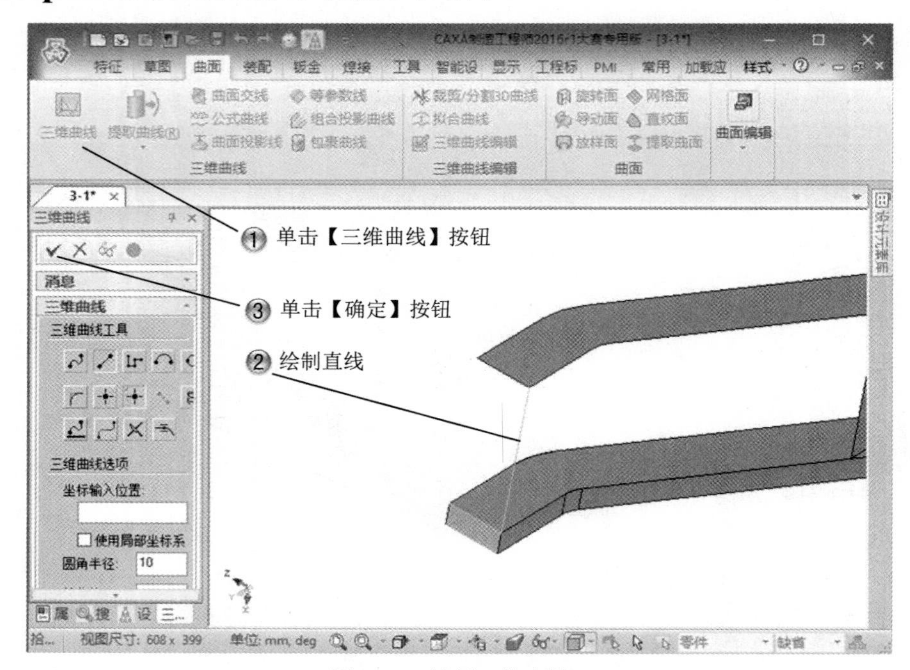

图 3-80　绘制三维直线 1

Step19 绘制三维直线 2，如图 3-81 所示。

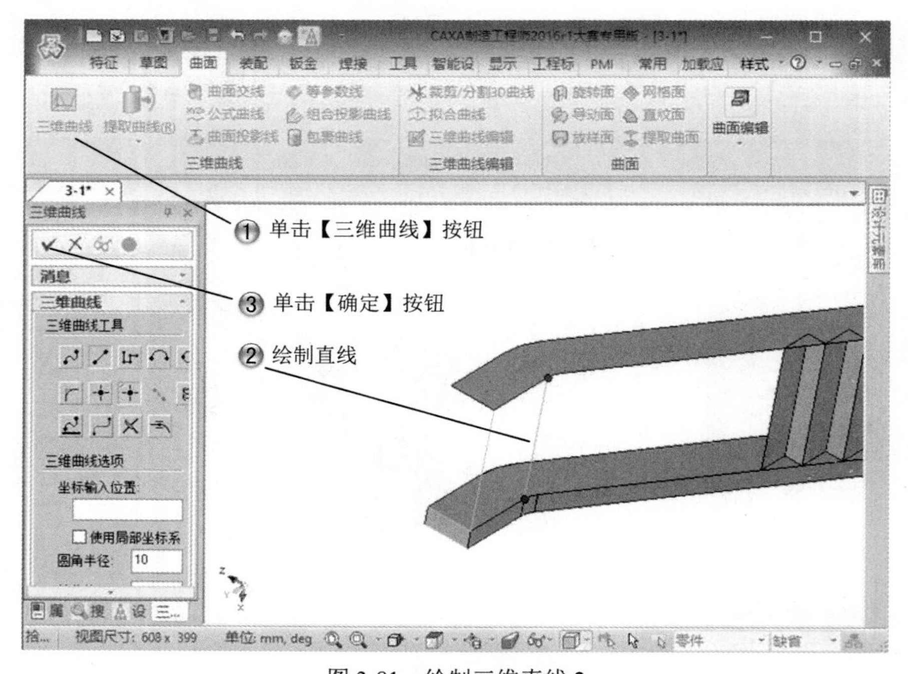

图 3-81　绘制三维直线 2

Step20 绘制三维直线 3，如图 3-82 所示。

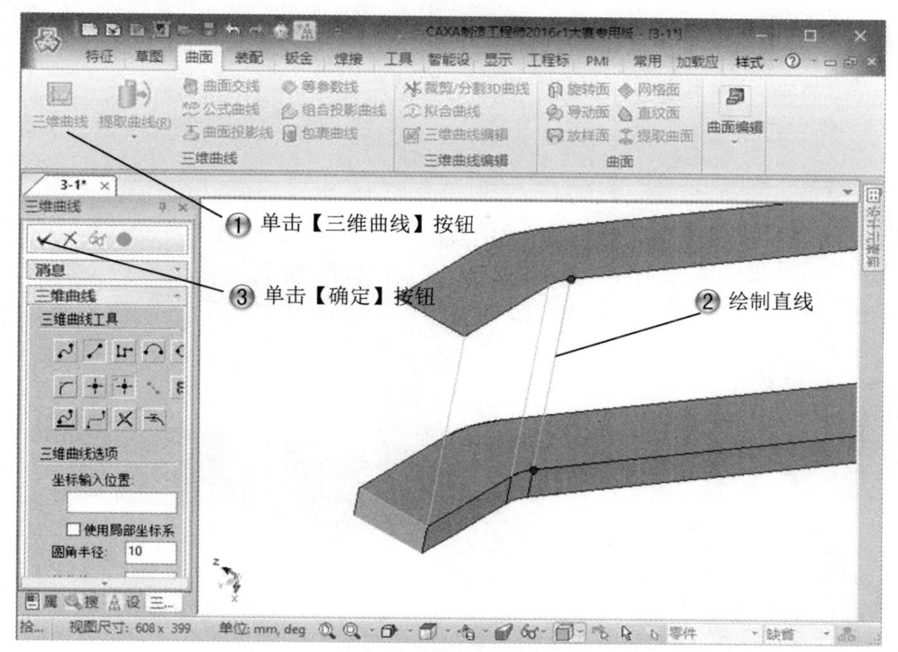

图 3-82　绘制三维直线 3

Step21 创建直纹面 1，如图 3-83 所示。

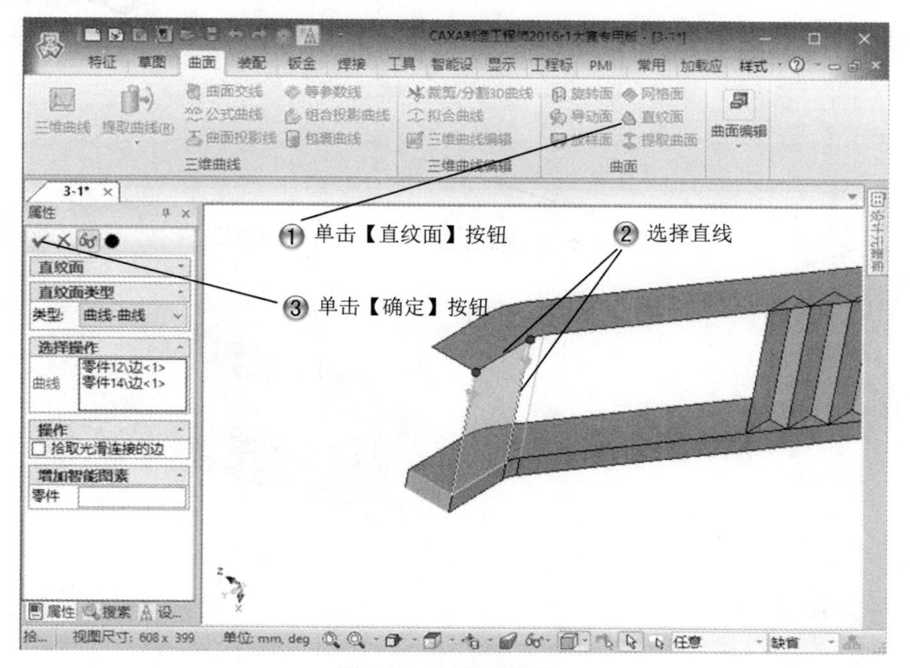

图 3-83　创建直纹面 1

Step22 创建直纹面 2，如图 3-84 所示。

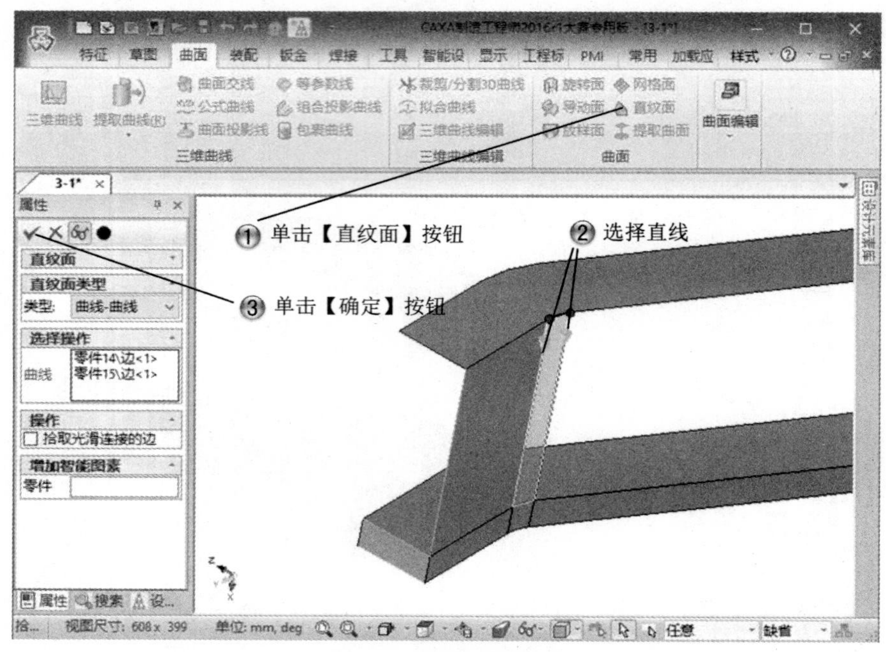

图 3-84 创建直纹面 2

Step23 创建直纹面 3，如图 3-85 所示。

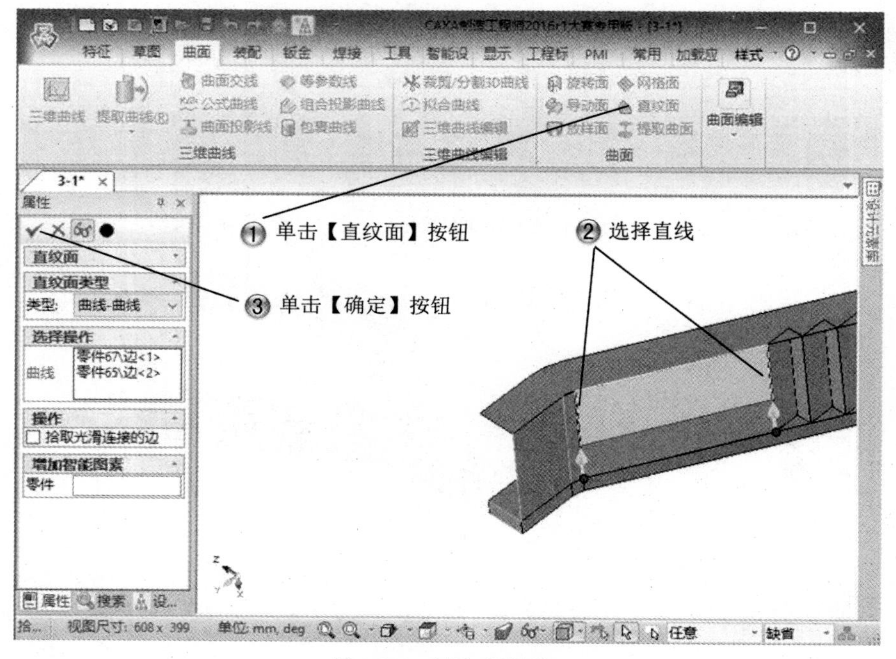

图 3-85 创建直纹面 3

Step24 选择草绘面，如图 3-86 所示。

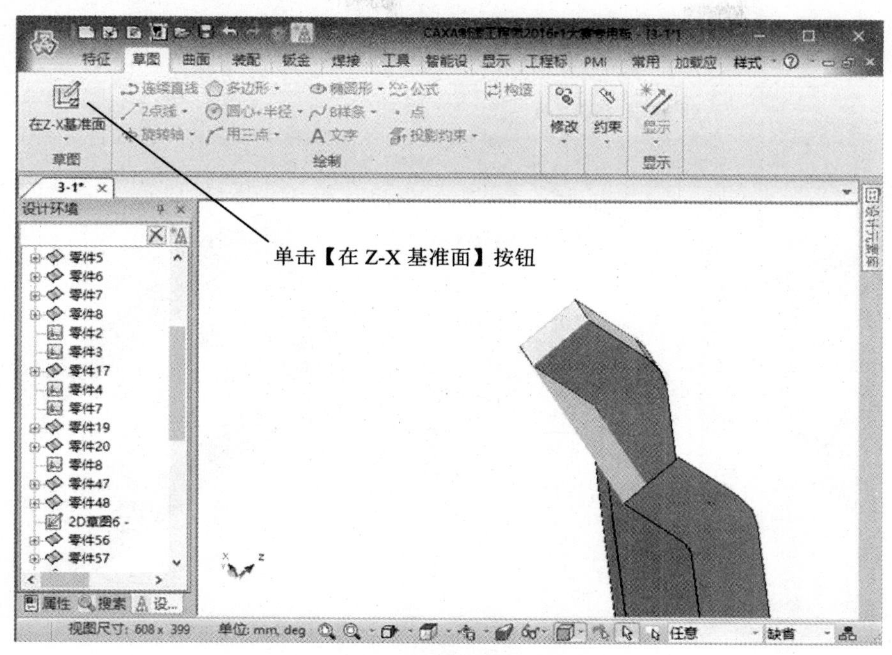

图 3-86　选择草绘面

Step25 绘制直线，如图 3-87 所示。

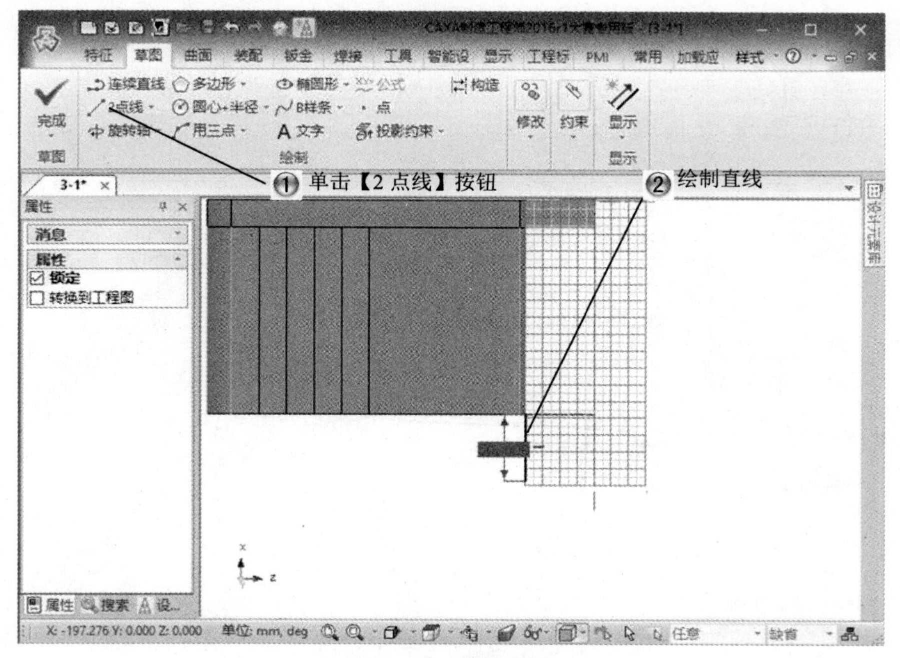

图 3-87　绘制直线

Step26 创建导动面 1，如图 3-88 所示。

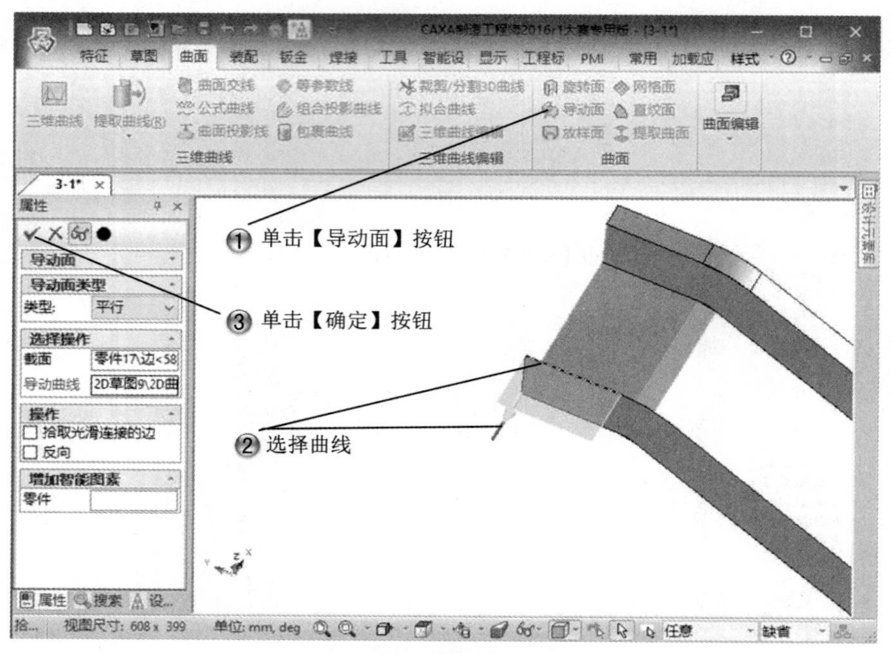

图 3-88　创建导动面 1

Step27 创建导动面 2，如图 3-89 所示。

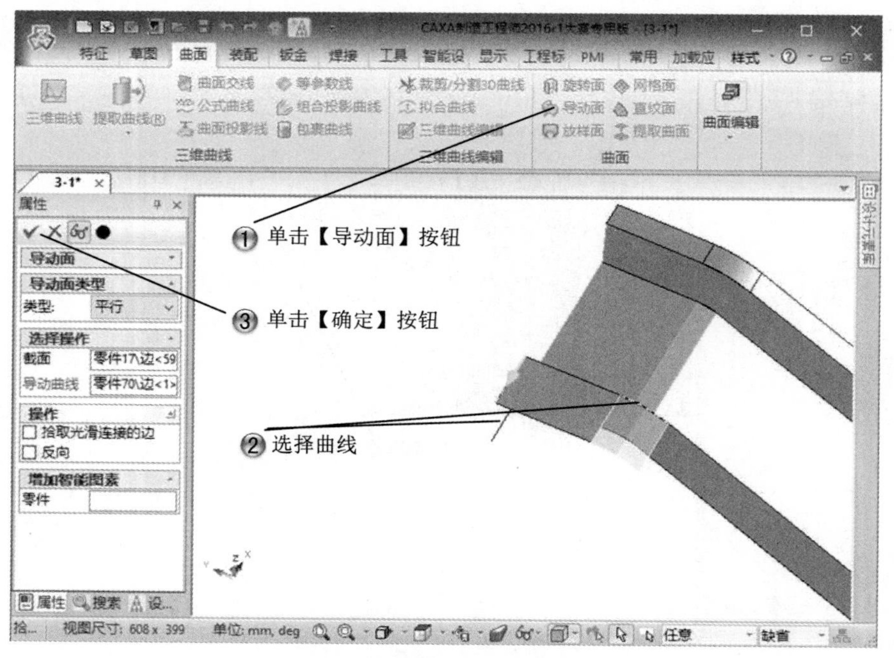

图 3-89　创建导动面 2

Step28 创建导动面 3，如图 3-90 所示。

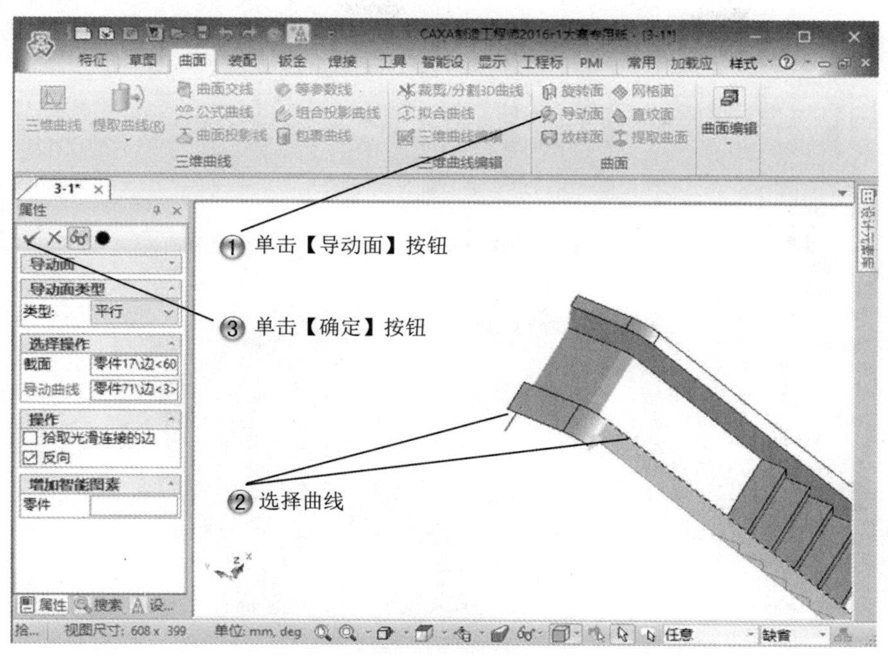

图 3-90　创建导动面 3

Step29 创建导动面 4，如图 3-91 所示。

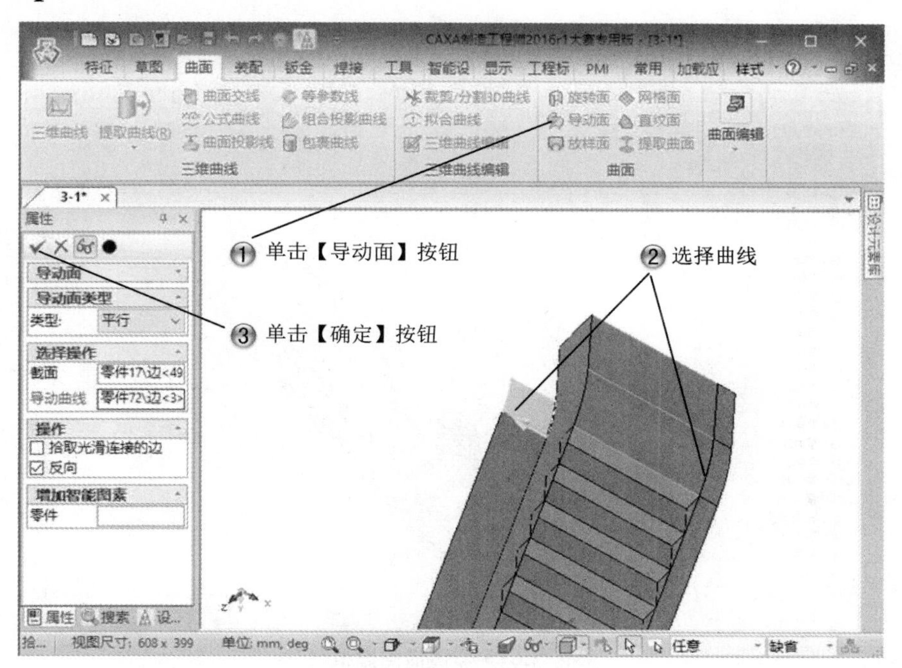

图 3-91　创建导动面 4

Step30 创建导动面 5，如图 3-92 所示。

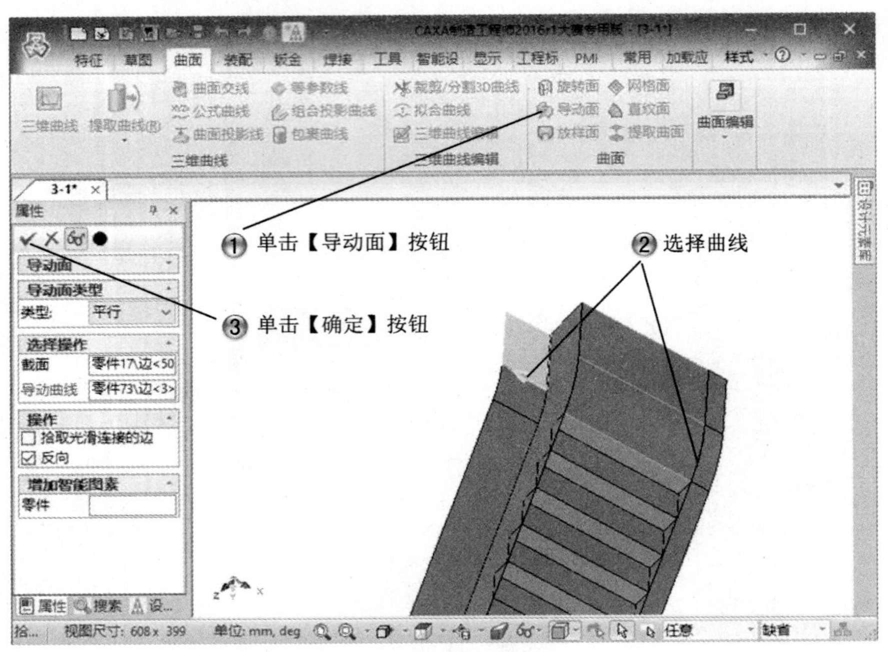

图 3-92　创建导动面 5

Step31 完成曲面编辑，如图 3-93 所示，至此案例制作完成。

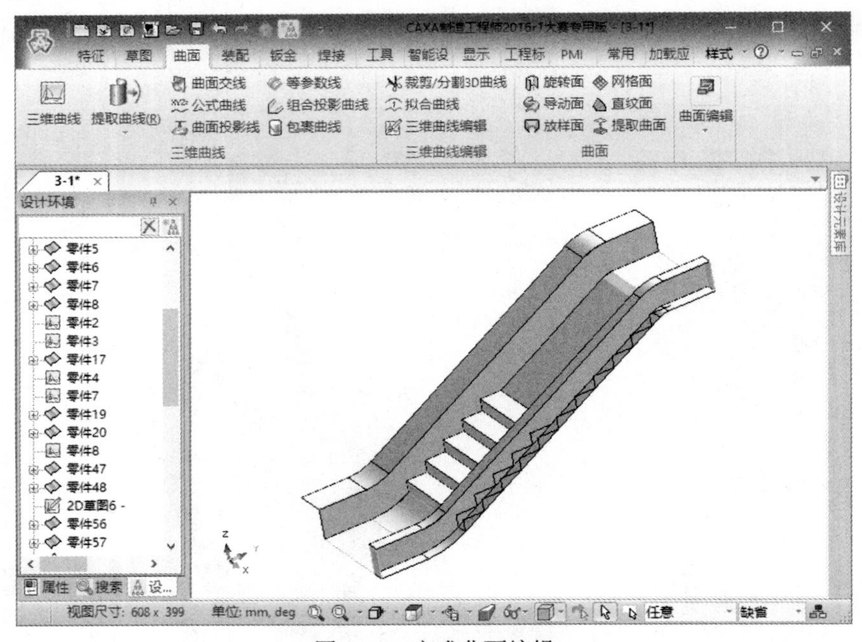

图 3-93　完成曲面编辑

3.3 专家总结

本章主要介绍了曲面设计的多种命令和方法，曲面造型功能包括各种曲面生成和曲面编辑命令，利用这些命令可以顺利地进行复杂曲面的构建，曲面构建完成后，通常都要进行曲面的编辑操作。

3.4 课后习题

3.4.1 填空题

（1）建立曲面的方法有________种。

（2）编辑曲面的命令有________________________。

3.4.2 问答题

（1）导动面和直纹面的区别是什么？

（2）曲面裁剪的一般操作步骤有哪些？

3.4.3 上机操作题

如图 3-94 所示，使用本章学过的各种命令来创建曲面模型。

一般创建步骤和方法如下：

（1）绘制两个截面草图。

（2）创建放样面。

（3）创建直纹面。

（4）裁剪曲面。

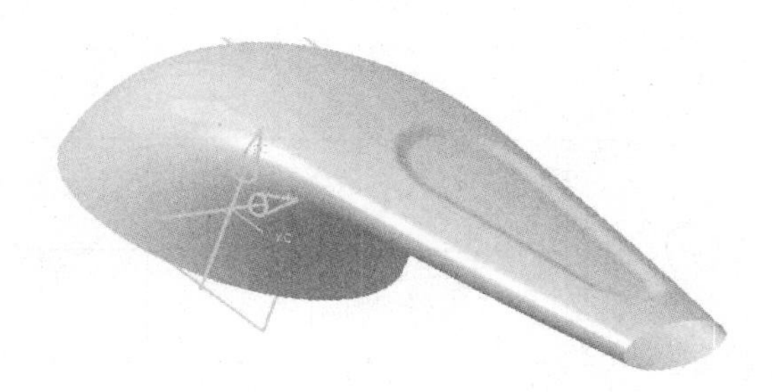

图 3-94 曲面模型

第4章　实体特征设计

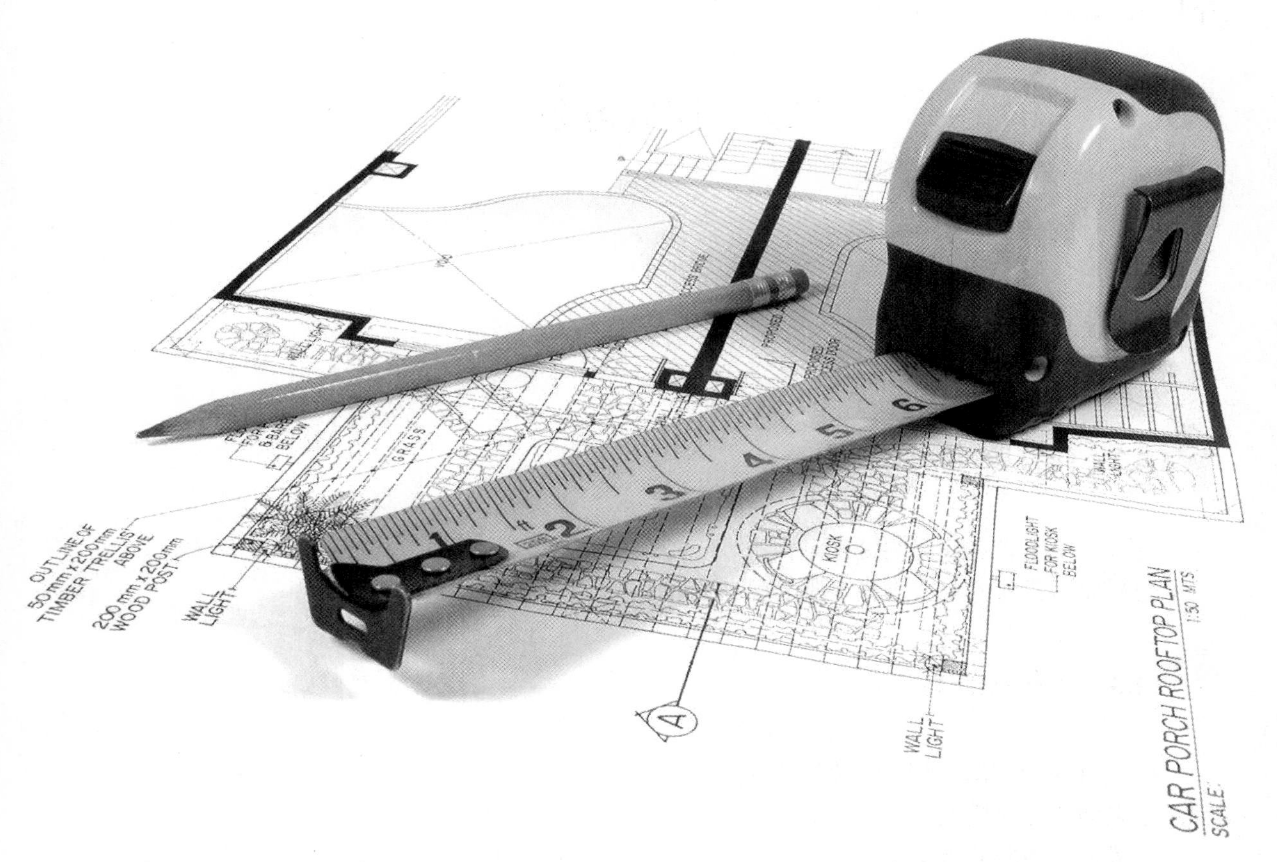

课训目标	内　容	掌握程度	课　时
	绘制草图	熟练运用	1
	增料特征	熟练运用	2
	除料特征	熟练运用	2

课程学习建议

特征实体造型是零件设计模块的重要组成部分。CAXA 制造工程师的零件设计采用精确的特征实体造型技术，完全抛弃了传统的体素合并和差集运算的烦琐方式，将设计信息用特征术语来描述，使整个设计过程直观、简单、准确。以使用户在实体建模和编辑过程中，节省了大量时间和精力，有效地提高了工作效率和准确性。

本课程主要基于软件的实体特征设计命令进行讲解，其培训课程表如下。

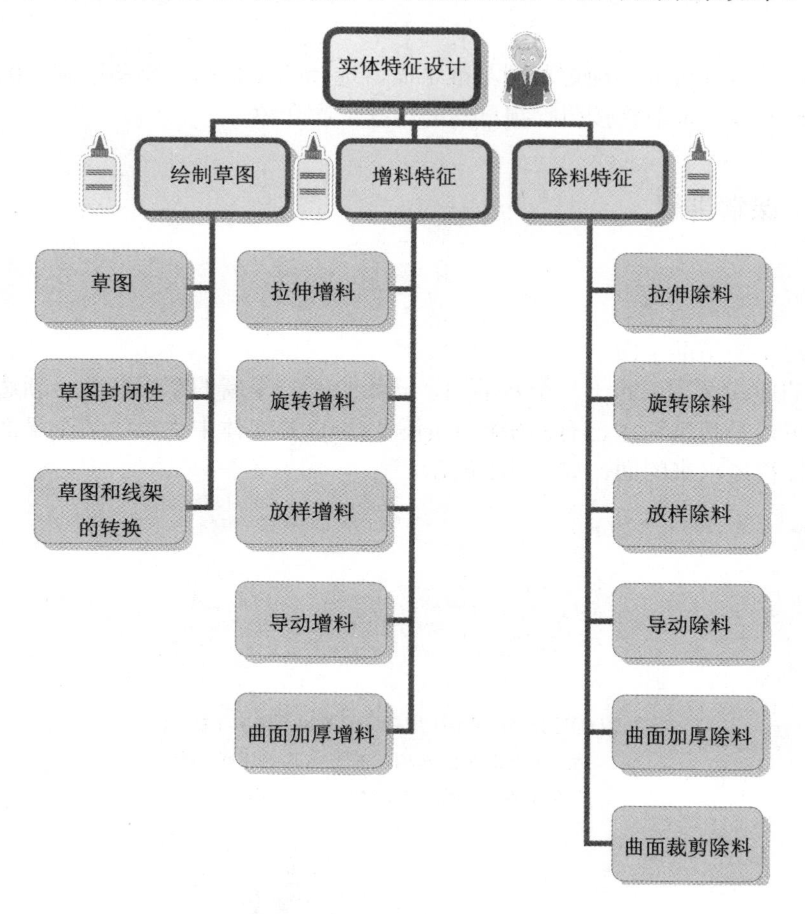

4.1 绘制草图

基本概念

草图也称为轮廓，相当于建筑物的地基，它由生成三维实体必须依赖的封闭曲线组成，即为特征造型准备的一个平面图形，也就是我们常说的投影图形。草图曲线就是在草图状态下绘制的曲线。空间曲线是指在非草图状态下绘制的曲线。

课堂讲解课时：1 课时

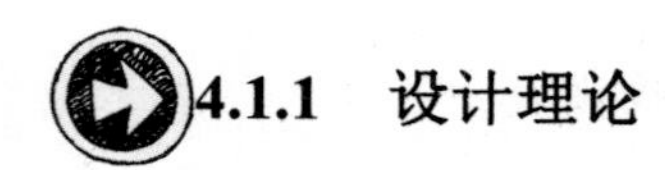

4.1.1　设计理论

绘制草图的过程可分为确定草图基准平面、选择草图状态、草图绘制、编辑草图和草图参数化修改五步，本节将按照绘制草图的过程依次介绍。

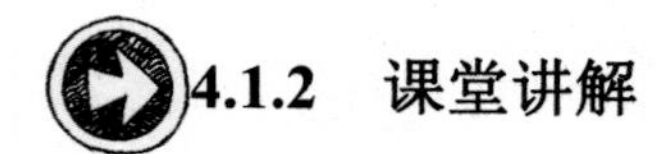

4.1.2　课堂讲解

1. 草图

（1）确定草图基准平面

草图中的曲线必须依赖于一个基准面，开始绘制一个新的草图前就必须选择一个基准面。基准面可以是特征树中已有的坐标平面，也可以是实体中生成的某个平面，还可以是通过某一特征构造出来的面，如图 4-1 所示。

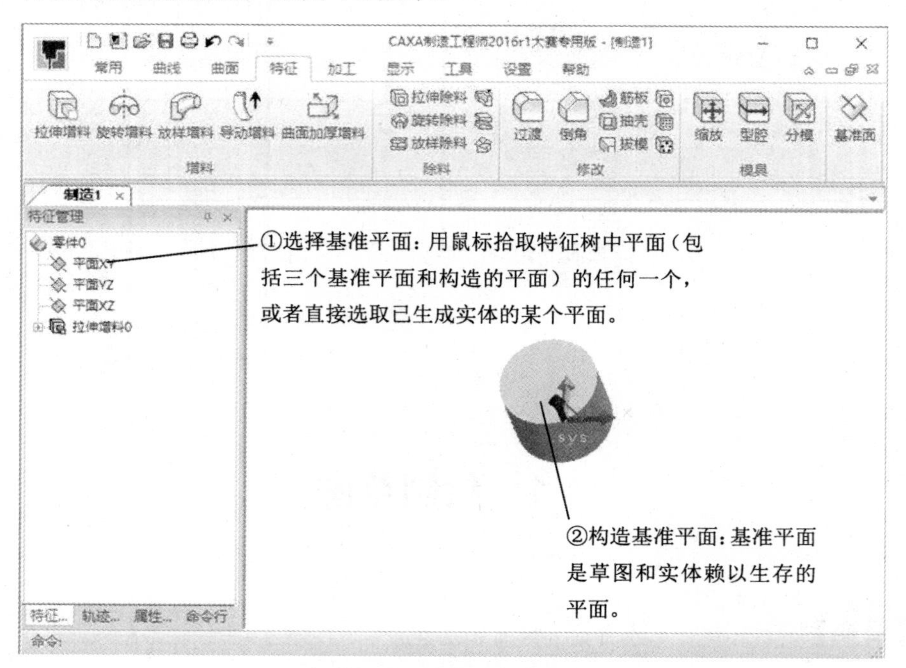

图 4-1　选择草图平面

选择【造型】|【特征生成】|【基准面】菜单命令，或者单击【特征生成栏】中的【构造基准面】按钮，弹出【构造基准面】对话框，如图4-2所示。构造平面的方法包括以下几种：【等距平面确定基准平面】,【过直线与平面成夹角确定基准平面】,【生成曲面上某点的切平面】,【过点且垂直于直线确定基准平面】,【过点且平行于平面确定基准平面】,【过点和直线确定基准平面】,【三点确定基准平面】。

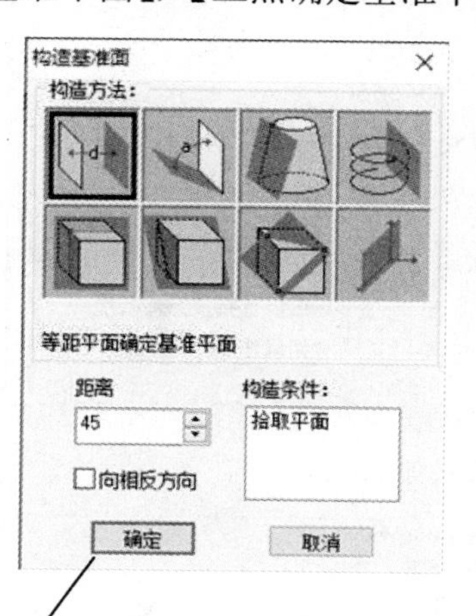

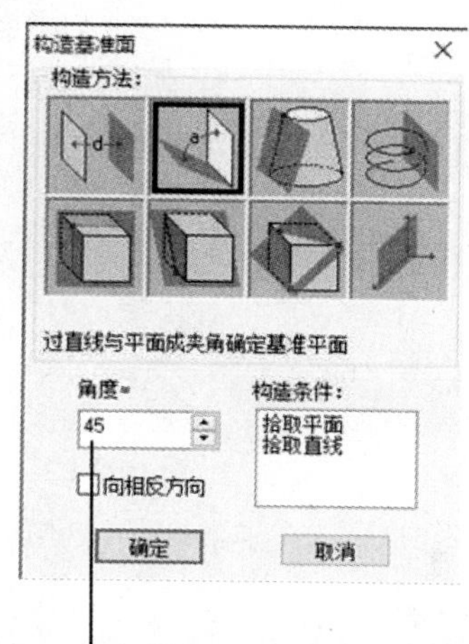

①【距离】：是指生成平面距参照平面的尺寸值，可以直接输入所需数值，也可用单击箭头按钮来调节。

②【向相反方向】：是指与默认的方向相反的方向。

③【角度】：是指生成平面与参照平面的所夹锐角的尺寸值，可以直接输入所需数值，也可用单击箭头按钮来调节。

图4-2 【构造基准面】对话框

> 拾取时要满足各种不同构造方法给定的拾取条件。
>
> 名师点拨

（2）选择草图状态

选择一个基准平面后，单击【状态控制栏】中的【绘制草图】按钮，在特征树中添加一个草图节点，表示已经处于草图状态，开始一个新草图。

（3）草图绘制

进入草图状态后，利用曲线生成和曲线编辑命令即可绘制需要的草图。在绘制草图时，可以通过以下两种方法进行，如图4-3所示。

（4）编辑草图

在草图状态下绘制的草图一般要进行编辑和修改。在草图状态下进行的编辑操作只与该草图有关，不能编辑其他草图上的曲线或空间曲线，再编辑草图的操作，如图4-4所示。

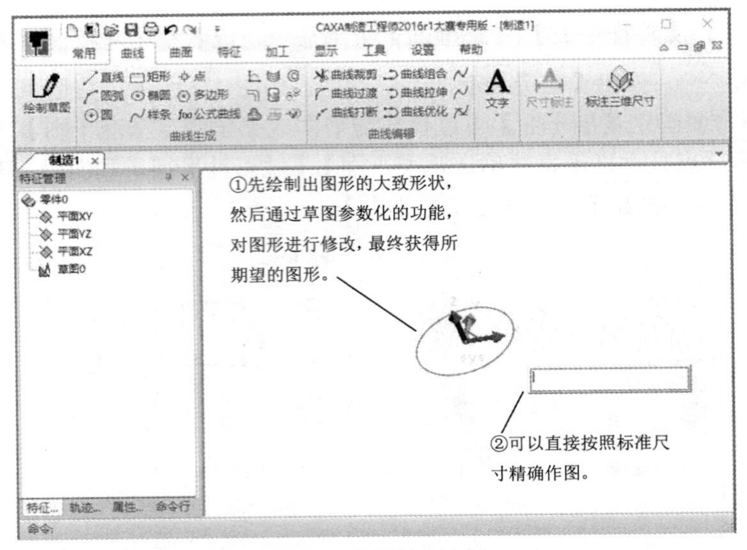

图 4-3　草图绘制方法

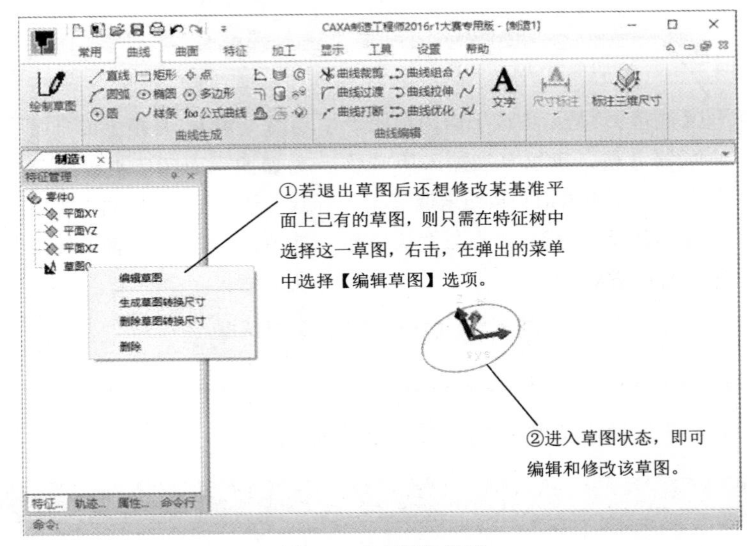

图 4-4　再编辑草图

（5）草图参数化修改

在草图环境下，可以任意绘制曲线，不必考虑坐标和尺寸的约束。之后，对绘制的草图标注尺寸，接下来只需改变尺寸的数值，二维草图就会随着给定的尺寸值而变化，达到最终希望的精确形状，这就是零件设计的草图参数化功能，也是尺寸驱动功能。还可以直接读取非参数化的 EXB、DXF、DWG 等格式的图形文件，在草图中对其进行参数化重建。草图参数化修改适用于图形的几何关系保持不变、只对某一尺寸进行修改的情况。

所谓参数化设计（也叫尺寸驱动），指在对图形的几何数据进行参数化修改时，还满足图形的约束条件，亦即保证连续、相切、垂直、平行等关系不变。零件设计的草图参数化分为两种情况，如图 4-5 所示。

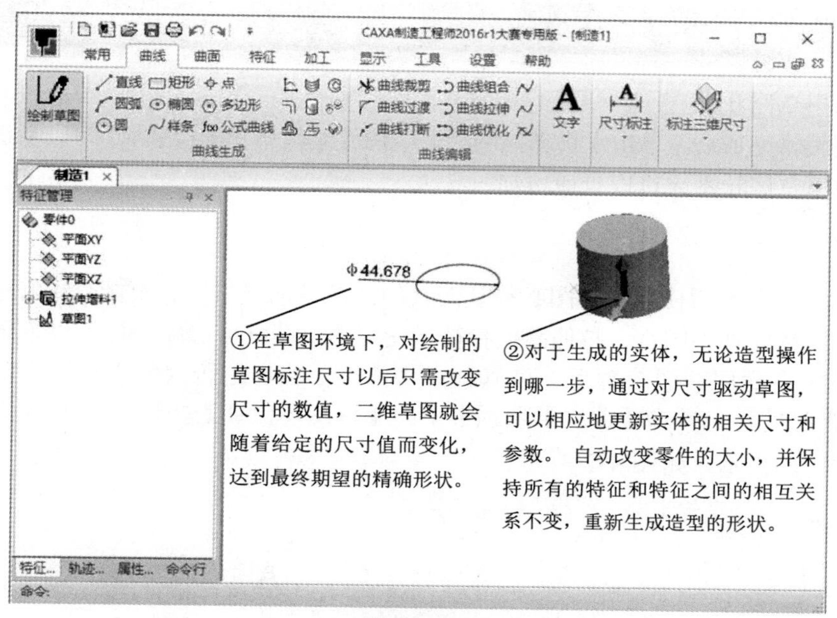

图 4-5　草图参数化

尺寸模块中主要有三个功能：【尺寸标注】、【尺寸编辑】和【尺寸驱动】，如图 4-6 所示。

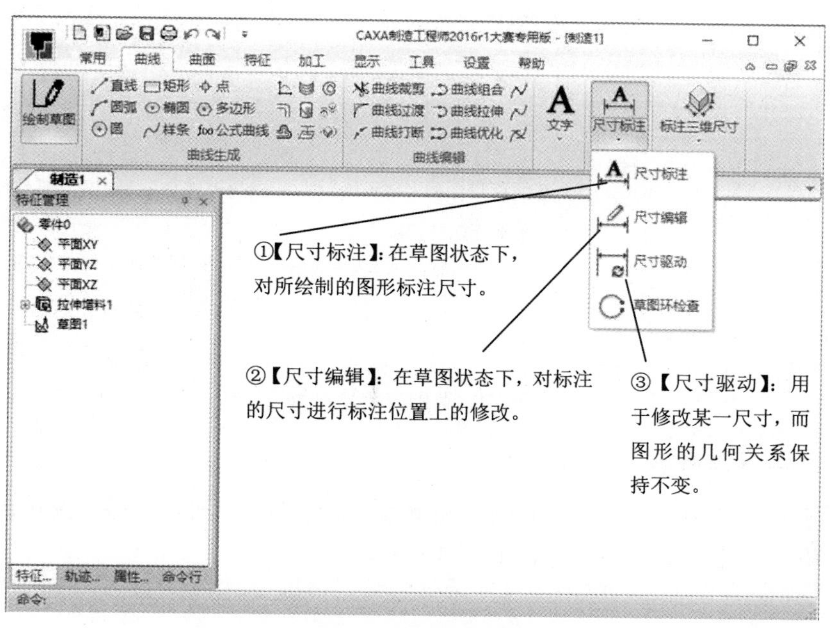

图 4-6　尺寸编辑功能

名师点拨

在非草图状态下，不能进行尺寸标注、尺寸编辑和尺寸驱动操作。

（6）退出草图状态

当草图编辑完成后，单击【状态控制栏】中的【绘制草图】按钮，表示退出草图状态，只有退出草图状态才可以生成特征。

2. 草图封闭性

大部分特征命令所使用的草图必须是闭合的，但是筋板特征、草图分模和输出剖视图中所使用的草图允许不闭合；拉伸薄壁特征所使用的草图既可以闭合也可以不闭合。

绘制完一个封闭截面轮廓后，可以利用“检查草图环是否封闭”功能，帮助用户检查草图环是否封闭。单击【曲线】选项卡中的【草图环检查】按钮，系统弹出草图是否封闭的提示，如图 4-7 所示。

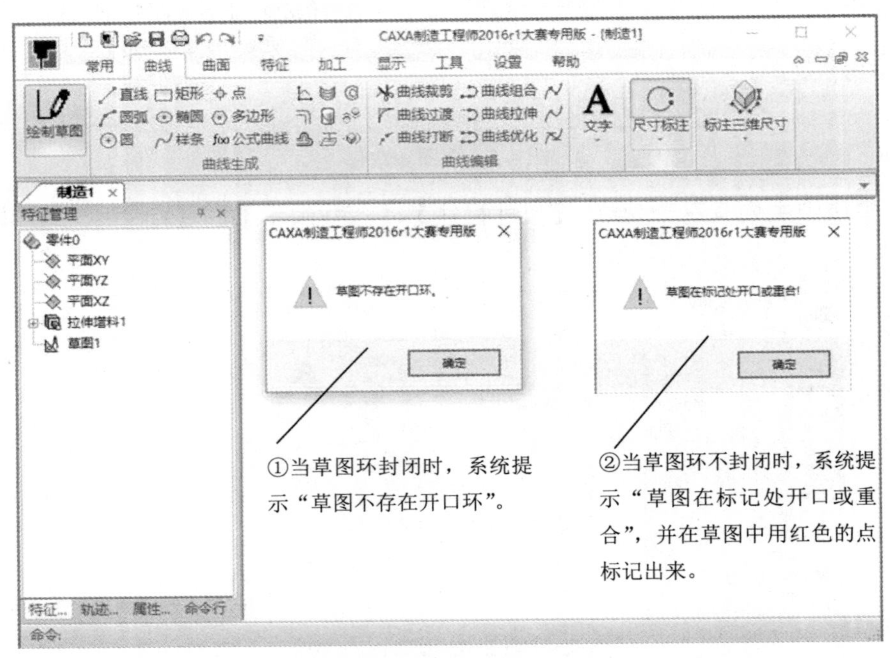

图 4-7　草图封闭性检查

3. 草图和线架的转换

草图用于实体造型，线架用于曲面或线架造型。草图是二维的，线架既可以是二维的，也可以是三维的。常用的转换命令，如图 4-8 所示。

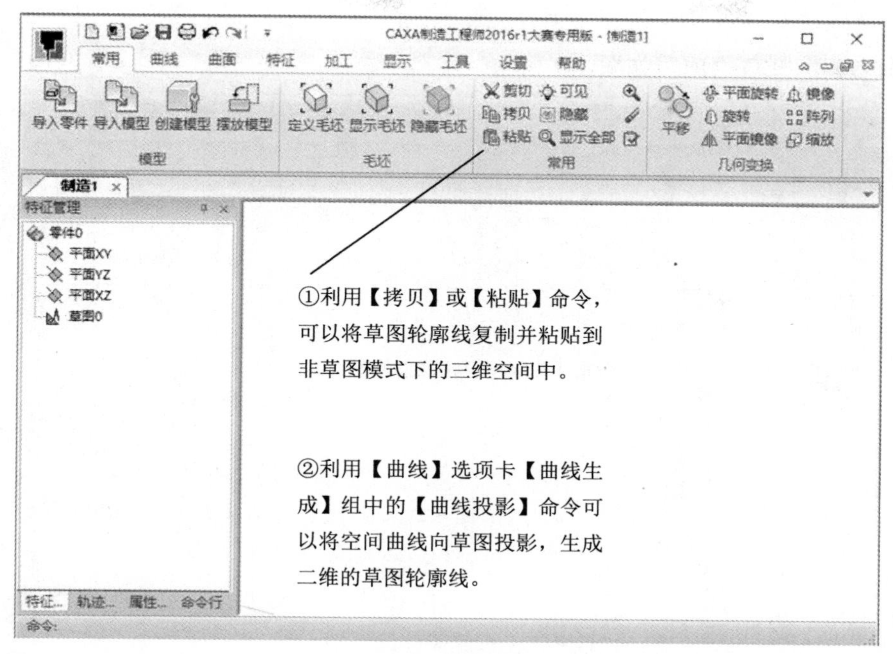

图 4-8　转换命令

4.1.3　课堂练习——绘制多边框架

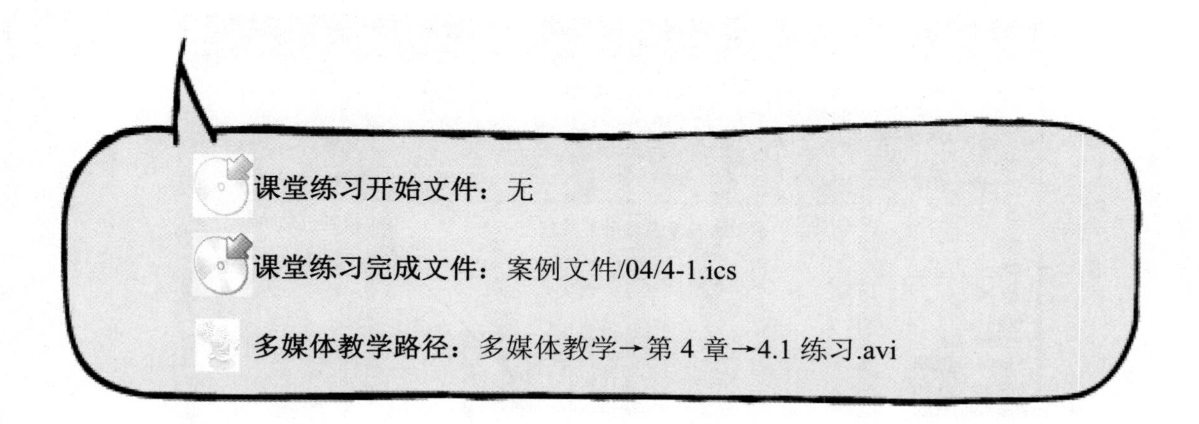

Step1 选择草绘面，如图 4-9 所示。

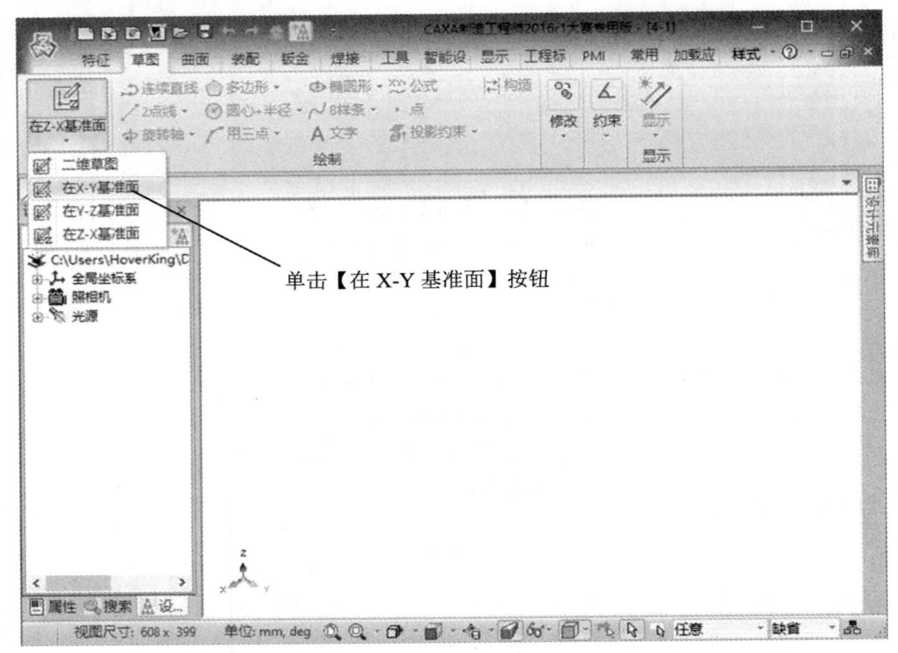

图 4-9　选择草绘面

Step2 绘制五边形，如图 4-10 所示。

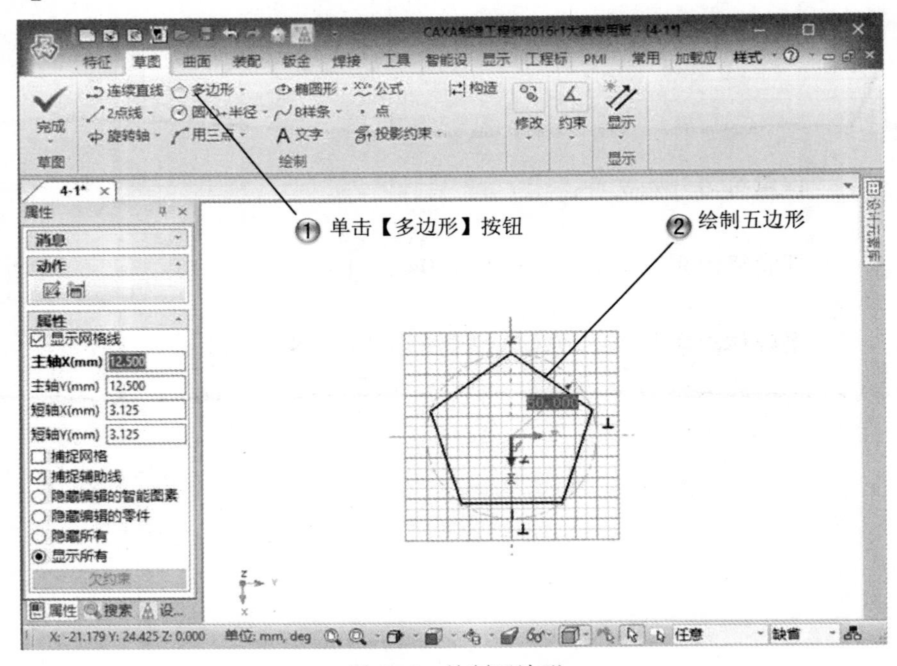

图 4-10　绘制五边形

Step3 绘制圆角，如图 4-11 所示。

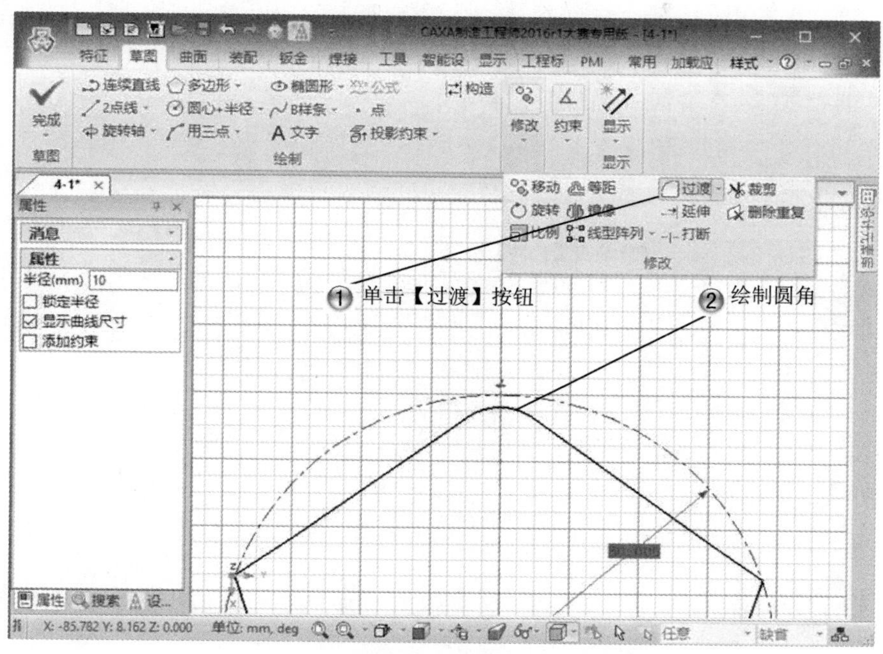

图 4-11　绘制圆角

Step4 绘制其余圆角，如图 4-12 所示。

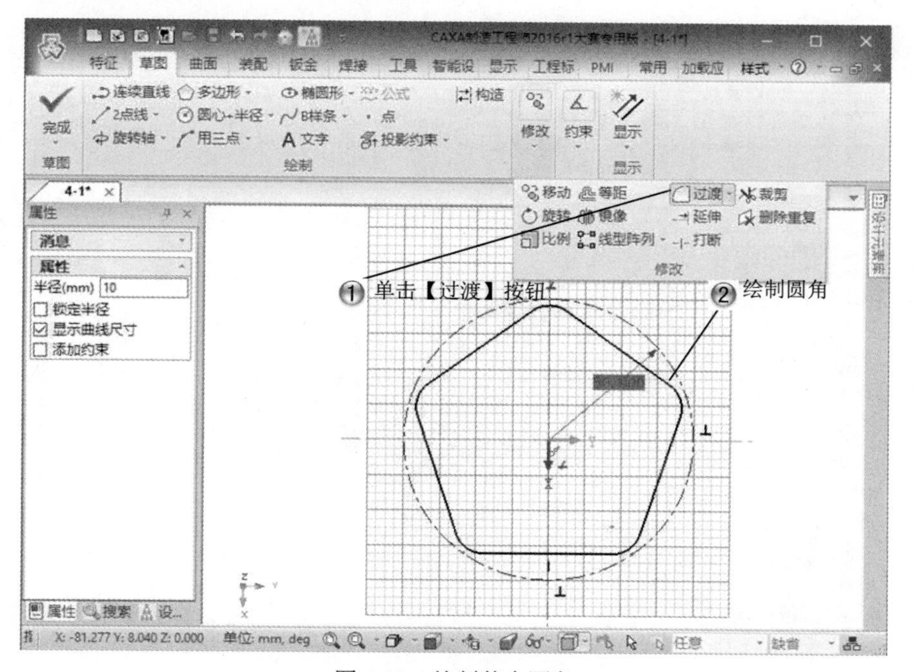

图 4-12　绘制其余圆角

Step5 创建拉伸特征，如图 4-13 所示。

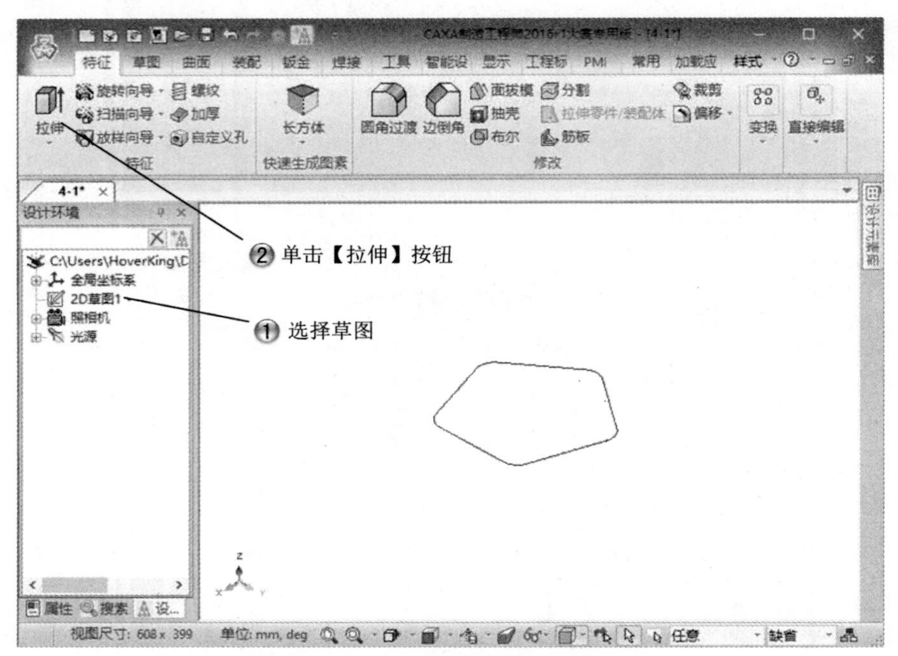

图 4-13　创建拉伸特征

Step6 设置拉伸参数，如图 4-14 所示。

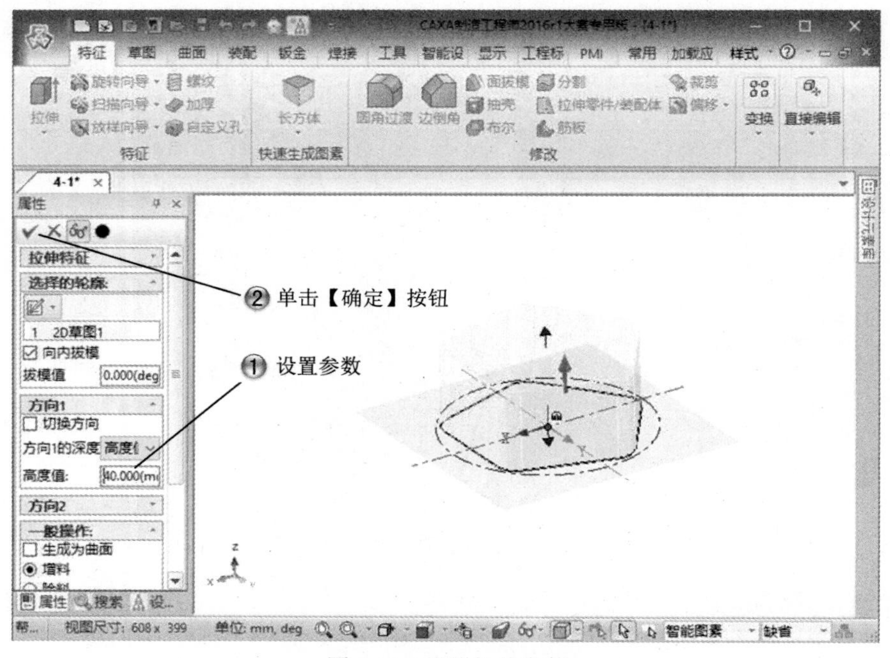

图 4-14　设置拉伸参数

Step7 选择草绘面，如图 4-15 所示。

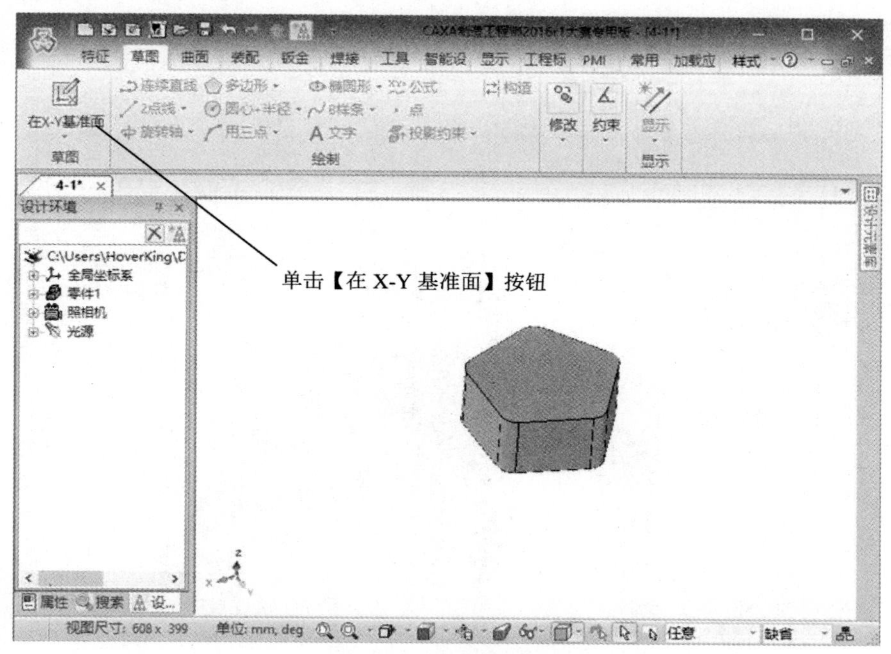

图 4-15　选择草绘面

Step8 绘制五边形，如图 4-16 所示。

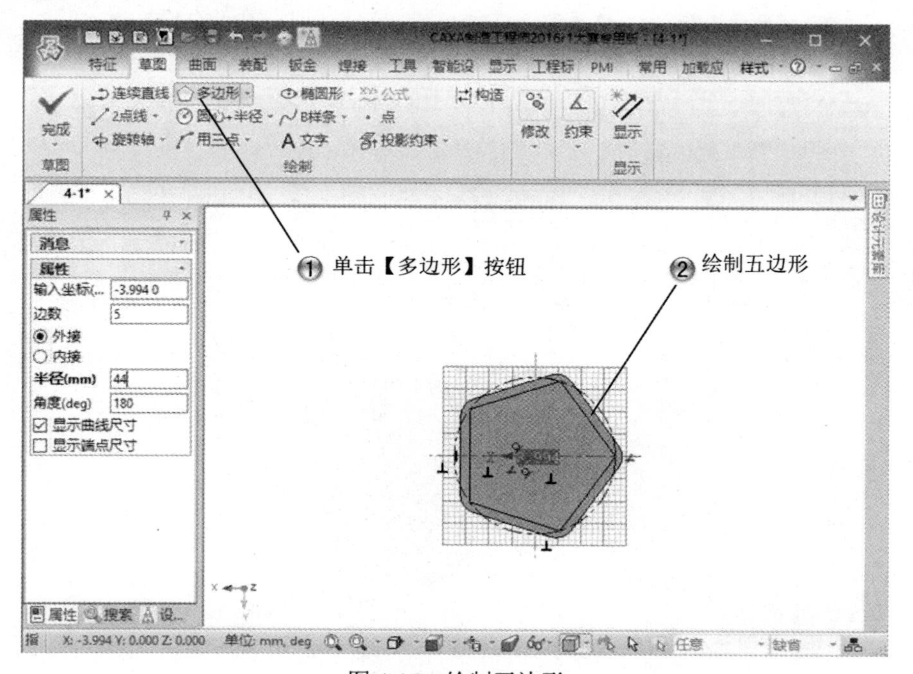

图 4-16　绘制五边形

Step9 绘制圆角，如图 4-17 所示。

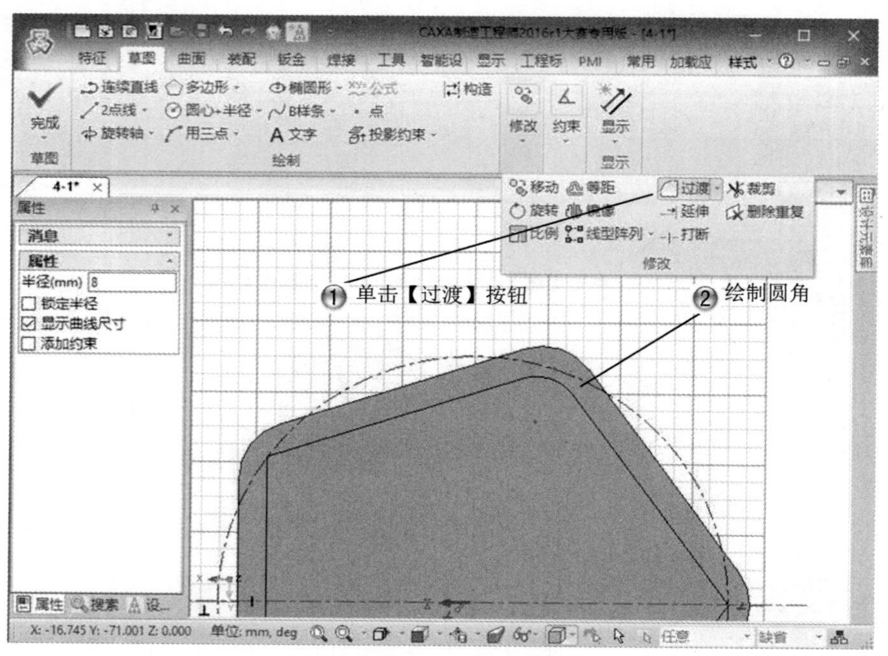

图 4-17 绘制圆角

Step10 绘制其余圆角，如图 4-18 所示。

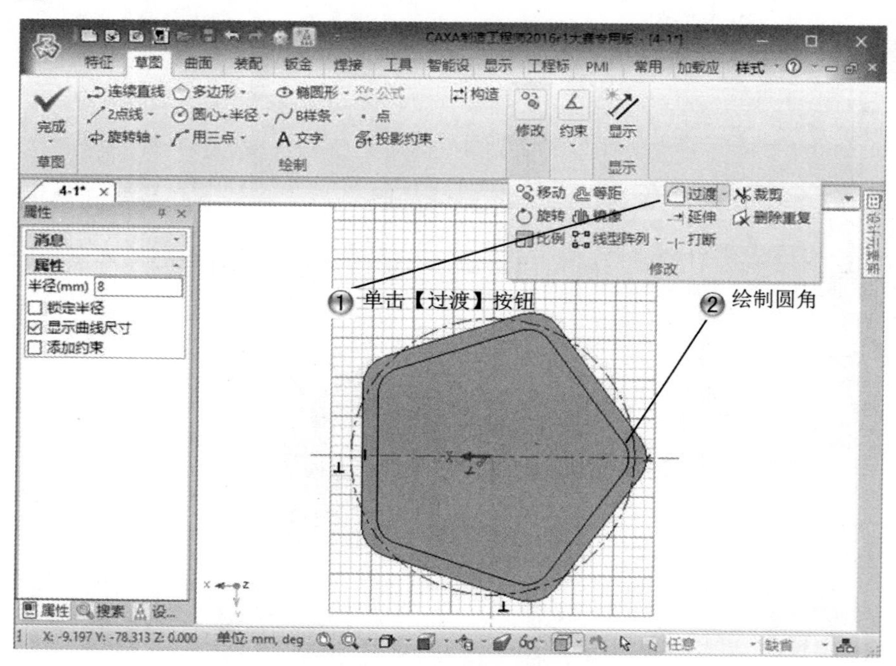

图 4-18 绘制其余圆角

Step11 创建拉伸特征，如图 4-19 所示。

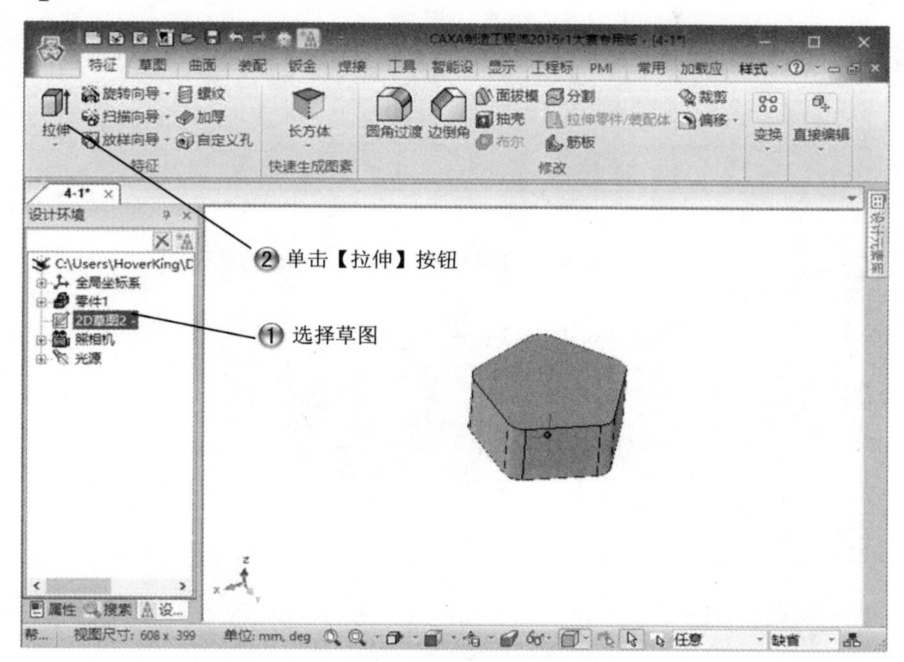

图 4-19　创建拉伸特征

Step12 设置拉伸参数，如图 4-20 所示。

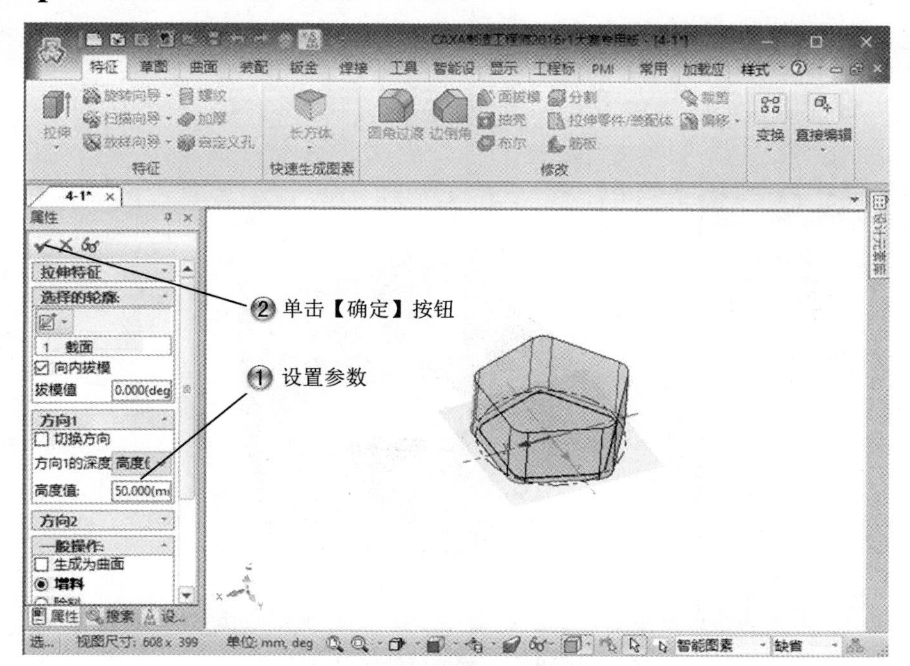

图 4-20　设置拉伸参数

Step13 创建布尔减运算，如图 4-21 所示。

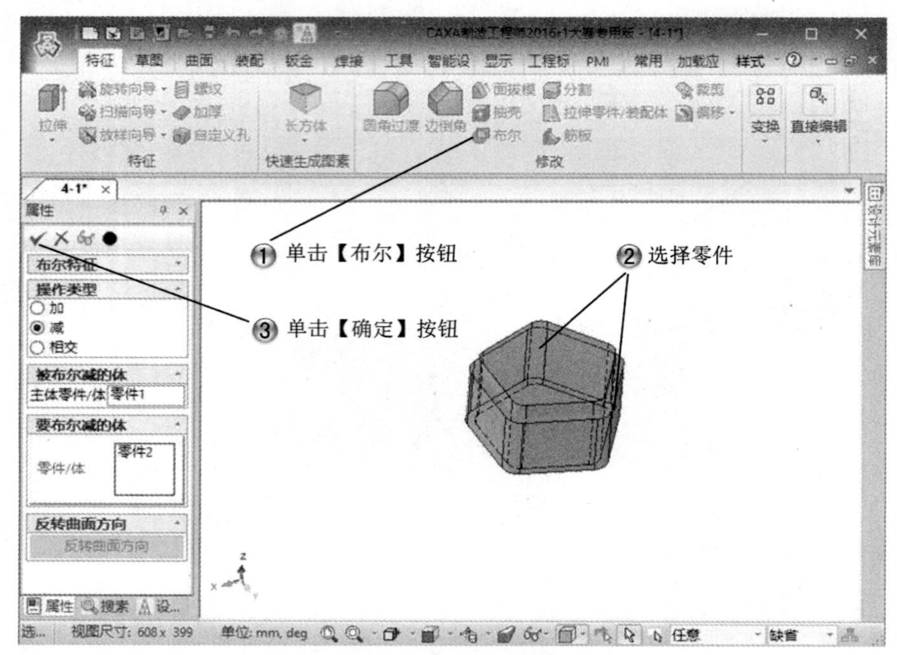

图 4-21　创建布尔减运算

Step14 完成特征模型，如图 4-22 所示，至此案例制作完成。

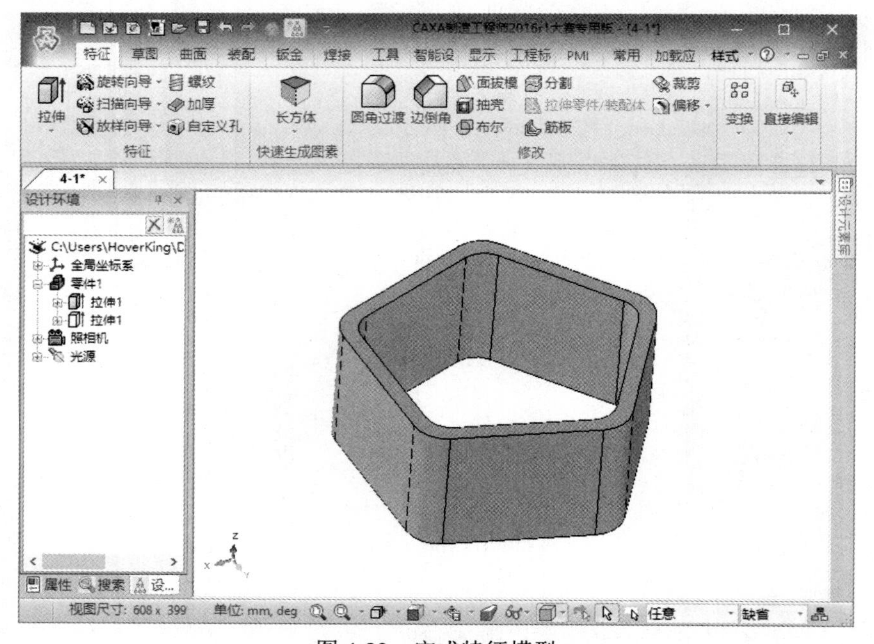

图 4-22　完成特征模型

4.2 增料特征

基本概念

通常的特征包括孔、槽、型腔、点、凸台、圆柱体、块、锥体、球体、管子等，CAXA 制造工程师的零件设计功能可以方便地建立和管理这些特征信息。

课堂讲解课时：2 课时

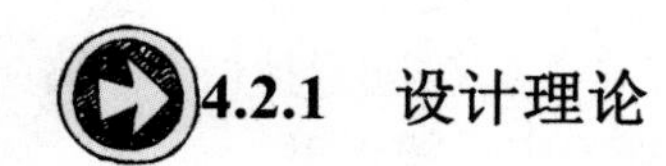

4.2.1 设计理论

增料操作主要包括【拉伸增料】、【旋转增料】、【放样增料】、【导动增料】、【曲面加厚增料】。其造型命令在【特征】选项卡【增料】组中，如图 4-23 所示。

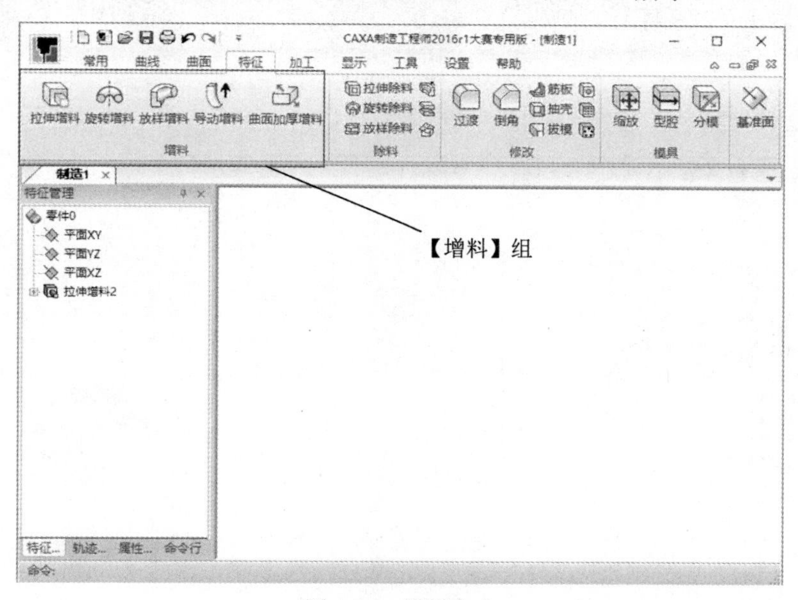

图 4-23 增料命令

4.2.2 课堂讲解

1. 拉伸增料

将一个轮廓曲线根据指定的距离做拉伸操作，用以生成一个增加材料的特征。单击【特征】选项卡【增料】组中的【拉伸增料】按钮 拉伸增料，弹出【拉伸增料】对话框，如图 4-24 所示。

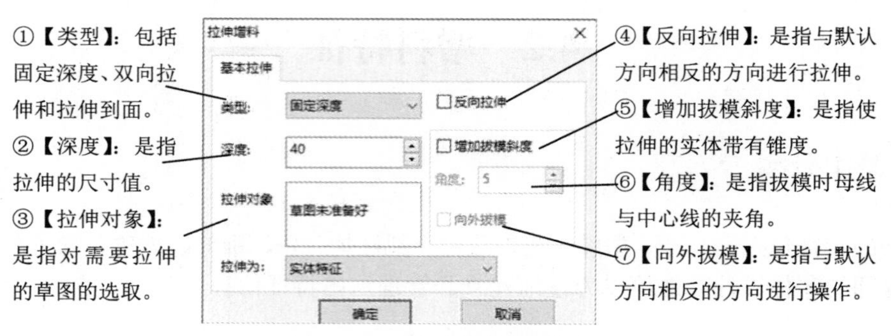

图 4-24 【拉伸增料】对话框

①在进行双面拉伸时，拔模斜度不可用。②在进行拉伸到面时，要使草图能够完全投影到这个面上，如果面的范围比草图小，会操作失败。③在进行拉伸到面时，深度和反向拉伸不可用。④在进行拉伸到面时，可以给定拔模钭度。⑤草图中隐藏的线不能参与特征拉伸。

名师点拨

创建薄壁拉伸增料的操作，如图 4-25 所示。

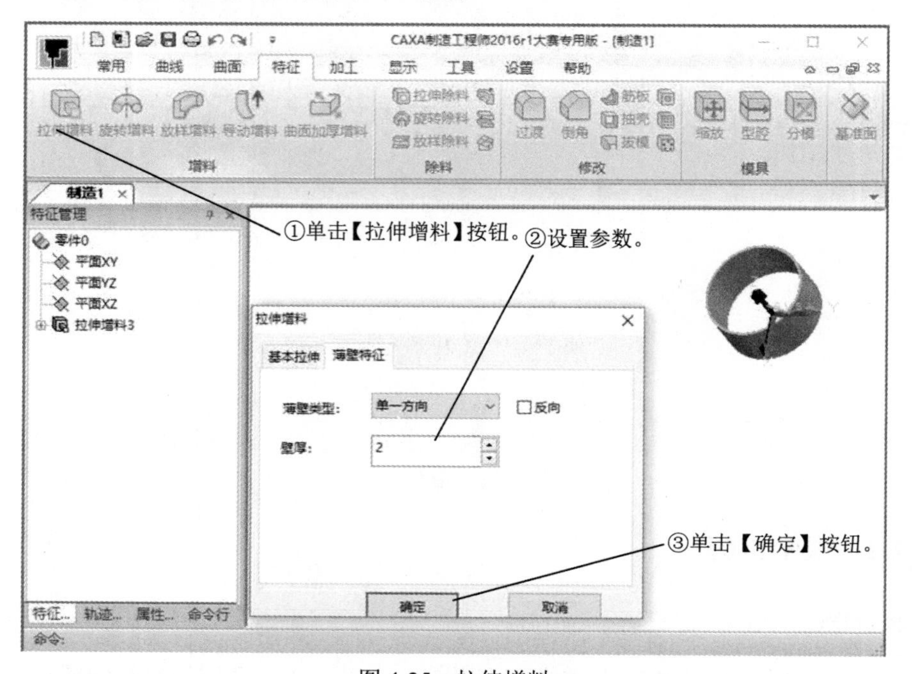

图 4-25 拉伸增料

在生成薄壁特征时，草图图形可以是封闭的，也可以是不封闭的。不封闭的草图其草图线段必须是连续的。

名师点拨

2．旋转增料

旋转增料是通过围绕一条空间直线旋转一个或多个封闭轮廓而生成的特征。单击【特征】选项卡【增料】组中的【旋转增料】按钮，弹出【旋转】对话框，图 4-26 所示。

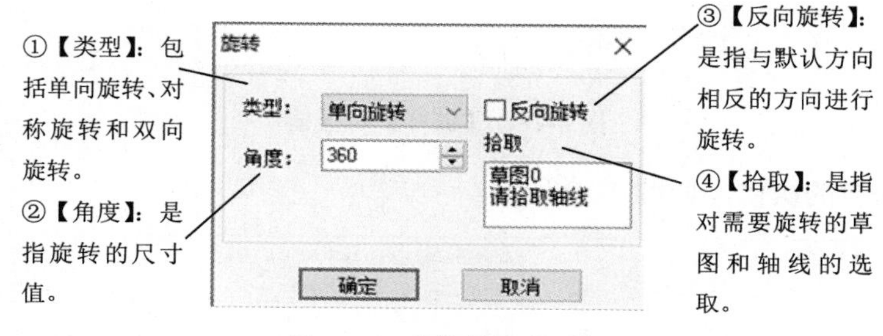

图 4-26　【旋转】对话框

如旋转轴是空间曲线，需要退出草图状态后绘制。

名师点拨

创建旋转增料的操作，如图 4-27 所示。

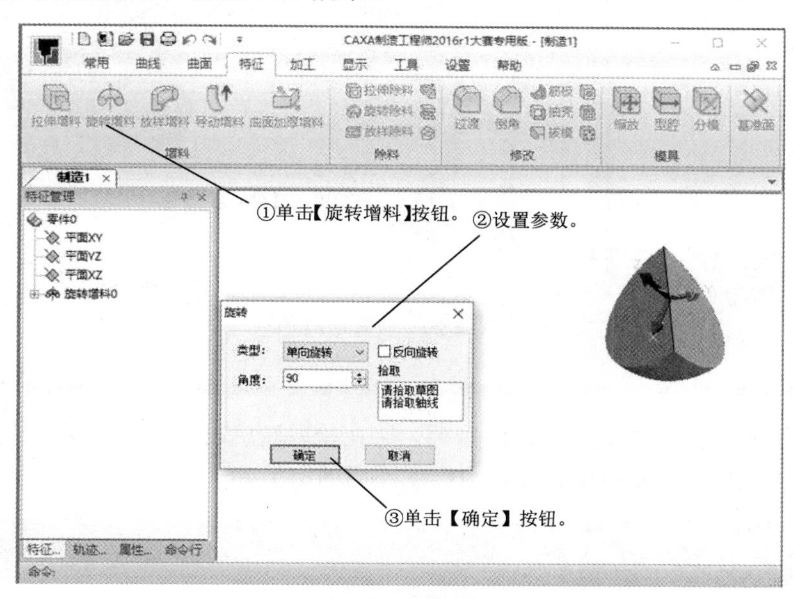

图 4-27　旋转增料

3. 放样增料

放样增料是根据多个截面线轮廓生成一个实体，截面线应为草图轮廓。单击【特征】选项卡【增料】组中的【放样增料】按钮，弹出【放样】对话框，如图 4-28 所示。

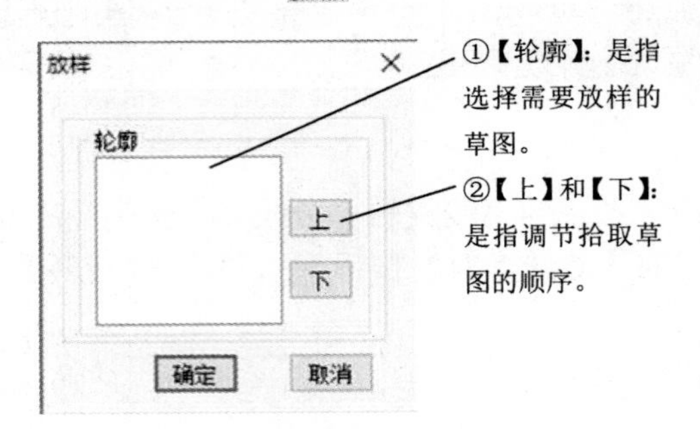

图 4-28 【放样】对话框

创建放样增料的操作，如图 4-29 所示。

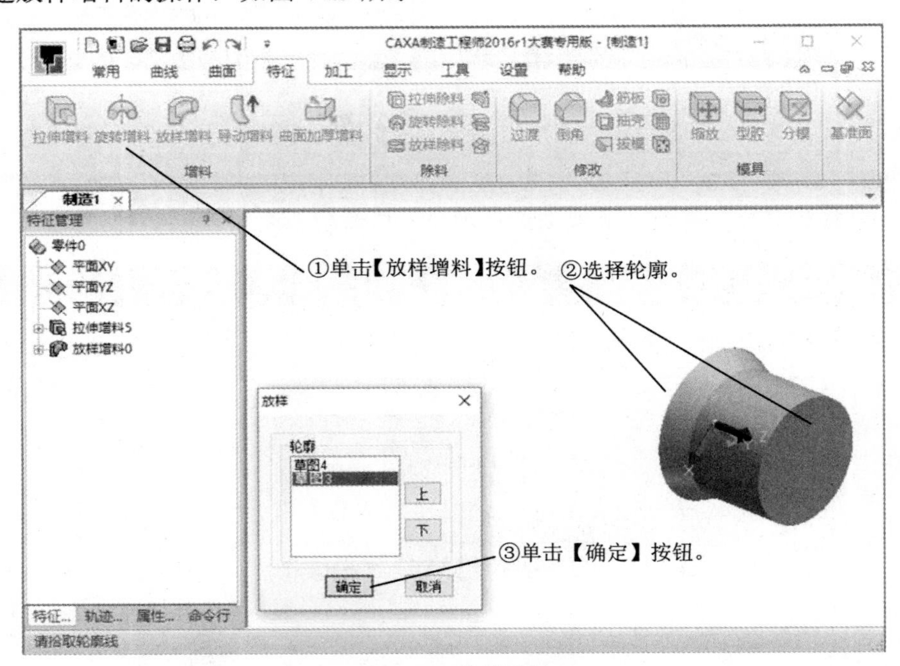

图 4-29 放样增料

①轮廓按照操作中的拾取顺序排列。②在拾取轮廓时，要注意状态栏的指示，拾取不同的边、不同的位置，会产生不同的结果。

名师点拨

4. 导动增料

导动增料是将某一截面曲线或轮廓线沿着另外一条轨迹线运动生成一个特征实体。截面线应为封闭的草图轮廓，截面线的运动形成了导动曲面。单击【特征】选项卡【增料】组中的【导动增料】按钮，弹出【导动】对话框，如图 4-30 所示。

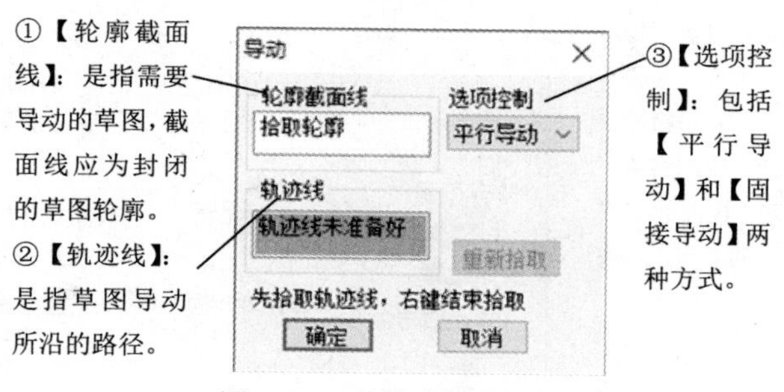

图 4-30 【导动】对话框

导动方向的选择要正确；导动的起始点必须在截面草图平面上；导动线可以由多段曲线组成，但是曲线间必须光滑过渡。

名师点拨

创建导动增料的操作，如图 4-31 所示。

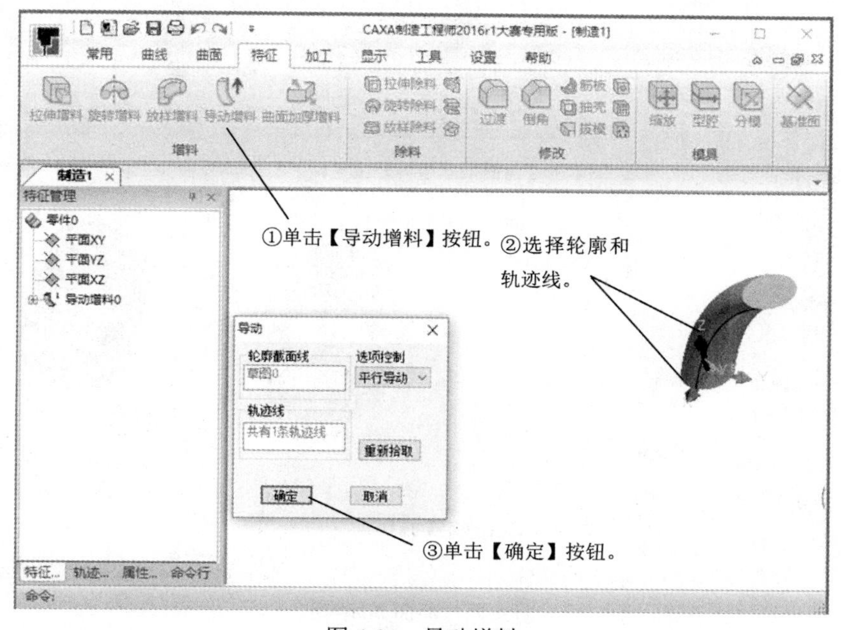

图 4-31 导动增料

5. 曲面加厚增料

曲面加厚增料是对指定的曲面按照给定的厚度和方向生成实体。单击【特征】选项卡【增料】组中的【曲面加厚增料】按钮，弹出【曲面加厚】对话框，如图 4-32 所示。

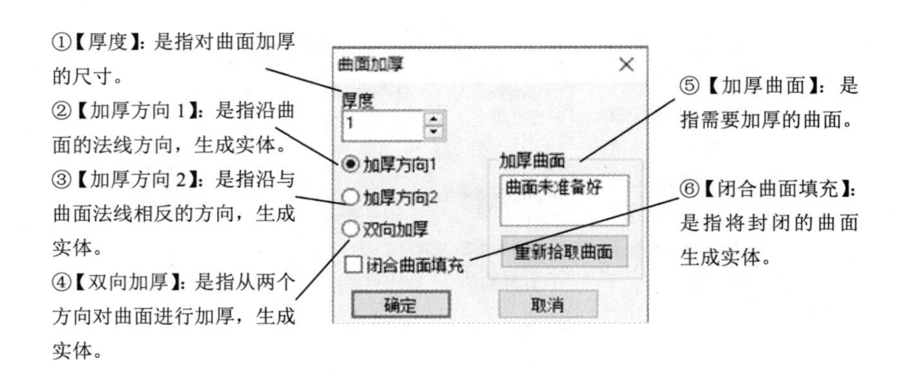

图 4-32 【曲面加厚】对话框

创建曲面加厚增料的操作，如图 4-33 所示。

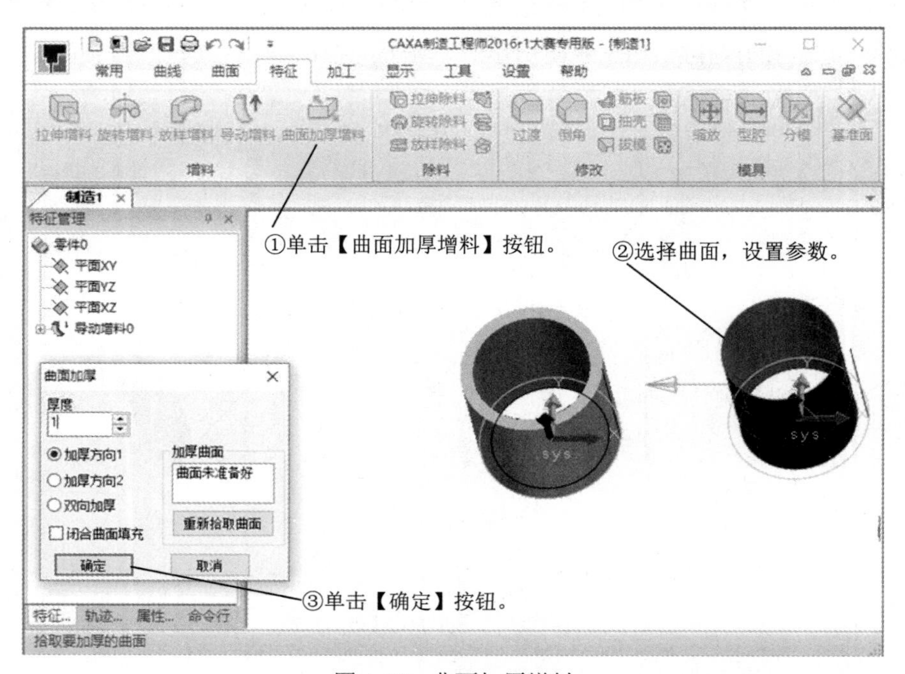

图 4-33 曲面加厚增料

4.2.3 课堂练习——创建支撑框架

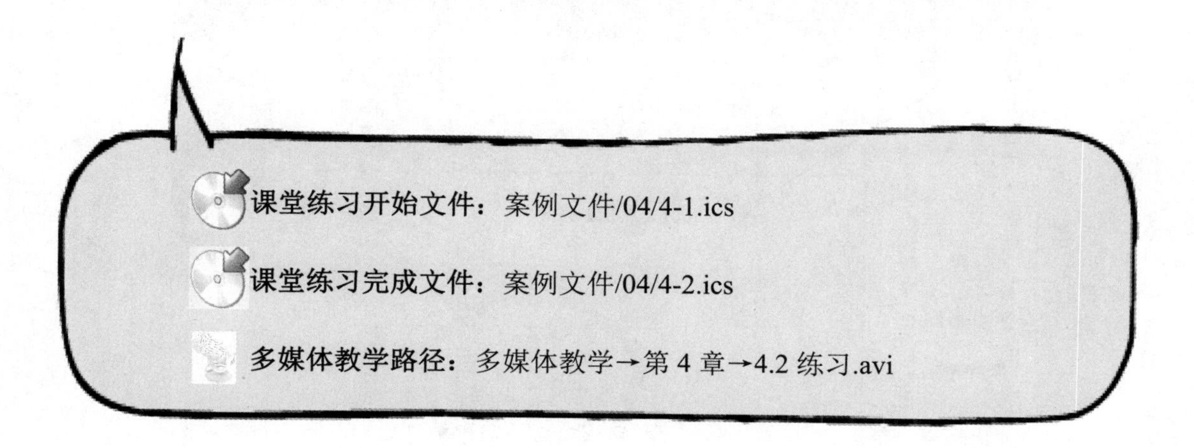

课堂练习开始文件：案例文件/04/4-1.ics

课堂练习完成文件：案例文件/04/4-2.ics

多媒体教学路径：多媒体教学→第 4 章→4.2 练习.avi

Step1 打开上节练习的案例模型，选择草绘面，如图 4-34 所示。

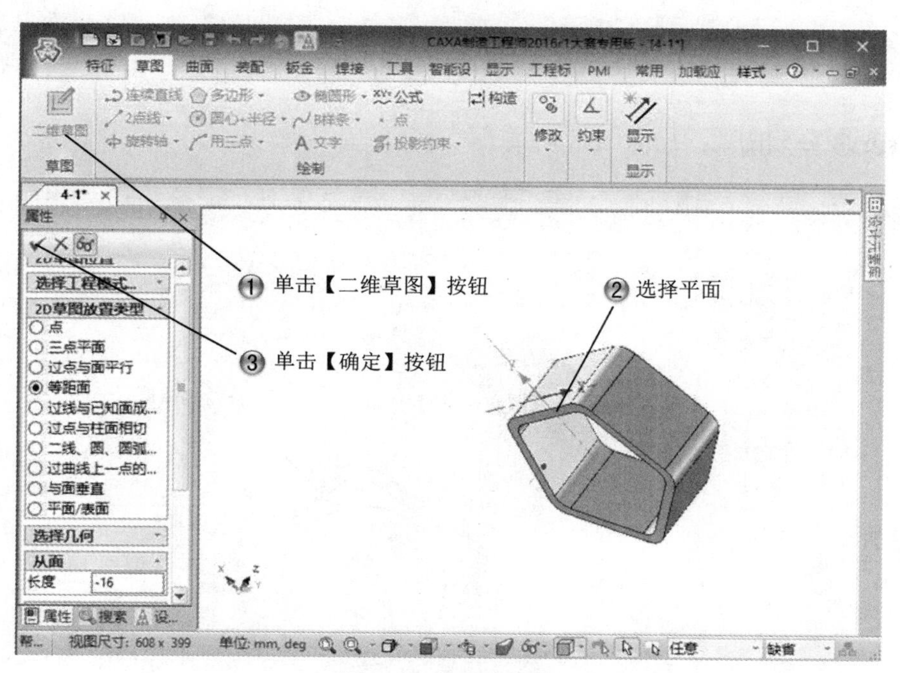

图 4-34　选择草绘面

Step2 绘制 5 条直线，如图 4-35 所示。

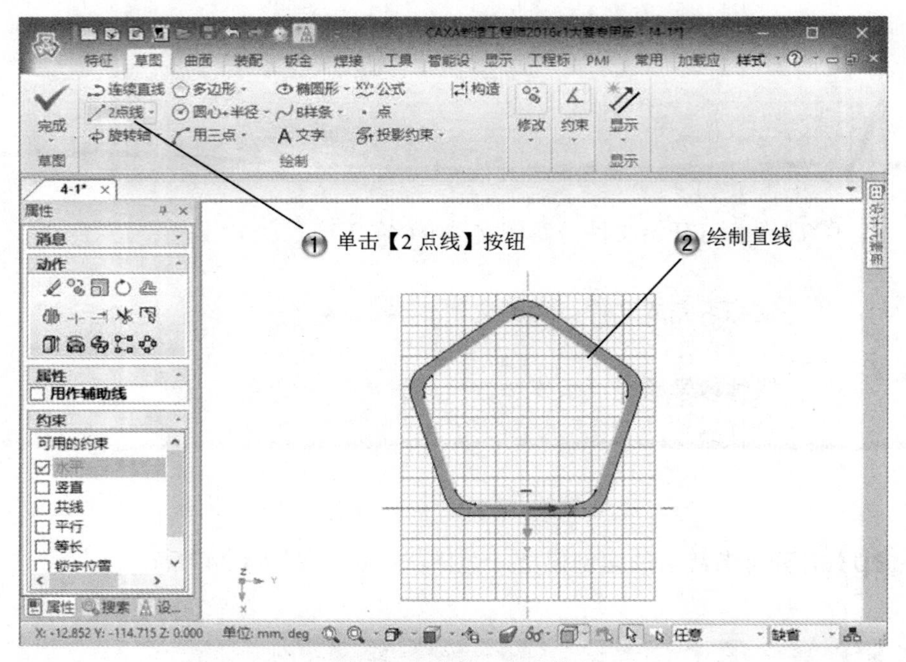

图 4-35　绘制 5 条直线

Step3 绘制圆形，如图 4-36 所示。

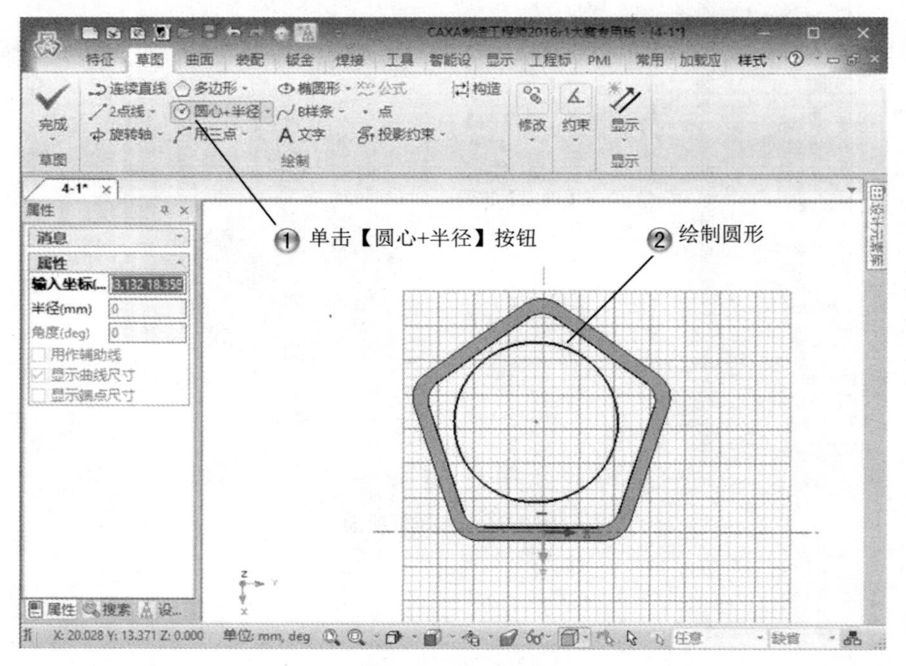

图 4-36　绘制圆形

Step4 设置相切约束，如图 4-37 所示。

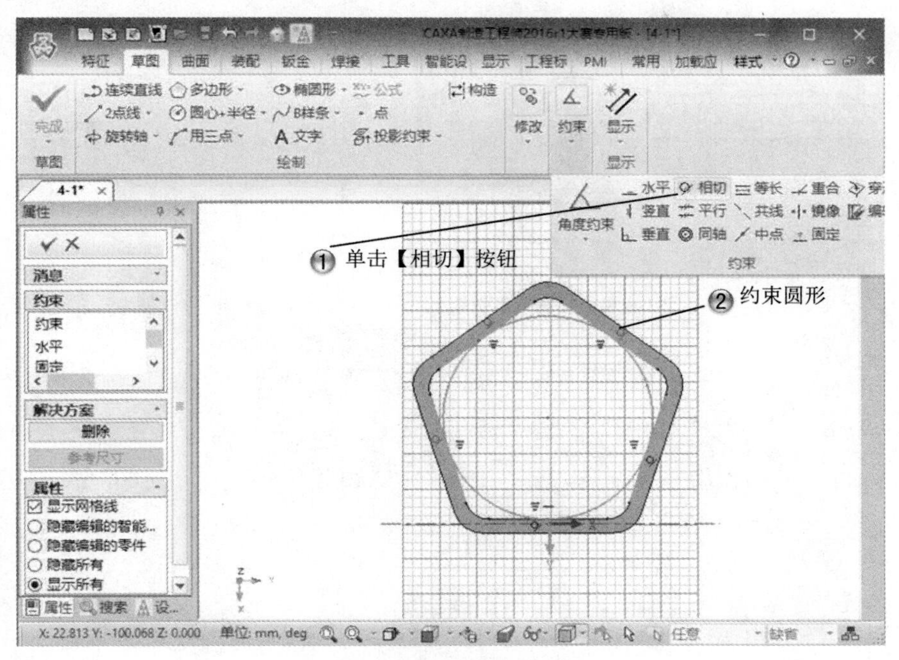

图 4-37　设置相切约束

Step5 创建拉伸特征，如图 4-38 所示。

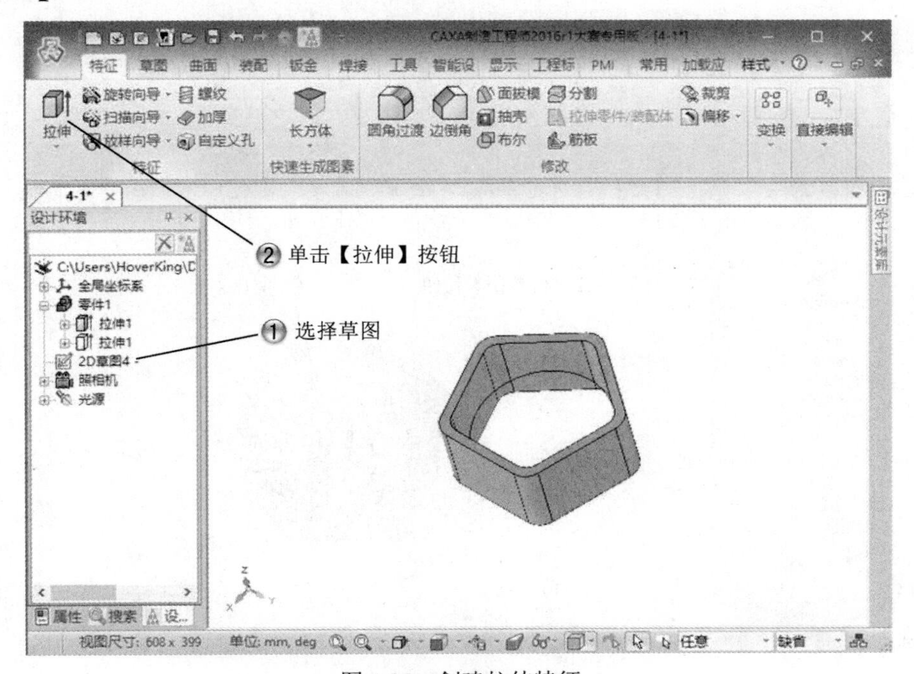

图 4-38　创建拉伸特征

Step6 设置拉伸参数，如图 4-39 所示。

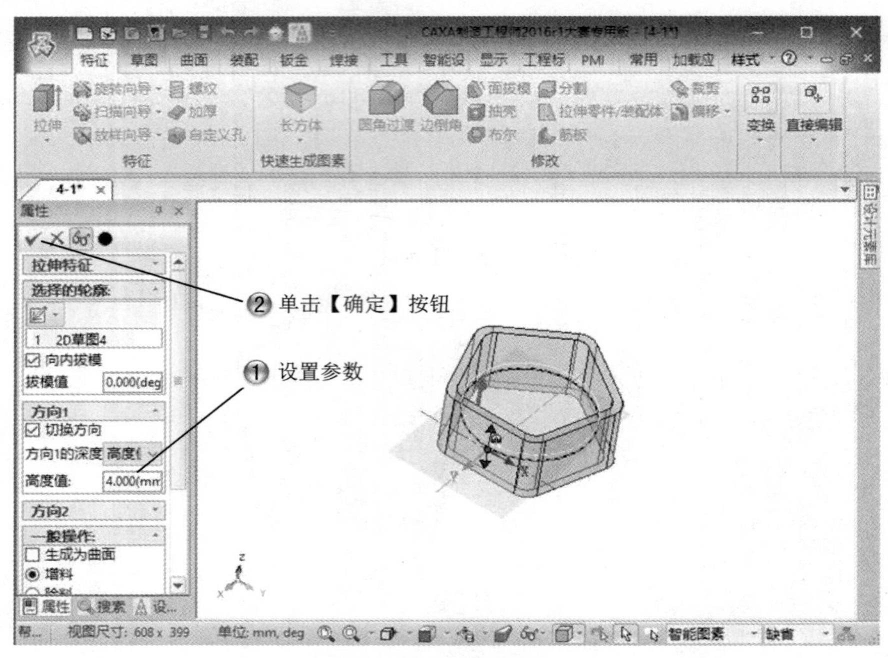

图 4-39　设置拉伸参数

Step7 选择草绘面，如图 4-40 所示。

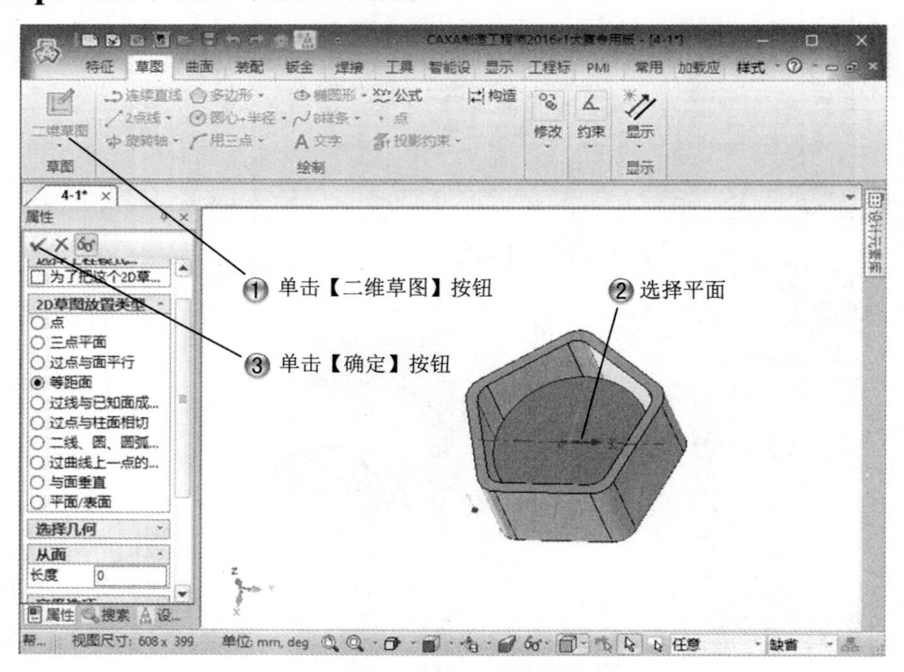

图 4-40　选择草绘面

Step8 绘制圆形，如图 4-41 所示。

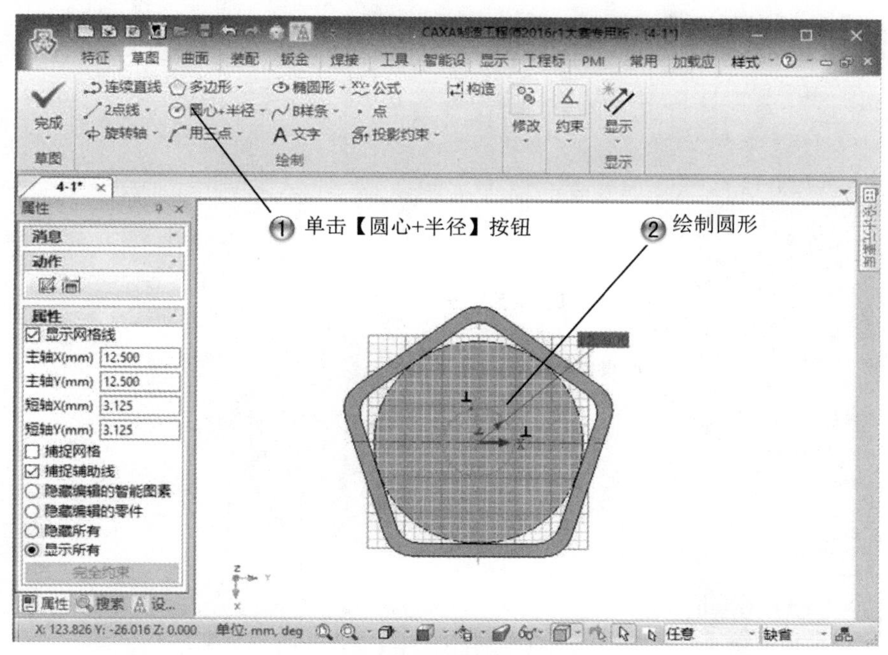

图 4-41　绘制圆形

Step9 创建拉伸特征，如图 4-42 所示。

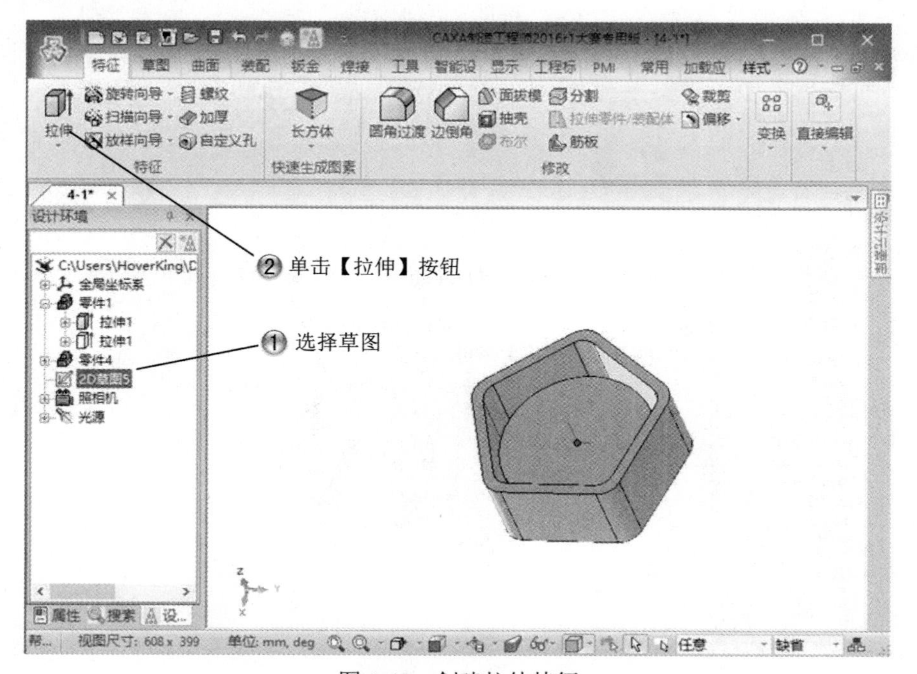

图 4-42　创建拉伸特征

Step10 设置拉伸参数，如图 4-43 所示。

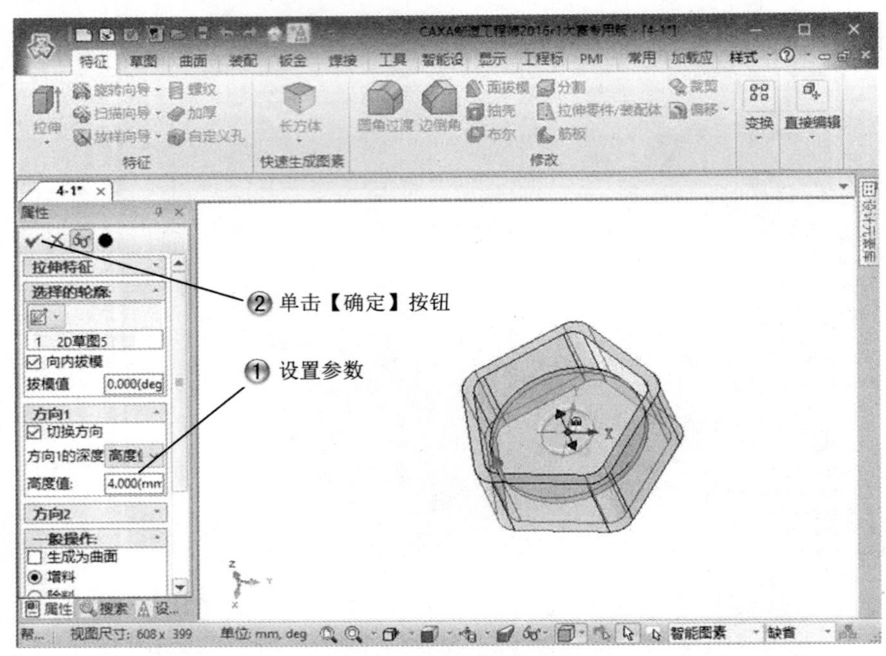

图 4-43　设置拉伸参数

Step11 选择草绘面，如图 4-44 所示。

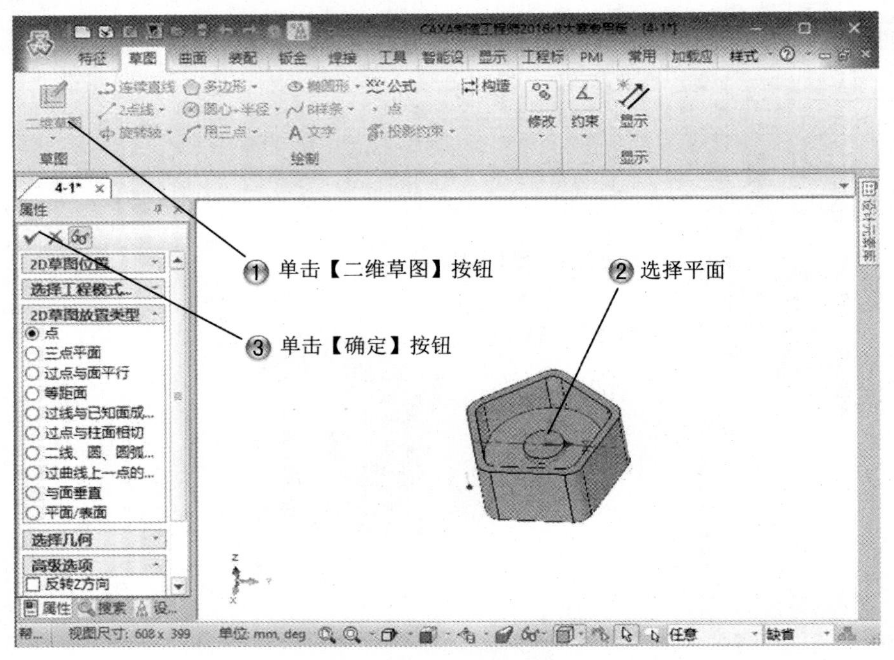

图 4-44　选择草绘面

Step12 绘制圆形，如图 4-45 所示。

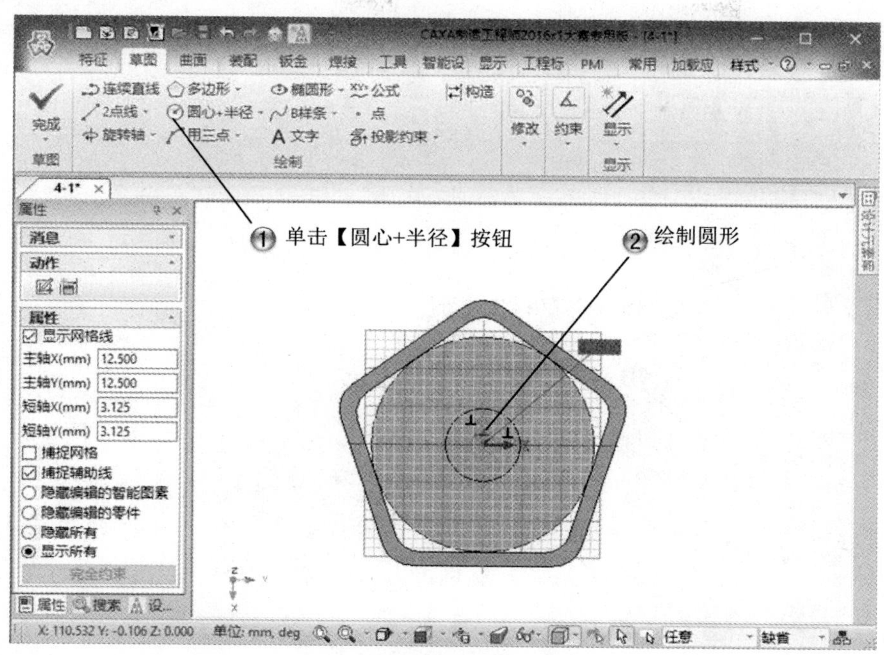

图 4-45　绘制圆形

Step13 创建拉伸特征，如图 4-46 所示。

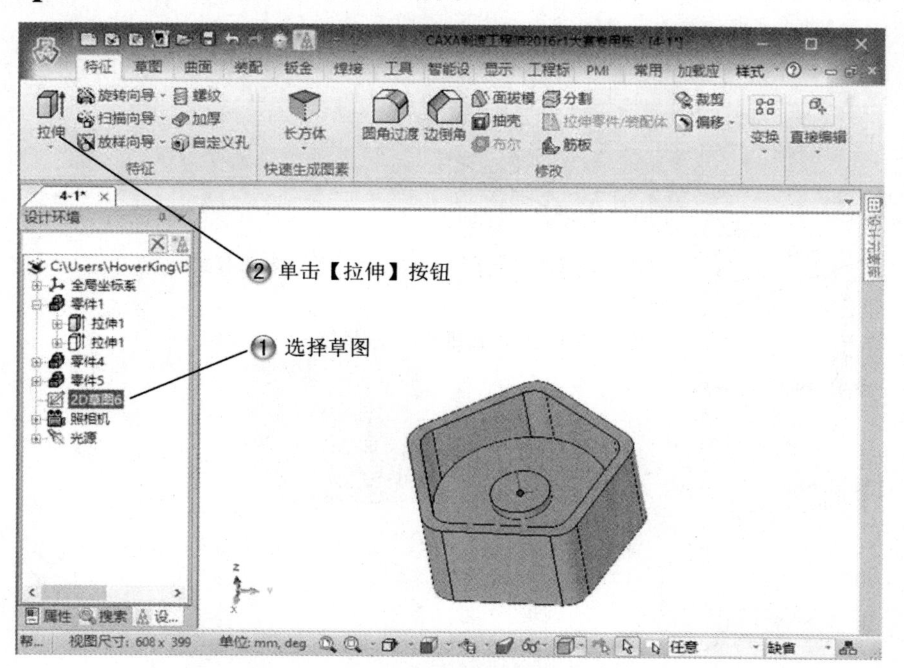

图 4-46　创建拉伸特征

Step14 设置拉伸参数，如图 4-47 所示。

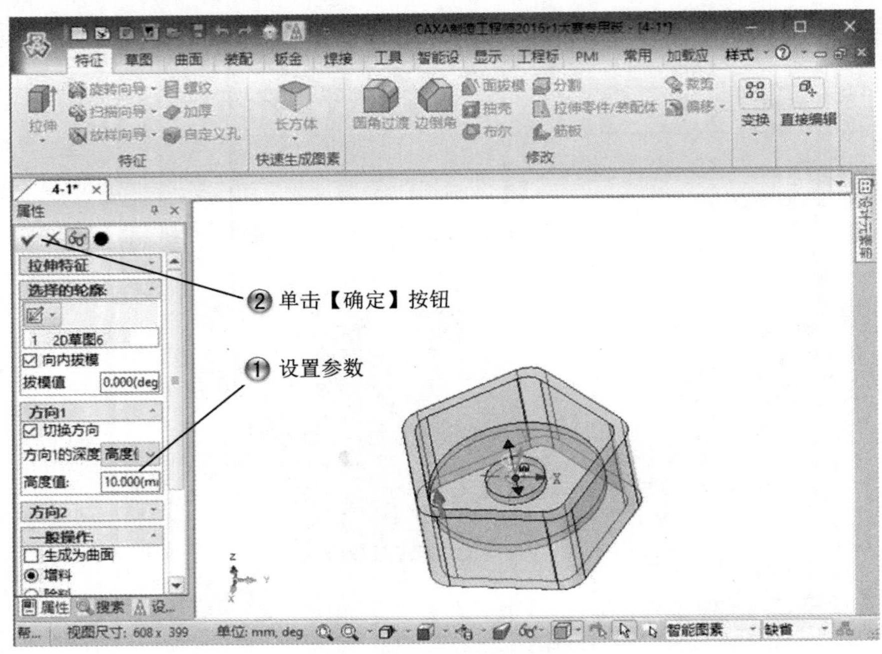

图 4-47　设置拉伸参数

Step15 创建布尔加运算，如图 4-48 所示。

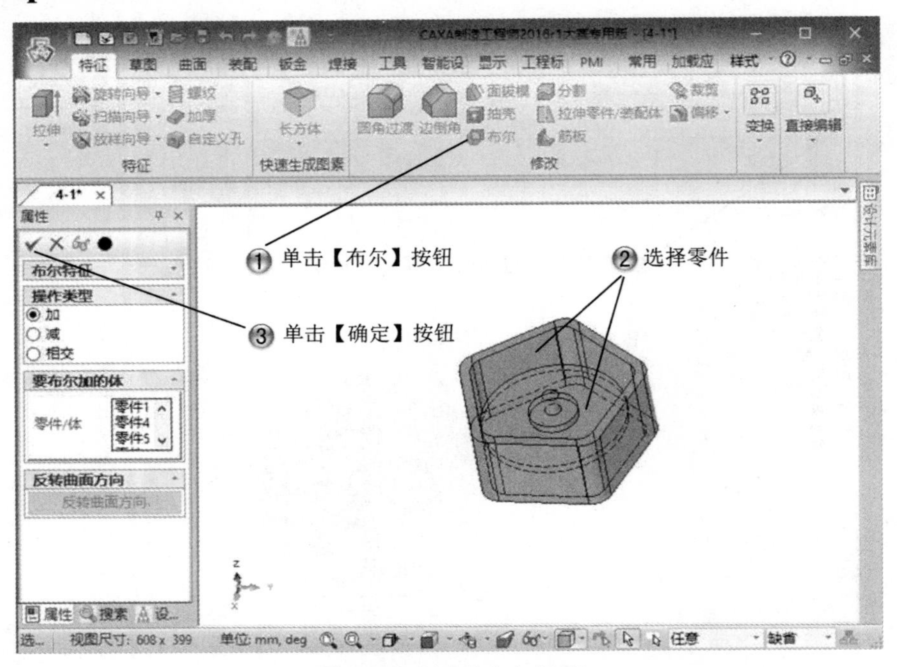

图 4-48　创建布尔加运算

Step16 完成模型操作，如图 4-49 所示。

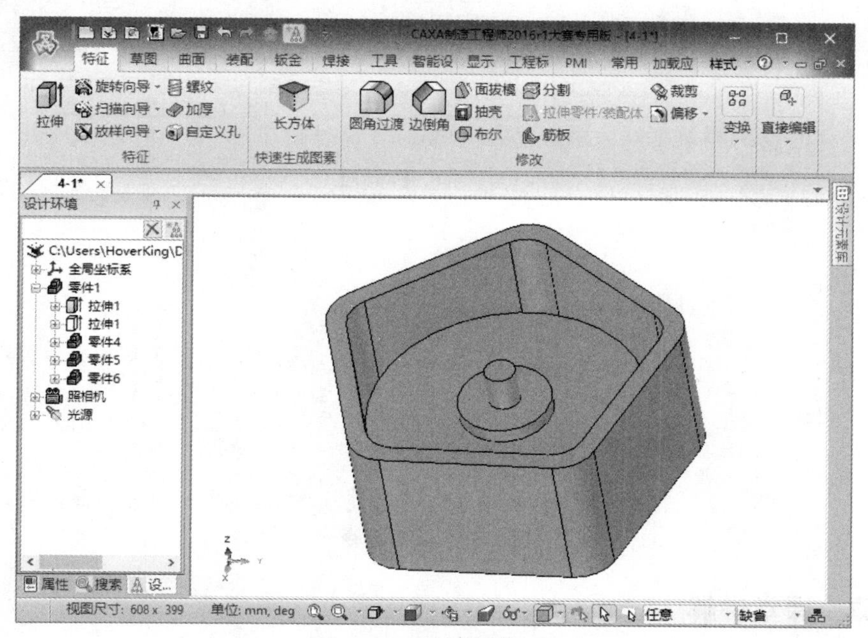

图 4-49　完成模型操作

4.3　除料特征

基本概念

除料特征与增料特征相反，是对现有特征的减除，生成方式与增料特征类似。

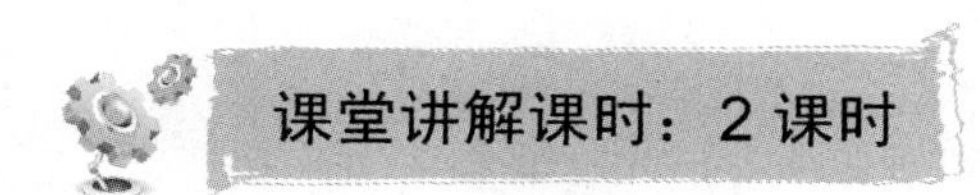

课堂讲解课时：2 课时

4.3.1　设计理论

除料操作主要包括【拉伸除料】、【旋转除料】、【放样除料】、【导动除料】、【曲面加厚除料】、【曲面裁剪除料】命令。除料命令位于【特征】选项卡的【除料】组中，如图 4-50 所示。

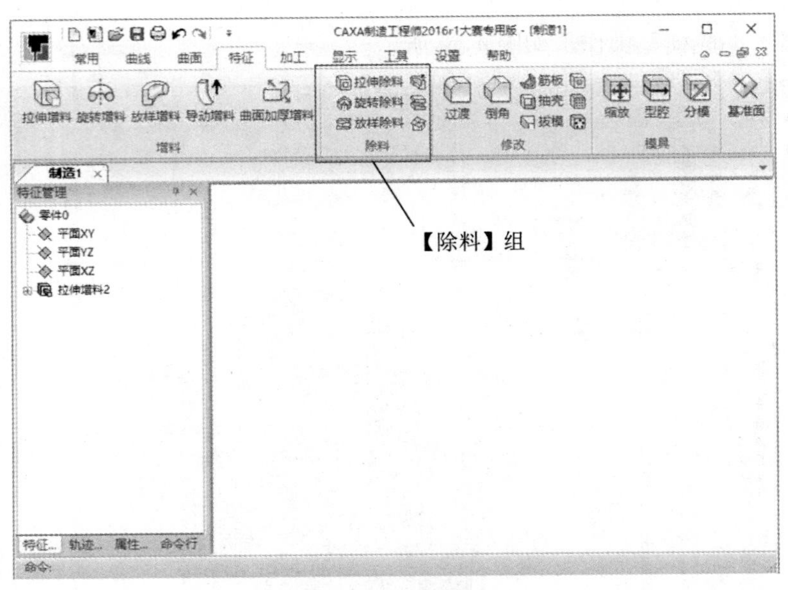

图 4-50　除料命令

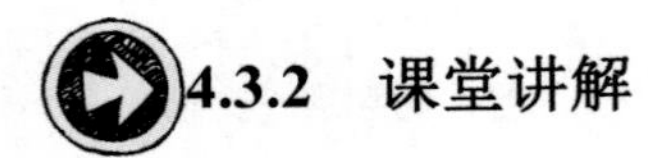

4.3.2　课堂讲解

1. 拉伸除料

拉伸除料是将一个轮廓曲线根据指定的距离做拉伸操作，用以生成一个减去材料的特征。单击【特征】选项卡【除料】组中的【拉伸除料】按钮拉伸除料，弹出【拉伸除料】对话框，操作如图 4-51 所示。

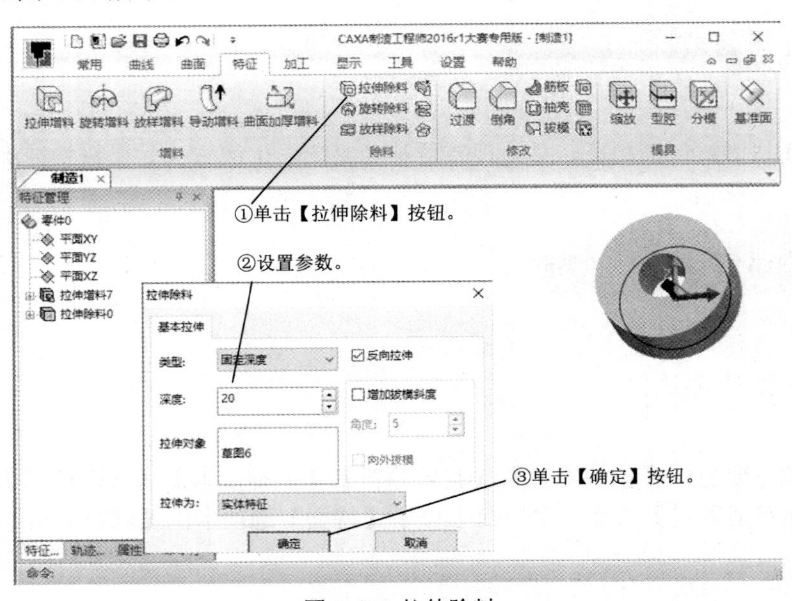

图 4-51　拉伸除料

在进行贯穿操作时，【深度】、【反向拉伸】和【增加拔模斜度】不可用。另外，还可以实现薄壁特征的除料生成。

名师点拨

2. 旋转除料

旋转除料是通过围绕一条空间直线旋转一个或多个封闭轮廓，移除生成一个特征。单击【特征】选项卡【除料】组中的【旋转除料】按钮，弹出【旋转】对话框，如图 4-52 所示。

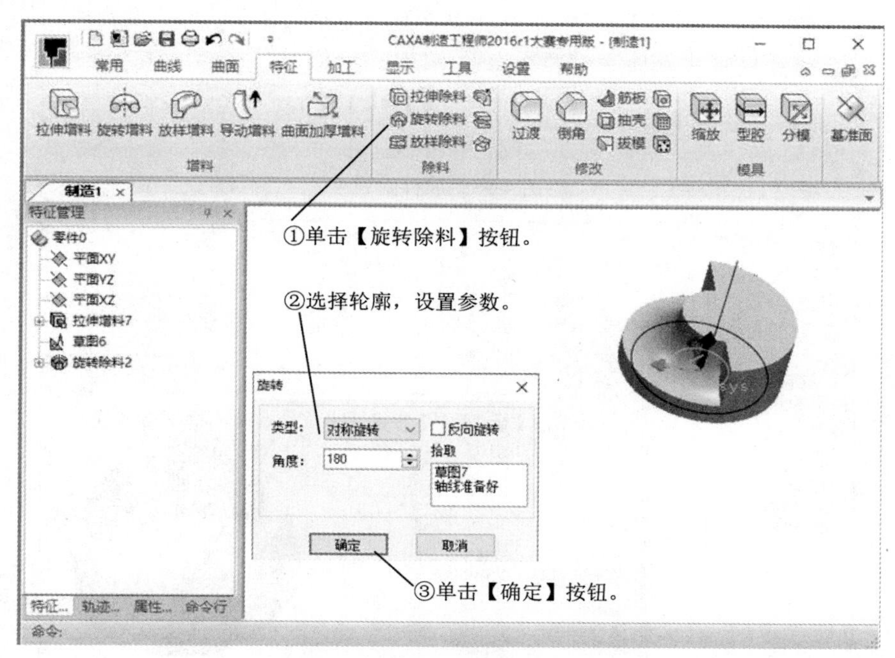

图 4-52　旋转除料

3. 放样除料

放样除料是根据多个截面线轮廓移出一个实体，截面线应为草图轮廓。单击【特征】选项卡【除料】组中的【放样除料】按钮，弹出【放样】对话框，如图 4-53 所示。

4. 导动除料

导动除料是将某一截面曲线或轮廓线沿着另外一处轨迹线运动移出一个特征实体。截面线应为封闭的草图轮廓，截面线的运动形成了导动曲面。单击【特征】选项卡【除料】组中的【导动除料】按钮，弹出【导动】对话框，如图 4-54 所示。

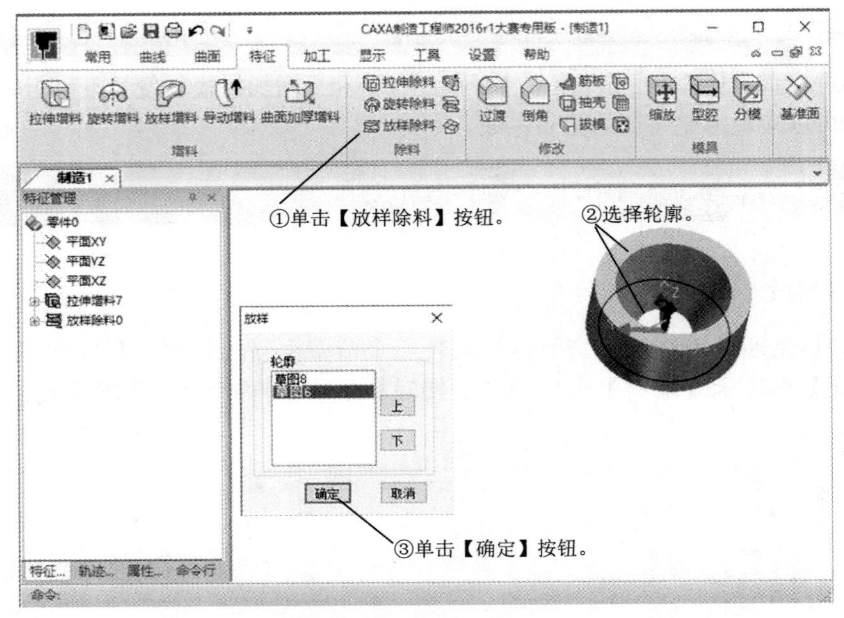

图 4-53　放样除料

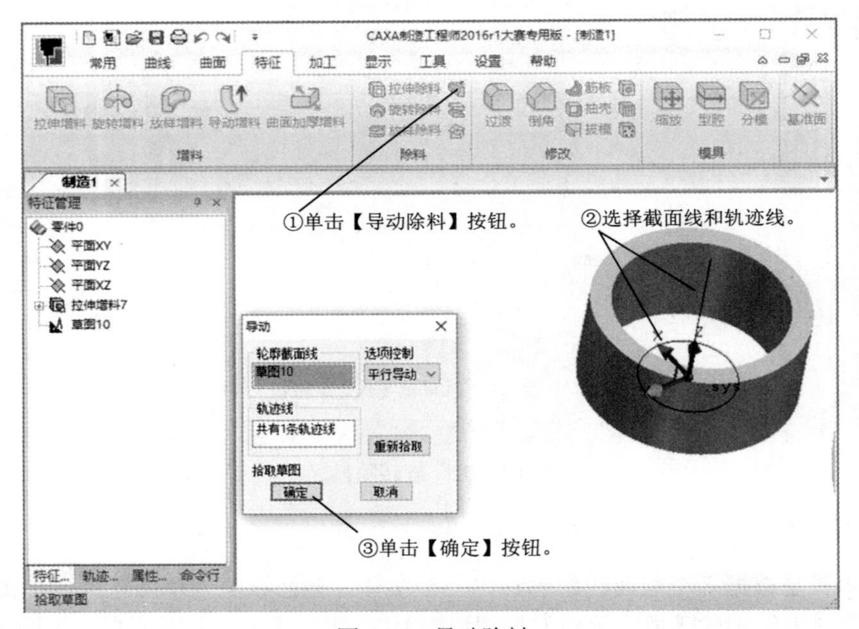

图 4-54　导动除料

5. 曲面加厚除料

曲面加厚除料是对指定的曲面按照给定的厚度和方向进行移出的特征修改。单击【特征】选项卡【除料】组中的【曲面加厚除料】按钮，弹出【曲面加厚】对话框，如图 4-55 所示。

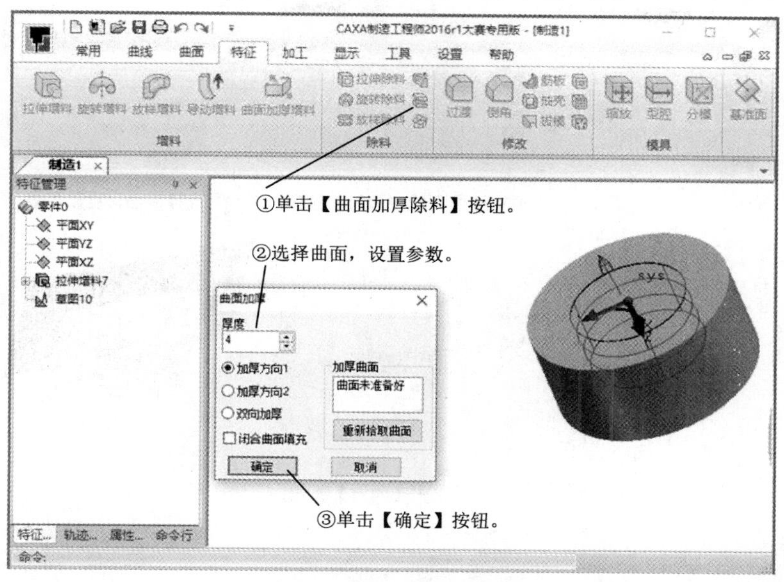

图 4-55 曲面加厚除料

应用曲面加厚除料时，实体应至少有一部分大于曲面。若曲面完全大于实体，系统会提示特征操作失败。

名师点拨

6. 曲面裁剪除料

曲面裁剪除料是用生成的曲面对实体进行修剪，去掉不需要的部分。单击【特征】选项卡【除料】组中的【曲面裁剪除料】按钮，弹出【曲面裁剪除料】对话框，如图 4-56 所示。

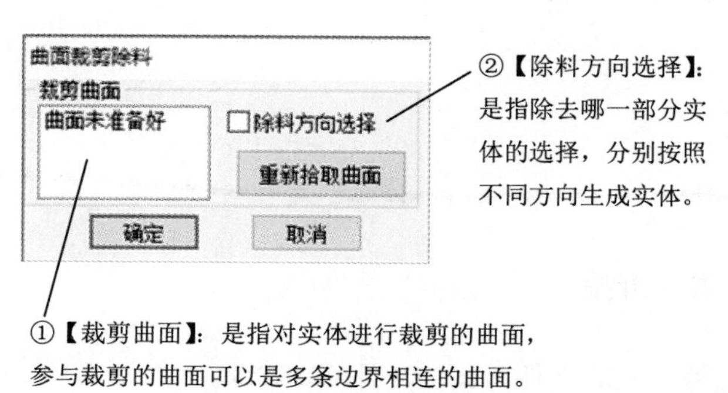

图 4-56 【曲面裁剪除料】对话框

创建曲面裁剪除料的操作，如图 4-57 所示。

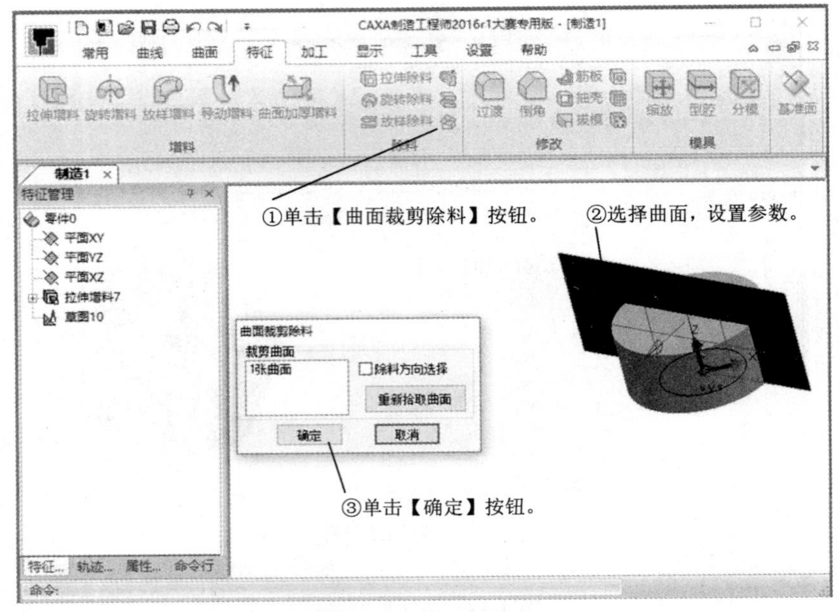

图 4-57 曲面裁剪除料

在特征树中，右击【曲面裁剪】后，弹出【修改特征】对话框，其中增加了【重新拾取曲面】按钮，可以以此来重新选择裁剪所用的曲面。

名师点拨

4.3.3 课堂练习——支撑框架除料

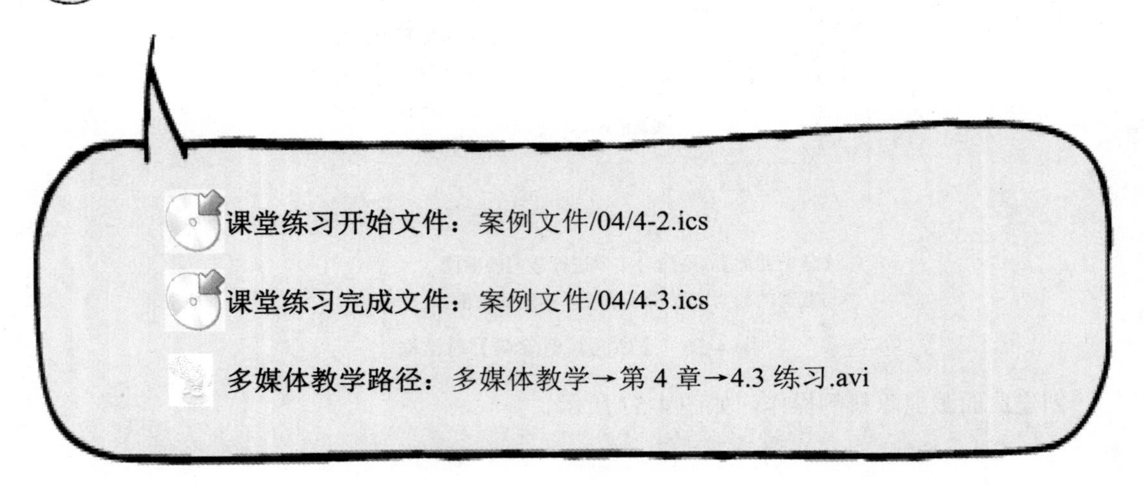

Step1 打开上节练习的案例模型，创建拉伸特征，如图 4-58 所示。

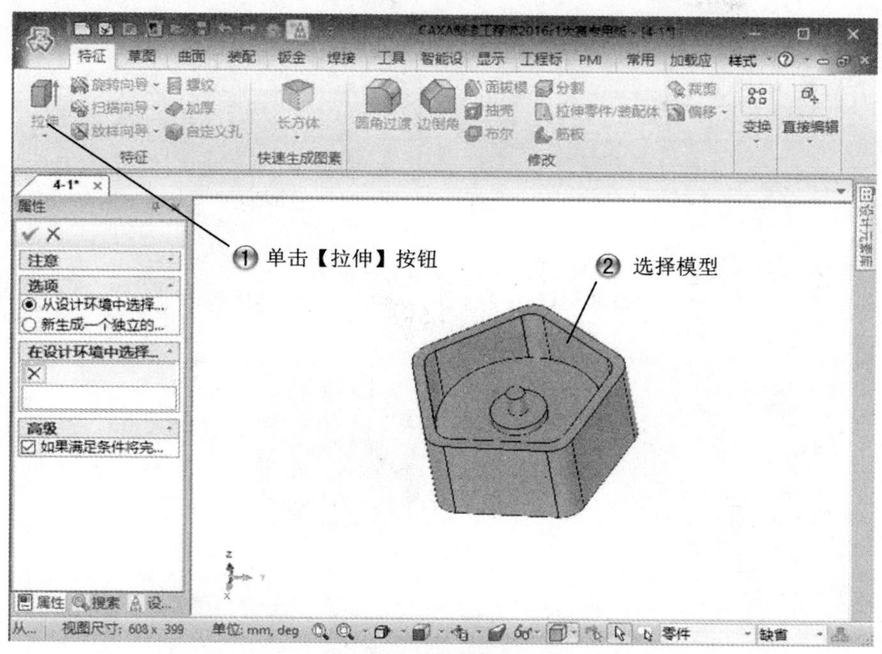

图 4-58　创建拉伸特征

Step2 选择草绘命令，如图 4-59 所示。

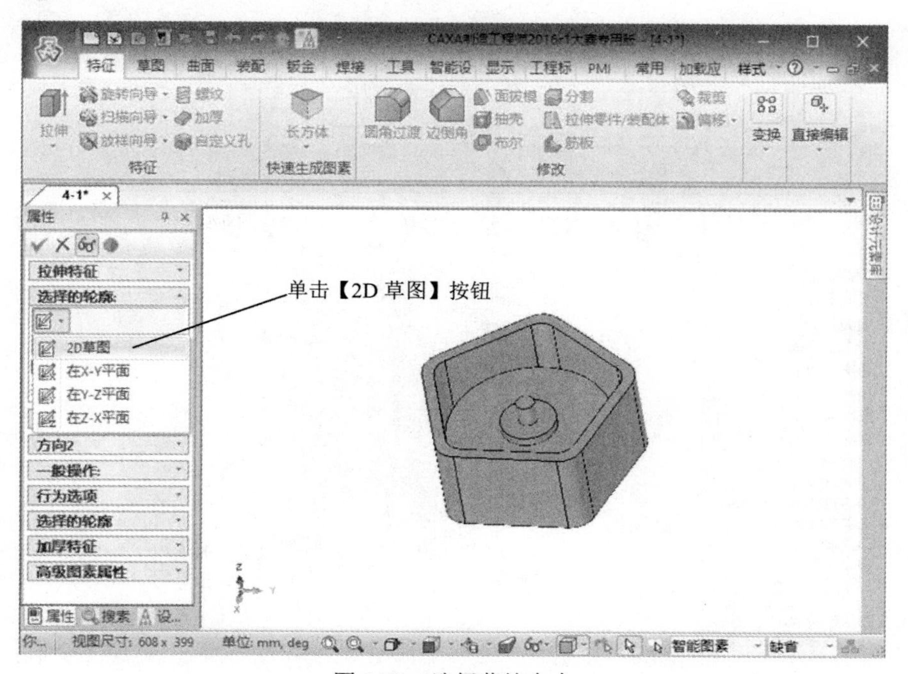

图 4-59　选择草绘命令

Step3 选择草绘面，如图 4-60 所示。

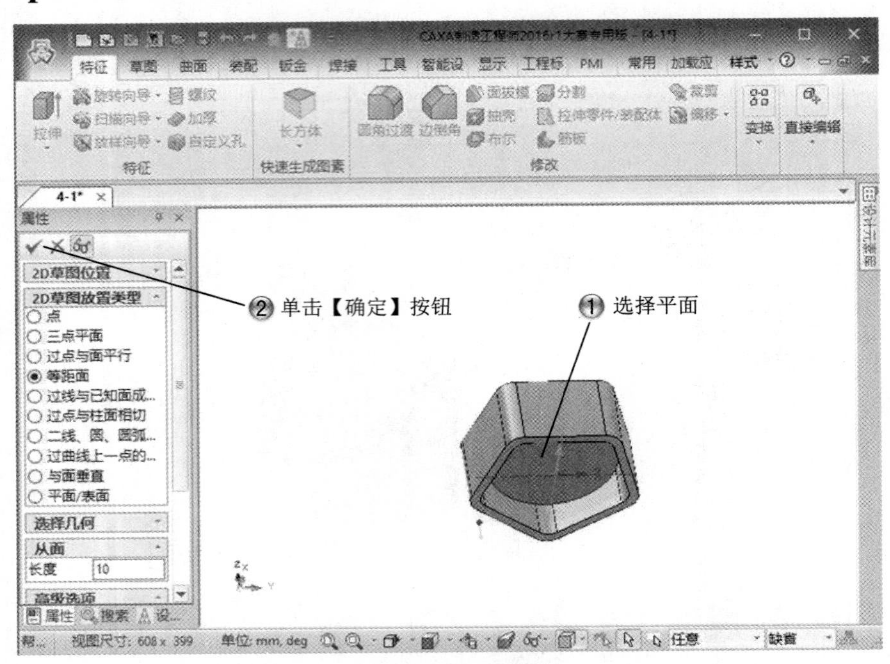

图 4-60 选择草绘面

Step4 绘制圆形，如图 4-61 所示。

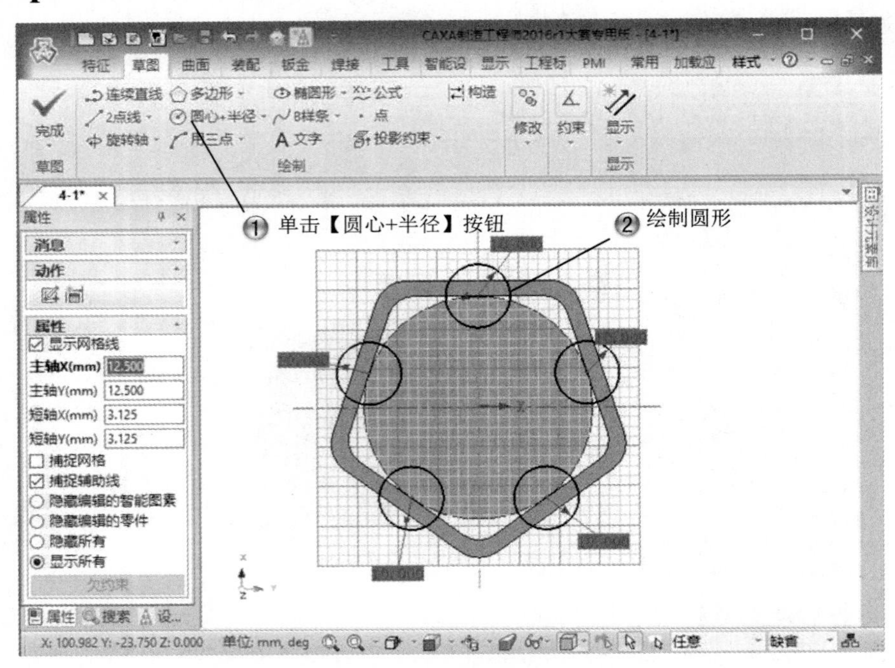

图 4-61 绘制圆形

Step5 设置拉伸参数，如图 4-62 所示。

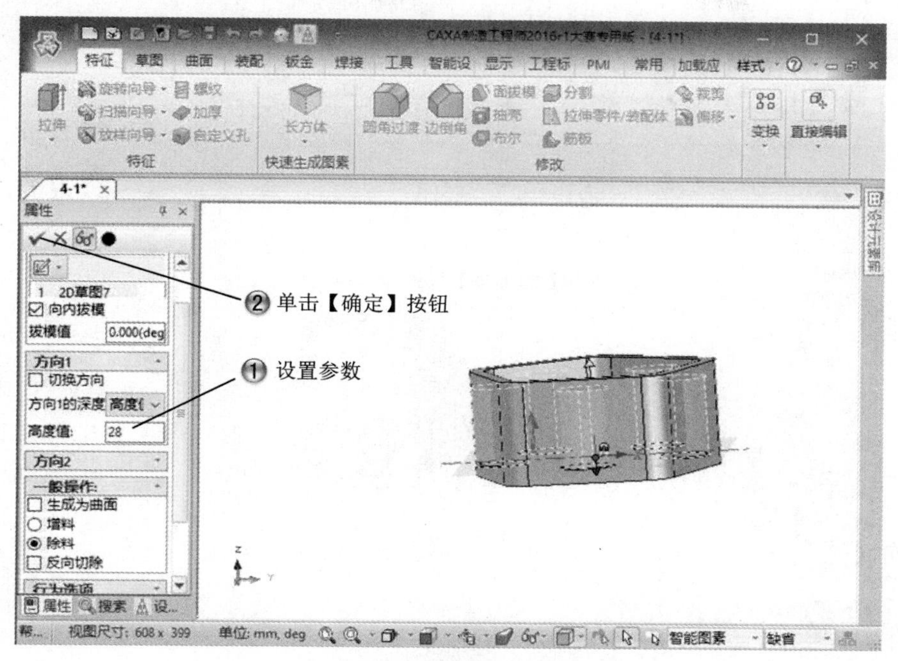

图 4-62　设置拉伸参数

Step6 创建拉伸特征，如图 4-63 所示。

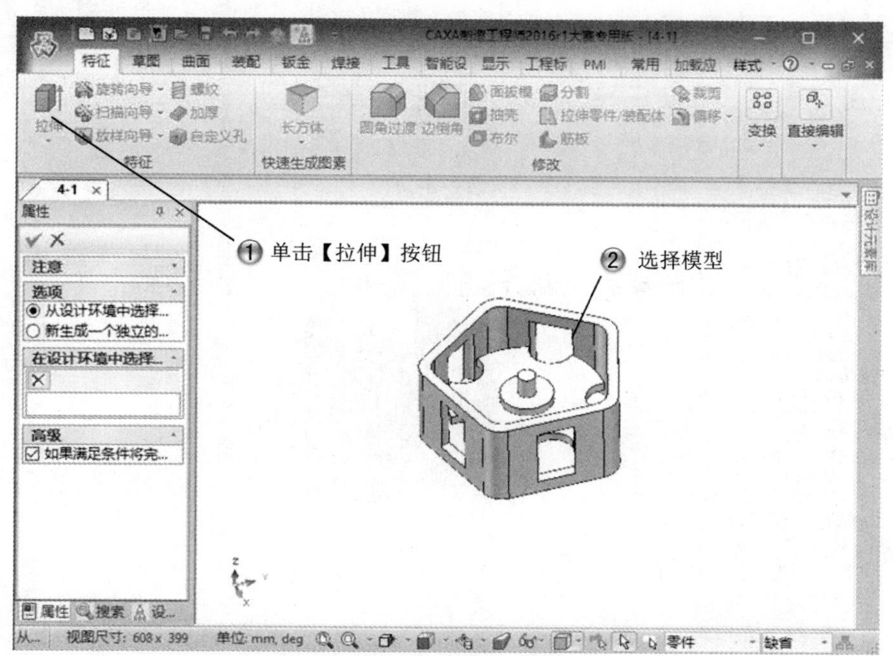

图 4-63　创建拉伸特征

Step7 选择草绘命令，如图 4-64 所示。

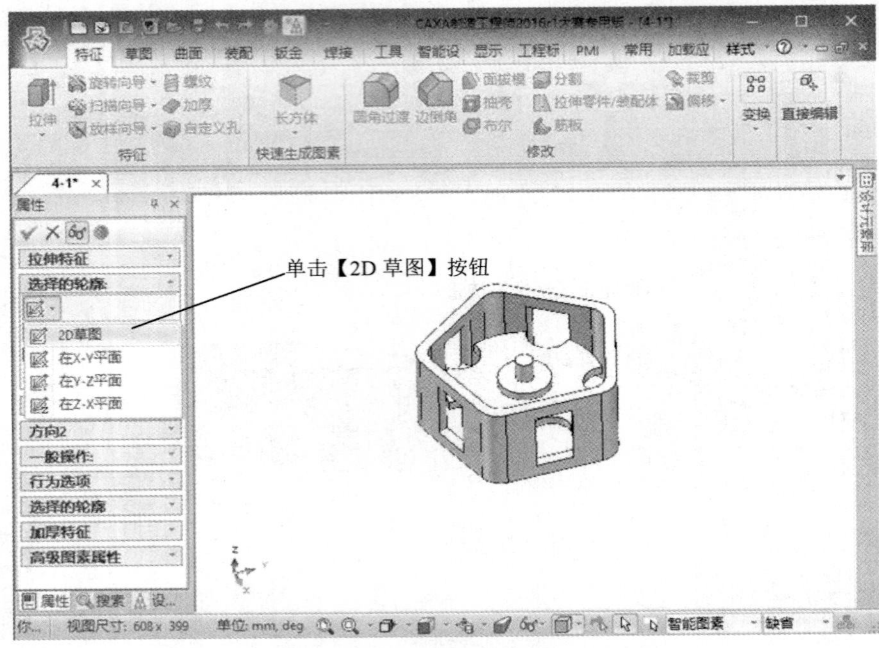

图 4-64　选择草绘命令

Step8 选择草绘面，如图 4-65 所示。

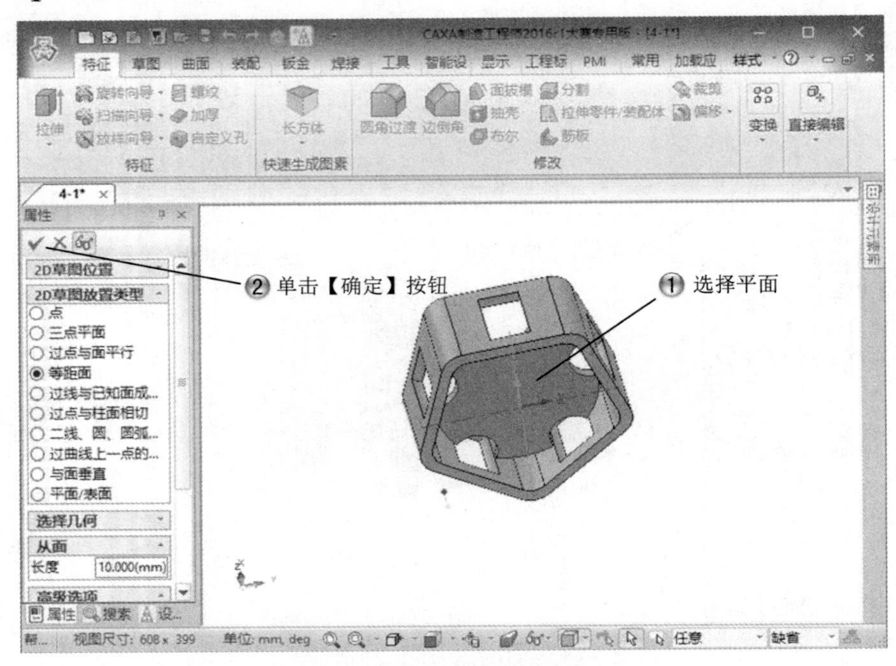

图 4-65　选择草绘面

Step9 绘制矩形，如图 4-66 所示。

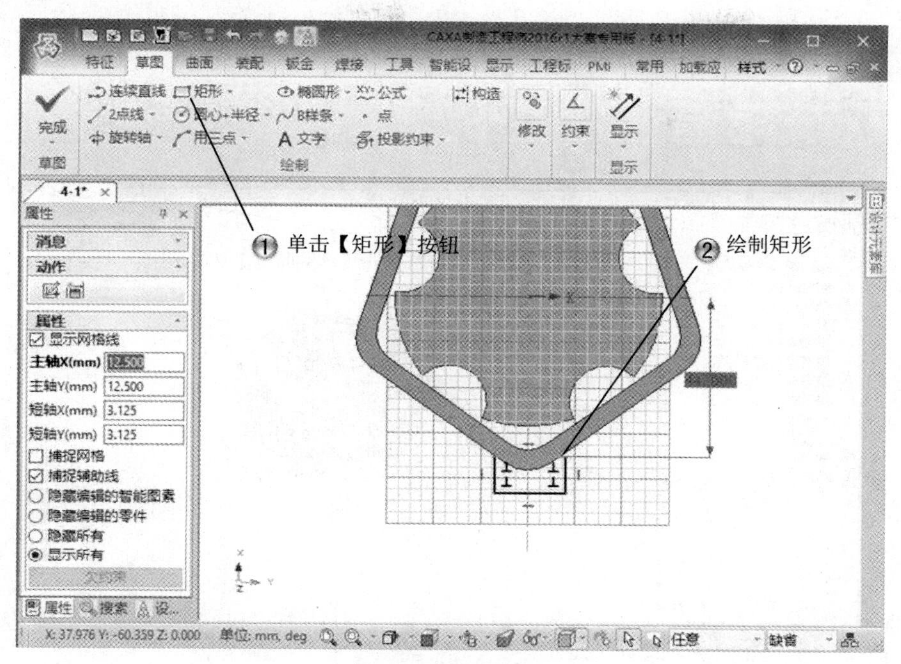

图 4-66　绘制矩形

Step10 设置拉伸参数，如图 4-67 所示。

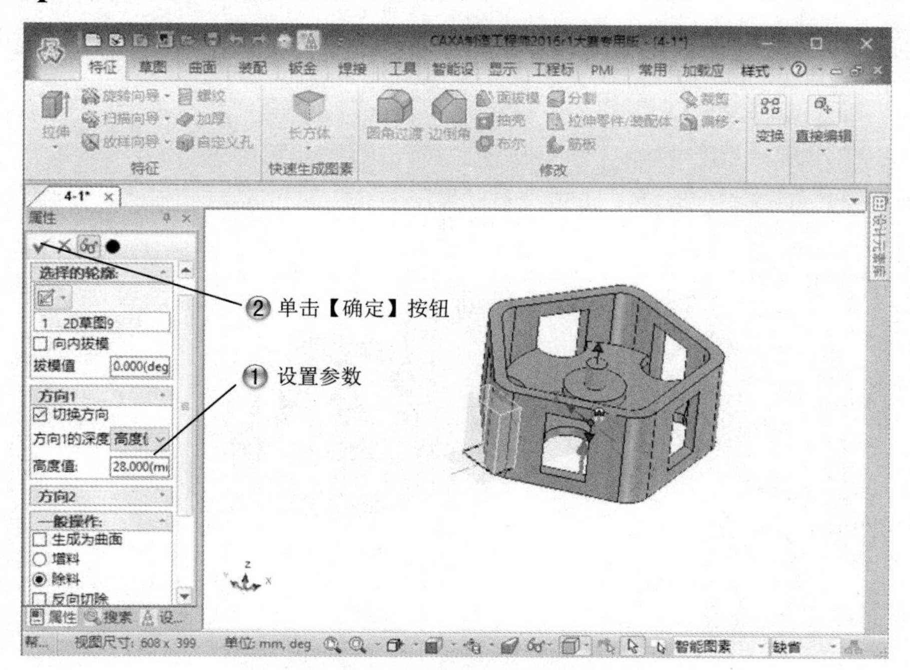

图 4-67　设置拉伸参数

Step11 创建阵列特征，如图 4-68 所示。

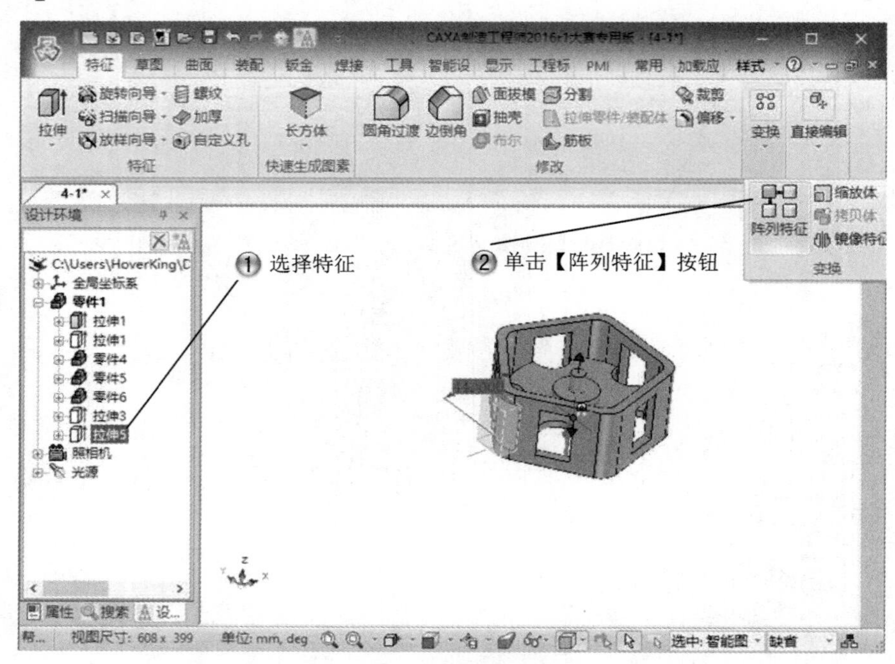

图 4-68　创建阵列特征

Step12 设置阵列参数，如图 4-69 所示。

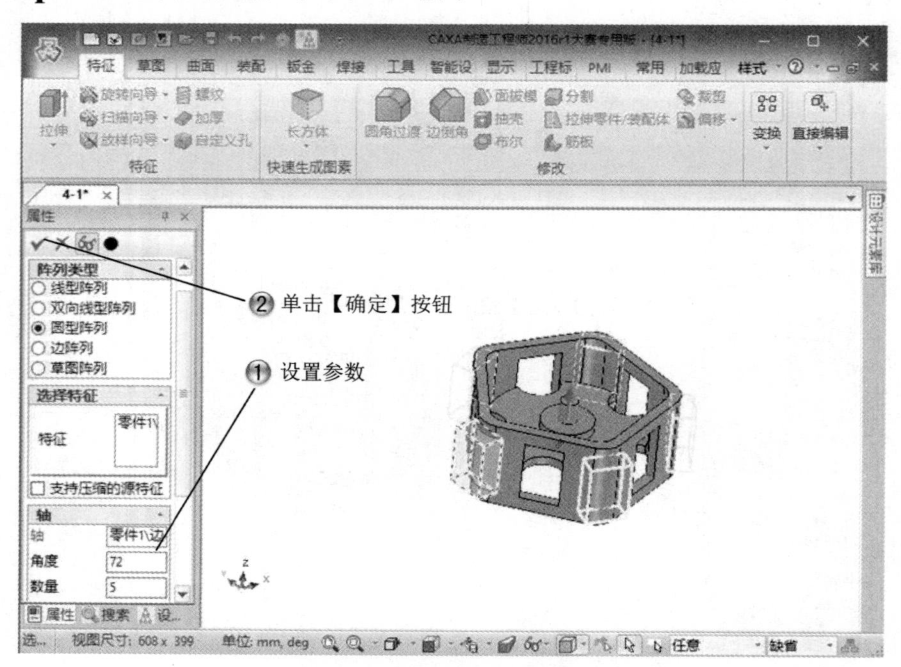

图 4-69　设置阵列参数

Step13 创建拉伸特征，如图 4-70 所示。

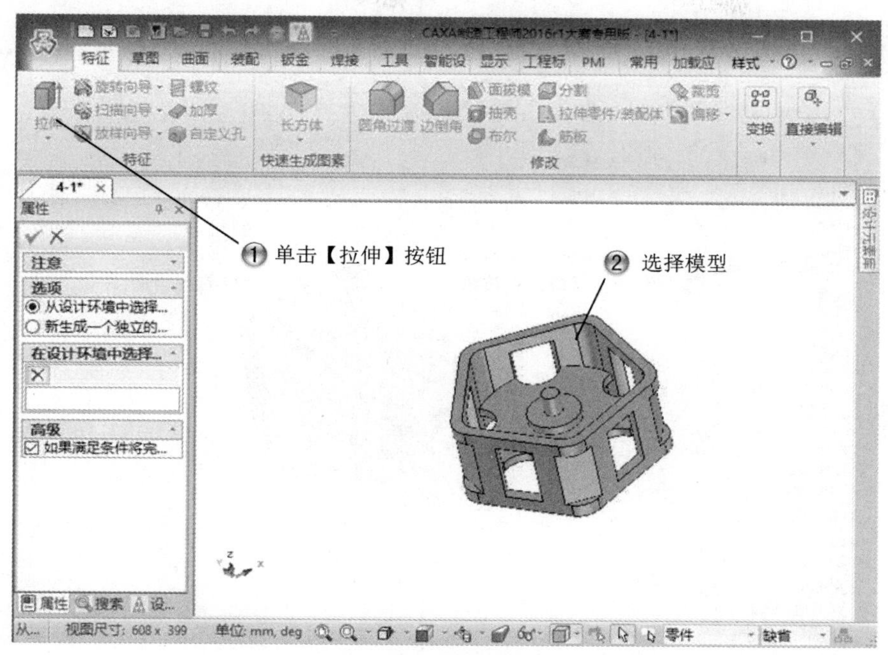

图 4-70　创建拉伸特征

Step14 选择草绘命令，如图 4-71 所示。

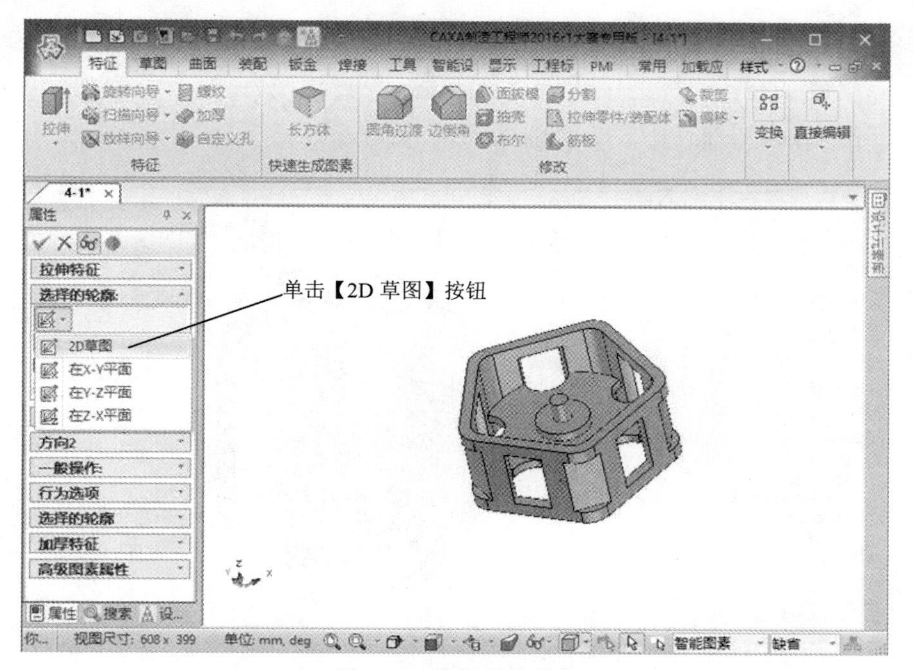

图 4-71　选择草绘命令

Step15 选择草绘面，如图 4-72 所示。

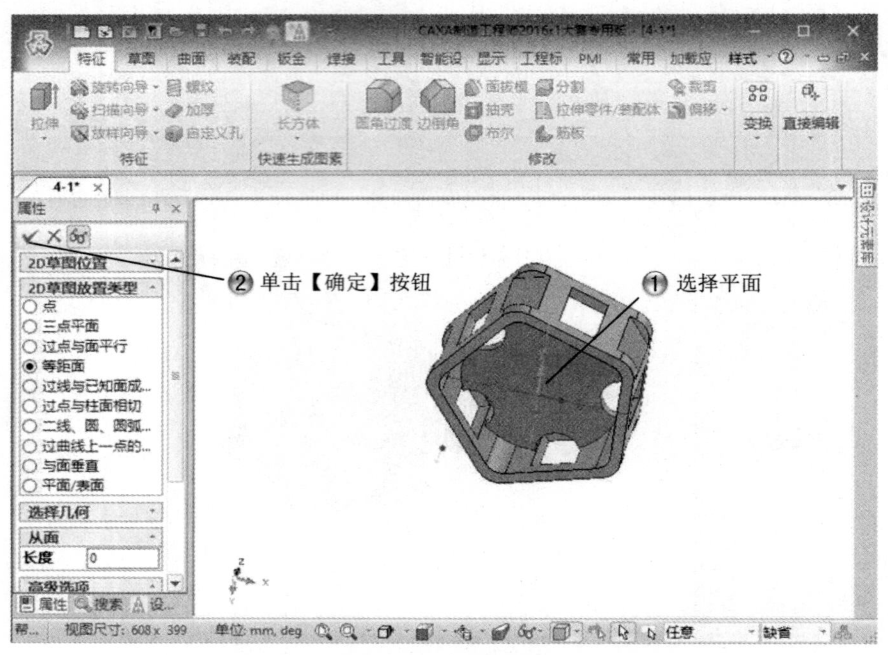

图 4-72　选择草绘面

Step16 绘制圆形，如图 4-73 所示。

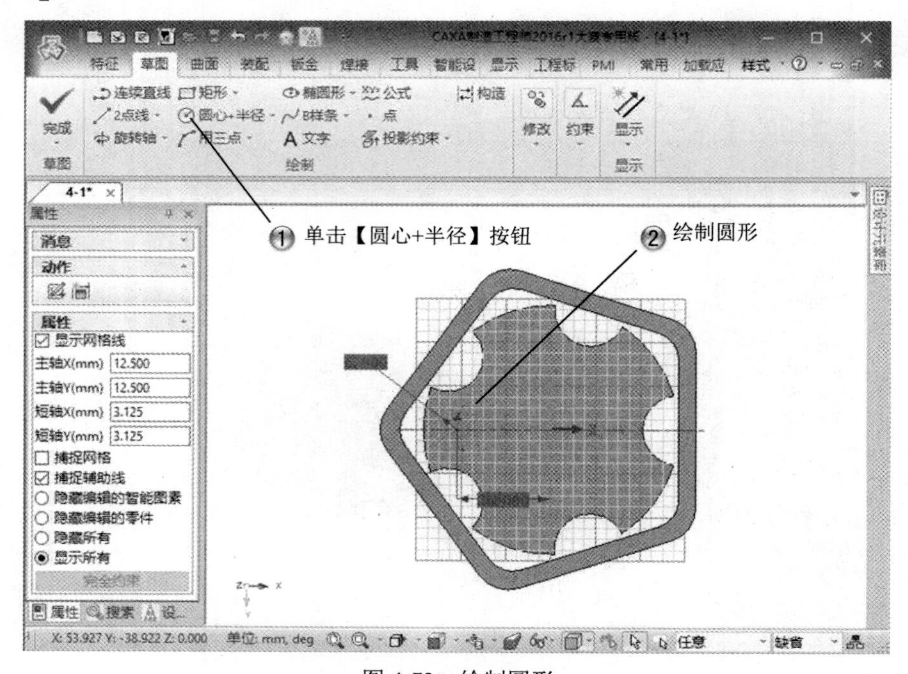

图 4-73　绘制圆形

Step17 设置拉伸参数，如图 4-74 所示。

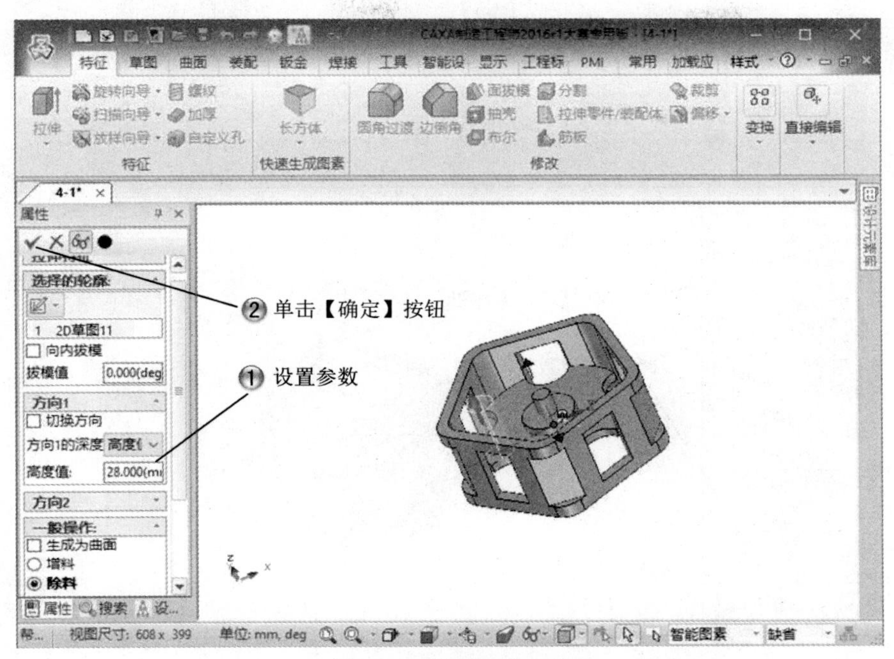

图 4-74　设置拉伸参数

Step18 创建阵列特征，如图 4-75 所示。

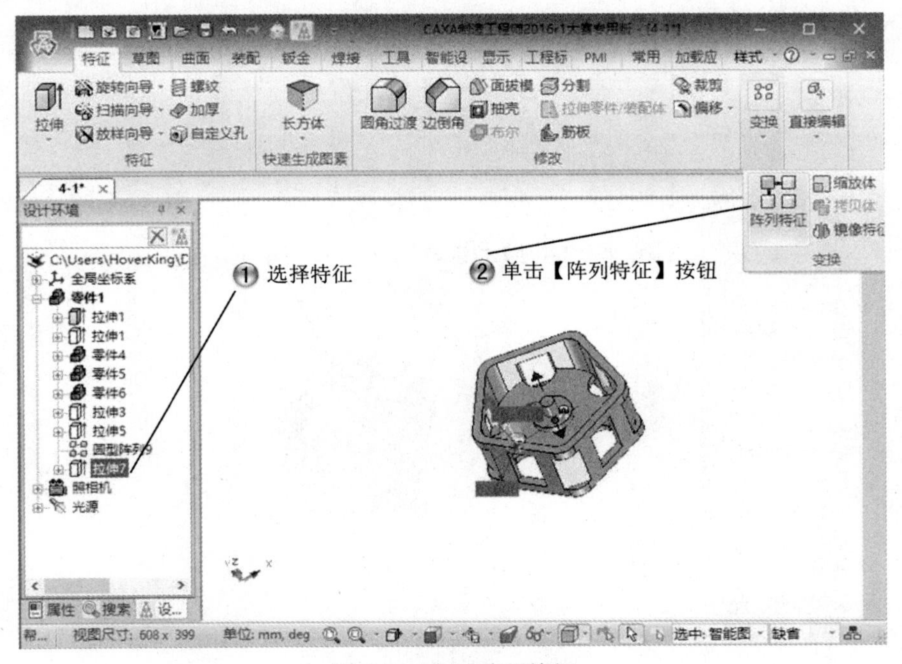

图 4-75　创建阵列特征

Step19 设置阵列参数，如图 4-76 所示。

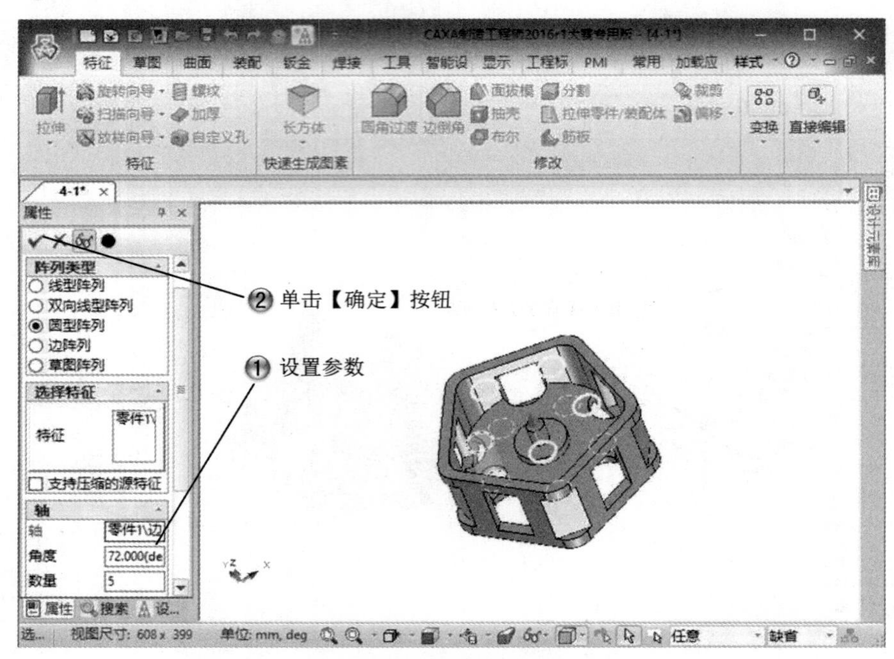

图 4-76　设置阵列参数

Step20 创建拉伸特征，如图 4-77 所示。

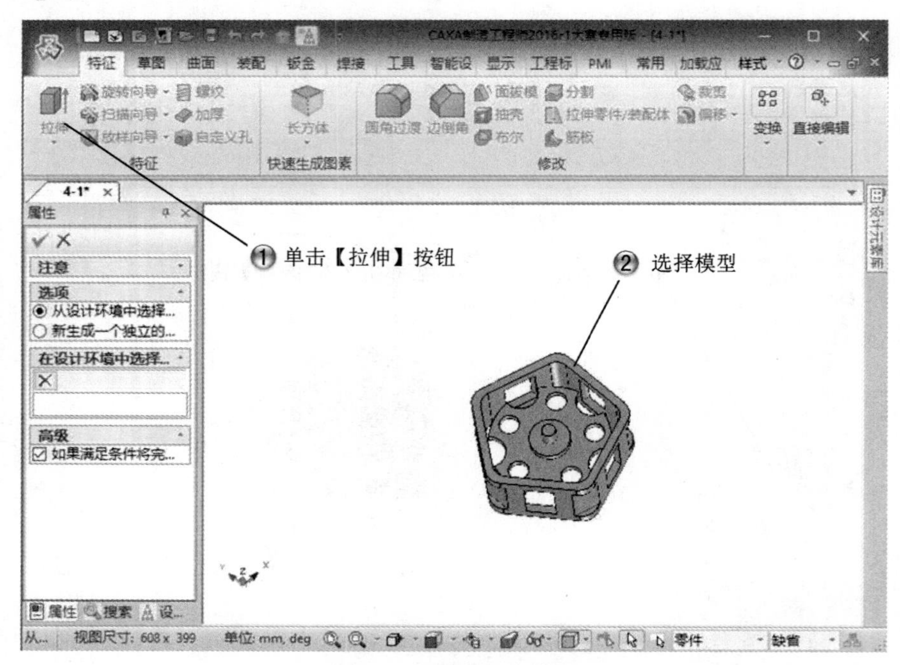

图 4-77　创建拉伸特征

Step21 选择草绘命令，如图 4-78 所示。

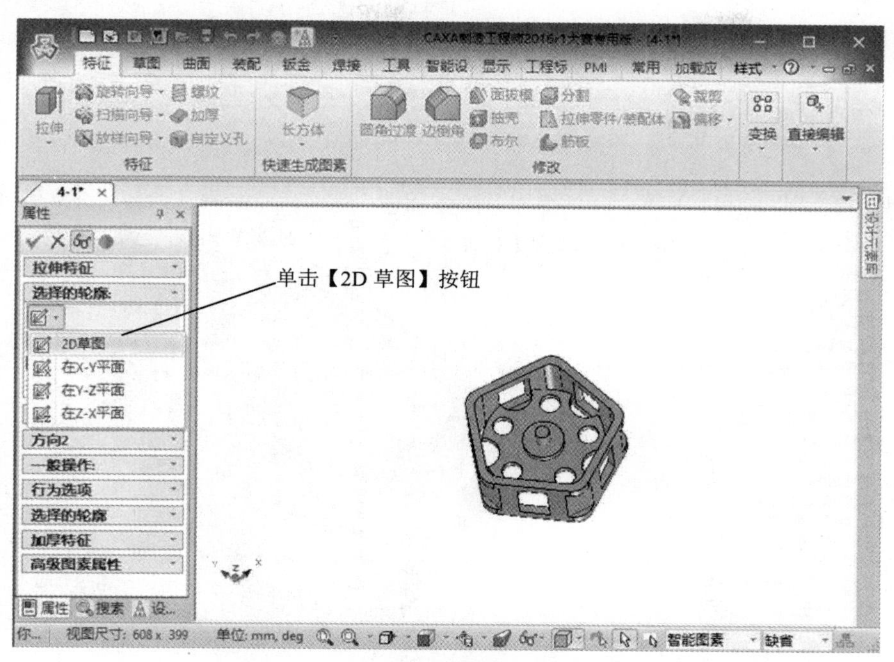

图 4-78　选择草绘命令

Step22 选择草绘面，如图 4-79 所示。

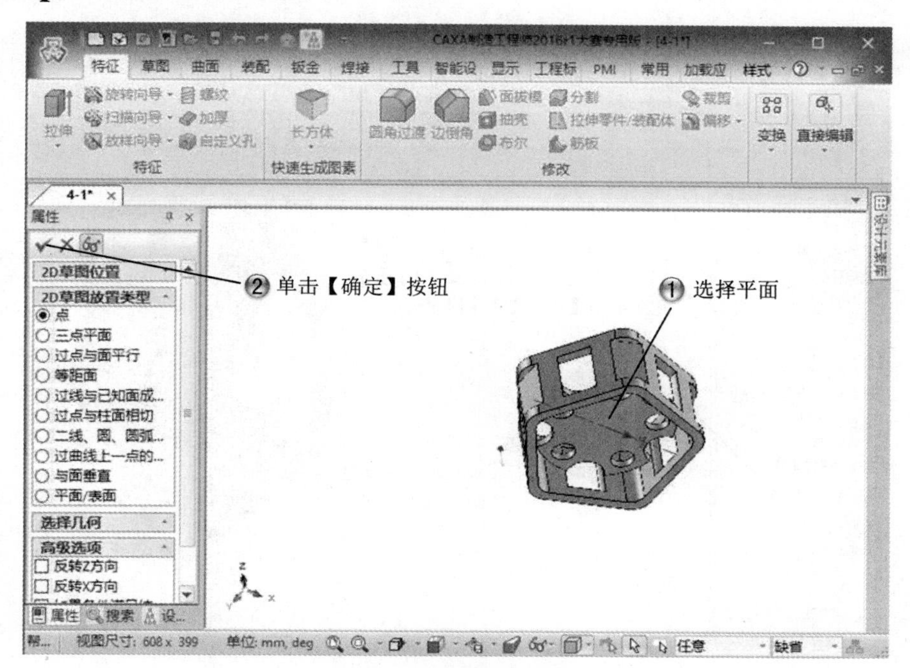

图 4-79　选择草绘面

Step23 绘制矩形，如图 4-80 所示。

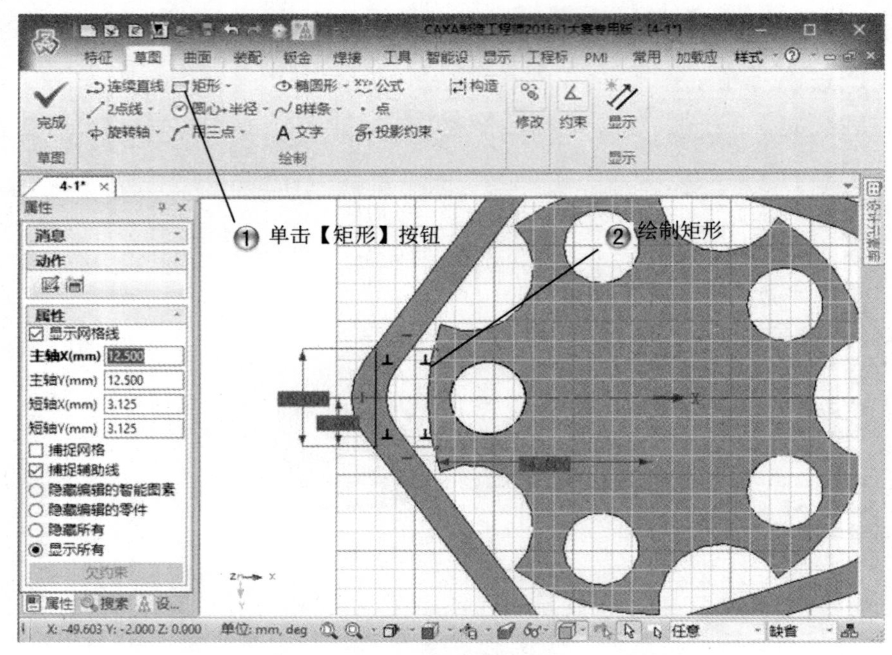

图 4-80　绘制矩形

Step24 设置拉伸参数，如图 4-81 所示。

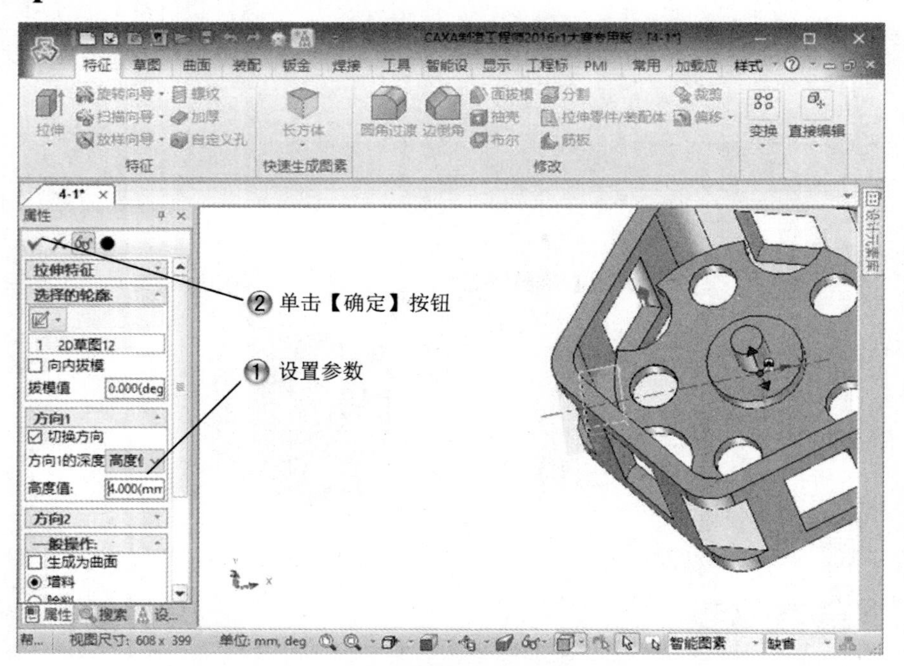

图 4-81　设置拉伸参数

Step25 创建阵列特征，如图 4-82 所示。

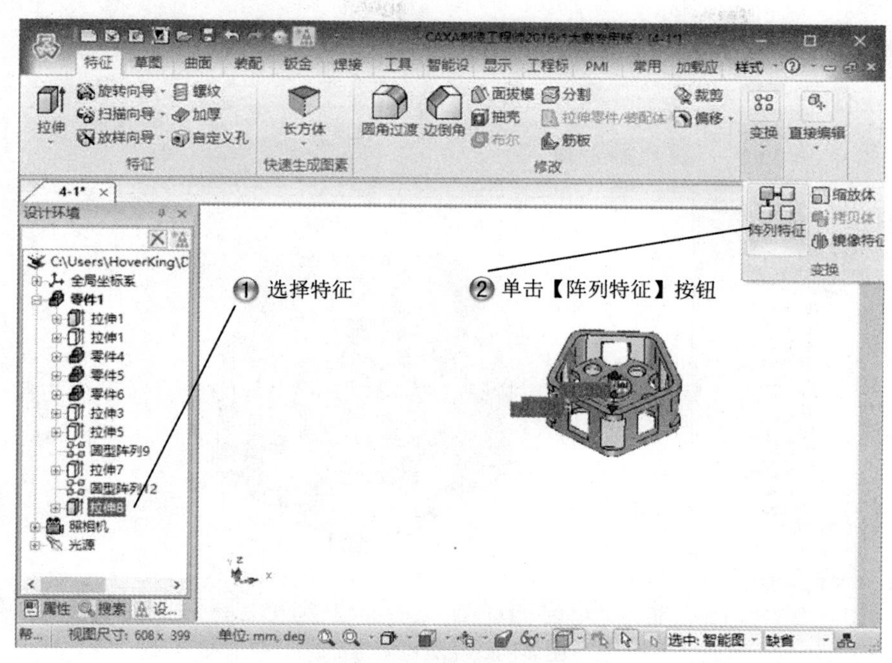

图 4-82　创建阵列特征

Step26 设置阵列参数，如图 4-83 所示。

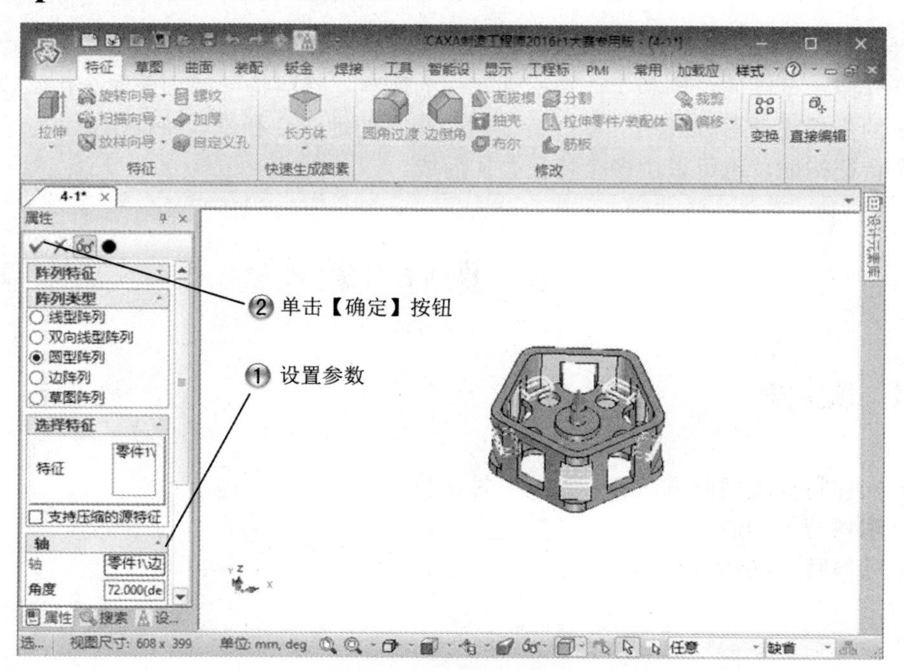

图 4-83　设置阵列参数

Step27 完成模型特征，如图 4-84 所示，至此案例制作完成。

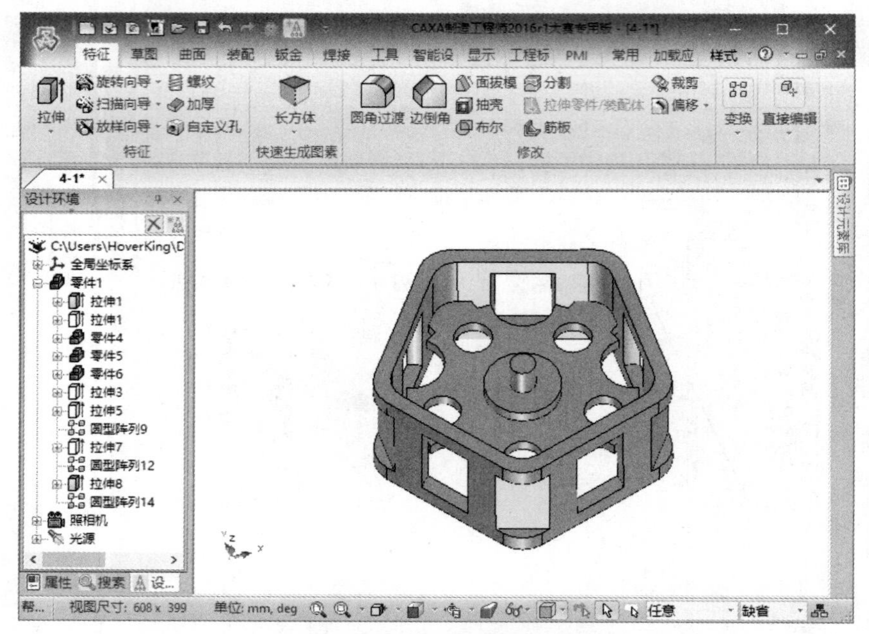

图 4-84　完成模型特征

4.4　专家总结

本章介绍了草图的绘制和实体特征创建中的增料、除料特征的相关命令，CAXA 制造工程师中的零件设计可以利用“零件特征树”来方便地建立和管理特征信息，一个零件可以由一个特征构成，也可以由多个特征叠加而成。

4.5　课后习题

4.5.1　填空题

（1）实体特征造型的方法有________种。

（2）增料特征的命令有________________。

（3）除料特征的命令有________________。

4.5.2 问答题

（1）生成实体特征的前提是哪一步操作？
（2）增料特征和除料特征的区别是什么？

4.5.3 上机操作题

如图 4-85 所示，使用本章学过的各种命令来创建法兰零件。
一般创建步骤和方法如下：
（1）绘制草图。
（2）旋转生成主体。
（3）创建除料特征。
（4）创建孔。

图 4-85 法兰零件

第 5 章　特征编辑和模具

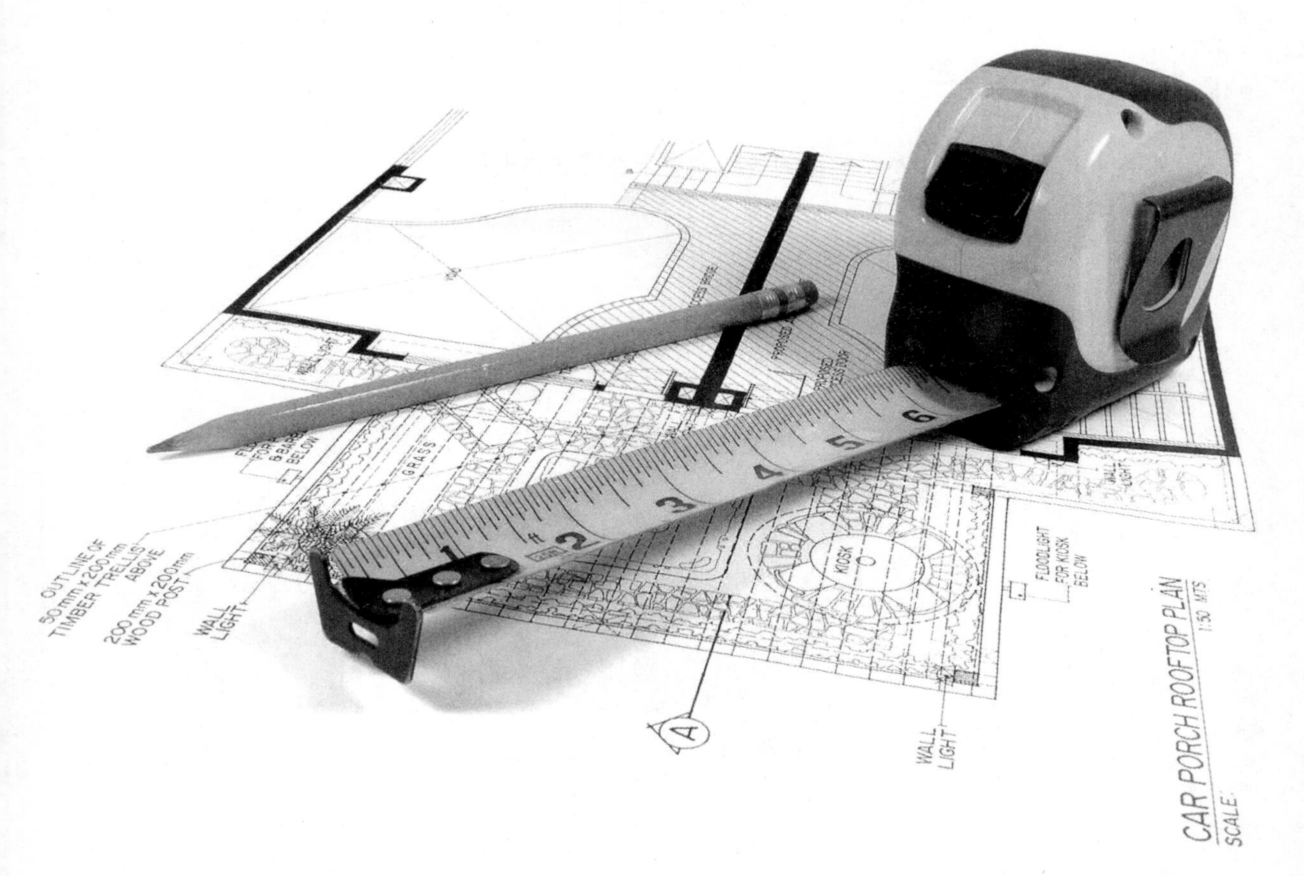

课训目标	内　容	掌握程度	课　时
	特征编辑	熟练运用	2
	生成模具	熟练运用	1

课程学习建议

实体特征编辑是在有了基本实体以后运行的命令，在没有生成实体之前，特征编辑命令通常都是灰色的，是不可执行的，只有在具有基本实体的前提下，特征编辑命令才会被激活。

CAXA 制造工程师提供了多种操作方便灵活的由特征实体生成模具的命令，分别是缩放、型腔、分模。

本课程主要基于软件的特征编辑和生成模具进行讲解，其培训课程表如下。

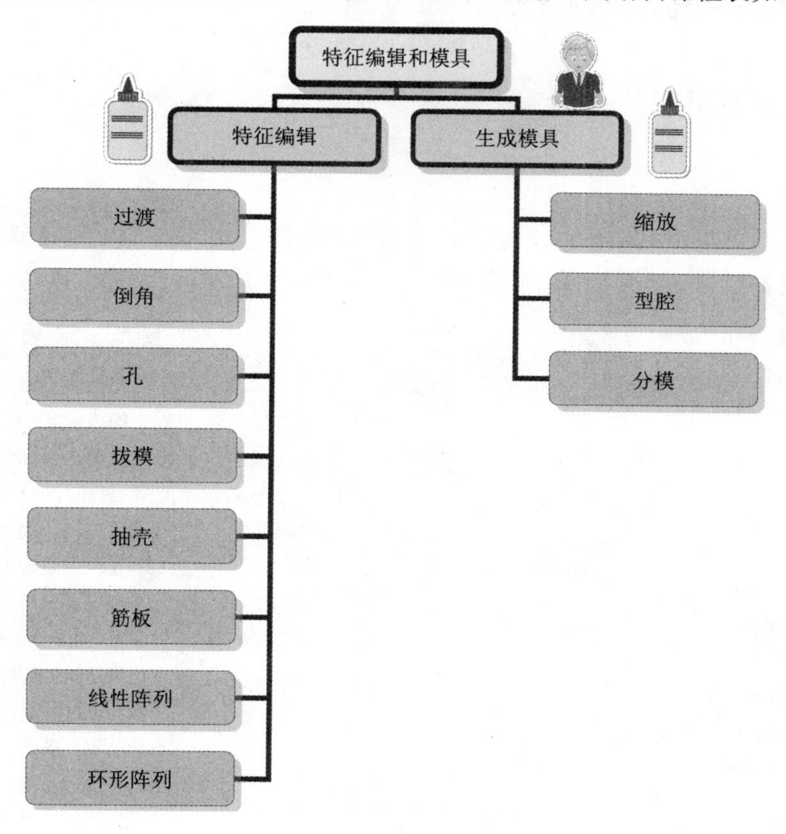

5.1 特征编辑

在实体特征完成之后，很多情况都不能满足设计要求，需要使用特征编辑命令进行修改，特征编辑就是在实体特征的基础上添加特殊的特征。

课堂讲解课时：2 课时

5.1.1 设计理论

通常的特征编辑命令包括过渡、倒角、筋板、拔模、孔、抽壳和阵列等，通过特征编辑命令可以生成一些复杂的特征造型。

5.1.2 课堂讲解

1. 过渡

过渡就是指以给定半径或半径规律在实体间作光滑过渡。单击【特征】选项卡【修改】组中的【过渡】按钮，弹出【过渡】对话框，如图 5-1 所示。

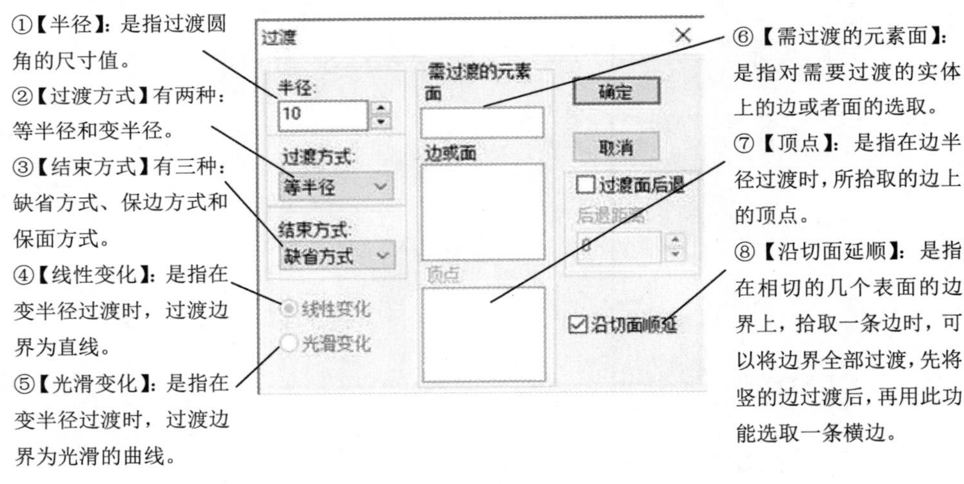

图 5-1 【过渡】对话框

创建过渡的操作，如图 5-2 所示。

在进行变半径过渡时，只能拾取边，不能拾取面；进行变半径过渡时，要注意控制点的顺序。

名师点拨

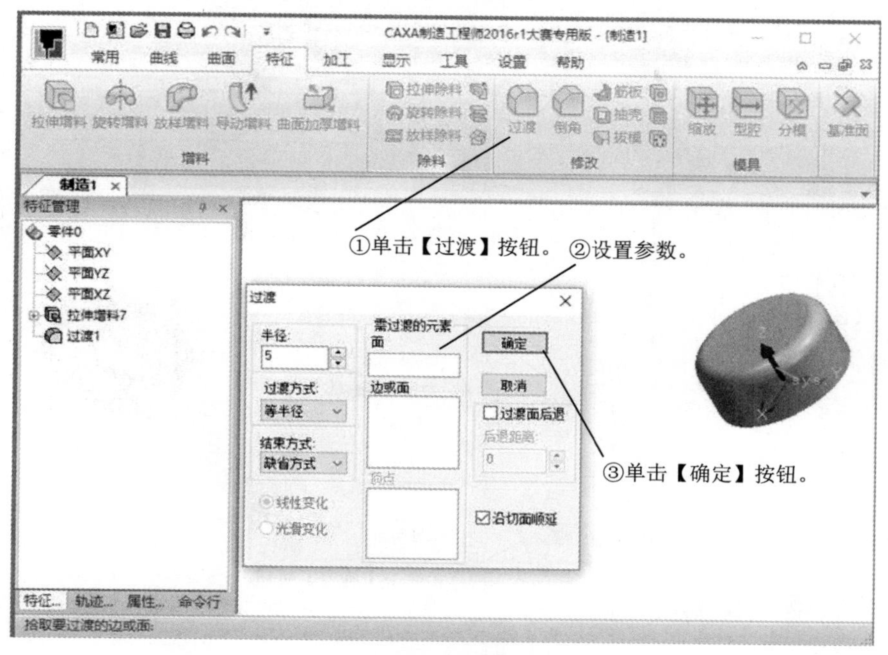

图 5-2　过渡操作

2. 倒角

倒角是指对实体的棱边进行光滑过渡。单击【特征】选项卡【修改】组中的【倒角】按钮，弹出【倒角】对话框，如图 5-3 所示。

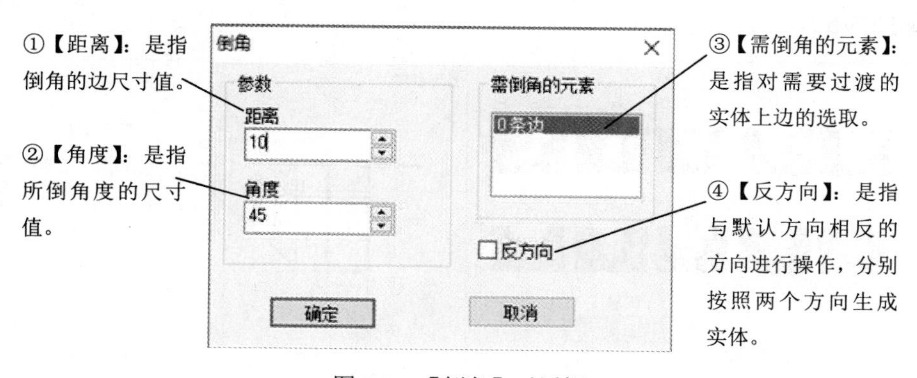

图 5-3　【倒角】对话框

创建倒角的操作，如图 5-4 所示。

两个平面的棱边才可以倒角。

名师点拨

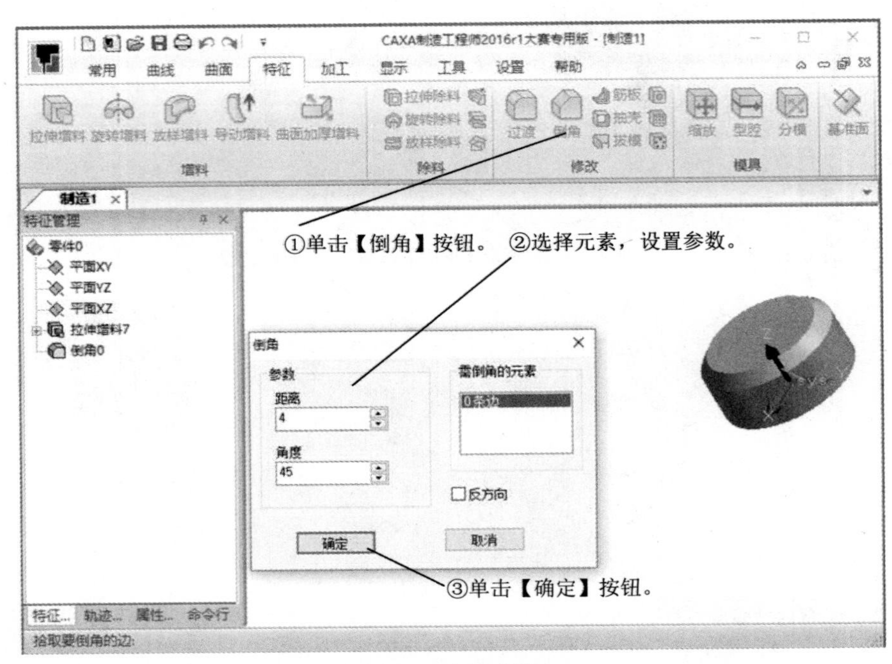

图 5-4　倒角操作

3. 孔

孔是指在平面上直接去除材料生成的各种类型的孔洞。单击【特征】选项卡【修改】组中的【打孔】按钮，弹出【孔的类型】对话框，选择孔的位置，弹出【孔的参数】对话框，如图 5-5 所示。

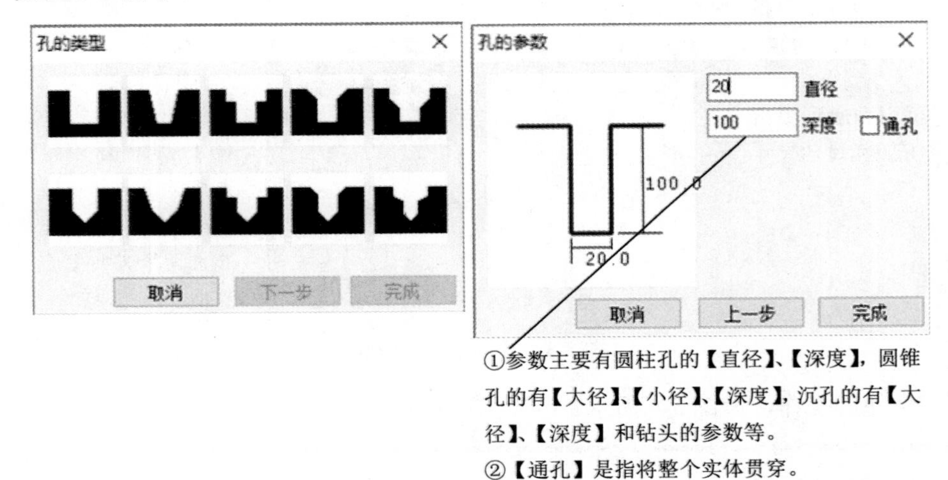

图 5-5　【孔的类型】和【孔的参数】对话框

创建孔的操作，如图 5-6 所示。

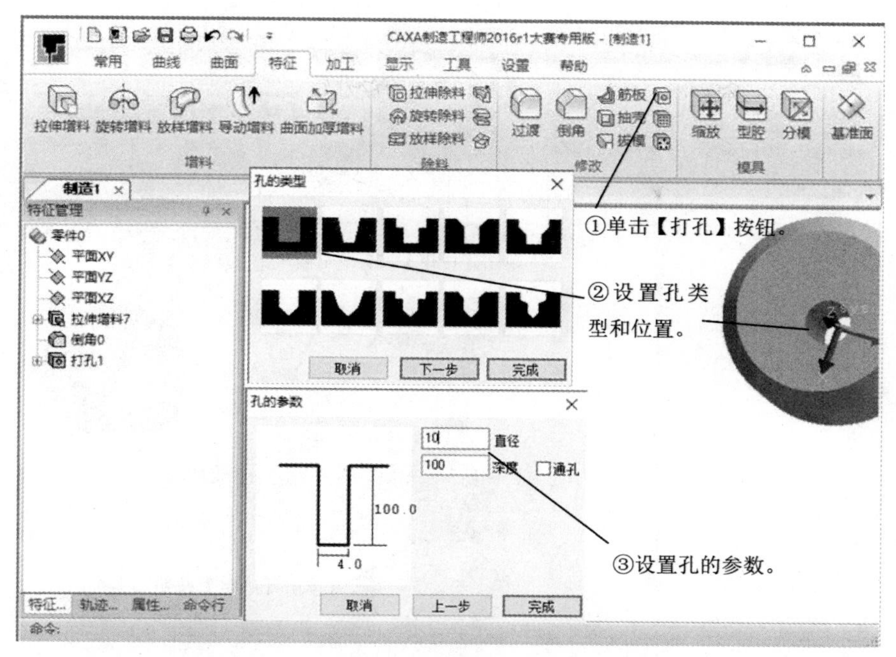

图 5-6　创建孔的操作

4. 拔模

拔模是指保持中性面与拔模面的交轴不变（即以此交轴为旋转轴），对拔模面进行相应拔模角度的旋转操作。此功能用来对几何面的倾斜角进行修改。单击【特征】选项卡【修改】组中的【拔模】按钮，弹出【拔模】对话框，如图 5-7 所示。

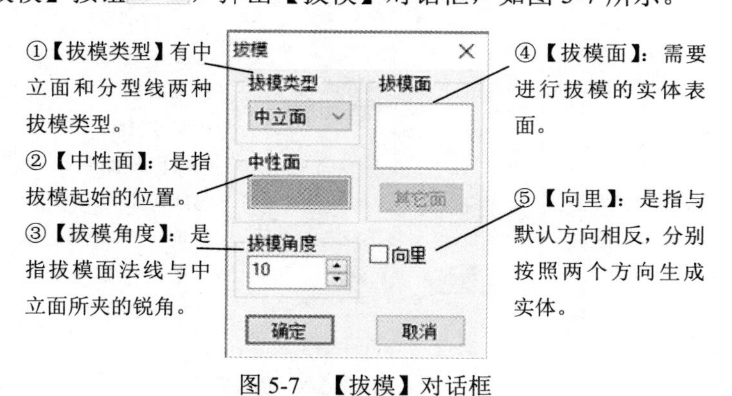

图 5-7　【拔模】对话框

创建拔模的操作，如图 5-8 所示。

拔模角度要适当，如果太大或太小，则拔模都有可能失败。

名师点拨

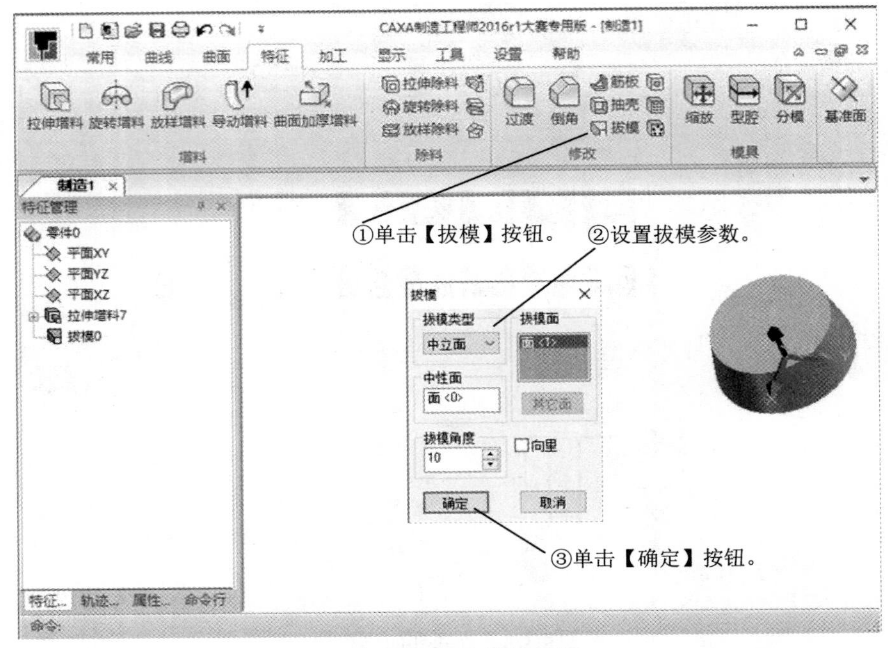

图 5-8　创建拔模的操作

5. 抽壳

抽壳是指根据指定壳体的厚度将实心物体抽成内空的薄壳体。单击【特征】选项卡【修改】组中的【抽壳】按钮，弹出【抽壳】对话框，如 5-9 所示。

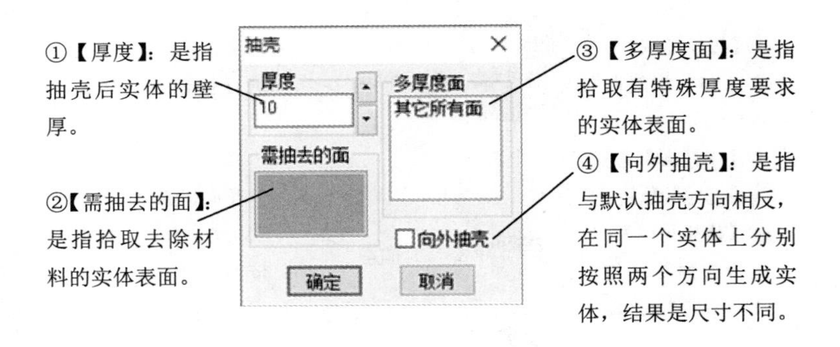

图 5-9　【抽壳】对话框

创建抽壳的操作，如图 5-10 所示。

6. 筋板

筋板命令可以在指定位置增加加强筋。单击【特征】选项卡【修改】组中的【筋板】按钮，弹出【筋板特征】对话框，如图 5-11 所示。

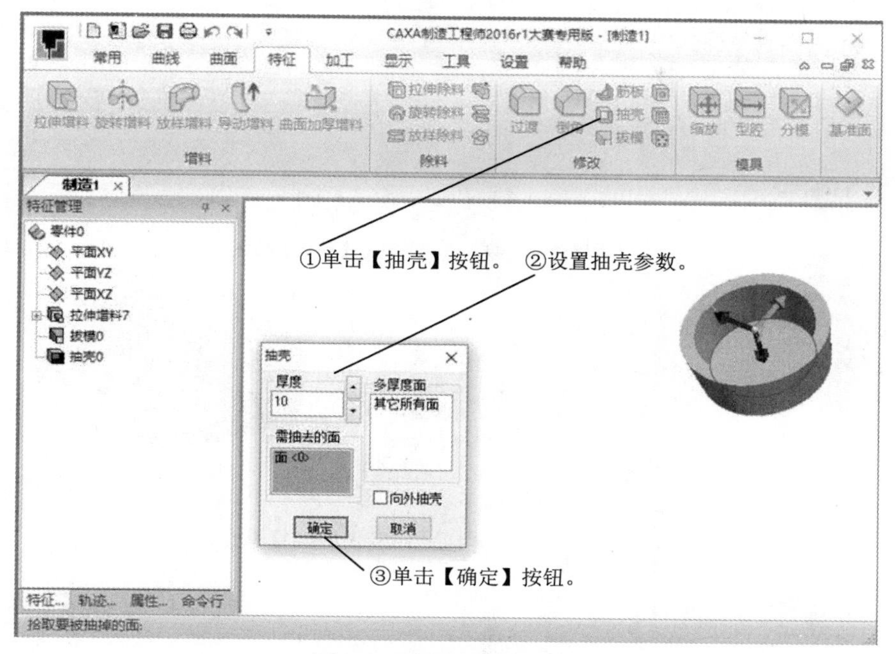

图 5-10　创建抽壳的操作

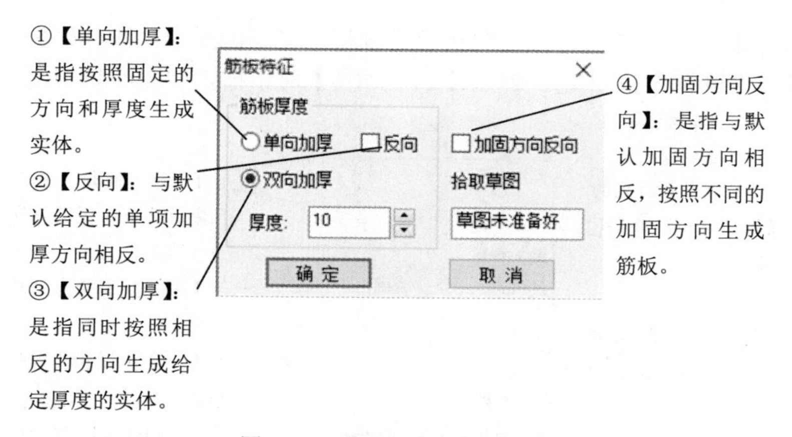

图 5-11　【筋板特征】对话框

创建筋板的操作，如图 5-12 所示。

> 加固方向应指向实体，否则会操作失败。草图形状可以不封闭。
>
> **名师点拨**

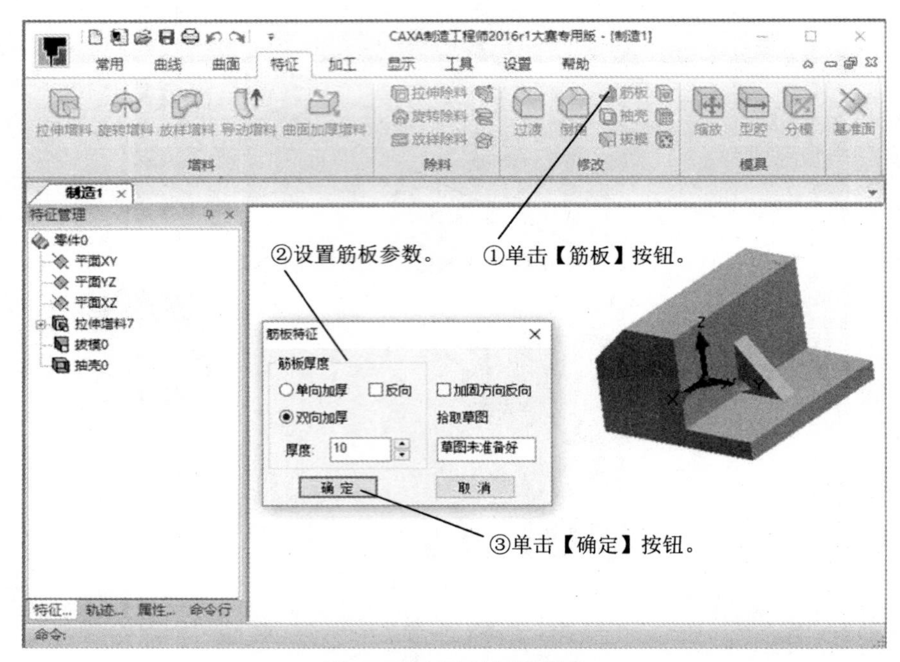

图 5-12　创建筋板的操作

7. 线性阵列

线性阵列是沿一个方向或多个方向快速进行特征复制的操作。单击【特征】选项卡【修改】组中的【线性阵列】按钮，弹出【线性阵列】对话框，如图 5-13 所示。创建线性阵列的操作，如图 5-14 所示。

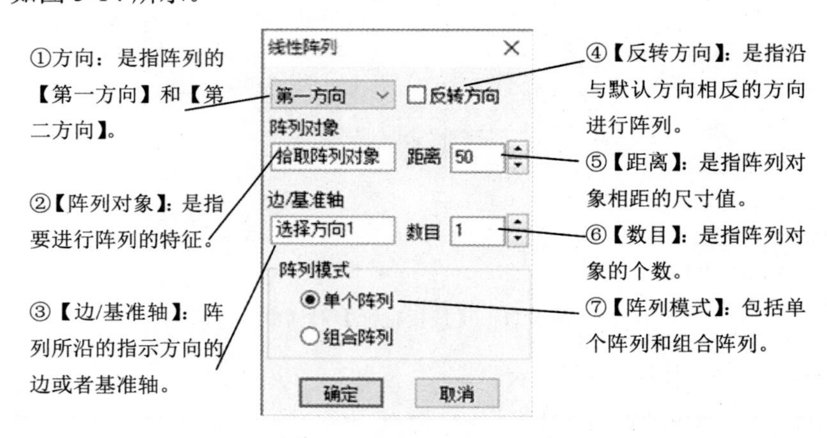

图 5-13　【线性阵列】对话框

8. 环形阵列

环形阵列是绕某基准轴旋转将特征阵列为多个特征的操作。单击【特征】选项卡【修改】组中的【环形阵列】按钮，弹出【环形阵列】对话框，如图 5-15 所示。创建环形阵列的操作，如图 5-16 所示。

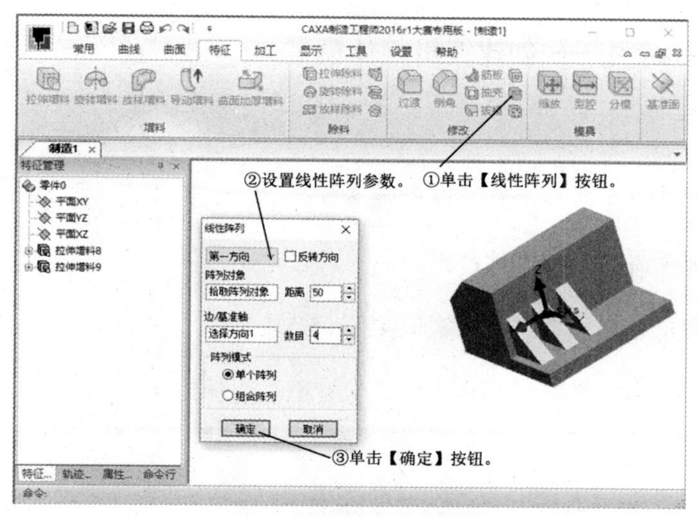

图 5-14　创建线性阵列的操作

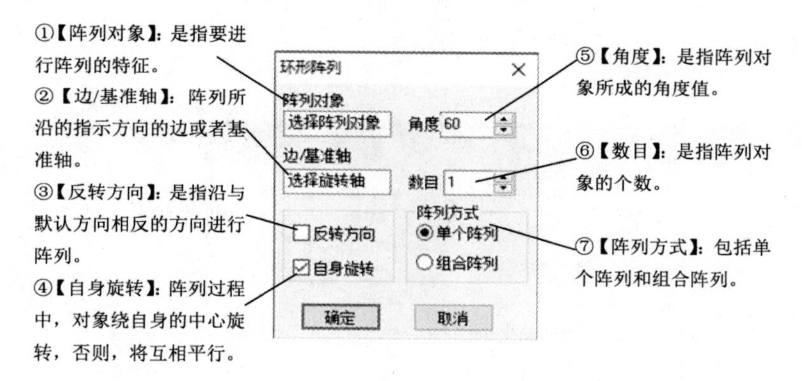

图 5-15　【环形阵列】对话框

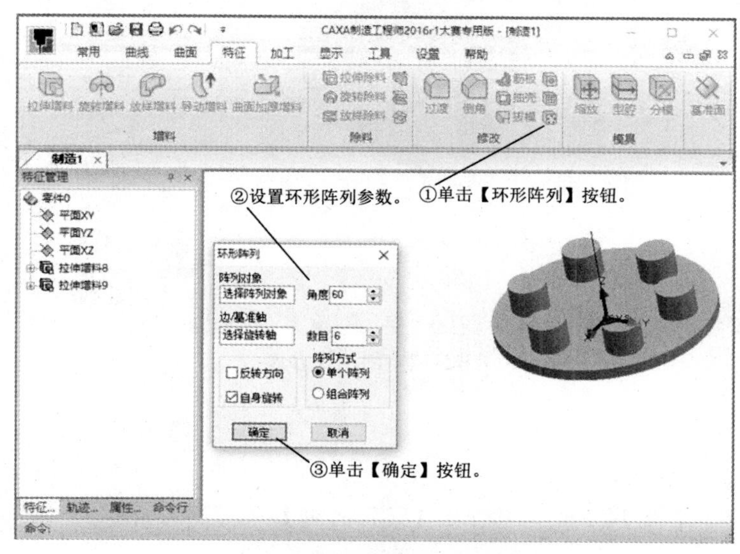

图 5-16　创建环形阵列的操作

5.1.3 课堂练习——创建编辑箱体模型

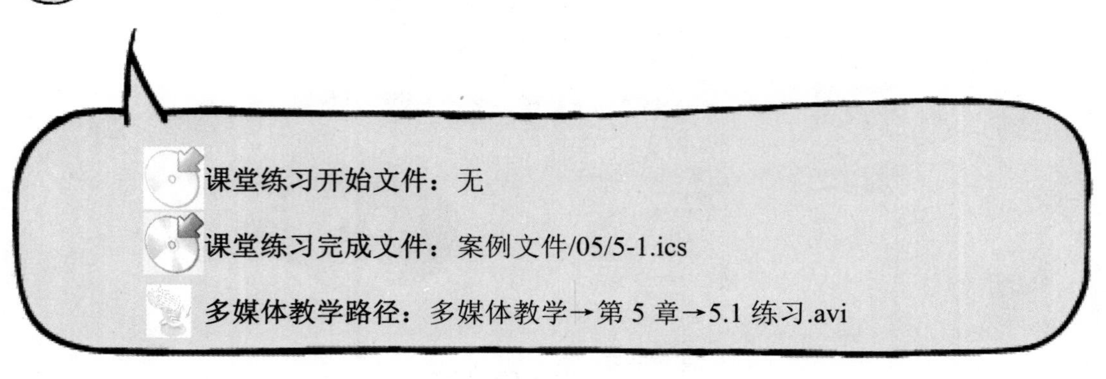

Step1 创建长方体，如图 5-17 所示。

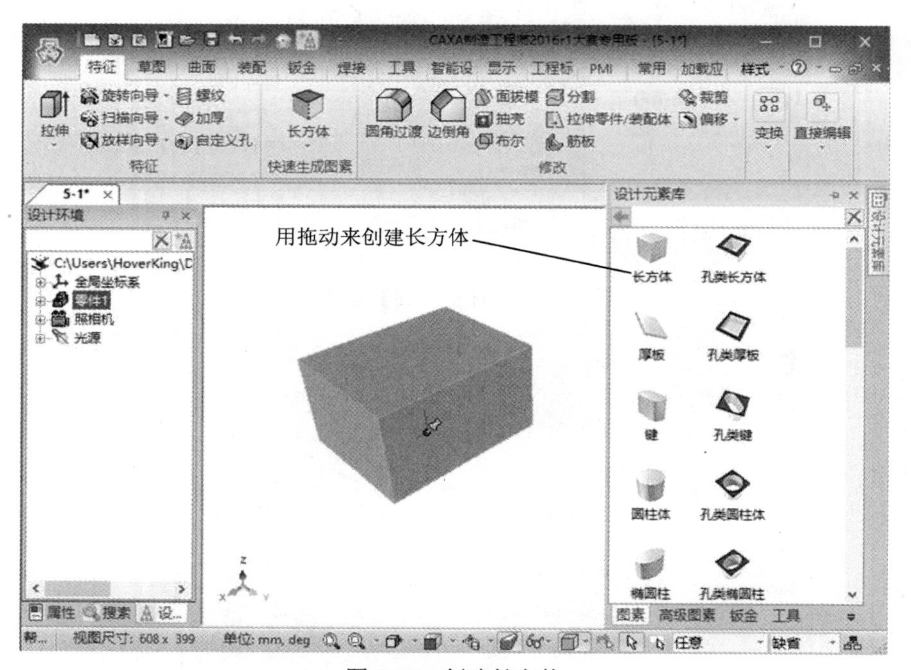

图 5-17　创建长方体

Step2 编辑包围盒，如图 5-18 所示。

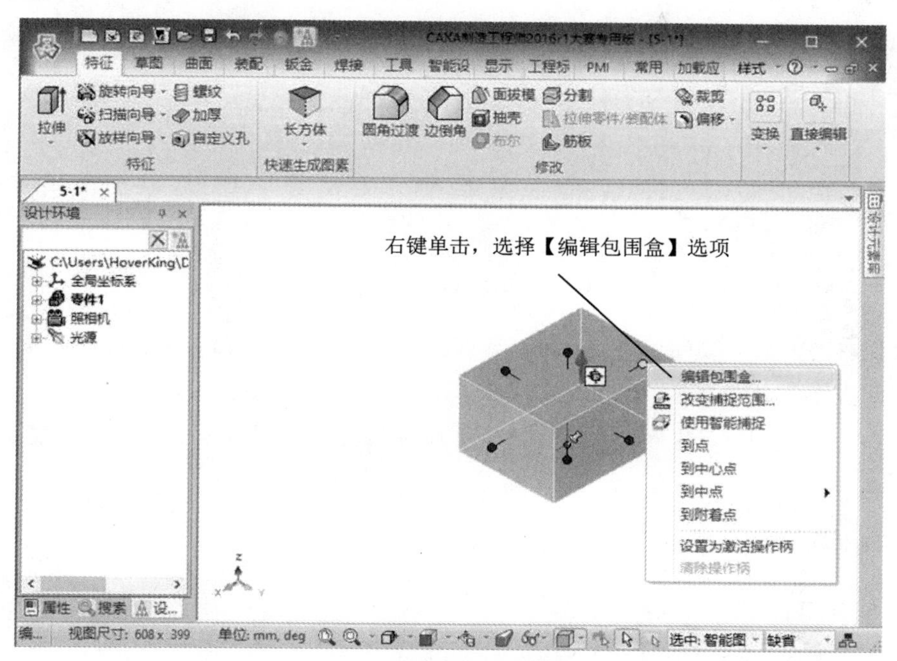

图 5-18　编辑包围盒

Step3 设置包围盒参数，如图 5-19 所示。

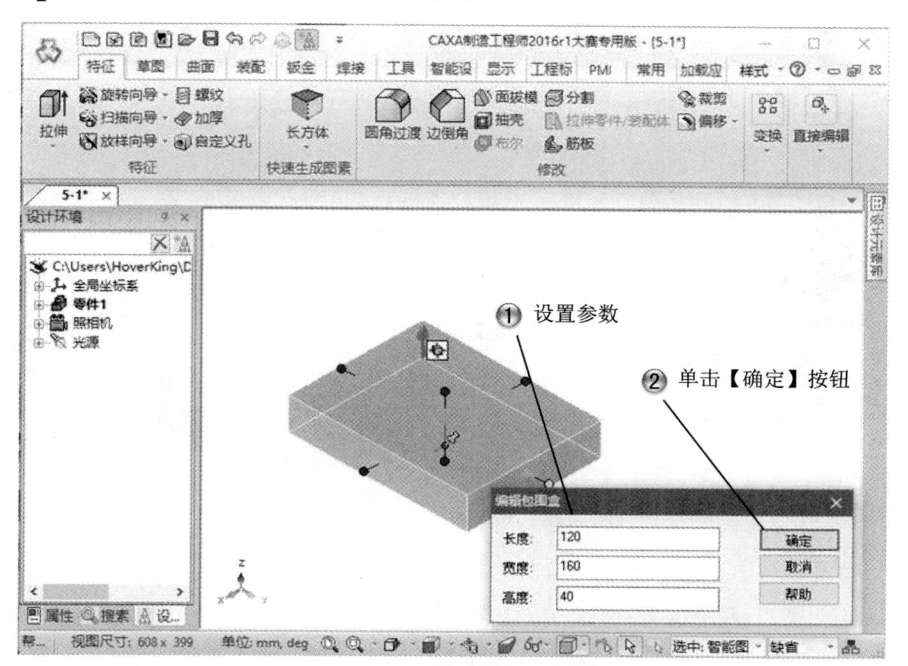

图 5-19　设置包围盒参数

Step4 创建二维草图，如图 5-20 所示。

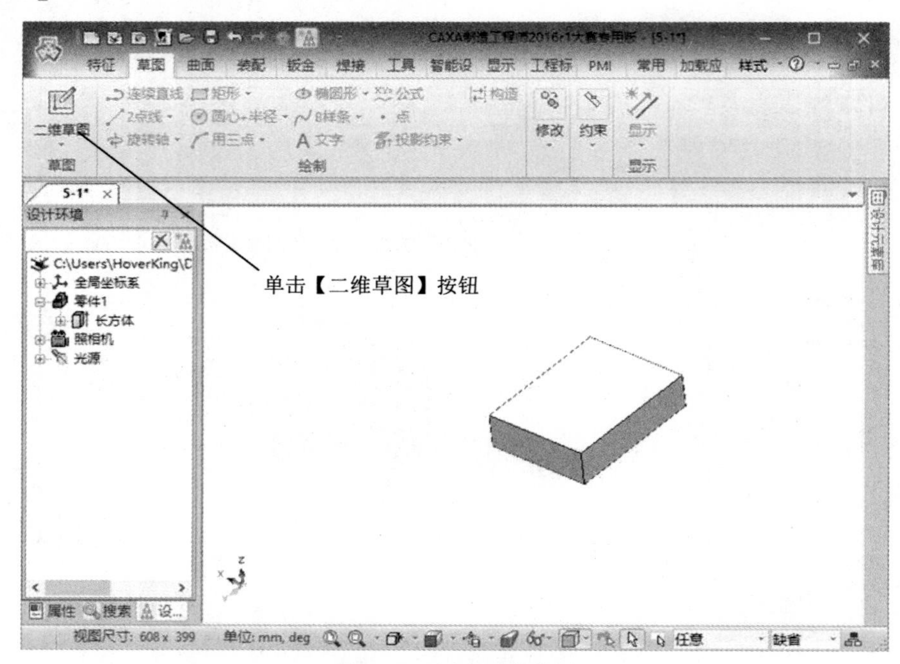

图 5-20　创建二维草图

Step5 选择草绘面，如图 5-21 所示。

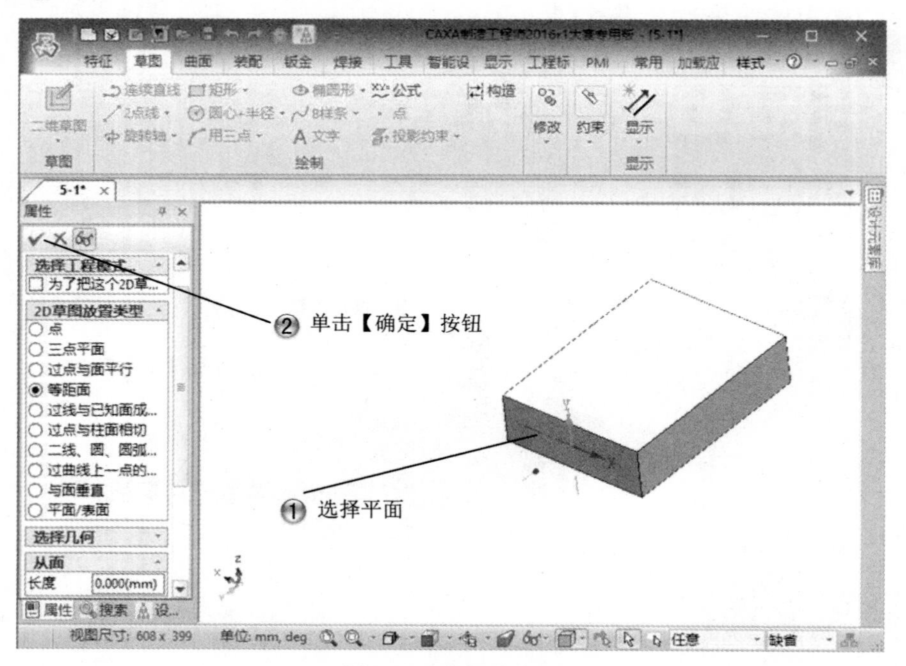

图 5-21　选择草绘面

Step6 绘制圆形 1，如图 5-22 所示。

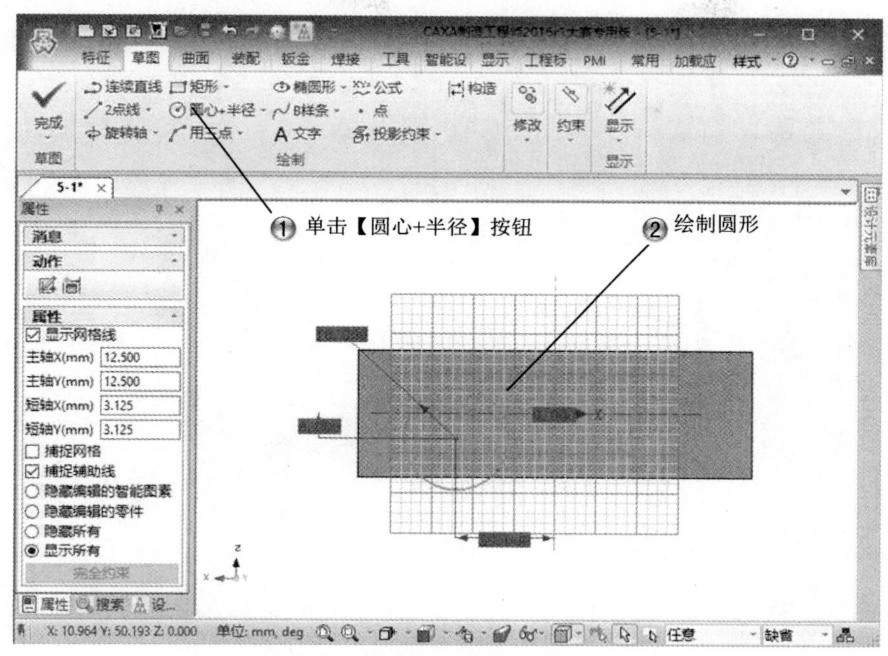

图 5-22　绘制圆形 1

Step7 绘制圆形 2，如图 5-23 所示。

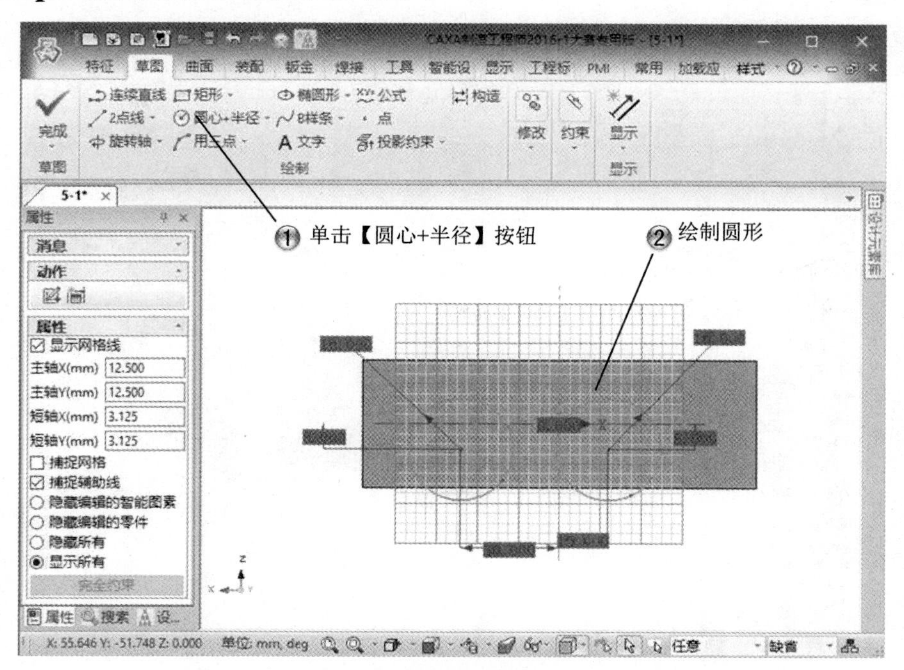

图 5-23　绘制圆形 2

Step8 创建拉伸特征，如图 5-24 所示。

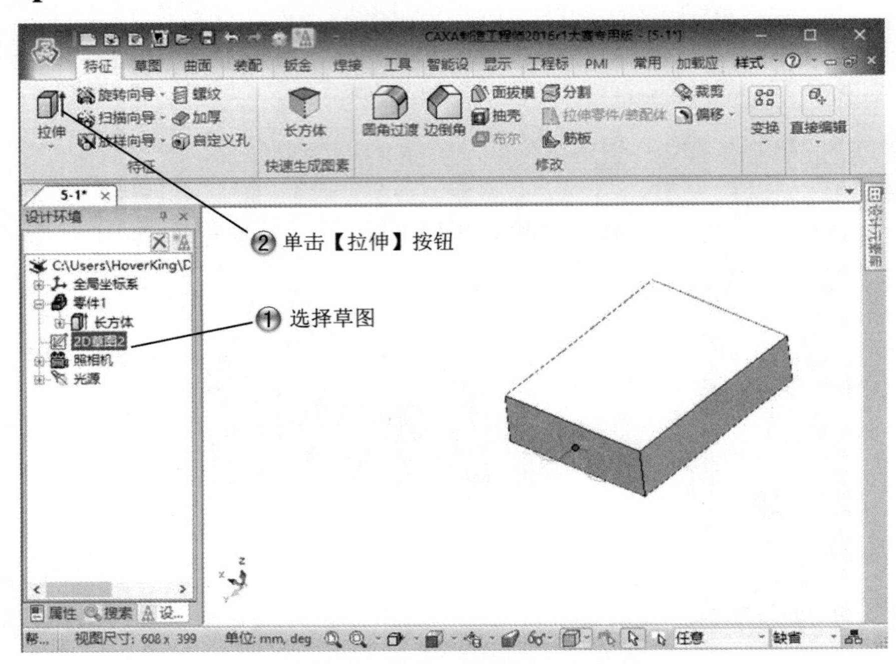

图 5-24　创建拉伸特征

Step9 设置拉伸参数，如图 5-25 所示。

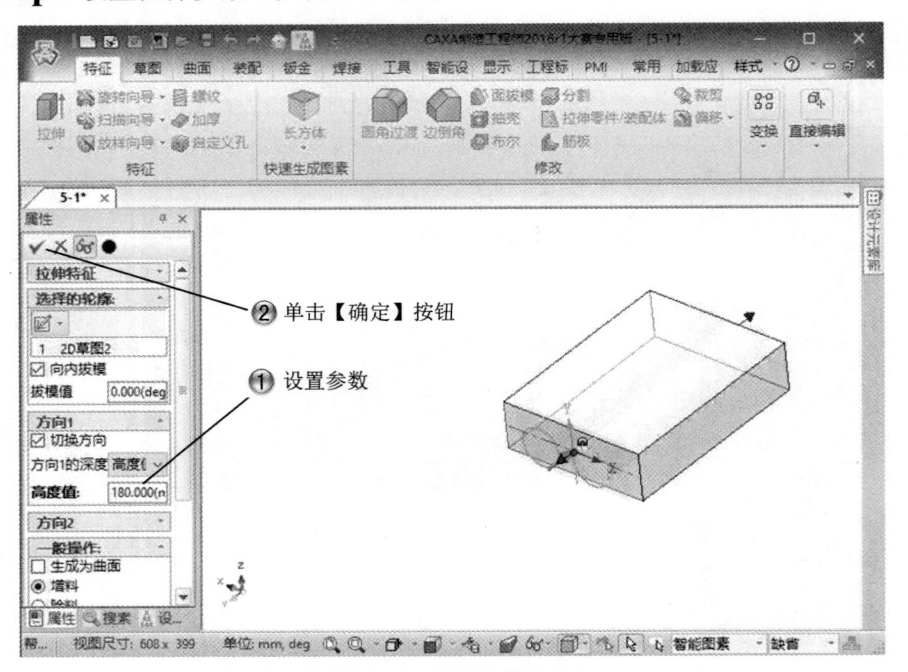

图 5-25　设置拉伸参数

Step10 创建布尔减运算，如图 5-26 所示。

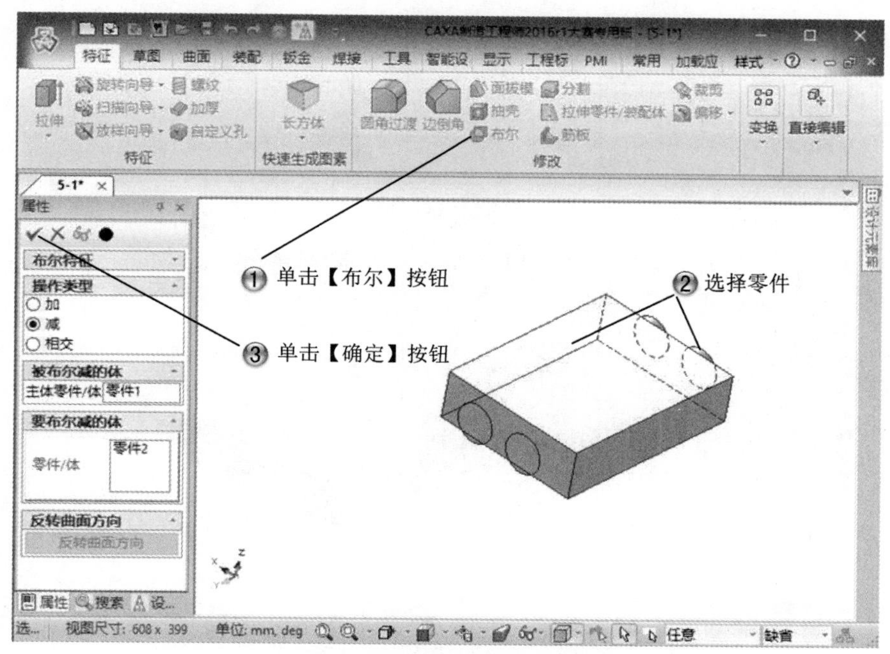

图 5-26 创建布尔减运算

Step11 创建倒角，如图 5-27 所示。

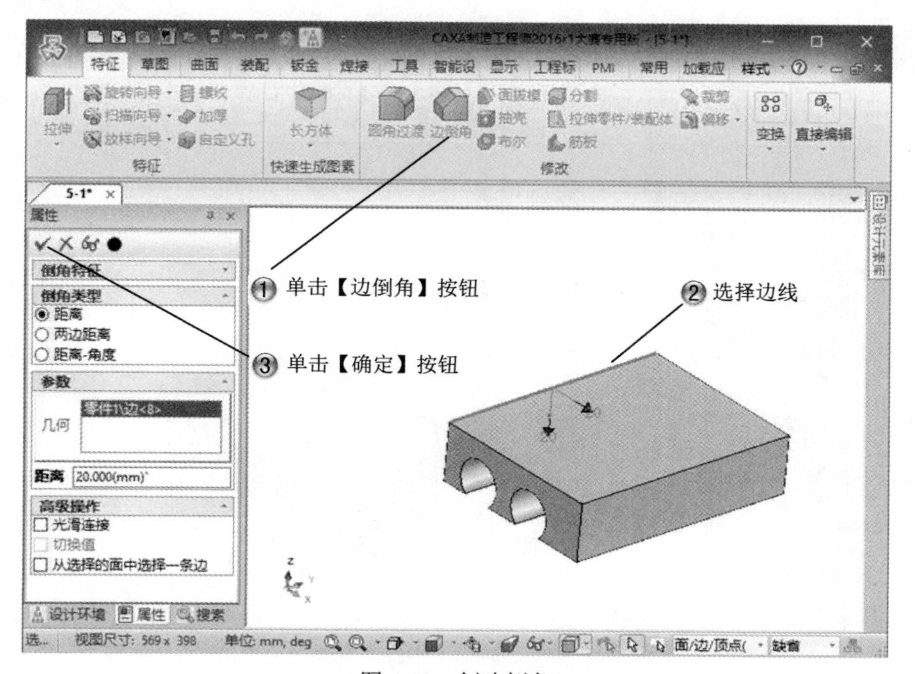

图 5-27 创建倒角

Step12 创建拉伸特征，如图 5-28 所示。

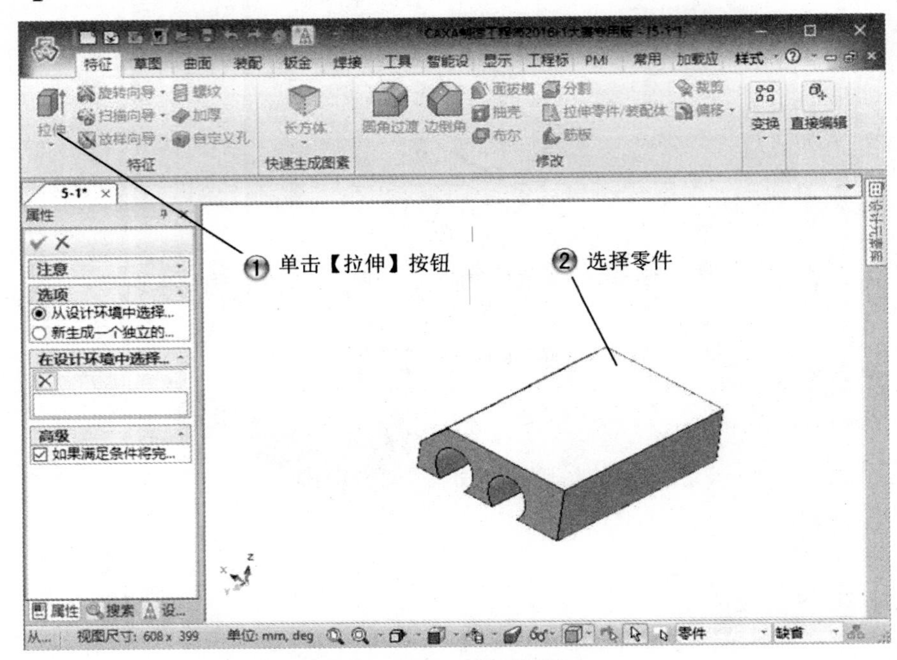

图 5-28　创建拉伸特征

Step13 选择草绘命令，如图 5-29 所示。

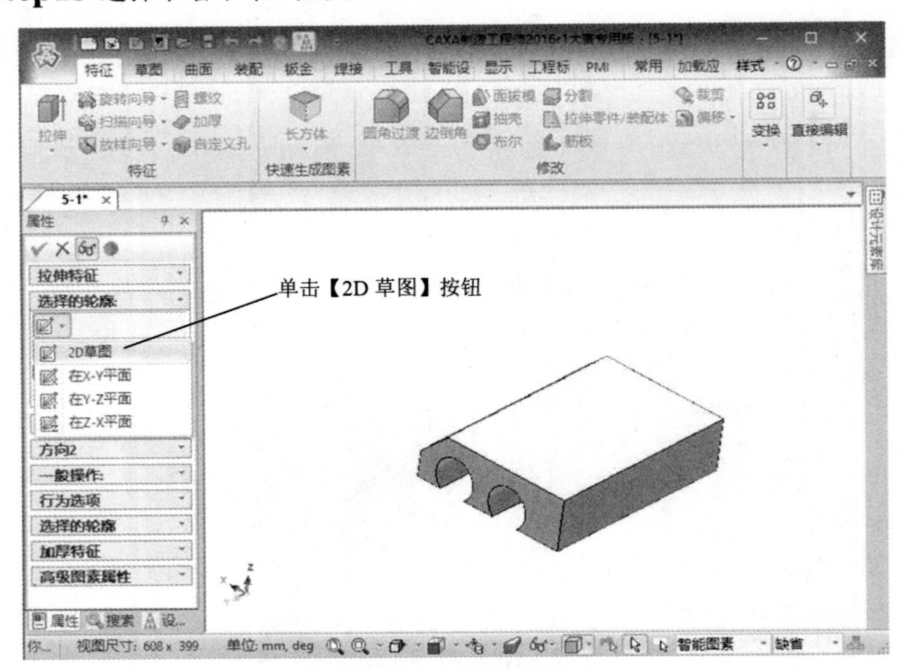

图 5-29　选择草绘命令

Step14 选择草绘面，如图 5-30 所示。

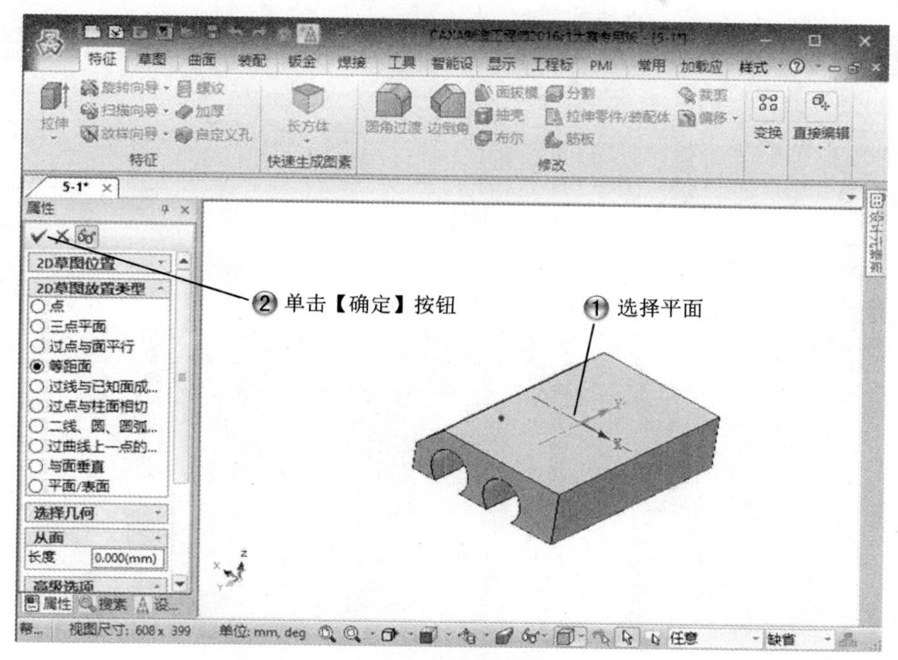

图 5-30　选择草绘面

Step15 绘制矩形，如图 5-31 所示。

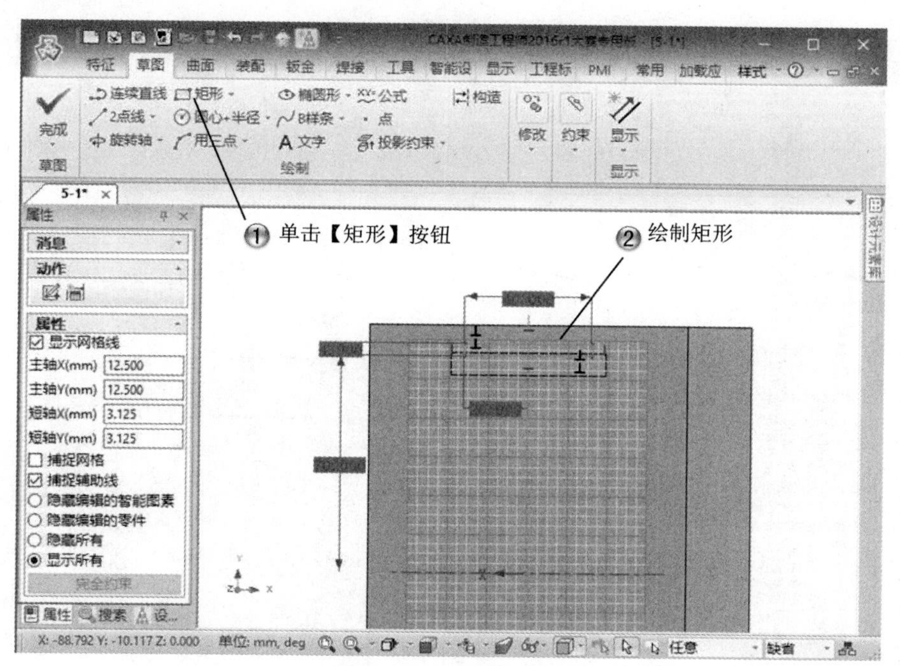

图 5-31　绘制矩形

Step16 绘制圆形，如图 5-32 所示。

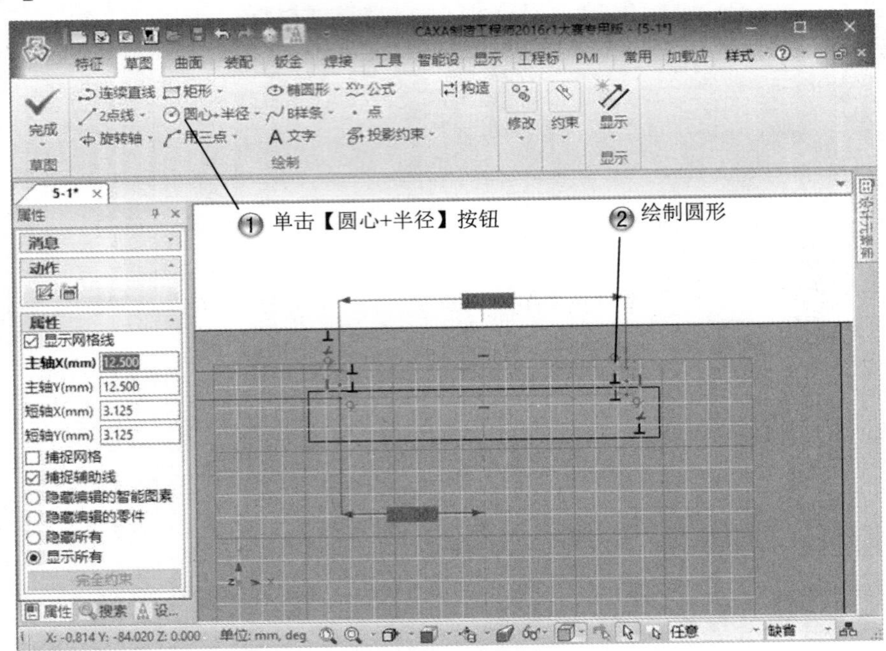

图 5-32　绘制圆形

Step17 裁剪图形，如图 5-33 所示。

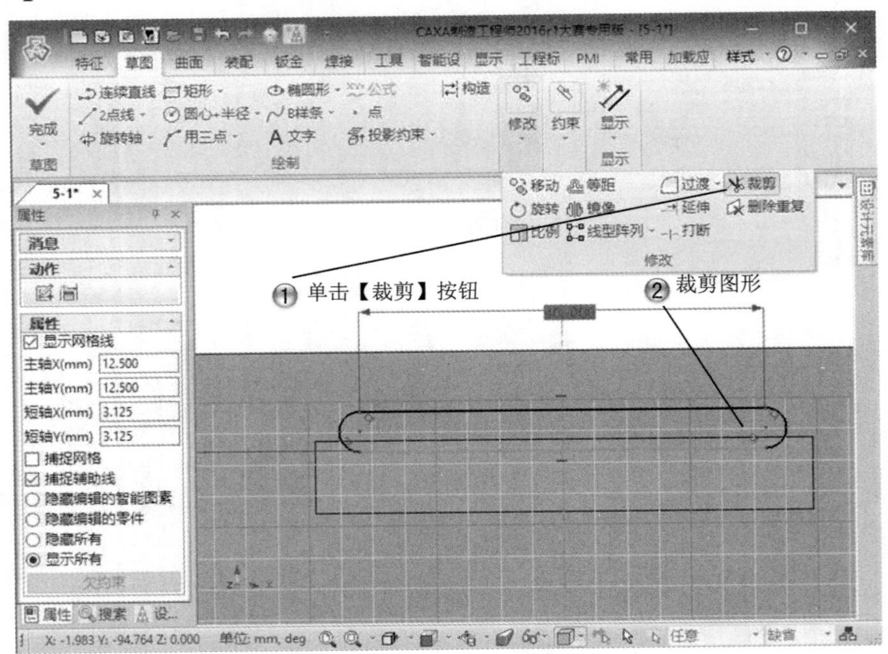

图 5-33　裁剪图形

Step18 设置拉伸参数，如图 5-34 所示。

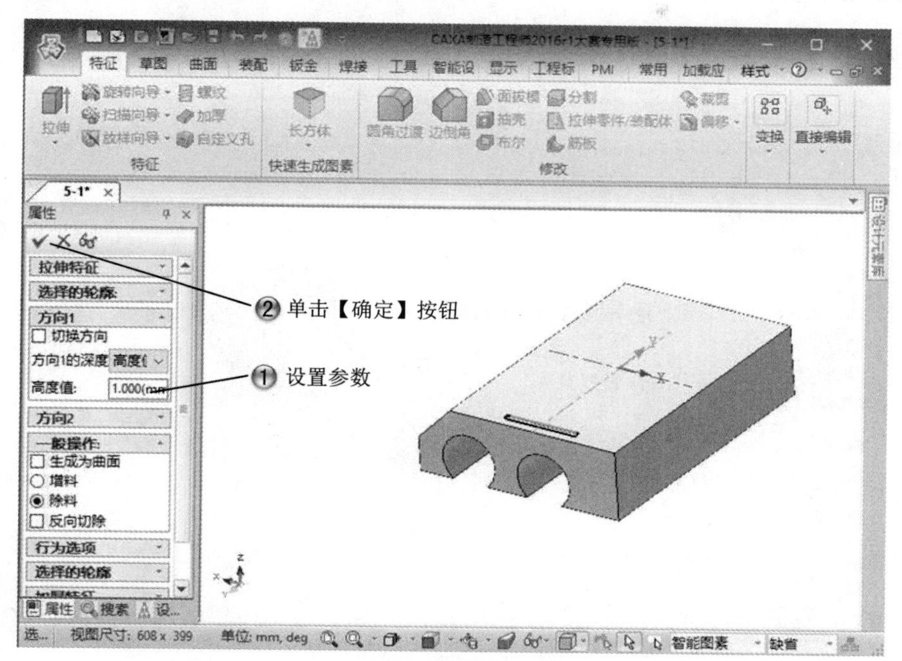

图 5-34　设置拉伸参数

Step19 创建阵列特征，如图 5-35 所示。

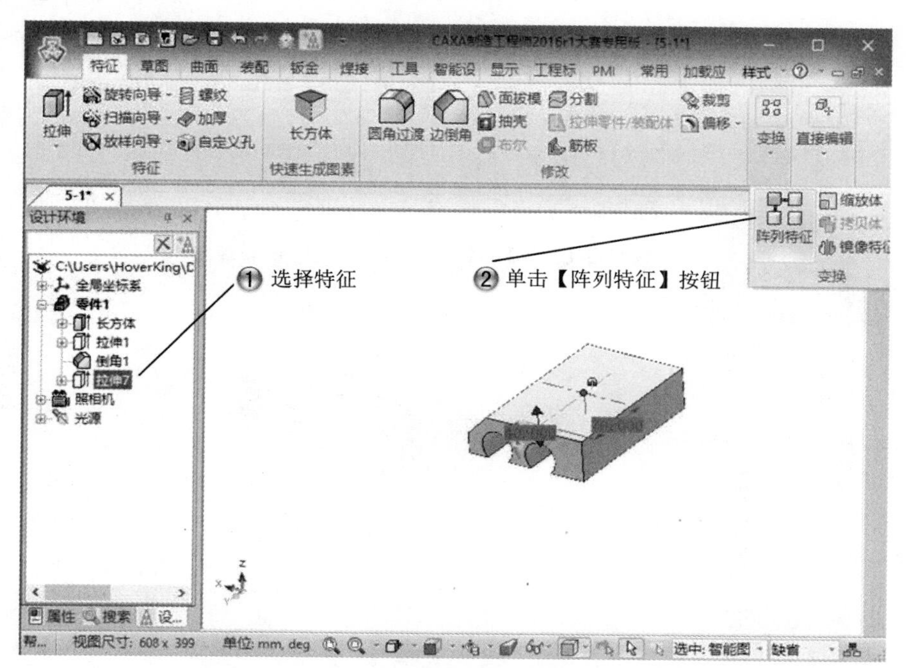

图 5-35　创建阵列特征

Step20 设置阵列参数，如图 5-36 所示。

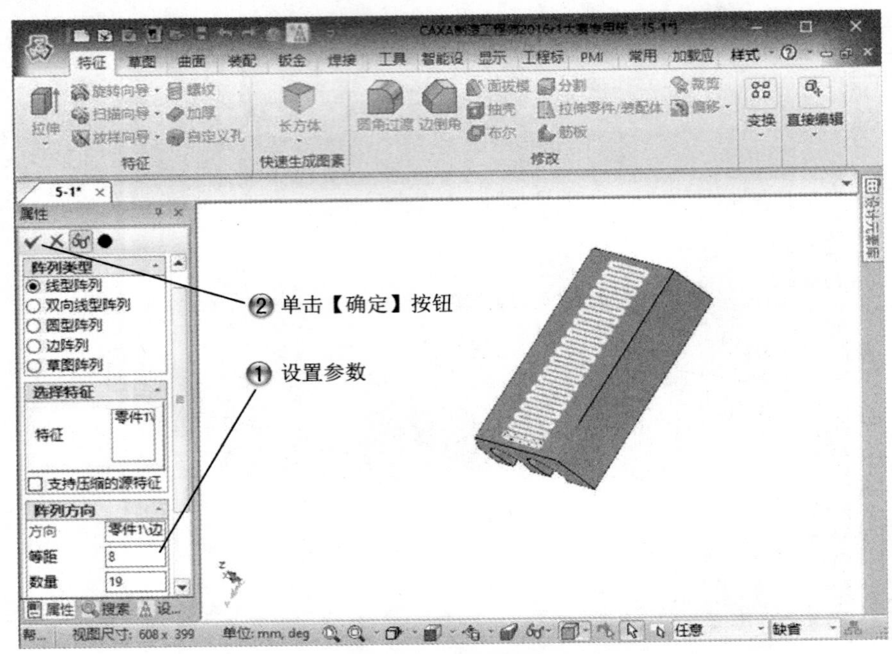

图 5-36　设置阵列参数

Step21 创建拉伸特征，如图 5-37 所示。

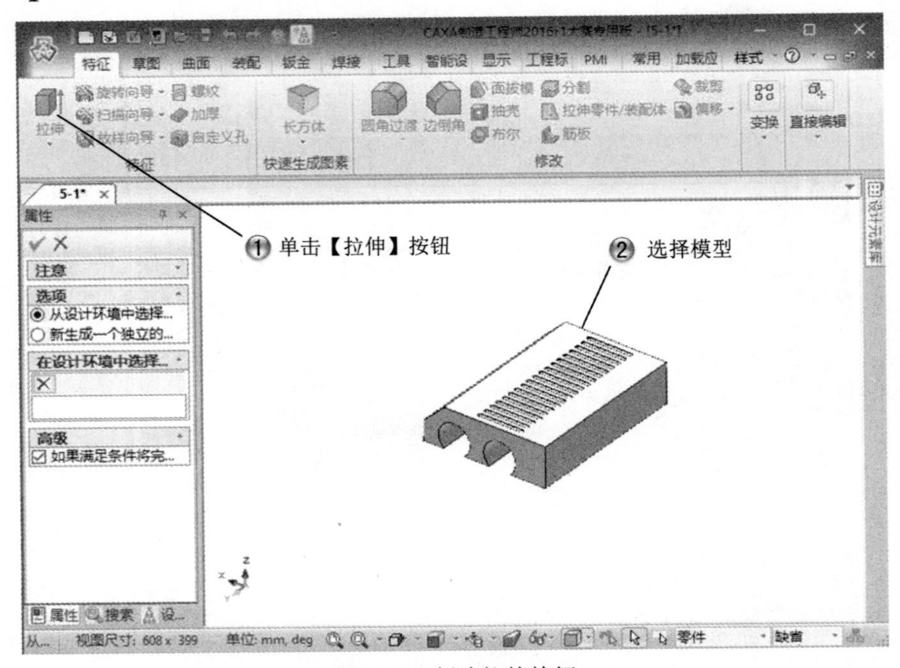

图 5-37　创建拉伸特征

Step22 选择草绘命令，如图 5-38 所示。

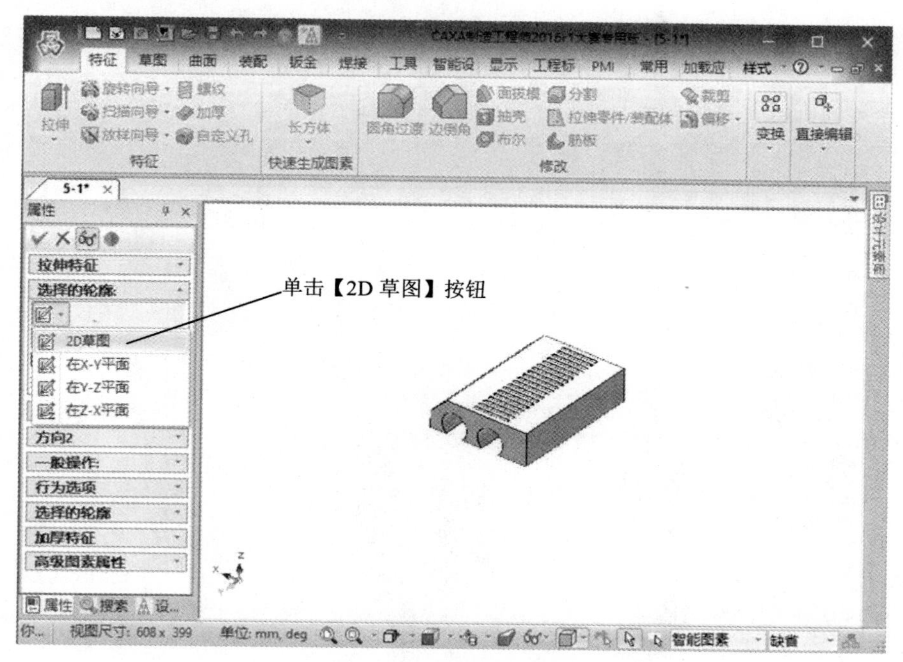

图 5-38　选择草绘命令

Step23 选择草绘面，如图 5-39 所示。

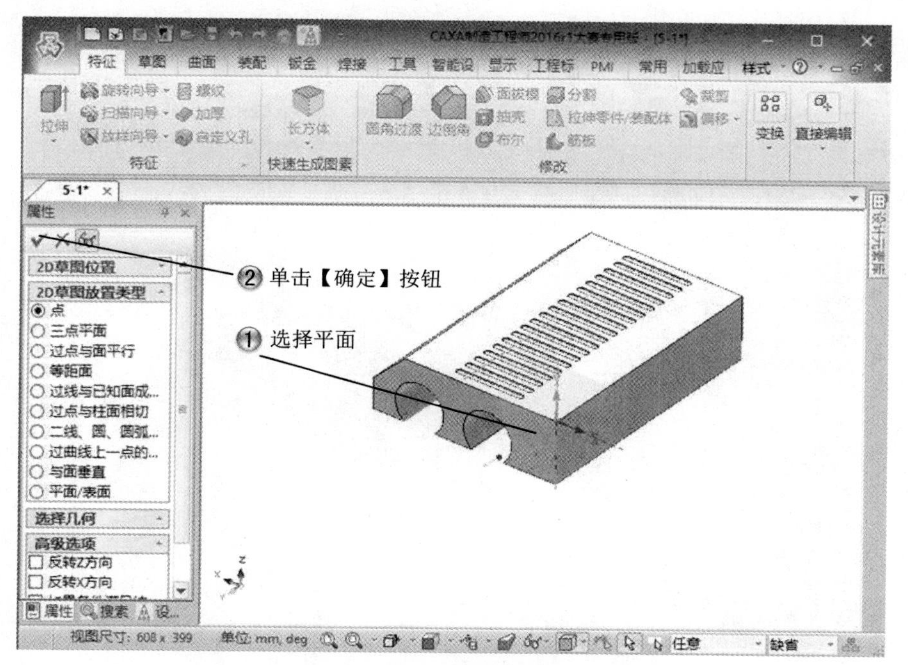

图 5-39　选择草绘面

Step24 绘制矩形，如图 5-40 所示。

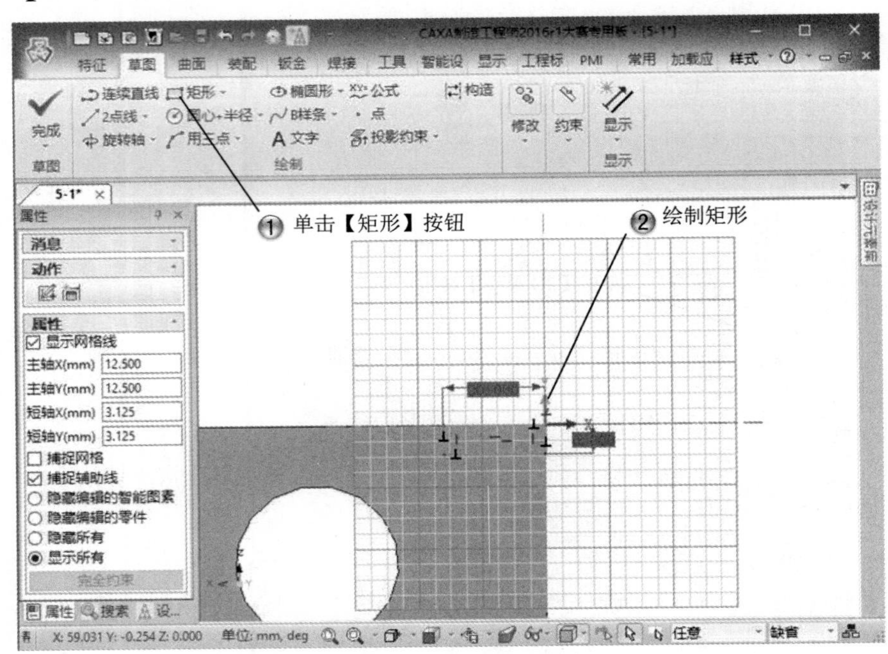

图 5-40　绘制矩形

Step25 设置拉伸参数，如图 5-41 所示。

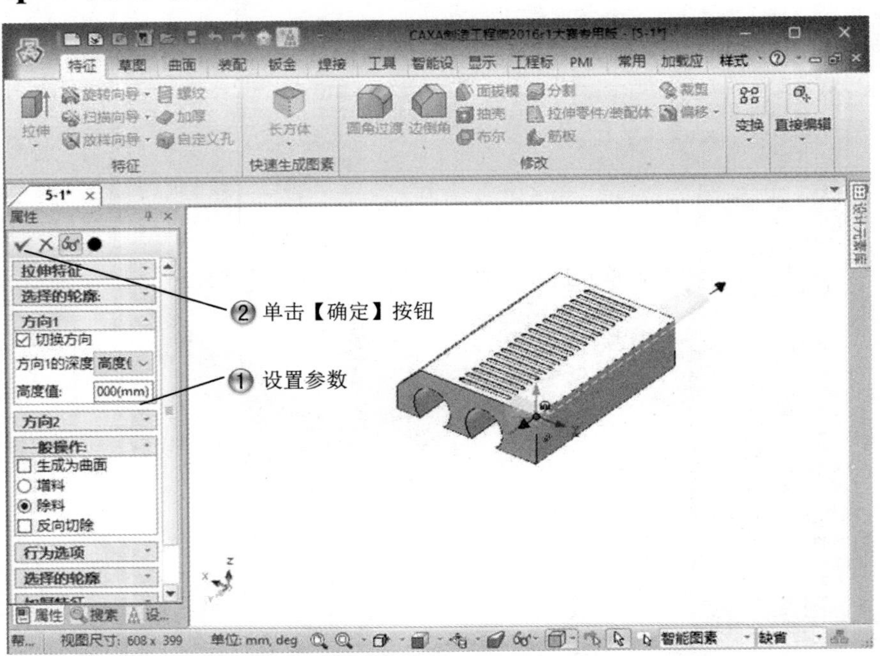

图 5-41　设置拉伸参数

Step26 创建拉伸特征，如图 5-42 所示。

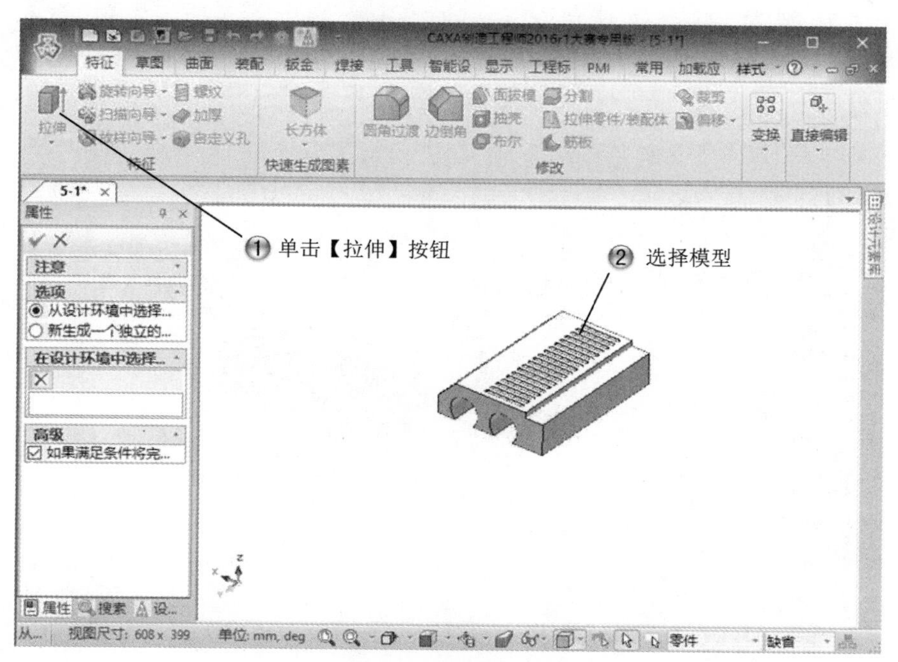

图 5-42　创建拉伸特征

Step27 选择草绘命令，如图 5-43 所示。

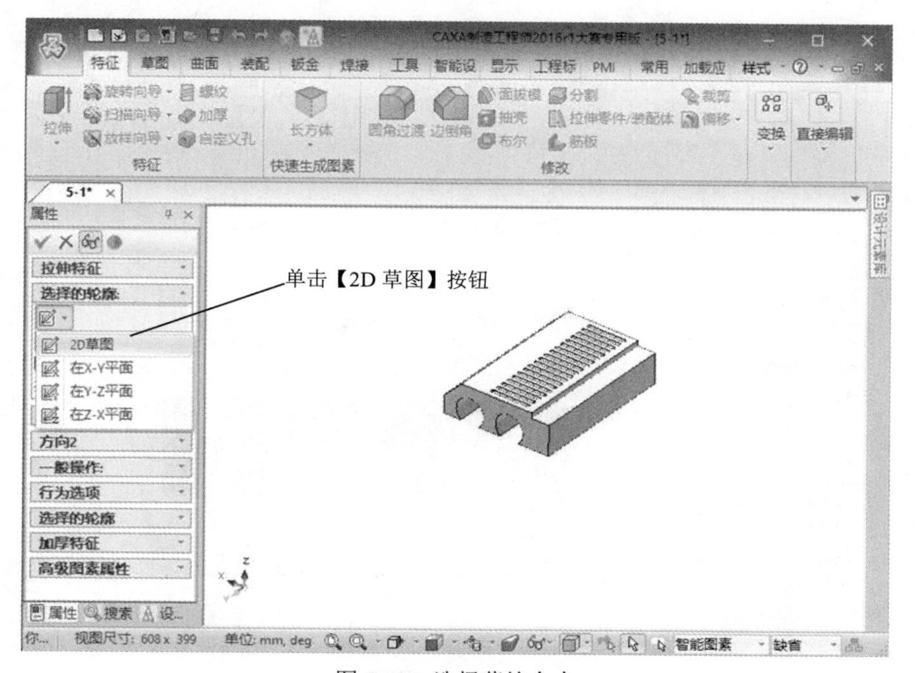

图 5-43　选择草绘命令

Step28 选择草绘面，如图 5-44 所示。

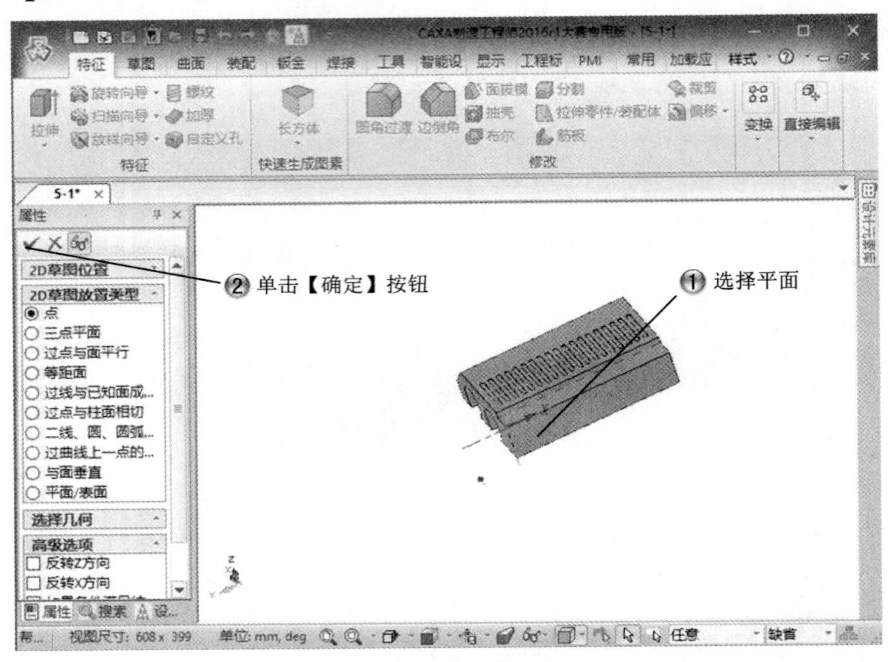

图 5-44　选择草绘面

Step29 绘制矩形，如图 5-45 所示。

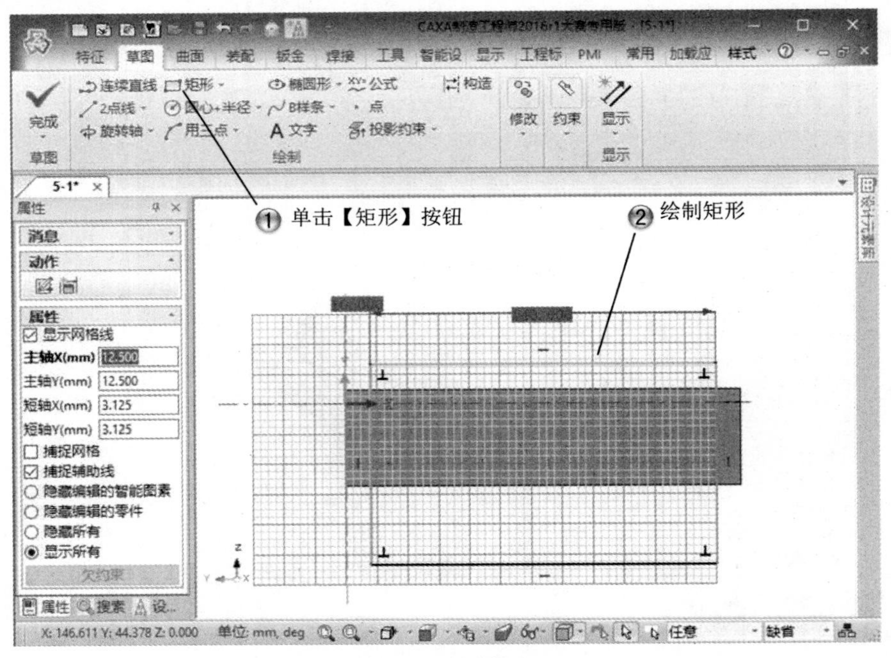

图 5-45　绘制矩形

Step30 设置拉伸参数，如图 5-46 所示。

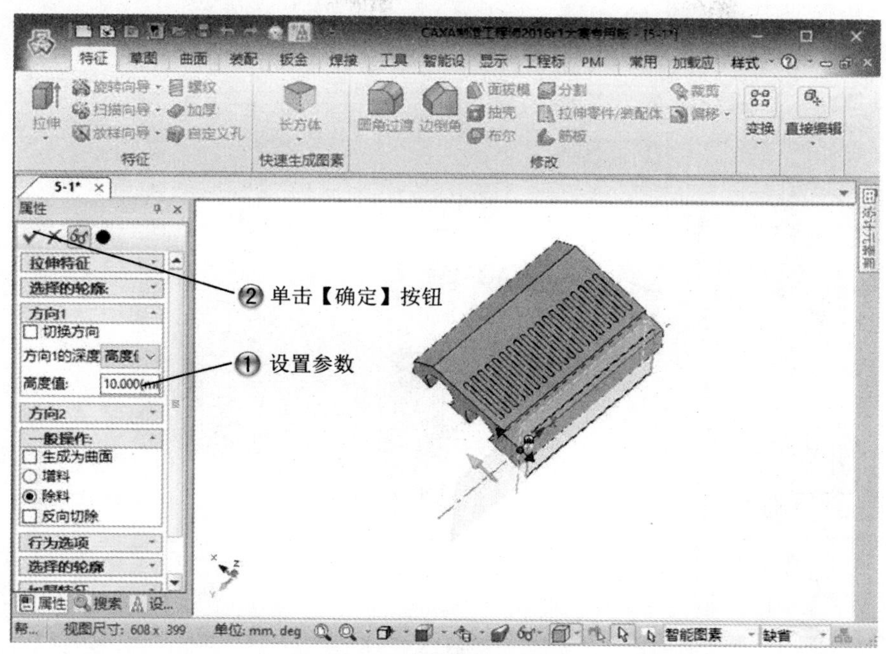

图 5-46　设置拉伸参数

Step31 创建孔特征，如图 5-47 所示。

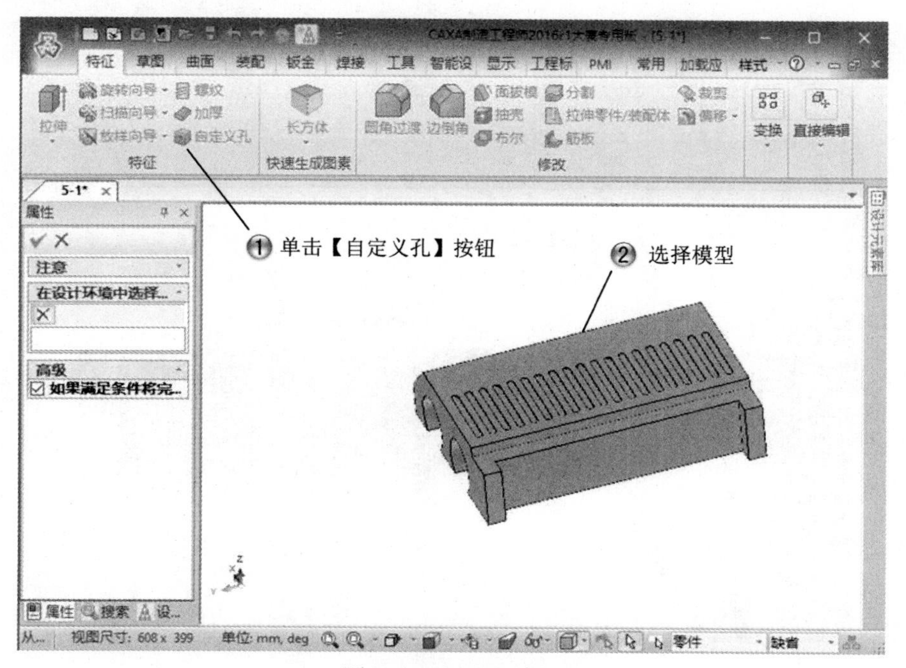

图 5-47　创建孔特征

Step32 选择孔草绘面，如图 5-48 所示。

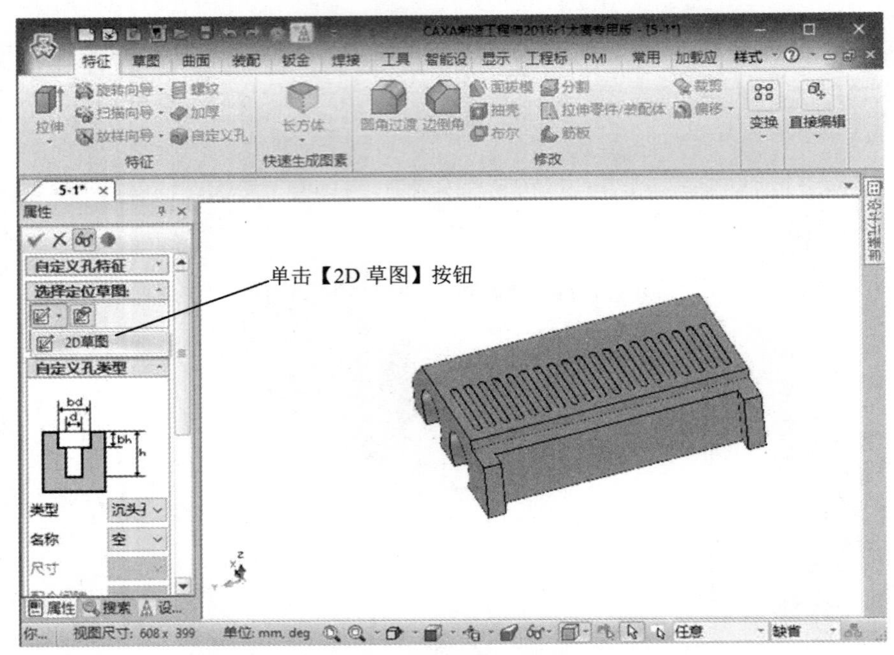

图 5-48　选择孔草绘面

Step33 绘制点，如图 5-49 所示。

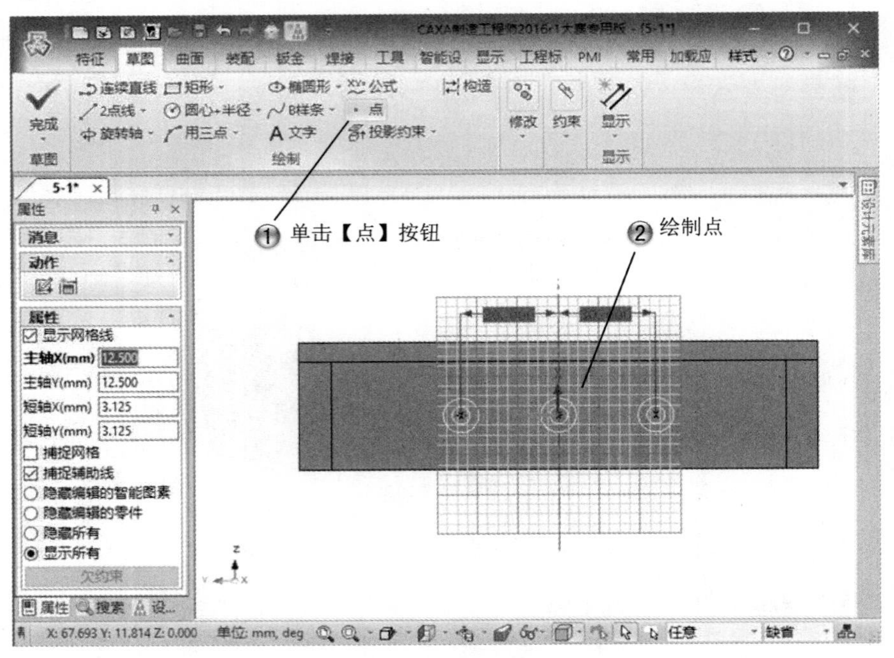

图 5-49　绘制点

Step34 设置孔参数，如图 5-50 所示。

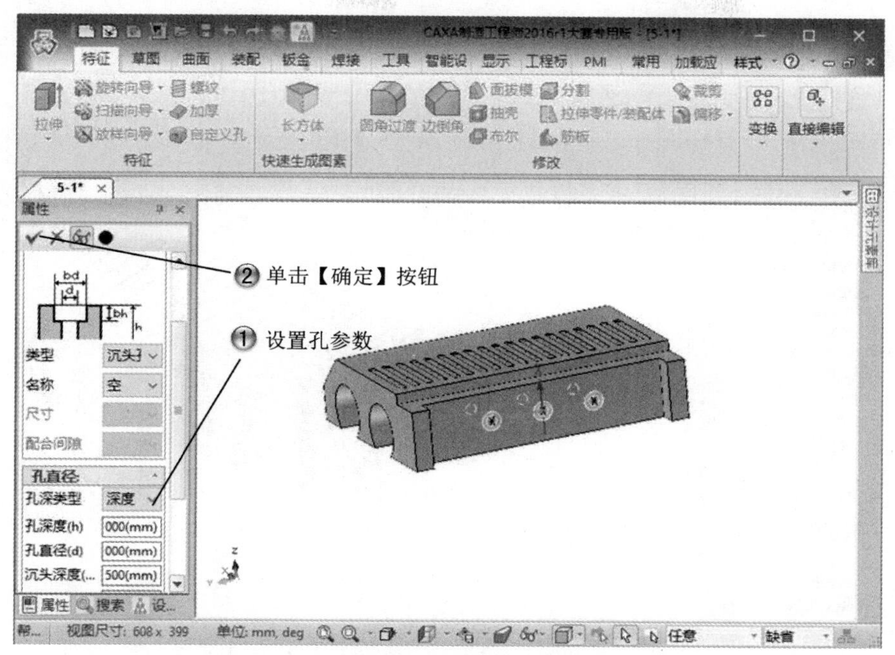

图 5-50　设置孔参数

Step35 创建圆角特征，如图 5-51 所示。

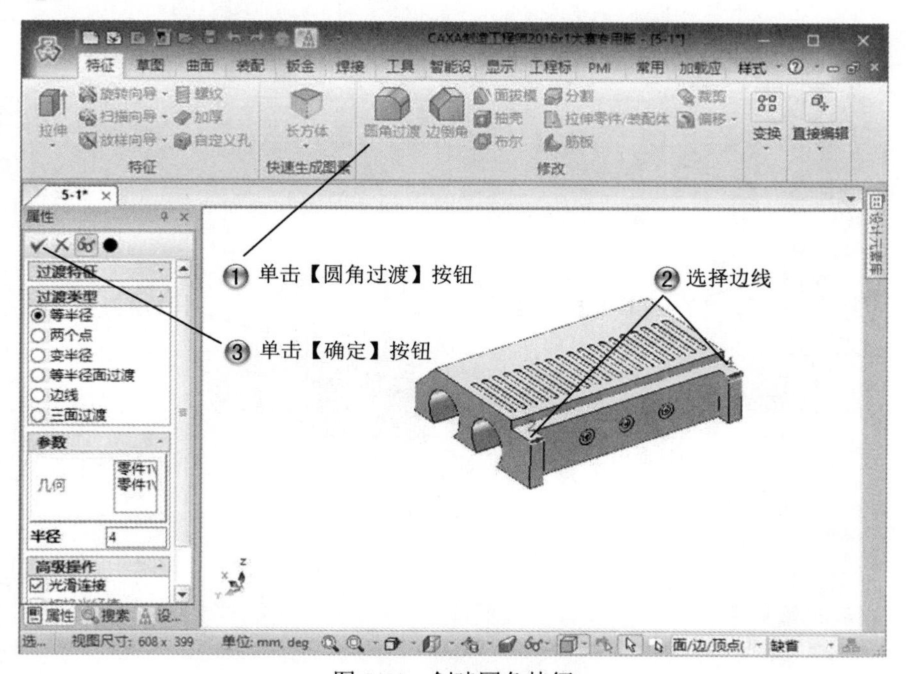

图 5-51　创建圆角特征

Step36 创建拔模特征，如图 5-52 所示。

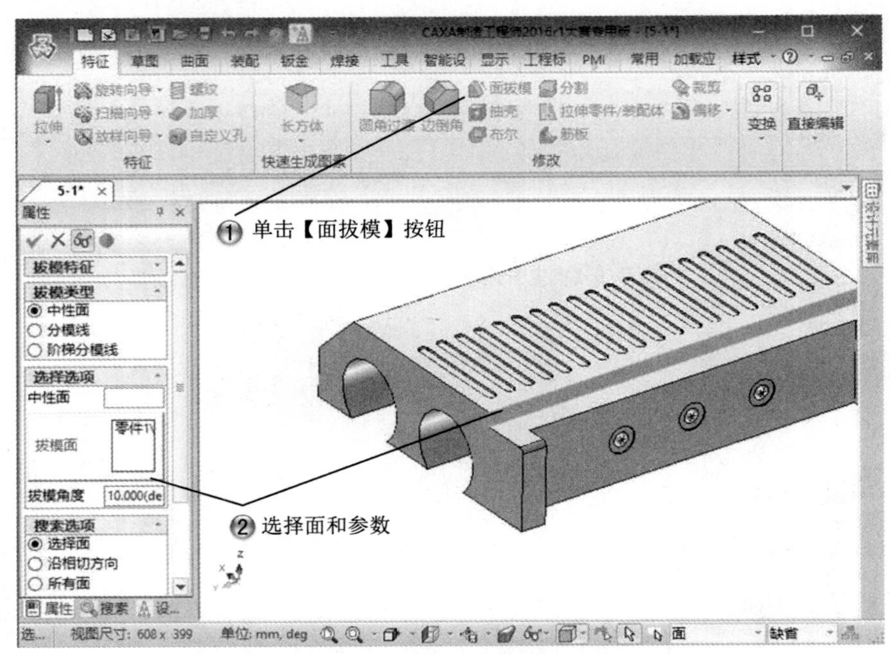

图 5-52　创建拔模特征

Step37 选择拔模中性面，如图 5-53 所示。

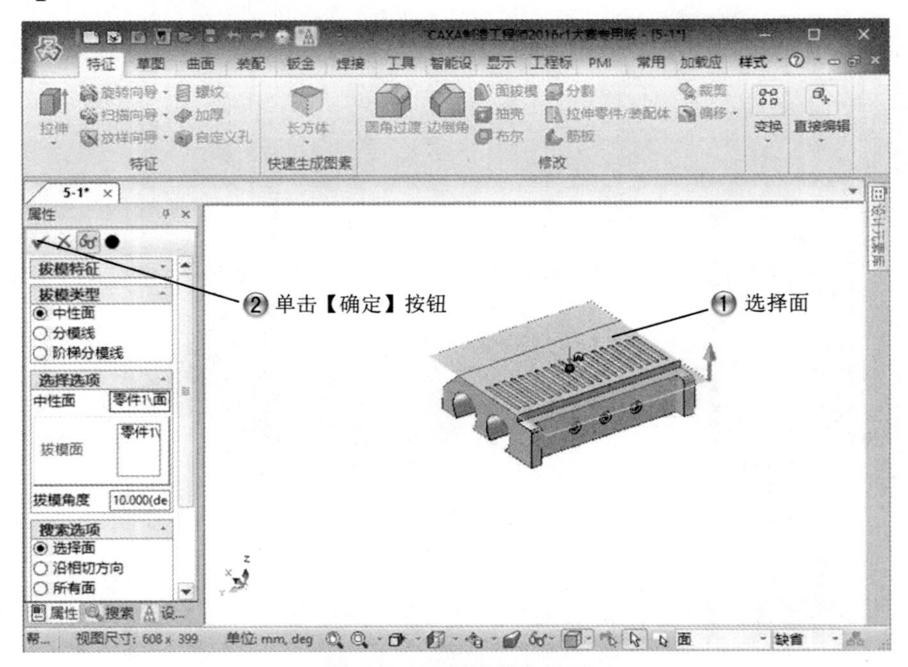

图 5-53　选择拔模中性面

Step38 完成模型特征编辑，如图 5-54 所示，至此案例制作完成。

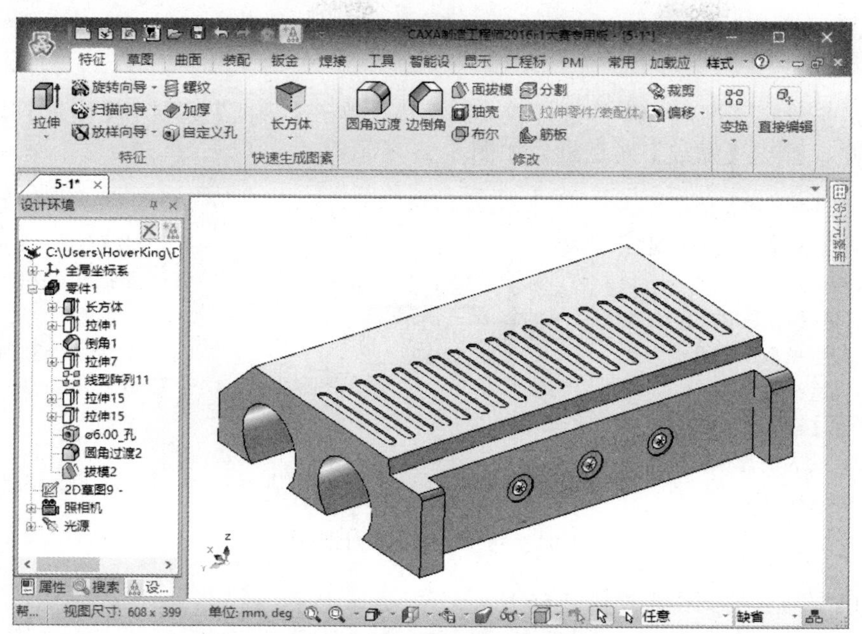

图 5-54　完成模型特征编辑

5.2　生成模具

生成模具的命令可以对模型进行缩放、型腔转换、分模等操作；布尔运算可以对不相关的模型特征进行加减运算，得到不同的特征。

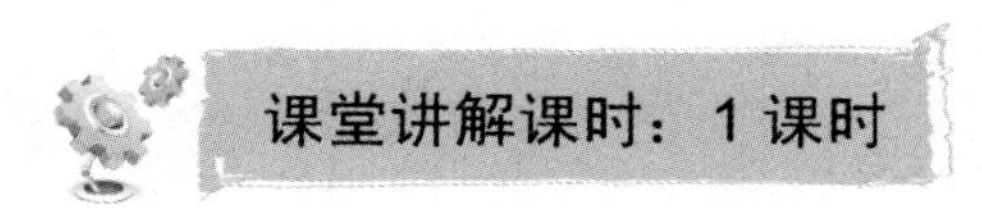

5.2.1　设计理论

模具生成命令有【缩放】、【型腔】、【分模】;【实体布尔运算】命令包括求交、求差和求和的操作，命令位于【特征生成栏】中。

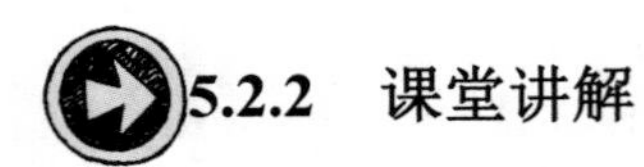

5.2.2 课堂讲解

1. 缩放

缩放是指给定基准点对零件进行放大或缩小。单击【特征】选项卡【模具】组中的【缩放】按钮，弹出【缩放】对话框，如图 5-55 所示。

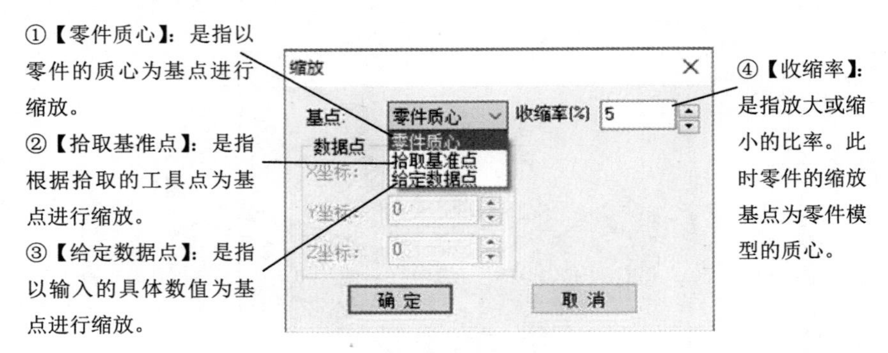

图 5-55 【缩放】对话框

创建模型缩放的操作，如图 5-56 所示。

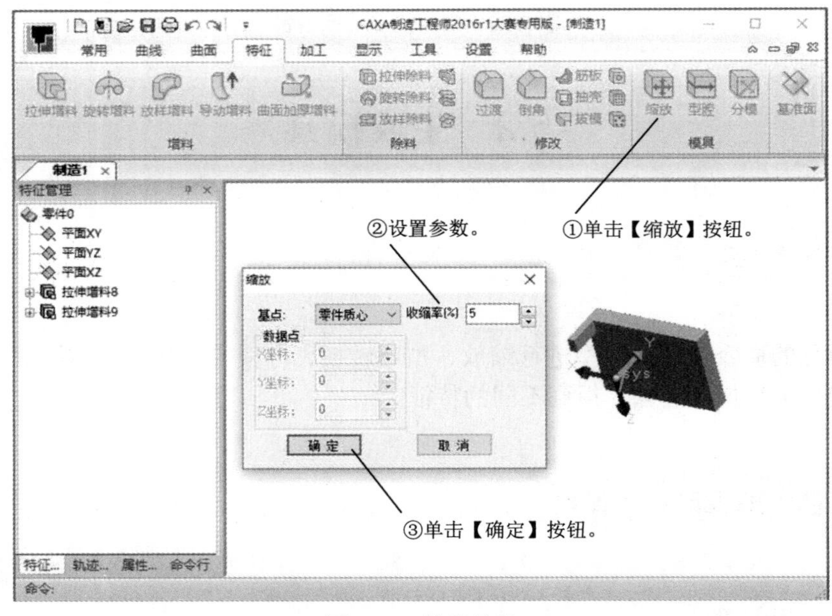

图 5-56 模型缩放

2. 型腔

型腔操作是指以零件为型腔生成包围此零件的模具。单击【特征】选项卡【模具】组中的【型腔】按钮，弹出【型腔】对话框，如图 5-57 所示。

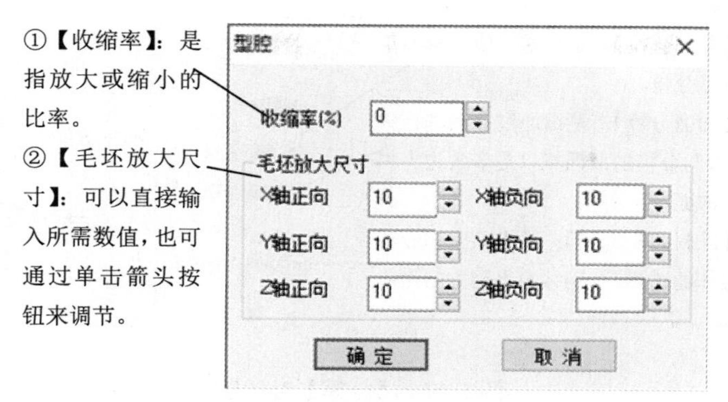

图 5-57 【型腔】对话框

创建型腔的操作，如图 5-58 所示。

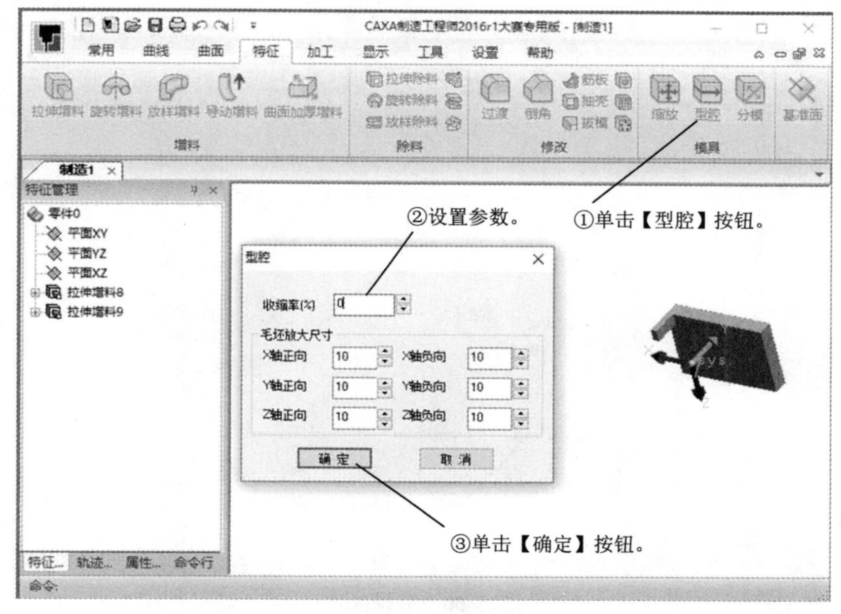

图 5-58 型腔操作

收缩率范围为–20%～20%。

名师点拨

3. 分模

分模就是使模具按照给定的方式分成几个部分。在型腔生成后，通过分模把型腔分开。单击【特征】选项卡【模具】组中的【分模】按钮，弹出【分模】对话框，如图 5-59 所示。

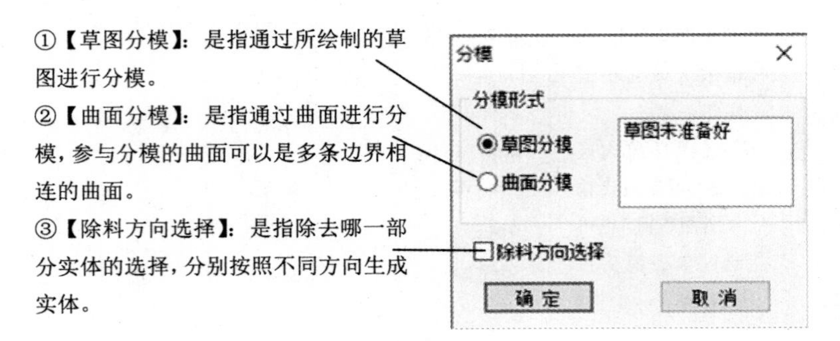

图 5-59　【分模】对话框

创建分模的操作，如图 5-60 所示。

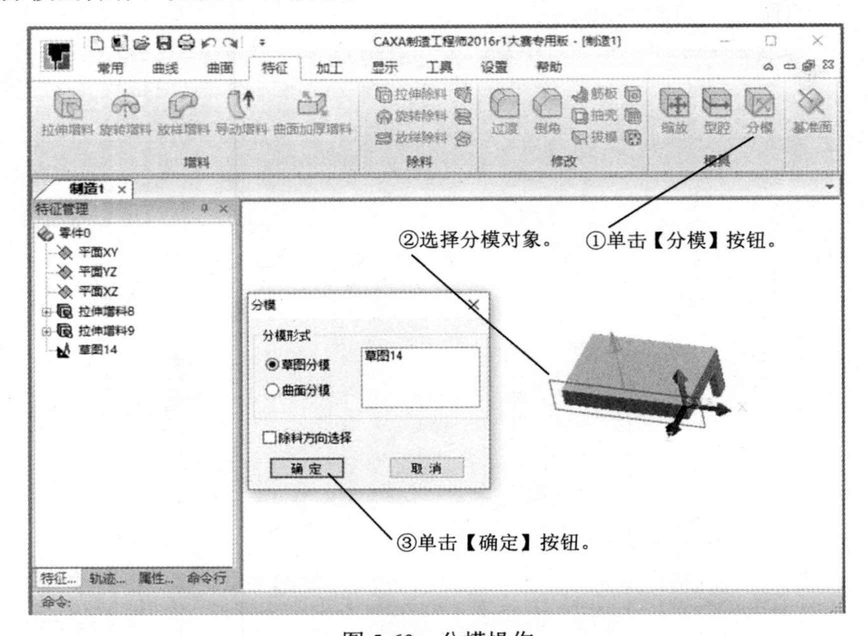

图 5-60　分模操作

5.2.3　课堂练习——设计盘件模具

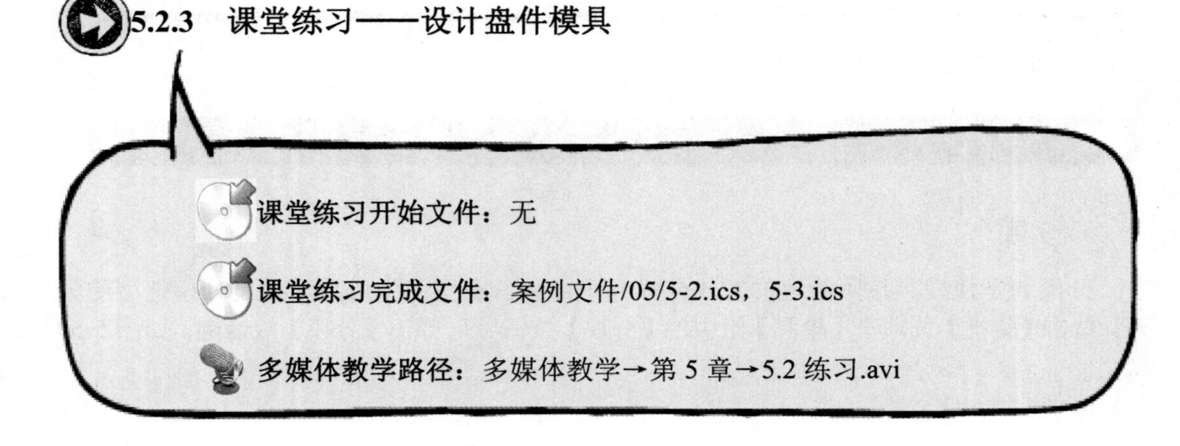

Step1 创建圆柱体，如图 5-61 所示。

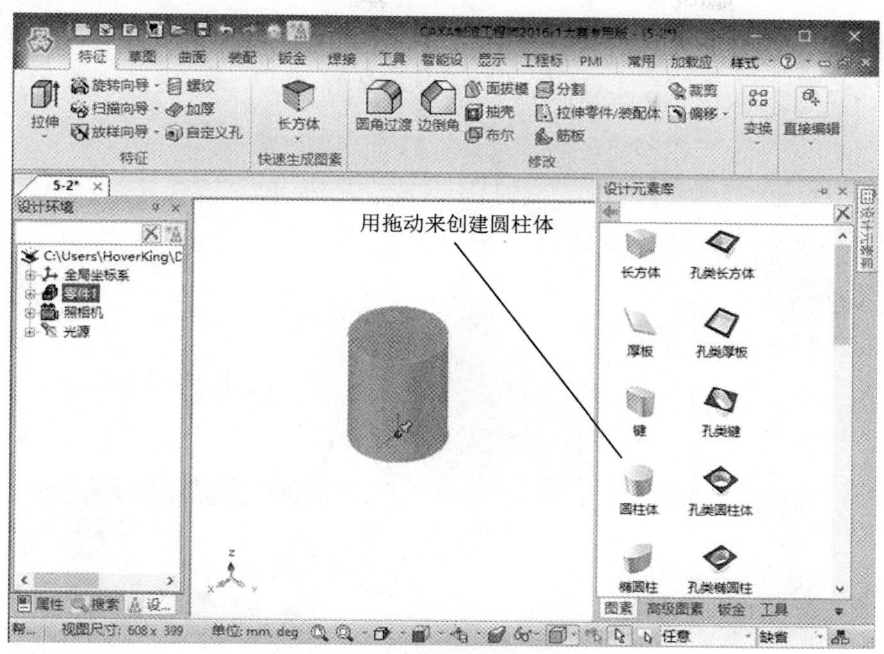

图 5-61　创建圆柱体

Step2 编辑包围盒，如图 5-62 所示。

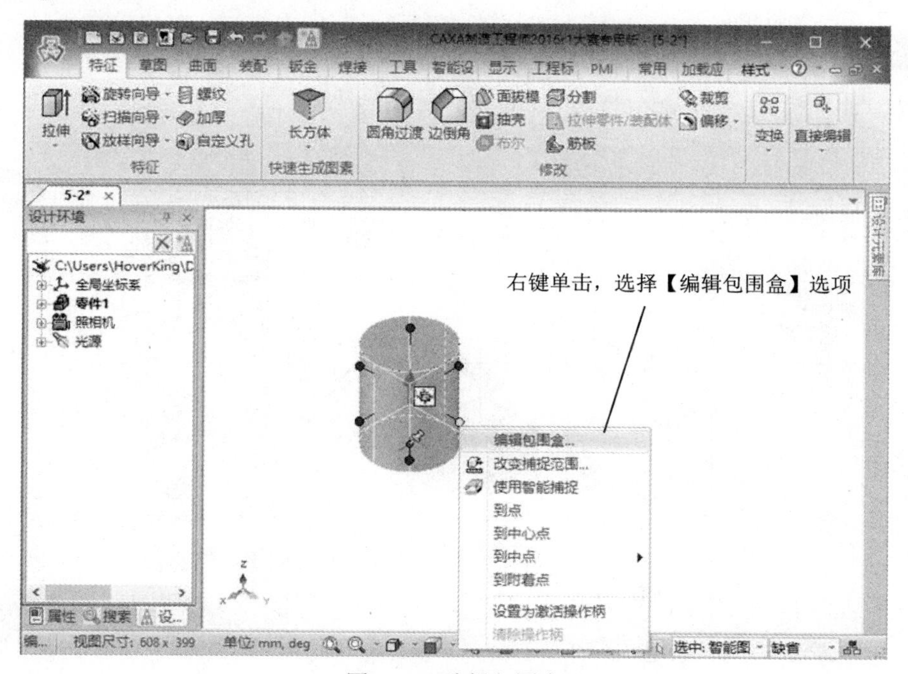

图 5-62　编辑包围盒

Step3 设置包围盒参数，如图 5-63 所示。

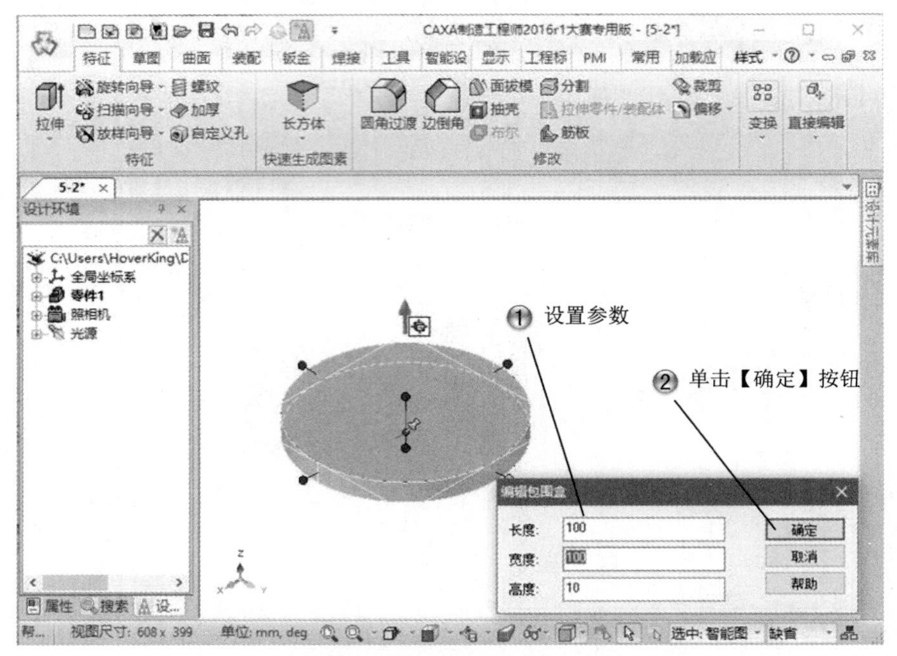

图 5-63　设置包围盒参数

Step4 创建圆柱体，如图 5-64 所示。

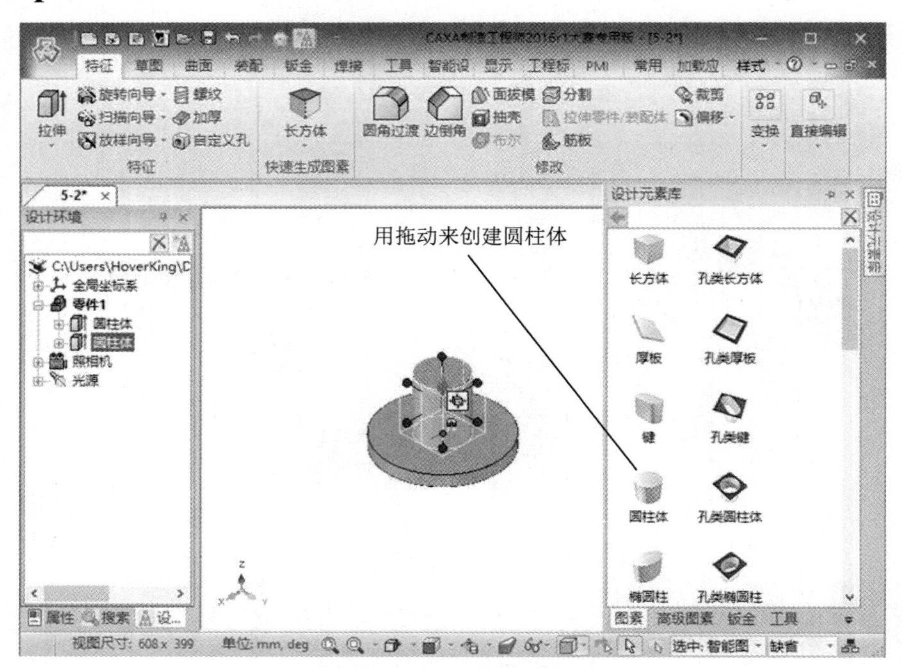

图 5-64　创建圆柱体

Step5 编辑包围盒，如图 5-65 所示。

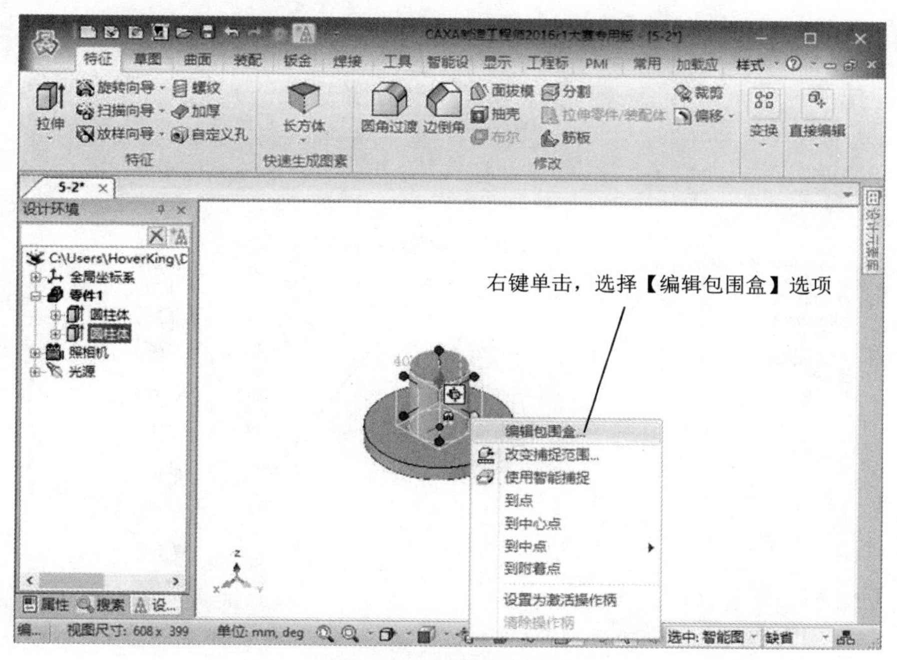

图 5-65　编辑包围盒

Step6 设置包围盒参数，如图 5-66 所示。

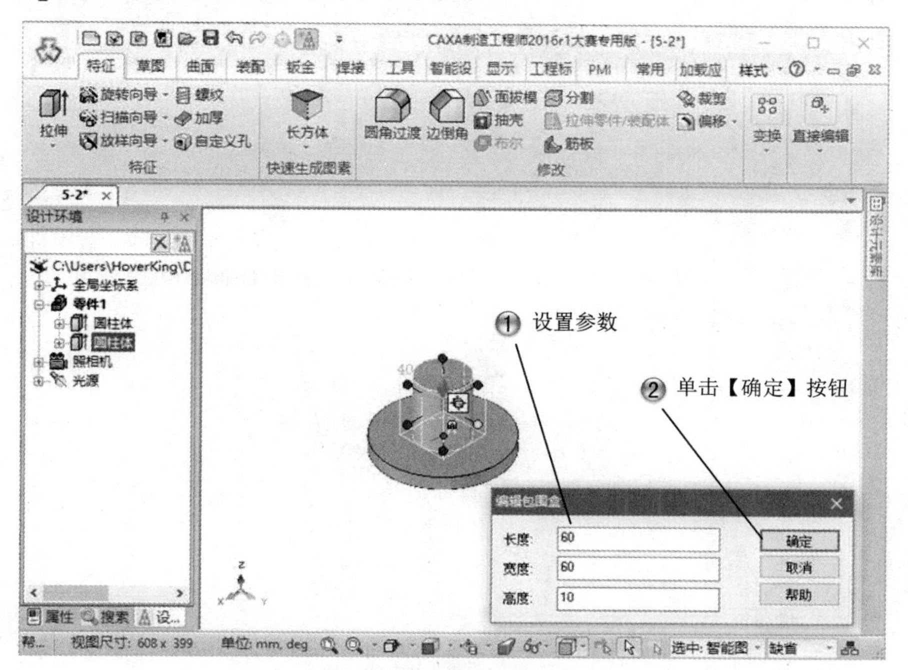

图 5-66　设置包围盒参数

Step7 创建圆柱体，如图 5-67 所示。

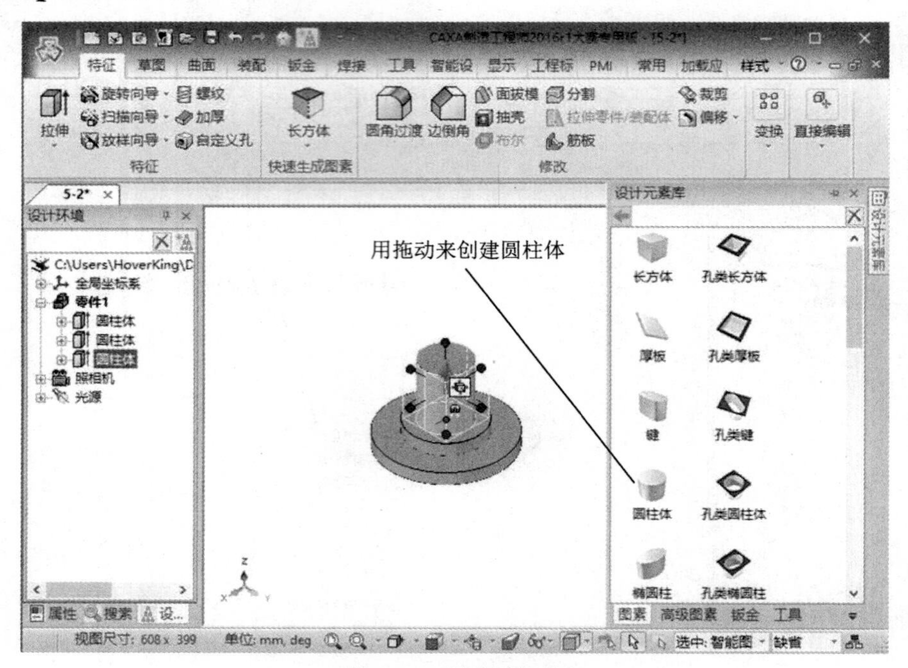

图 5-67　创建圆柱体

Step8 编辑包围盒，如图 5-68 所示。

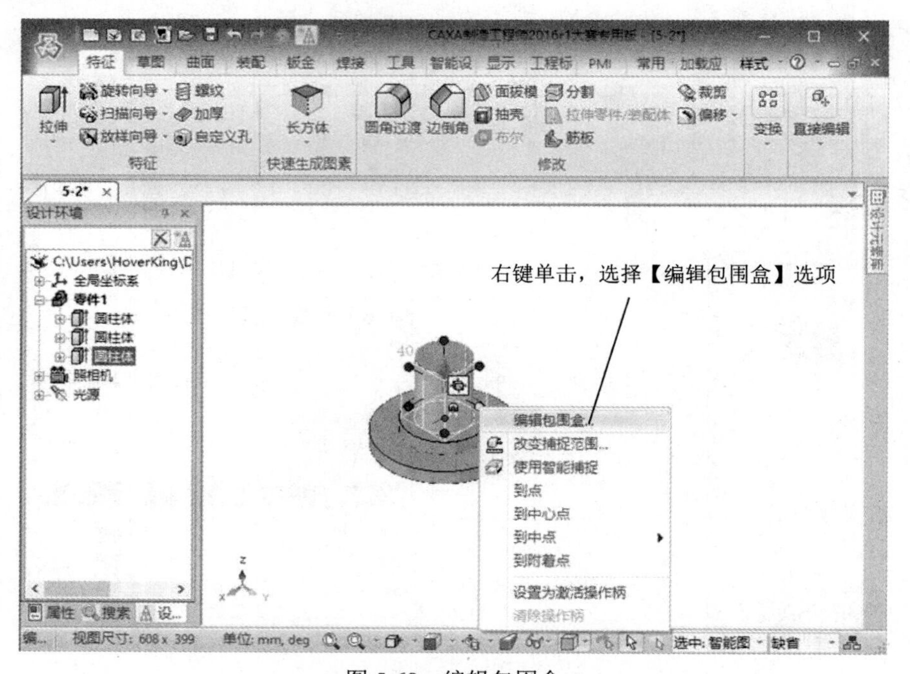

图 5-68　编辑包围盒

Step9 设置包围盒参数，如图 5-69 所示。

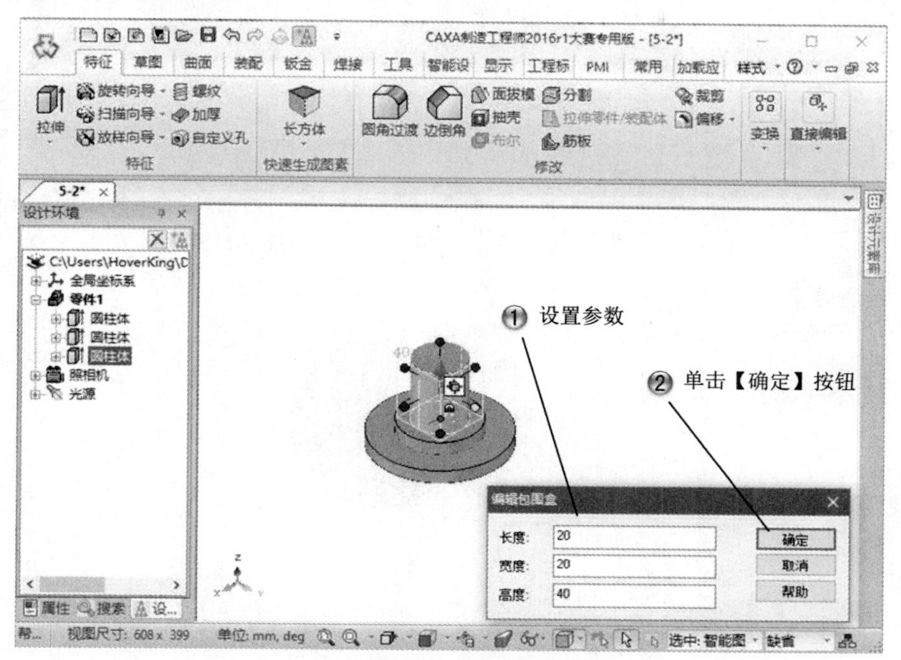

图 5-69 设置包围盒参数

Step10 创建倒角特征，如图 5-70 所示。

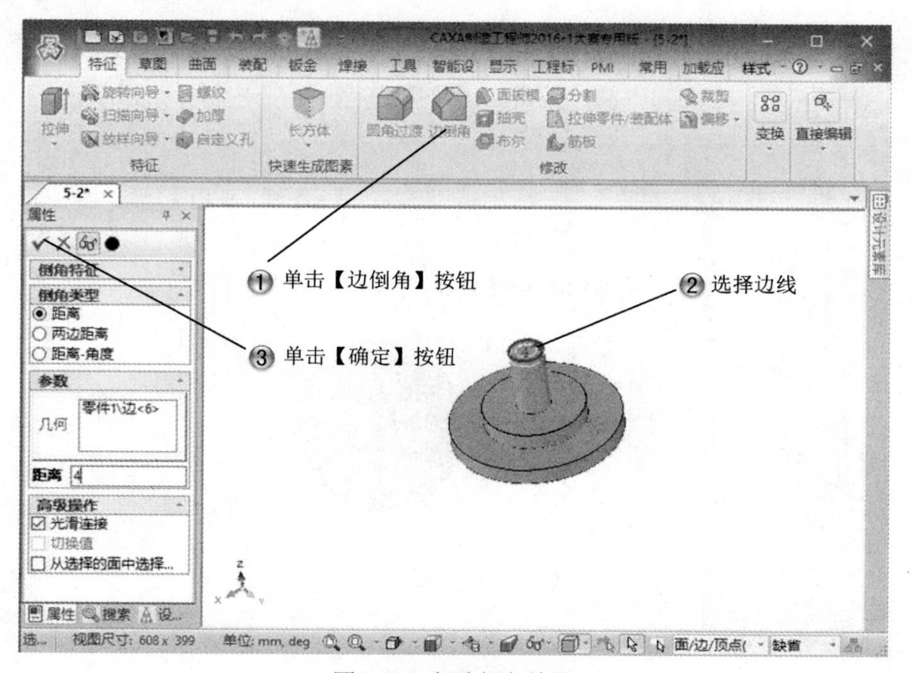

图 5-70 创建倒角特征

Step11 创建孔特征，如图 5-71 所示。

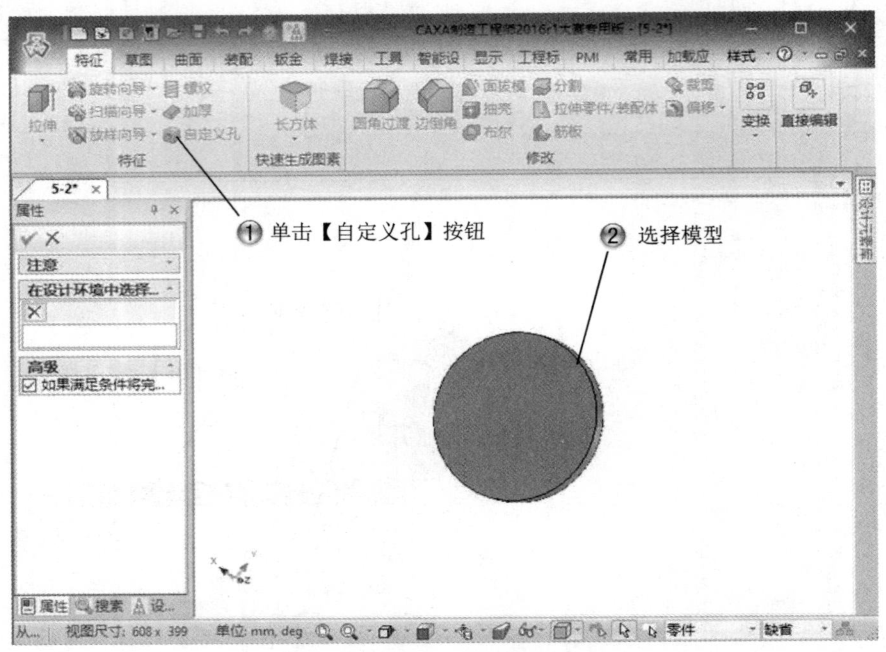

图 5-71 创建孔特征

Step12 选择孔草绘面，如图 5-72 所示。

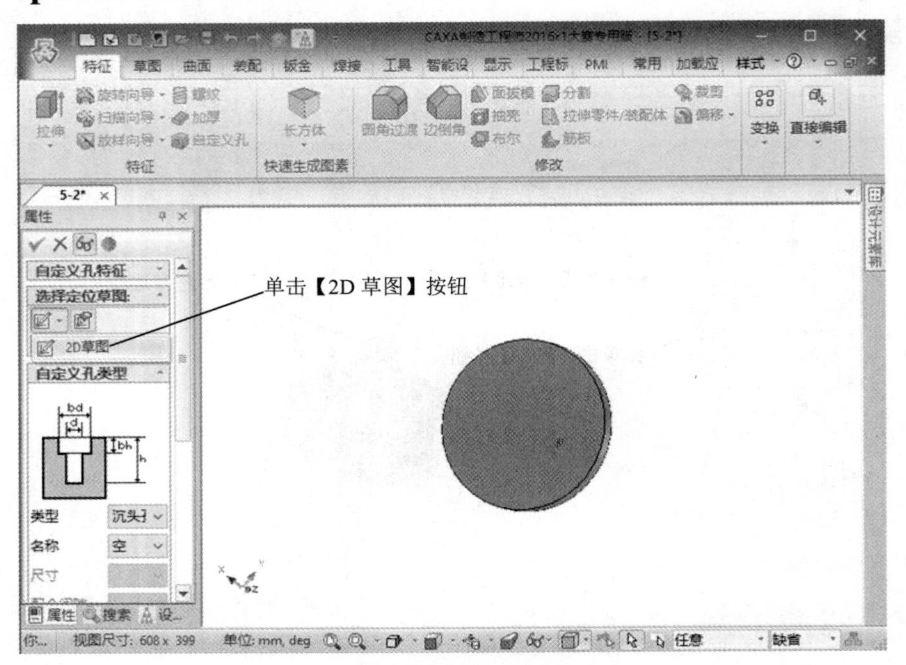

图 5-72 选择孔草绘面

Step13 选择草绘面，如图 5-73 所示。

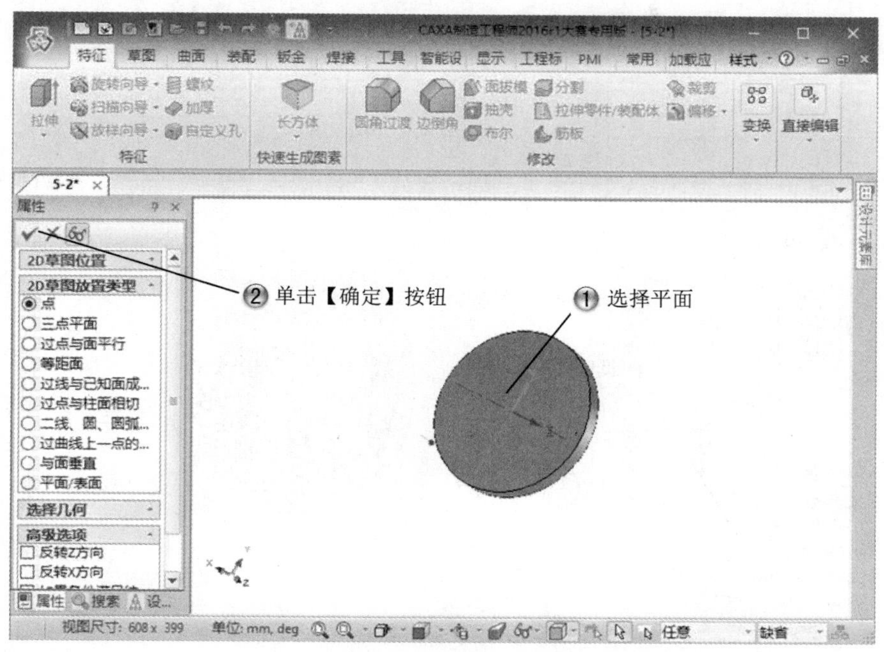

图 5-73　选择草绘面

Step14 绘制点，如图 5-74 所示。

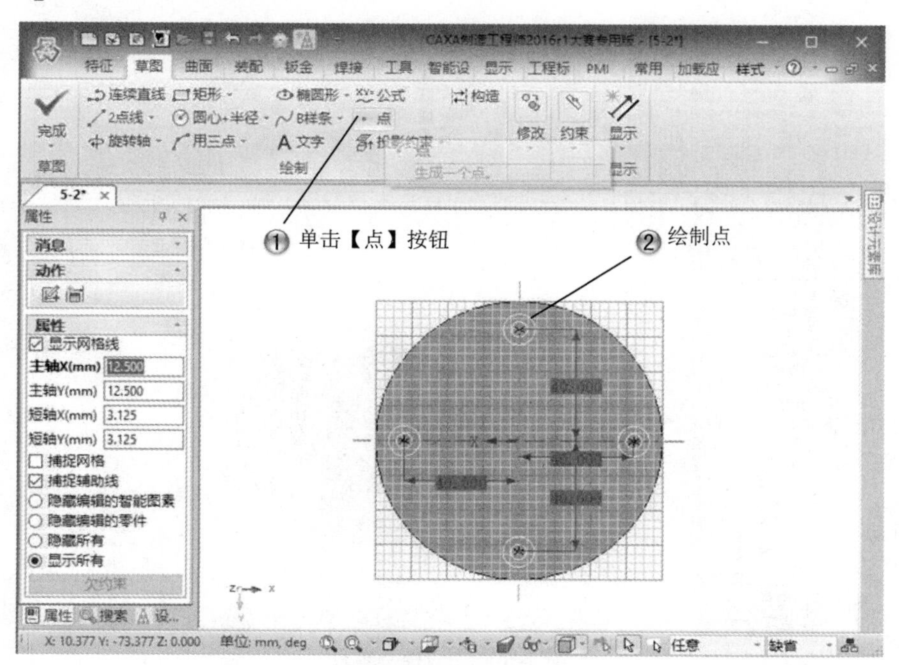

图 5-74　绘制点

Step15 设置孔的参数，如图 5-75 所示。

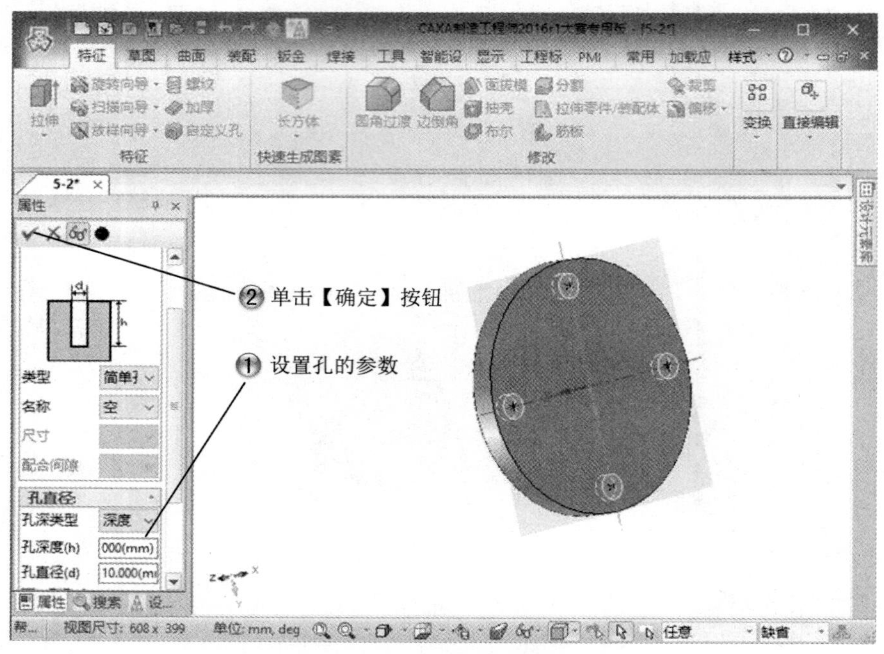

图 5-75　设置孔的参数

Step16 完成模具零件，如图 5-76 所示。

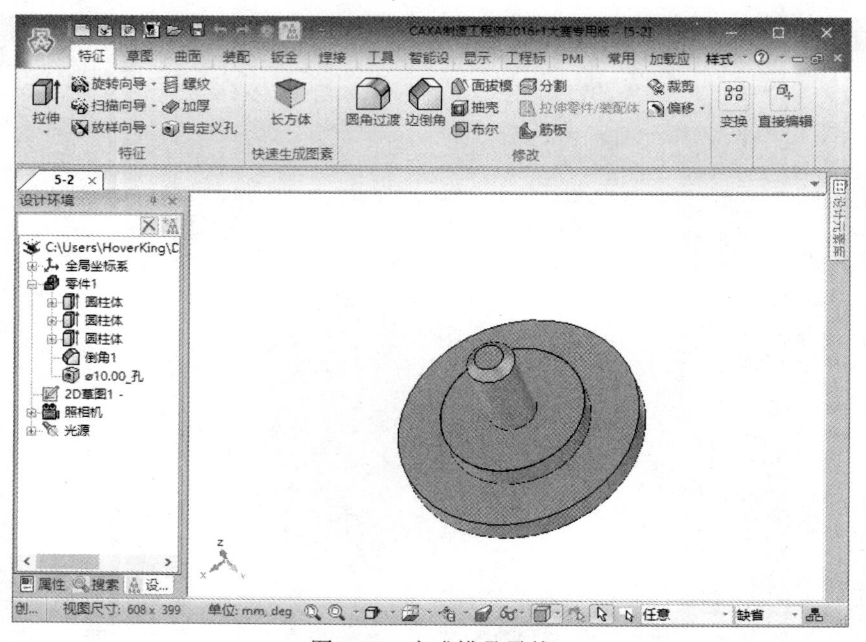

图 5-76　完成模具零件

Step17 创建圆柱体，如图 5-77 所示。

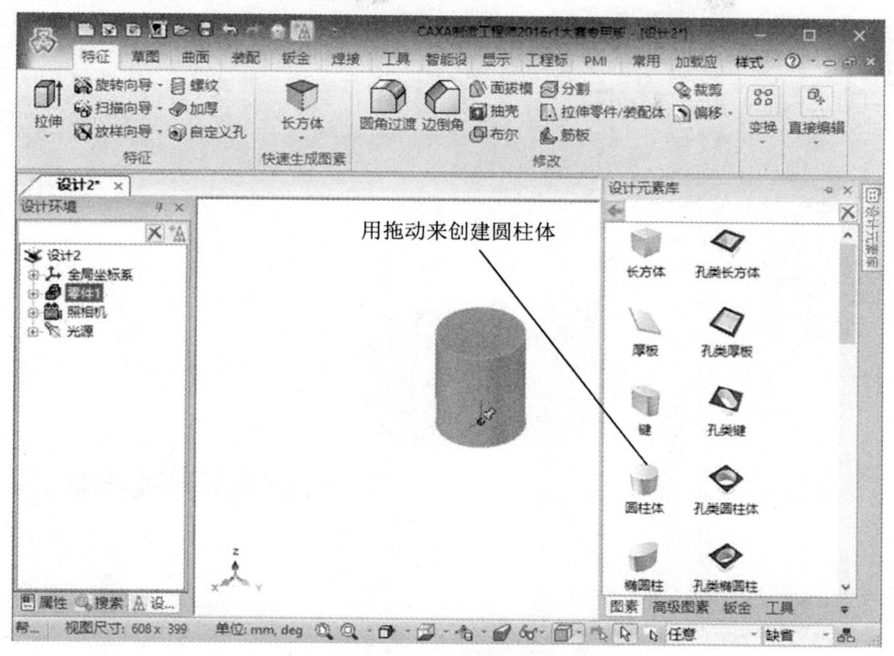

图 5-77　创建圆柱体

Step18 编辑包围盒，如图 5-78 所示。

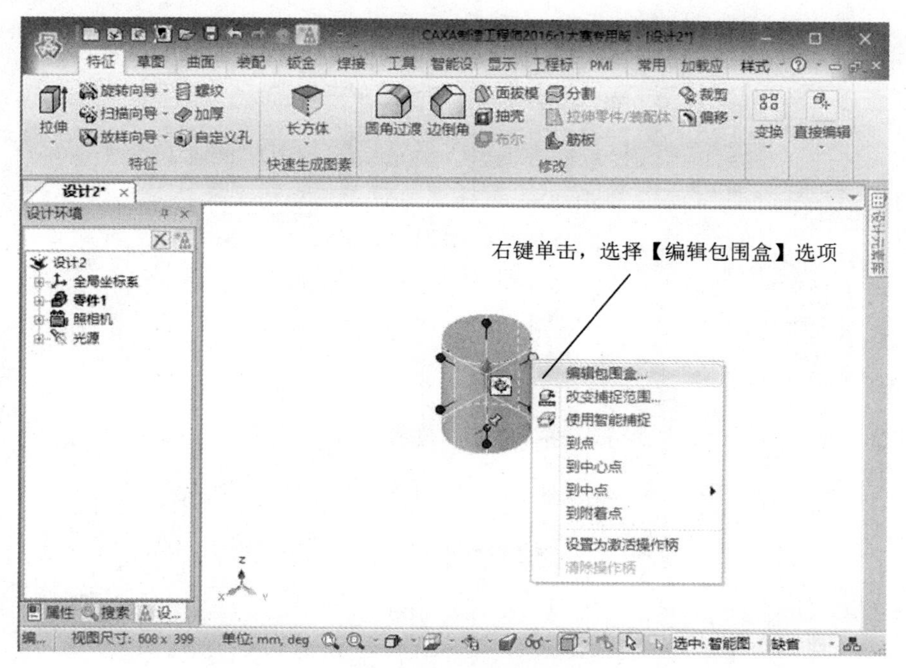

图 5-78　编辑包围盒

Step19 设置包围盒参数，如图 5-79 所示。

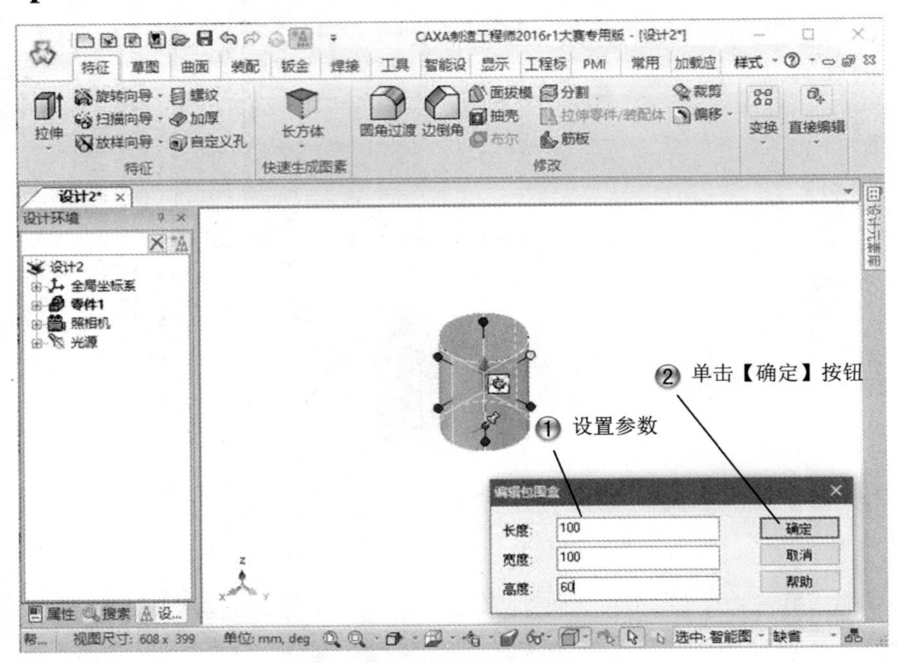

图 5-79　设置包围盒参数

Step20 装配零件，如图 5-80 所示。

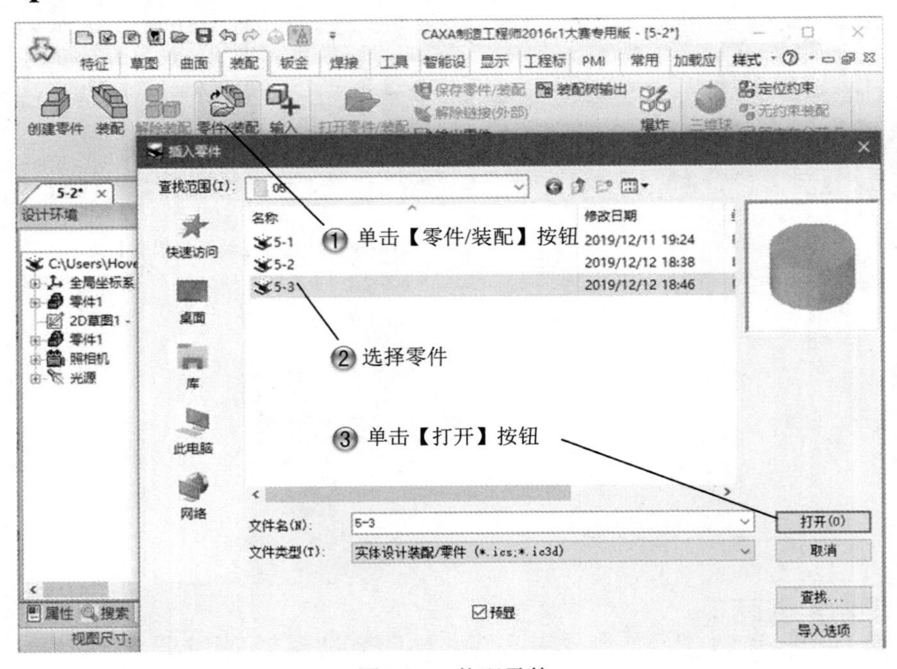

图 5-80　装配零件

Step21 完成模具模型，如图 5-81 所示，至此案例制作完成。

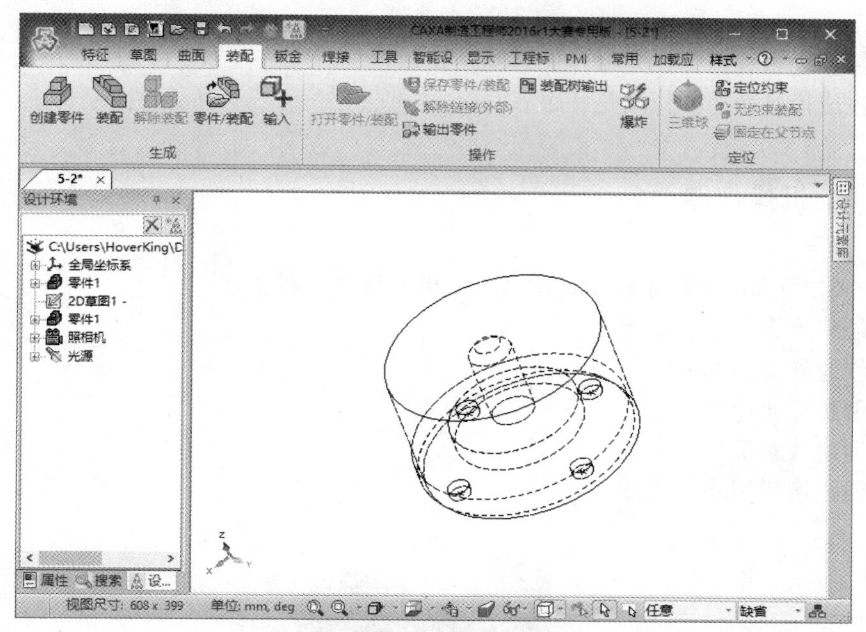

图 5-81　完成模具模型

5.3　专家总结

本章主要介绍了特征创建之后的编辑命令，包括过渡、倒角、孔、拔模、抽壳、筋板和阵列这些命令，灵活运用这些命令可以得到需要的模型特征。在生成模具一节，简要介绍了模具相关的模型编辑命令，同时介绍了布尔运算，有助于读者对模型创建的学习。

5.4　课后习题

5.4.1　填空题

（1）特征编辑的命令有________________。

（2）孔的种类有________种。

（3）对模型面相交线的处理方法有________、________。

5.4.2 问答题

（1）特征编辑和特征创建命令的区别是什么？

（2）生成模具命令的作用是什么？

5.4.3 上机操作题

如图 5-82 所示，使用本章学过的命令来创建连接件模型。

一般创建步骤和方法如下：

（1）创建椭圆体部分。

（2）创建除料特征。

（3）创建其余部分。

（4）创建增料和除料特征。

图 5-82　连接件模型

第6章　基本数控加工方法

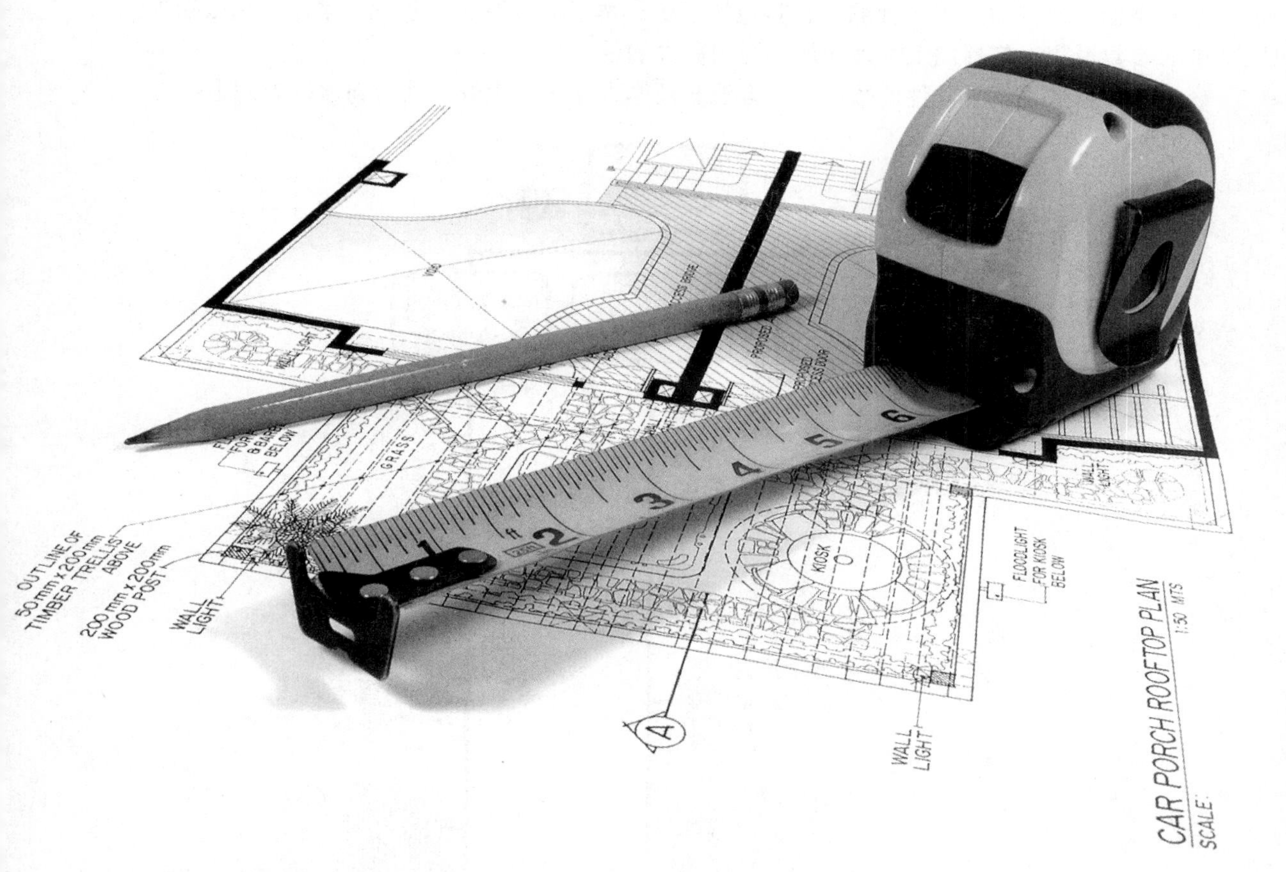

课训目标

内　容	掌握程度	课　时
数控加工基础知识	了解	1
加工管理	熟练运用	1
设置加工通用参数	熟练运用	1

课程学习建议

数控加工编程是 CAXA 制造工程师最重要的内容之一，它提供的加工轨迹生成方法主要有粗加工、精加工、多轴加工和其他加工等。本章从数控加工基础入手，介绍数控加工中的参数设置，包括加工管理和加工通用参数的设置。

本课程主要基于软件的数控加工方法和基本设置进行讲解，其培训课程表如下。

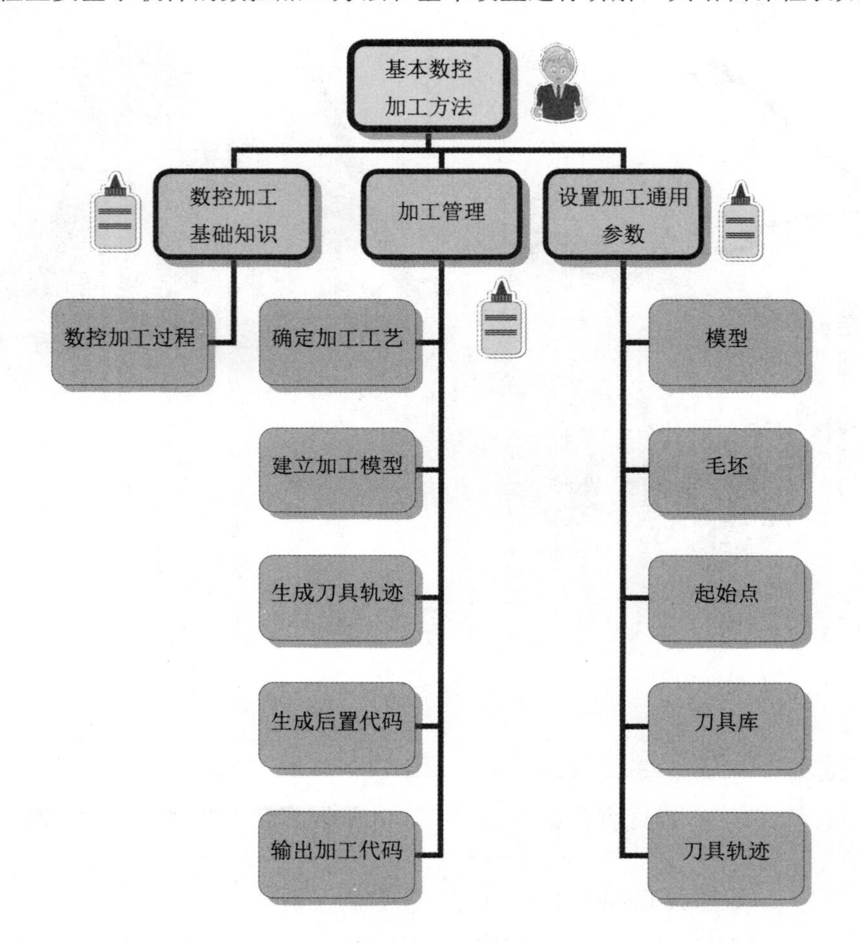

6.1 数控加工基础知识

数控加工也称为 NC（Numerical Control）加工，是以数值与符号构成的信息，控制机

床实现自动运转。数控加工经历了半个世纪的发展，已成为应用于当代各个制造领域的先进制造技术。

课堂讲解课时：1 课时

6.1.1 设计理论

数控加工的最大特征有两个：一是可以极大地提高精度，包括加工质量精度和加工时间误差精度；二是加工质量的重复性，可以稳定加工质量，保持加工零件质量的一致。也就是说加工零件的质量及加工时间是由数控程序决定的，而不是由机床操作人员决定的。

数控加工具有如下优点：

（1）提高生产效率。

（2）不需熟练的机床操作人员。

（3）提高加工精度并且保持稳定的加工质量。

（4）可以减少工装卡具。

（5）可以减少各工序间的周转，原来需要用多道工序完成的工件，用数控加工可以一次装卡完成，缩短加工周期，提高生产效率。

（6）容易进行加工过程管理。

（7）可以减少检查工作量。

（8）可以降低废、次品率。

（9）便于设计变更，加工设定柔性化。

（10）容易实现操作过程的自动化，一个人可以操作多台机床。

（11）操作更容易，极大减轻体力劳动强度。

6.1.2 课堂讲解

如何进行数控加工程序的编制，是影响数控加工效率及质量的关键，传统的手工编程方法复杂、烦琐，易出错，难检查，难以充分发挥数控机床的功能。在模具加工中，经常会遇到形状复杂的零件，其形状用自由曲面来描述，采用手工编程方法基本上无法编制数控加工程序。近年来，由于计算机技术的迅速发展，计算机的图形处理功能有很大增强，基于 CAD/CAM 技术进行图形交互的自动编程方法日趋成熟，这种方法速度快、精度高、直观、使用简便和便于检查。CAD/CAM 技术在工业发达国家已得到了广泛应用。近年来在国内的应用也越来越普及，成为实现制造业技术进步的一种必然趋势。

数控加工是将待加工零件进行数字化表达，数控机床按数字量控制刀具和零件的运动，从而实现零件加工的过程。被加工零件用线架、曲面、实体等几何体来表示，CAM 系统在零件几何体基础上生成刀具轨迹，经过后置处理生成加工代码，将加工代码通过传输介质传给数控机床，数控机床按数字量控制刀具运动，完成零件加工。

数控加工过程为：零件信息→CAD 系统造型→CAM 系统生成加工代码→数控机床→零件。

（1）零件数据准备。系统自设计和造型功能或通过数据接口传入 CAD 数据，如 STEP、IGES、SAT、DXF、X-T 等数据文件；在实际的数控加工中，零件数据不仅仅来自图纸，在广泛应用互联网的今天，零件数据往往通过测量或通过标准数据接口传输等方式得到。

（2）确定粗加工、半精加工和精加工方案。

（3）生成各加工步骤的刀具轨迹。

（4）刀具轨迹仿真。

（5）输出后置加工代码。

（6）输出数控加工工艺技术文件。

（7）传给机床实现加工。

6.2 加工管理

基本概念

随着制造设备的数控化率不断提高，数控加工技术在我国得到日益广泛的应用，在模具行业，掌握数控技术与否及加工过程中的数控化率的高低，已成为企业是否具有竞争力的象征。数控加工技术应用的关键，在于计算机辅助设计和制造（CAD/CAM）系统的质量。

课堂讲解课时：1 课时

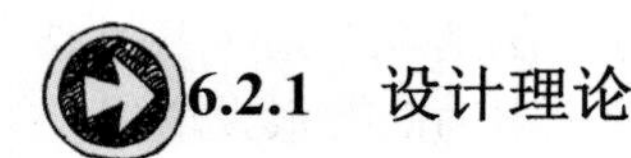

6.2.1 设计理论

CAM 系统加工编程的基本步骤如下。

① 理解二维图纸或其他的模型数据。
② 确定加工工艺（装卡、刀具等）。
③ 建立加工模型或通过数据接口读入模型。
④ 生成刀具轨迹。
⑤ 加工仿真。
⑥ 生成后置代码。
⑦ 输出加工代码。

6.2.2 课堂讲解

1. 确定加工工艺

加工工艺的确定目前主要依靠人工进行，其主要内容如下。

① 核准加工零件的尺寸、公差和精度要求。
② 确定装卡位置。
③ 选择刀具。
④ 确定加工路线。
⑤ 选定工艺参数。

2. 建立加工模型

利用 CAM 系统提供的图形生成和编辑功能，将零件的被加工部位绘制到计算机屏幕上，作为计算机自动生成刀具轨迹的依据。加工模型的建立是通过人机交互方式进行的，被加工零件一般用工程图的形式表达在图纸上，用户可根据图纸建立三维加工模型，CAXA 的模型创建如图 6-1 所示。针对这种需求，CAM 系统应提供强大的几何建模功能，不仅应能生成常用的直线和圆弧，还应提供复杂的样条曲线、组合曲线、各种规则的和不规则的曲面等的造型方法，并提供多种过渡、裁剪、几何变换等编辑手段。

被加工零件的数据也可能由其他 CAD/CAM 系统传入，因此 CAM 系统针对此类需求应提供标准的数据接口，如传入 DXF、IGES、STEP 等数据。由于分工越来越细，企业之间的协作越来越频繁，这种形式目前越来越普遍。

被加工零件的外形不可能由测量机测量得到，针对此类需求，CAM 系统应提供读入测量数据的功能，并按一定的格式给出数据，系统自动生成零件的外形曲面。

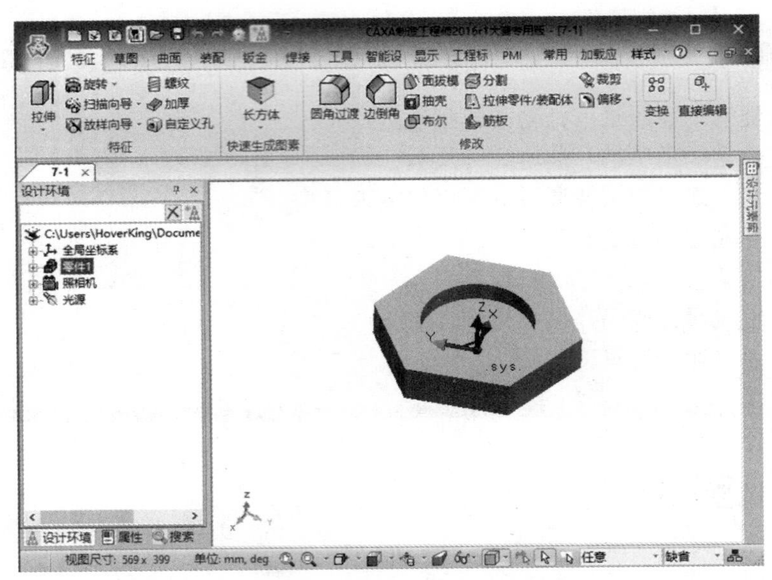

图 6-1　建立模型

3. 生成刀具轨迹

建立加工模型后，即可利用 CAXA 制造工程师系统提供的多种形式的刀具轨迹生成功能进行数控编程。CAXA 制造工程师提供了十多种加工轨迹生成的方法，用户可以根据所要加工工件的形状特点、不同的工艺要求和精度要求，灵活选用系统中提供的各种加工方式和加工参数等，方便快速地生成所需要的刀具轨迹（即刀具的切削路径），如图 6-2 所示。在 CAXA 制造工程师中创建刀具轨迹，已经不是一种单纯的数值计算，而是工厂中数控加工经验的生动体现，也是个人加工经验的积累和他人加工经验的继承，

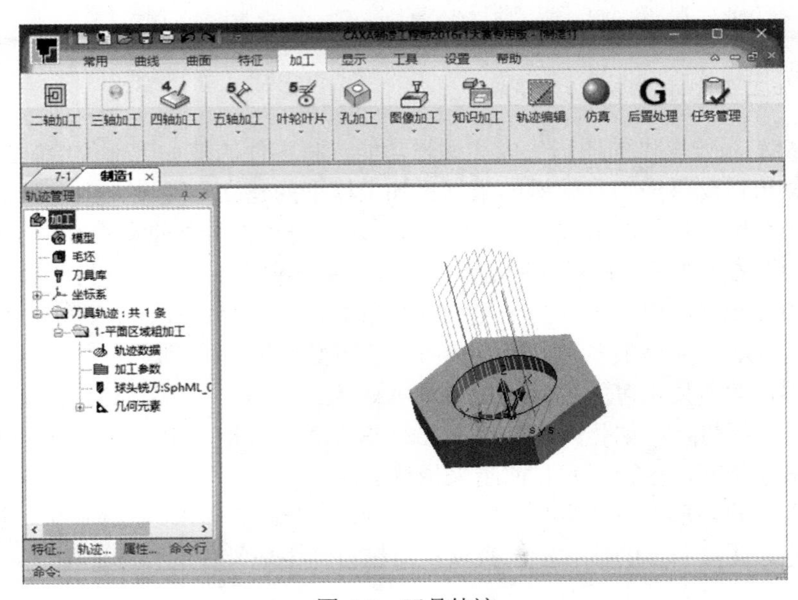

图 6-2　刀具轨迹

为满足特殊的工艺需要，CAXA 制造工程师能够对已生成的刀具轨迹进行编辑。CAXA 制造工程师还可通过模拟仿真，检验刀具轨迹的正确性和是否有过切产生。并可通过代码校核，用图形方法检验加工代码的正确性。

4. 生成后置代码

在屏幕上用图形形式显示的刀具轨迹要变成可以控制机床的代码，需进行后置处理。后置处理的目的是形成数控指令文件，也就是平时我们经常说的 G 代码程序或 NC 程序。CAXA 制造工程师提供的后置处理功能非常灵活，用户可以通过自己修改某些设置而适用各自的机床要求。用户按机床规定的格式进行定制，即可方便地生成与特定机床相匹配的加工代码。CAXA 制造工程师的后置处理，如图 6-3 所示。

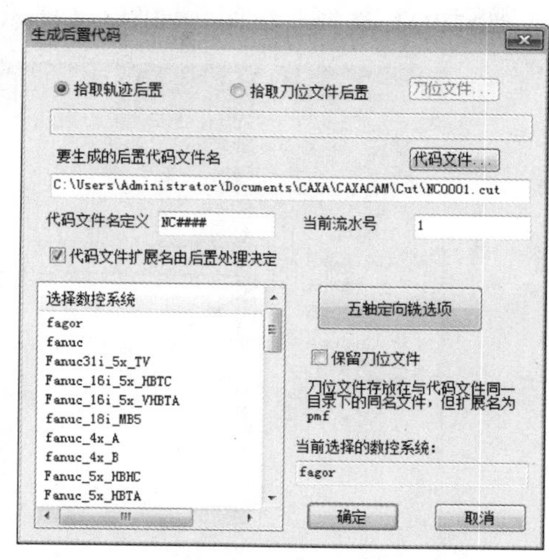

图 6-3 后置处理

5. 输出加工代码

生成数控指令之后，可通过计算机的标准接口与机床直接连通。CAXA 制造工程师可以提供系统自身的通信软件，完成通过计算机的串口或并口与机床连接，将数控加工代码传输到数控机床，控制机床各坐标的伺服系统，驱动机床。

6.2.3 课堂练习——创建键轮模型

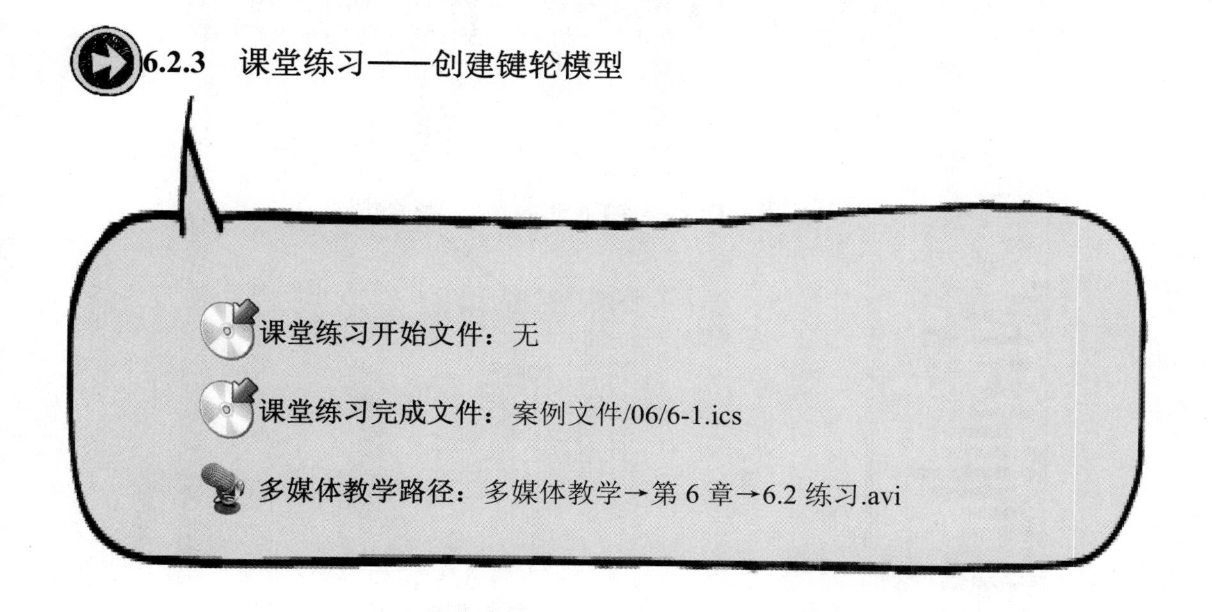

Step1 选择草绘面，如图 6-4 所示。

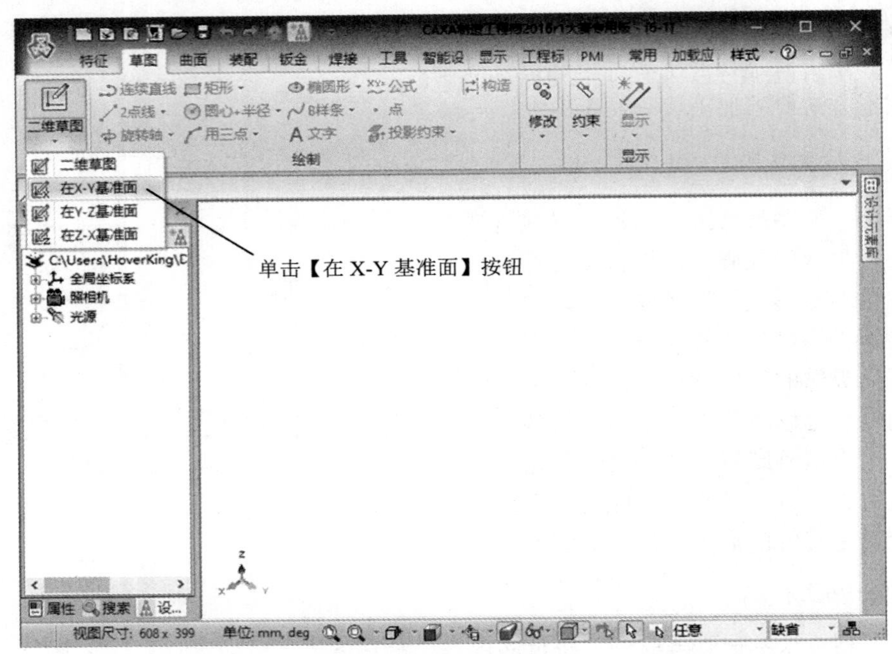

图 6-4　选择草绘面

Step2 绘制圆形，如图 6-5 所示。

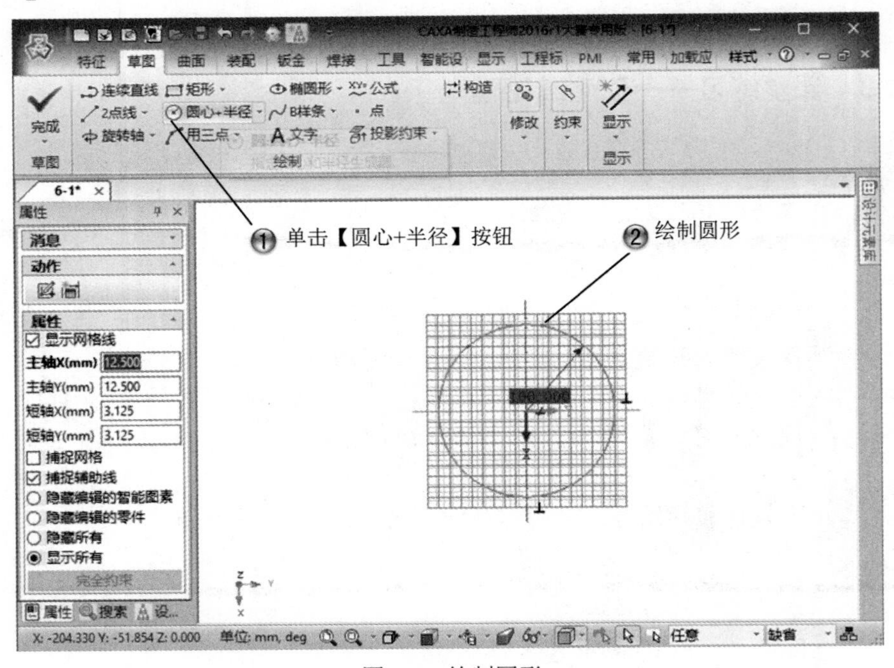

图 6-5　绘制圆形

Step3 创建拉伸特征，如图 6-6 所示。

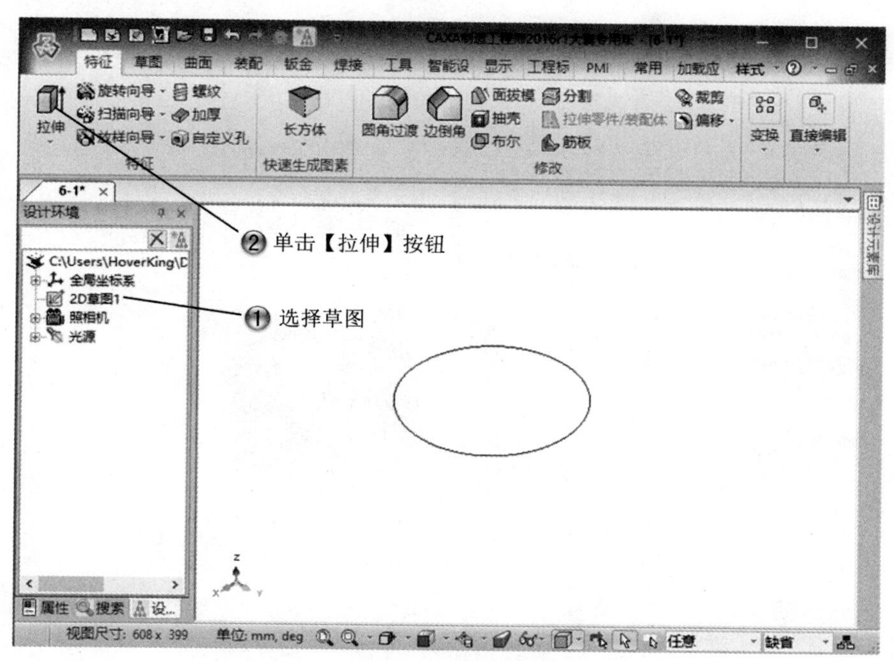

图 6-6　创建拉伸特征

Step4 设置拉伸参数，如图 6-7 所示。

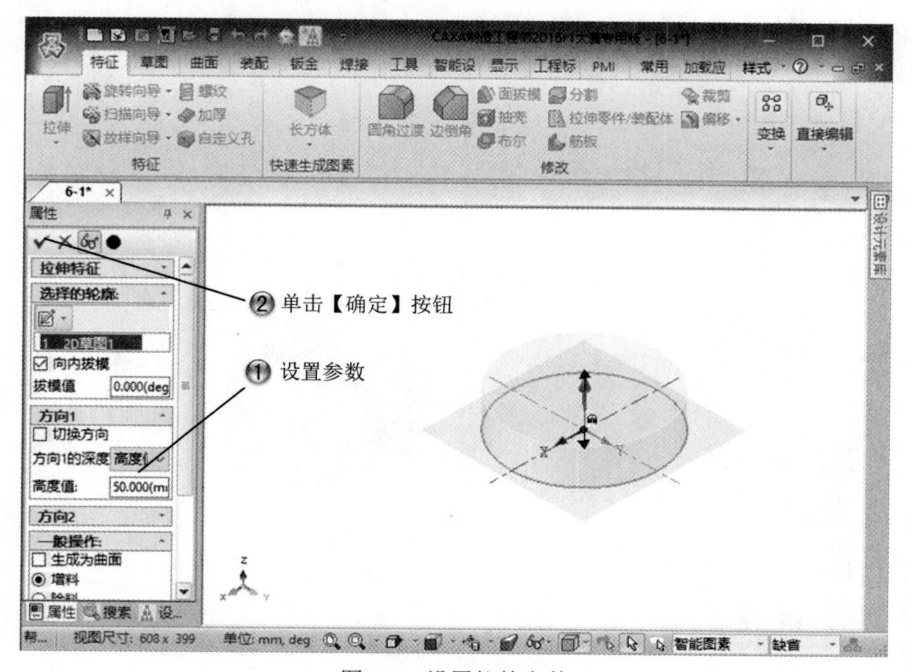

图 6-7　设置拉伸参数

Step5 创建拉伸特征，如图 6-8 所示。

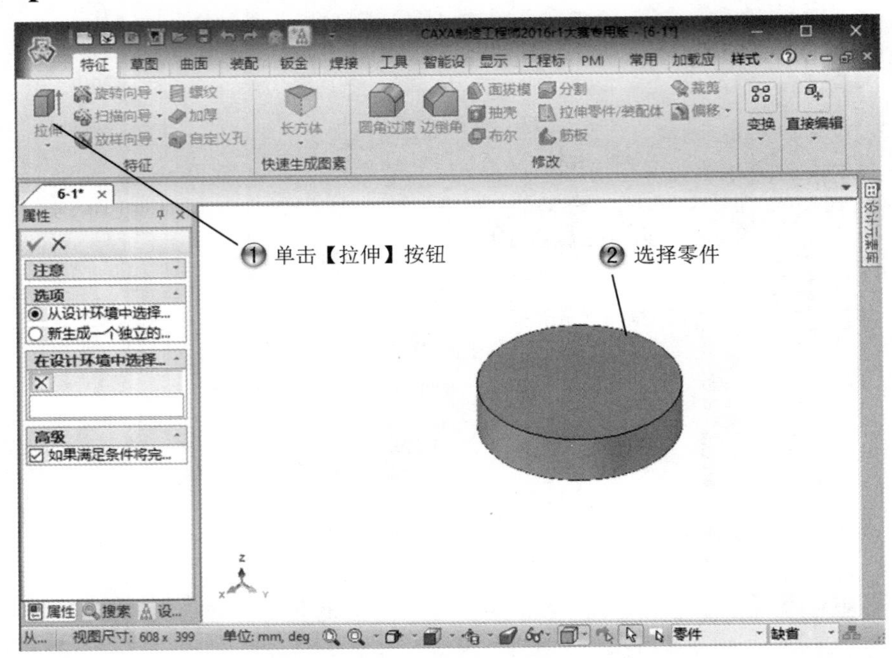

图 6-8 创建拉伸特征

Step6 选择草绘命令，如图 6-9 所示。

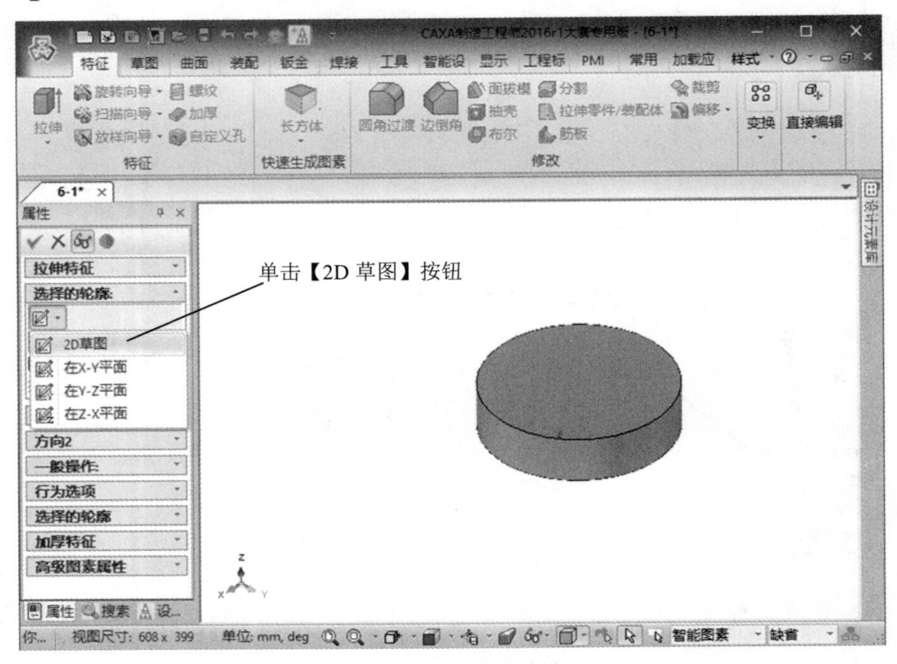

图 6-9 选择草绘命令

Step7 选择草绘面，如图 6-10 所示。

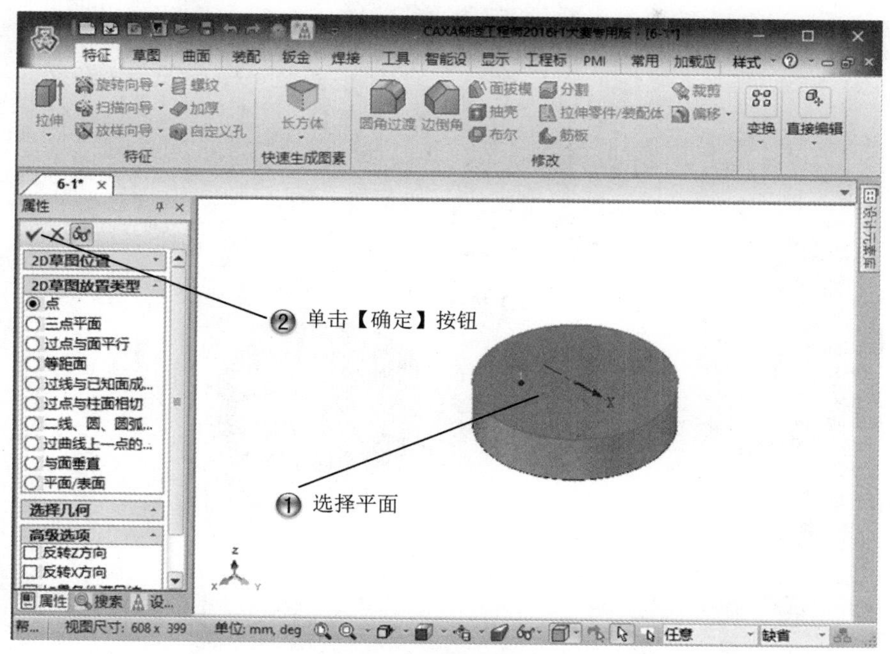

图 6-10　选择草绘面

Step8 绘制圆形，如图 6-11 所示。

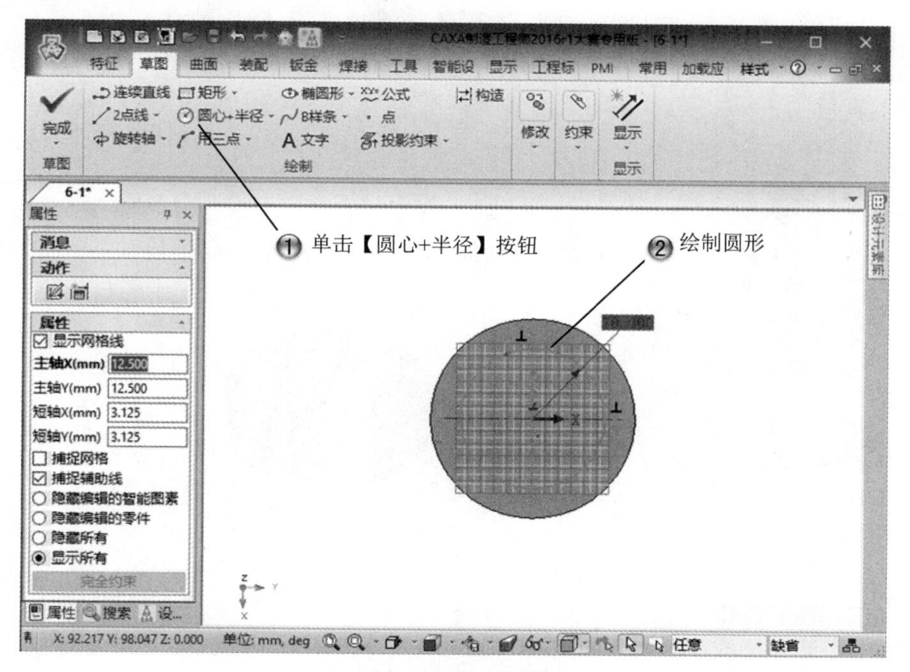

图 6-11　绘制圆形

Step9 设置拉伸参数，如图 6-12 所示。

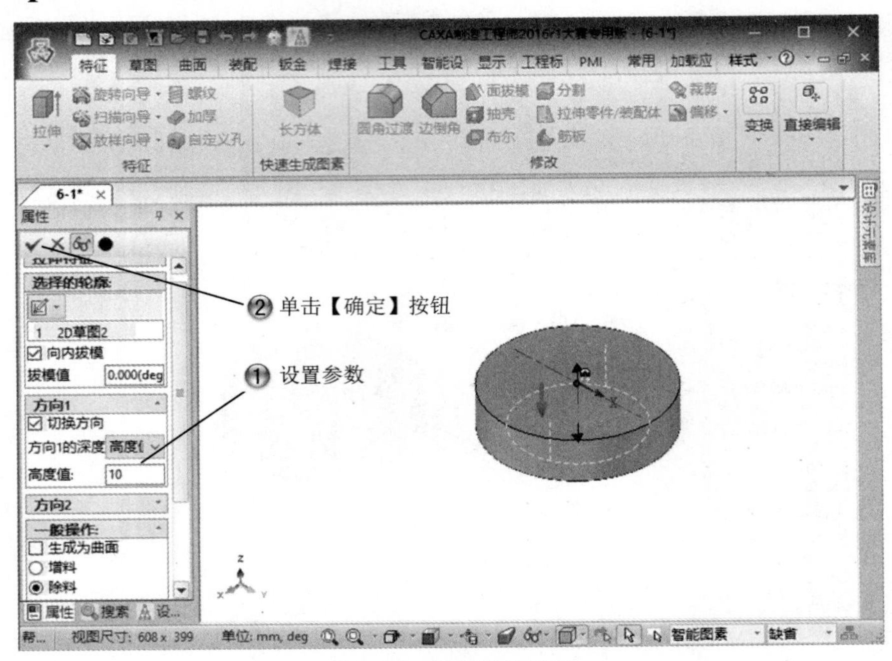

图 6-12　设置拉伸参数

Step10 创建拉伸特征，如图 6-13 所示。

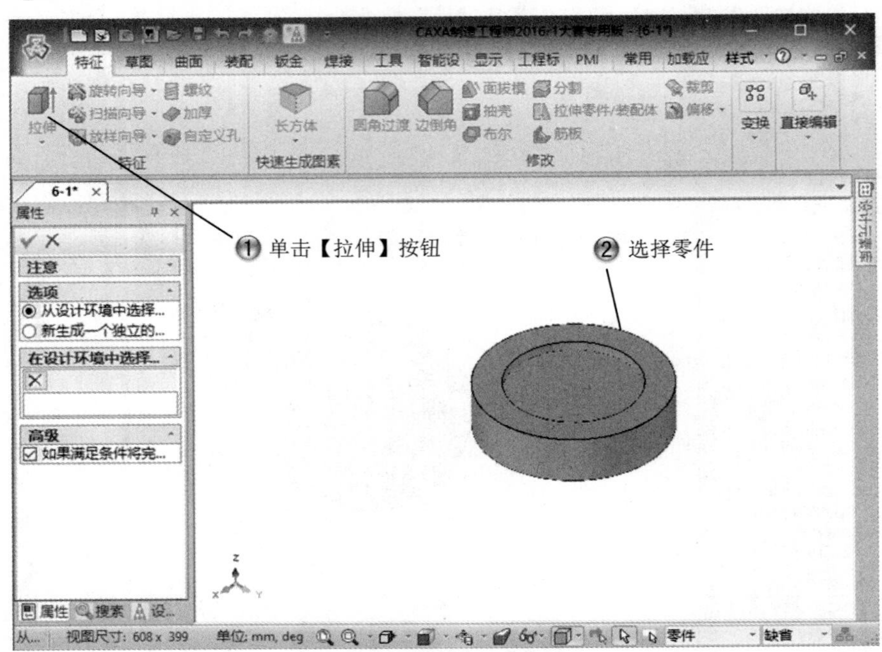

图 6-13　创建拉伸特征

Step11 选择草绘命令，如图 6-14 所示。

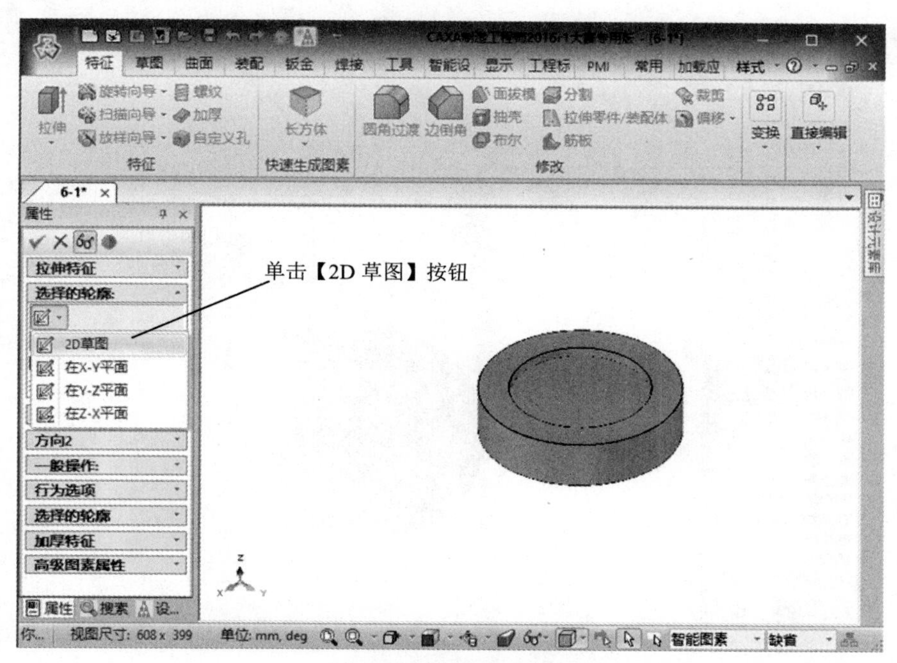

图 6-14　选择草绘命令

Step12 选择草绘面，如图 6-15 所示。

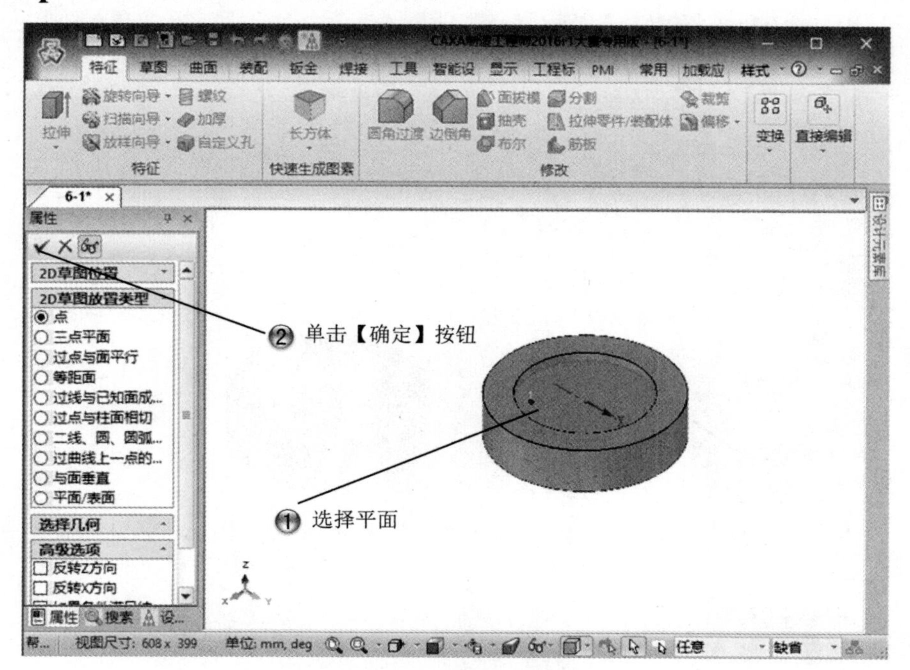

图 6-15　选择草绘面

Step13 绘制圆形，如图 6-16 所示。

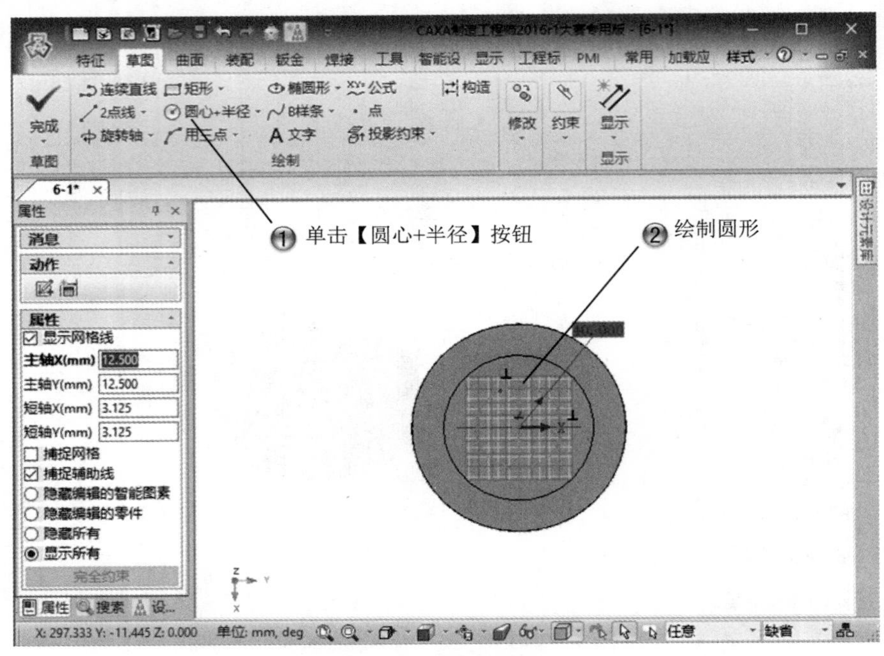

图 6-16　绘制圆形

Step14 设置拉伸参数，如图 6-17 所示。

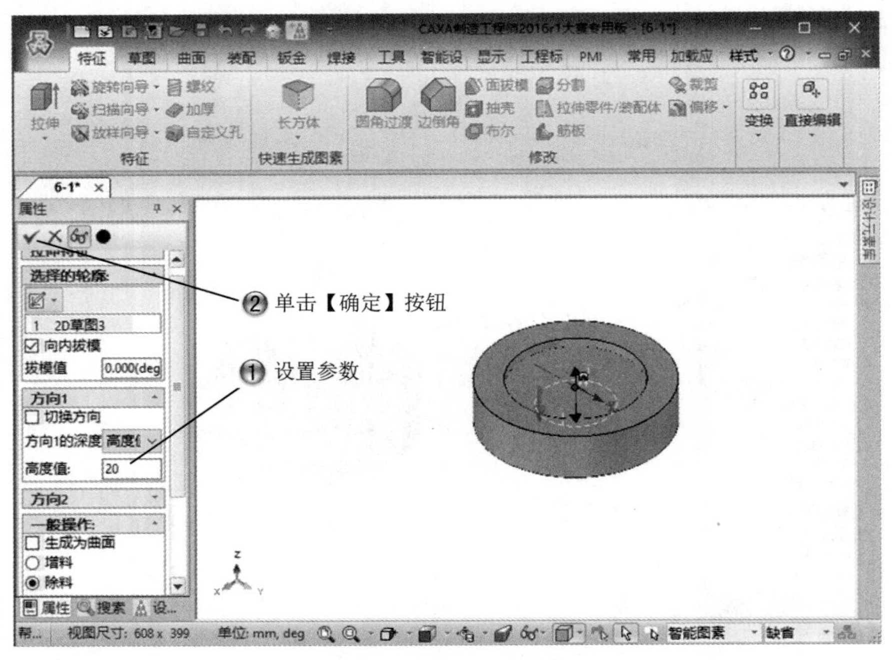

图 6-17　设置拉伸参数

Step15 创建拉伸特征，如图 6-18 所示。

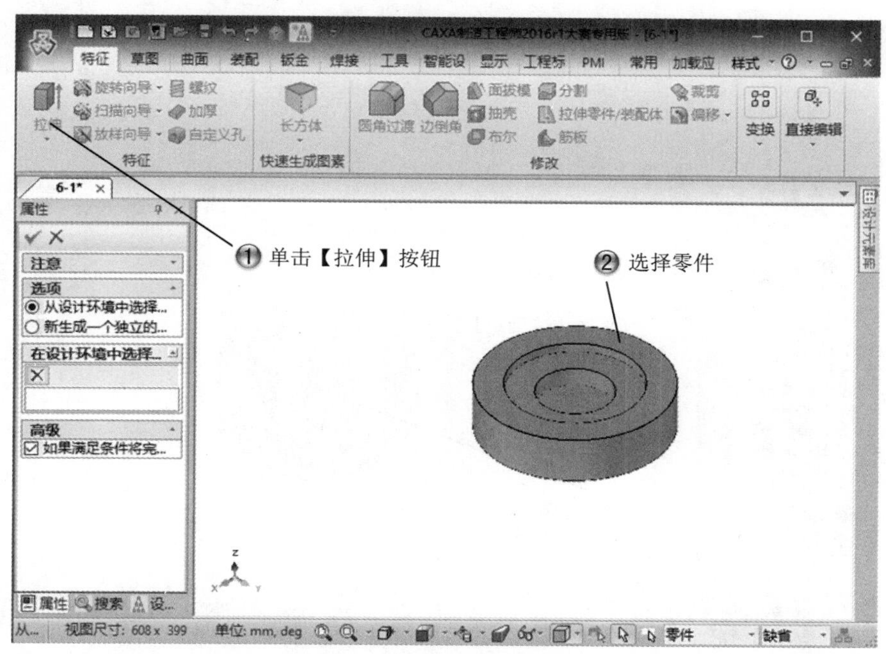

图 6-18 创建拉伸特征

Step16 选择草绘命令，如图 6-19 所示。

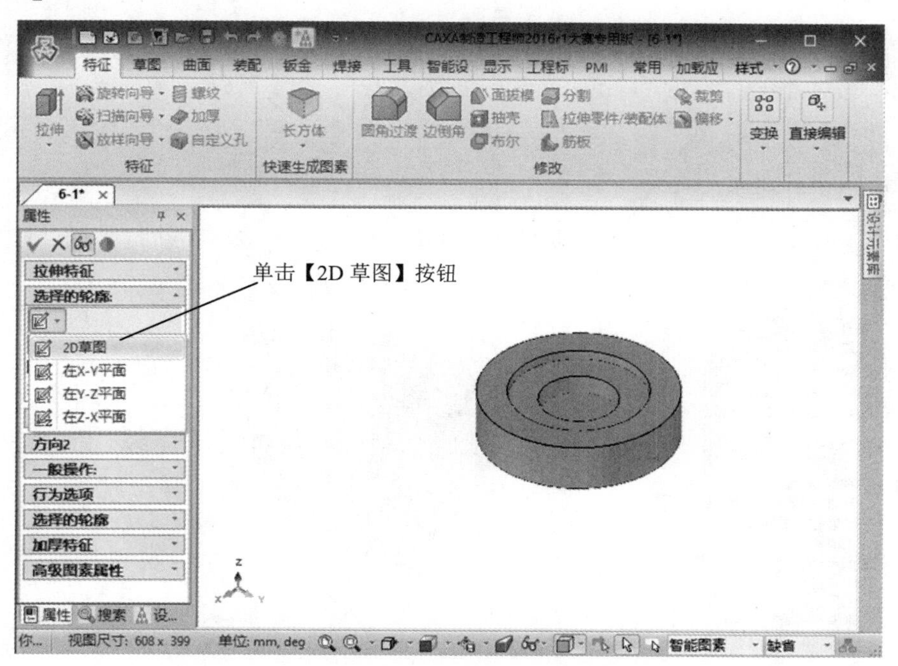

图 6-19 选择草绘命令

Step17 选择草绘面，如图 6-20 所示。

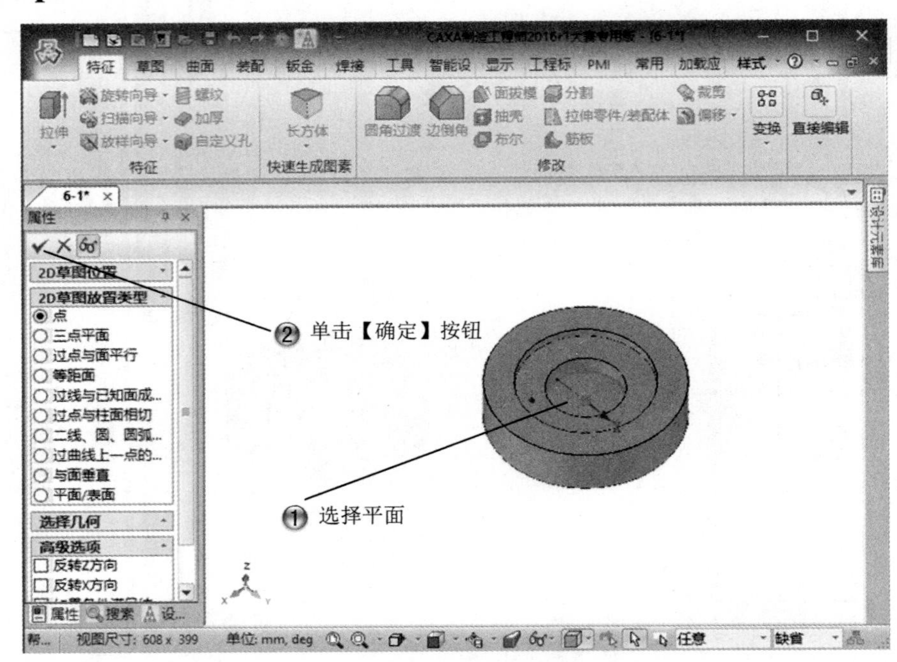

图 6-20　选择草绘面

Step18 绘制圆形，如图 6-21 所示。

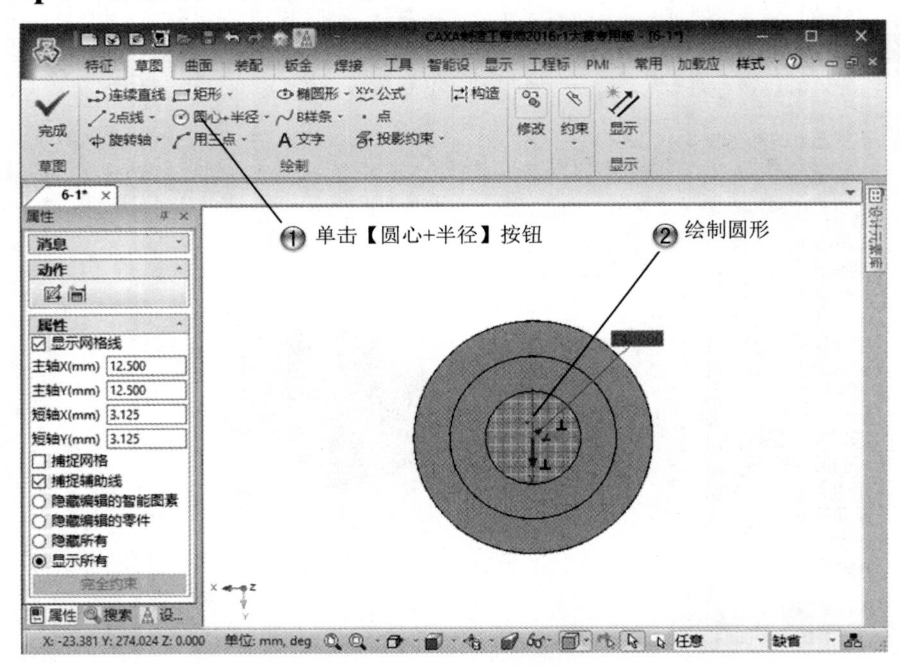

图 6-21　绘制圆形

Step19 设置拉伸参数，如图 6-22 所示。

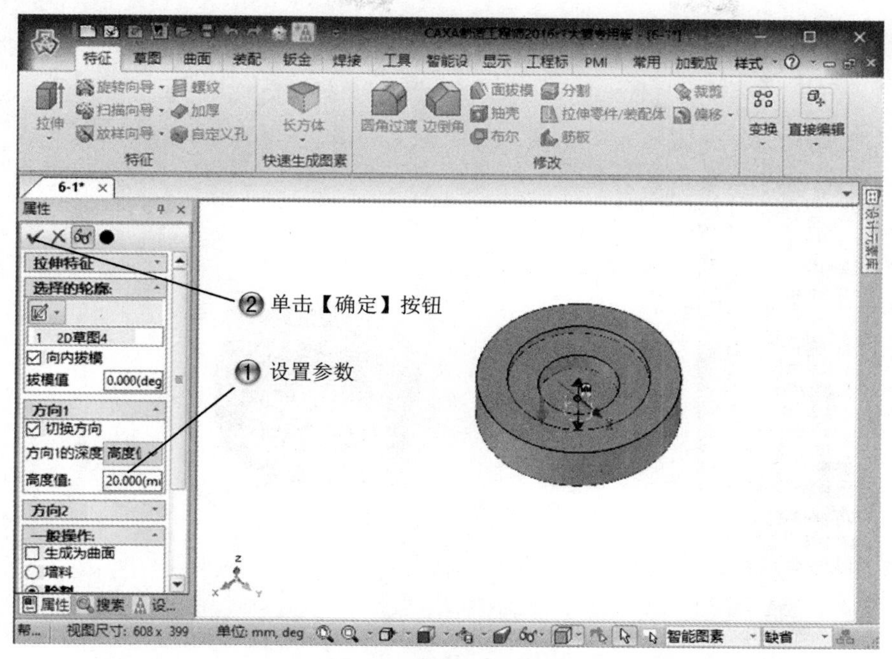

图 6-22　设置拉伸参数

Step20 创建拉伸特征，如图 6-23 所示。

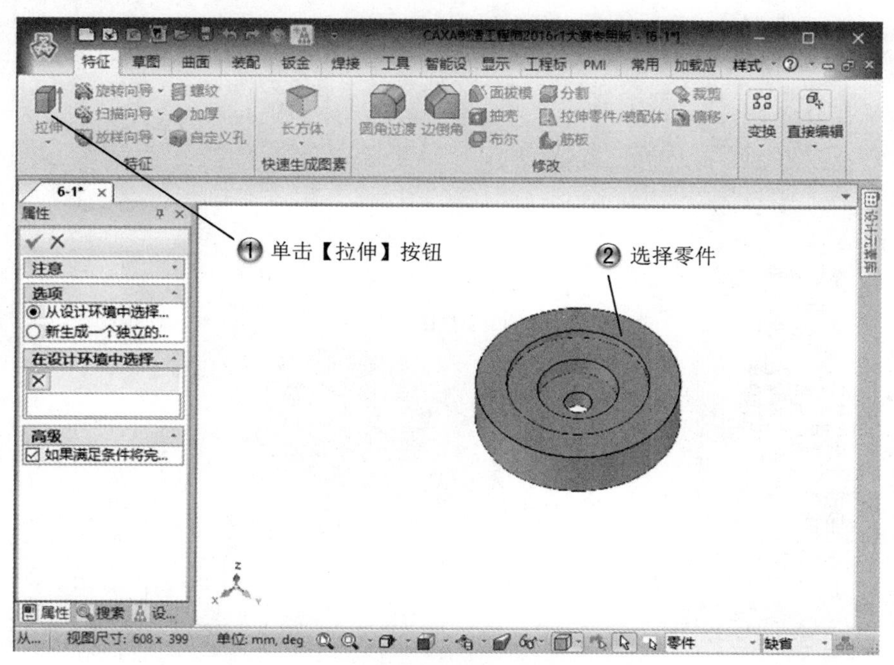

图 6-23　创建拉伸特征

Step21 选择草绘命令，如图 6-24 所示。

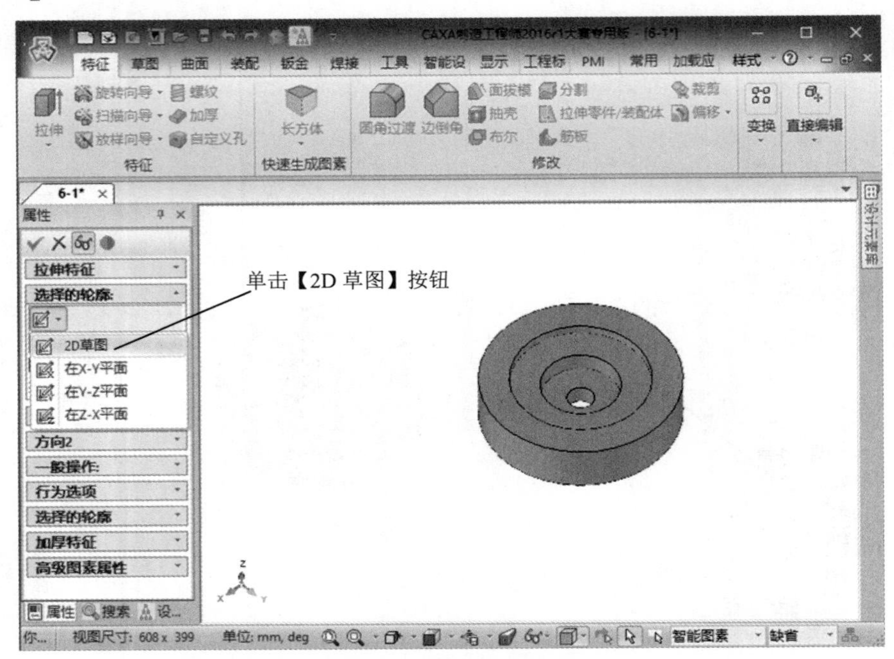

图 6-24　选择草绘命令

Step22 选择草绘面，如图 6-25 所示。

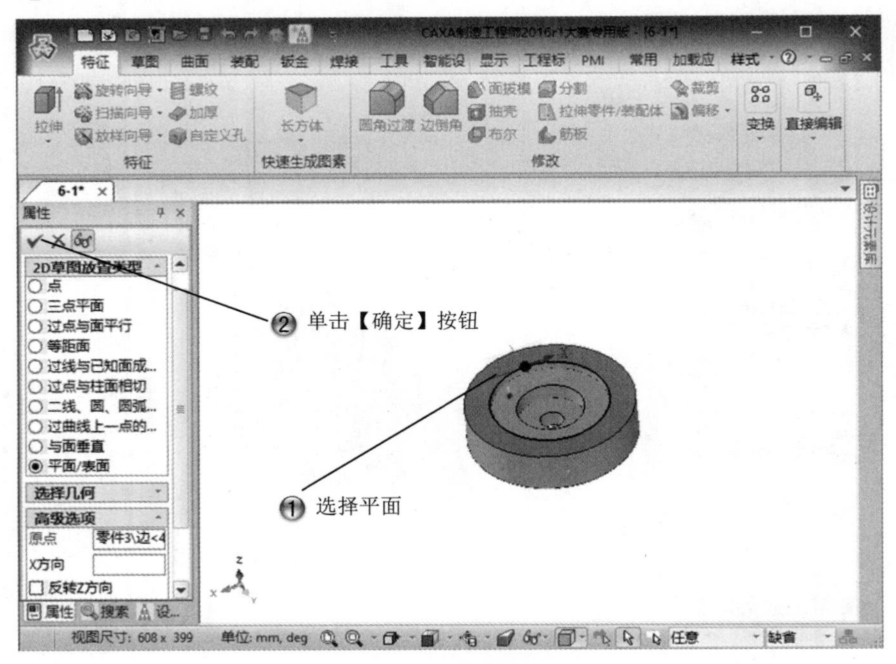

图 6-25　选择草绘面

Step23 绘制矩形，如图 6-26 所示。

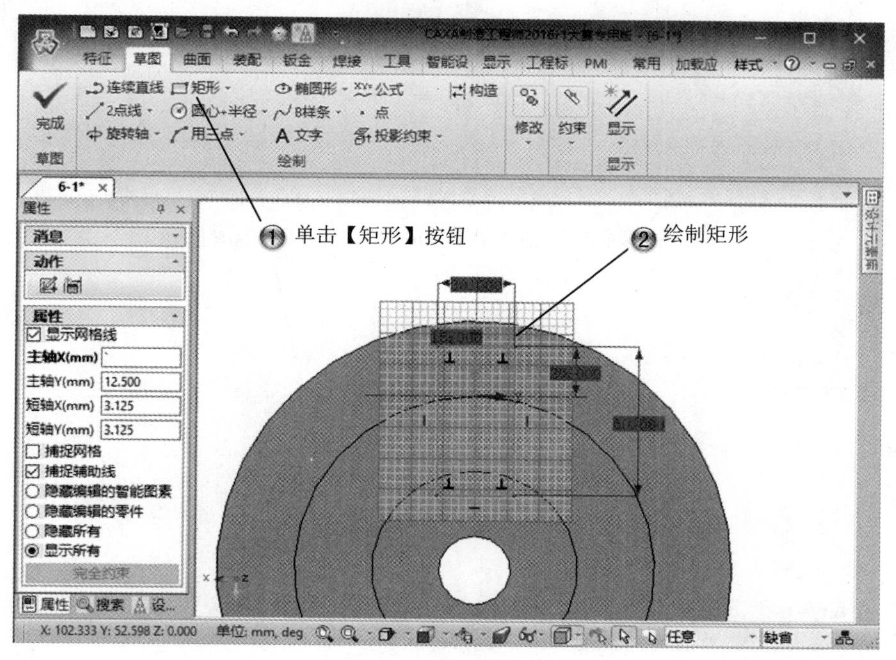

图 6-26　绘制矩形

Step24 设置拉伸参数，如图 6-27 所示。

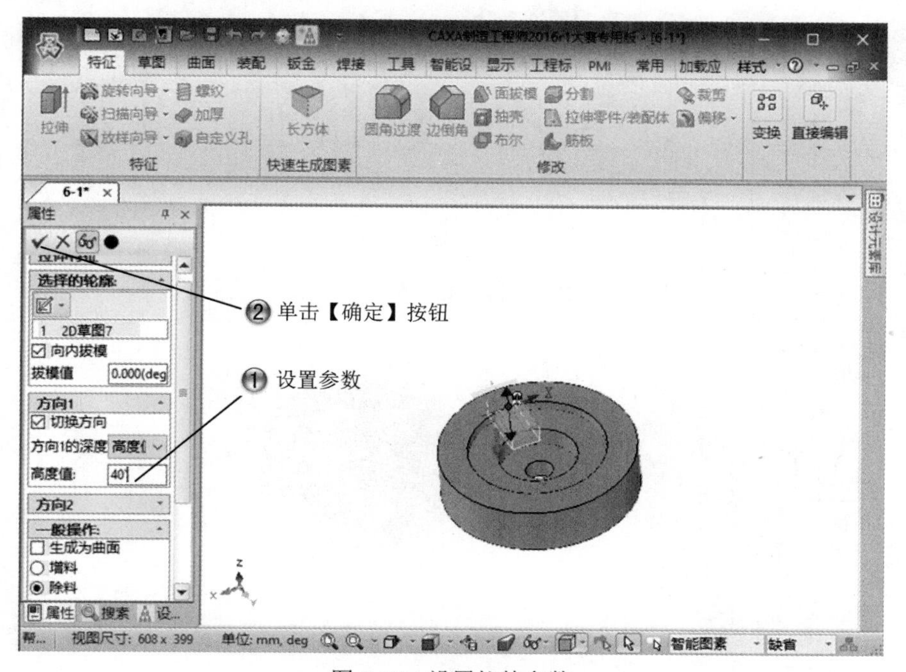

图 6-27　设置拉伸参数

Step25 创建孔特征，如图 6-28 所示。

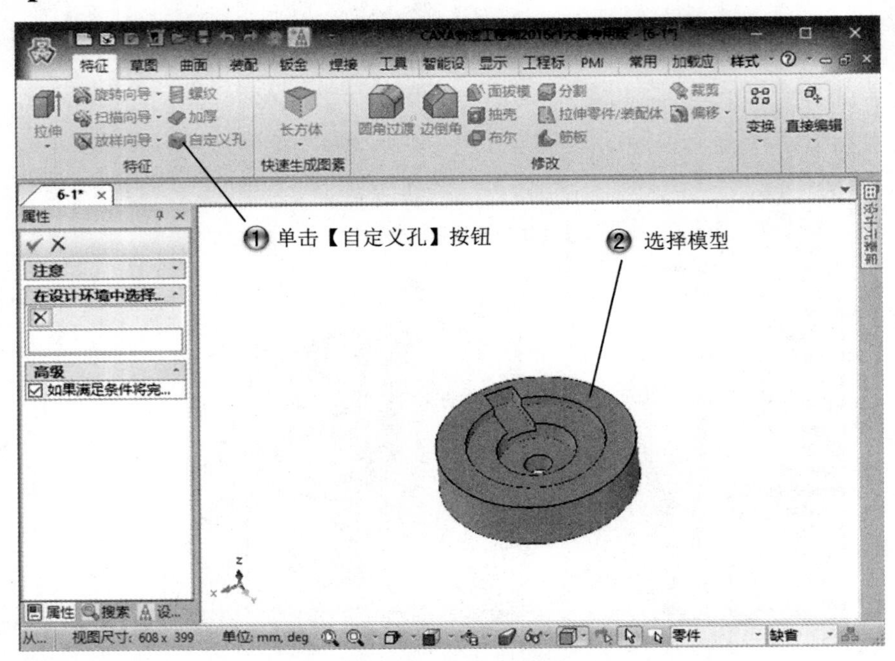

图 6-28　创建孔特征

Step26 选择草绘命令，如图 6-29 所示。

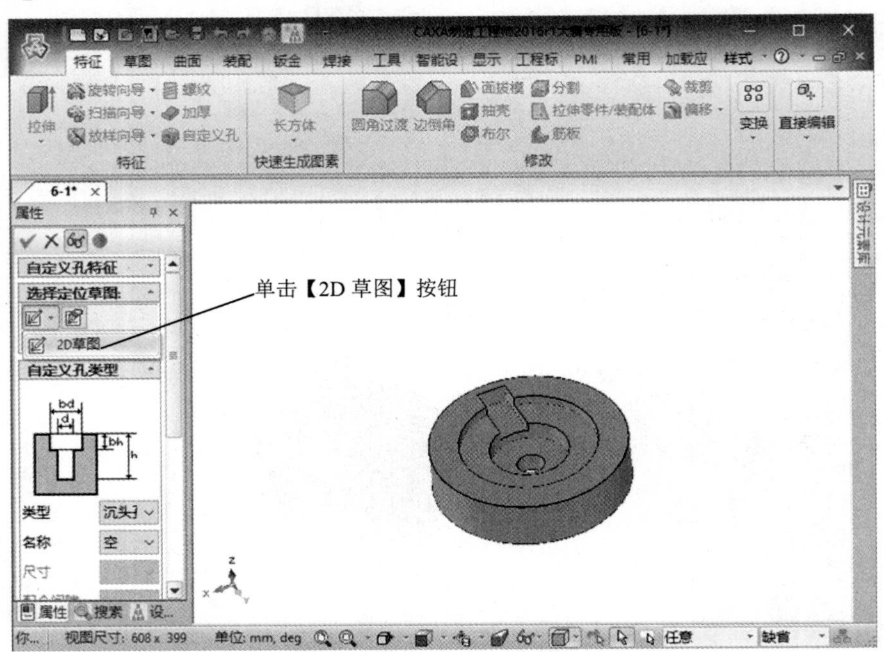

图 6-29　选择草绘命令

Step27 选择草绘面，如图 6-30 所示。

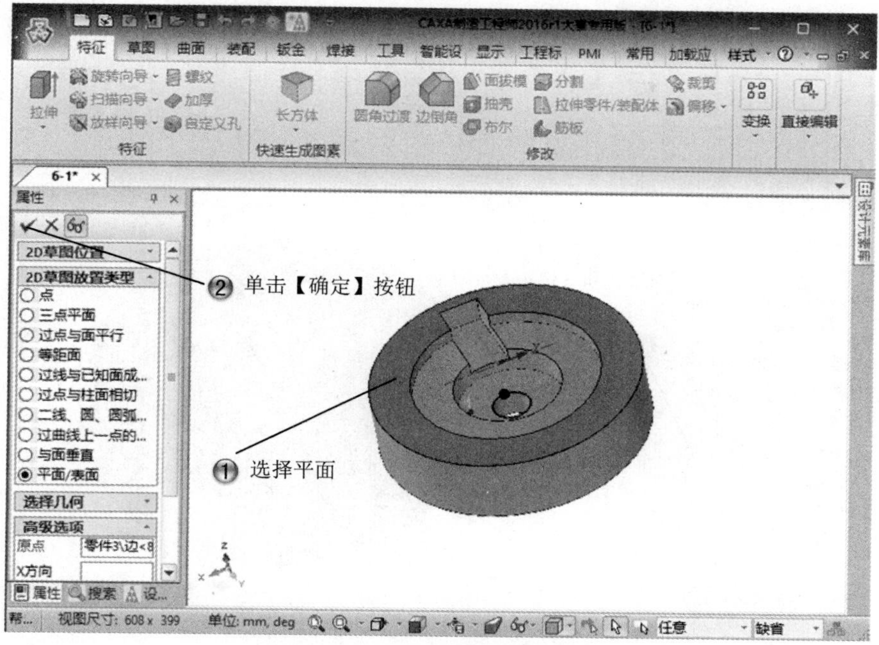

图 6-30 选择草绘面

Step28 绘制点，如图 6-31 所示。

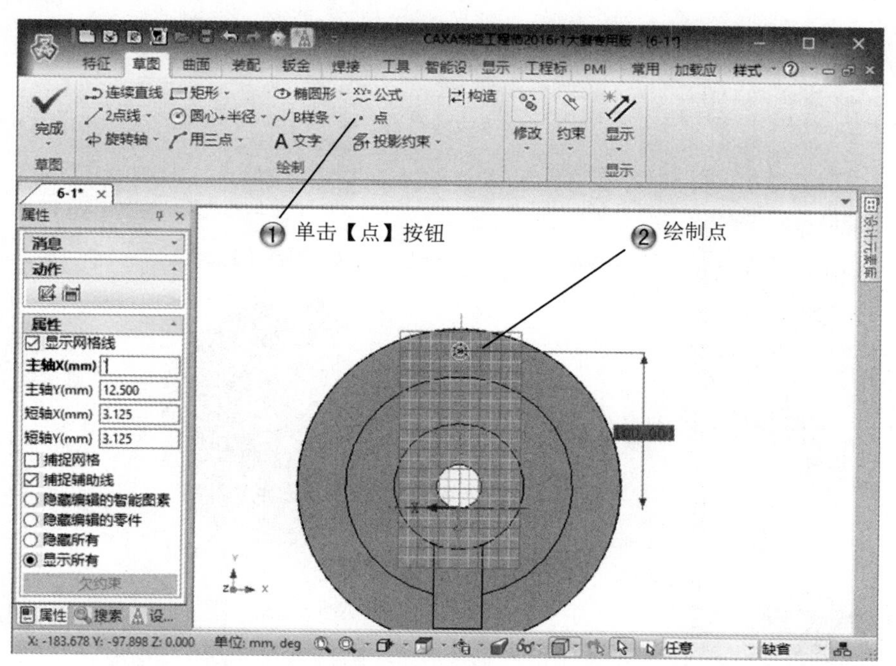

图 6-31 绘制点

Step29 设置拉伸参数，如图 6-32 所示。

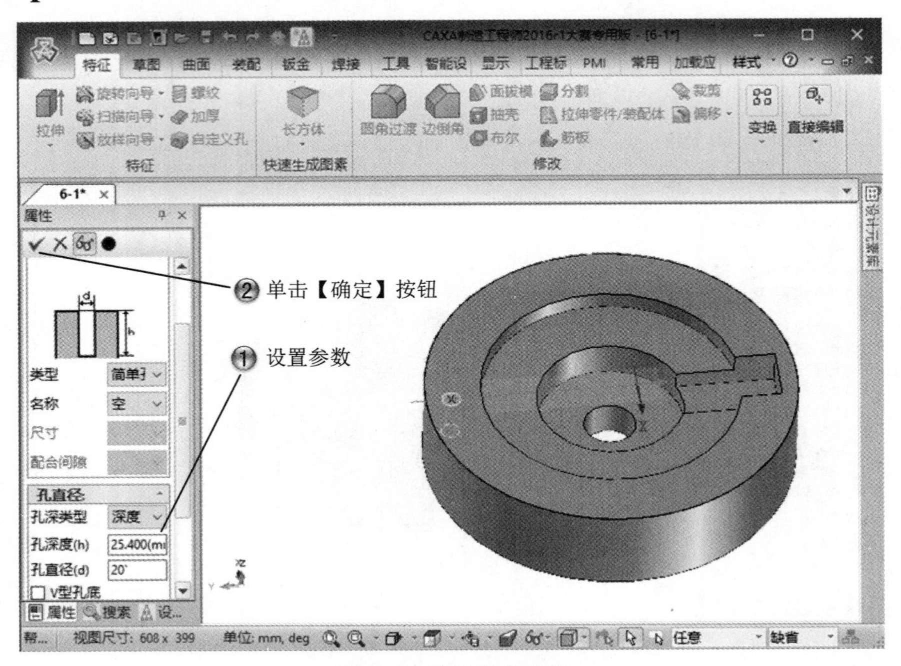

图 6-32　设置拉伸参数

Step30 创建阵列特征，如图 6-33 所示。

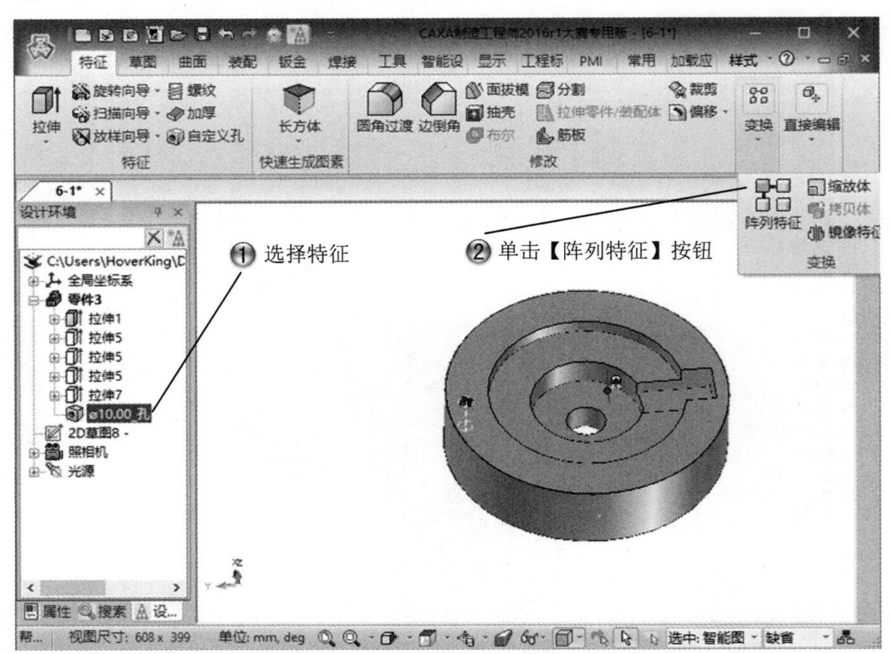

图 6-33　创建阵列特征

Step31 设置阵列参数，如图 6-34 所示，确定后完成案例模型制作，结果如图 6-35 所示。

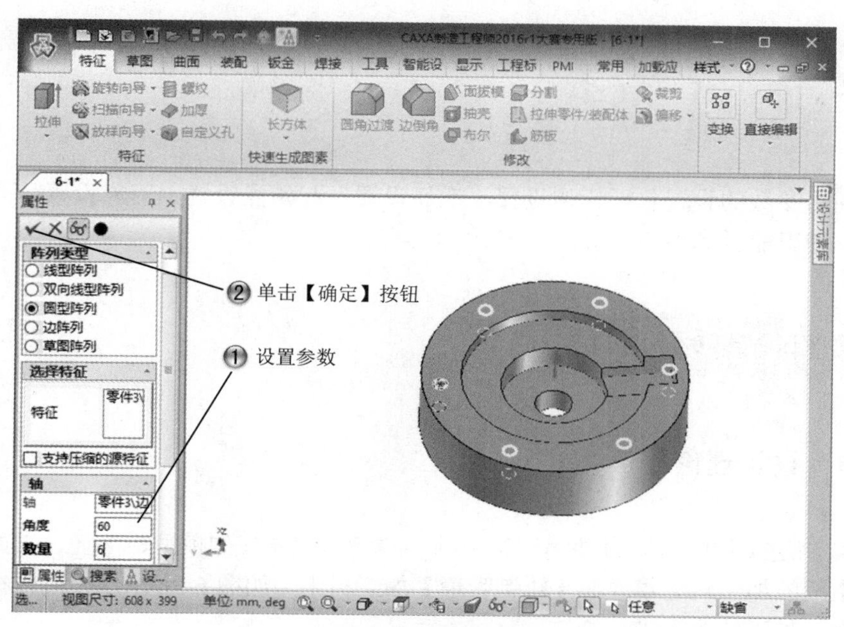

图 6-34 设置阵列参数

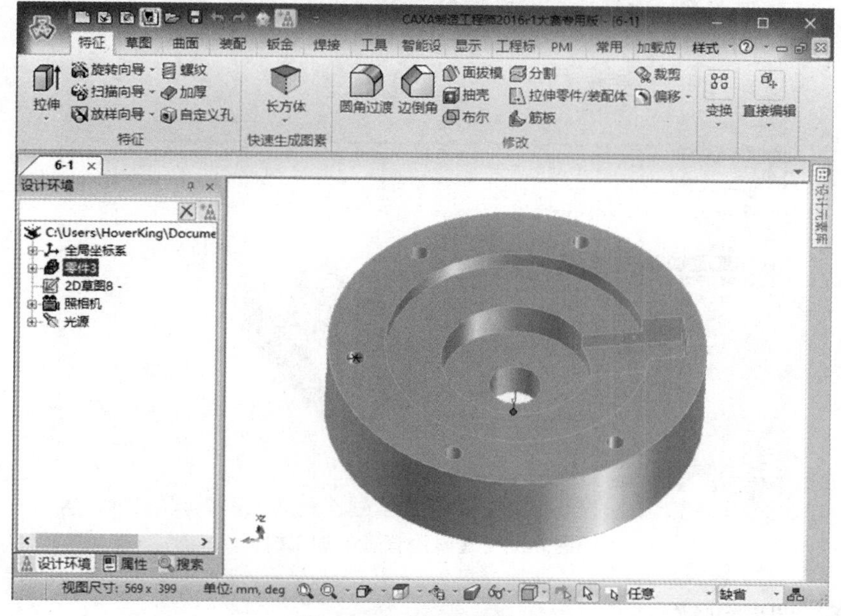
图 6-35 完成范例模型

6.3 设置加工通用参数

加工通用参数的设置包括模型设置、毛坯设置、起始点设置、刀库设置和刀具轨迹设置，是数控加工能否成功的关键。

6.3.1 设计理论

CAXA 制造工程师将与自动编程相关的一些基本设置（如模型、毛坯、起始点、刀具库等）和生成的加工轨迹集成在【轨迹管理】加工树中，如图 6-36 所示，可以在加工树中对加工参数、加工轨迹等进行修改。

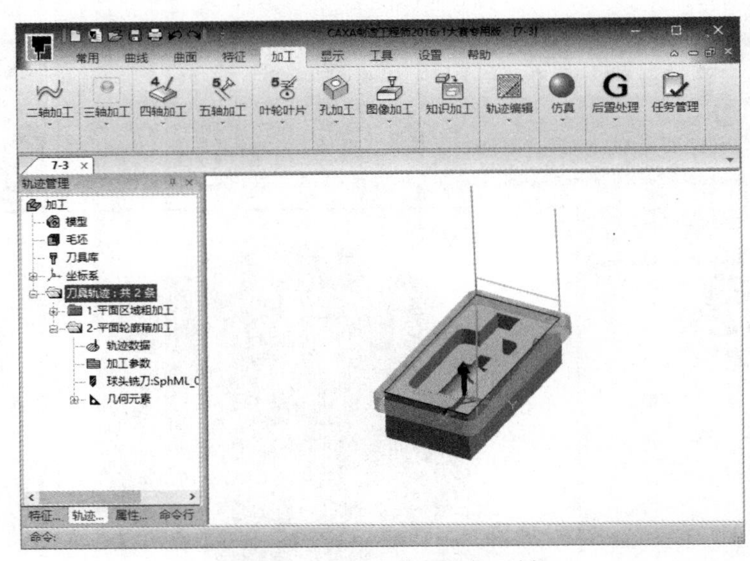

图 6-36　【轨迹管理】加工树

6.3.2 课堂讲解

1. 模型

模型一般表达为系统存在的实体和所有曲面的总和。目前，在 CAXA 制造工程师中，模型与刀路计算无关，即模型中所包含的实体和曲面并不参与刀路的计算。模型主要用于刀路的仿真过程，在轨迹仿真器中，模型可以用于仿真环境下的干涉检查。

模型功能提供视图模型显示和模型参数显示功能，在特征树中图标为，单击该图标会在绘图区以红色线条显示零件模型，双击该图标会显示零件模型参数，如图 6-37 所示。在该界面上显示模型预览和几何精度，用户可以对几何精度进行重新定义。

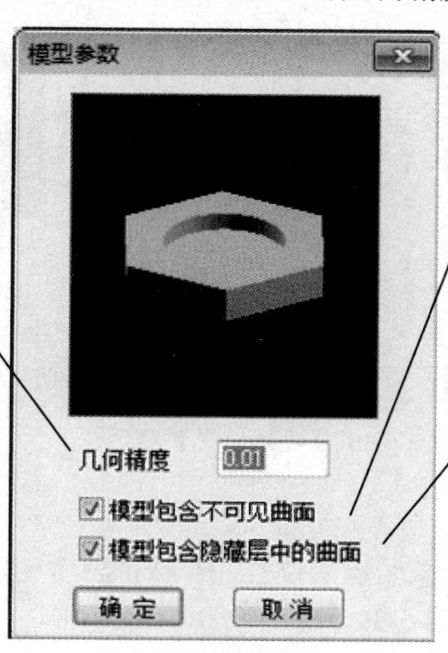

图 6-37　模型参数

①用户在增删曲面时，一定要小心，因为删除曲面或增加实体元素都意味着对模型的修改，这样的话，已生成的轨迹可能不再适用于新的模型，严重的话会导致过切。②建议用户在使用加工模块过程中不要增删曲面，如果一定要这样做，请重置（重新）计算所有的轨迹。如果仅仅用于 CAD 造型中的增删曲面可以另当别论。③模型精度越高，加工模型中的三角片越多，模型表面相似性越好。④现阶段，模型不参与刀路计算。模型主要用于仿真、仿真环境下的干涉检查、校验加工的效果或程度等。

2. 毛坯

一般地，系统的毛坯为方块形状。当进入加工环境时，首先要构建零件毛坯。双击特征树中的【毛坯】选项，弹出【毛坯定义】对话框，如图 6-38 所示。

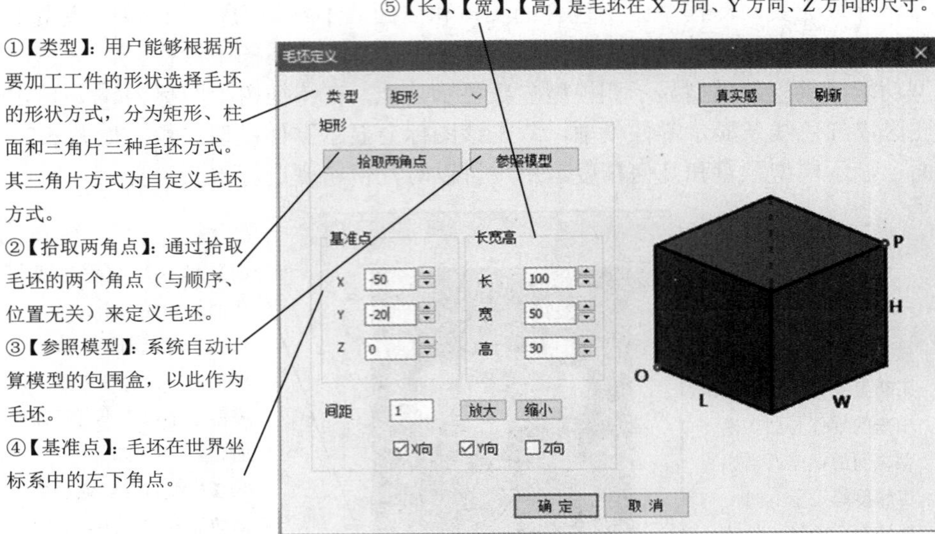

图 6-38 【毛坯定义】对话框

3．起始点

起始点功能是设定全局刀具起始点的位置，在特征树中的图标为⌖。双击该图标弹出【全局轨迹起始点】对话框，如图 6-39 所示。

①【全局起始点坐标】：是轨迹中默认的起始点。

②【改变所有轨迹从全局起始点出发并返回】：指的是把轨迹树上的所有轨迹的起始点都改变为全局起始点参数，出发返回表示加工轨迹会从起始点开始下刀，切削完后再返回到起始点。

③【改变所有轨迹从各自起始点出发并返回】：指的是对轨迹树上的所有轨迹都添加起始点，但添加的起始点并不选择全局起始点，而是使用各个轨迹自己所带的起始点参数。

④【改变所有轨迹不从起始点出发返回】：指的是对轨迹树上的所有轨迹都去掉起始点，即使该轨迹已经生成了起始点，也会删除。

全局轨迹起始点
全局起始点坐标
X 0
Y 0 拾取点
Z 100
全局操作
改变所有轨迹从全局起始点出发并返回 执行
改变所有轨迹从各自起始点出发并返回 执行
改变所有轨迹不从起始点出发返回 执行
确定 取消

图 6-39 【全局轨迹起始点】对话框

计算轨迹时默认以全局刀具起始点作为刀具起始点，计算完毕后，可以对该轨迹的刀具起始点进行修改。

名师点拨

4. *刀具库*

刀具库主要是对用户定义的各刀具进行管理，在特征树中的图标为🔧，双击该图标弹出【刀具库】对话框，如图 6-40 所示。

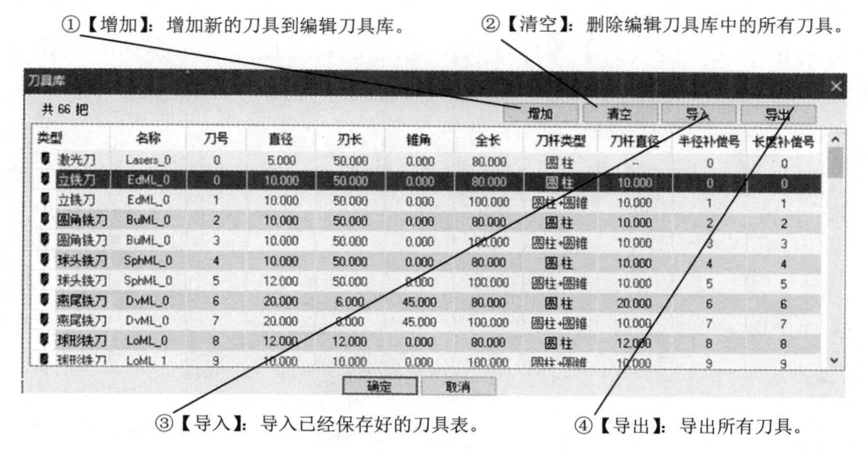

图 6-40　【刀具库】对话框

刀具库中能存放用户定义的不同刀具，包括钻头、铣刀等，使用户可以很方便地从刀具库中取出所需的刀具。单击【增加】按钮或双击任意类型刀具，可以打开【刀具定义】对话框，如图 6-41 所示。

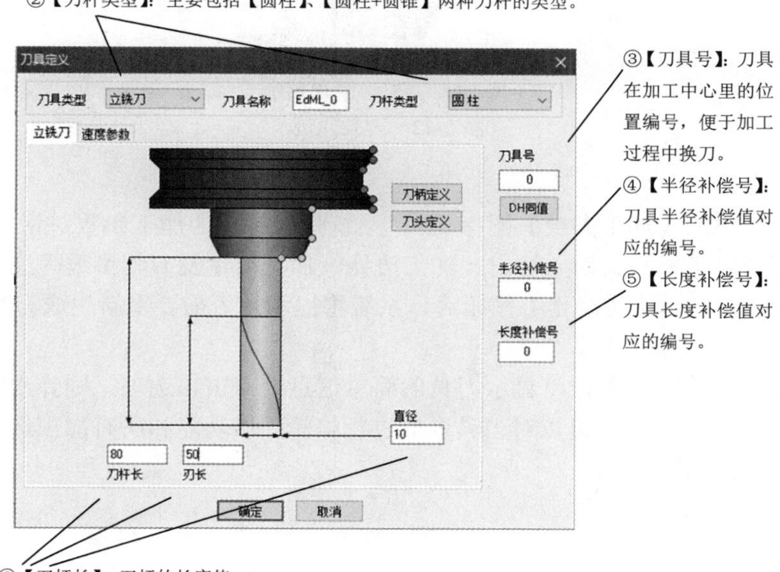

图 6-41　【刀具定义】对话框

5. 刀具轨迹

刀具轨迹显示加工的刀具路径及其所有信息，并可在特征树中对这些信息进行编辑。在特征树中的图标为，展开后可以看到所有信息。

（1）轨迹数据

单击特征树中的【轨迹数据】图标后，以红色显示该加工步骤的刀具轨迹，在绘图区上右击，则可对刀具轨迹进行编辑，如图 6-42 所示。

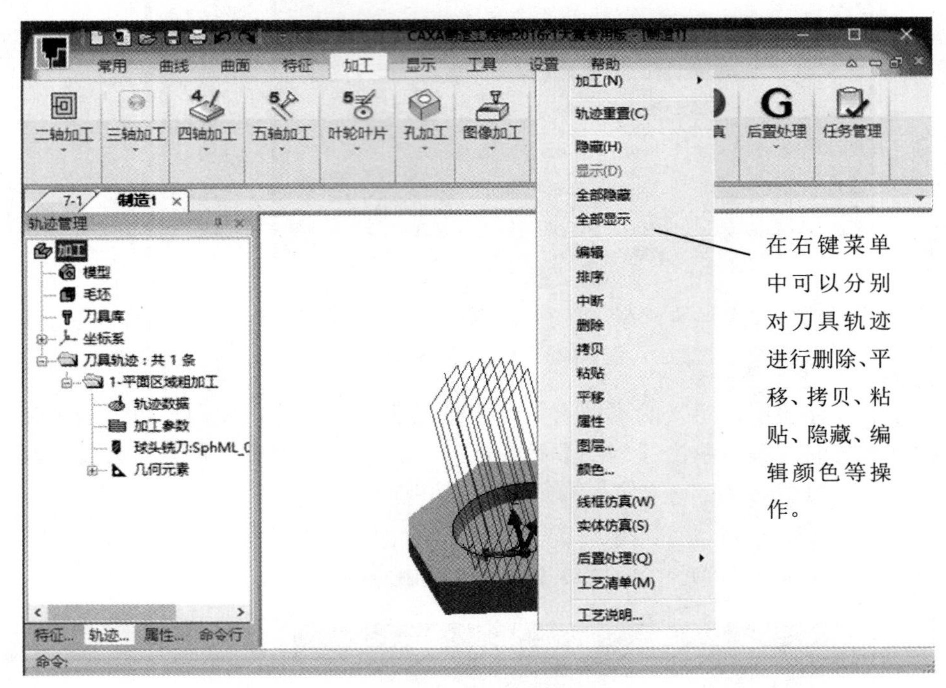

图 6-42　刀具轨迹

（2）加工参数

双击特征树中的【加工参数】图标，系统弹出对应的加工参数对话框，如图 6-43 所示，可重新对加工参数、切入切出、加工边界、加工用量及刀具参数等进行设定。如果对其进行过改变，则单击【确定】按钮后，系统将提示是否需要重新生成刀具轨迹。

（3）刀具

单击特征树中的图标，将显示刀具的简单信息。双击该选项，则弹出相应的刀具参数选项卡，如图 6-44 所示，可以对刀具参数进行编辑。该功能和所有加工选项中的刀具库对话框中的参数是相同的。

图 6-43　加工参数

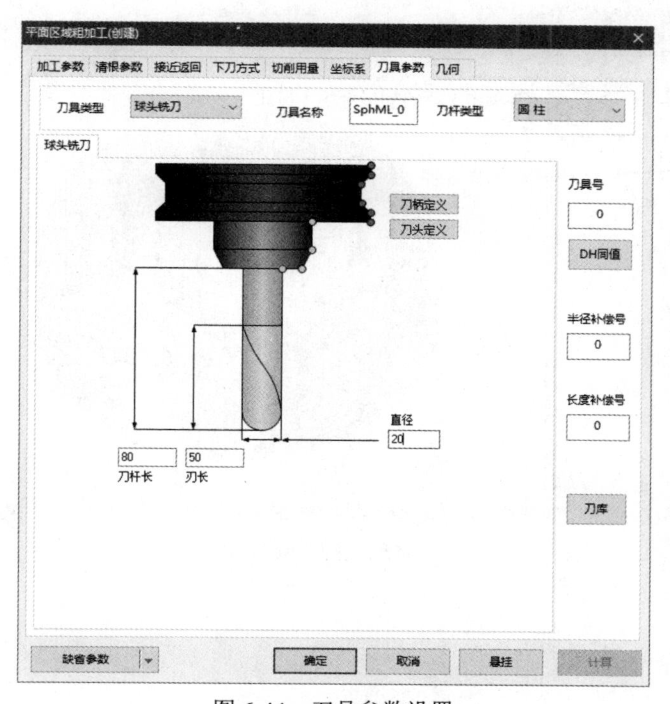

图 6-44　刀具参数设置

6.3.3 课堂练习——设置键轮面加工参数

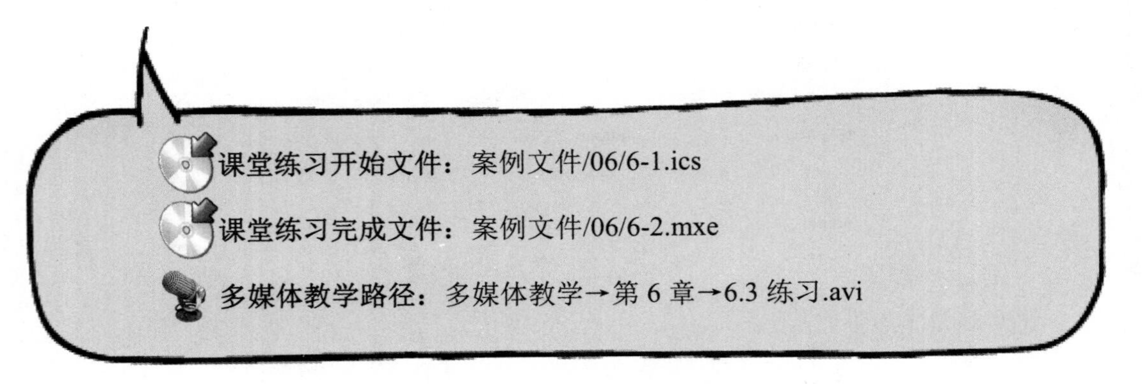

Step1 打开上一节案例模型，进入制造环境，如图 6-45 所示。

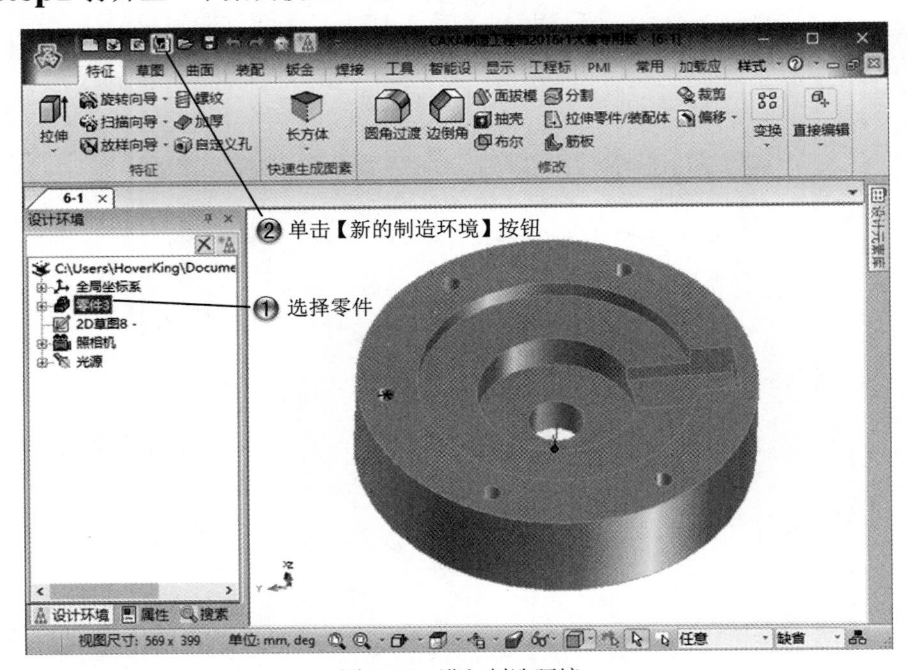

图 6-45　进入制造环境

Step2 设置实体零件，如图 6-46 所示。

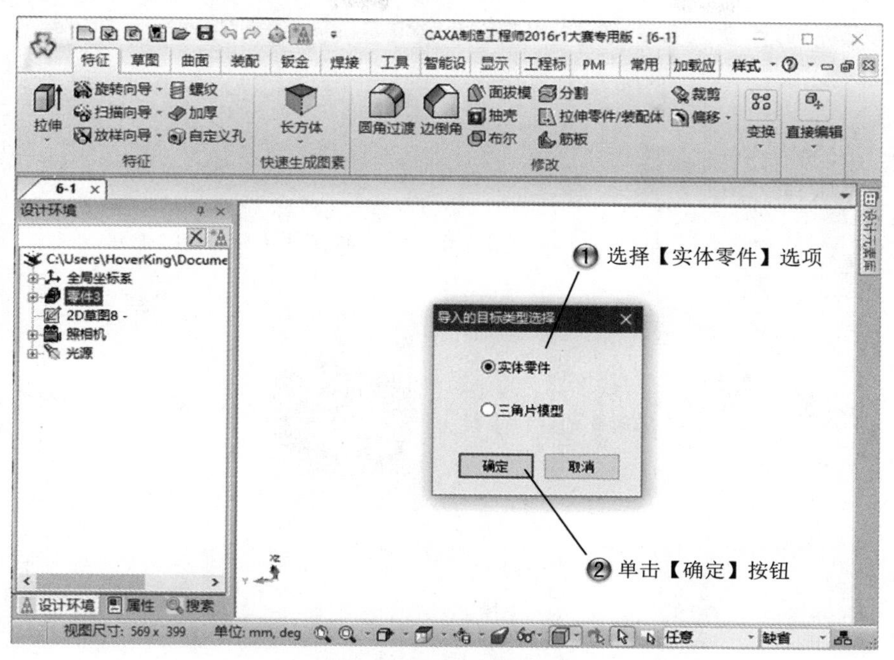

图 6-46 设置实体零件

Step3 保存加工文件，如图 6-47 所示。

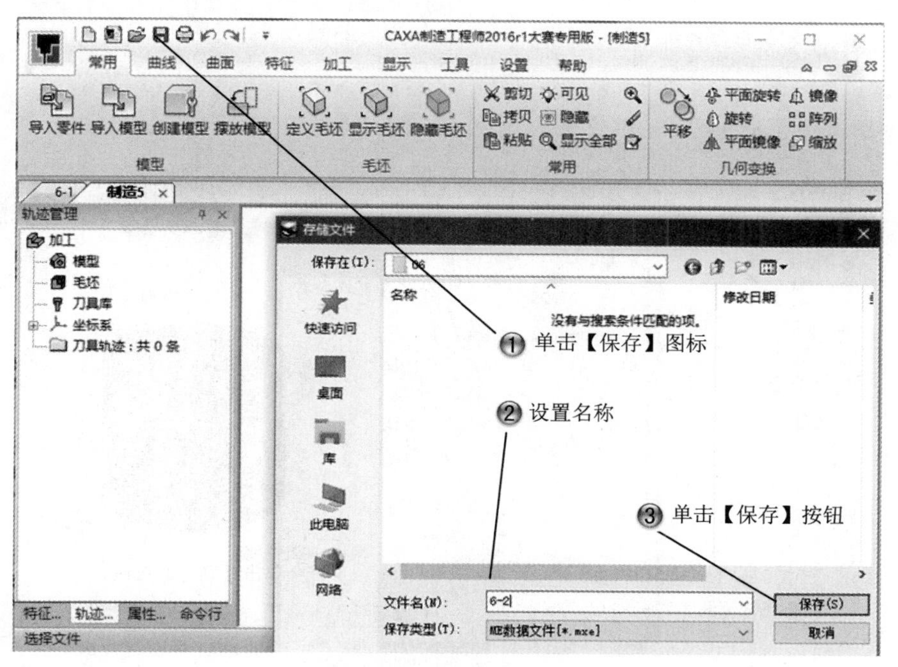

图 6-47 保存加工文件

Step4 设置模型参数，如图 6-48 所示。

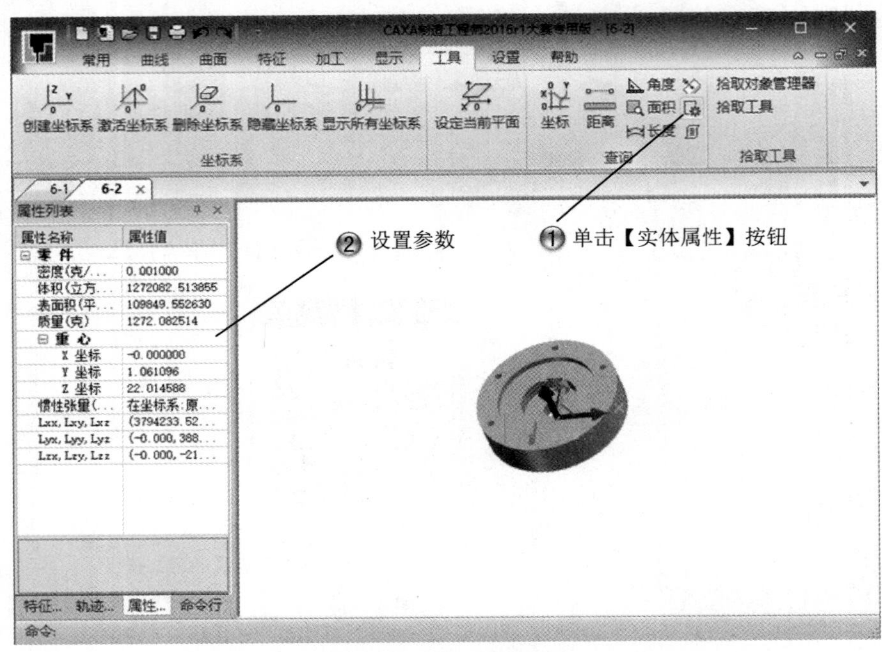

图 6-48　设置模型参数

Step5 定义毛坯，如图 6-49 所示。

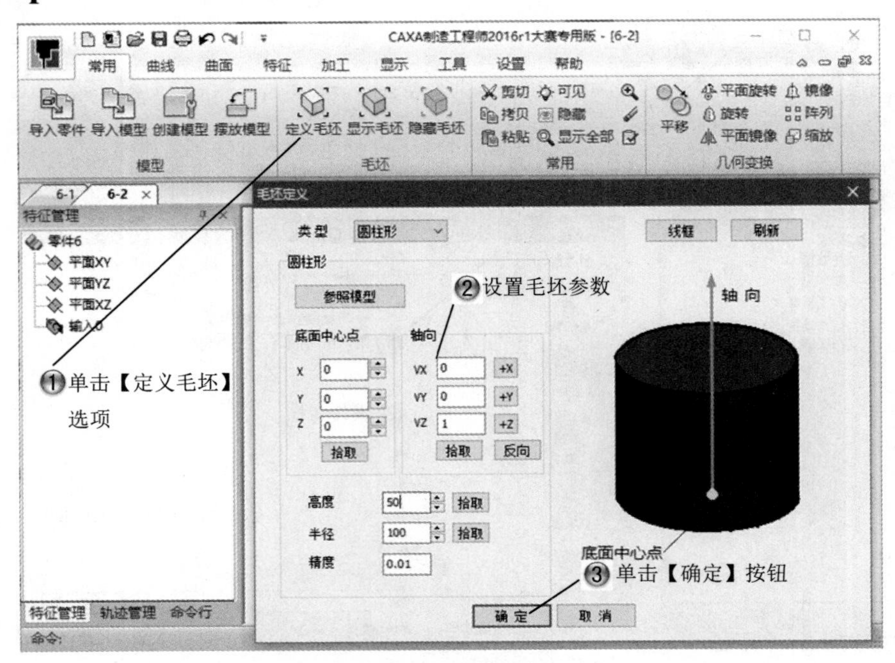

图 6-49　定义毛坯

Step6 创建刀具，如图 6-50 所示。

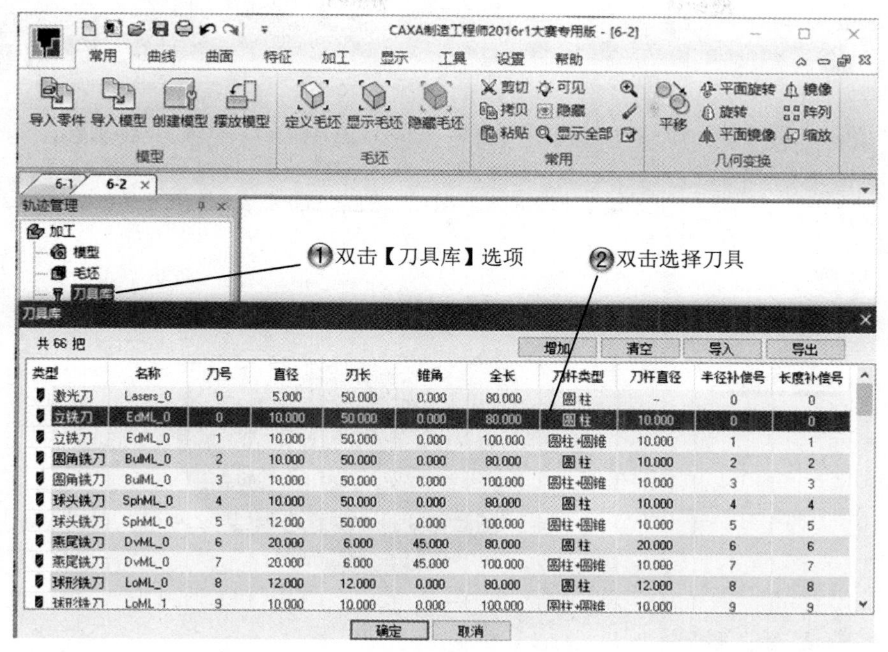

图 6-50　创建刀具

Step7 设置刀具参数，如图 6-51 所示。

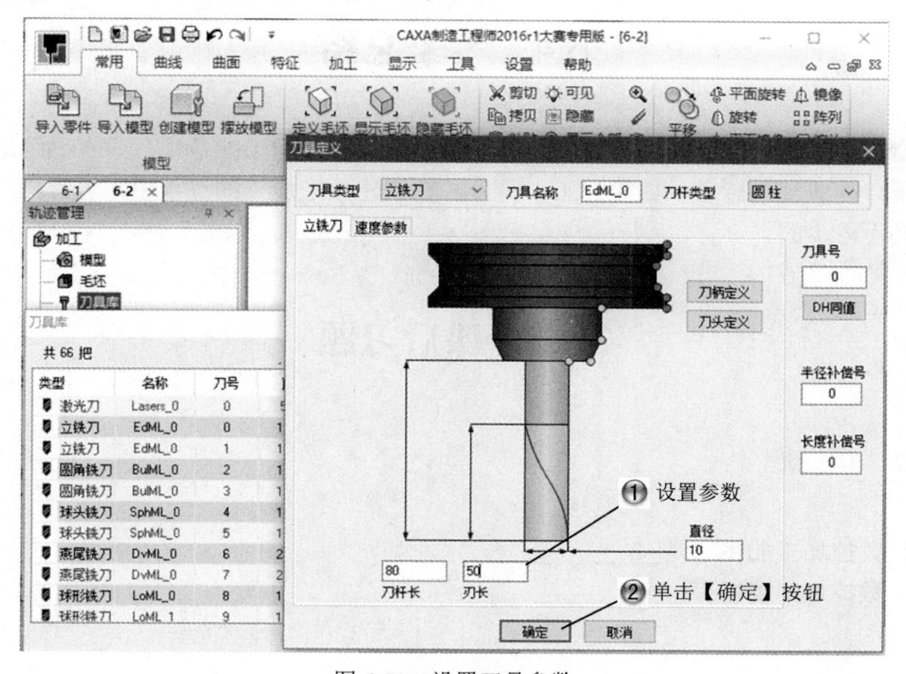

图 6-51　设置刀具参数

Step8 完成加工参数设置，如图 6-52 所示，至此案例制作完成。

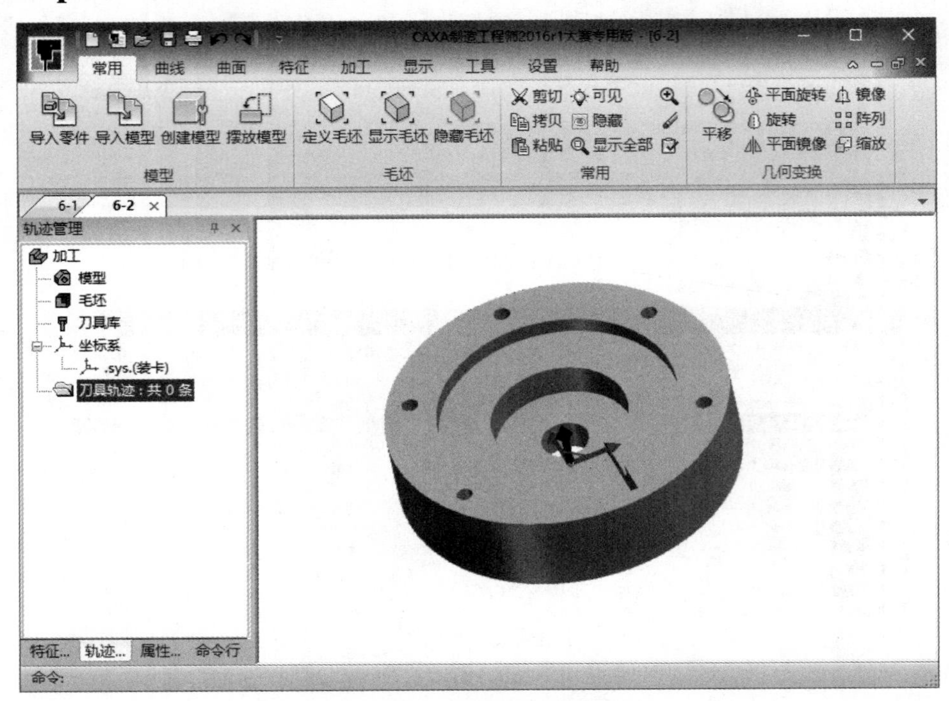

图 6-52　完成加工参数设置

6.4　专家总结

本章介绍的数控加工参数设置知识，是后续几章数控加工的基础，只有熟练运用各种参数设置才能成功创建各种数控加工；另外，在创建数控加工的过程中，理解机械加工原理也是必不可少的。

6.5　课后习题

6.5.1　填空题

（1）数控加工的概念是________________。

（2）数控加工参数有________________。

6.5.2 问答题

（1）数控加工的一般步骤是什么？
（2）加工的通用参数都有哪些？

6.5.3 上机操作题

使用本章学过的各种命令来学习设置数控加工参数。
一般创建步骤和方法如下：
（1）创建新零件。
（2）设置加工管理参数。
（3）设置其他通用参数。

第7章　二轴和三轴加工

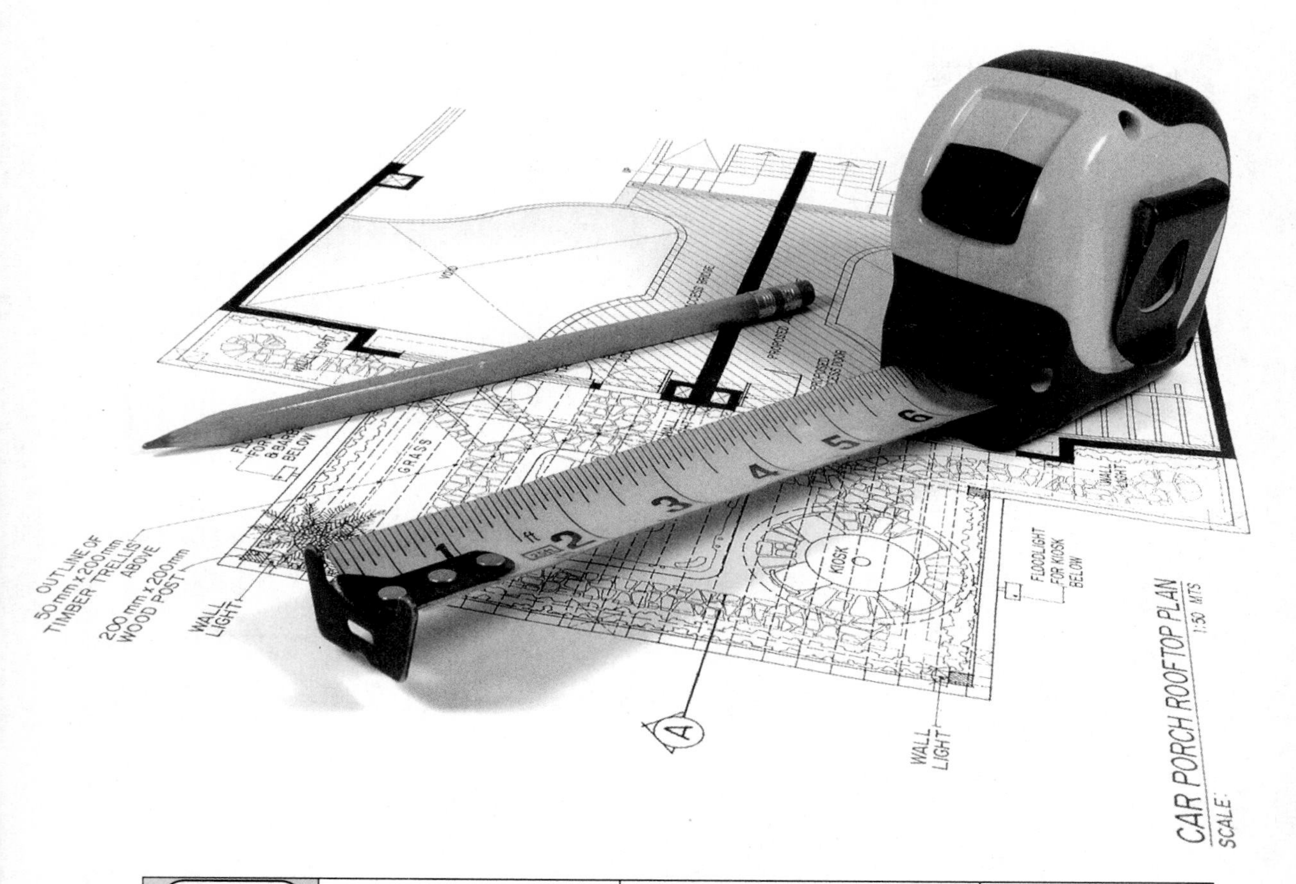

课训目标	内　容	掌握程度	课　时
	粗加工	熟练运用	2
	精加工	熟练运用	2

课程学习建议

随着我国加工制造业的迅猛发展，数控加工技术得到了广泛应用，CAXA 等 CAD/CAM 软件也得到了日益广泛地普及和应用。本章主要介绍 CAXA 制造工程师常用的加工轨迹生成方法，利用这些方法用户可以根据零件的结构形状特点，选择合适的加工方式来完成自动编程。

本课程主要基于软件的二轴和三轴加工知识进行讲解，其培训课程表如下。

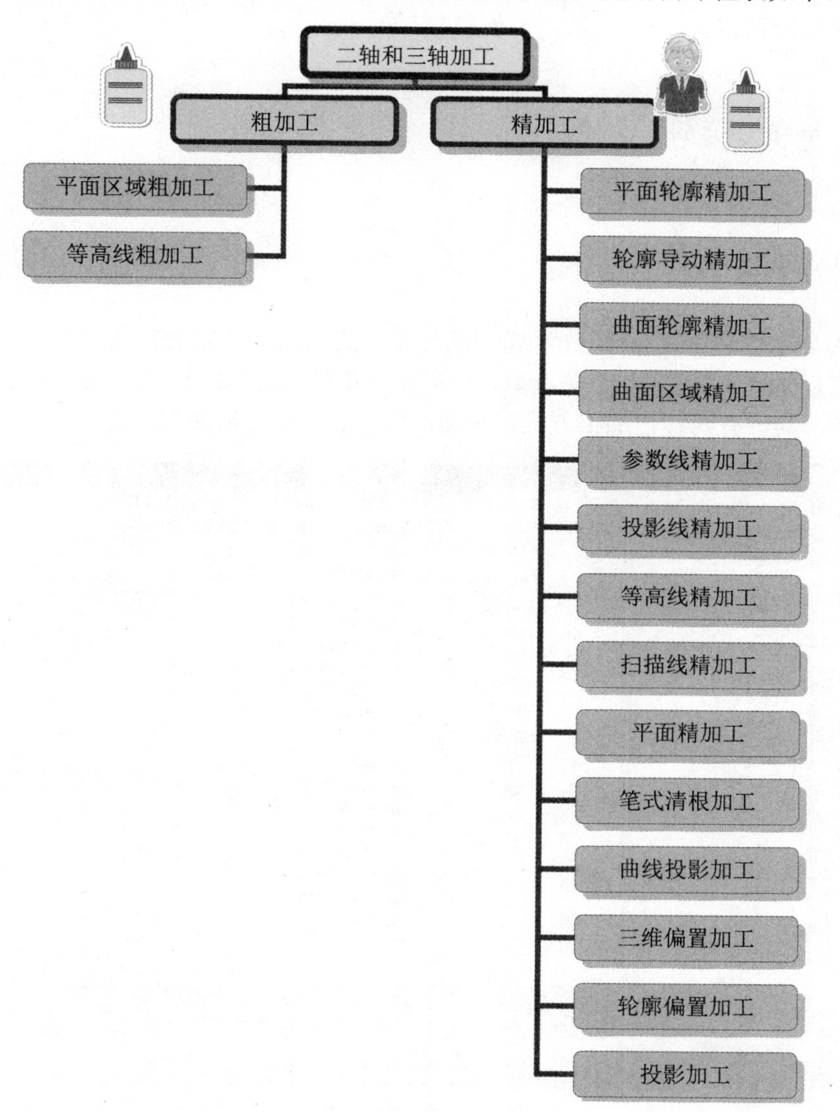

7.1 粗加工

零件粗加工是在毛坯的基础上，对不需要的部分进行大面积切削，刀具速度一般较慢，使用较大齿刃的铣刀。

7.1.1 设计理论

CAXA 制造工程师提供了 17 种常用的加工方式。选择【加工】|【常用加工】菜单后，即可打开常用加工方式的 17 个子菜单，也可以在【加工工具栏】中单击加工方式按钮，如图 7-1 所示。其中有两种粗加工方式：平面区域粗加工和等高线粗加工。

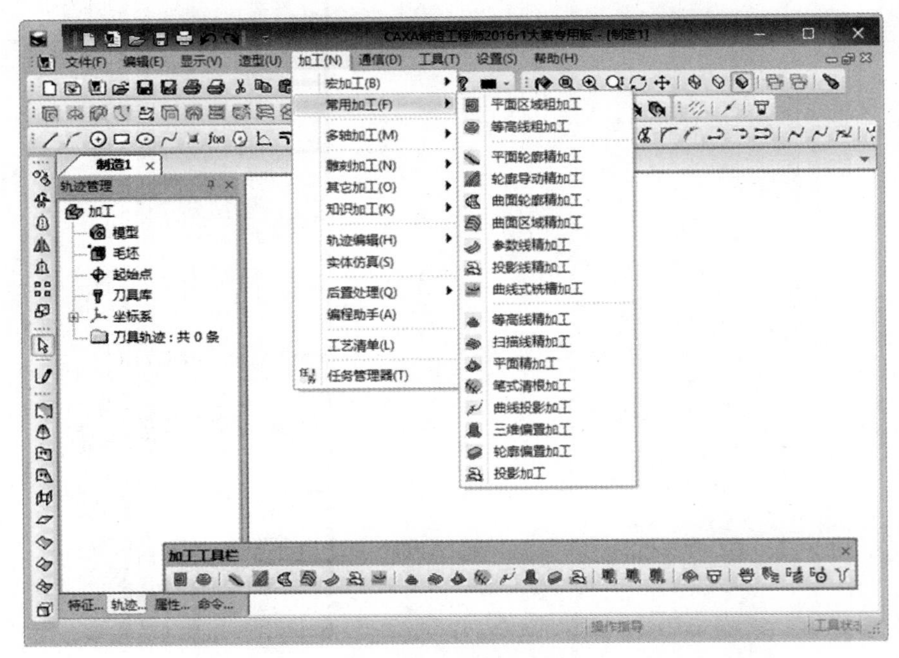

图 7-1 常用加工方式

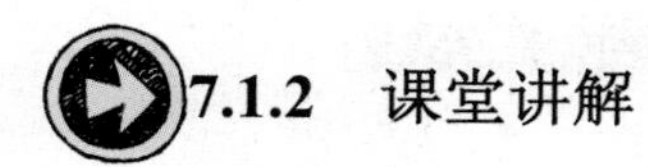

7.1.2 课堂讲解

1. 平面区域粗加工

该加工方法属于两轴或两轴半加工，主要用于铣平面和铣槽加工。其优点是不必先有三维模型，只要给出零件的外轮廓和岛屿，就可以生成加工轨迹，并且自动标记钻孔点（入刀点）。该方法要求所有侧壁垂直于平底或侧壁带有相同的拔模斜度，并且也要求岛屿的所有侧壁也垂直于平底或带有相同的拔模斜度。

选择【加工】|【常用加工】|【平面区域粗加工】菜单命令，或者直接单击【加工】工具栏中的【平面区域粗加工】按钮，弹出【平面区域粗加工】对话框。

（1）加工参数

【平面区域粗加工】对话框中【加工参数】选项卡的设置，如图 7-2 所示。

①【环切加工】：刀具以环状走刀方式切削工件。可选择从里向外或从外向里的方式。

②【平行加工】：刀具以平行走刀方式切削工件。可改变刀位与 X 轴的夹角，可选择单向或往复方式。

③【拐角过渡方式】：是切削过程遇到拐角时的处理方式，有两种情况。

④【拔模基准】：当加工的工件带有拔模斜度时，工件顶层轮廓与底层轮廓的大小不一样。

⑤【区域内抬刀】：在加工有岛屿的区域时，选择轨迹过岛屿时是否抬刀。

⑥【轮廓参数】：设置轮廓余量、斜度和补偿方式。

⑦【岛参数】：设置岛的余量、斜度和补偿方式。

⑧【加工参数】：设置顶层和底层高度、每层下降高度、行距等刀路参数。

图 7-2 【加工参数】选项卡

（2）清根参数

【清根参数】选项卡，如图 7-3 所示。

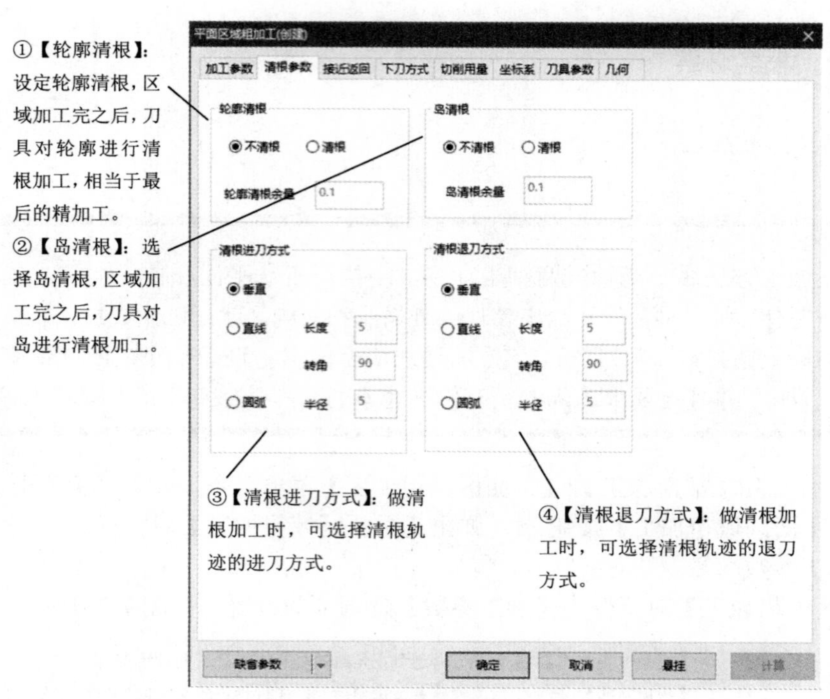

图 7-3　【清根参数】选项卡

（3）接近返回

【接近返回】选项卡，如图 7-4 所示。

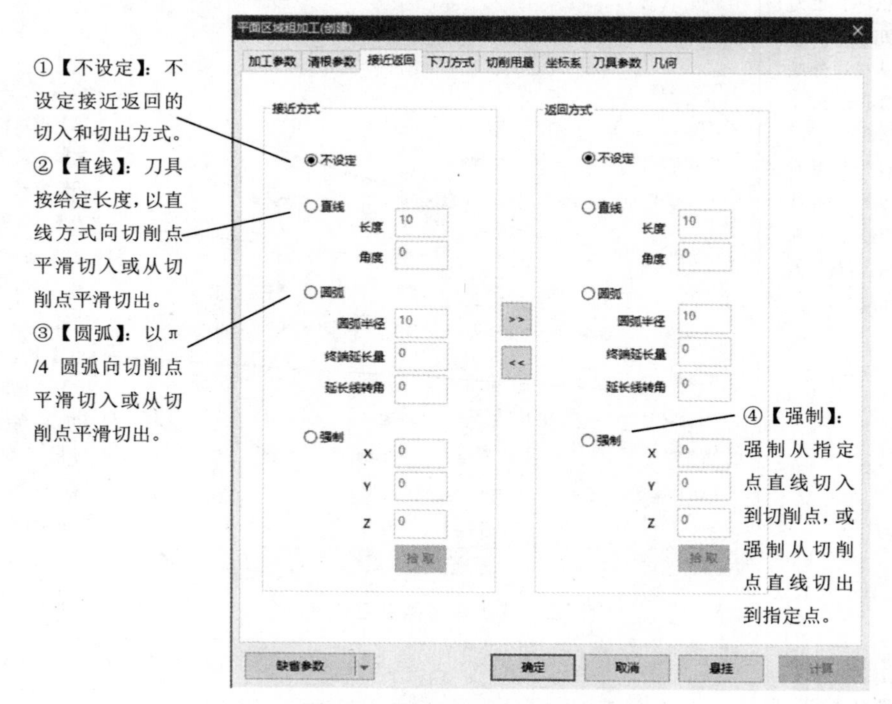

图 7-4　【接近返回】选项卡

【接近返回】选项卡设定接近返回的切入和切出方式。一般地，接近是指从刀具起始点快速移动后，以切入方式逼近切削点的那段切入轨迹，返回是指从切削点以切出方式离开切削点的那段切出轨迹。

名师点拨

（4）下刀方式

【下刀方式】选项卡如图 7-5 所示。

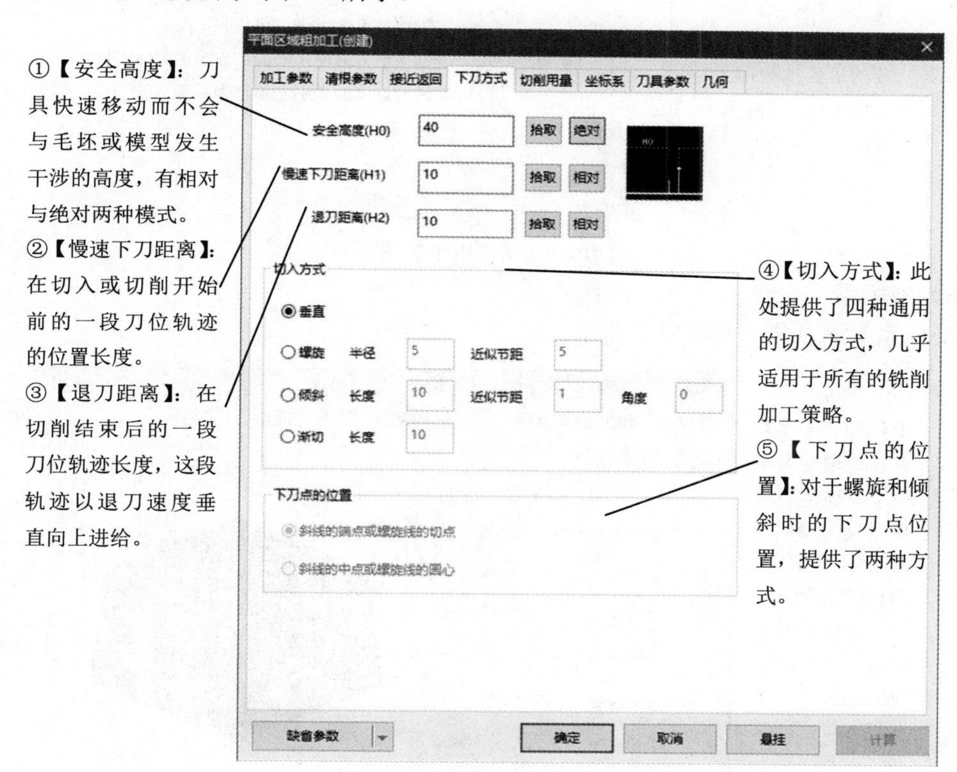

图 7-5　【下刀方式】选项卡

（5）切削用量

【切削用量】选项卡在所有加工方法中都存在，其作用是设定切削过程中的所有速度值，如图 7-6 所示。

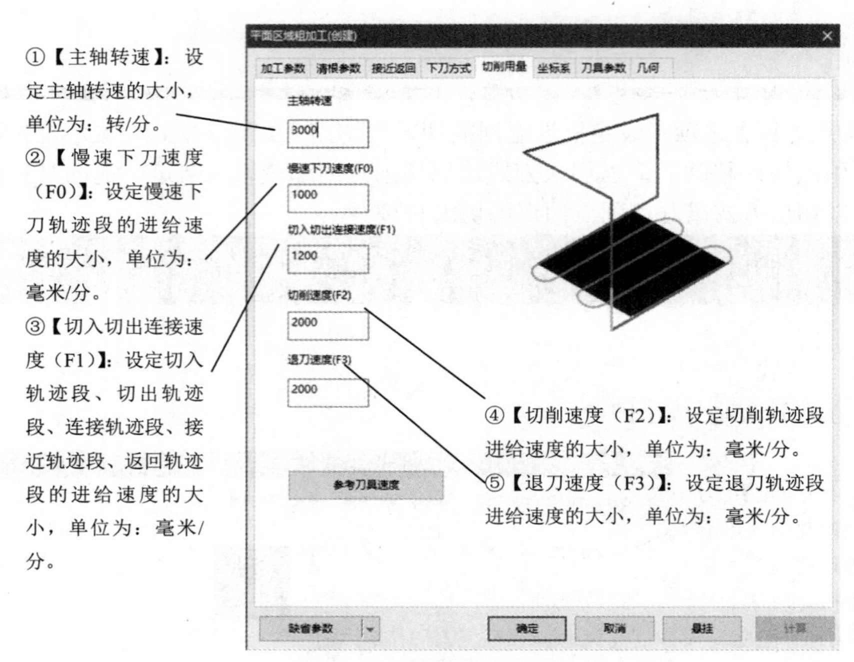

图 7-6　【切削用量】选项卡

（6）坐标系

【坐标系】选项卡，如图 7-7 所示。

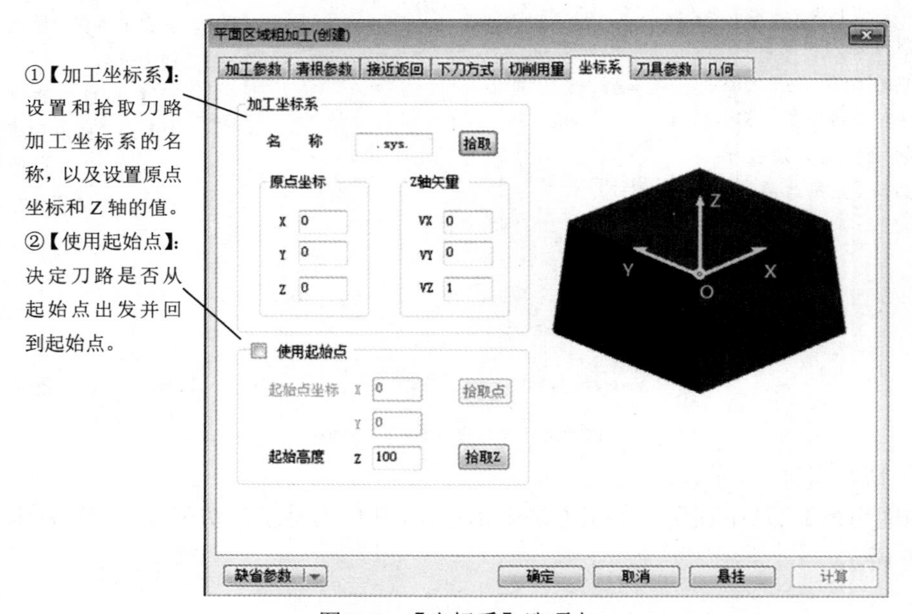

图 7-7　【坐标系】选项卡

（7）刀具参数

设定平面区域粗加工的刀具参数，以生成平面区域粗加工轨迹。【刀具参数】选项卡，如图 7-8 所示。

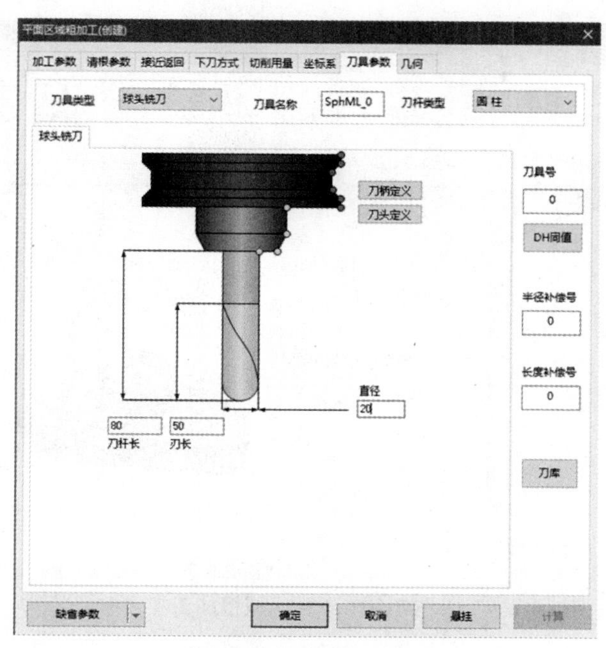

图 7-8　【刀具参数】选项卡

（8）几何

【几何】选项卡用于拾取和删除在加工中所有需要选择的轮廓曲线和岛屿曲线，如图 7-9 所示。

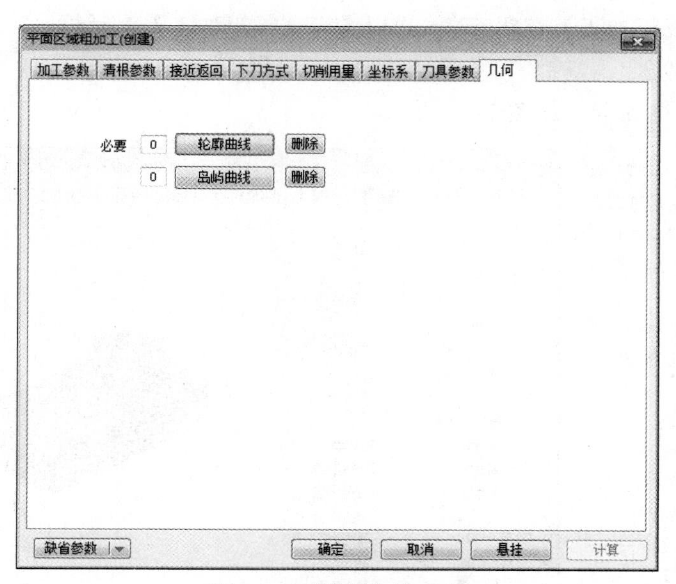

图 7-9　【几何】选项卡

平面区域粗加工的加工轨迹，如图 7-10 所示。

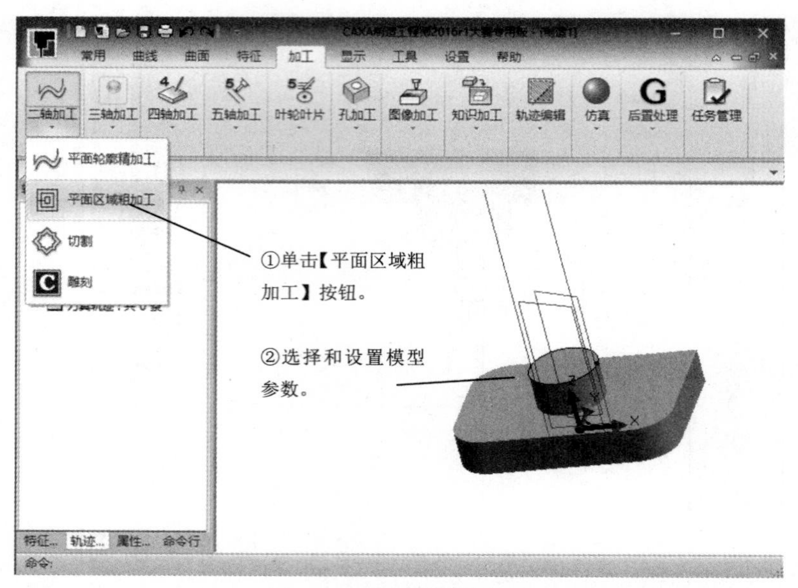

图 7-10　平面区域粗加工

2. 等高线粗加工

该加工方式是较通用的粗加工方式，适用范围较广；它可以高效地去除毛坯的大部分余量，并可根据精加工要求留出余量，为精加工打下一个良好的基础；还可指定加工区域，优化空切轨迹。选择【加工】|【常用加工】|【等高线粗加工】，或者直接单击【加工】工具栏中的【等高线粗加工】按钮，弹出【等高线粗加工】对话框。

（1）加工参数

【加工参数】选项卡，如图 7-11 所示。

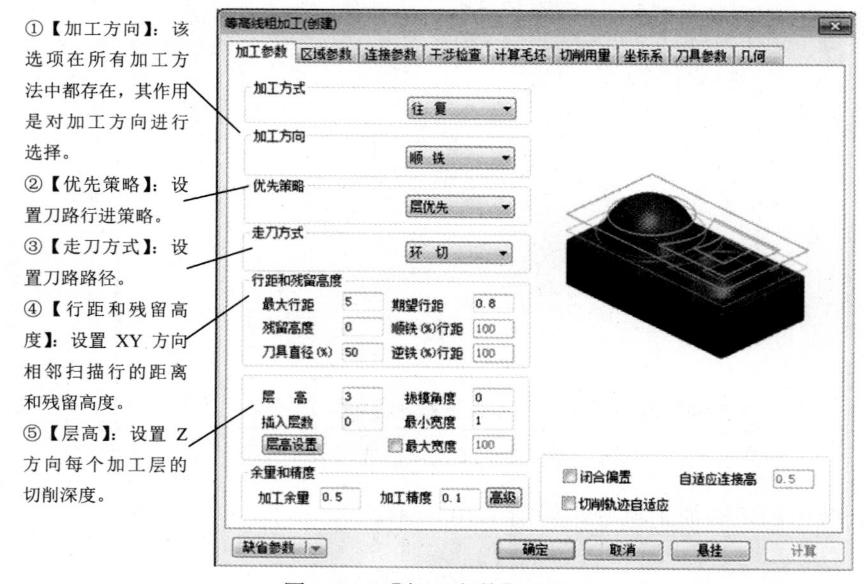

图 7-11　【加工参数】选项卡

（2）区域参数

【区域参数】选项卡，如图 7-12 所示。

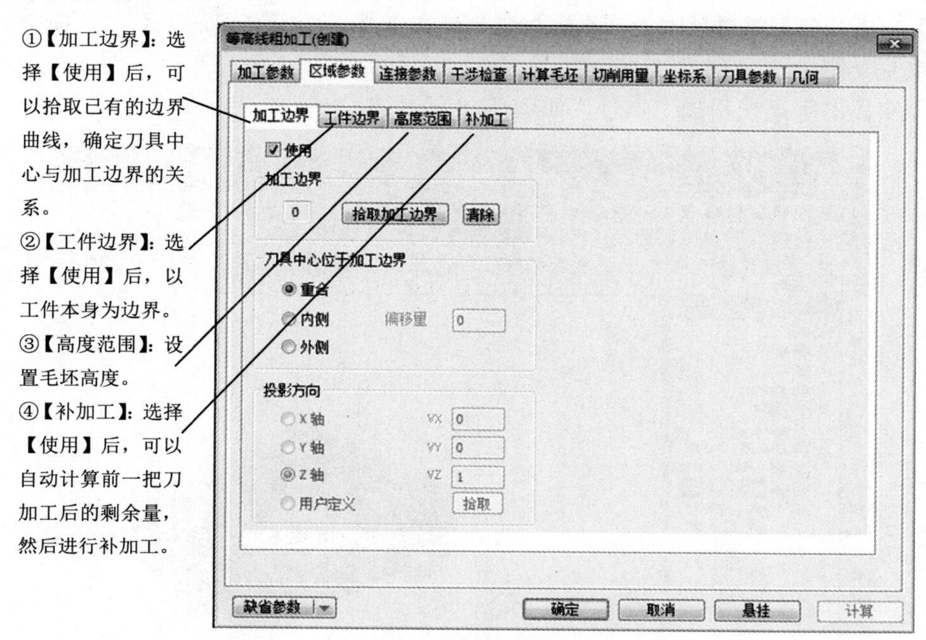

图 7-12 【区域参数】选项卡

（3）连接参数

【连接参数】选项卡，如图 7-13 所示。

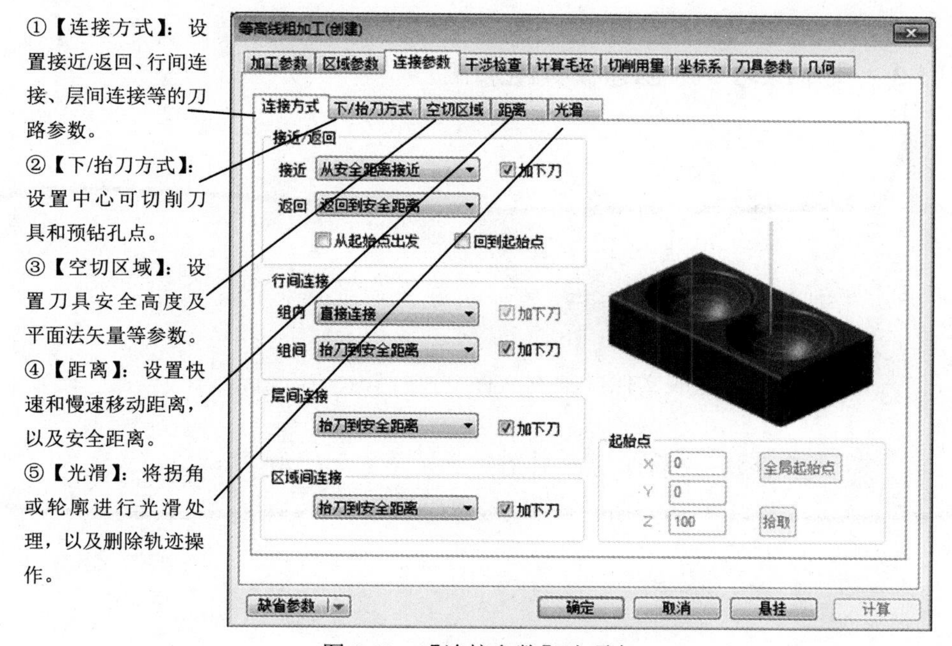

图 7-13 【连接参数】选项卡

（4）其他选项卡

【等高线粗加工】对话框还有【坐标系】、【干涉检查】、【计算毛坯】、【切削用量】、【刀具参数】和【几何】等选项卡，其具体含义可以参考【平面区域粗加工】中选项卡的参数，这里不重复介绍。

模型实体的等高线粗加工轨迹，如图 7-14 所示。

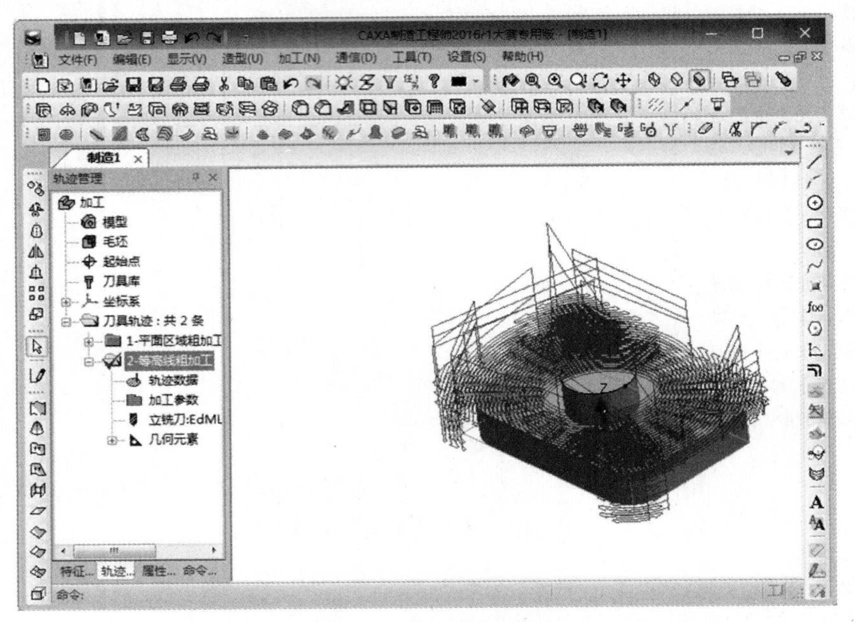

图 7-14　等高线粗加工

7.1.3　课堂练习——创建模具粗加工

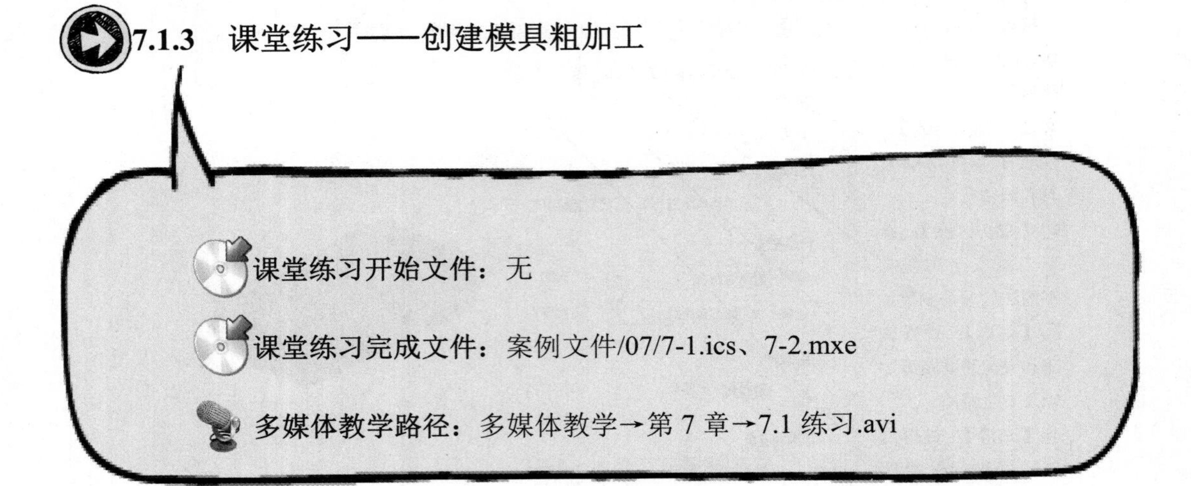

课堂练习开始文件：无

课堂练习完成文件：案例文件/07/7-1.ics、7-2.mxe

多媒体教学路径：多媒体教学→第 7 章→7.1 练习.avi

Step1 创建长方体，如图 7-15 所示。

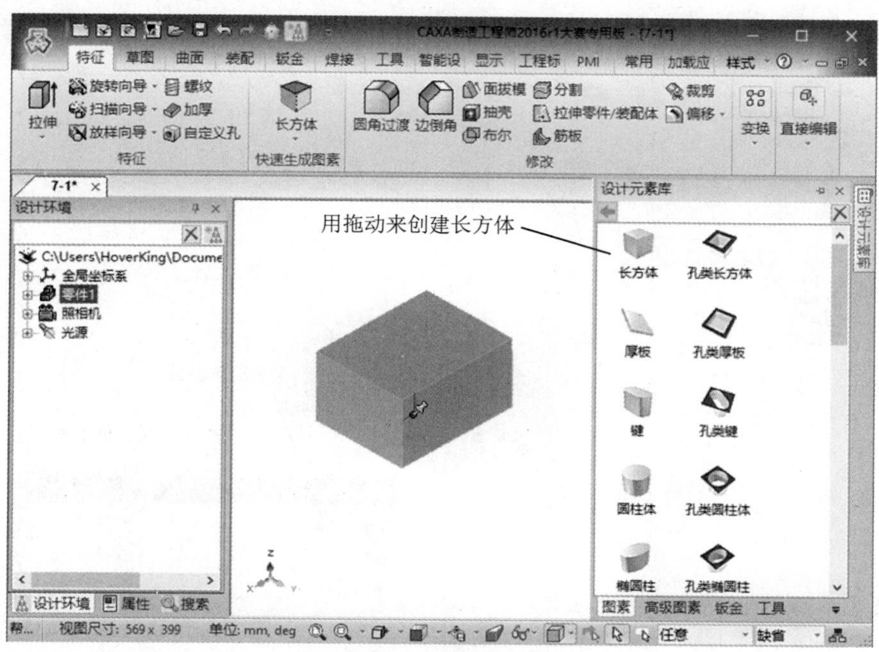

图 7-15　创建长方体

Step2 编辑包围盒，如图 7-16 所示。

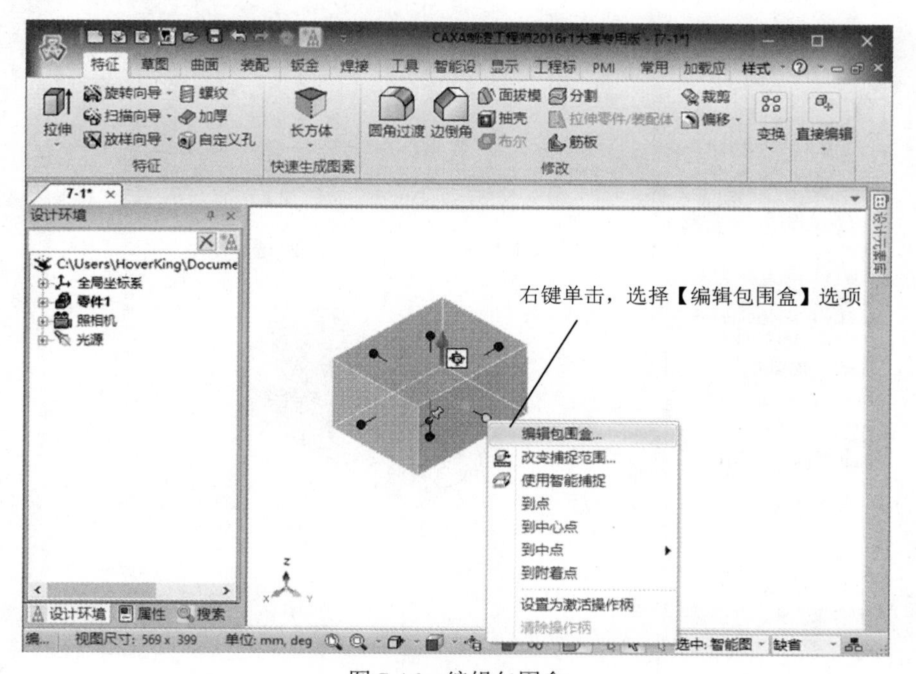

图 7-16　编辑包围盒

Step3 设置包围盒参数，如图 7-17 所示。

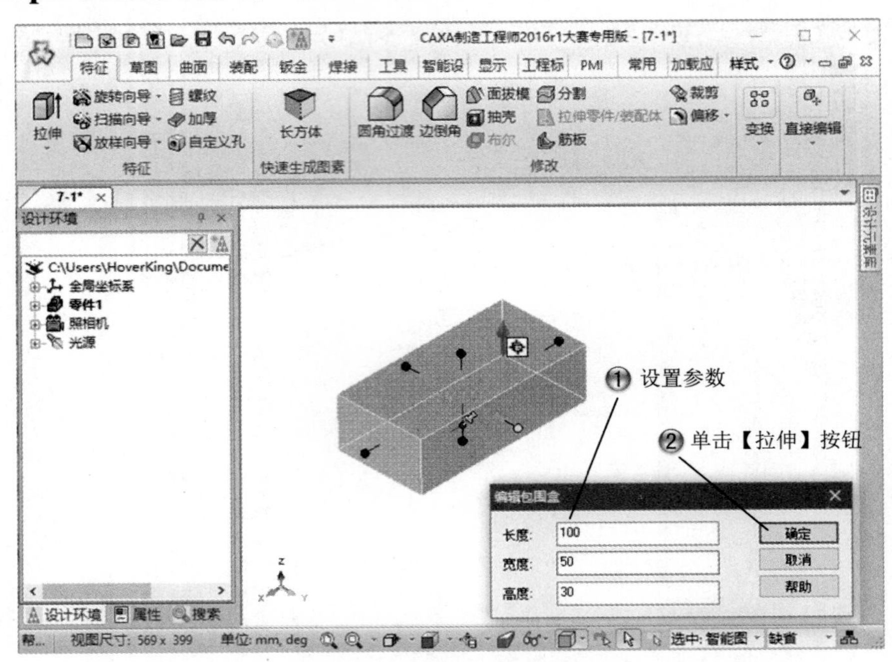

图 7-17　设置包围盒参数

Step4 创建拉伸特征，如图 7-18 所示。

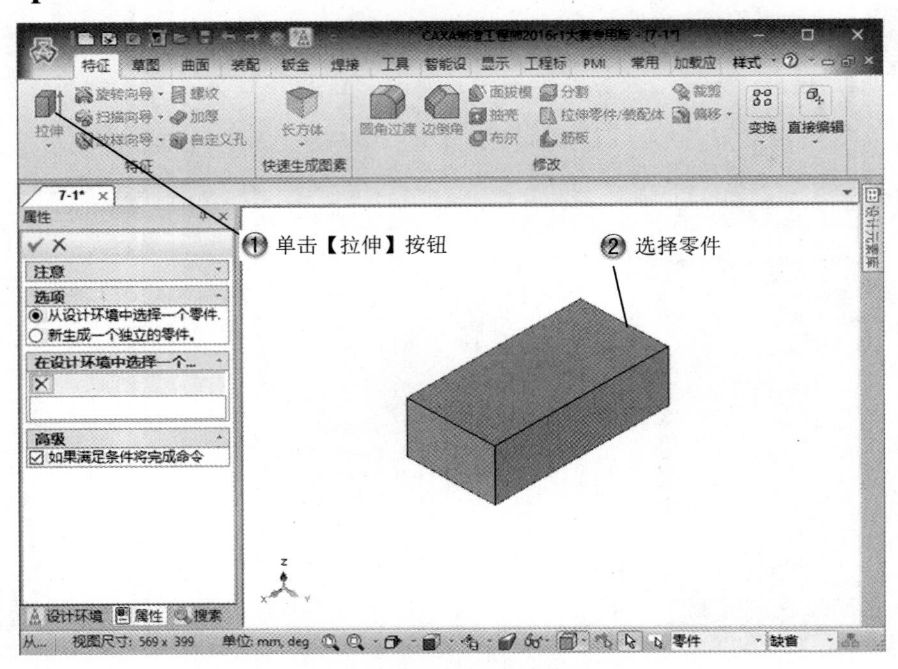

图 7-18　创建拉伸特征

Step5 选择草绘命令，如图 7-19 所示。

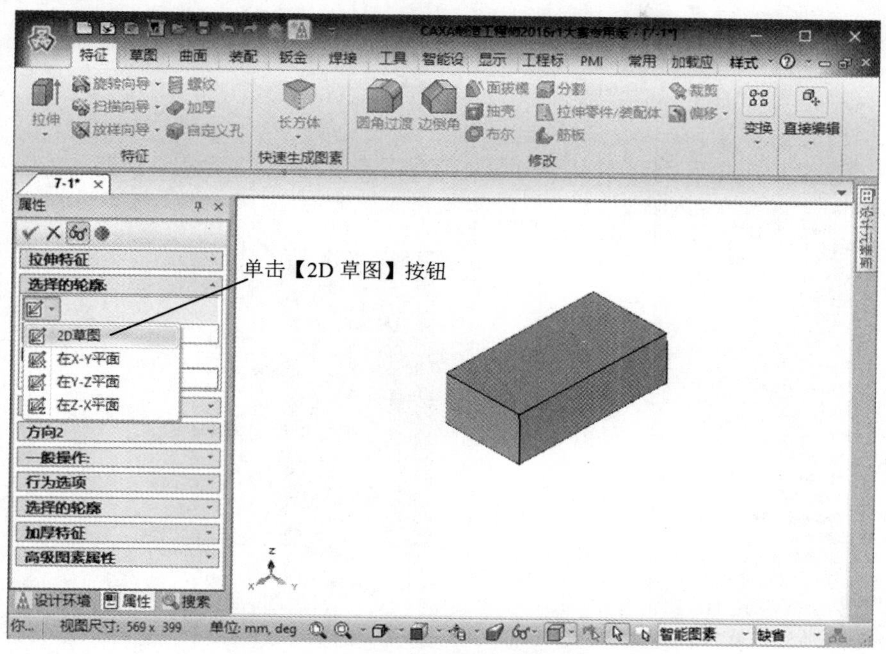

图 7-19 选择草绘命令

Step6 选择草绘面，如图 7-20 所示。

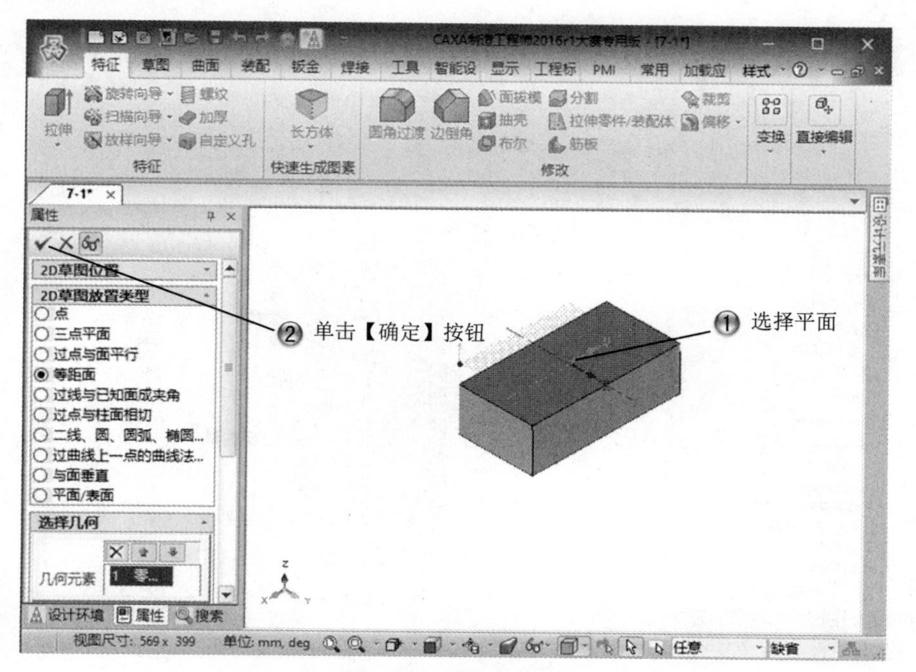

图 7-20 选择草绘面

Step7 绘制矩形 1，如图 7-21 所示。

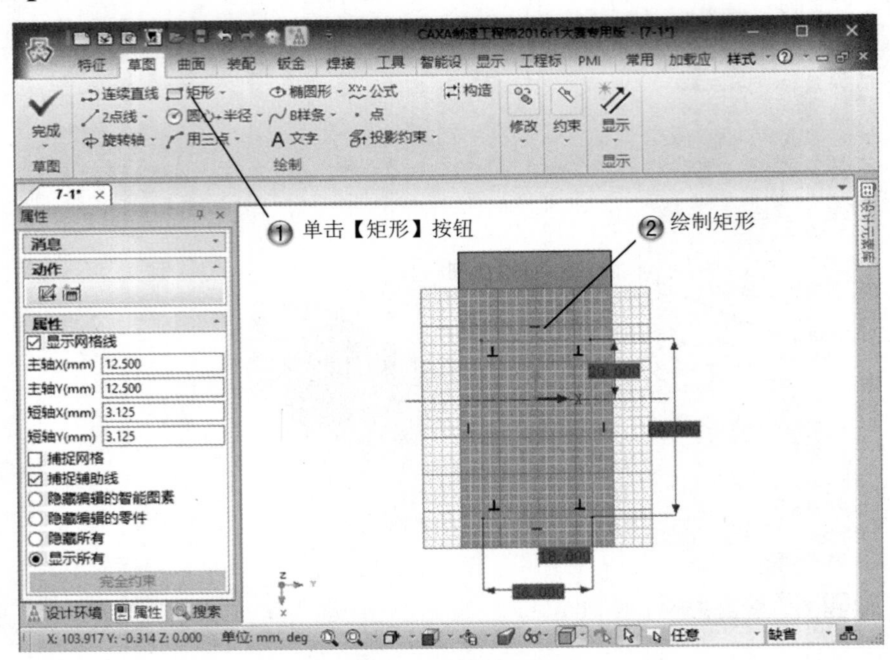

图 7-21　绘制矩形 1

Step8 绘制矩形 2，如图 7-22 所示。

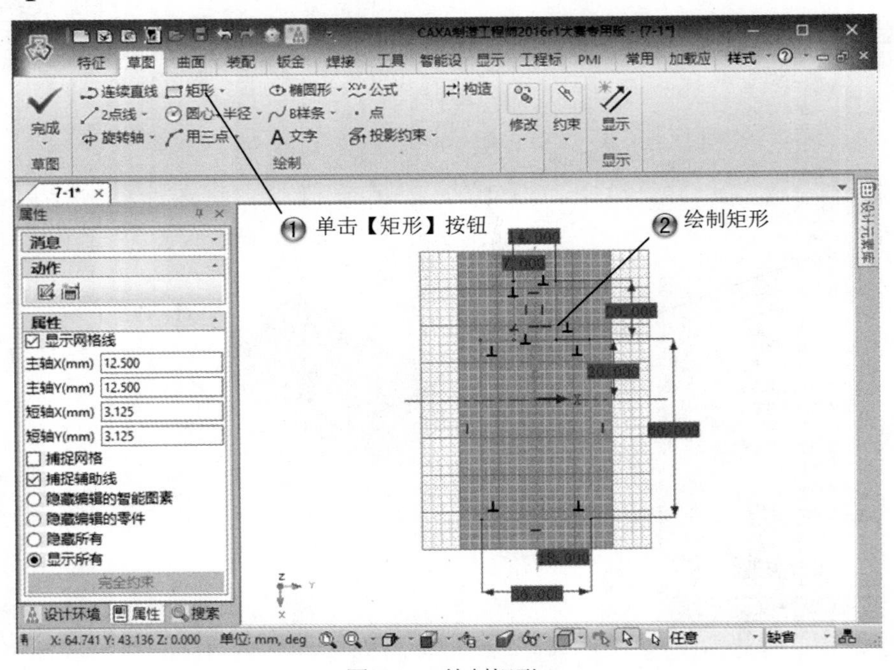

图 7-22　绘制矩形 2

Step9 裁剪图形，如图 7-23 所示。

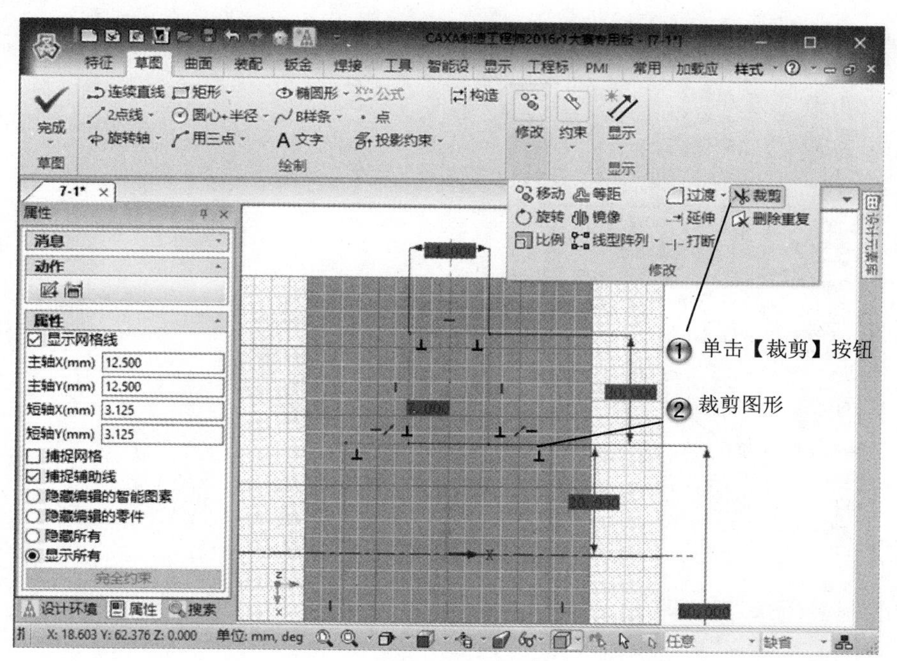

图 7-23　裁剪图形

Step10 绘制圆角，如图 7-24 所示。

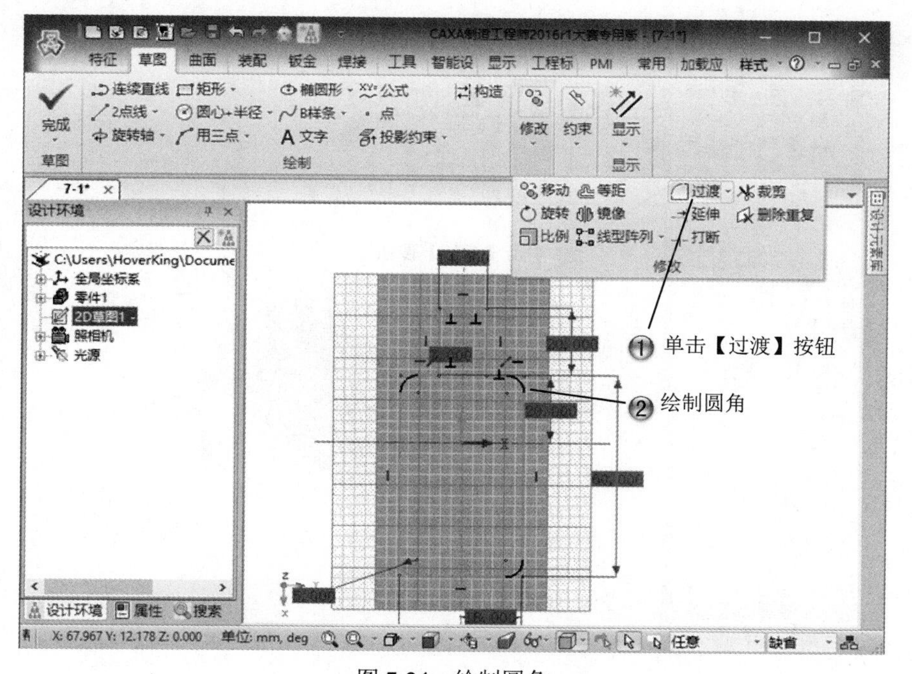

图 7-24　绘制圆角

Step11 设置拉伸参数，如图 7-25 所示。

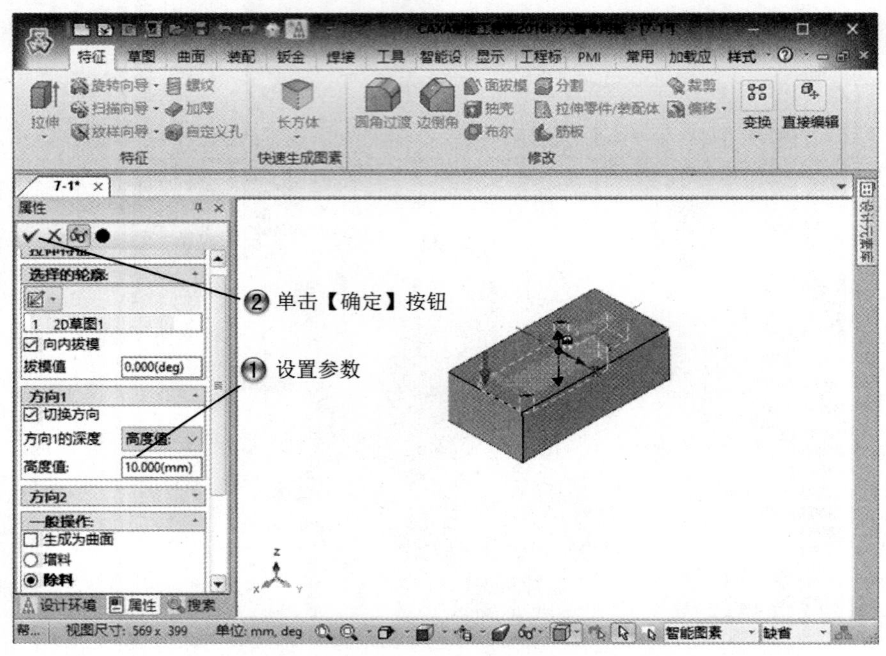

图 7-25　设置拉伸参数

Step12 创建旋转特征，如图 7-26 所示。

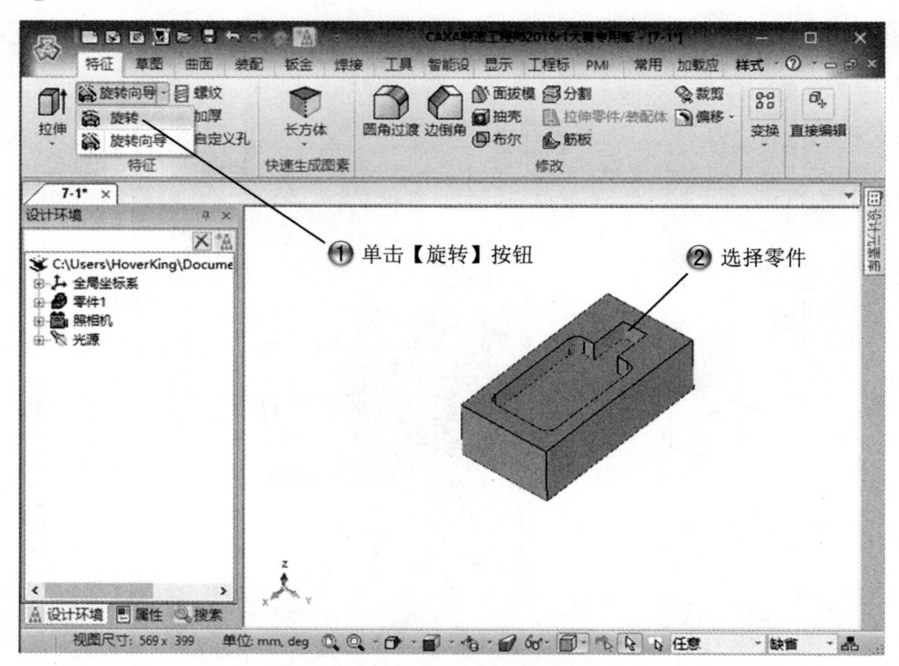

图 7-26　创建旋转特征

Step13 选择草绘命令，如图 7-27 所示。

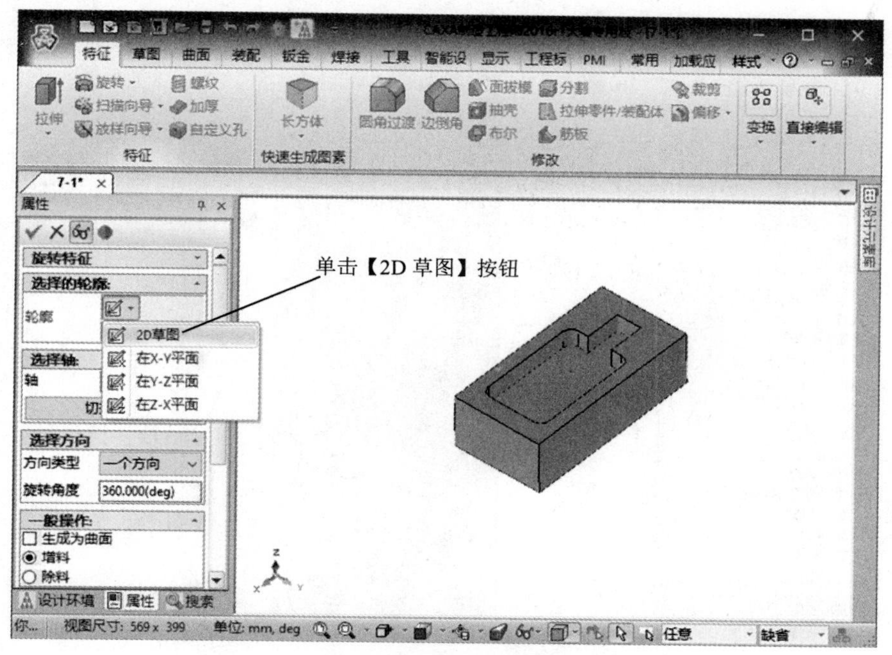

图 7-27　选择草绘命令

Step14 选择草绘面，如图 7-28 所示。

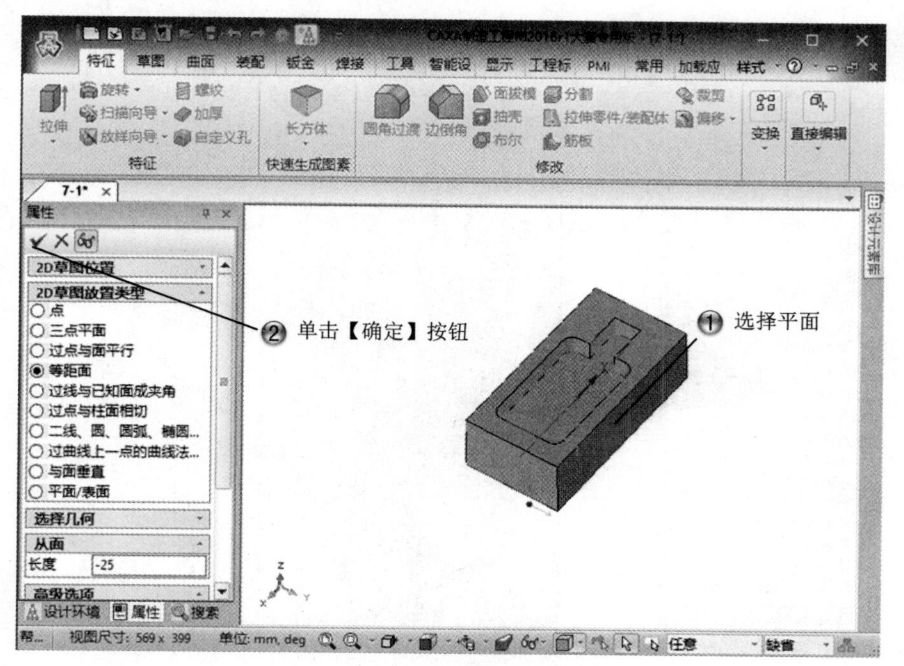

图 7-28　选择草绘面

Step15 绘制矩形 1，如图 7-29 所示。

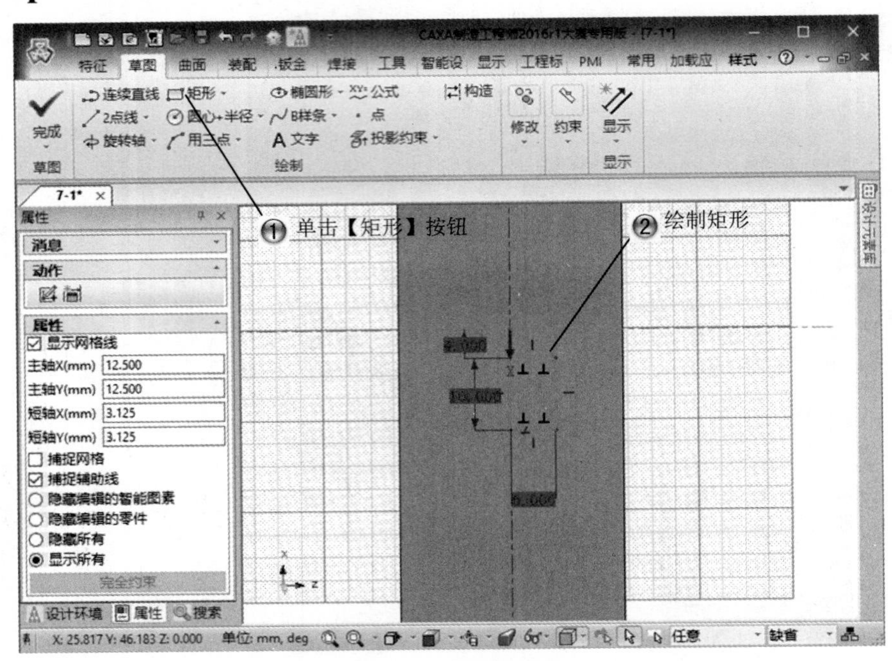

图 7-29　绘制矩形 1

Step16 绘制矩形 2，如图 7-30 所示。

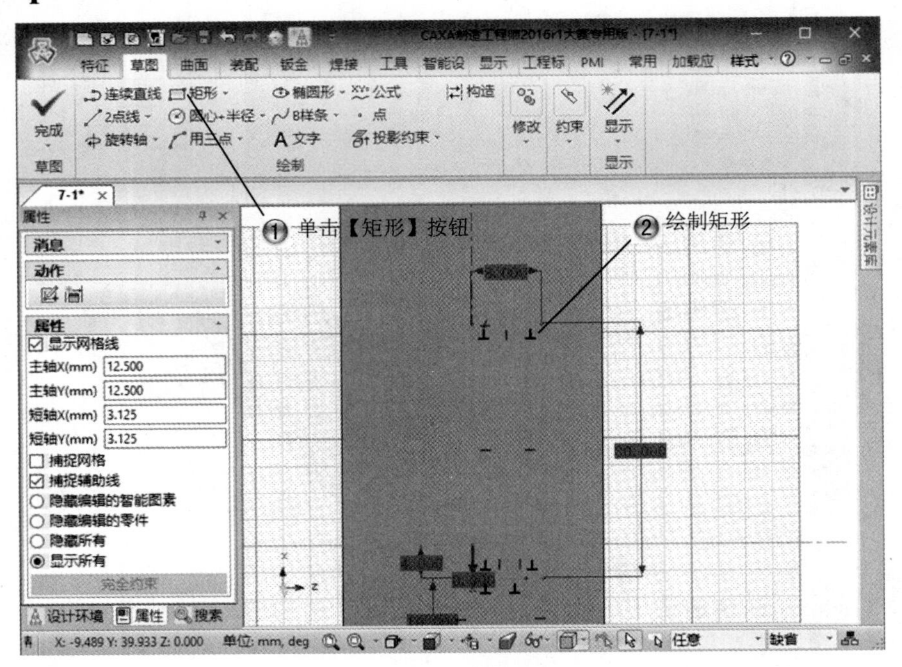

图 7-30　绘制矩形 2

Step17 裁剪图形，如图 7-31 所示。

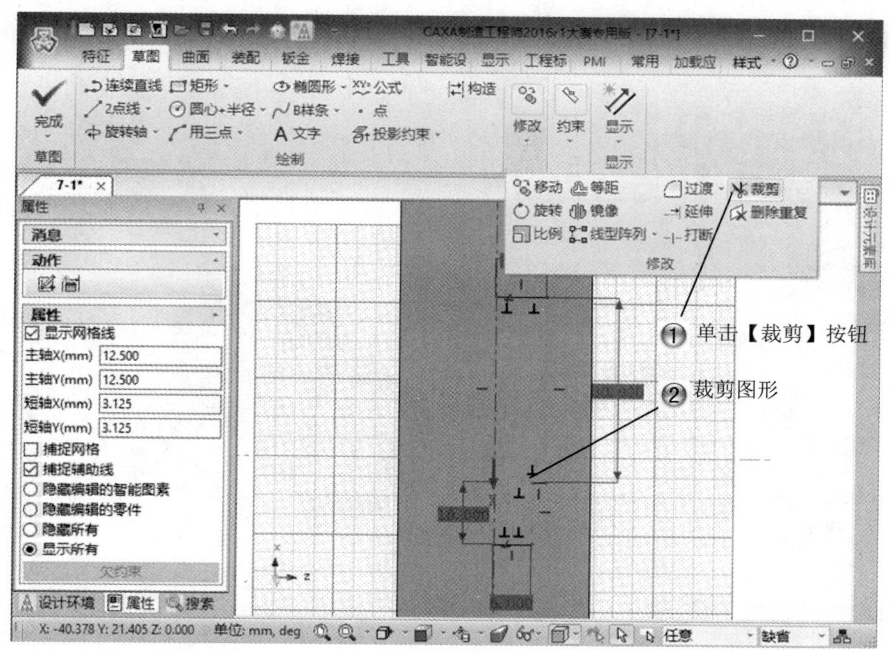

图 7-31　裁剪图形

Step18 绘制旋转轴，如图 7-32 所示。

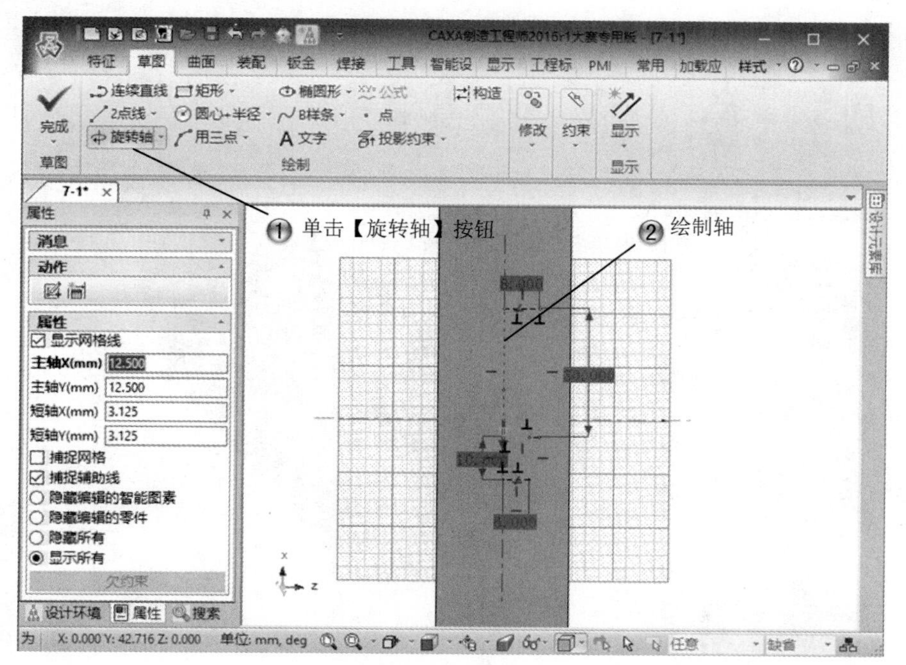

图 7-32　绘制旋转轴

Step19 设置旋转参数，如图 7-33 所示。

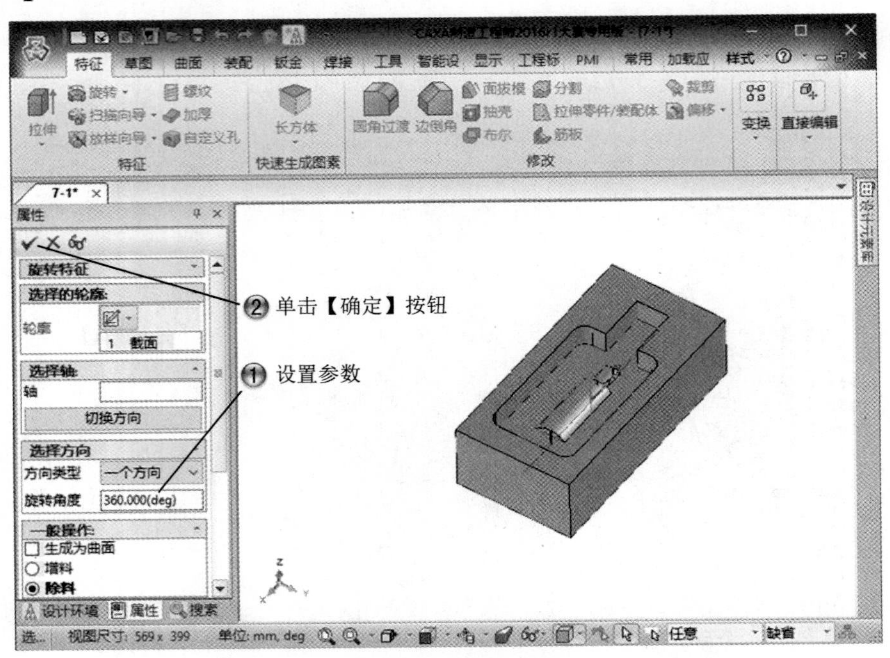

图 7-33　设置旋转参数

Step20 进入制造环境，如图 7-34 所示。

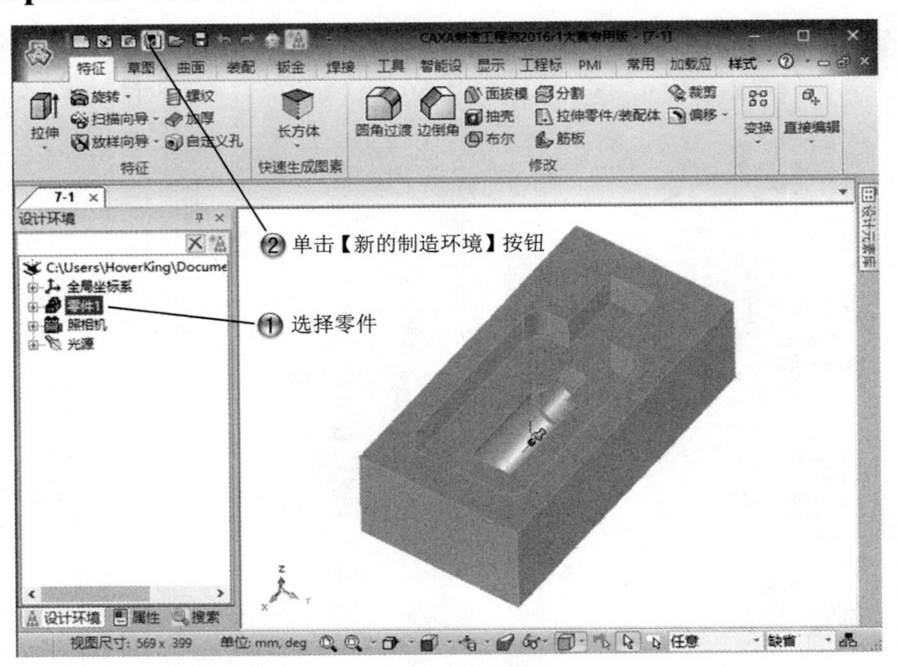

图 7-34　进入制造环境

Step21 设置实体零件，如图 7-35 所示。

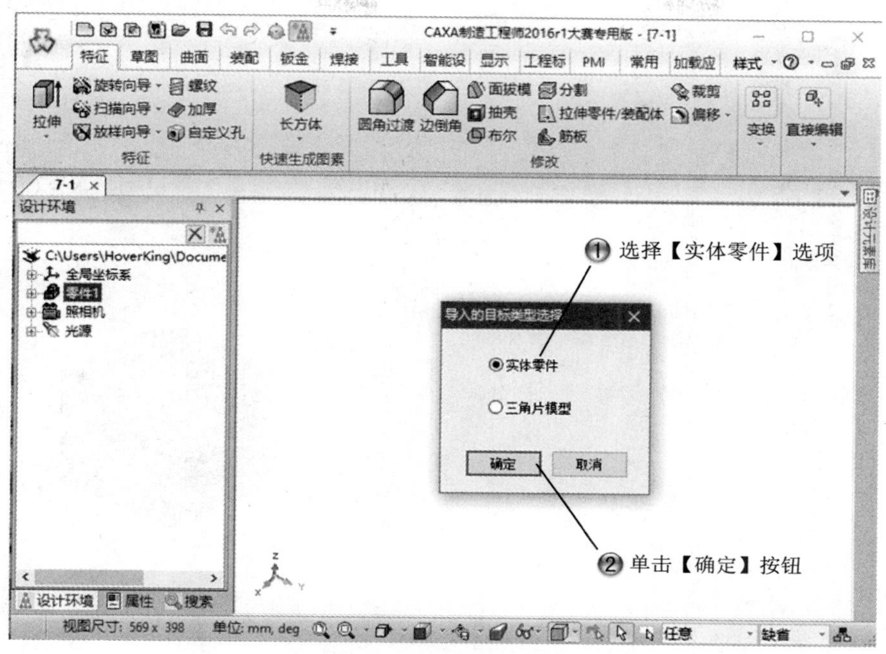

图 7-35　设置实体零件

Step22 创建实体边界线，如图 7-36 所示。

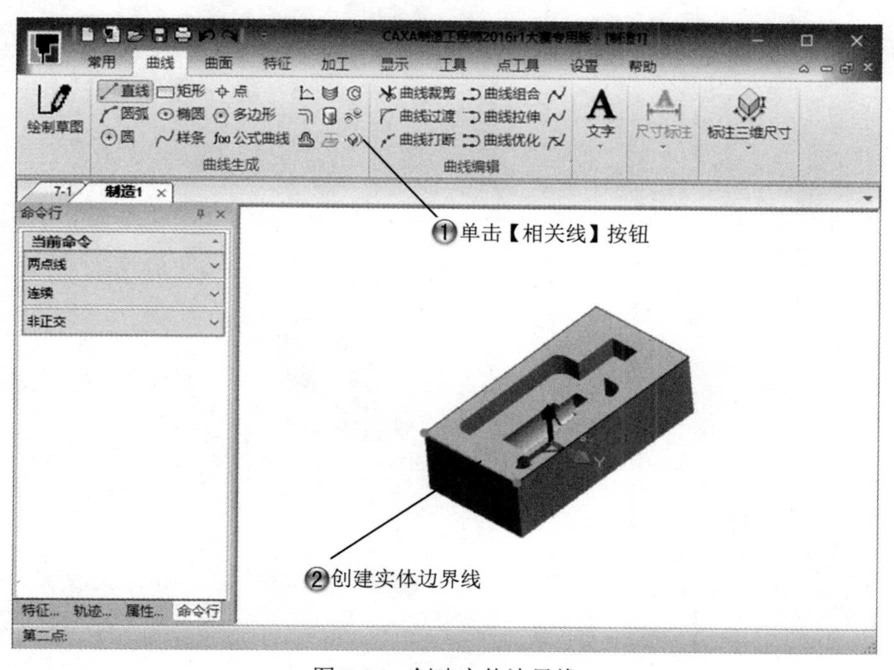

图 7-36　创建实体边界线

Step23 创建毛坯，如图 7-37 所示。

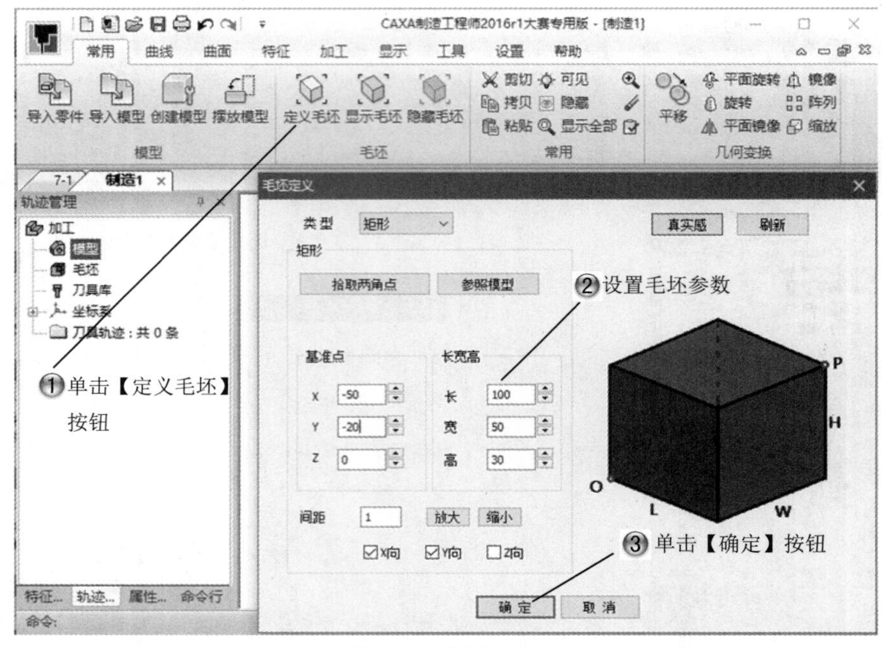

图 7-37　创建毛坯

Step24 创建平面区域粗加工，如图 7-38 所示。

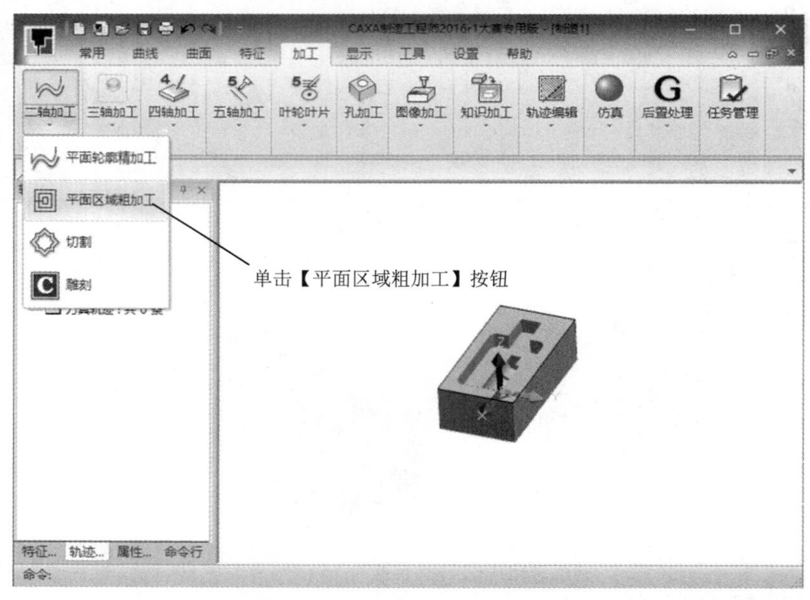

图 7-38　创建平面区域粗加工

Step25 设置加工参数，如图 7-39 所示。

图 7-39　设置加工参数

Step26 设置清根参数，如图 7-40 所示。

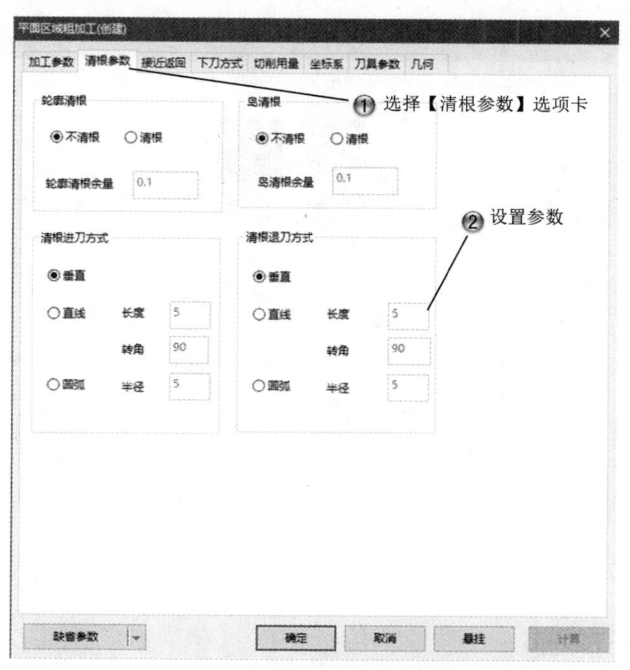

图 7-40　设置清根参数

Step27 设置接近返回，如图 7-41 所示。

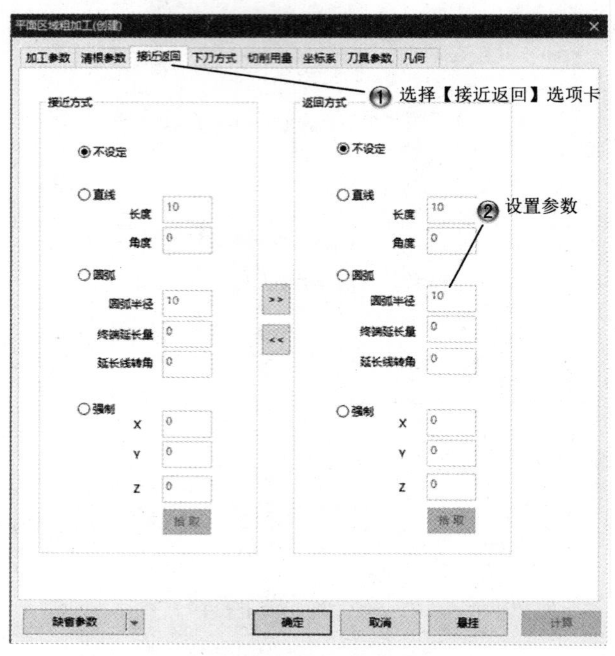

图 7-41　设置接近返回

Step28 设置下刀方式，如图 7-42 所示。

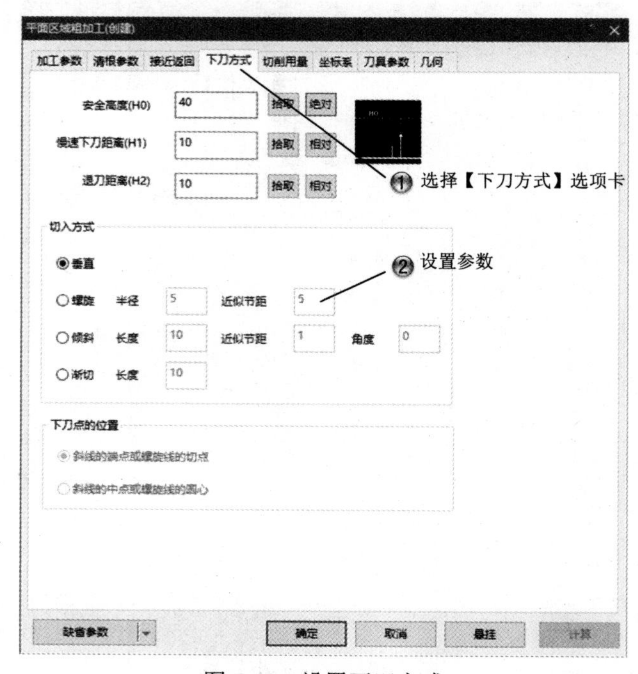

图 7-42　设置下刀方式

Step29 设置切削用量，如图 7-43 所示。

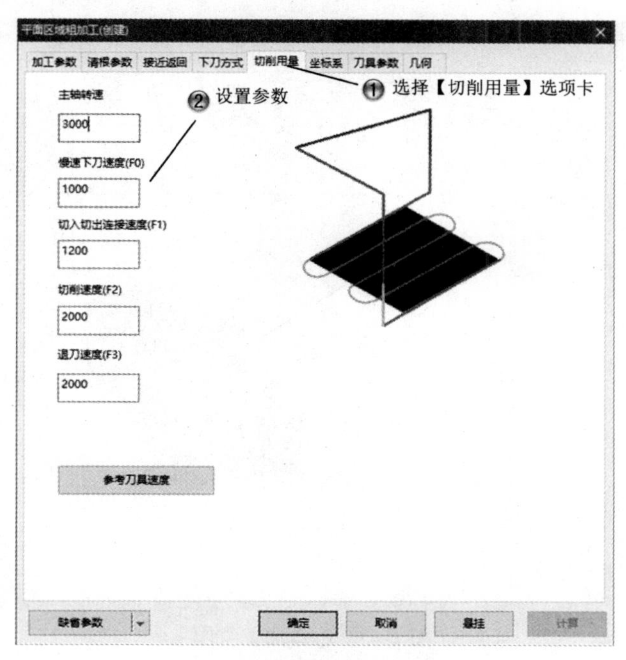

图 7-43　设置切削用量

Step30 设置刀具参数，如图 7-44 所示。

图 7-44　设置刀具参数

Step31 选择加工范围，如图 7-45 所示。

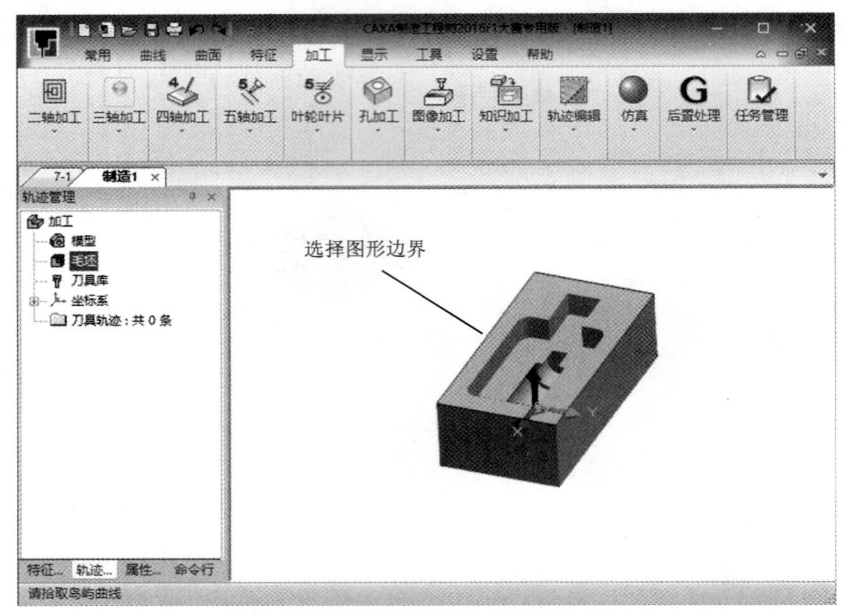

图 7-45　选择加工范围

Step32 完成平面区域粗加工，如图 7-46 所示。

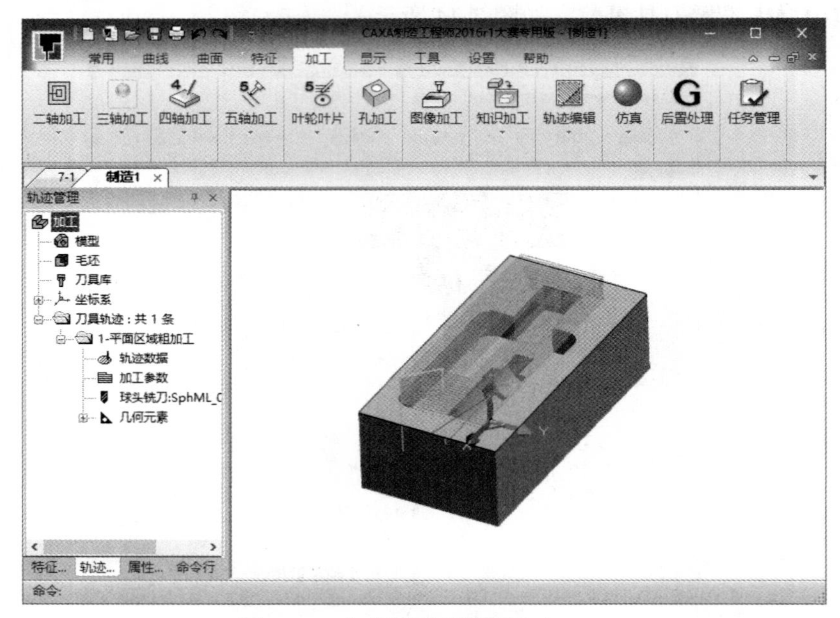

图 7-46　完成平面区域粗加工

7.2 精加工

零件精加工是在毛坯粗加工的基础上，对不需要的部分进行精确切削，刀具速度一般较快，使用较小齿刃的铣刀。

课堂讲解课时：2 课时

7.2.1 设计理论

CAXA 制造工程师在常用的加工方式中包含 15 种精加工方式：平面轮廓精加工、轮廓导动精加工、曲面轮廓精加工、曲面区域精加工、参数线精加工、投影线精加工、曲线式铣槽加工、等高线精加工、扫描线精加工、平面精加工、笔式清根加工、曲线投影加工、三维偏置加工、轮廓偏置加工和投影加工。加工参数的设置和粗加工的类似。

7.2.2 课堂讲解

1. 平面轮廓精加工

平面轮廓精加工属于两轴加工方式，可以根据给定的加工轮廓，生成沿着加工轮廓的平面轮廓精加工轨迹。由于它可以指定拔模斜度，所以也可以进行两轴半加工，主要用于加工封闭和不封闭的轮廓。多选用带圆角的端铣刀或球头铣刀。选择【加工】|【常用加工】|【平面轮廓精加工】菜单命令，或者直接单击【加工】工具栏中的【平面轮廓精加工】按钮，弹出【平面轮廓精加工】对话框。

（1）加工参数

【加工参数】选项卡，如图 7-47 所示。

（2）接近返回

【接近返回】用于设定接近回返的切入和切出方式。一般地，接近是指从刀具起始点快速移动后，以切入方式逼近切削点的那段切入轨迹，返回是指从切削点以切出方式离开切削点的那段切出轨迹。【接近返回】选项卡，如图 7-48 所示。

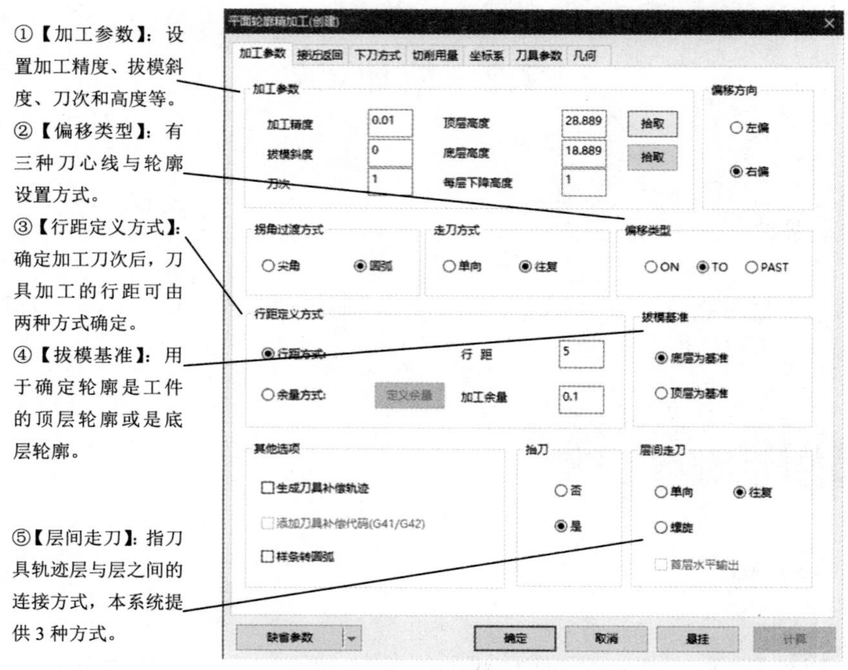

图 7-47 【加工参数】选项卡

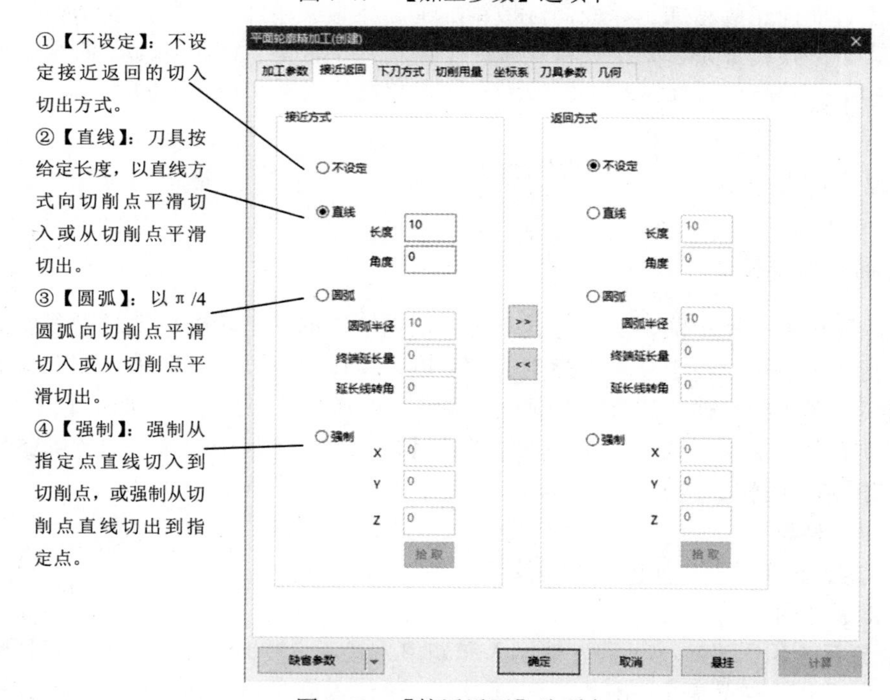

图 7-48 【接近返回】选项卡

平面轮廓精加工的轨迹，如图 7-49 所示。

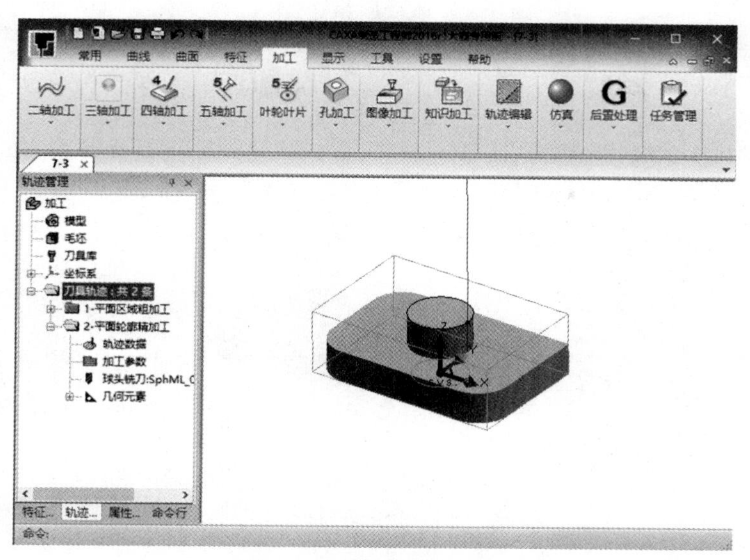

图 7-49　平面轮廓精加工

2. 轮廓导动精加工

该加工方式可以按照给定的轮廓和截面线生成分层的轮廓导动精加工，可以加工凸模或凹模。该加工方式主要用于加工底面边界水平，且截面线沿水平方向单调变化的轮廓。多使用球头铣刀或刀角半径较大的铣刀。选择【加工】|【常用加工】|【轮廓导动精加工】菜单命令，或者直接单击【加工】工具栏中的【轮廓导动精加工】按钮，弹出【轮廓导动精加工】对话框，如图 7-50 所示。

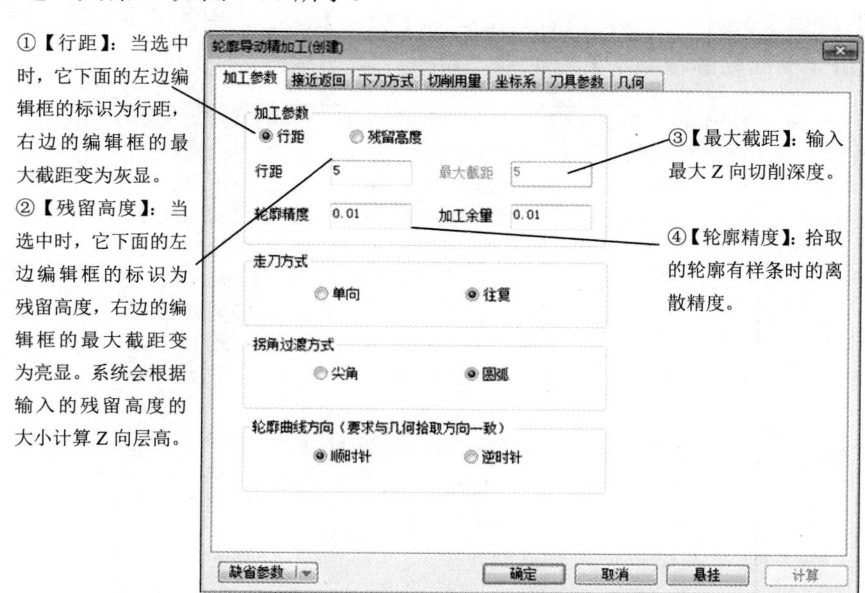

图 7-50　【轮廓导动精加工】对话框

轮廓导动精加工的轨迹，如图 7-51 所示。

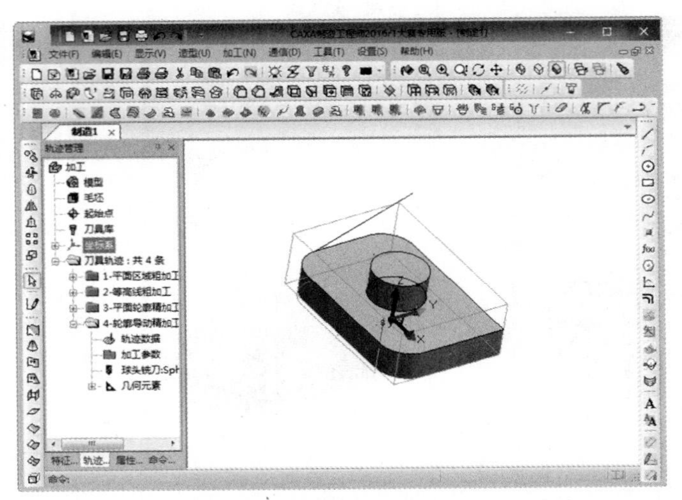

图 7-51　轮廓导动精加工

加工轮廓可以是开轮廓或闭轮廓，但截面线必须为开轮廓。

名师点拨

3. 曲面轮廓精加工

该加工方式生成沿一个轮廓线加工曲面的刀具轨迹，曲面轮廓精加工不需要三维模型，只要给出二维或三维轮廓，就可以生成曲面轮廓精加工轨迹。选择【加工】|【常用加工】|【曲面轮廓精加工】菜单命令，或者直接单击【加工】工具栏中的【曲面轮廓精加工】按钮，弹出【曲面轮廓精加工】对话框，如图 7-52 所示。

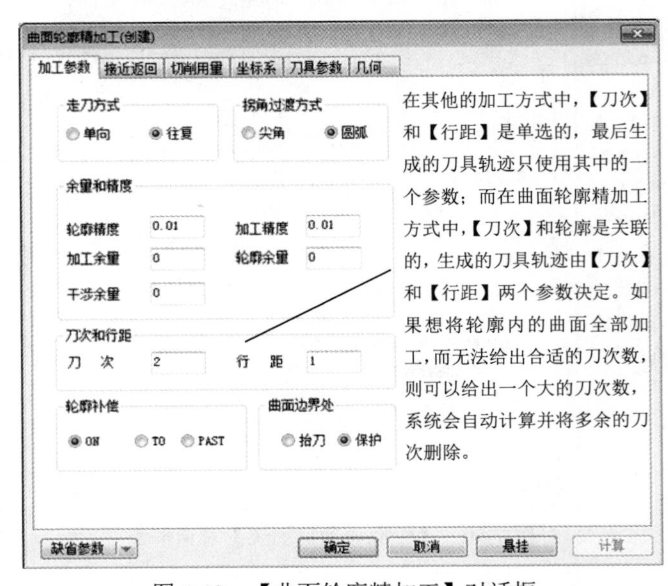

图 7-52　【曲面轮廓精加工】对话框

曲面轮廓精加工的轨迹，如图 7-53 所示。

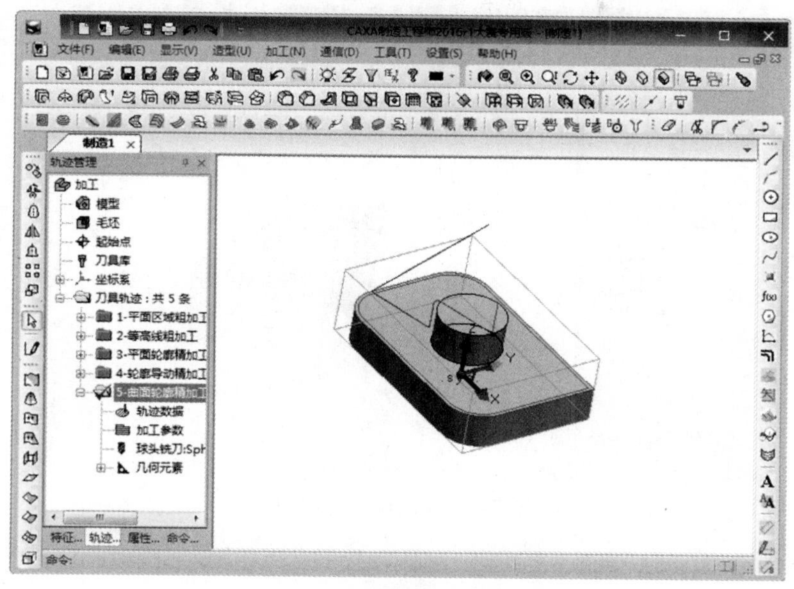

图 7-53　曲面轮廓精加工

4. 曲面区域精加工

选择【加工】|【常用加工】|【曲面区域精加工】菜单命令，或者直接单击【加工】工具栏中的【曲面区域精加工】按钮，弹出【曲面区域精加工】对话框，如图 7-54 所示。

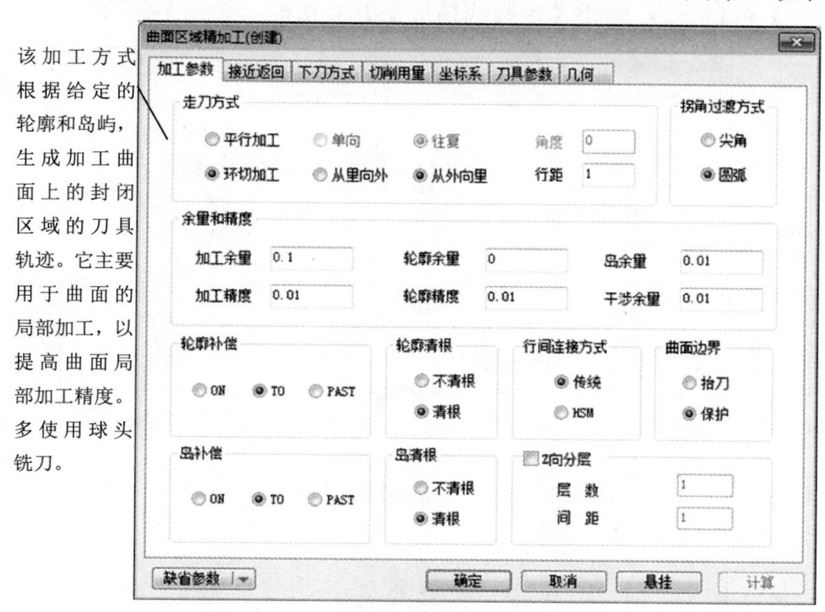

图 7-54　【曲面区域精加工】对话框

生成扫描面的曲面区域精加工的轨迹，如图 7-55 所示。

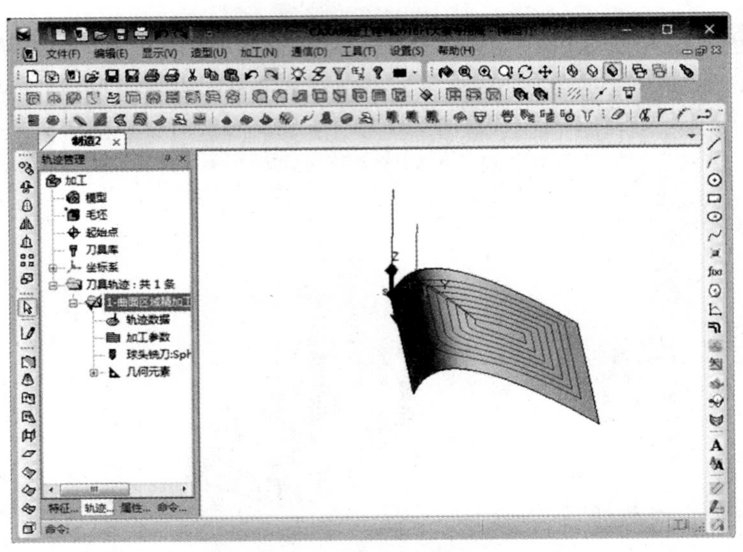

图 7-55　曲面区域精加工

5. 参数线精加工

参数线精加工是根据曲面的参数线生成单个或多个曲面的刀具轨迹。其特点是切削行沿曲面的参数线分布，以被加工曲面的参数线作为刀具接触点路径来生成刀具轨迹。对于自由曲面一般采用参数曲面方式来表达，因此按参数的变化来生成加工轨迹比较合适。选择【加工】|【常用加工】|【参数线精加工】菜单命令，或者直接单击【加工】工具栏中的【参数线精加工】按钮，弹出【参数线精加工】对话框，如图 7-56 所示。

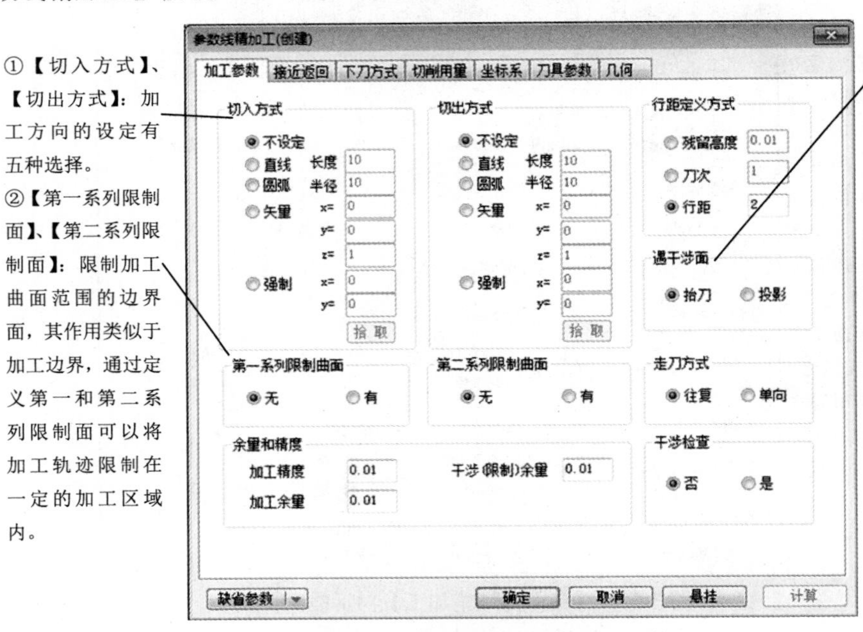

③【遇干涉面】：选择【抬刀】，快速移动，下刀完成相邻切削行间的连接；【投影】在需要连接的相邻切削行间生成切削轨迹，通过切削移动来完成连接。

图 7-56　【参数线精加工】对话框

生成扫描面的参数线精加工轨迹，如图 7-57 所示。

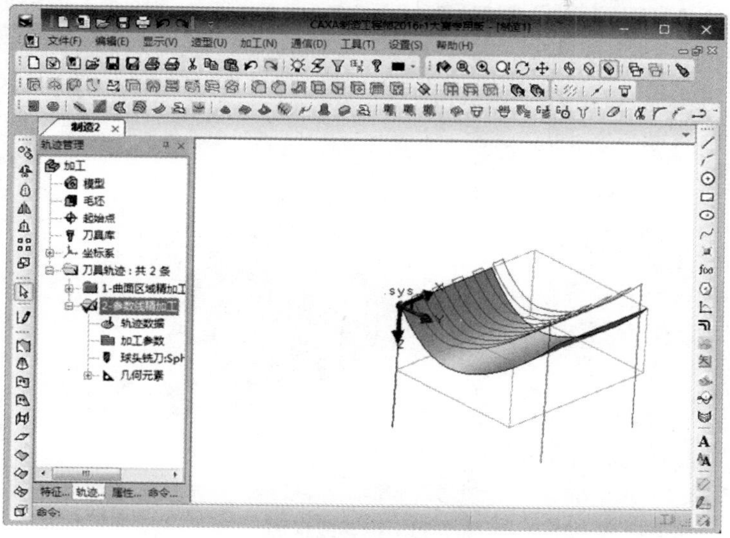

图 7-57　参数线精加工

6. 投影线精加工

选择【加工】|【常用加工】|【投影线精加工】菜单命令，或者直接单击【加工】工具栏中的【投影线精加工】按钮，弹出【投影线精加工】对话框，如图 7-58 所示。

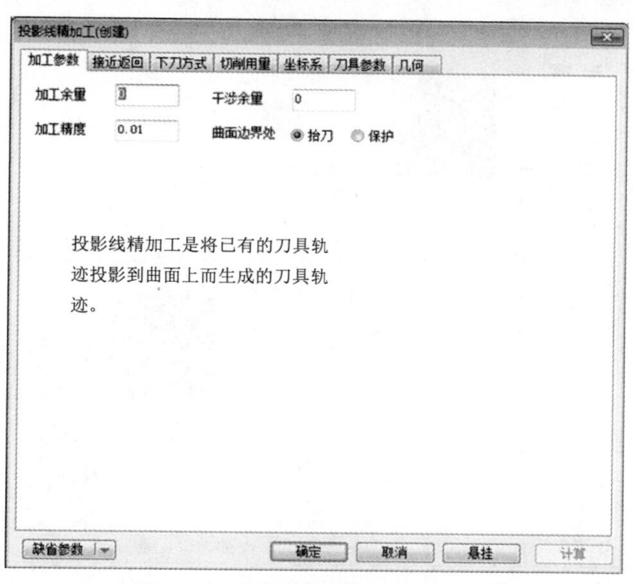

图 7-58　【投影线精加工】对话框

生成已有刀具轨迹的投影线精加工轨迹，如图 7-59 所示。

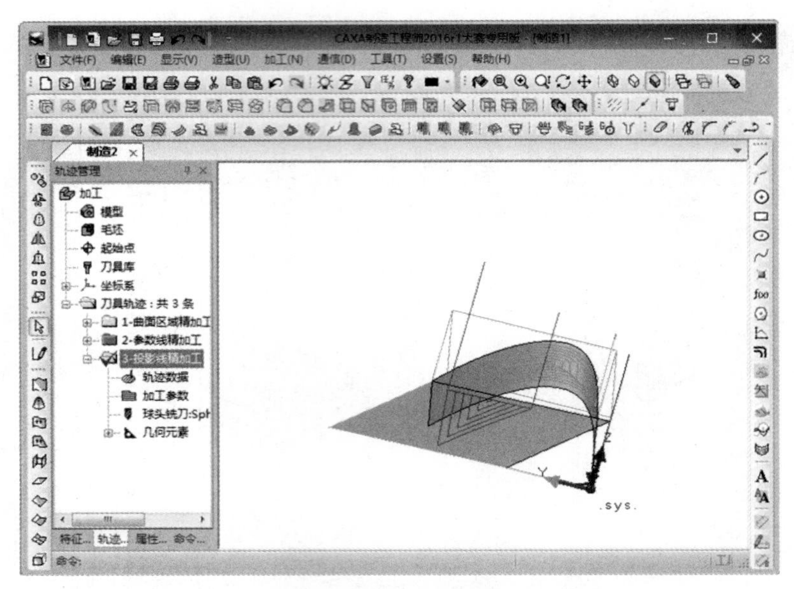

图 7-59　投影线精加工

7. 曲线式铣槽加工

选择【加工】|【常用加工】|【曲线式铣槽加工】菜单命令，或者直接单击【加工】工具栏中的【曲线式铣槽加工】按钮，弹出【曲线式铣槽加工】对话框，如图 7-60 所示。

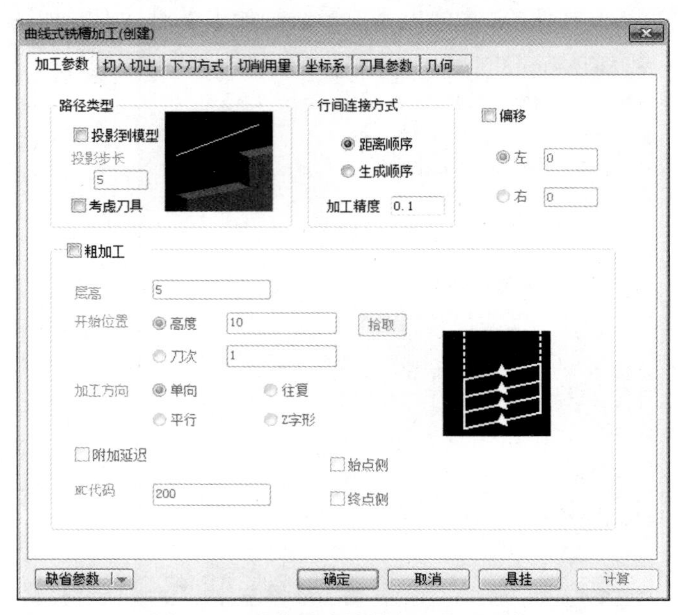

图 7-60　【曲线式铣槽加工】对话框

刀具的曲线式铣槽加工轨迹，如图 7-61 所示。

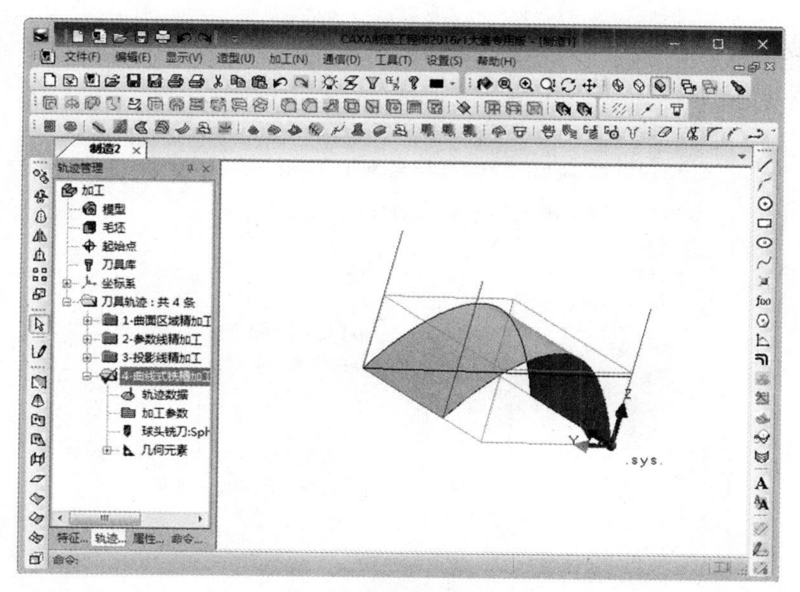

图 7-61　曲线式铣槽加工

8. 等高线精加工

等高线精加工可以完成对曲面和实体的加工，轨迹类型为 2.5 轴，可以用加工范围和高度限定来进行局部等高加工；可以通过输入角度来控制对平坦区域的识别，并可以控制平坦区域的加工先后次序。选择【加工】|【常用加工】|【等高线精加工】菜单命令，或者直接单击【加工】工具栏中的【等高线精加工】按钮，弹出【等高线精加工】对话框。

（1）加工参数

等高线精加工的【加工参数】选项卡，如图 7-62 所示。

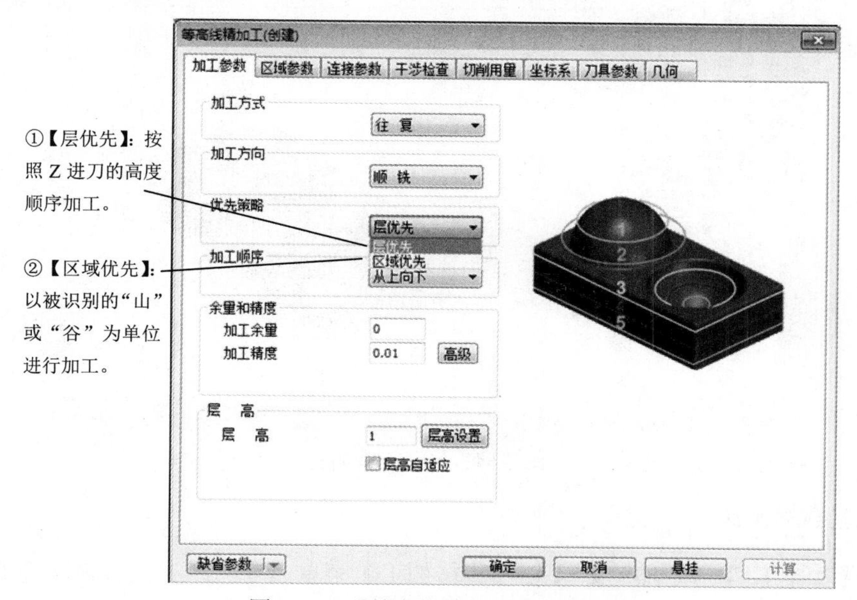

图 7-62　【等高线精加工】对话框

（2）区域参数

等高线精加工的【区域参数】选项卡，如图 7-63 所示。

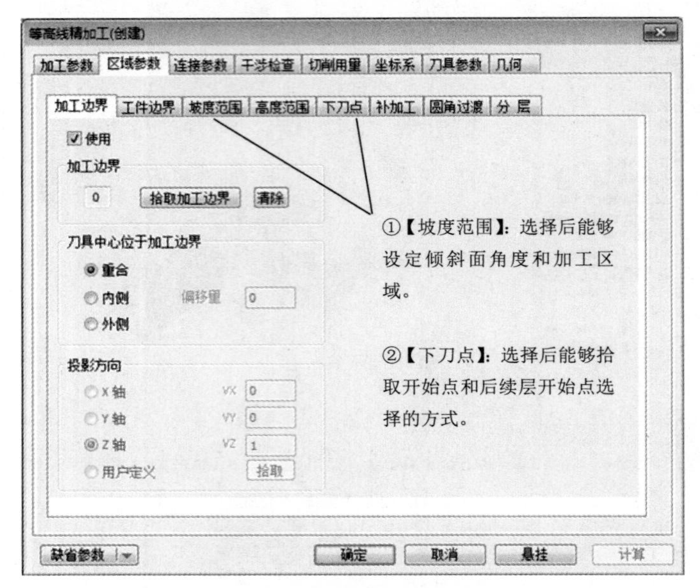

图 7-63 【区域参数】选项卡

生成侧壁的等高线精加工轨迹，如图 7-64 所示。

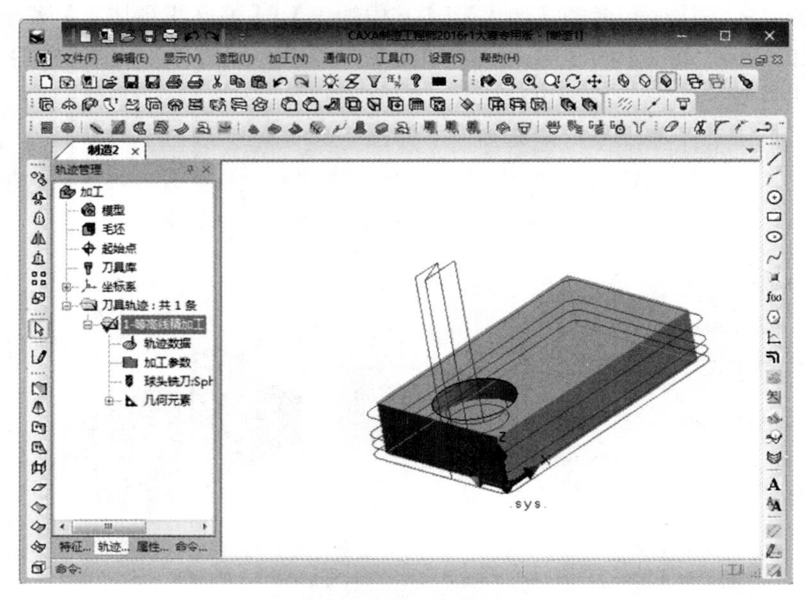

图 7-64 等高线精加工

9. 扫描线精加工

选择【加工】|【常用加工】|【扫描线精加工】菜单命令，或者直接单击【加工】工具栏中的【扫描线精加工】按钮，弹出【扫描线精加工】对话框，如图 7-65 所示。

①【加工方式】：有 4 个选项，用于设置刀路的轨迹。

②【最大行距】：XY 方向相邻扫描行的距离。

③【加工开始角位置】：在加工开始时从哪个方向开始加工，系统提供了【左下】、【右下】、【左上】和【右上】四个开始角位置。

④【与 Y 轴夹角（在 XOY 面内）】：在 XOY 平面内，轨迹线与 Y 轴的夹角。

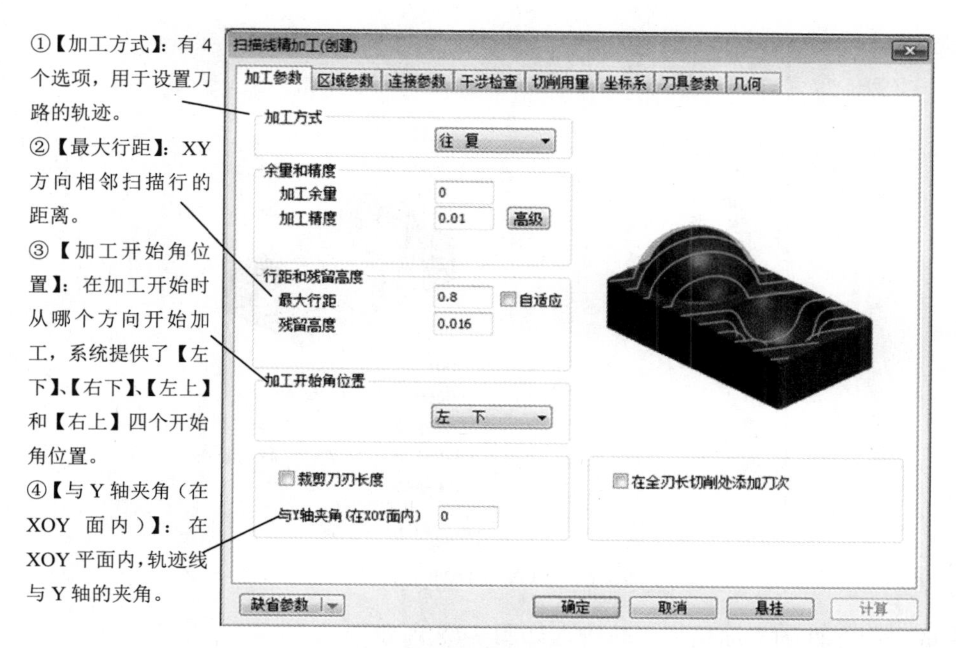

图 7-65 【扫描线精加工】对话框

生成弧面的扫描线精加工轨迹，如图 7-66 所示。

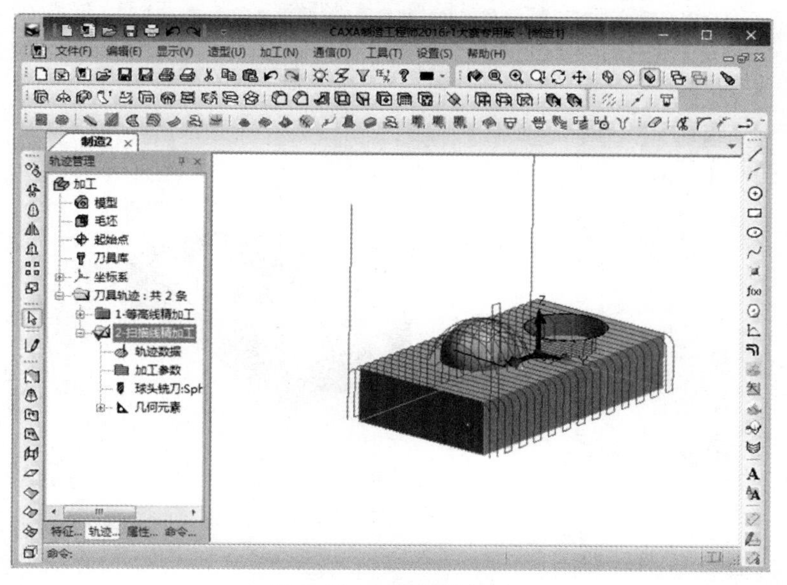

图 7-66 扫描线精加工

10. 平面精加工

选择【加工】|【常用加工】|【平面精加工】菜单命令，或者直接单击【加工】工具栏中的【平面精加工】按钮，弹出【平面精加工】对话框，如图 7-67 所示。

图 7-67 【平面精加工】对话框

生成平面零件的平面精加工轨迹，如图 7-68 所示。

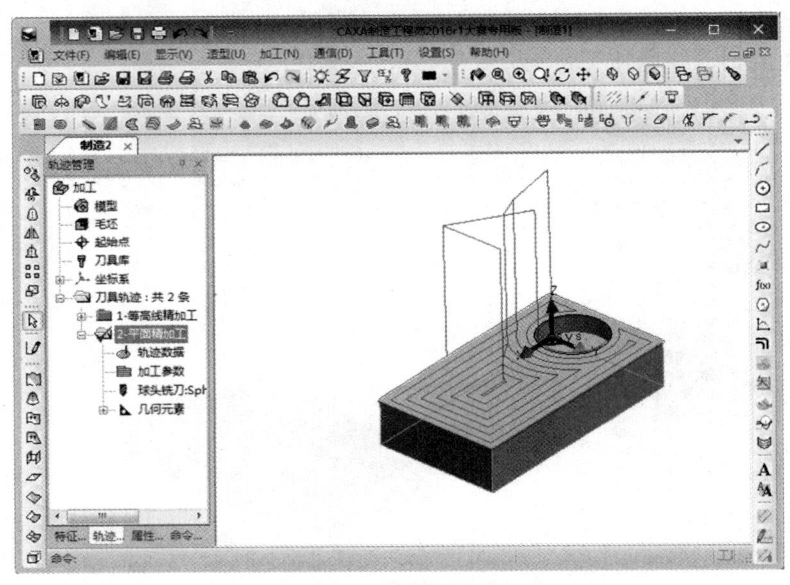

图 7-68 平面精加工

11. 笔式清根加工

选择【加工】|【常用加工】|【笔式清根加工】菜单命令，或者直接单击【加工】工具栏中的【笔式清根加工】按钮，弹出【笔式清根加工】对话框，如图 7-69 所示。

图 7-69 【笔式清根加工】对话框

生成零件内边的笔式清根加工轨迹，如图 7-70 所示。

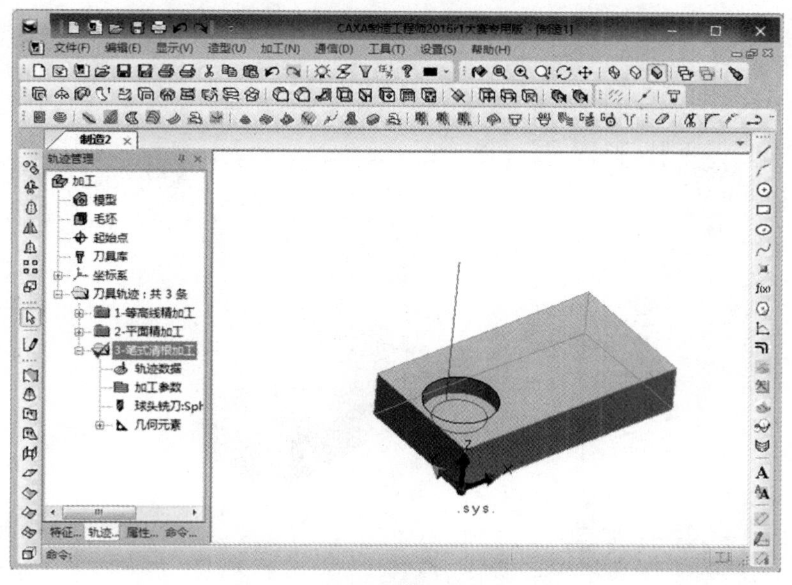

图 7-70 笔式清根加工

12. 曲线投影加工

选择【加工】|【常用加工】|【曲线投影加工】菜单命令，或者直接单击【加工】工具栏中的【曲线投影加工】按钮，弹出【曲线投影加工】对话框，如图 7-71 所示。

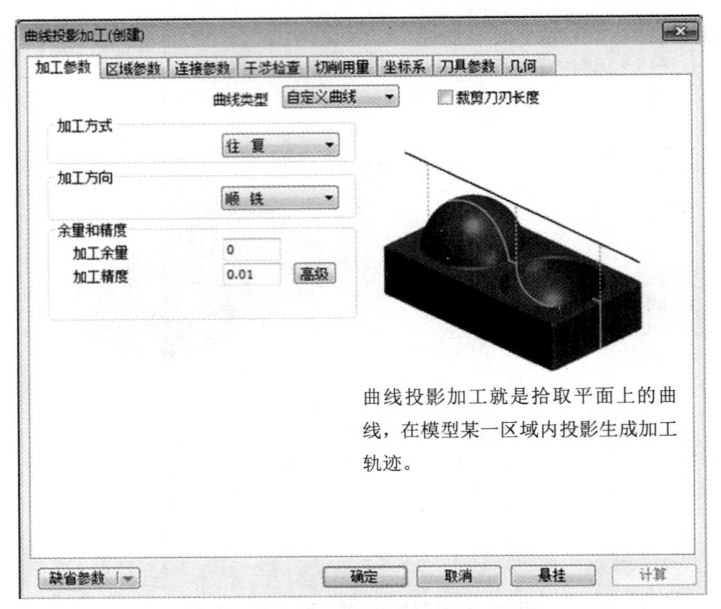

图 7-71 【曲线投影加工】对话框

生成曲线投影加工的轨迹，如图 7-72 所示。

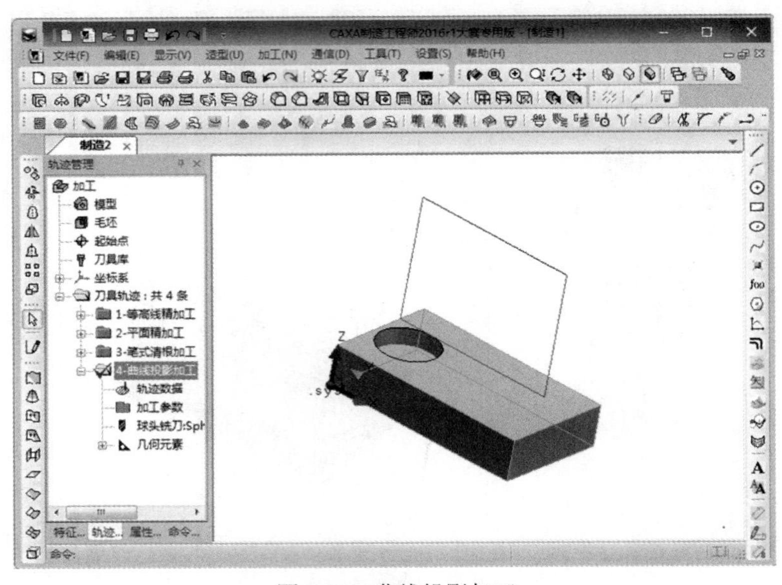

图 7-72 曲线投影加工

13. 三维偏置加工

根据三维曲面的形状定义行距，可为平坦区域和陡峭区域提供稳定的刀具路径，加工时多采用球头铣刀或刀角半径较大的圆角刀。单击【加工】|【常用加工】|【三维偏置加工】菜单命令，或者直接单击【加工】工具栏中的【三维偏置加工】按钮，弹出【三维偏置加工】对话框，如图 7-73 所示。

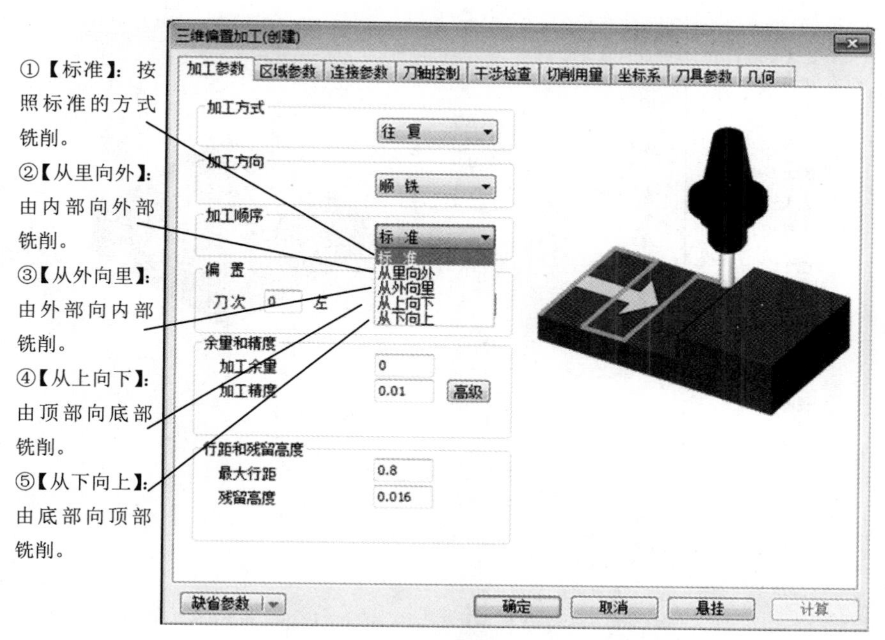

图 7-73 【三维偏置加工】对话框

生成边界面的三维偏置加工轨迹，如图 7-74 所示。

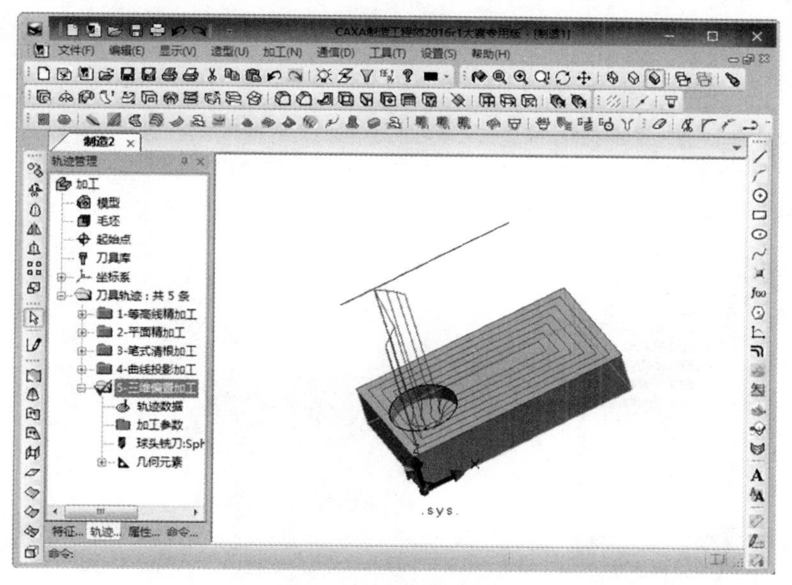

图 7-74 三维偏置加工

14. 轮廓偏置加工

轮廓偏置加工主要是根据模型轮廓形状来生成轨迹。选择【加工】|【常用加工】|【轮廓偏置加工】菜单命令，或者直接单击【加工】工具栏中的【轮廓偏置加工】按钮，弹出【轮廓偏置加工】对话框，如图 7-75 所示。

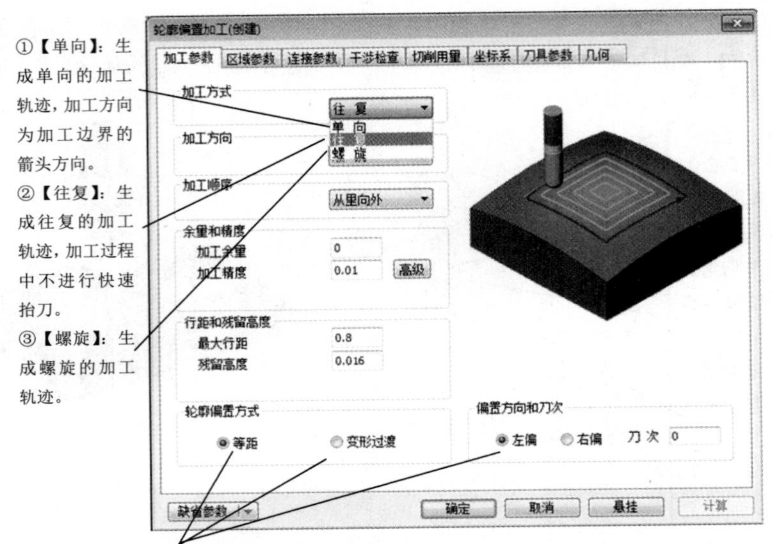

④【等距】：生成等距的轨迹线。

⑤【变形过渡】：轨迹线根据形状改变。

⑥【偏置方向和刀次】：偏置方向设定为两种，【左偏】和【右偏】。

图 7-75 【轮廓偏置加工】对话框

生成实体的轮廓偏置加工轨迹，如图 7-76 所示。

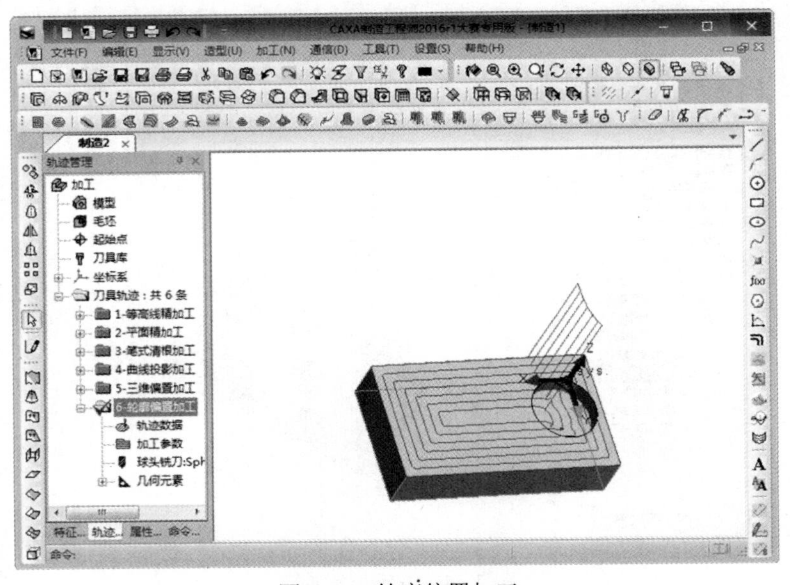

图 7-76 轮廓偏置加工

15. 投影加工

投影加工用于生成投影加工轨迹，选择【加工】|【常用加工】|【投影加工】菜单命令，或者直接单击【加工】工具栏中的【投影加工】按钮，弹出【投影加工】对话框，如图 7-77 所示。

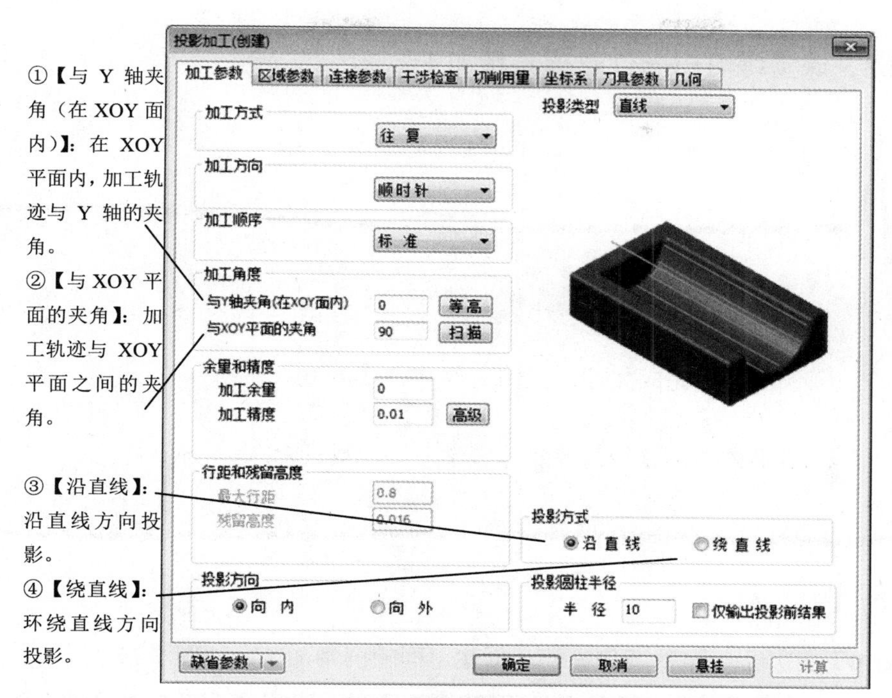

图 7-77 【投影加工】对话框

生成拉伸增料实体的投影加工轨迹，如图 7-78 所示。

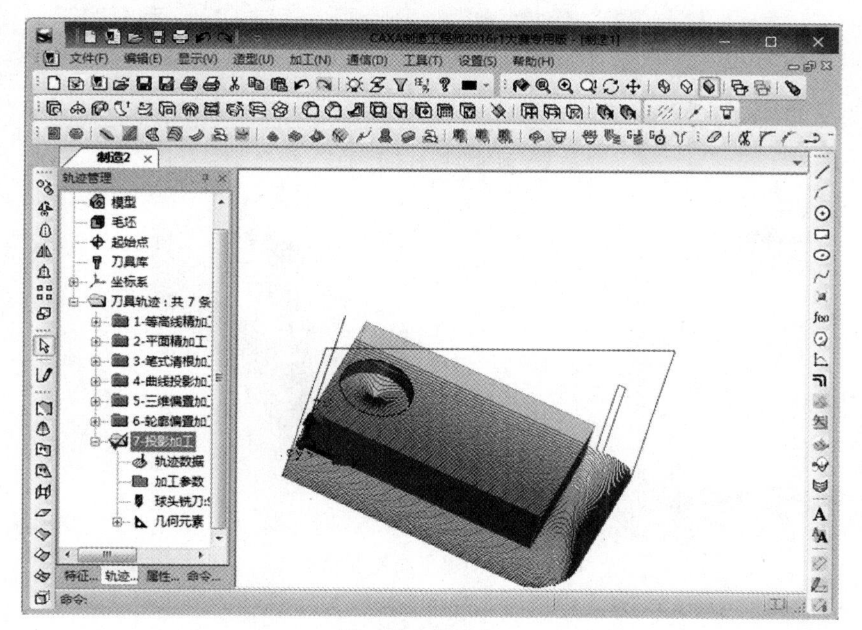

图 7-78 投影加工

7.2.3 课堂练习——创建模具精加工

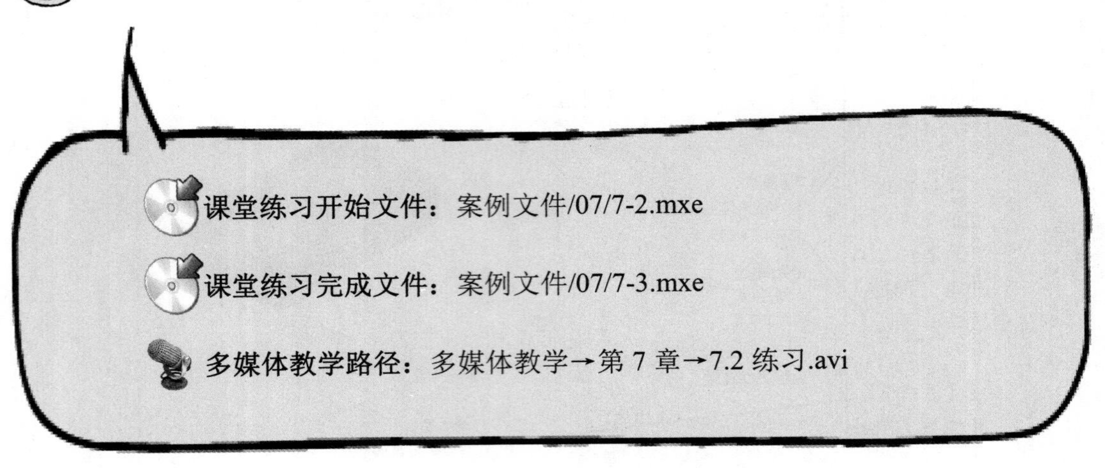

课堂练习开始文件：案例文件/07/7-2.mxe

课堂练习完成文件：案例文件/07/7-3.mxe

多媒体教学路径：多媒体教学→第 7 章→7.2 练习.avi

Step1 打开上一节的范例文件，创建平面轮廓精加工，如图 7-79 所示。

图 7-79　创建平面轮廓精加工

Step2 设置加工参数，如图 7-80 所示。

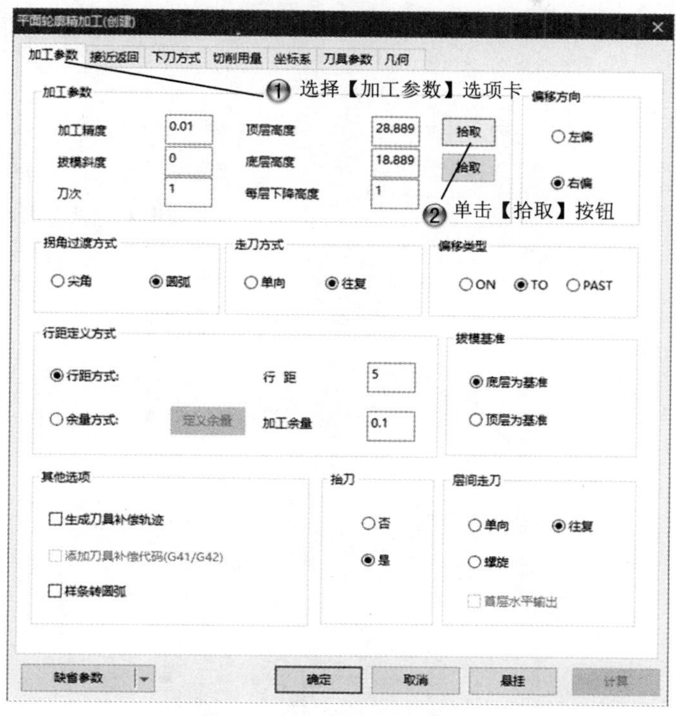

图 7-80　设置加工参数

Step3 拾取点，如图 7-81 所示。

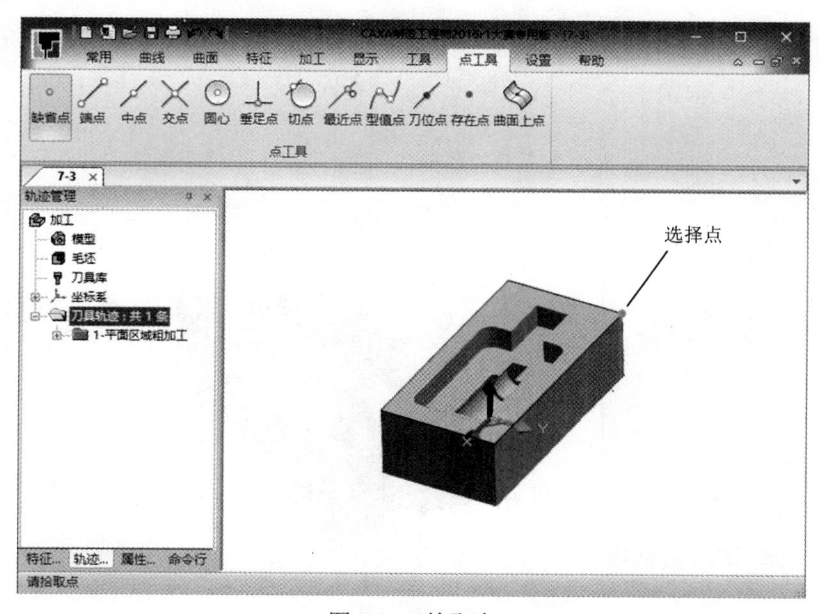

图 7-81　拾取点

Step4 设置底层高度，如图 7-82 所示。

图 7-82　设置底层高度

Step5 拾取点，如图 7-83 所示。

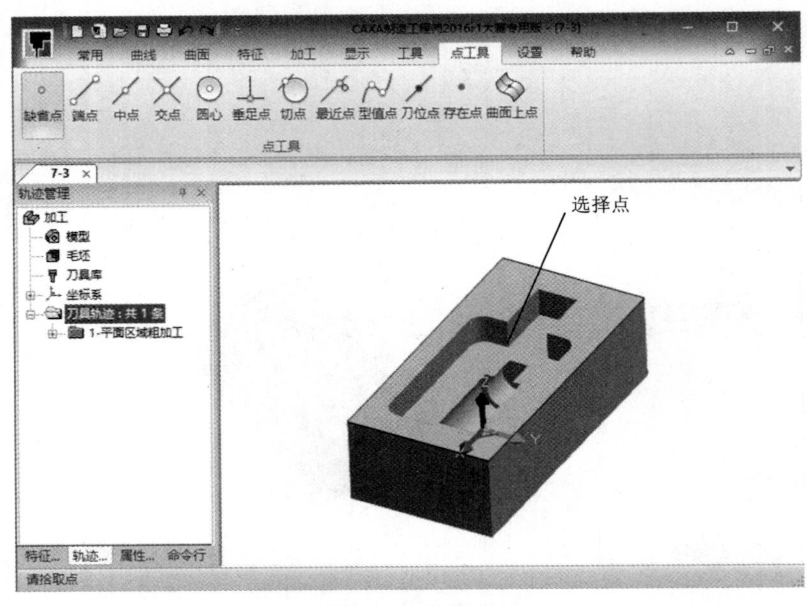

图 7-83　拾取点

Step6 设置接近返回，如图 7-84 所示。

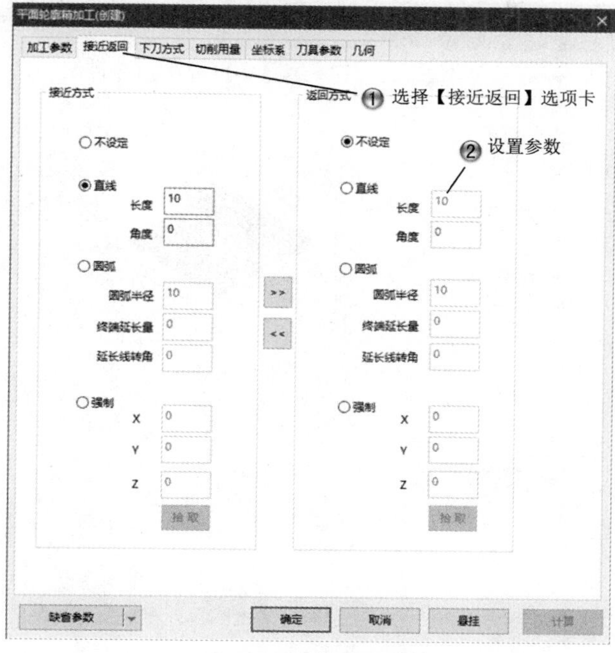

图 7-84　设置接近返回

Step7 设置下刀方式，如图 7-85 所示。

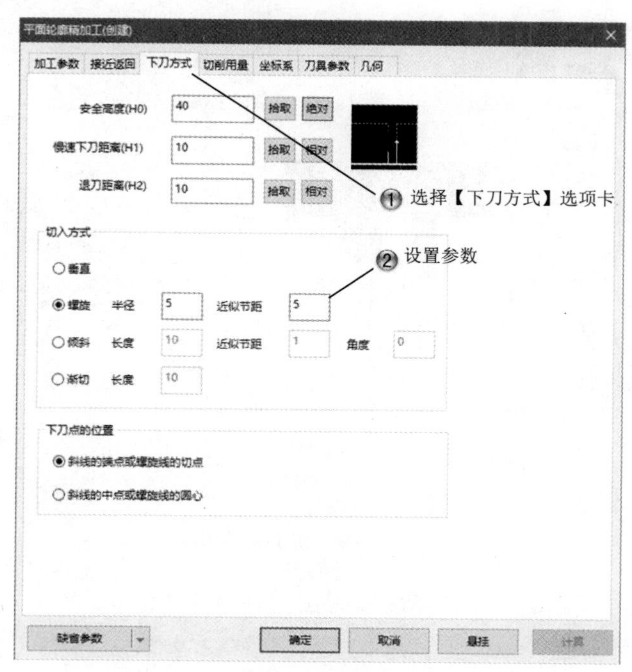

图 7-85　设置下刀方式

Step8 设置切削用量，如图 7-86 所示。

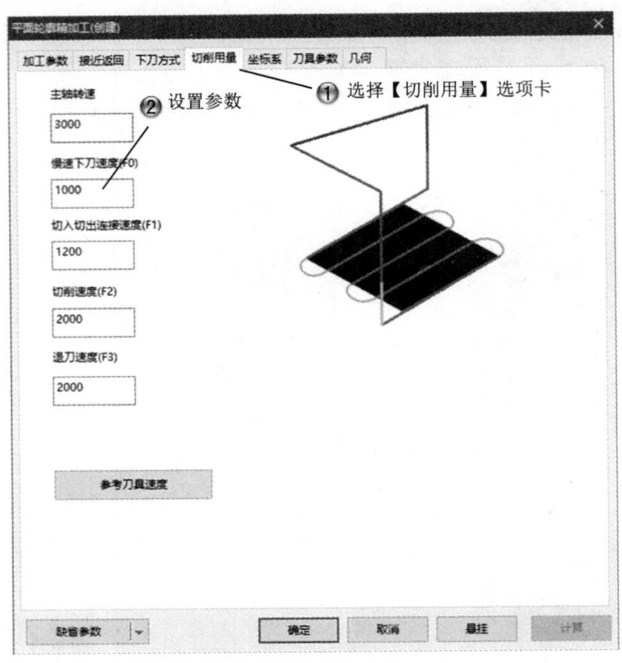

图 7-86　设置切削用量

Step9 设置刀具参数，如图 7-87 所示。

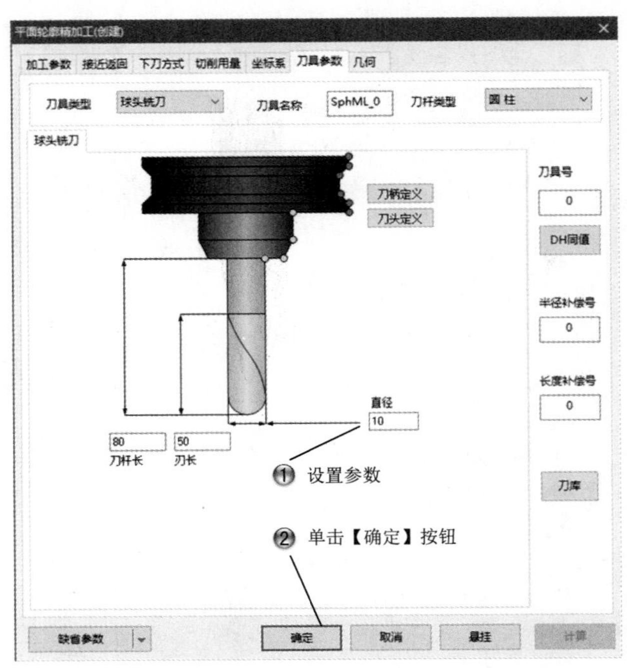

图 7-87　设置刀具参数

Step10 选择加工范围，如图 7-88 所示。

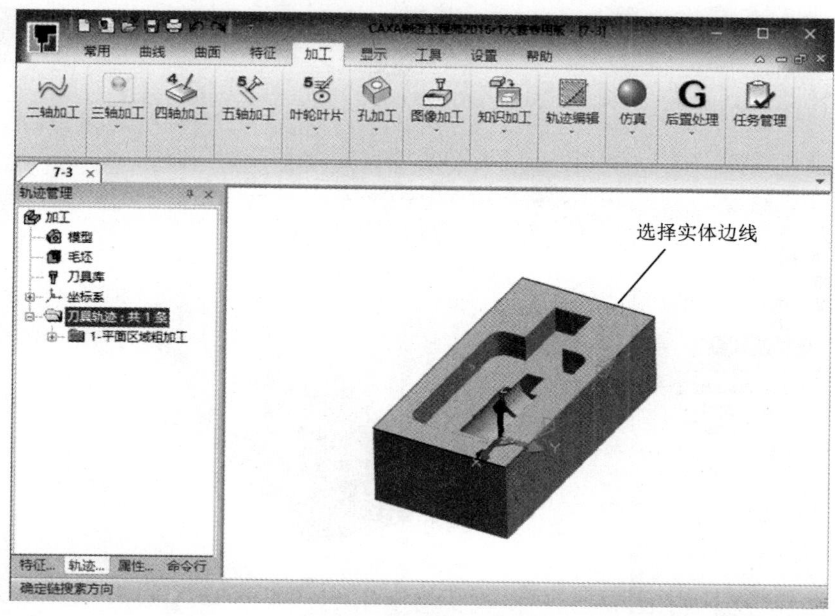

图 7-88　选择加工范围

Step11 选择退刀点，如图 7-89 所示。

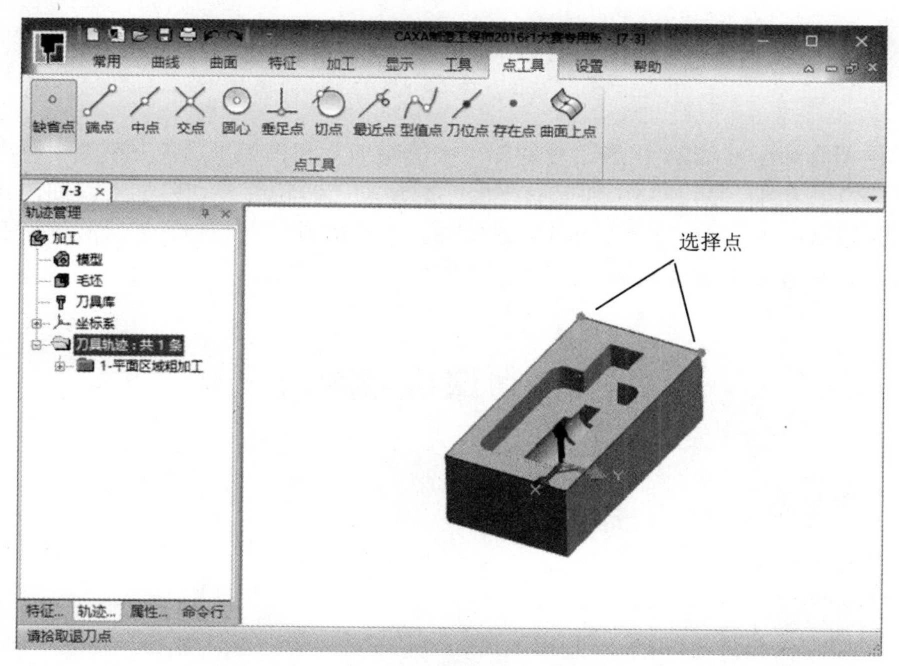

图 7-89　选择退刀点

Step12 完成平面轮廓精加工，如图 7-90 所示。

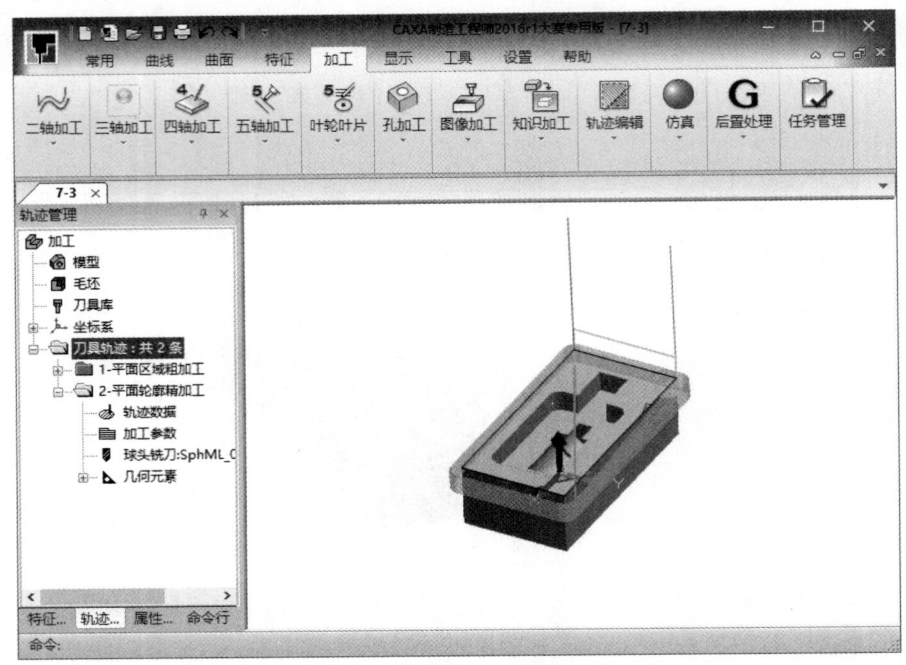

图 7-90　完成平面轮廓精加工

7.3　专家总结

本章主要介绍了 CAXA 制造工程师加工中的粗加工和精加工，其中粗加工有平面区域粗加工和等高线粗加工两种，精加工有平面轮廓精加工、轮廓导动精加工、曲面轮廓精加工、曲面区域精加工等 15 种加工方式，这些加工方式的设置有相似性，因此读者在了解了一种方式后，很容易掌握其他加工方式的设置。

7.4　课后习题

7.4.1　填空题

（1）粗加工方法有__________________。

（2）精加工方式有_________种。

7.4.2 问答题

（1）精加工和粗加工的区别是什么？
（2）哪些精加工命令属于曲面加工？

7.4.3 上机操作题

如图 7-91 所示，使用本章学过的各种命令来创建壳体的加工程序。
一般创建步骤和方法如下：
（1）创建壳体。
（2）创建整体粗加工程序。
（3）创建表面精加工程序。
（4）创建孔加工程序。

图 7-91 壳体模型

第 8 章　多轴加工

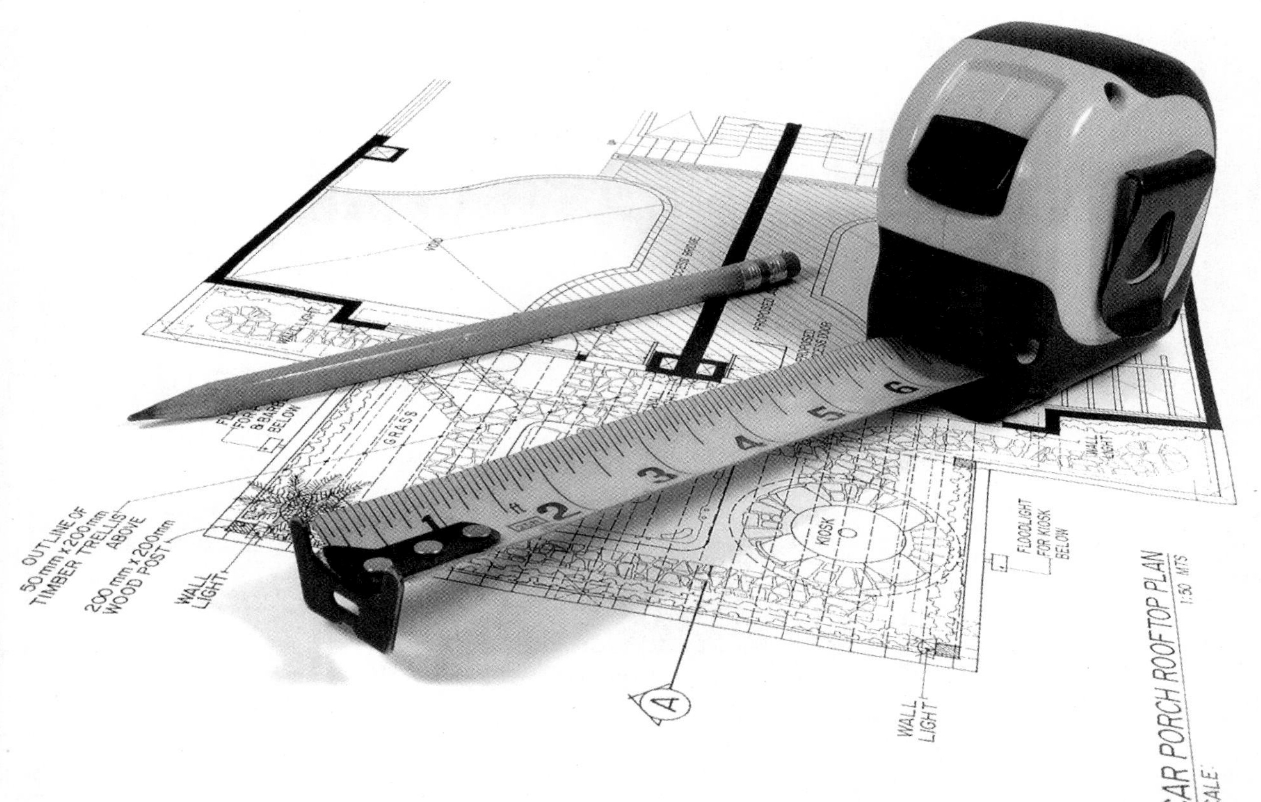

课训目标	内　容	掌握程度	课　时
	四轴柱面曲线加工	熟练运用	1
	四轴平切面加工	熟练运用	1
	叶轮粗加工和精加工	熟练运用	2
	五轴加工	熟练运用	2

课程学习建议

随着现代制造业的快速发展，机械加工的效率要求越来越高，零件形状越来越复杂，高速、高效加工的重要性日益凸显。其中，高速加工技术、多轴加工技术更广泛地被制造行业重视。本章主要介绍CAXA制造工程师多轴加工的轨迹生成方法，利用这些方法可以编制形状比较复杂零件的NC程序，并介绍常用的4个多轴加工类型。

CAXA制造工程师提供了25种多轴加工命令。选择【加工】|【多轴加工】菜单选项后，即可打开多轴加工方式的子菜单，选择相应的加工命令。

本课程主要基于软件多轴加工的命令进行讲解，其培训课程表如下。

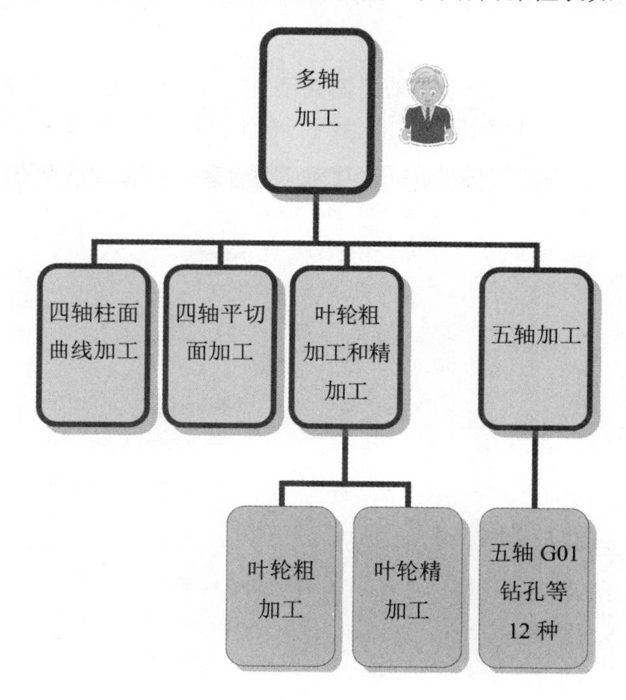

8.1 四轴柱面曲线加工

基本概念

四轴柱面曲线加工可以根据给定的曲线生成四轴加工轨迹。

课堂讲解课时：1 课时

8.1.1 设计理论

四轴柱面曲线加工多用于在回转体上加工槽，加工过程中铣刀刀轴的方向始终垂直于第四轴的旋转轴。

8.1.2 课堂讲解

选择【加工】|【多轴加工】|【四轴柱面曲线加工】菜单命令，或者单击【加工】工具栏中的【四轴柱面曲线加工】按钮，弹出【四轴柱面曲线加工】选项卡，如图 8-1 所示。

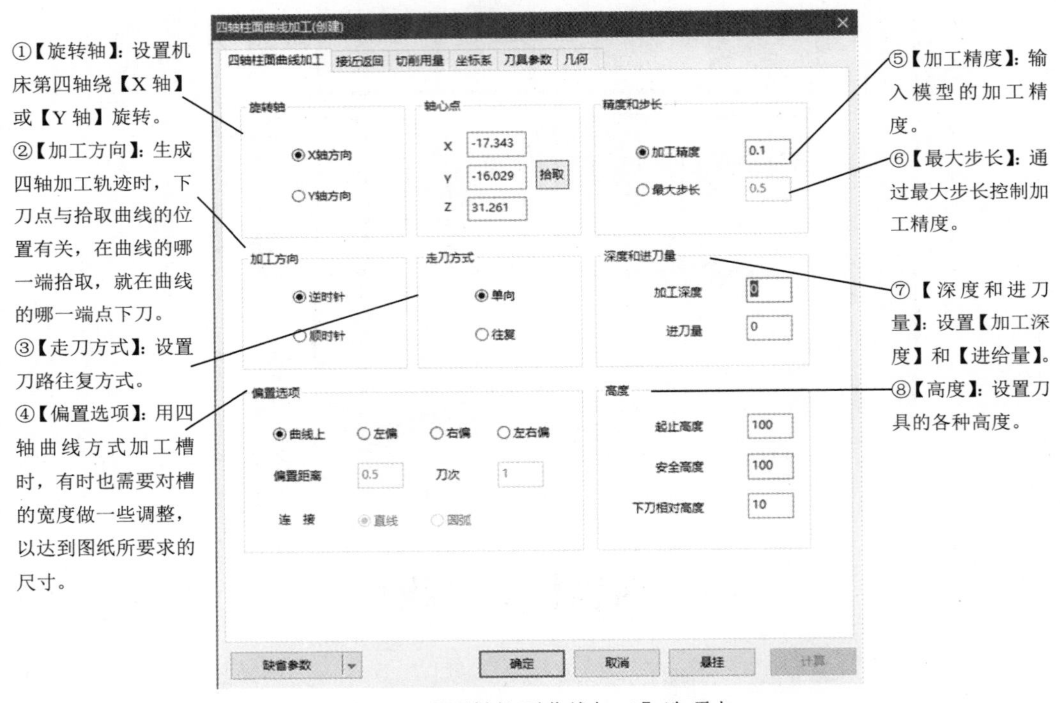

图 8-1 【四轴柱面曲线加工】选项卡

> 生成加工代码时，需要选用“FANUC_4x_A”或“FANUC_4x_B”后置文件。
>
> **名师点拨**

生成圆柱面上的四轴柱面曲线加工轨迹，如图 8-2 所示。

图 8-2　四轴柱面曲线加工轨迹

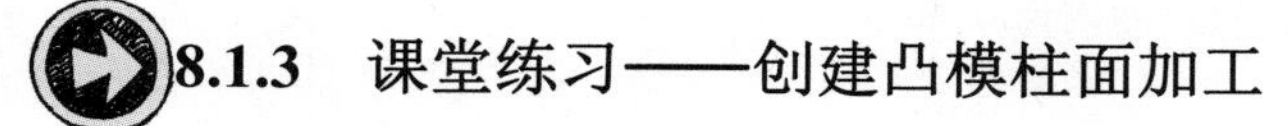

8.1.3　课堂练习——创建凸模柱面加工

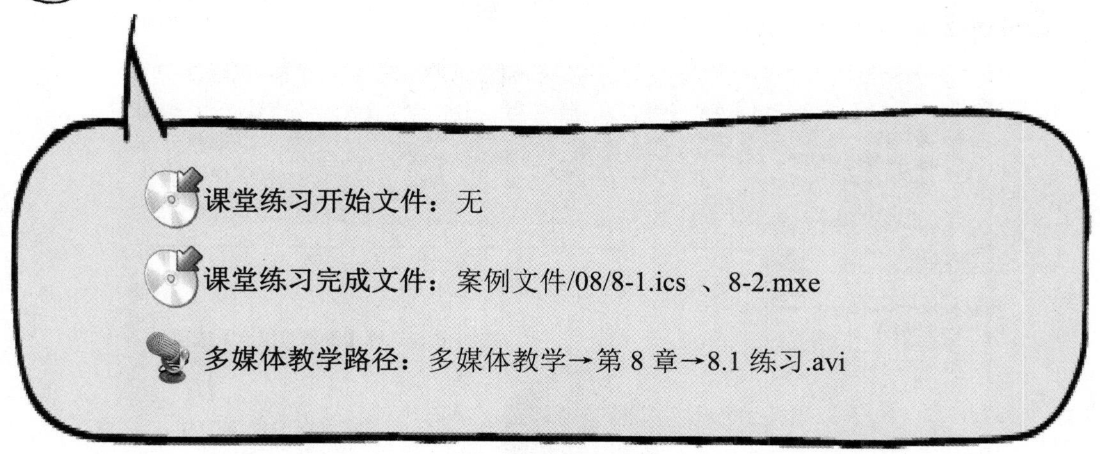

Step1 创建长方体，如图 8-3 所示。

图 8-3　创建长方体

Step2 编辑包围盒，如图 8-4 所示。

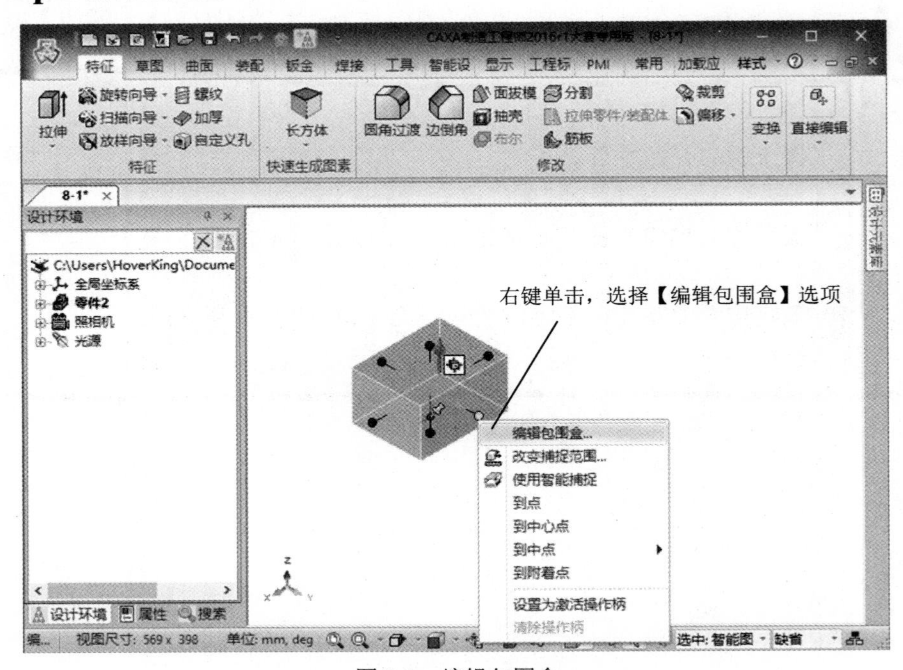

图 8-4　编辑包围盒

Step3 设置包围盒参数，如图 8-5 所示。

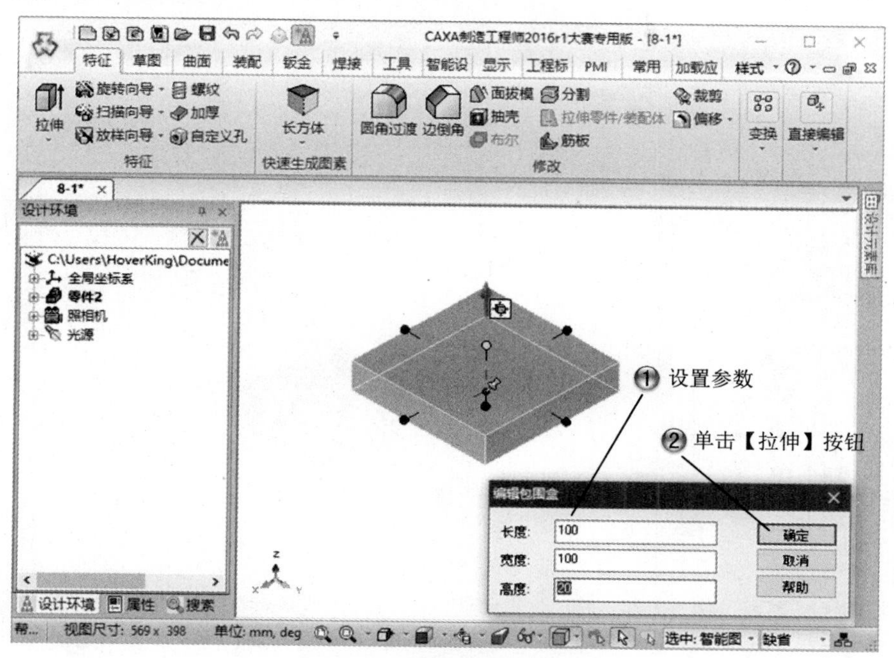

图 8-5　设置包围盒参数

Step4 创建拉伸特征，如图 8-6 所示。

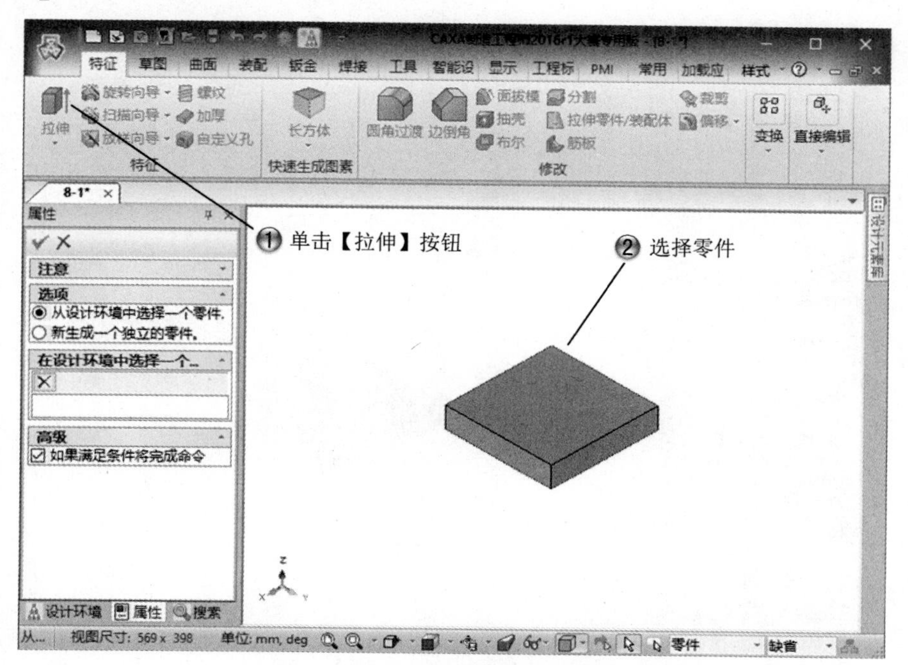

图 8-6　创建拉伸特征

Step5 选择草绘命令，如图 8-7 所示。

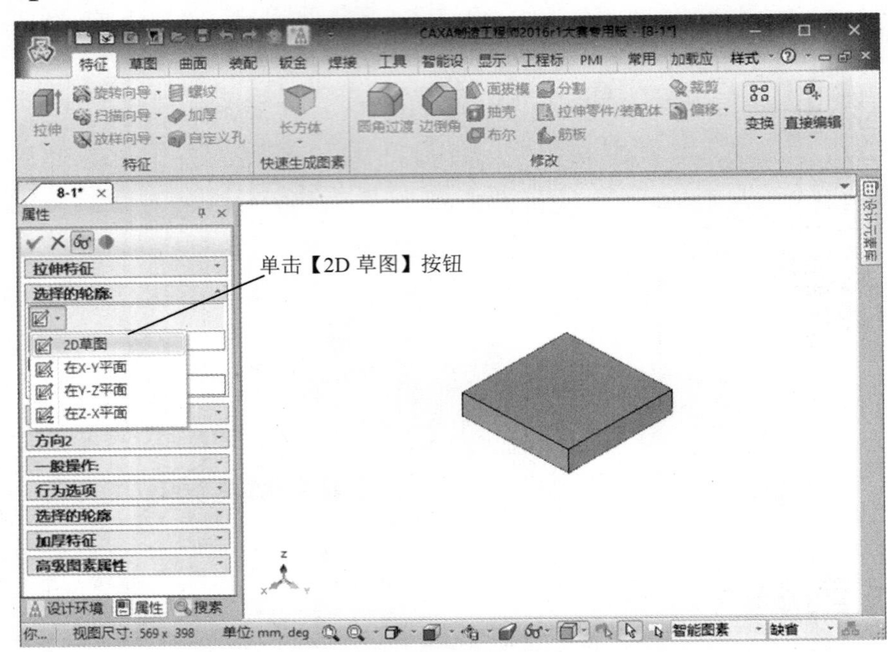

图 8-7 选择草绘命令

Step6 选择草绘面，如图 8-8 所示。

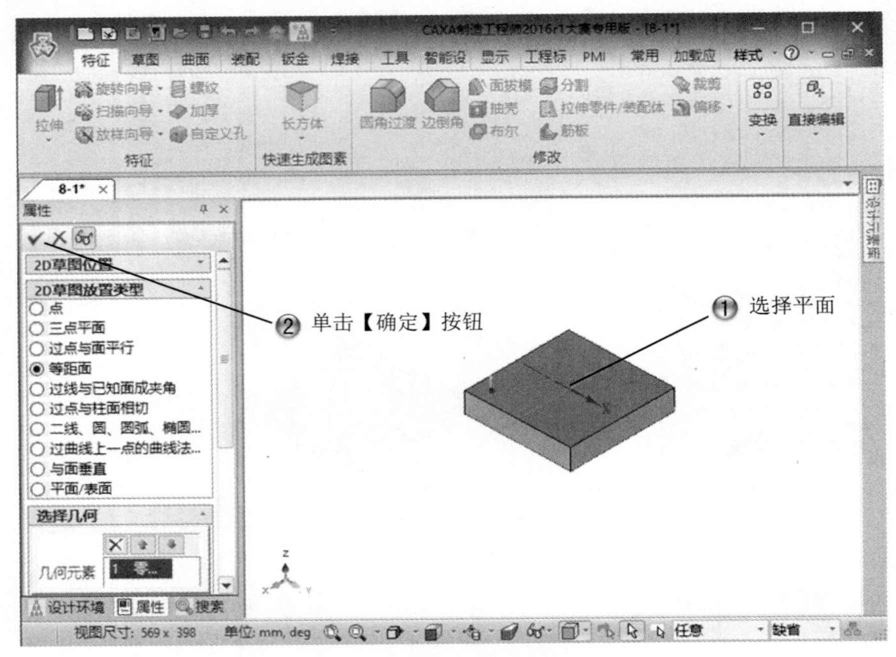

图 8-8 选择草绘面

Step7 绘制矩形，如图 8-9 所示。

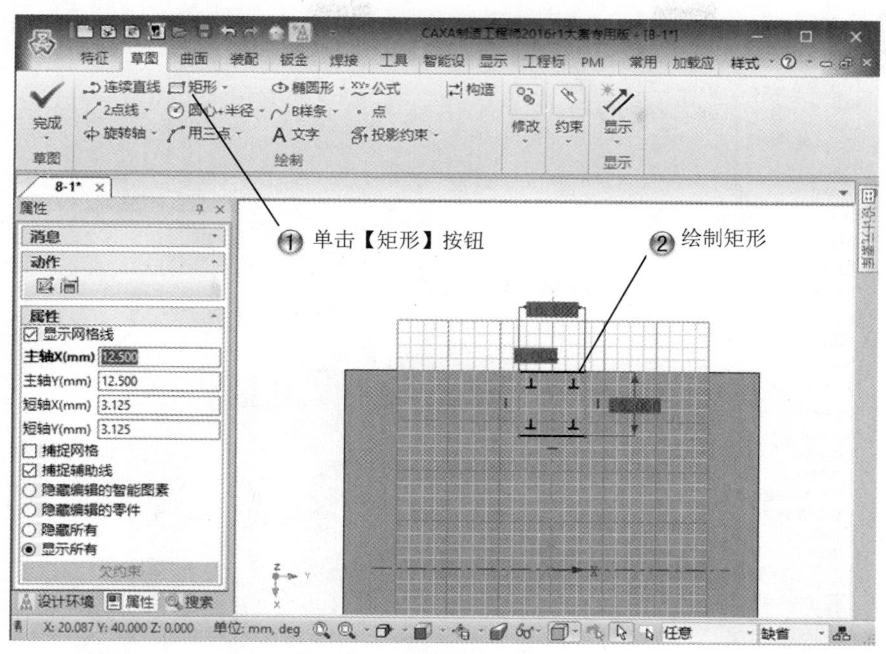

图 8-9　绘制矩形

Step8 绘制圆形，如图 8-10 所示。

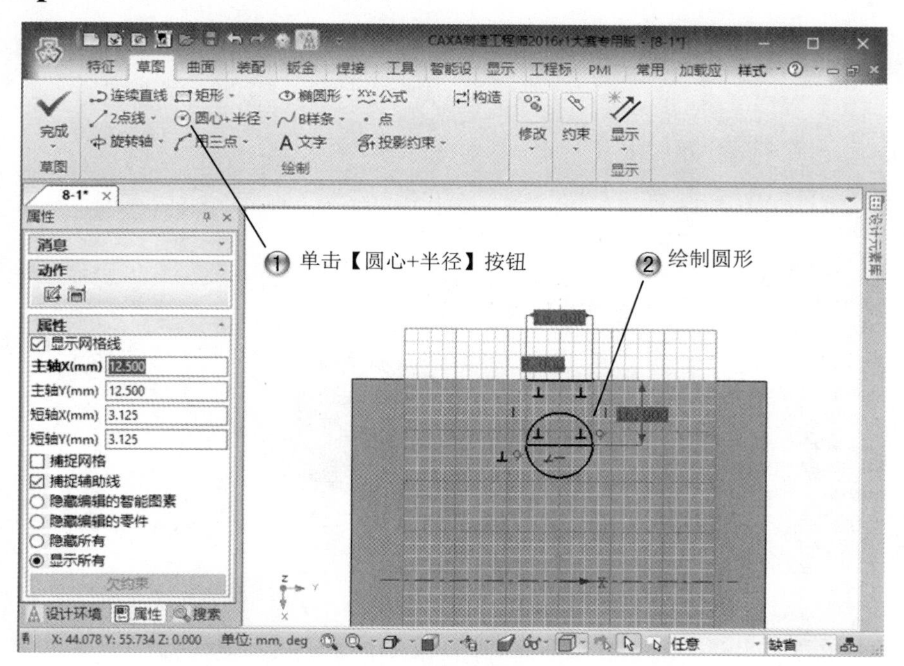

图 8-10　绘制圆形

Step9 裁剪图形，如图 8-11 所示。

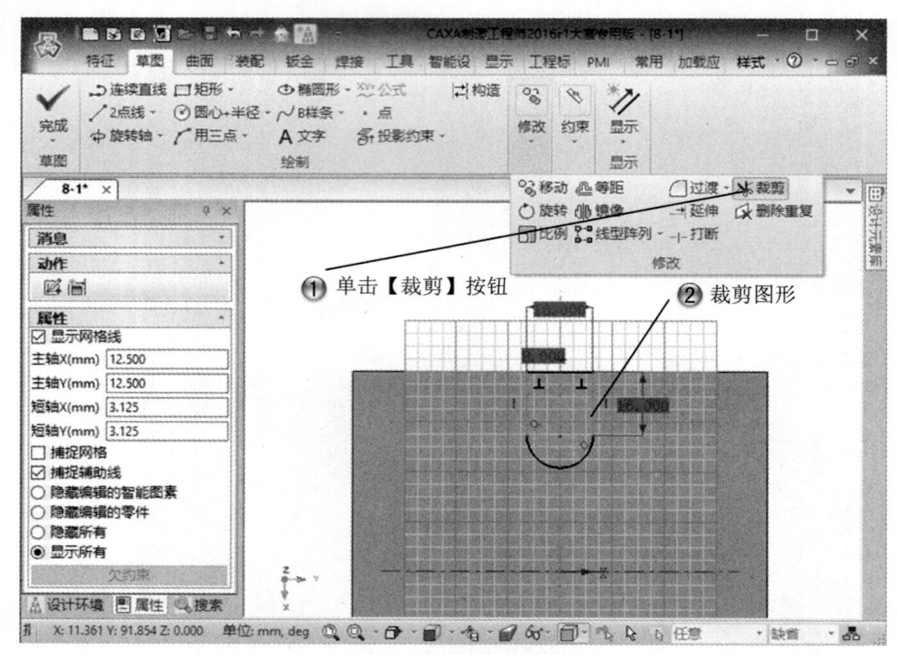

图 8-11　裁剪图形

Step10 设置拉伸参数，如图 8-12 所示。

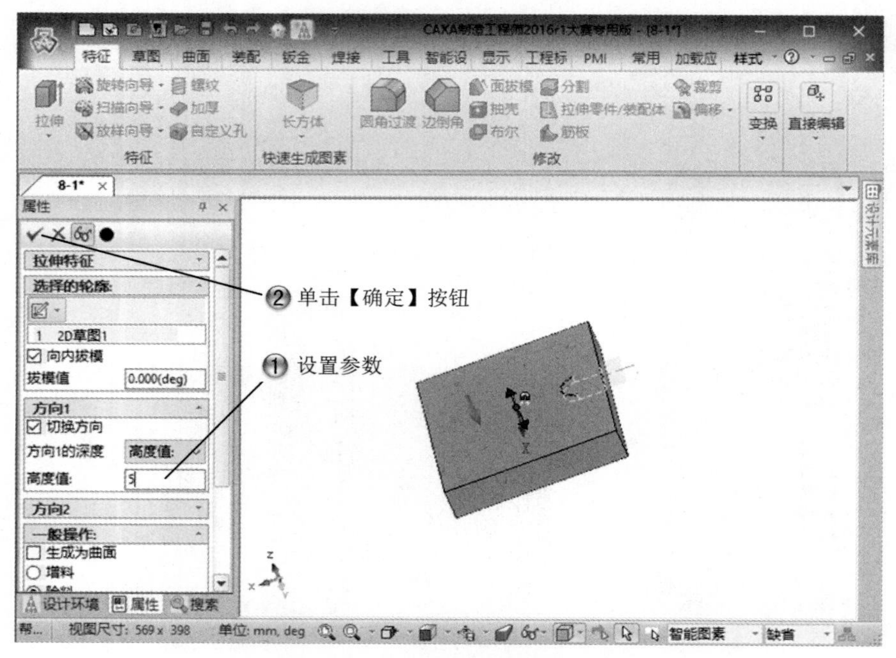

图 8-12　设置拉伸参数

Step11 创建拉伸特征，如图 8-13 所示。

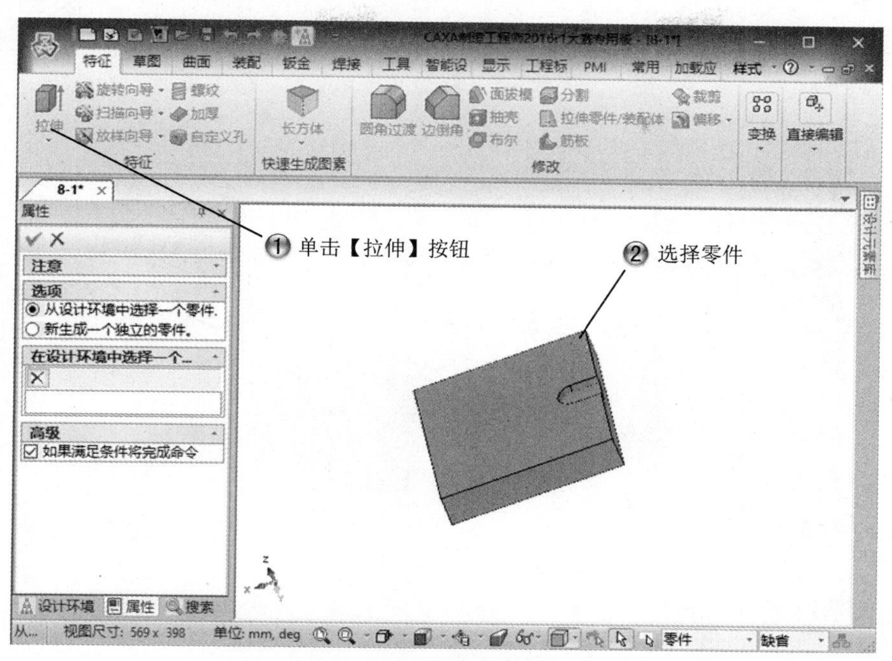

图 8-13　创建拉伸特征

Step12 选择草绘命令，如图 8-14 所示。

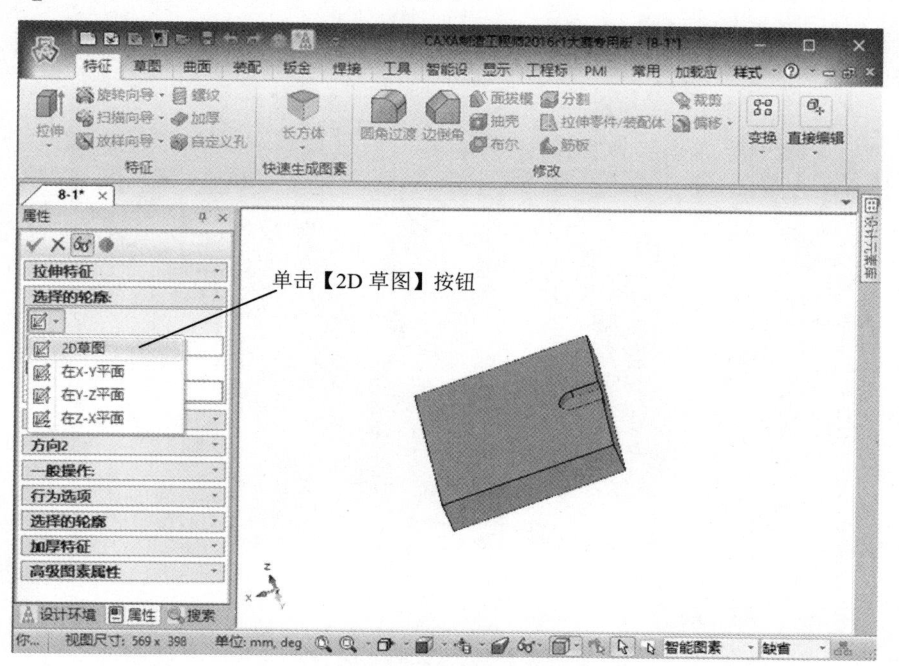

图 8-14　选择草绘命令

Step13 选择草绘面，如图 8-15 所示。

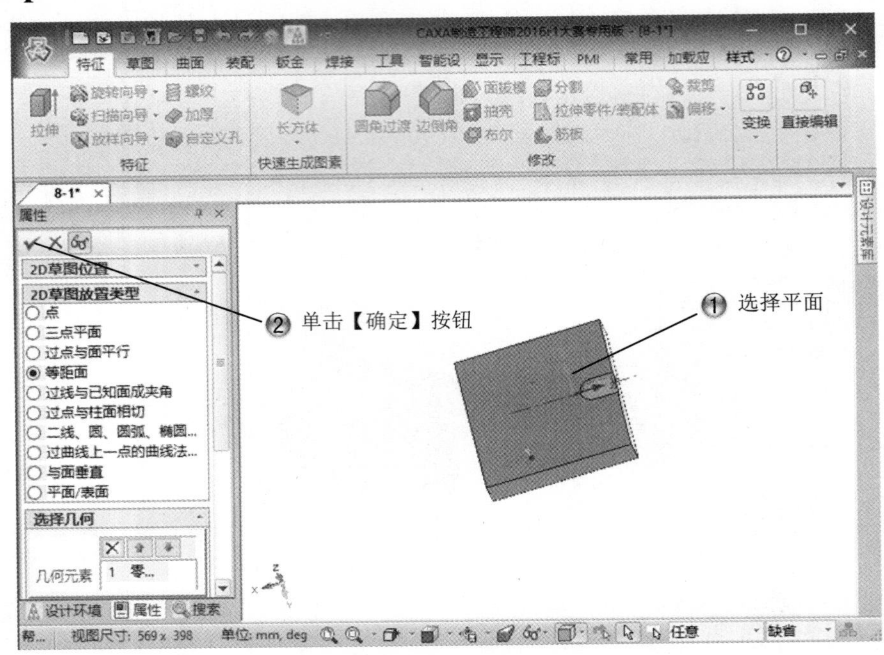

图 8-15 选择草绘面

Step14 绘制椭圆，如图 8-16 所示。

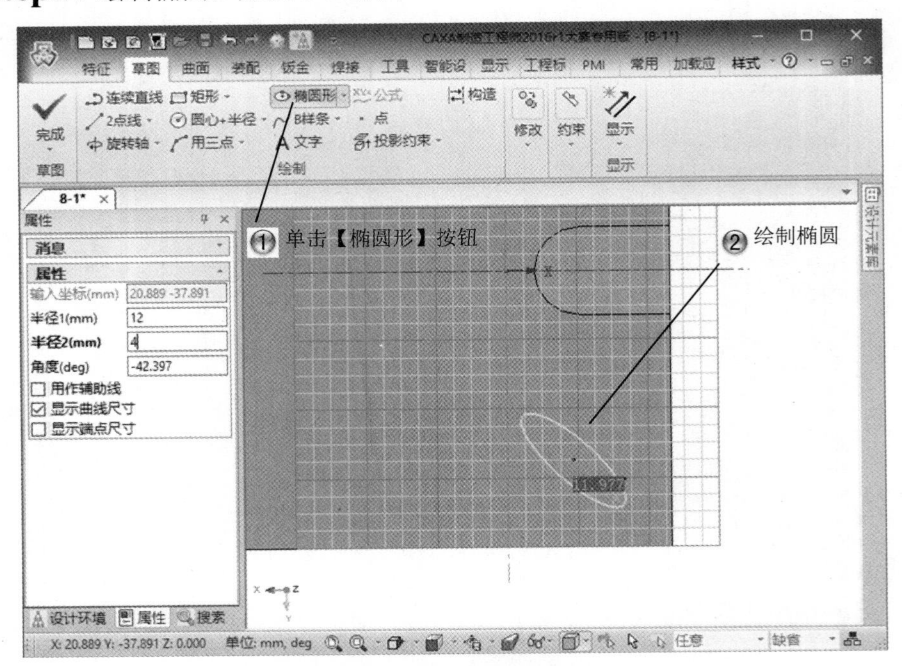

图 8-16 绘制椭圆

Step15 添加尺寸标注，如图 8-17 所示。

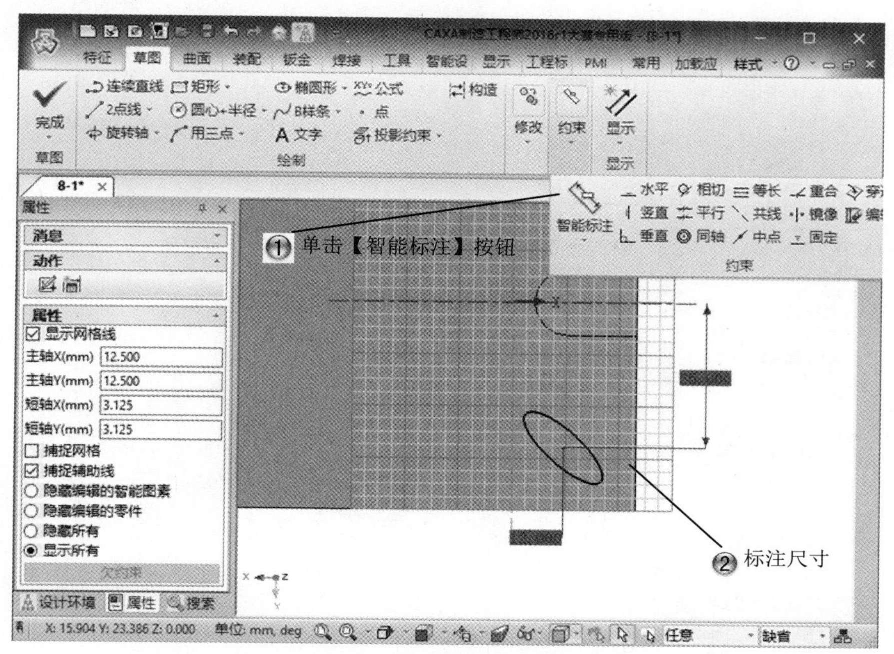

图 8-17　添加尺寸标注

Step16 设置拉伸参数，如图 8-18 所示。

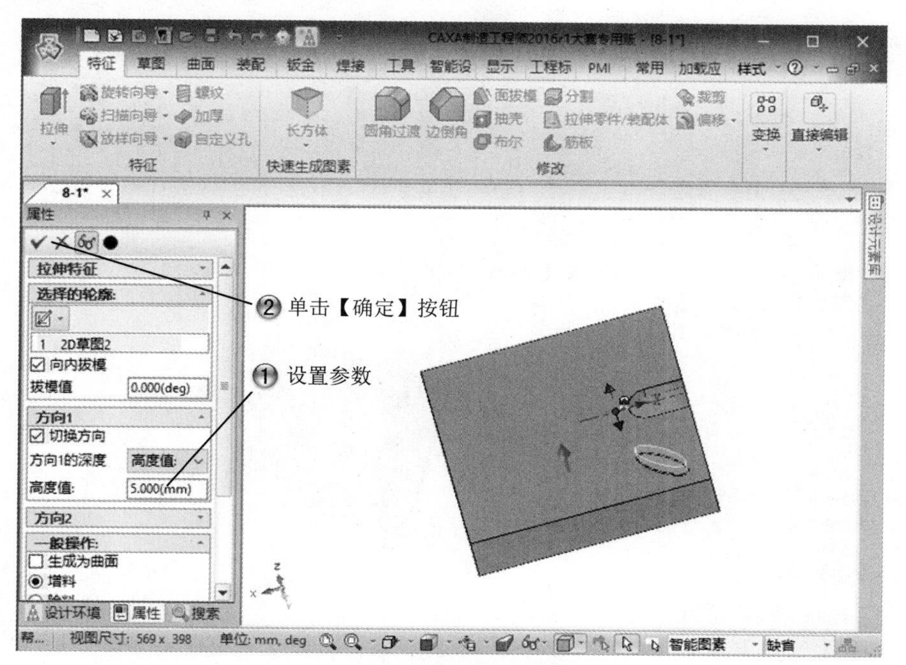

图 8-18　设置拉伸参数

Step17 创建拉伸特征，如图 8-19 所示。

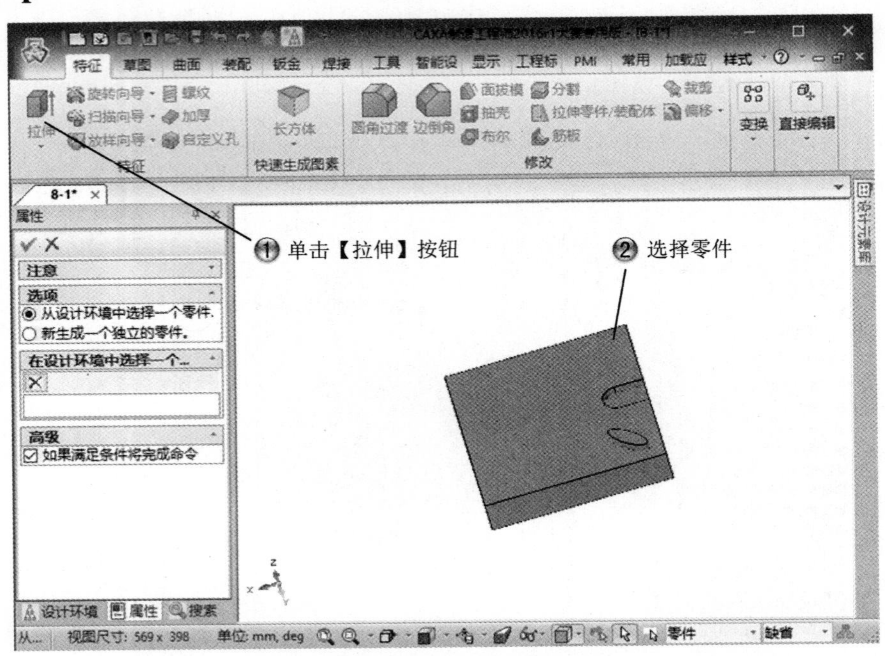

图 8-19　创建拉伸特征

Step18 选择草绘命令，如图 8-20 所示。

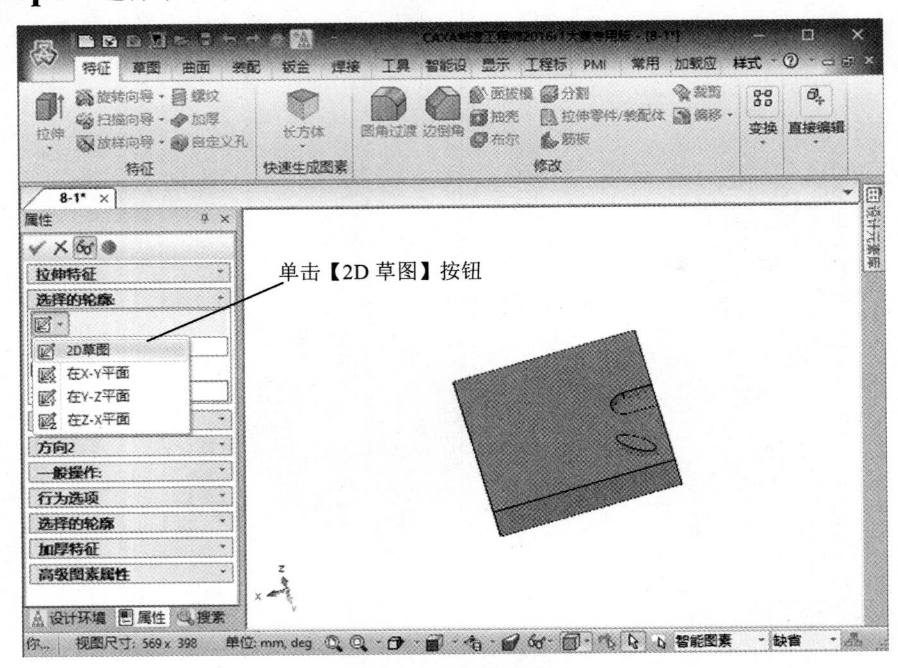

图 8-20　选择草绘命令

Step19 选择草绘面，如图 8-21 所示。

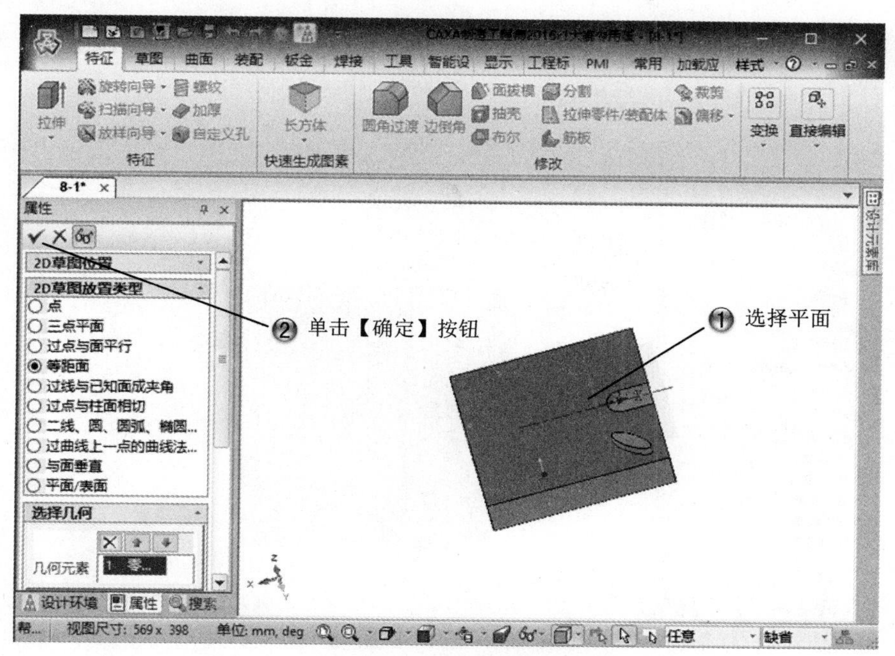

图 8-21 选择草绘面

Step20 绘制圆形，如图 8-22 所示。

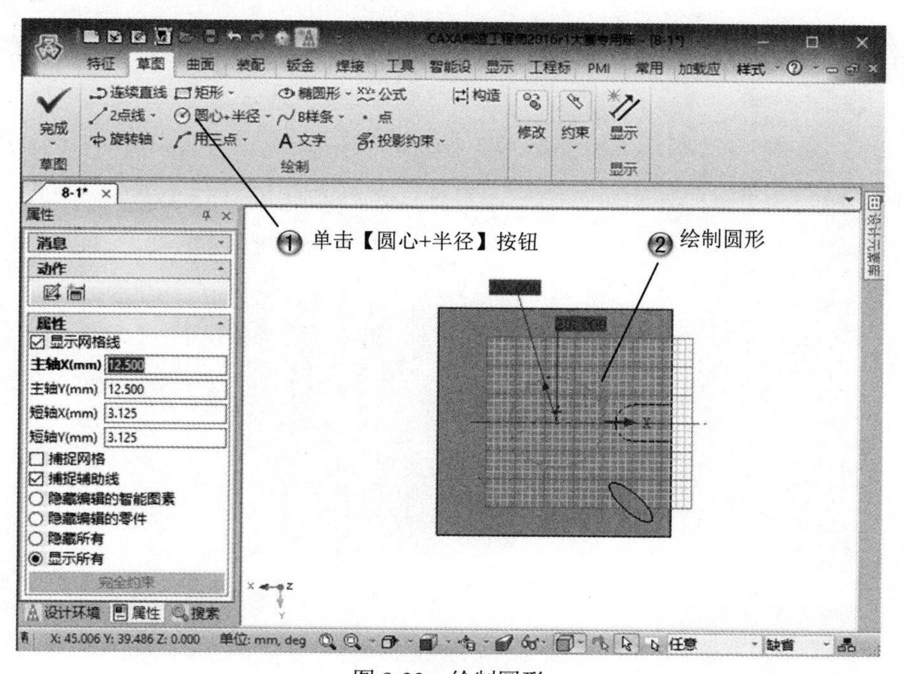

图 8-22 绘制圆形

Step21 绘制圆形，如图 8-23 所示。

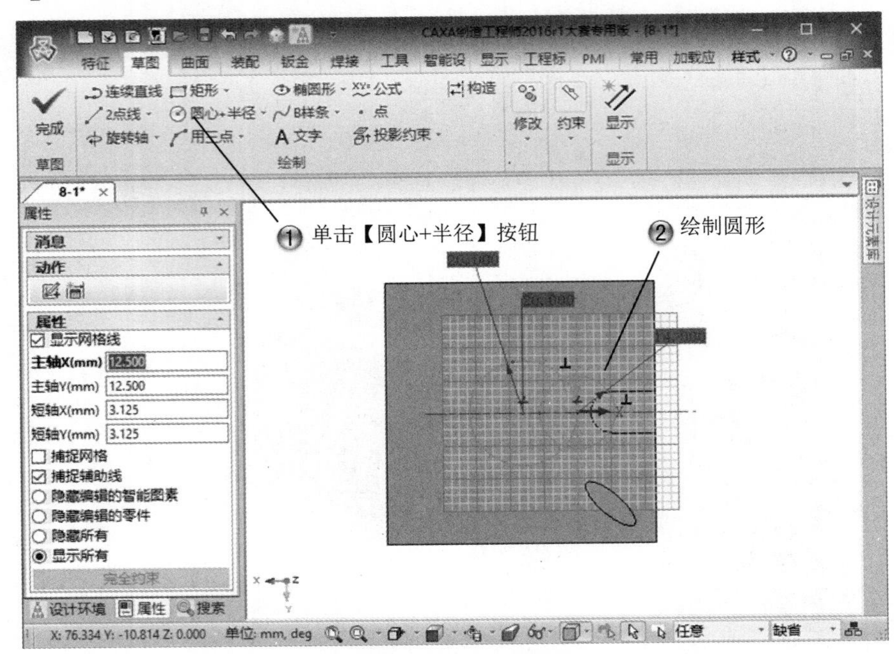

图 8-23　绘制圆形

Step22 裁剪图形，如图 8-24 所示。

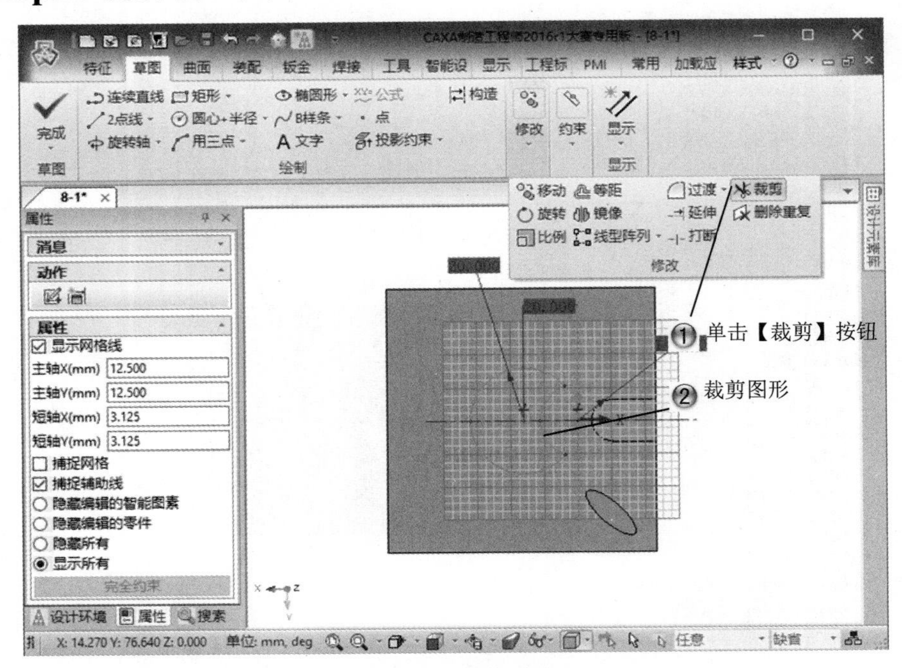

图 8-24　裁剪图形

Step23 设置拉伸参数，如图 8-25 所示。

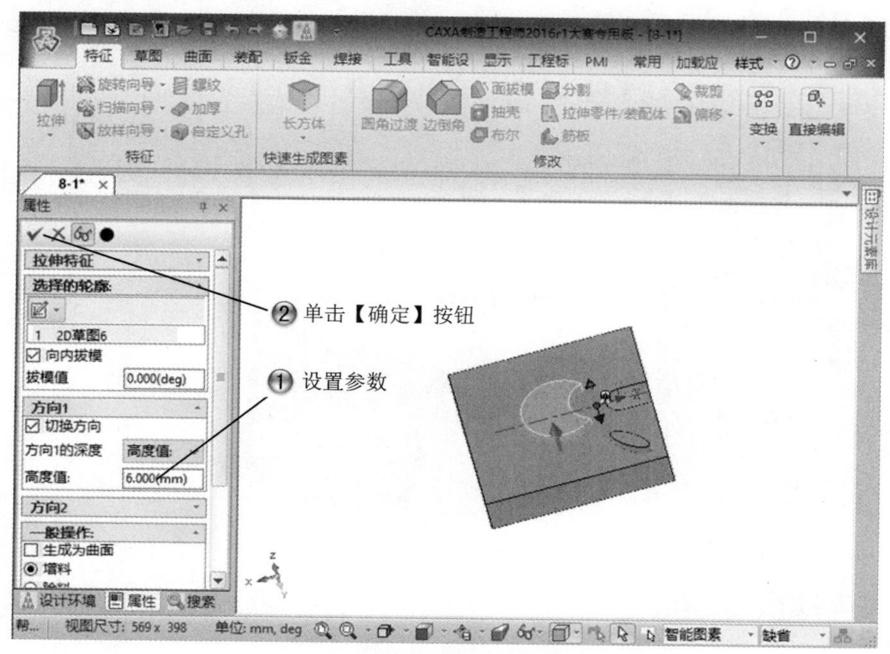

图 8-25　设置拉伸参数

Step24 创建阵列特征，如图 8-26 所示。

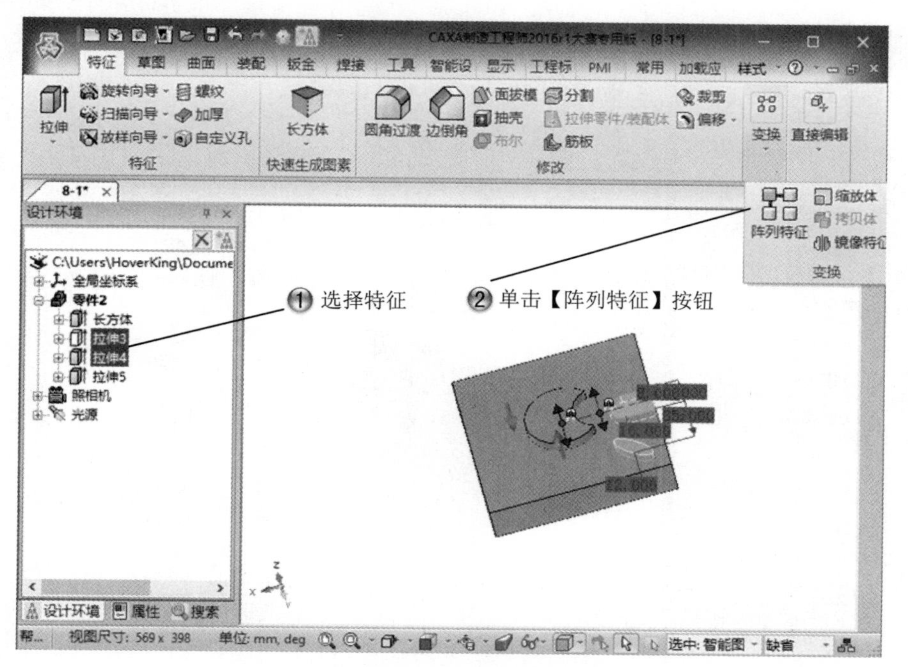

图 8-26　创建阵列特征

Step25 设置阵列参数，如图 8-27 所示。

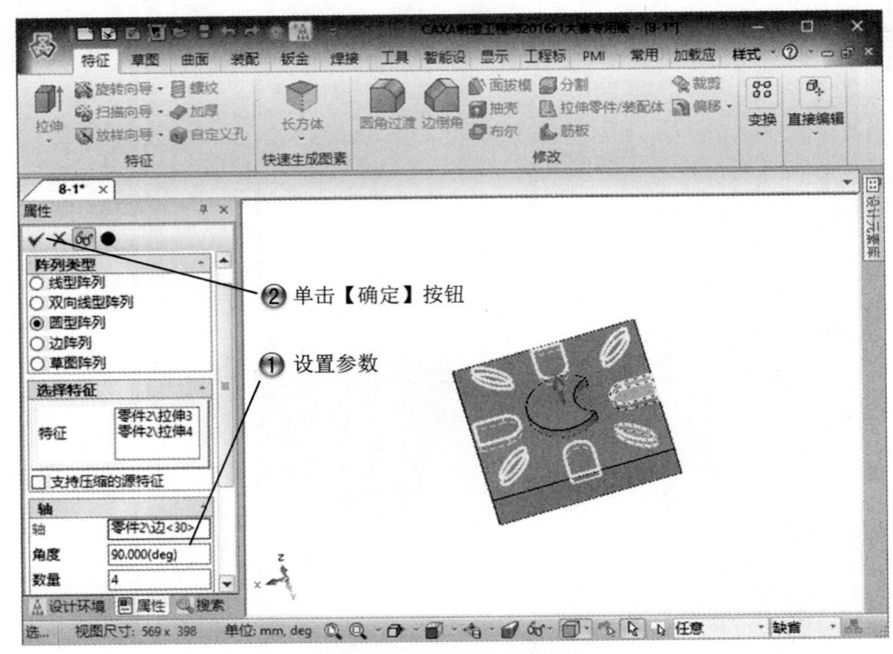

图 8-27　设置阵列参数

Step26 创建球体，如图 8-28 所示。

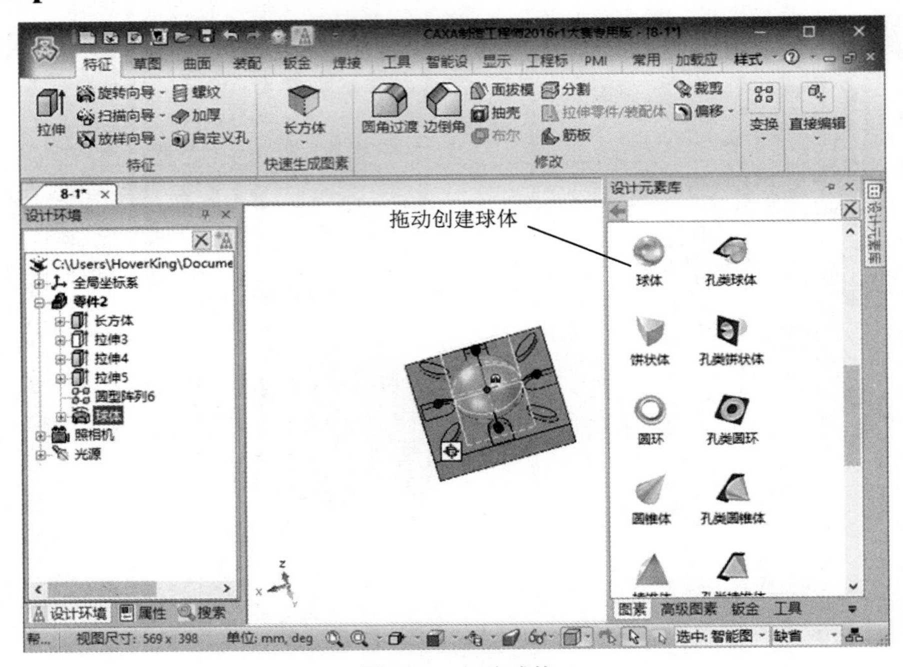

图 8-28　创建球体

Step27 编辑包围盒，如图 8-29 所示。

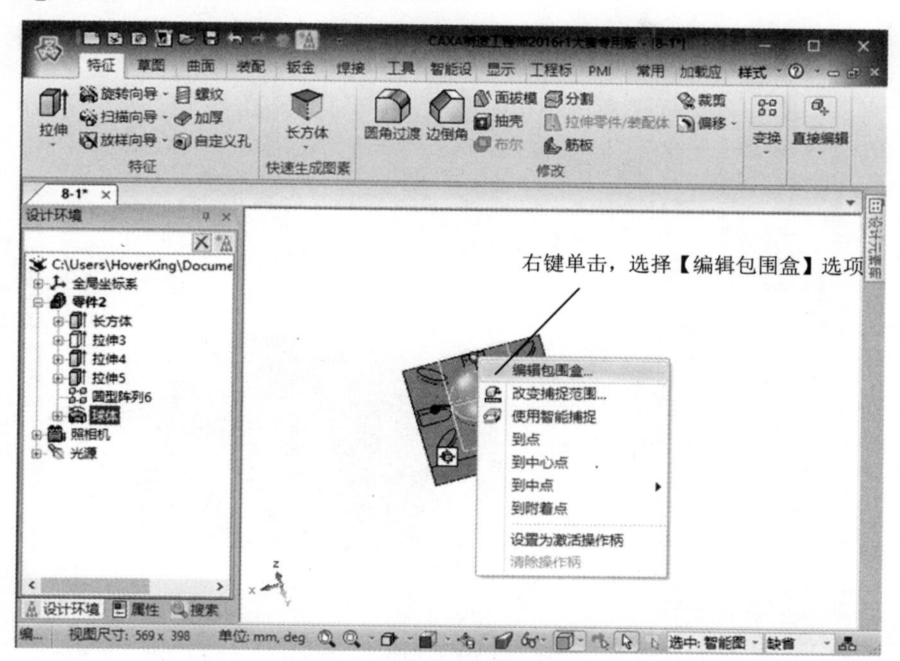

图 8-29 编辑包围盒

Step28 设置包围盒参数，如图 8-30 所示。

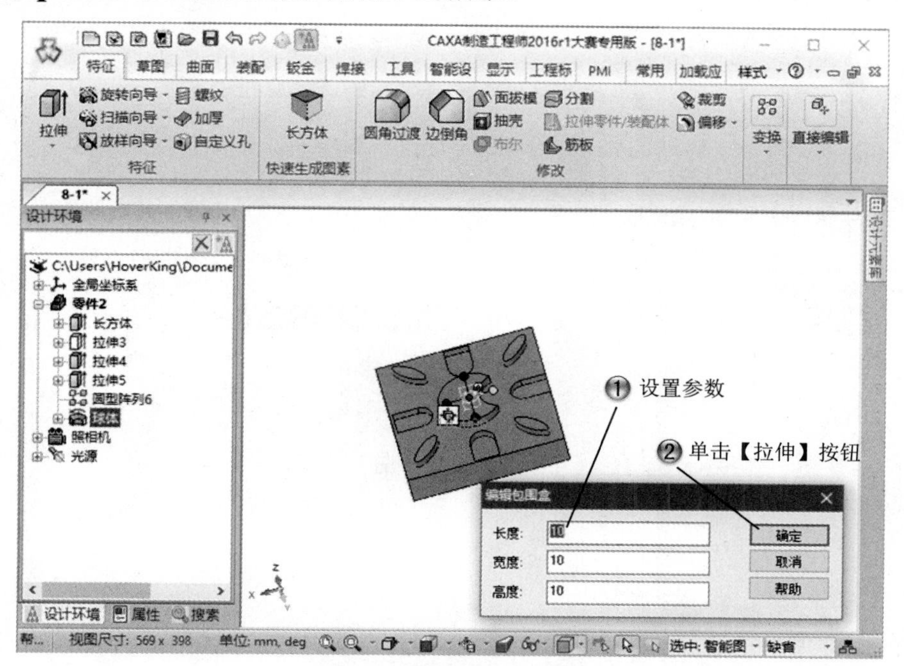

图 8-30 设置包围盒参数

Step29 进入制造环境，如图 8-31 所示。

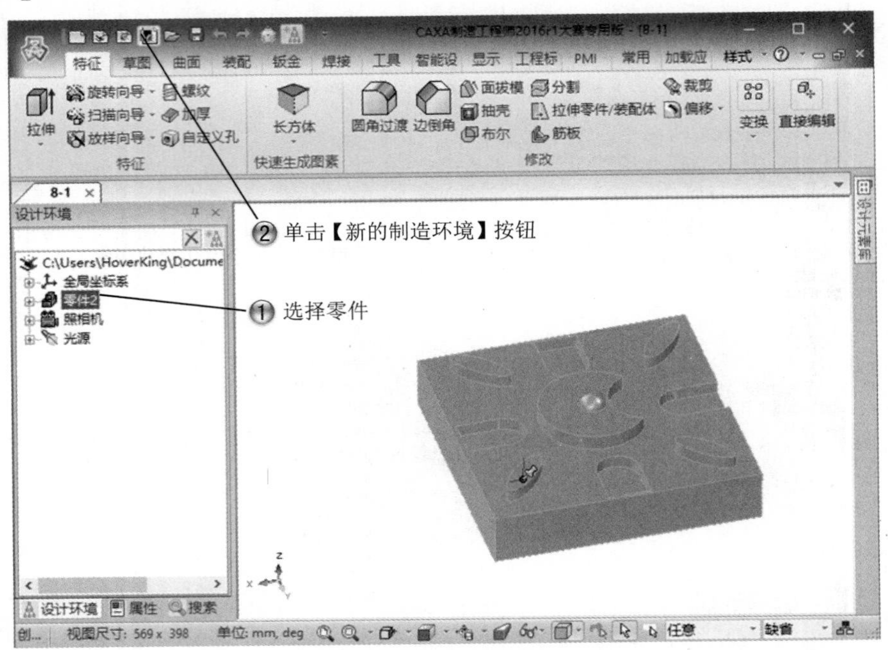

图 8-31　进入制造环境

Step30 设置实体零件，如图 8-32 所示。

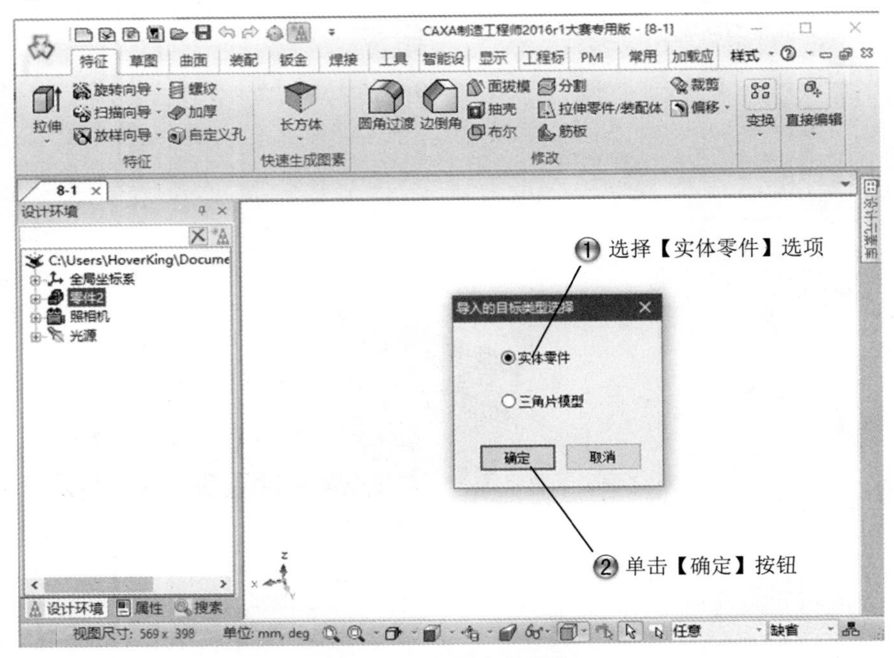

图 8-32　设置实体零件

Step31 创建毛坯，如图 8-33 所示。

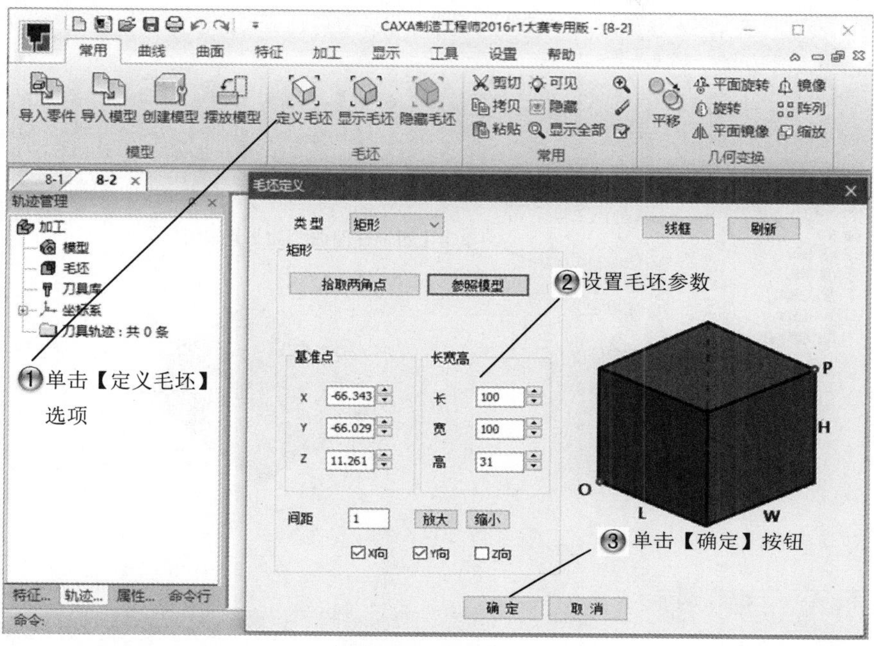

图 8-33　创建毛坯

Step32 创建实体边界线，如图 8-34 所示。

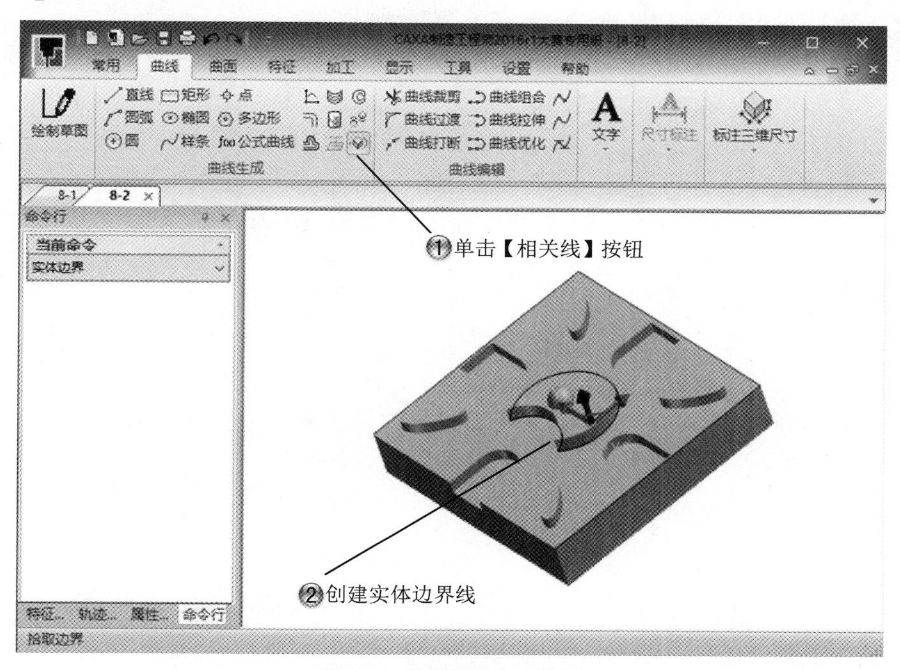

图 8-34　创建实体边界线

Step33 创建四轴柱面曲线加工，如图 8-35 所示。

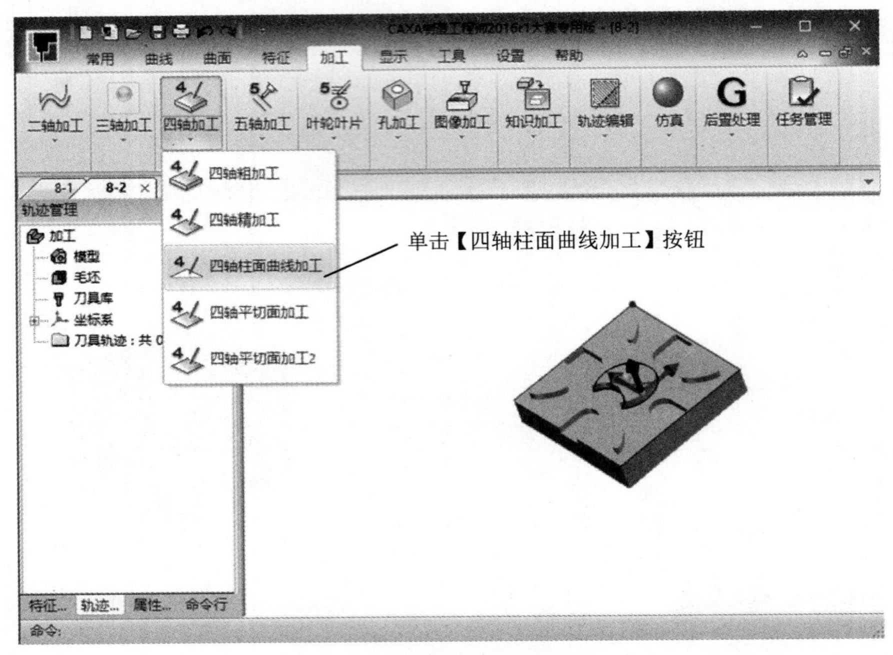

图 8-35　创建四轴柱面曲线加工

Step34 设置加工参数，如图 8-36 所示。

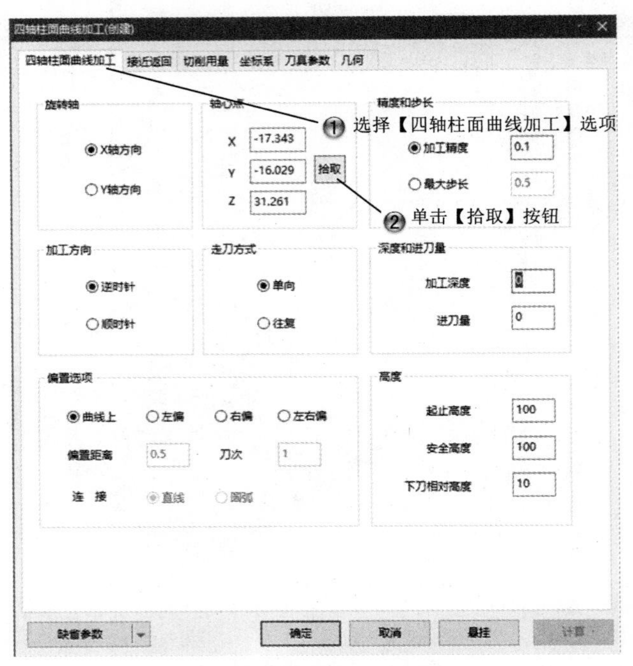

图 8-36　设置加工参数

Step35 选择起始点，如图 8-37 所示。

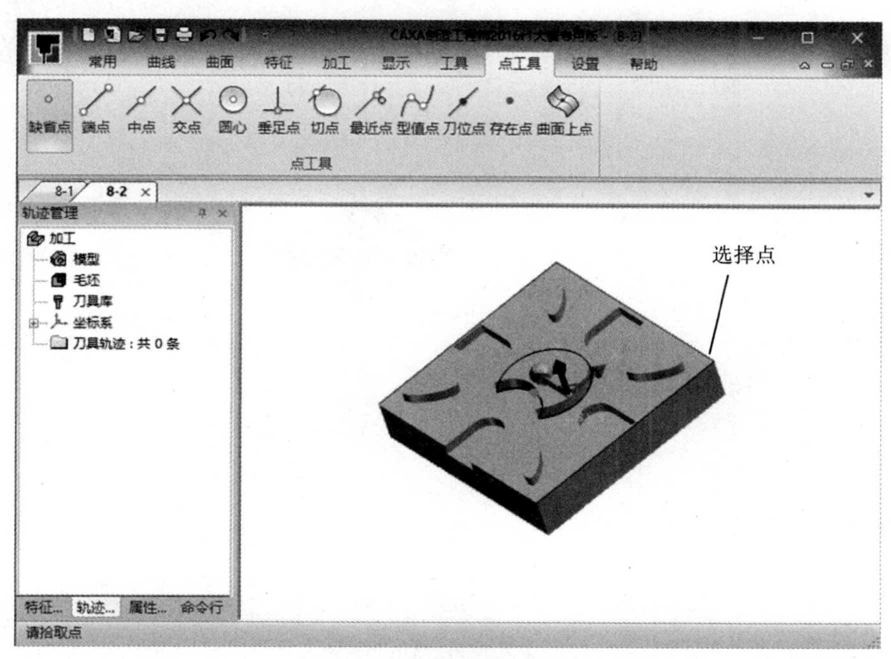

图 8-37　选择起始点

Step36 设置接近返回，如图 8-38 所示。

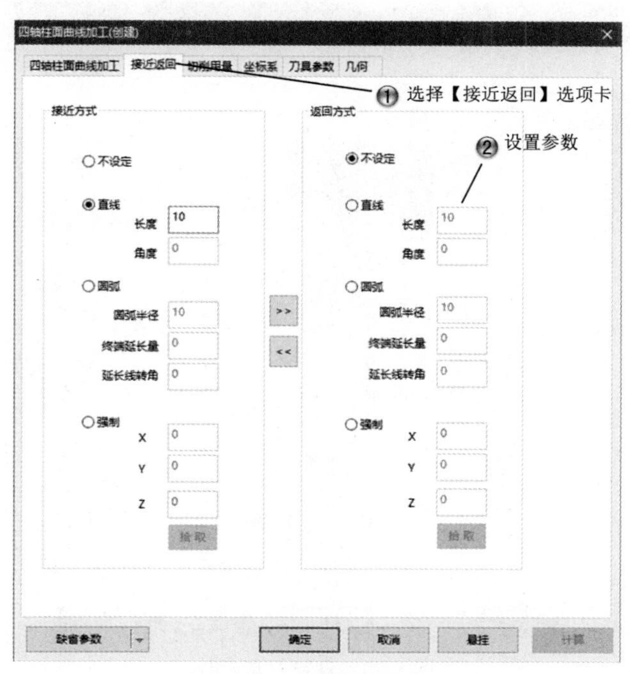

图 8-38　设置接近返回

Step37 设置切削用量，如图 8-39 所示。

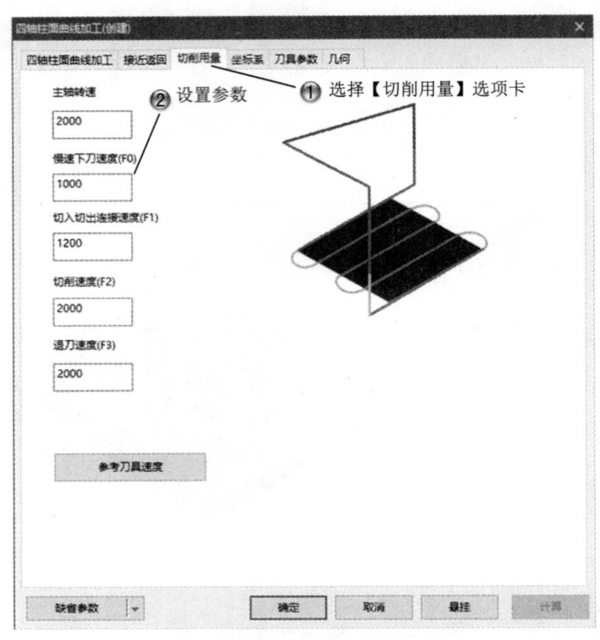

图 8-39　设置切削用量

Step38 设置刀具参数，如图 8-40 所示。

图 8-40　设置刀具参数

Step39 选择加工范围，如图 8-41 所示。

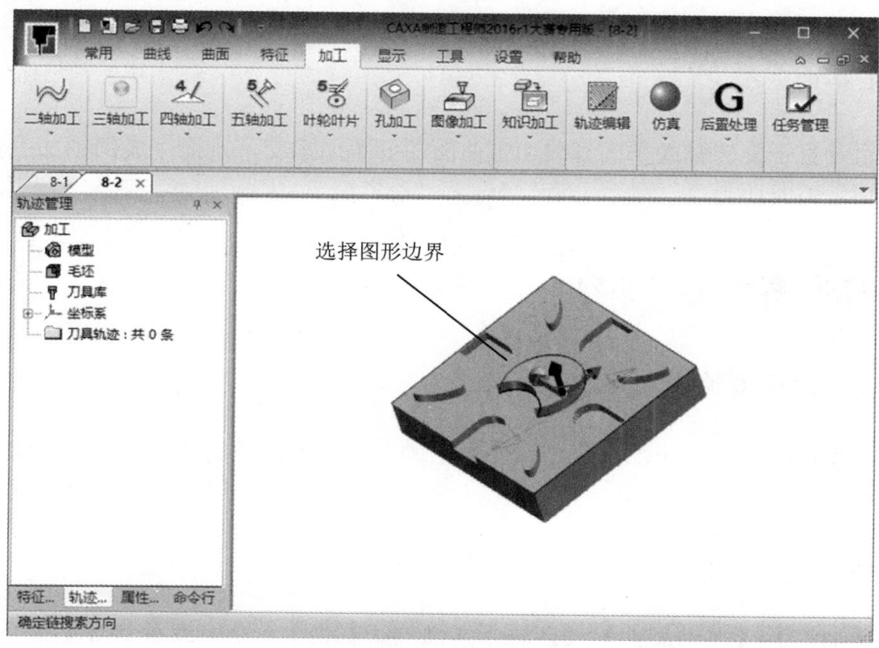

图 8-41　选择加工范围

Step40 完成加工设置，如图 8-42 所示。

图 8-42　完成加工设置

8.2 四轴平切面加工

用一组垂直于旋转轴的平面与被加工曲面的等距面求交，进而生成四轴加工轨迹的方法称为四轴平切面加工。

8.2.1 设计理论

四轴平切面加工多用于加工旋转体及其上的复杂曲面。铣刀刀轴的方向始终垂直于第四轴的旋转轴。

8.2.2 课堂讲解

选择【加工】|【多轴加工】|【四轴平切面加工】菜单命令，或者单击【加工】工具栏中的【四轴平切面加工】按钮，弹出【四轴平切面加工】选项卡，如图 8-43 所示。

①【平行加工】：由平行于旋转轴的方向生成加工轨迹。

②【环切加工】：由环绕旋转轴的方向生成加工轨迹。

③【角度增量】：平行加工时，用角度的增量来定义两平行轨迹之间的距离。

④【行距】：环切加工时，用行距来定义两环切轨迹之间的距离。

⑤【保护】：在边界处生成保护边界的轨迹。

⑥【不保护】：到边界处停止，不生成轨迹。

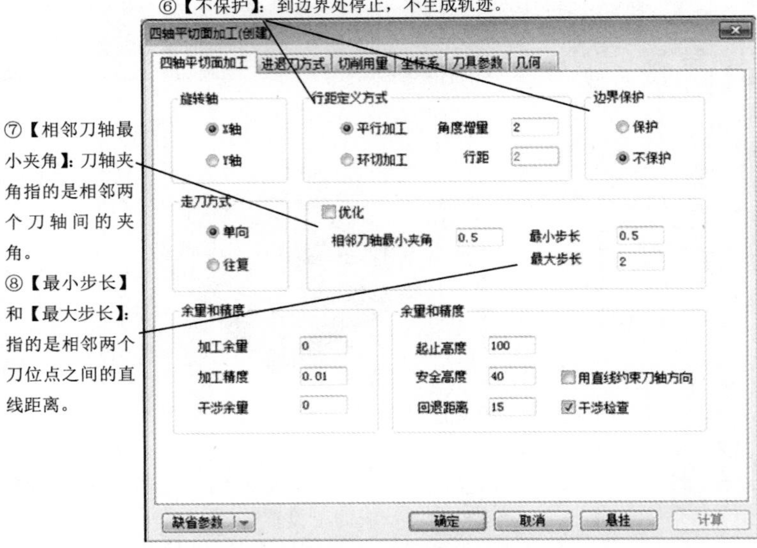

图 8-43 【四轴平切面加工】选项卡

生成模型面的四轴平切面加工轨迹，如图 8-44 所示。

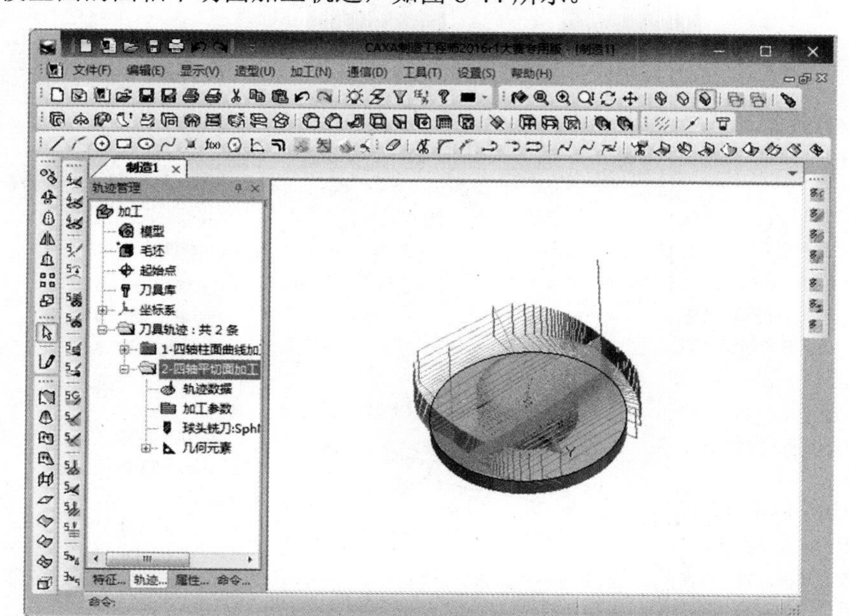

图 8-44　四轴平切面加工轨迹

8.3　叶轮粗加工和精加工

叶轮粗加工是对叶轮相邻两个叶片之间的余量进行粗加工，叶轮精加工是对叶轮每个单一叶片的两侧和底面进行精加工。

8.3.1　设计理论

叶轮粗加工和精加工适用于环形阵列特征的加工，通常用于加工圆轮形零件。

8.3.2　课堂讲解

1. 叶轮粗加工

选择【加工】|【多轴加工】|【叶轮粗加工】菜单命令，或者单击【加工】工具栏中的

【叶轮粗加工】按钮，弹出【叶轮粗加工】对话框，如图 8-45 所示。

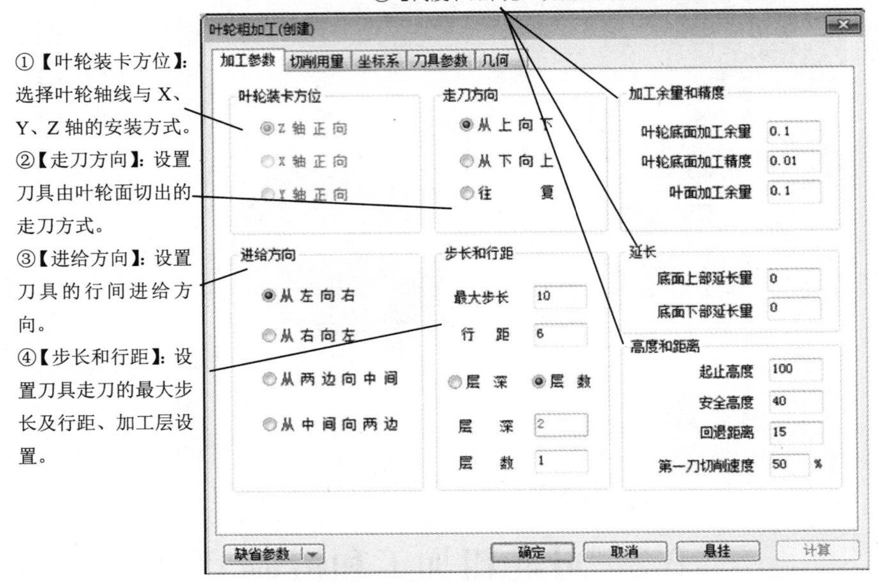

图 8-45 【叶轮粗加工】对话框

生成叶轮粗加工的轨迹，如图 8-46 所示。

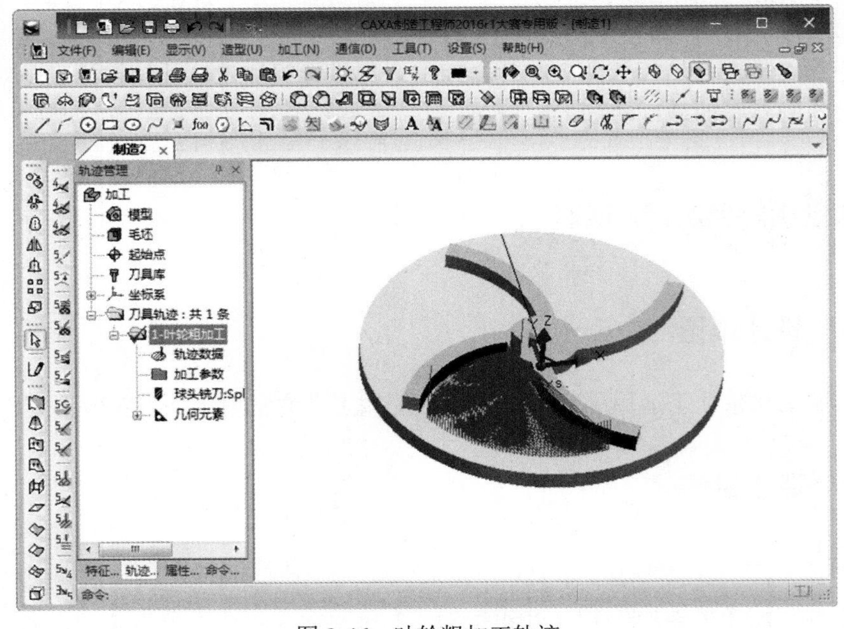

图 8-46 叶轮粗加工轨迹

叶片底面必须是旋转面，叶槽的左叶面和右叶面必须是直纹面，可以使用【相关线】命令创建实体边界，并使用相关的面命令。

名师点拨

2. 叶轮精加工

选择【加工】|【多轴加工】|【叶轮精加工】菜单命令，或者单击【加工】工具栏中的【叶轮精加工】按钮，弹出【加工参数】选项卡，如图 8-47 所示。

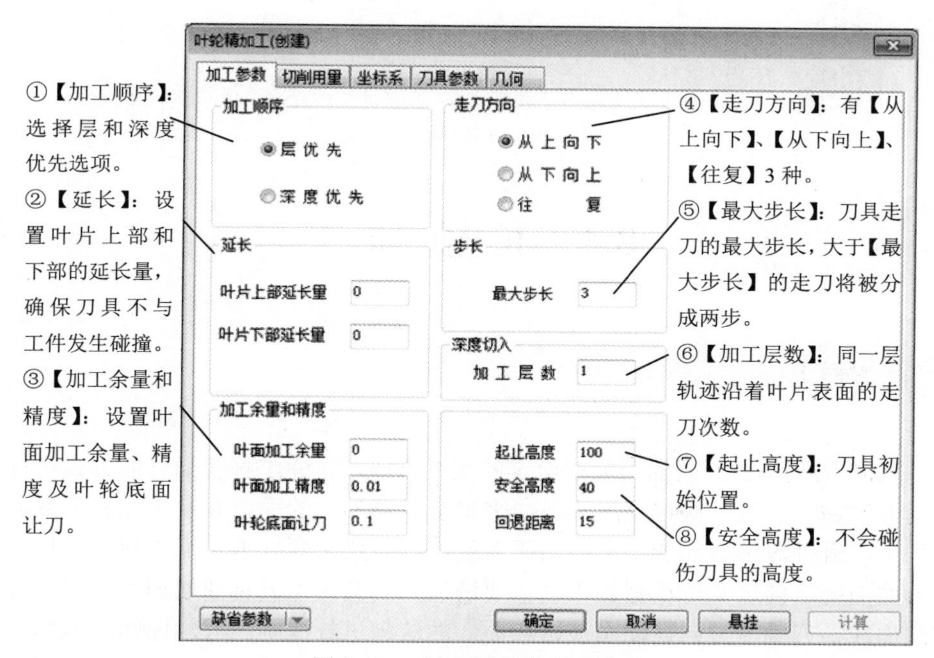

图 8-47 【加工参数】选项卡

在叶轮粗加工的基础上，生成叶轮精加工轨迹，如图 8-48 所示。

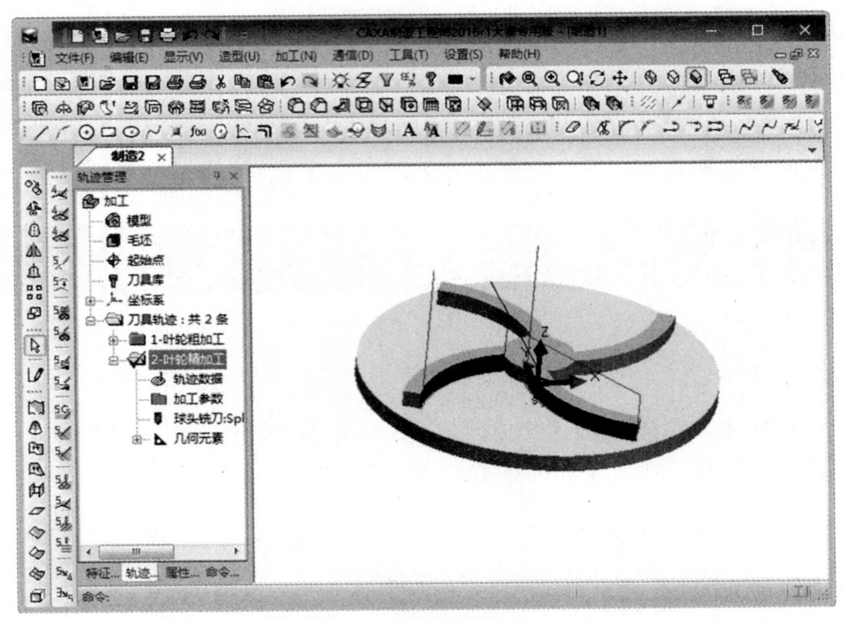

图 8-48　叶轮精加工轨迹

8.4　五 轴 加 工

基本概念

五轴 G01 钻孔是按曲面的法矢或给定的直线方向，用 G01 直线插补的方式进行空间任意方向的五轴钻孔。五轴侧铣是用两条线来确定所要加工的面，并且可以利用铣刀的侧刃来进行加工。五轴等参数线加工是用曲面参数线的方式来建立五轴加工轨迹，每一点的刀轴方向为曲面的法向，并可根据加工的需要增加刀具倾角。五轴曲线加工是用五轴的方式加工空间曲线，刀轴的方向自动由被拾取曲面的法向进行控制。五轴曲面区域加工是生成曲面的五轴精加工轨迹，刀轴的方向由导向曲面控制，导向曲面只支持一个曲面。五轴转四轴轨迹是把五轴加工轨迹转为四轴加工轨迹，使一部分可用五轴加工也可用四轴加工方式进行加工的零件，先用五轴加工方式生成轨迹，再转为四轴轨迹进行四轴加工。三轴转五轴轨迹是指可用五轴加工方式进行加工的零件，先用三轴加工方式生成轨迹，再转为五轴轨迹进行五轴加工。五轴平行线加工是指用五轴加工方式加工曲面，生成的每条加工轨迹都是平行的。五轴限制线加工是指以曲面的两边界作为引导线，而生成刀具轨迹的加工方式。五轴沿曲线加工是用五轴加工方式加工曲面，生成的每条轨迹都沿着给定曲线的法线方向。五轴平行面加工是用五轴添加限制面的方式加工曲面，生成的每条轨迹都是平行的。

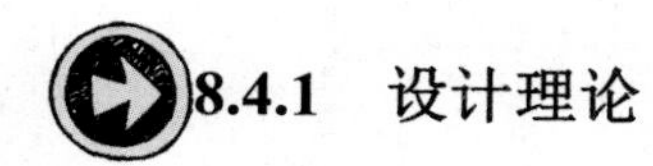

课堂讲解课时：2 课时

8.4.1 设计理论

五轴加工适用于五轴机床，适合加工复杂的曲面和零件。五轴加工程序可以转换为四轴加工程序，同样，三轴加工程序也可以转换为五轴加工程序。

8.4.2 课堂讲解

1. 五轴 G01 钻孔

选择【加工】|【多轴加工】|【五轴 G01 钻孔】菜单命令，或者单击【加工】工具栏中的【五轴 G01 钻孔】按钮，弹出五轴 G01 钻孔的【加工参数】选项卡，如图 8-49 所示。

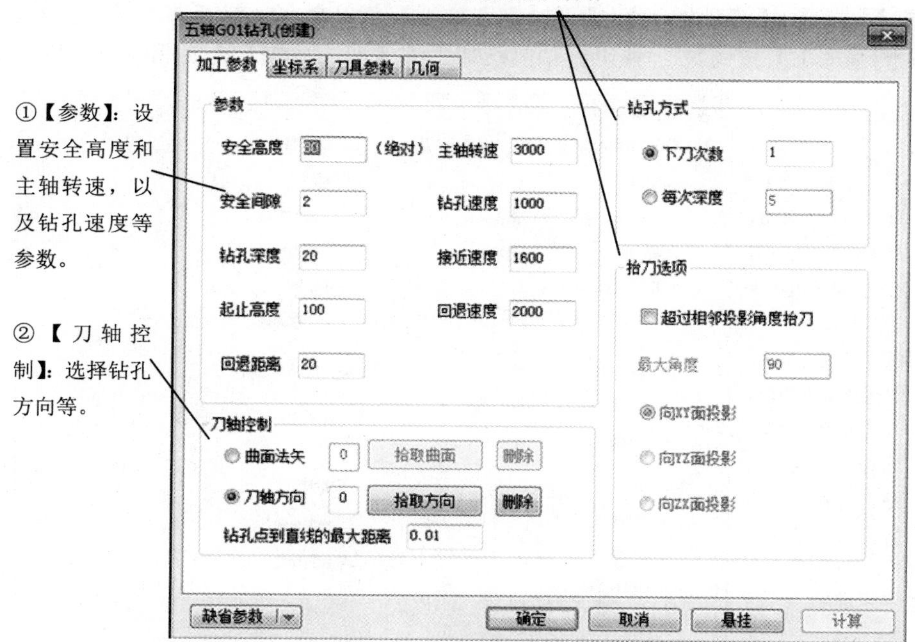

图 8-49 【加工参数】选项卡

生成的五轴 G01 钻孔加工刀具轨迹，如图 8-50 所示。

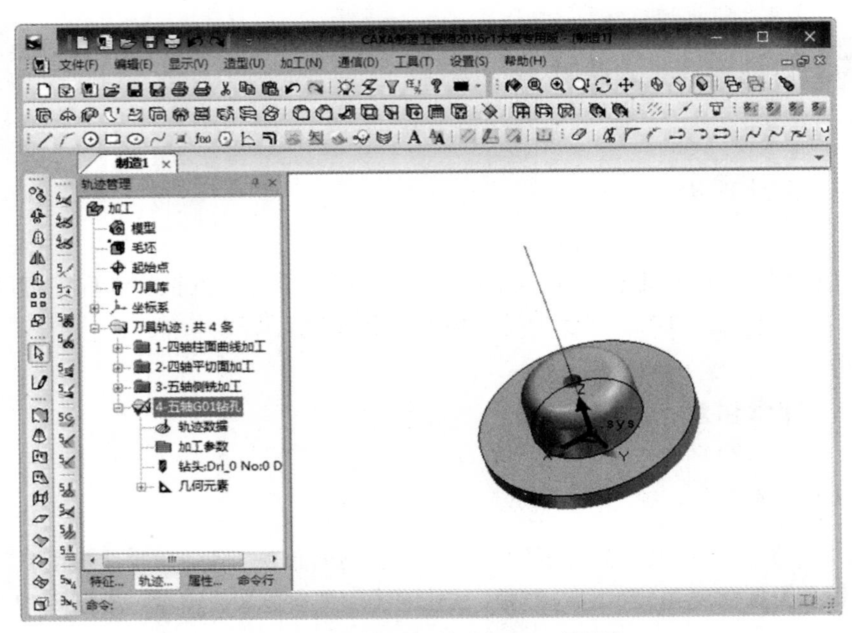

图 8-50　五轴 G01 钻孔加工刀具轨迹

2. 五轴侧铣

选择【加工】|【多轴加工】|【五轴侧铣加工】菜单命令，或者单击【加工】工具栏中的【五轴侧铣加工】按钮，弹出五轴侧铣加工的【加工参数】选项卡，如图 8-51 所示。

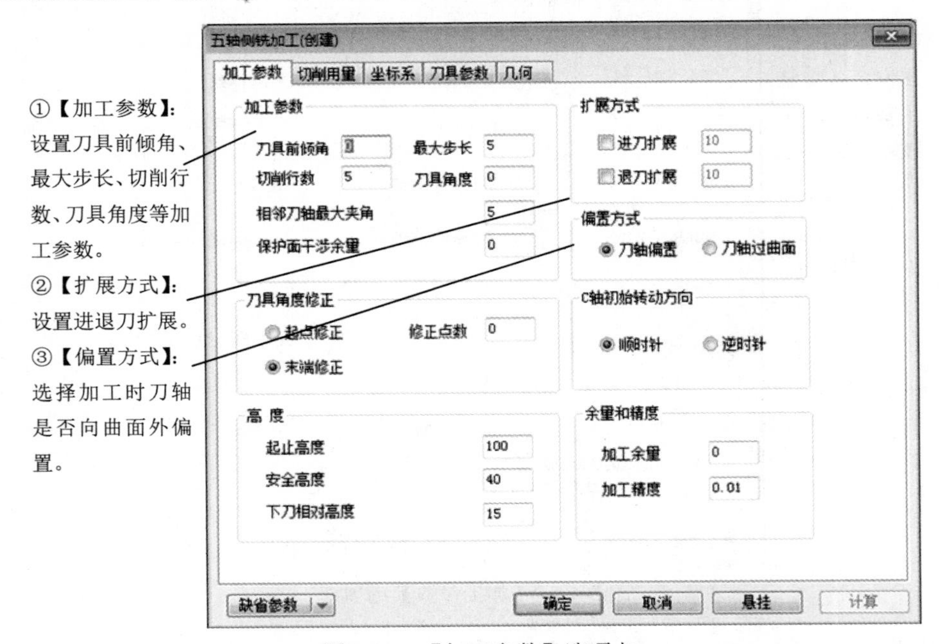

图 8-51　【加工参数】选项卡

生成的五轴侧铣加工刀具轨迹，如图 8-52 所示。

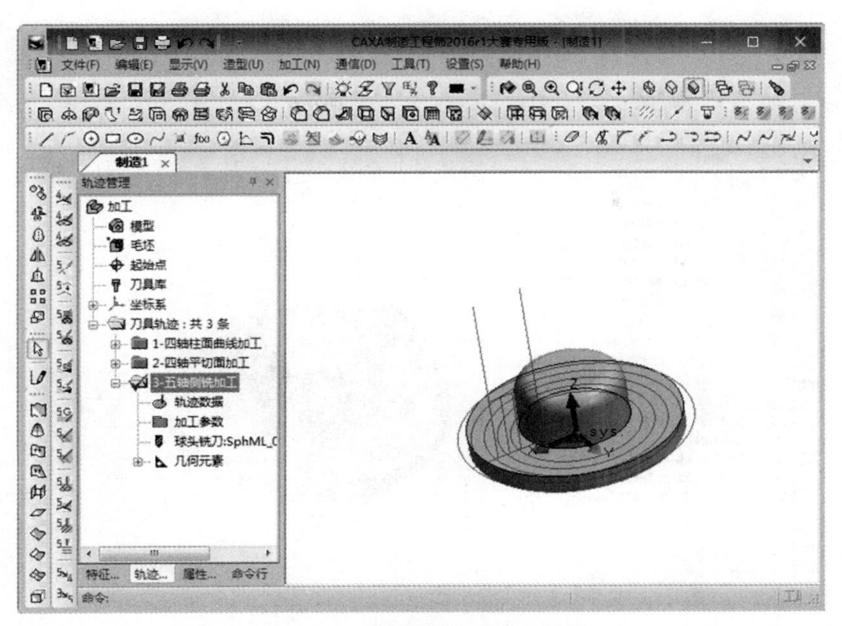

图 8-52　五轴侧铣加工刀具轨迹

3. 五轴参数线加工

选择【加工】|【多轴加工】|【五轴参数线加工】菜单命令，或者单击【加工】工具栏中的【五轴参数线加工】按钮，弹出【五轴参数线加工参数】选项卡，如图 8-53 所示。

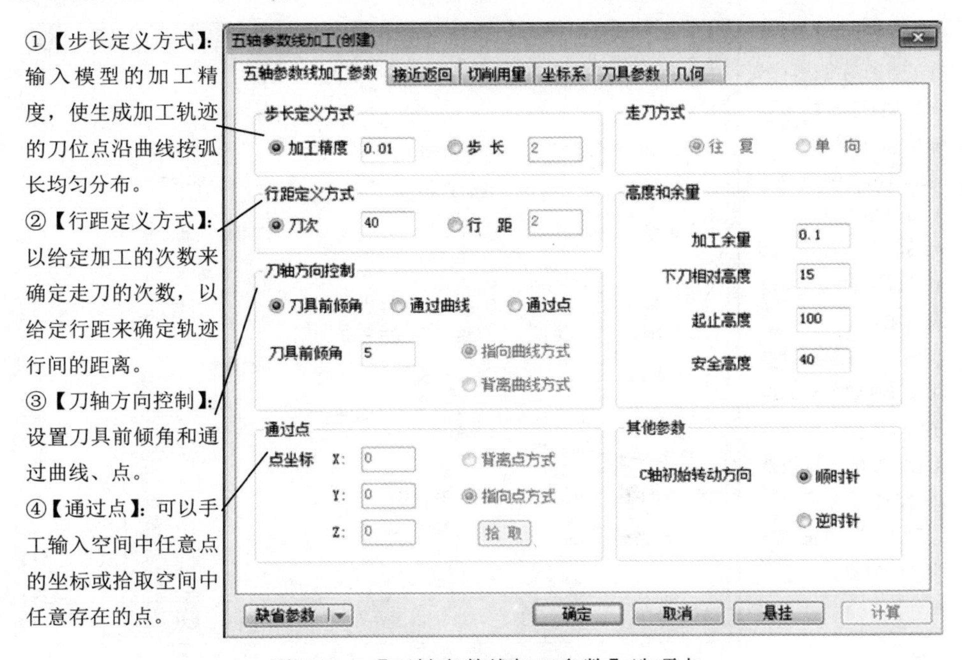

图 8-53　【五轴参数线加工参数】选项卡

生成的五轴参数线加工刀具轨迹，如图 8-54 所示。

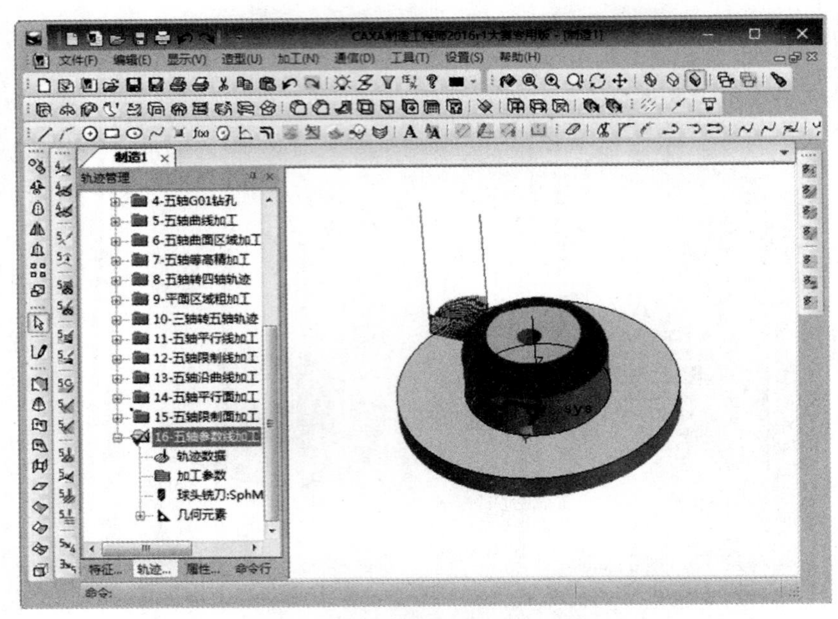

图 8-54　五轴参数线加工刀具轨迹

4. 五轴曲线加工

选择【加工】|【多轴加工】|【五轴曲线加工】菜单命令，或者单击【加工】工具栏中的【五轴曲线加工】按钮，弹出【五轴曲线加工】选项卡，如图 8-55 所示。

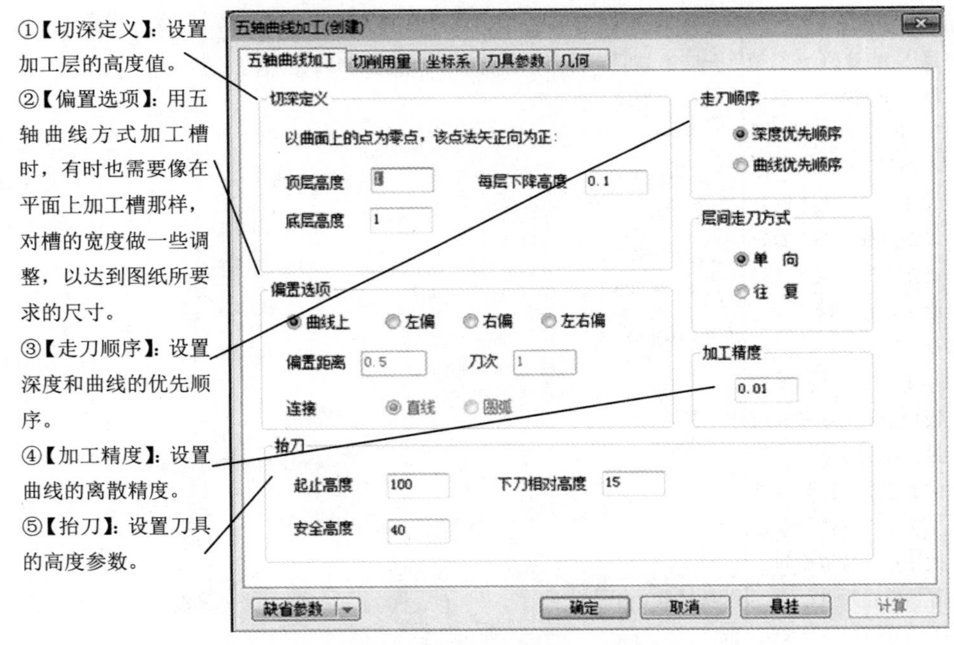

图 8-55　【五轴曲线加工】选项卡

生成的五轴曲线加工刀具轨迹，如图 8-56 所示。

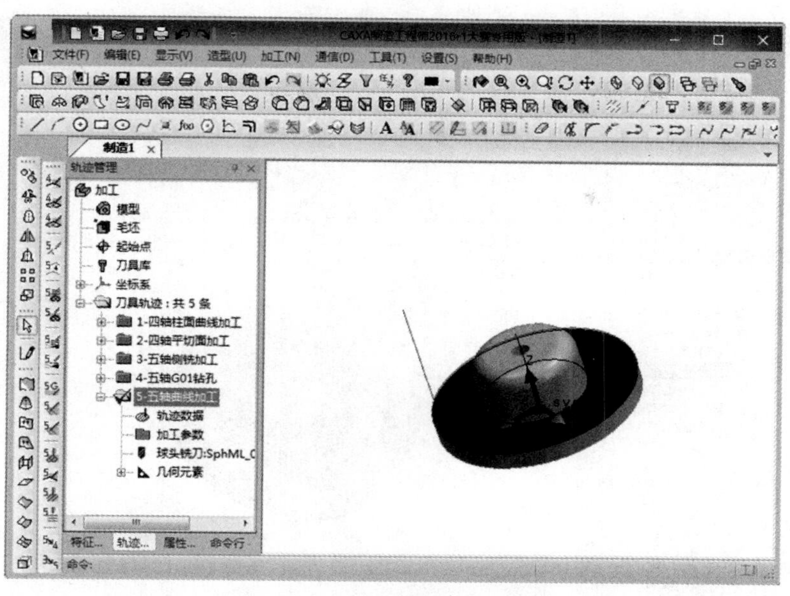

图 8-56　五轴曲线加工刀具轨迹

5. *五轴曲面区域加工*

选择【加工】|【多轴加工】|【五轴曲面区域加工】菜单命令，或者单击【加工】工具栏中的【五轴曲面区域加工】按钮，弹出五轴曲面区域加工的【加工参数】选项卡，如图 8-57 所示。

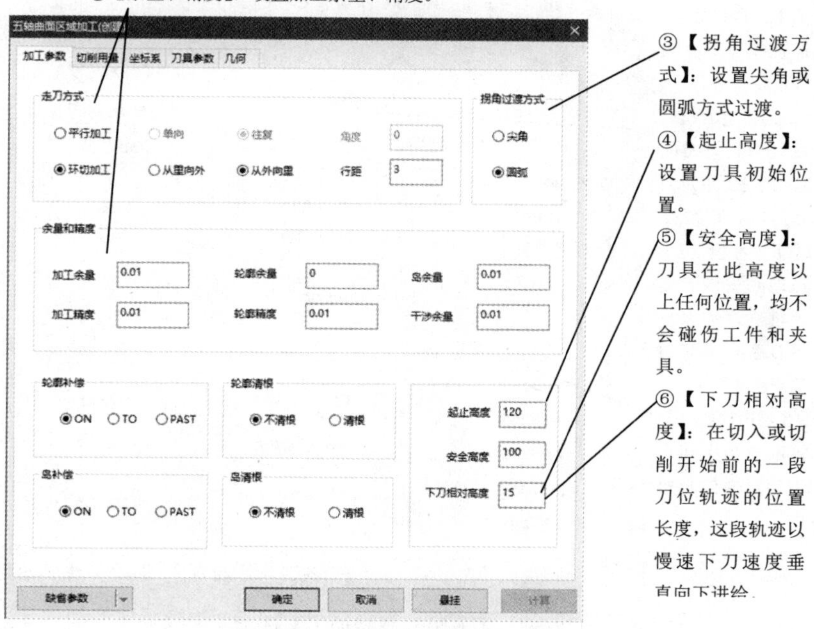

图 8-57　【加工参数】选项卡

生成的五轴曲面区域加工刀具轨迹，如图 8-58 所示。

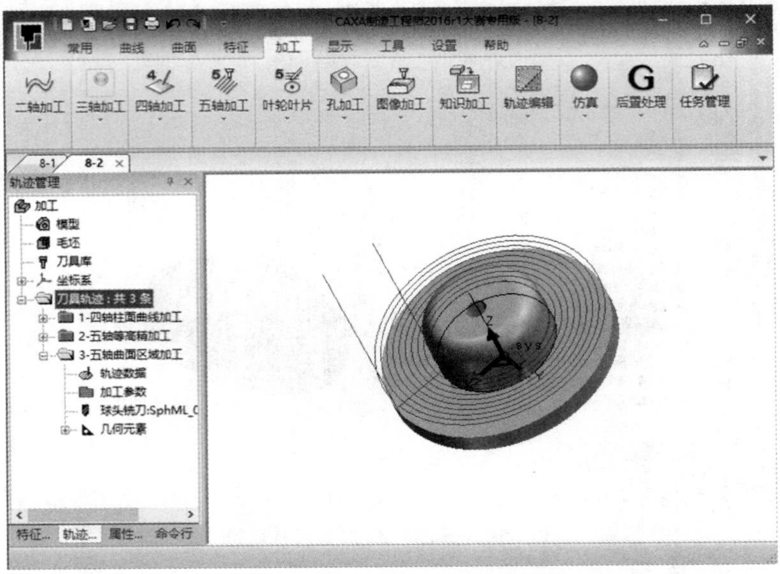

图 8-58　五轴曲面区域加工刀具轨迹

6. 五轴等高精加工

选择【加工】|【多轴加工】|【五轴等高精加工】菜单命令，或者单击【加工】工具栏中的【五轴等高精加工】按钮，弹出【五轴等高精加工】选项卡，如图 8-59 所示。

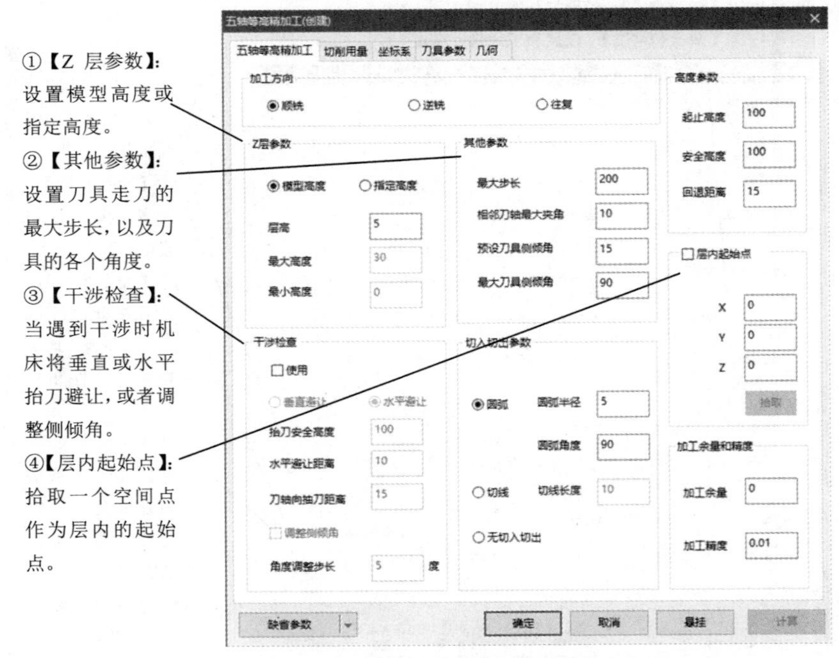

图 8-59　【五轴等高精加工】选项卡

生成的五轴等高精加工刀具轨迹，如图 8-60 所示。

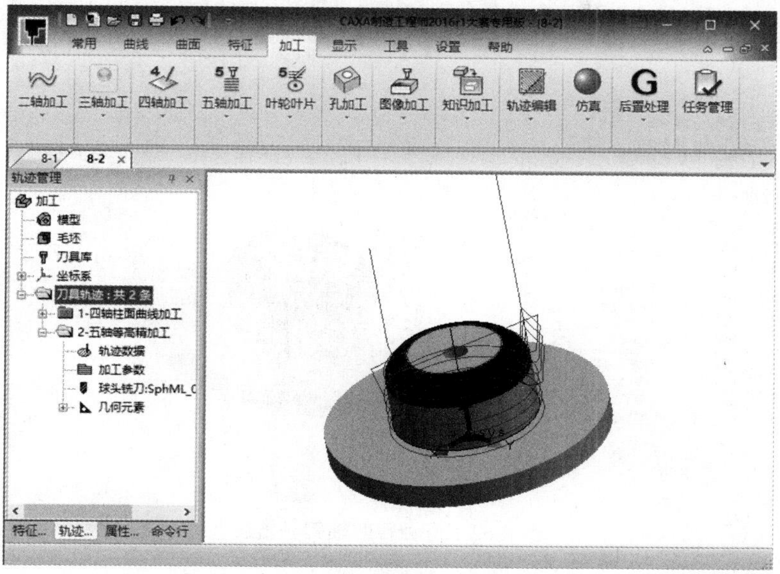

图 8-60　五轴等高精加工刀具轨迹

7. 五轴转四轴轨迹

选择【加工】|【多轴加工】|【五轴转四轴轨迹】菜单命令，或者单击【加工】工具栏中的【五轴转四轴轨迹】按钮，弹出五轴转四轴轨迹的【加工参数】选项卡，如图 8-61 所示。

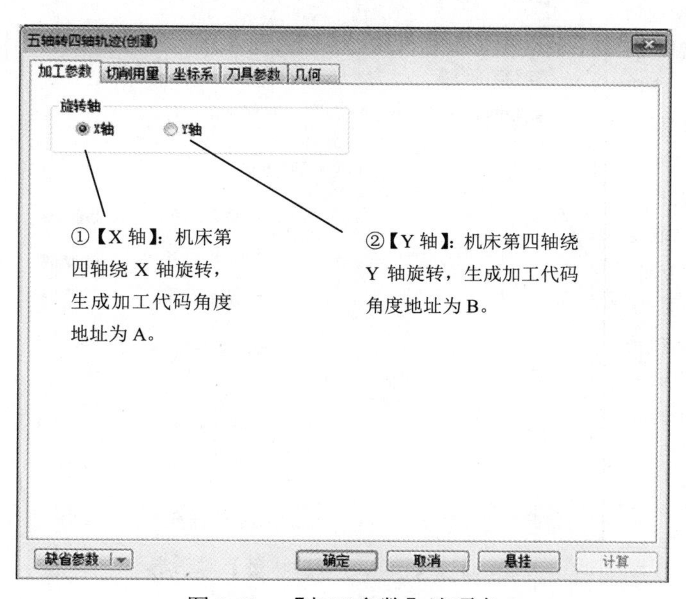

图 8-61　【加工参数】选项卡

生成的五轴转四轴刀具轨迹，如图 8-62 所示。

轨迹管理
毛坯
起始点
刀具库
坐标系
刀具轨迹：共 8 条
1-四轴柱面曲线加工
2-四轴平切面加工
3-五轴侧铣加工
4-五轴G01钻孔
5-五轴曲线加工
6-五轴曲面区域加工
7-五轴等高精加工
8-五轴转四轴轨迹
轨迹数据
加工参数
几何元素

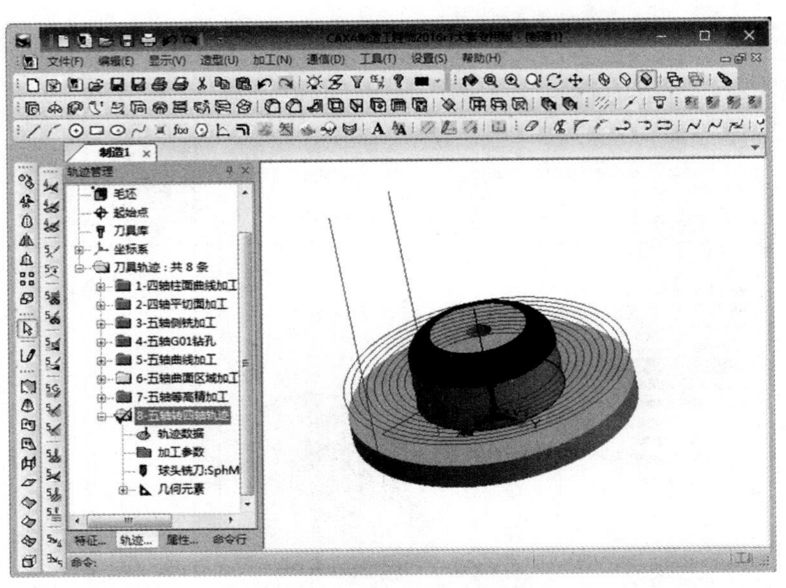

图 8-62　五轴转四轴刀具轨迹

8. 三轴转五轴轨迹

选择【加工】|【多轴加工】|【三轴转五轴轨迹】菜单命令，或者单击【加工】工具栏中的【三轴转五轴轨迹】按钮，弹出【三轴转五轴轨迹】对话框，如图 8-63 所示。

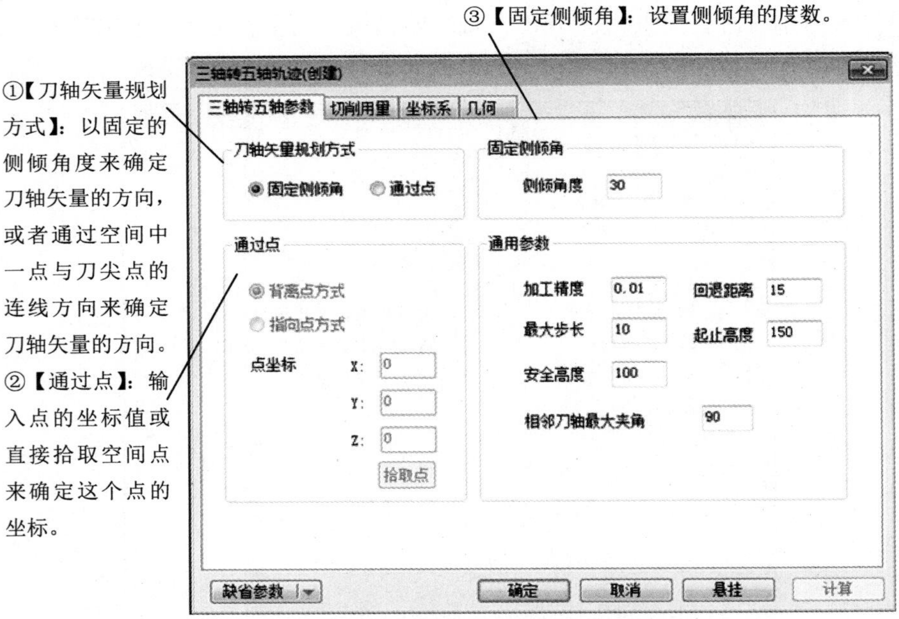

③【固定侧倾角】：设置侧倾角的度数。
①【刀轴矢量规划方式】：以固定的侧倾角度来确定刀轴矢量的方向，或者通过空间中一点与刀尖点的连线方向来确定刀轴矢量的方向。
②【通过点】：输入点的坐标值或直接拾取空间点来确定这个点的坐标。
三轴转五轴轨迹(创建)
三轴转五轴参数
切削用量
坐标系
几何
刀轴矢量规划方式
固定侧倾角
通过点
固定侧倾角
侧倾角度
30
通过点
背离点方式
指向点方式
点坐标
X:
0
Y:
0
Z:
0
拾取点
通用参数
加工精度
0.01
回退距离
15
最大步长
10
起止高度
150
安全高度
100
相邻刀轴最大夹角
90
缺省参数
确定
取消
悬挂
计算

图 8-63　【三轴转五轴轨迹】对话框

生成的三轴转五轴刀具轨迹，如图 8-64 所示。

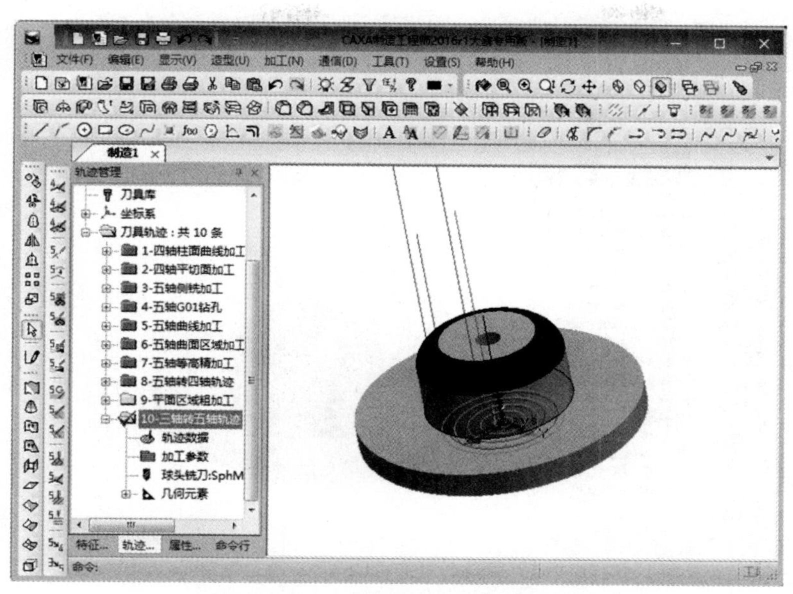

图 8-64　三轴转五轴刀具轨迹

9. 五轴平行线加工

选择【加工】|【多轴加工】|【五轴平行线加工】菜单命令，或者单击【加工】工具栏中的【五轴平行线加工】按钮，弹出五轴平行线加工的【加工参数】选项卡，如图 8-65 所示。

图 8-65　【加工参数】选项卡

生成的五轴平行线加工刀具轨迹，如图 8-66 所示。

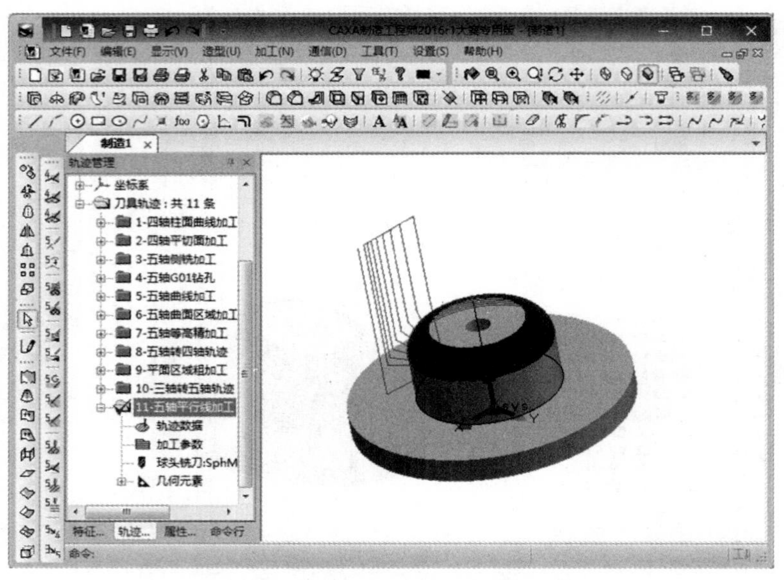

图 8-66　五轴平行线加工刀具轨迹

10. 五轴限制线加工

选择【加工】|【多轴加工】|【五轴限制线加工】菜单命令，或者单击【加工】工具栏中的【五轴限制线加工】按钮，弹出五轴限制线加工的【刀轴控制】选项卡，如图 8-67 所示。

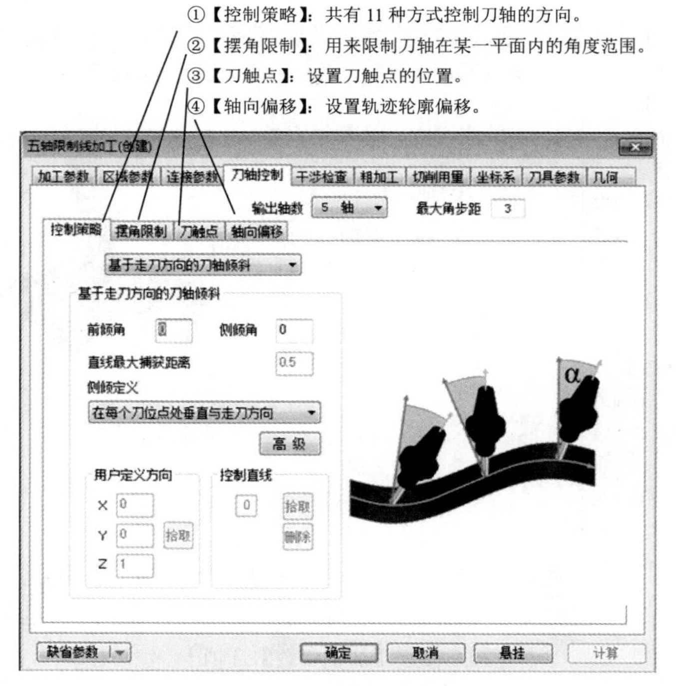

图 8-67　【刀轴控制】选项卡

生成的五轴限制线加工刀具轨迹，如图 8-68 所示。

图 8-68　五轴限制线加工刀具轨迹

11. 五轴沿曲线加工

选择【加工】|【多轴加工】|【五轴沿曲线加工】菜单命令，或者单击【加工】工具栏中的【五轴沿曲线加工】按钮，弹出五轴沿曲线加工的【加工参数】选项卡，如图 8-69 所示。

图 8-69　【加工参数】选项卡

生成的五轴沿曲线加工刀具轨迹，如图 8-70 所示。

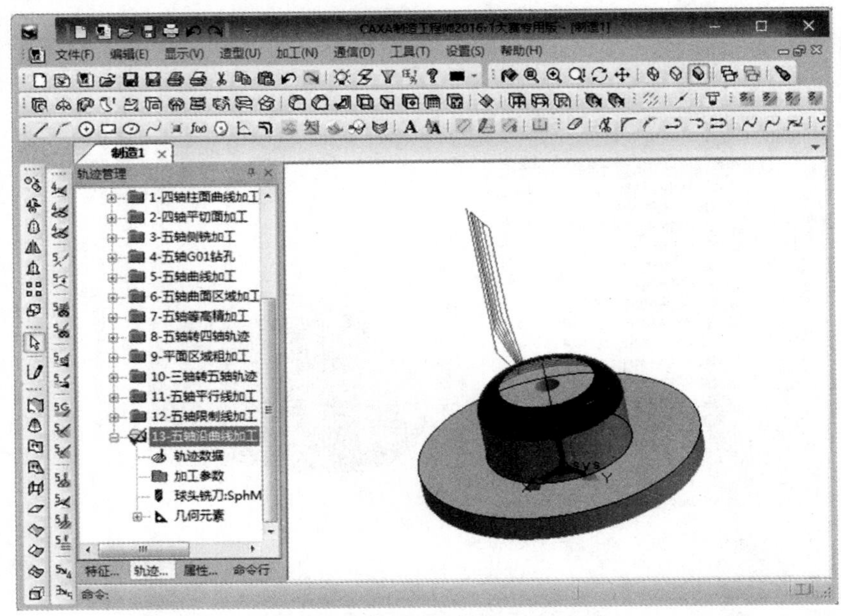

图 8-70　五轴沿曲线加工刀具轨迹

12. 五轴平行面加工

选择【加工】|【多轴加工】|【五轴平行面加工】菜单命令，或者单击【加工】工具栏中的【五轴平行面加工】按钮，弹出五轴平行面加工的【加工参数】选项卡，如图 8-71 所示。

图 8-71　【加工参数】选项卡

生成的五轴平行面加工刀具轨迹，如图 8-72 所示。

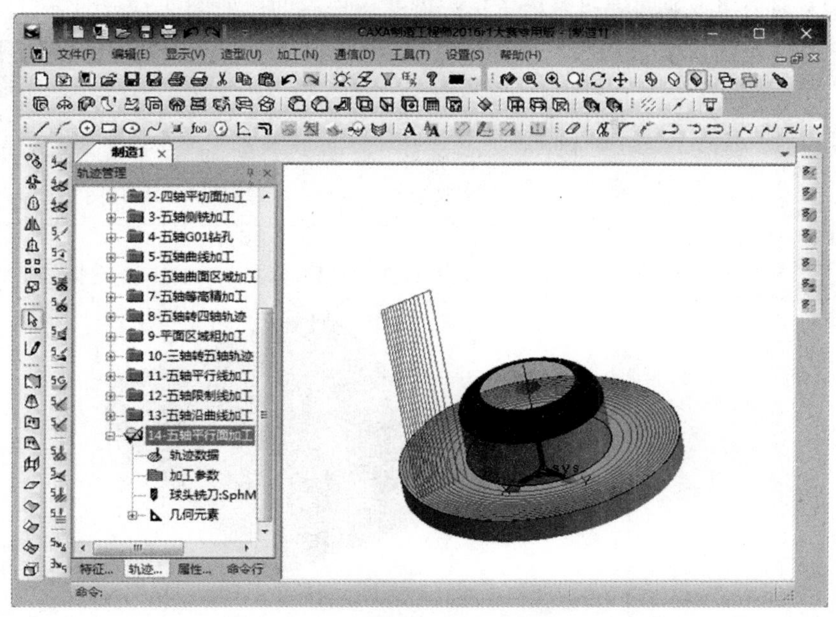

图 8-72　五轴平行面加工刀具轨迹

8.4.3　课堂练习——创建凸模五轴加工

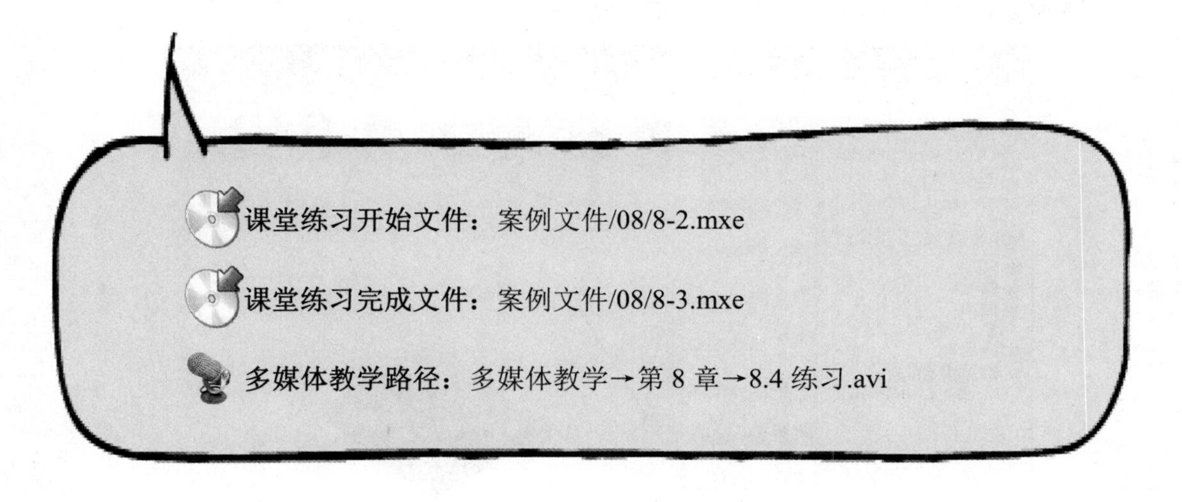

Step1 打开 8.1 节的练习案例模型，创建实体表面，如图 8-73 所示。

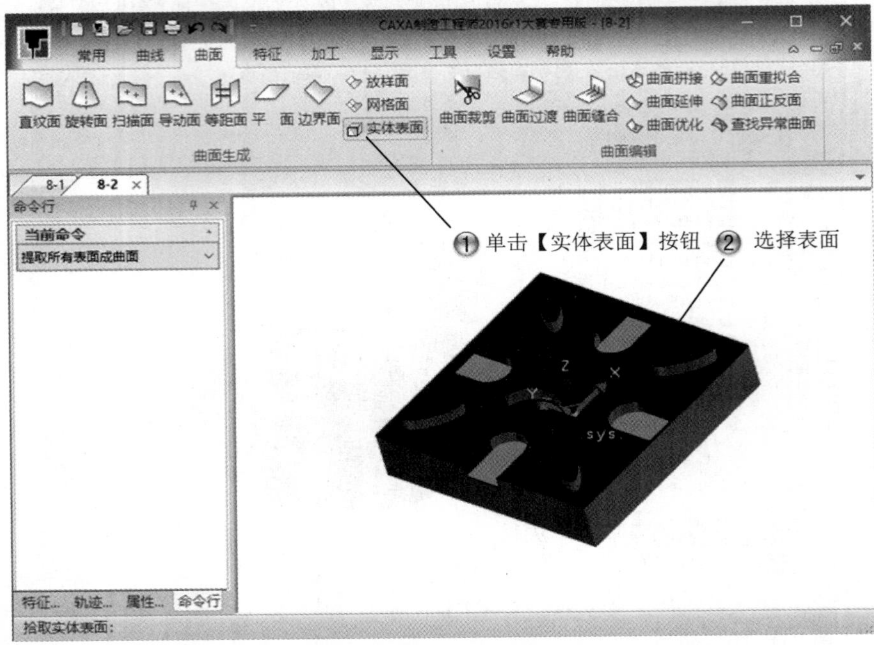

图 8-73 创建实体表面

Step2 创建五轴等高精加工，如图 8-74 所示。

图 8-74 创建五轴等高精加工

Step3 设置加工参数，如图 8-75 所示。

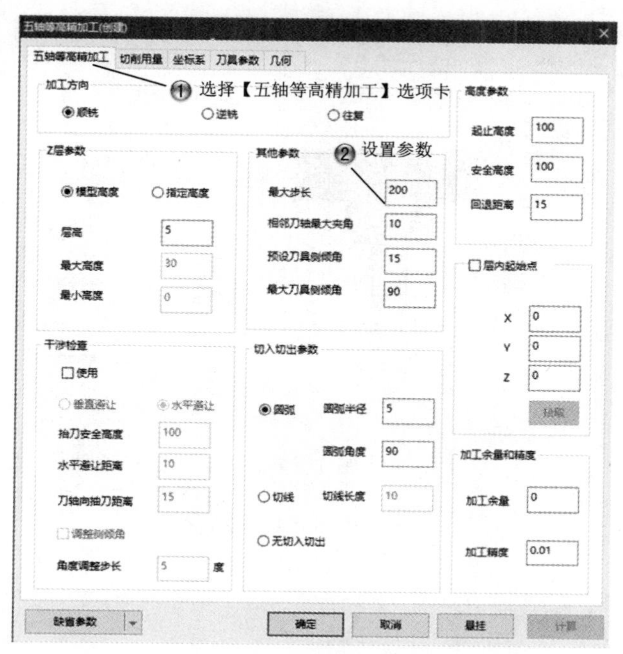

图 8-75　设置加工参数

Step4 设置切削用量，如图 8-76 所示。

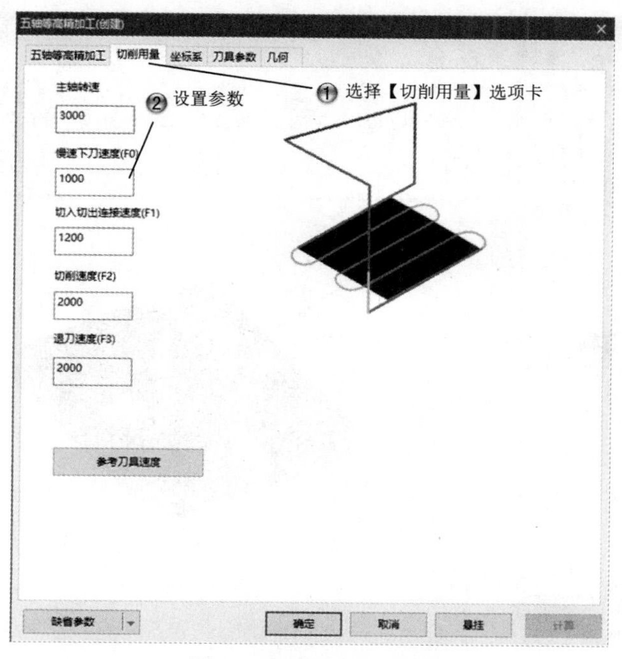

图 8-76　设置切削用量

Step5 设置刀具参数，如图 8-77 所示。

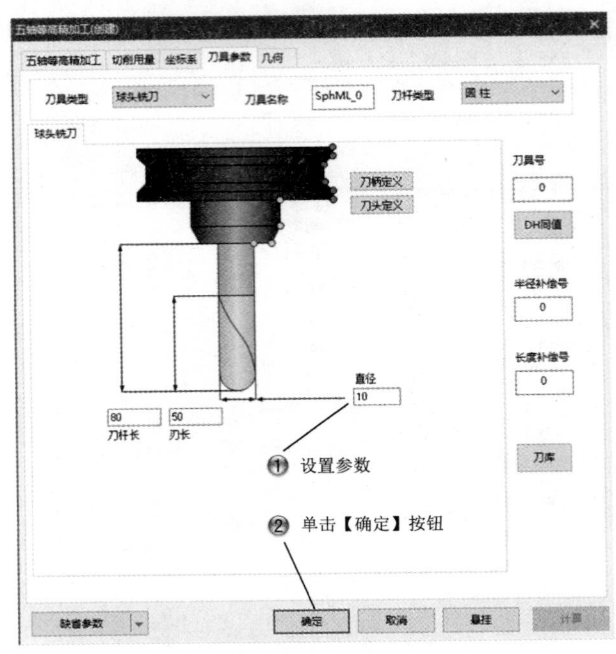

图 8-77　设置刀具参数

Step6 选择加工曲面及方向，如图 8-78 所示。

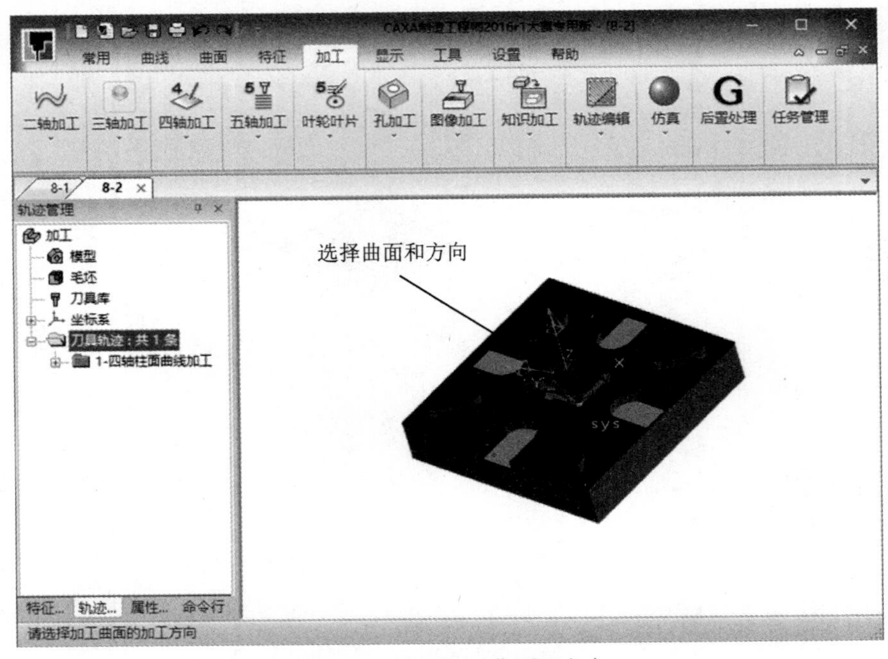

图 8-78　选择加工曲面及方向

Step7 完成加工创建，如图 8-79 所示。

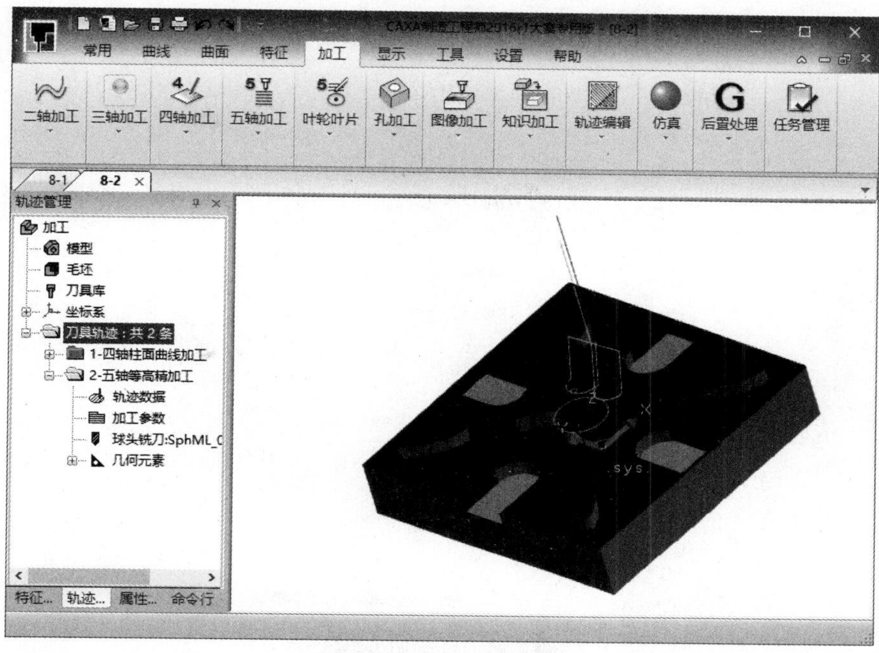

图 8-79　完成加工创建

Step8 创建五轴曲面区域加工，如图 8-80 所示。

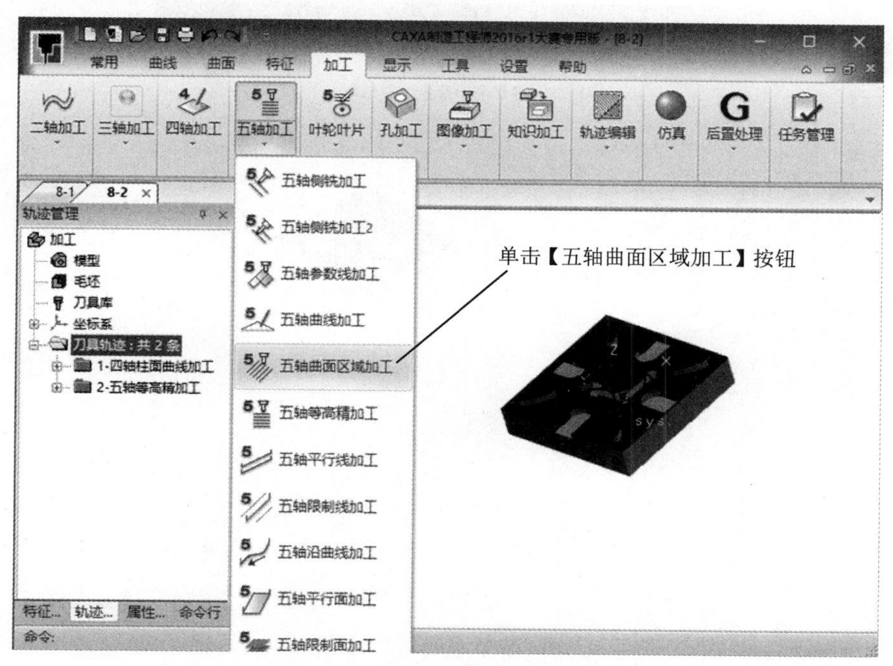

图 8-80　创建五轴曲面区域加工

Step9 设置加工参数，如图 8-81 所示。

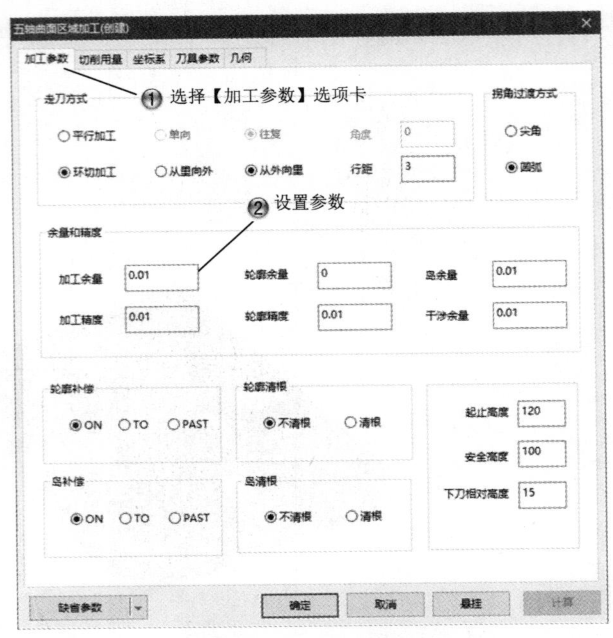

图 8-81　设置加工参数

Step10 设置切削用量，如图 8-82 所示。

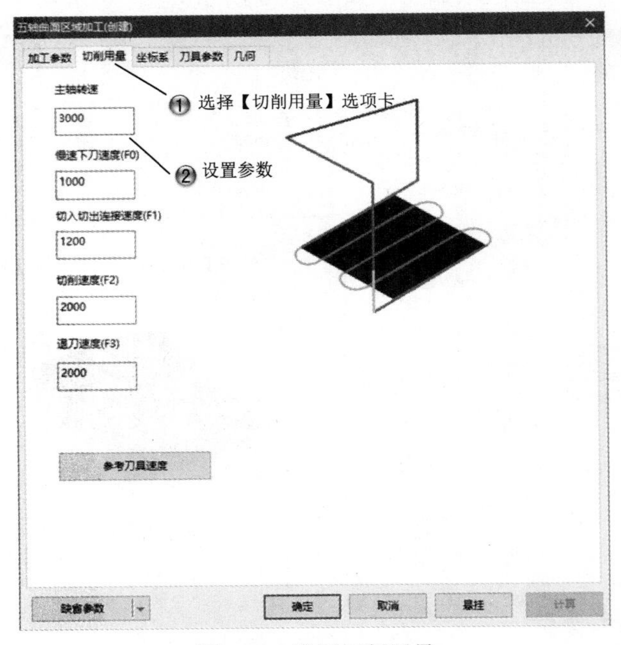

图 8-82　设置切削用量

Step11 设置刀具参数，如图 8-83 所示。

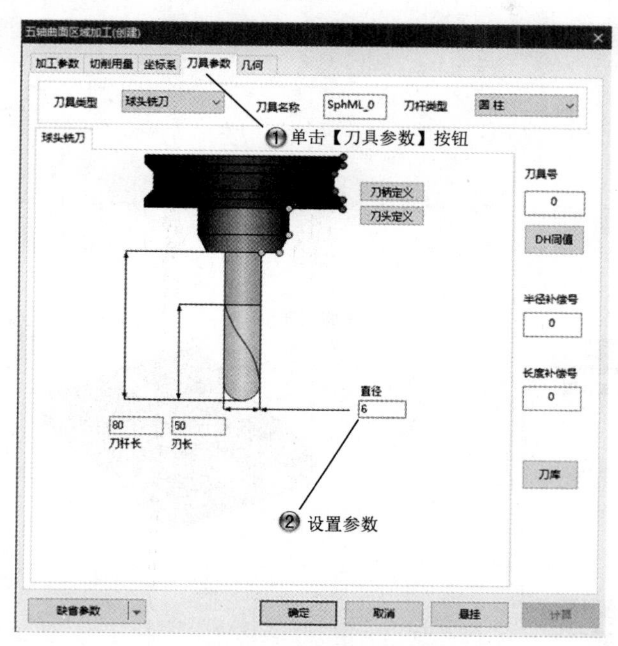

图 8-83　设置刀具参数

Step12 设置加工几何，如图 8-84 所示。

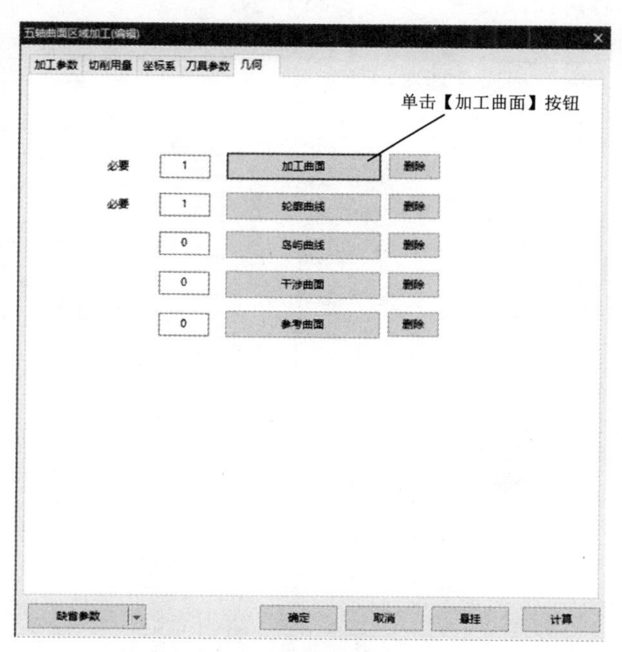

图 8-84　设置加工几何

Step13 选择加工曲面，如图 8-85 所示。

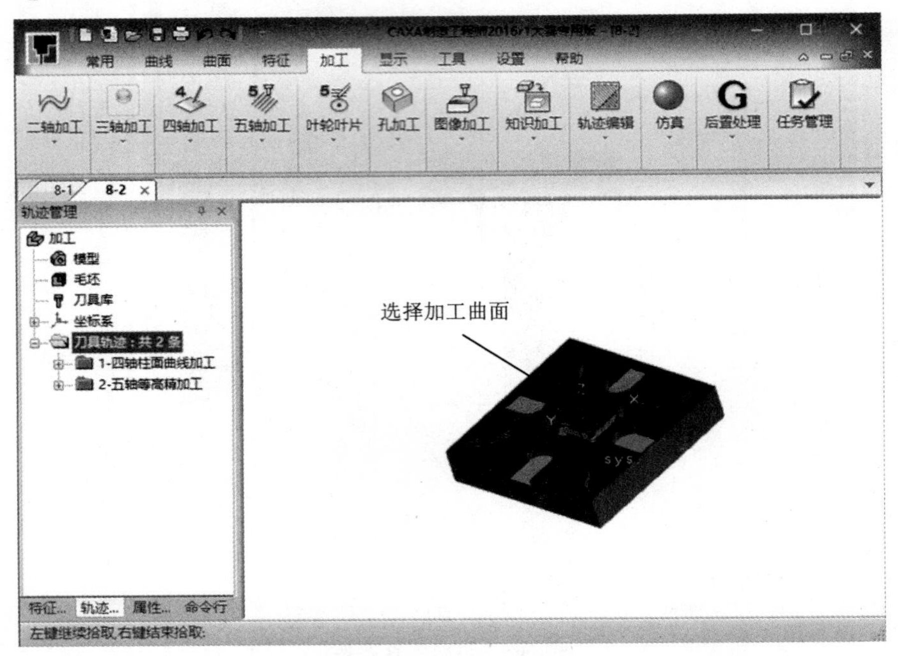

图 8-85　选择加工曲面

Step14 选择轮廓曲线命令，如图 8-86 所示。

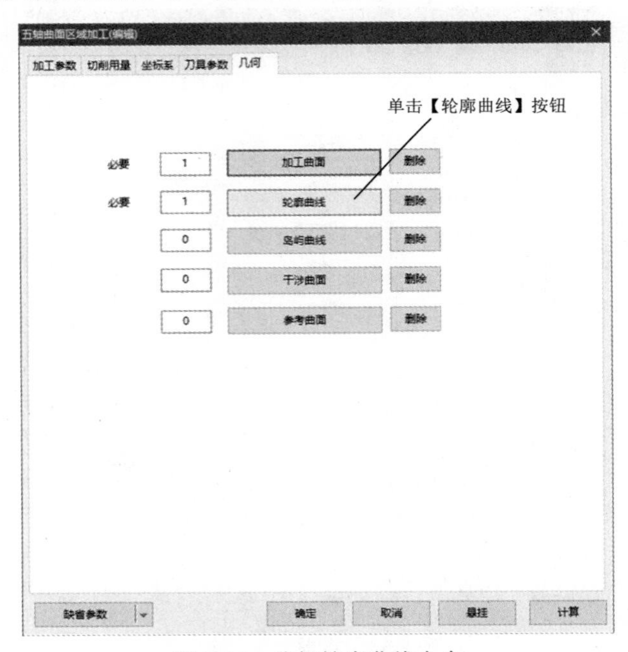

图 8-86　选择轮廓曲线命令

Step15 选择实体边界，如图 8-87 所示。

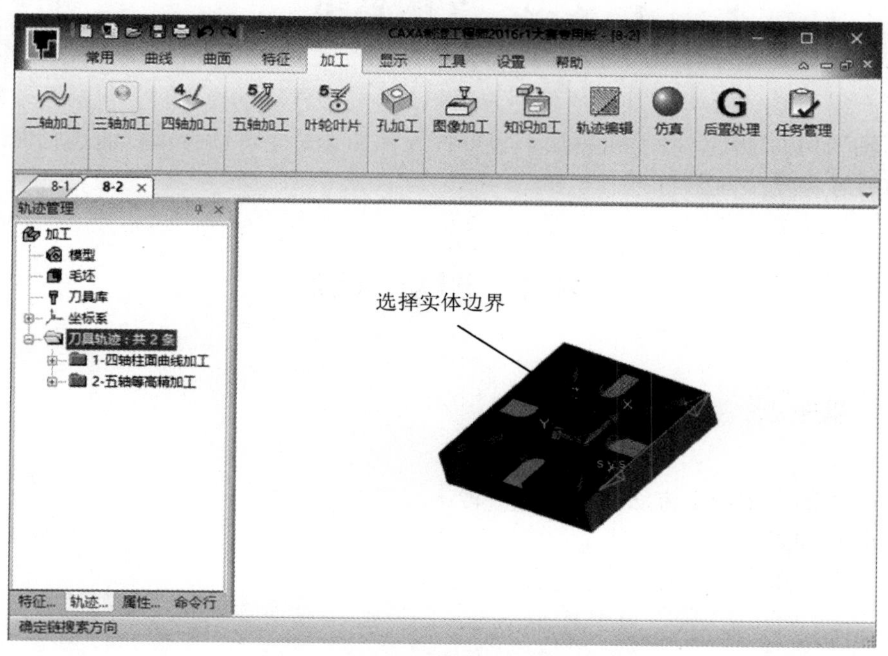

图 8-87　选择实体边界

Step16 完成加工刀具轨迹创建，如图 8-88 所示，范例制作完成。

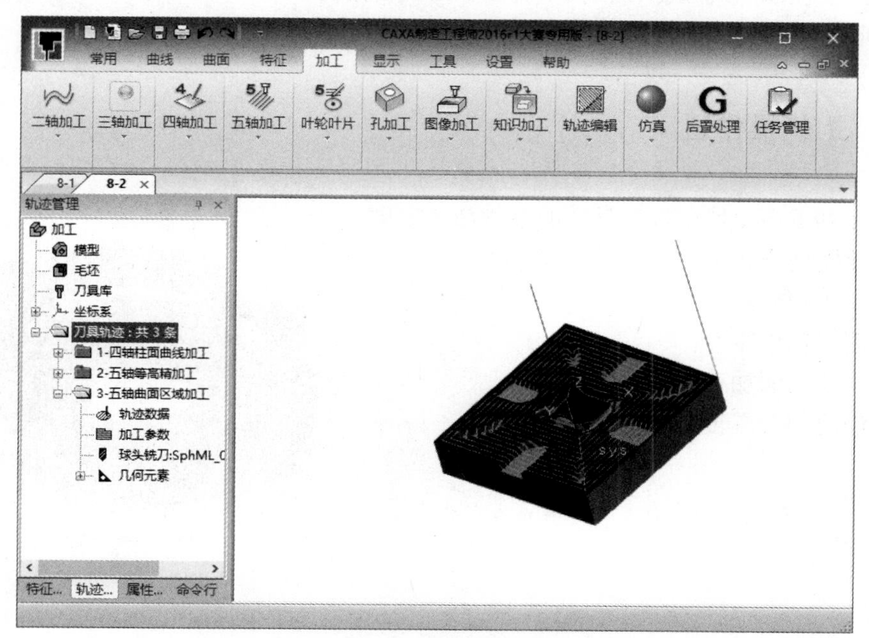

图 8-88　完成加工刀具轨迹创建

8.5　专家总结

本章介绍了 CAXA 多轴加工的各种方法和命令，最常用的有 4 种，包括四轴柱面曲线加工、四轴平切面加工、叶轮粗精加工和多种五轴加工命令，读者可以通过范例进行深入学习，掌握各种复杂曲面的加工方法。

8.6　课后习题

8.6.1　填空题

（1）常用的多轴加工方法有________种。

（2）叶轮加工分为________。

（3）五轴加工的方法有________________。

8.6.2　问答题

（1）四轴柱面曲线加工和四轴平切面加工的区别是什么？

（2）叶轮粗精加工的不同是什么？

8.6.3　上机操作题

如图 8-89 所示，使用本章学过的各种命令来创建一个轴承模型的加工程序。

练习步骤和方法如下：

（1）创建轴承零件。

（2）创建曲面加工。

（3）创建相关五轴加工程序。

图 8-89　轴承

第 9 章　雕刻和其他加工

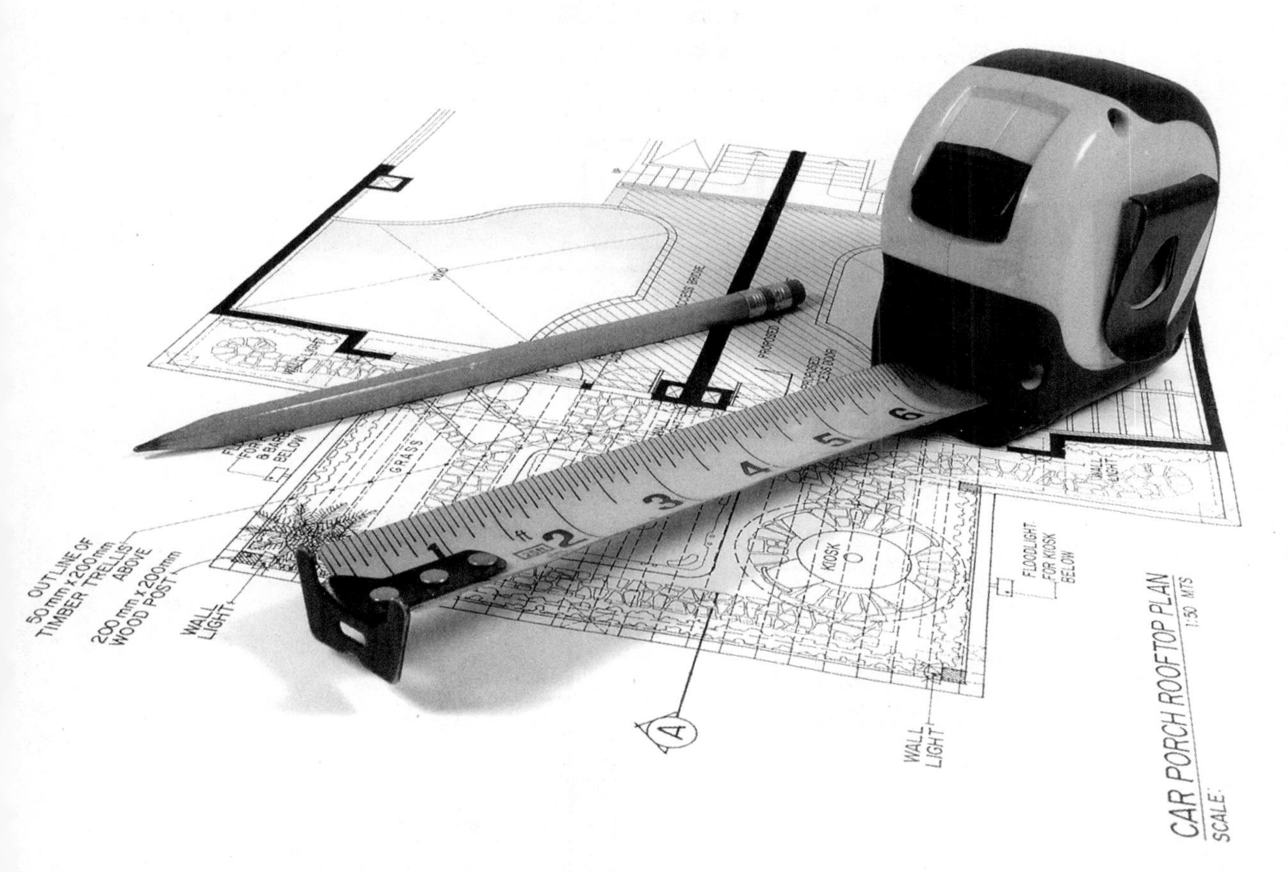

课训目标	内　容	掌握程度	课　时
	雕刻加工	熟练运用	2
	其他加工	熟练运用	2

课程学习建议

CAXA 制造工程师除提供常用的数控二轴三轴加工和多轴加工外，还有浮雕加工，如图像浮雕加工、影像浮雕加工和曲面图像浮雕加工，以及其他加工方式，如工艺钻孔设置与加工、G01 钻孔、铣螺纹加工、铣圆孔加工等。本章主要介绍 CAXA 制造工程师的浮雕加工和其他加工的轨迹生成方法，利用这些方法可以编制出复杂形状零件的 NC 加工程序。

本课程主要基于软件的浮雕加工以及其他加工方式进行讲解，其培训课程表如下。

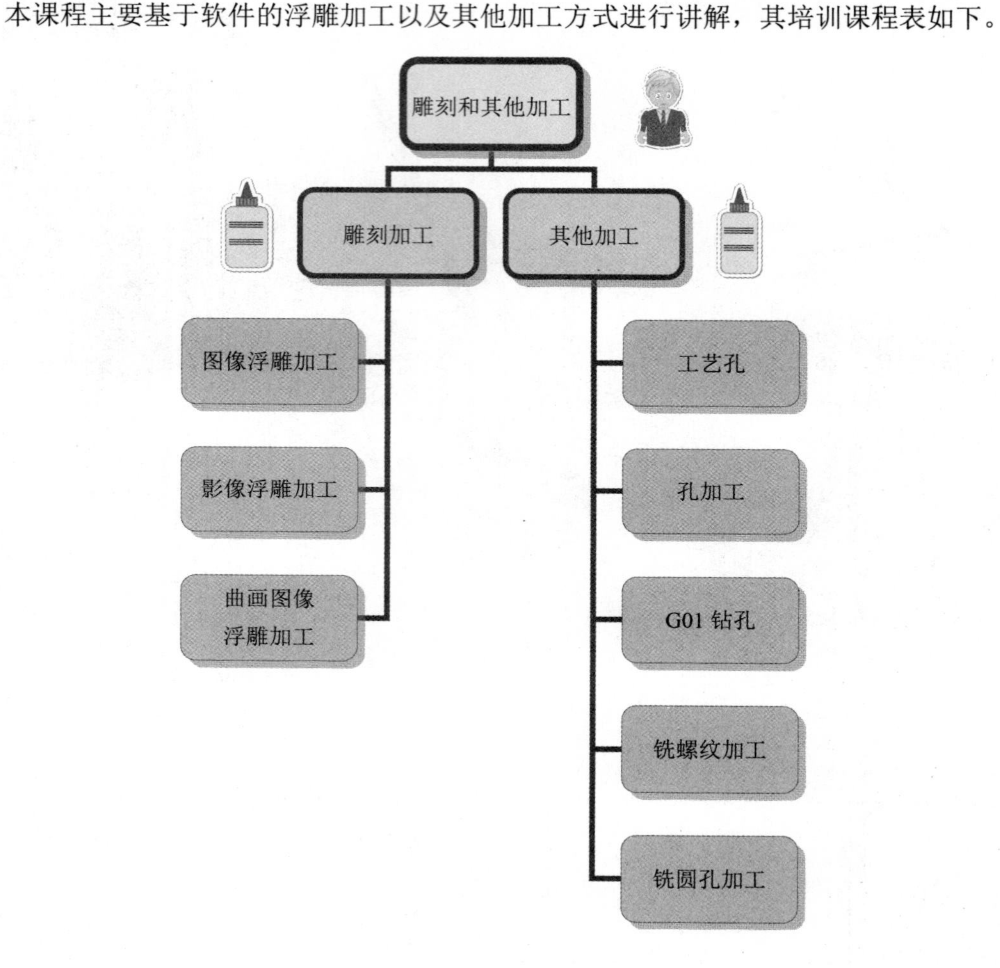

9.1 雕刻加工

图像浮雕加工和曲面图像浮雕加工可以读入“.bmp”格式的灰度图像，生成图像浮雕

加工刀具轨迹，刀具浮雕深度随灰度图片的变化而变化。影像浮雕加工是模仿针式打印机的打印方式，在材料上浮雕出图画、文字等。刀具打点的疏密变化由原始图像的明暗变化决定。图像不需要进行特殊处理，只要有一张原始图像，就可以生成影像浮雕加工路径。

9.1.1 设计理论

CAXA 制造工程师提供了三种雕刻加工方式，打开【加工】|【雕刻加工】菜单选项后，即可选择雕刻加工方式的三个命令，也可以单击【加工工具栏】中的按钮，如图 9-1 所示。雕刻命令在工艺品制造方面十分有用。

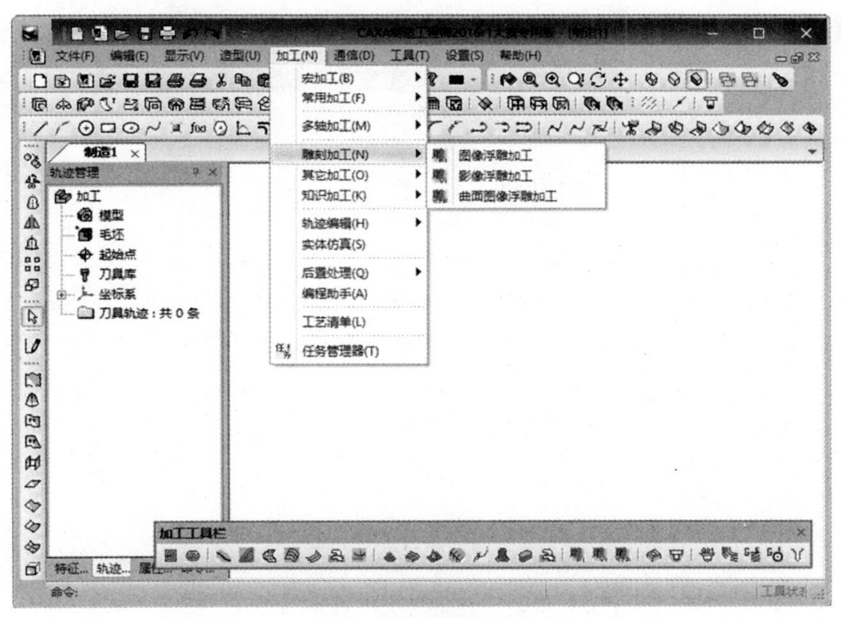

图 9-1　雕刻加工命令

9.1.2 课堂讲解

1. 图像浮雕加工

选择【加工】|【雕刻加工】|【图像浮雕加工】菜单命令，或者直接单击【加工】工具栏中的【图像浮雕加工】按钮，弹出【图像浮雕加工】对话框，单击【打开】后面的按钮...，选择位图文件，如图 9-2 所示。

图 9-2 【图像浮雕加工】对话框

打开【加工参数】选项卡，如图 9-3 所示。

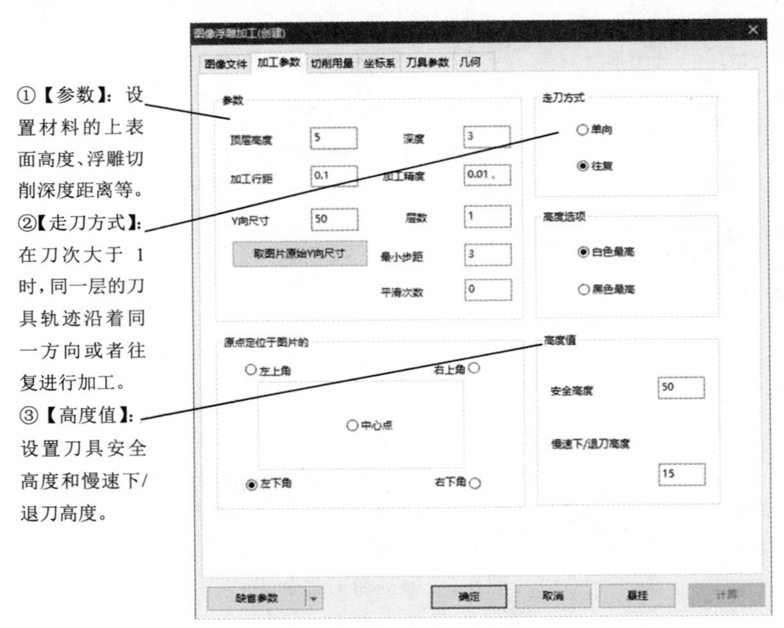

图 9-3 【加工参数】选项卡

图像浮雕的加工效果基本由图像的灰度值决定，因此，浮雕加工的关键是原始图形的建立。

名师点拨

生成的图像浮雕加工刀具轨迹，如图 9-4 所示。

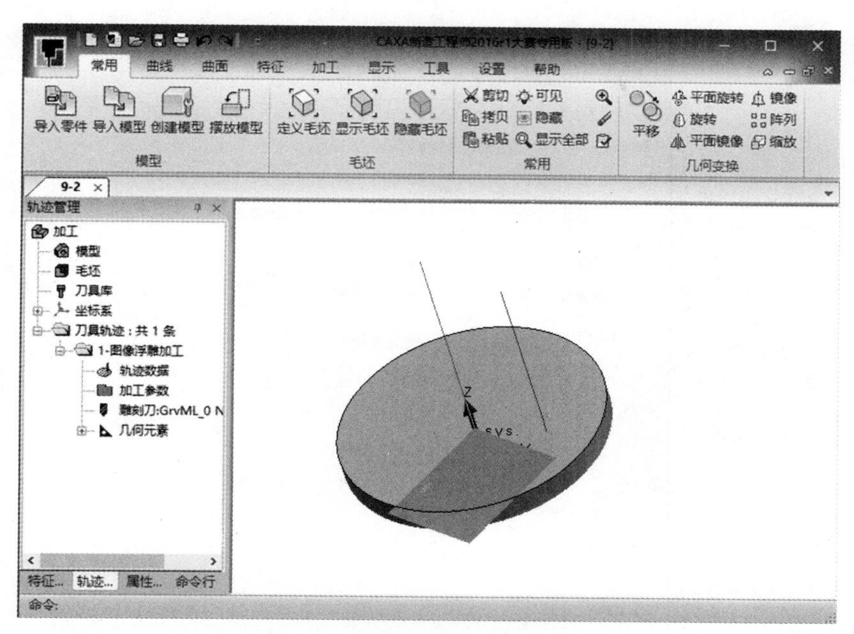

图 9-4　图像浮雕加工刀具轨迹

2. 影像浮雕加工

选择【加工】|【雕刻加工】|【影像浮雕加工】菜单命令，或者直接单击【加工】工具栏中的【影像浮雕加工】按钮，弹出【影像浮雕加工】对话框，单击【打开】后面的按钮，选择位图文件，如图 9-5 所示。

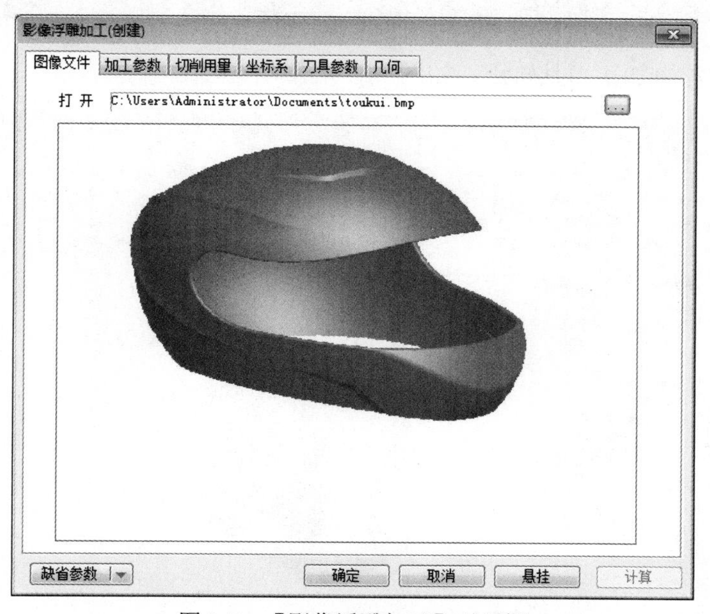

图 9-5　【影像浮雕加工】对话框

打开【加工参数】选项卡，如图 9-6 所示。

③【雕刻模式】：浮雕模式包括 5 级灰度、10 级灰度、17 级灰度、抖动模式、拐线模式、水平线模式等。

①【参数】：设置抬刀高度、雕刻深度，定义生成的刀具路径在 X 方向的尺寸，刀具慢速下刀高度。

②【反转亮度】：默认在浅色区打点，图像颜色越浅的地方，打点越多。

影像浮雕加工(创建)
图像文件 | 加工参数 | 切削用量 | 坐标系 | 刀具参数 | 几何
参数
抬刀高度 0.2
雕刻深度 0.2
图像宽度 30
慢速下刀高度 20
反转亮度
效果预览
雕刻模式：
5级灰度　抖动模式
10级灰度　拐线模式
17级灰度　水平线模式
原点定位于图片的
左上角　右上角
中心点
左下角　右下角
缺省参数　确定　取消　悬挂　计算

图 9-6　【加工参数】选项卡

影像雕刻的图像尺寸应与刀具尺寸相匹配，也就是说，大图像应该用大刀浮雕，小图像应该用小刀浮雕

名师点拨

生成的影像浮雕加工刀具轨迹，如图 9-7 所示。

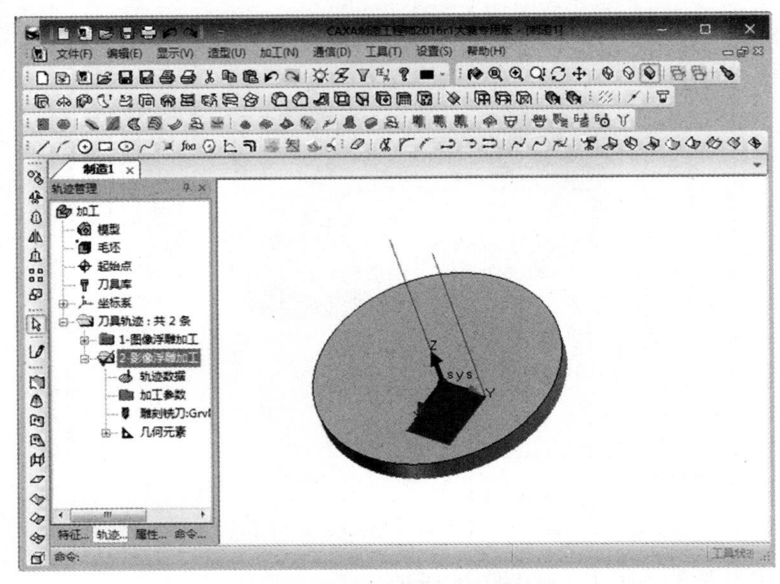

图 9-7　影像浮雕加工刀具轨迹

3. 曲面图像浮雕加工

选择【加工】|【雕刻加工】|【曲面图像浮雕加工】菜单命令，或者直接单击【加工】工具栏中的【曲面图像浮雕加工】按钮，弹出【曲面图像浮雕加工】对话框，单击【打开】后面的按钮，选择位图文件，如图 9-8 所示。

图 9-8 【曲面图像浮雕加工】对话框

打开【加工参数】选项卡，如图 9-9 所示。

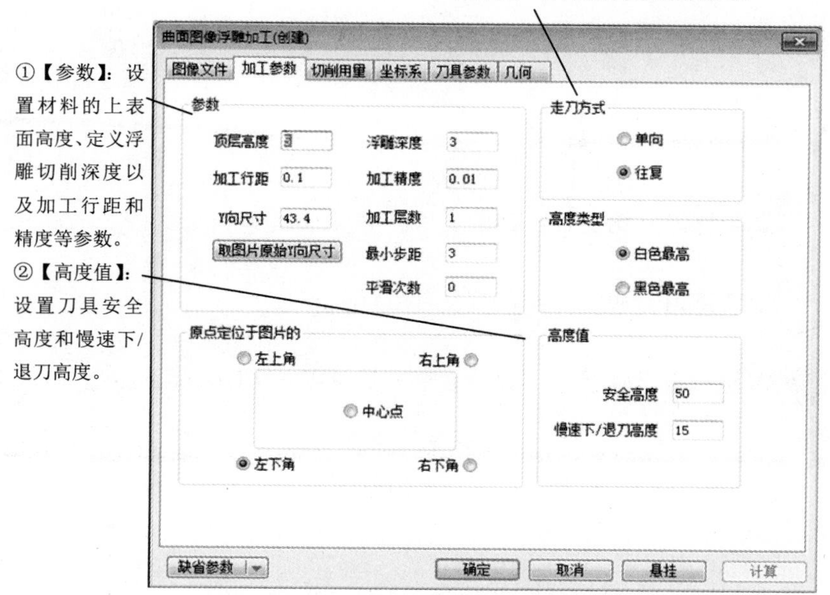

图 9-9 【加工参数】选项卡

生成的曲面图像浮雕加工刀具轨迹，如图 9-10 所示。

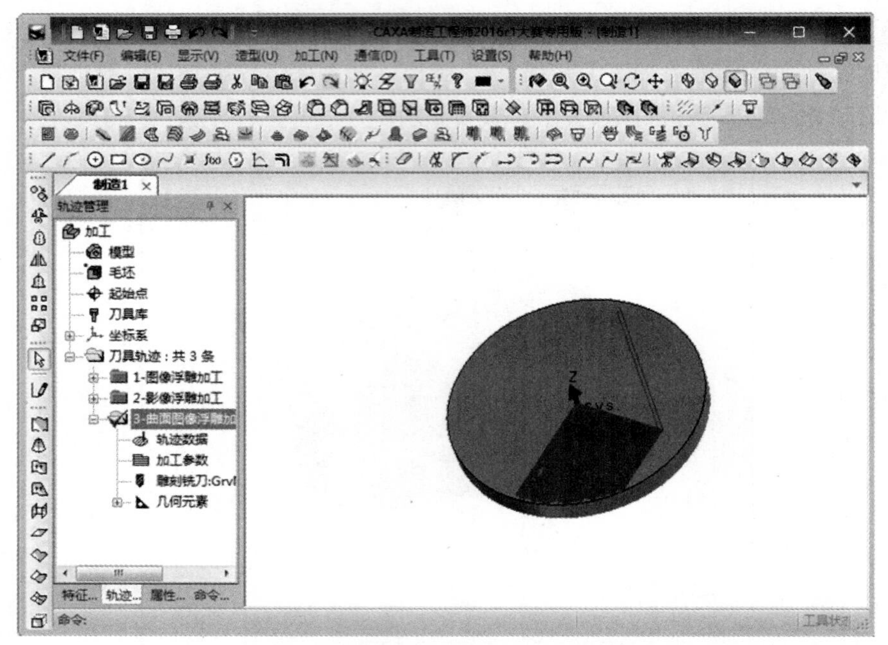

图 9-10　曲面图像浮雕加工刀具轨迹

9.1.3　课堂练习——创建底座雕刻加工

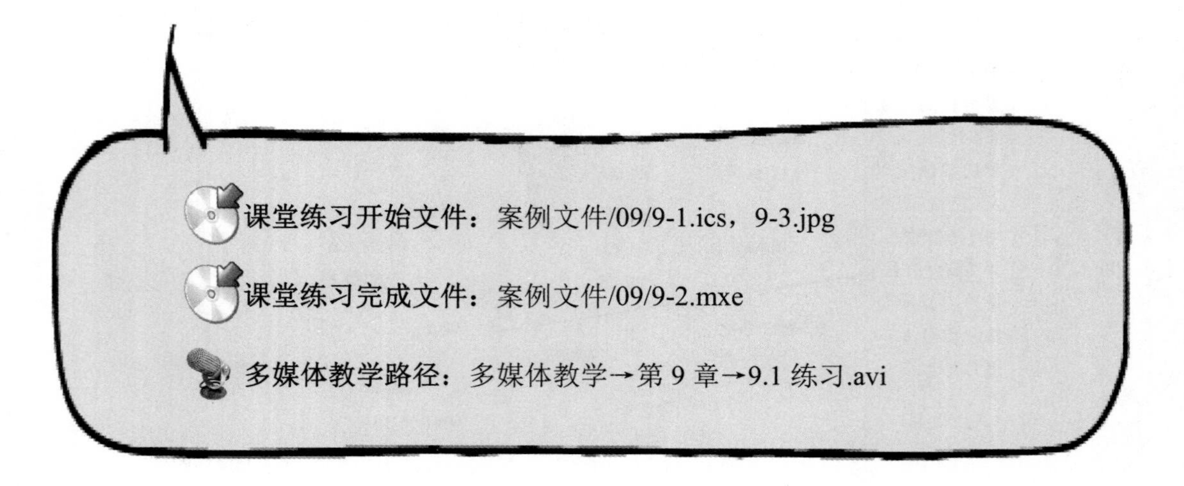

Step1 创建长方体，如图 9-11 所示。

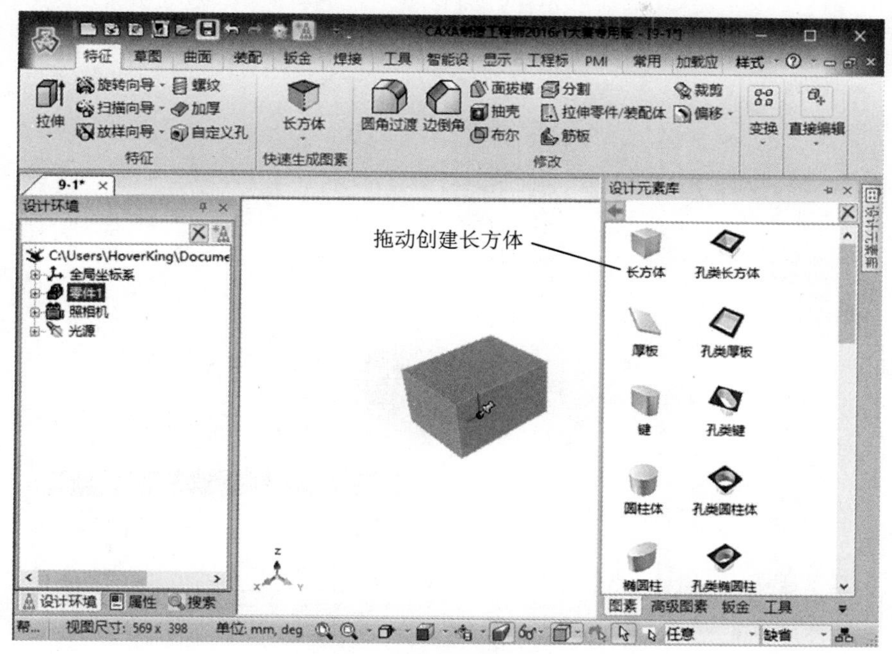

图 9-11 创建长方体

Step2 编辑包围盒，如图 9-12 所示。

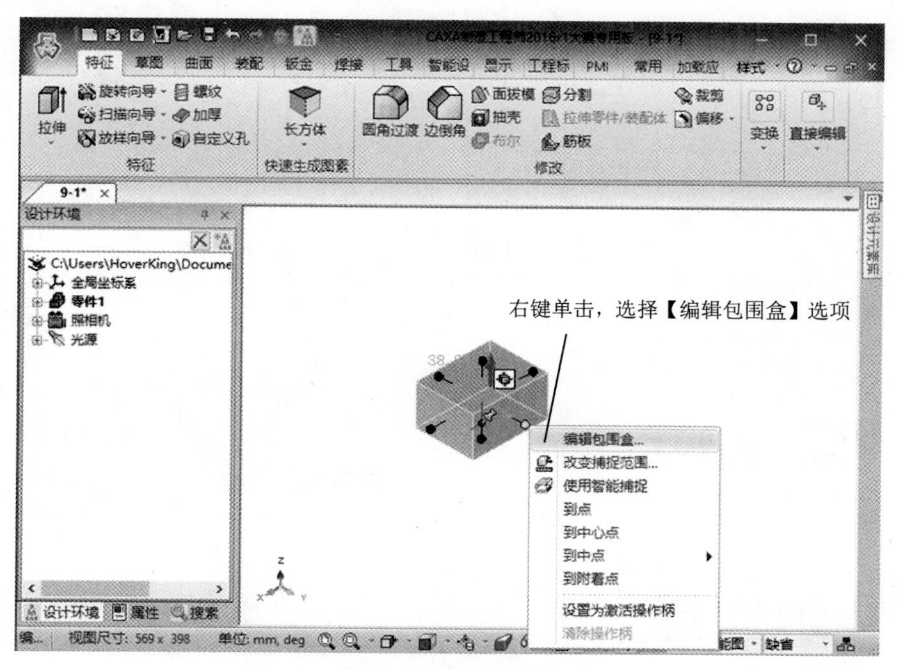

图 9-12 编辑包围盒

Step3 设置包围盒参数，如图 9-13 所示。

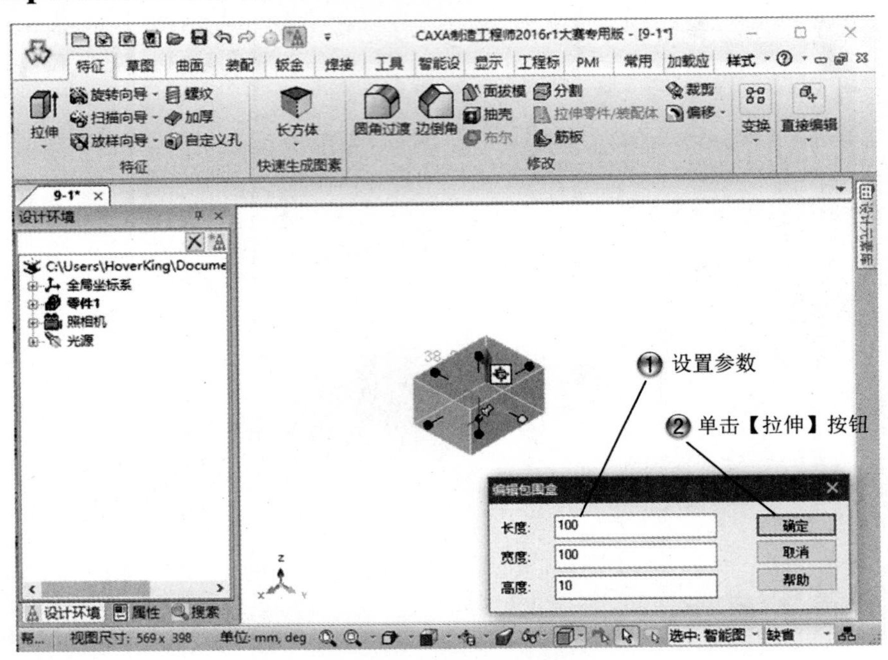

图 9-13　设置包围盒参数

Step4 创建拉伸特征，如图 9-14 所示。

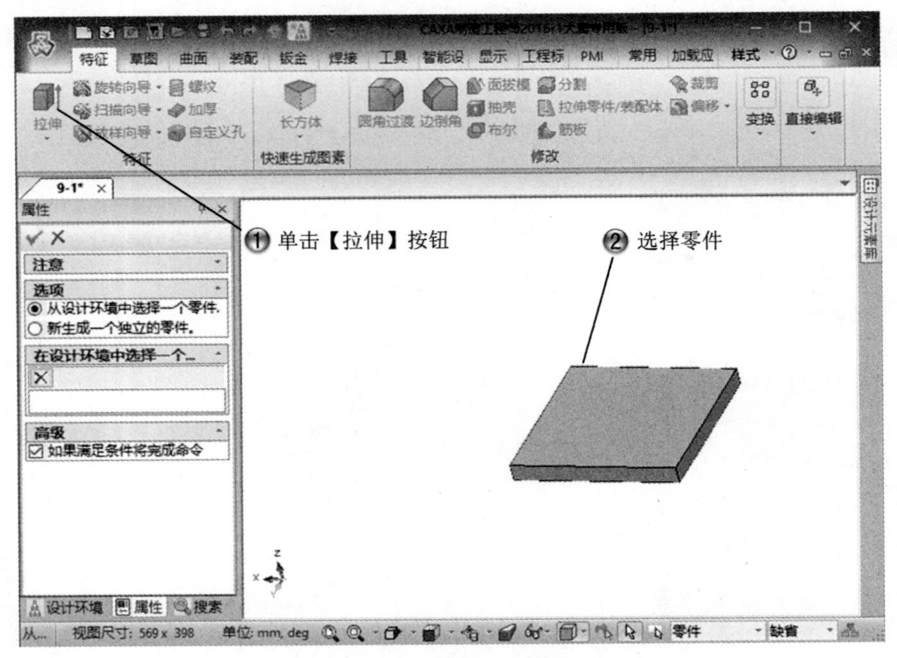

图 9-14　创建拉伸特征

Step5 选择草绘命令，如图 9-15 所示。

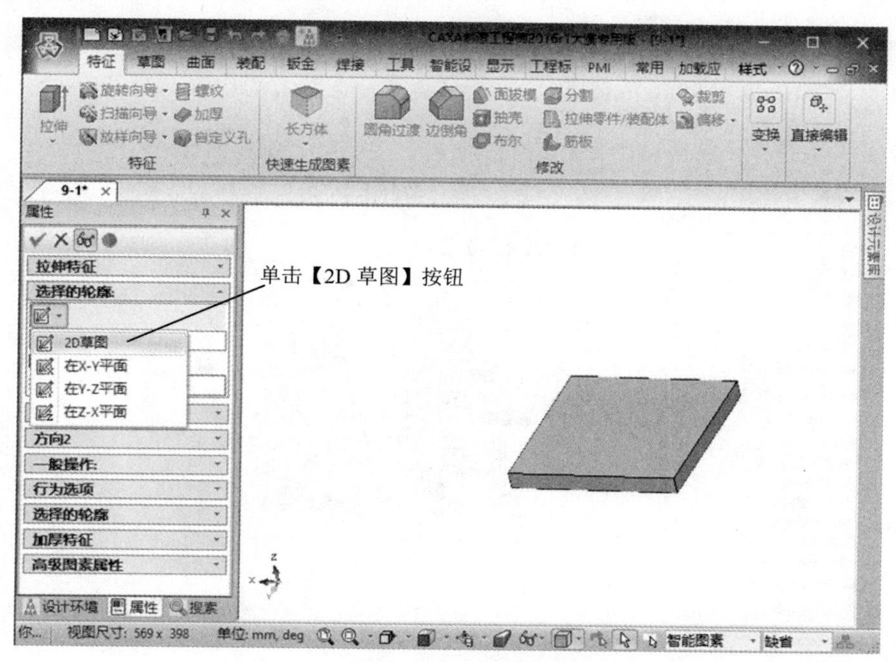

图 9-15　选择草绘命令

Step6 选择草绘面，如图 9-16 所示。

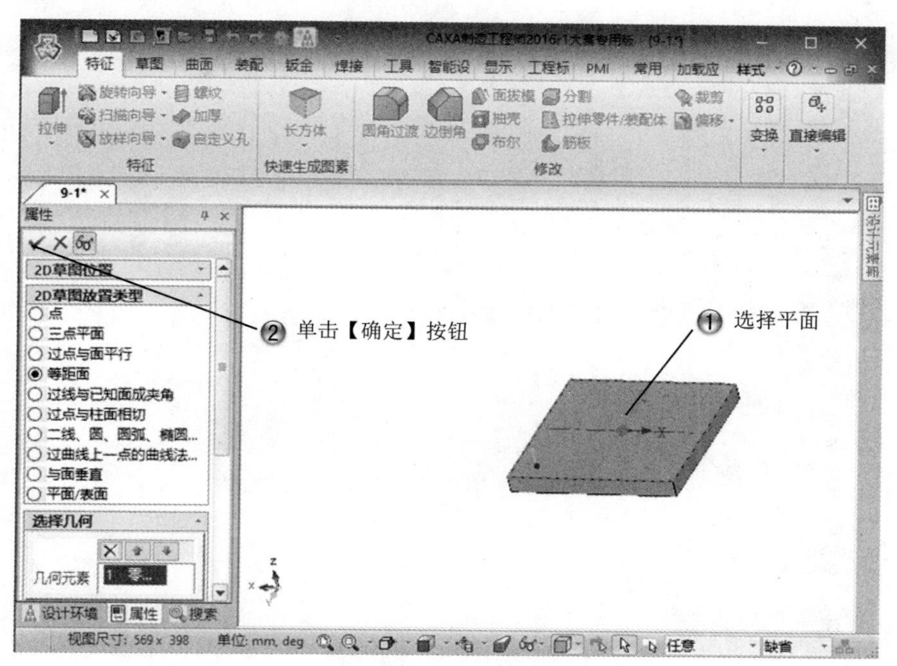

图 9-16　选择草绘面

Step7 绘制矩形，如图 9-17 所示。

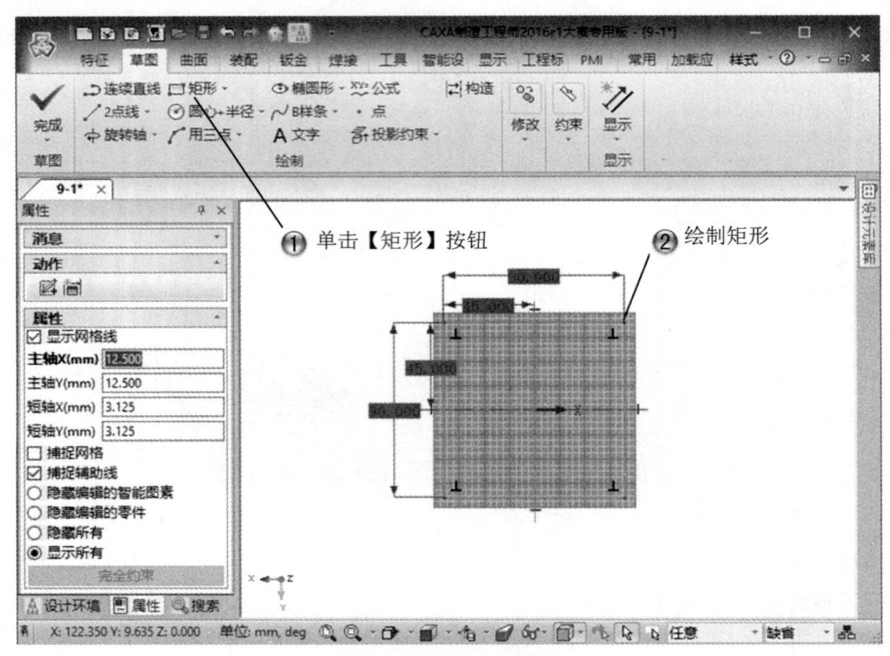

图 9-17　绘制矩形

Step8 设置拉伸参数，如图 9-18 所示。

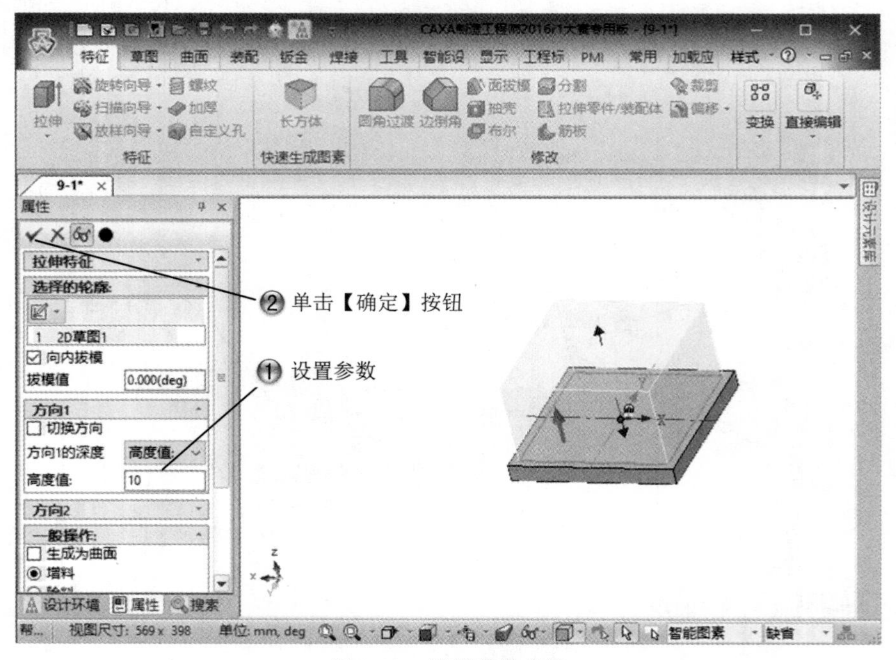

图 9-18　设置拉伸参数

Step9 创建孔特征，如图 9-19 所示。

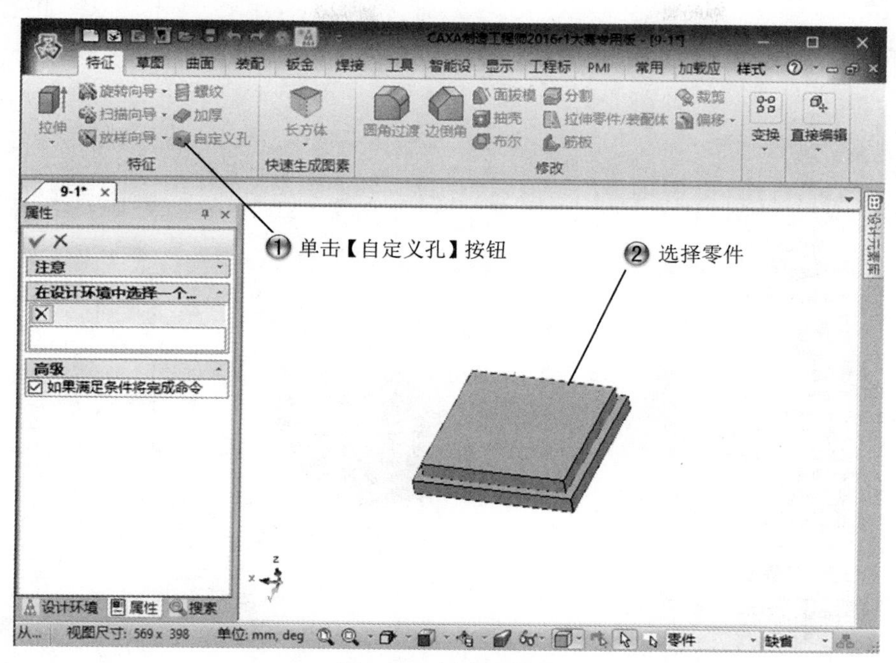

图 9-19　创建孔特征

Step10 选择草绘命令，如图 9-20 所示。

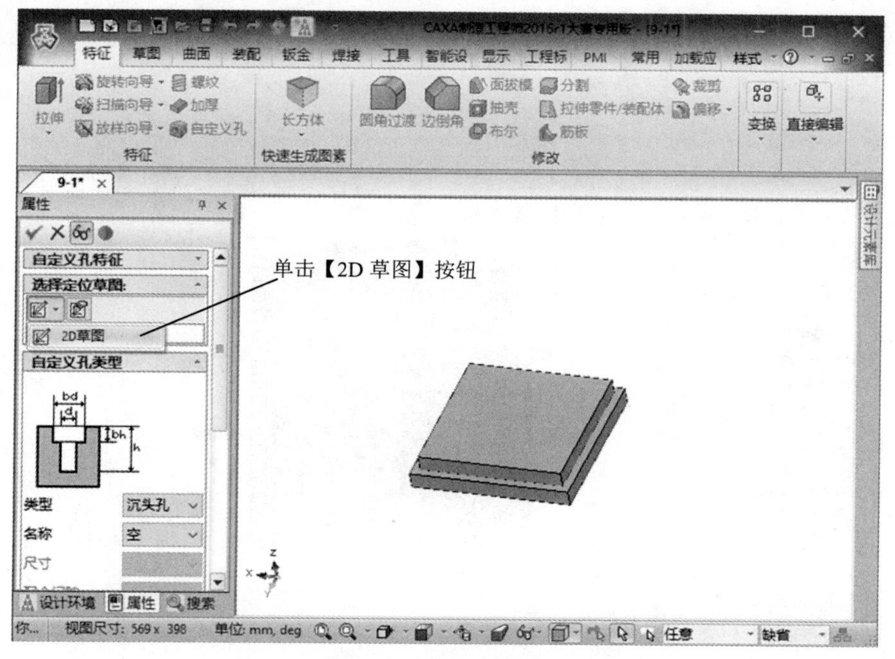

图 9-20　选择草绘命令

Step11 选择草绘面，如图 9-21 所示。

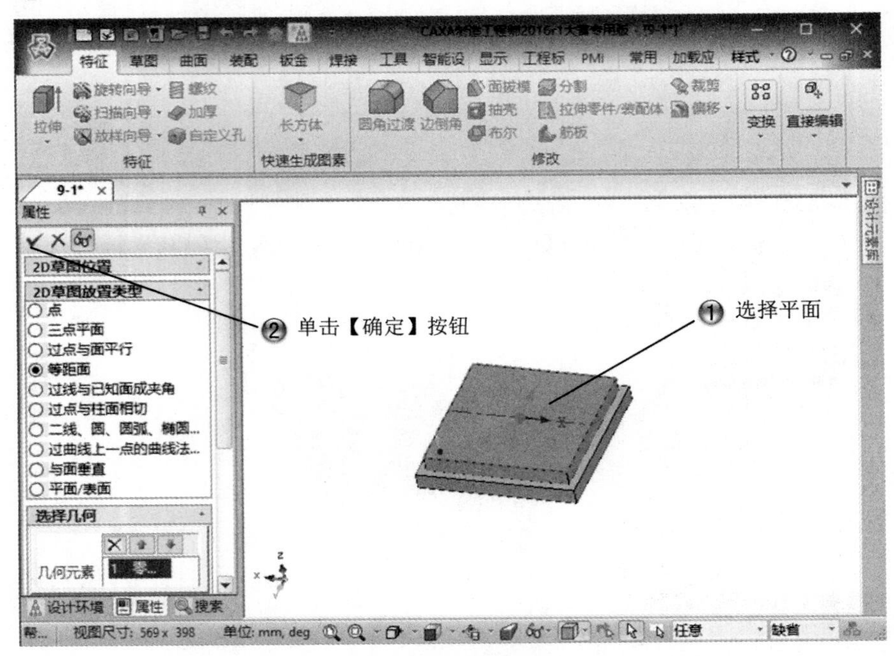

图 9-21 选择草绘面

Step12 绘制点，如图 9-22 所示。

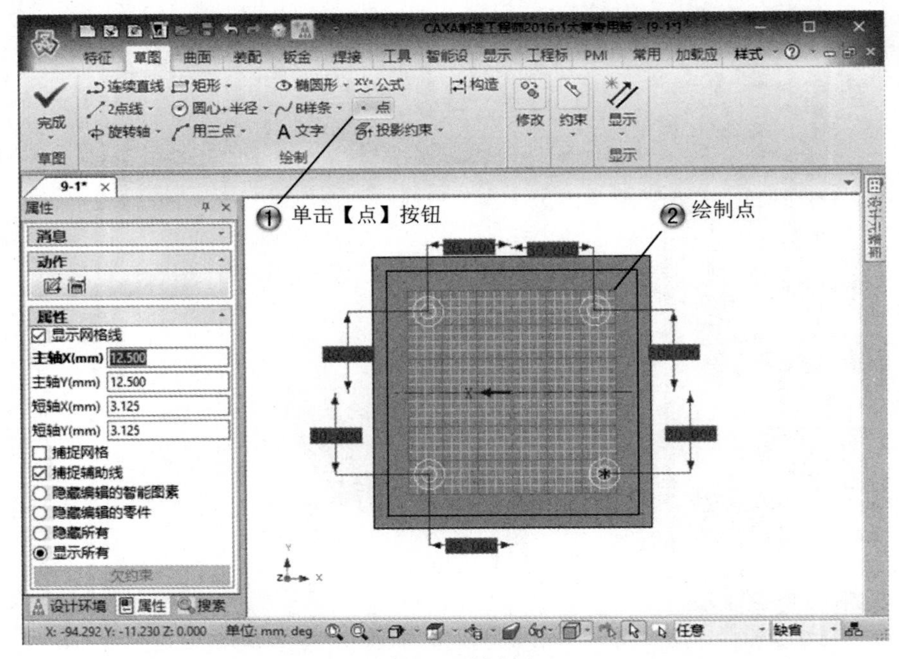

图 9-22 绘制点

Step13 设置孔的参数，如图 9-23 所示。

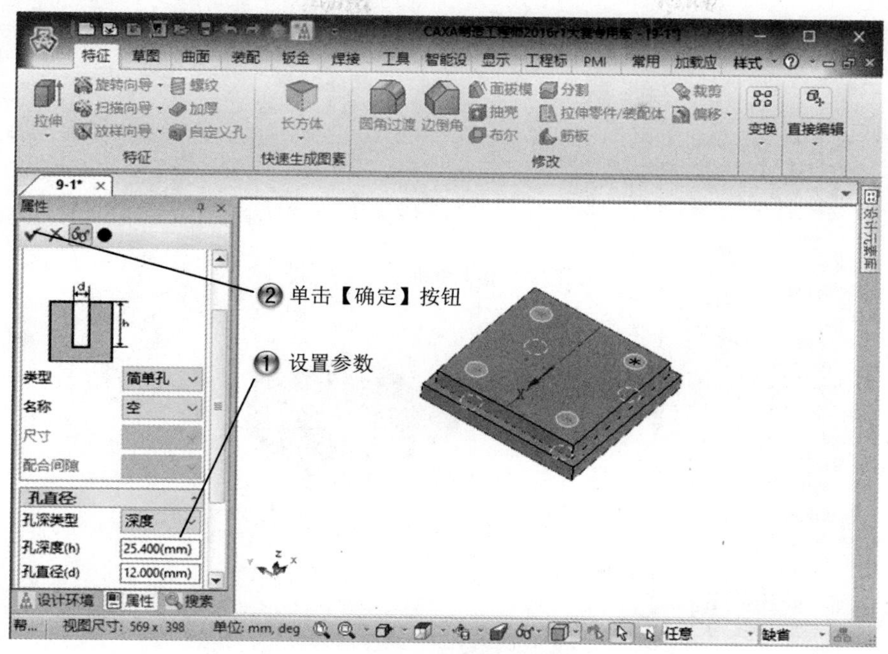

图 9-23 设置孔的参数

Step14 创建拉伸特征，如图 9-24 所示。

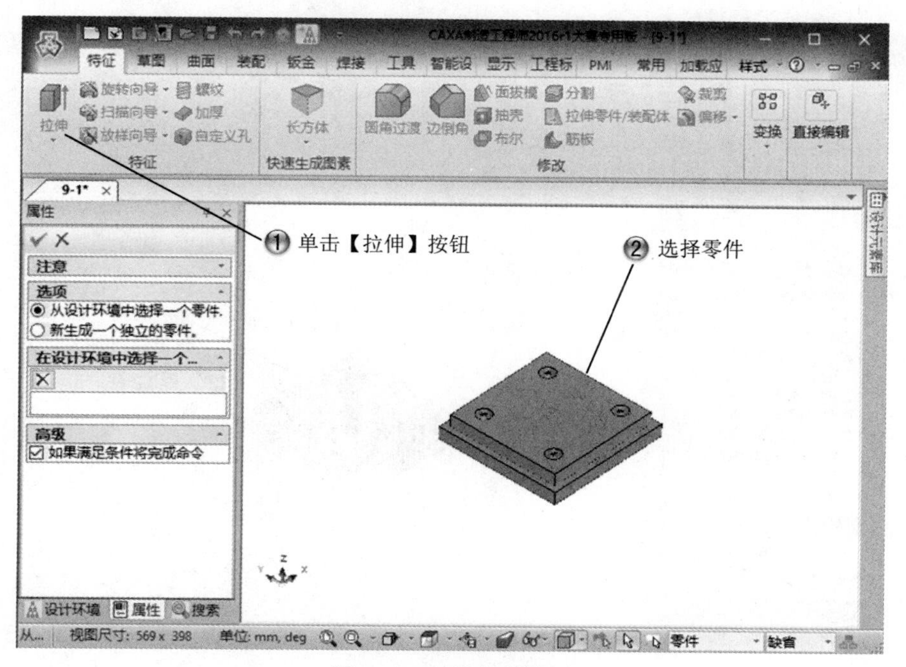

图 9-24 创建拉伸特征

Step15 选择草绘命令，如图 9-25 所示。

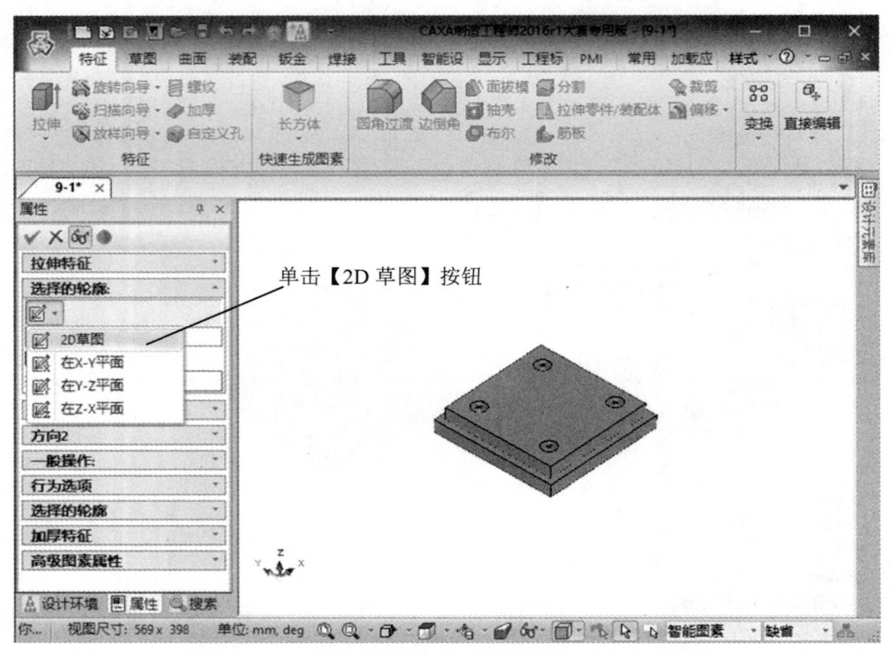

图 9-25　选择草绘命令

Step16 选择草绘面，如图 9-26 所示。

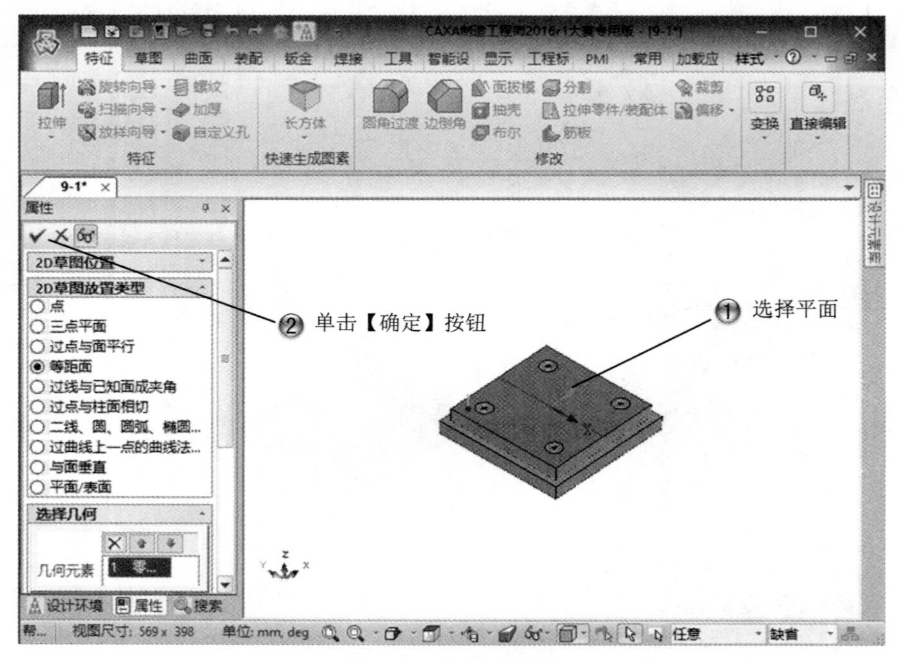

图 9-26　选择草绘面

Step17 绘制圆形，如图 9-27 所示。

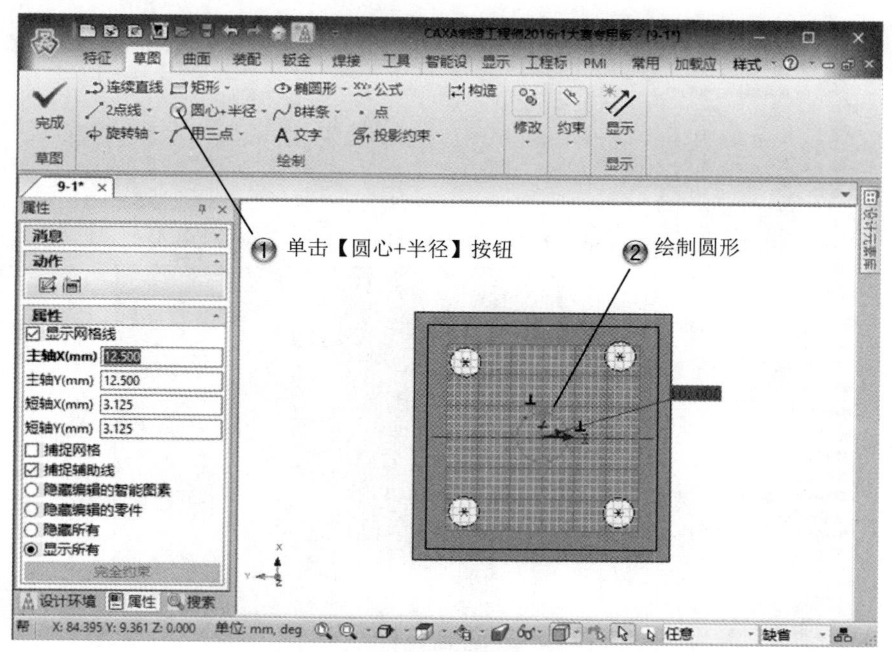

图 9-27　绘制圆形

Step18 绘制矩形，如图 9-28 所示。

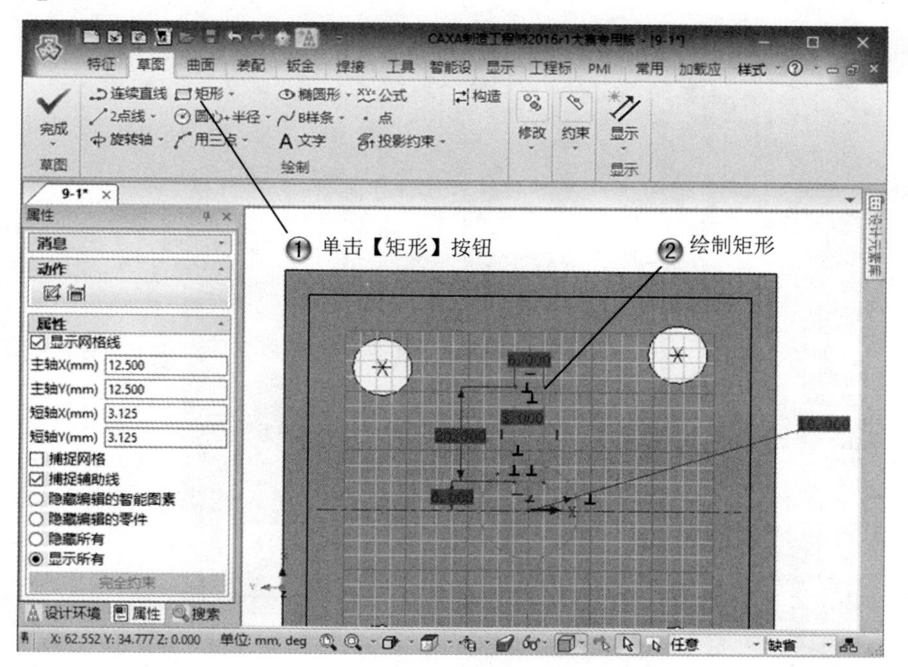

图 9-28　绘制矩形

Step19 绘制圆形，如图 9-29 所示。

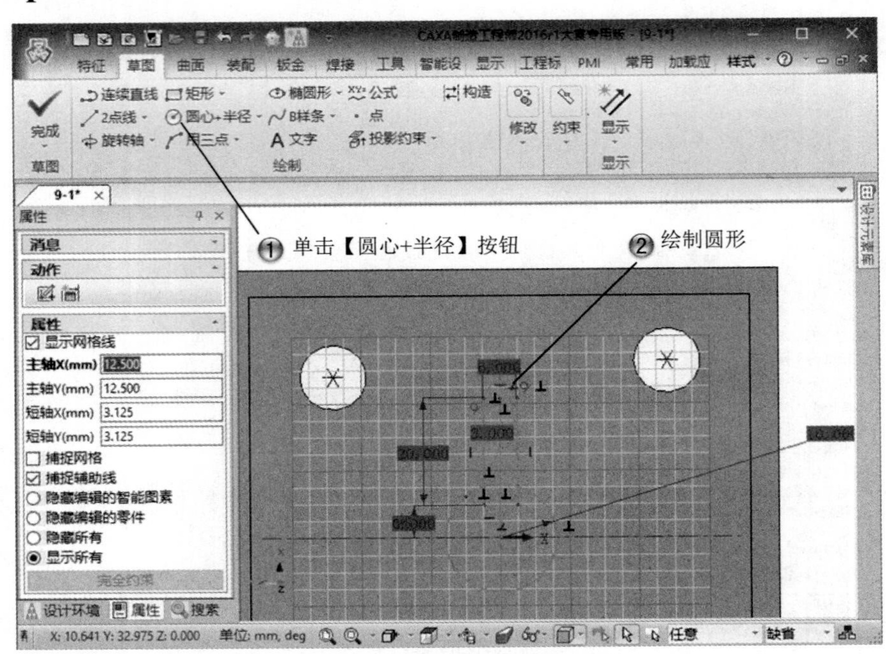

图 9-29　绘制圆形

Step20 镜像图形，如图 9-30 所示。

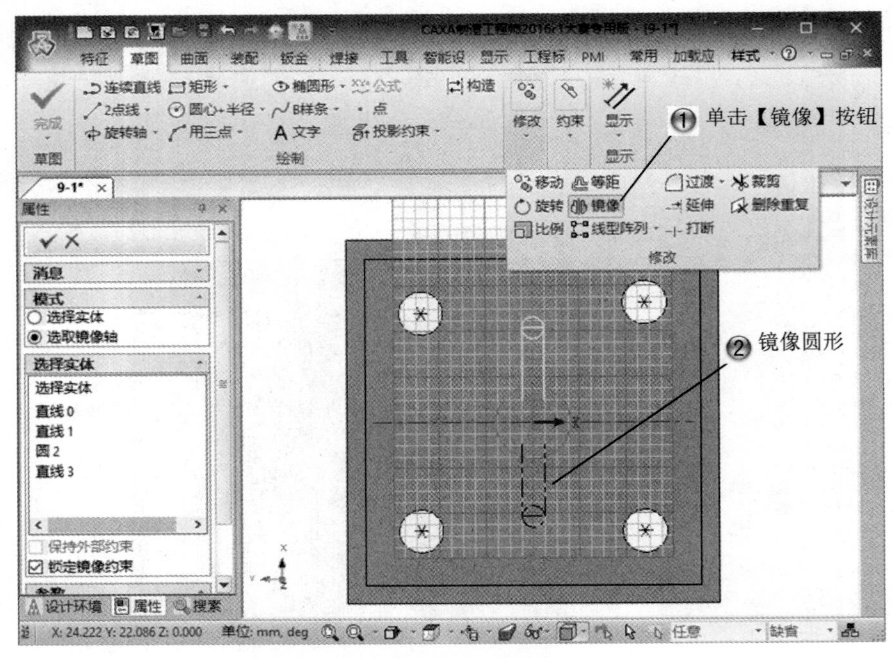

图 9-30　镜像图形

Step21 裁剪图形，如图 9-31 所示。

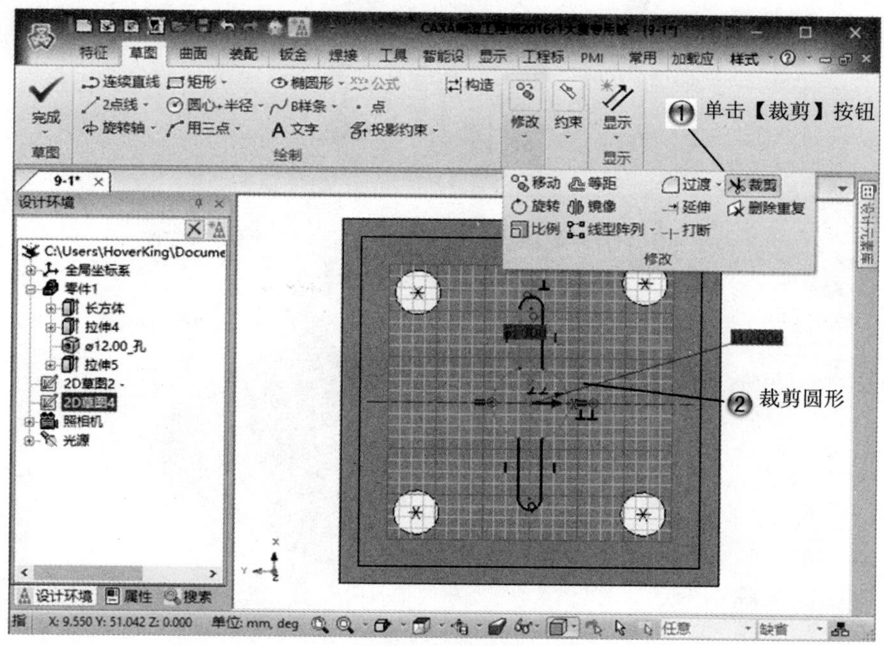

图 9-31　裁剪图形

Step22 设置拉伸参数，如图 9-32 所示。

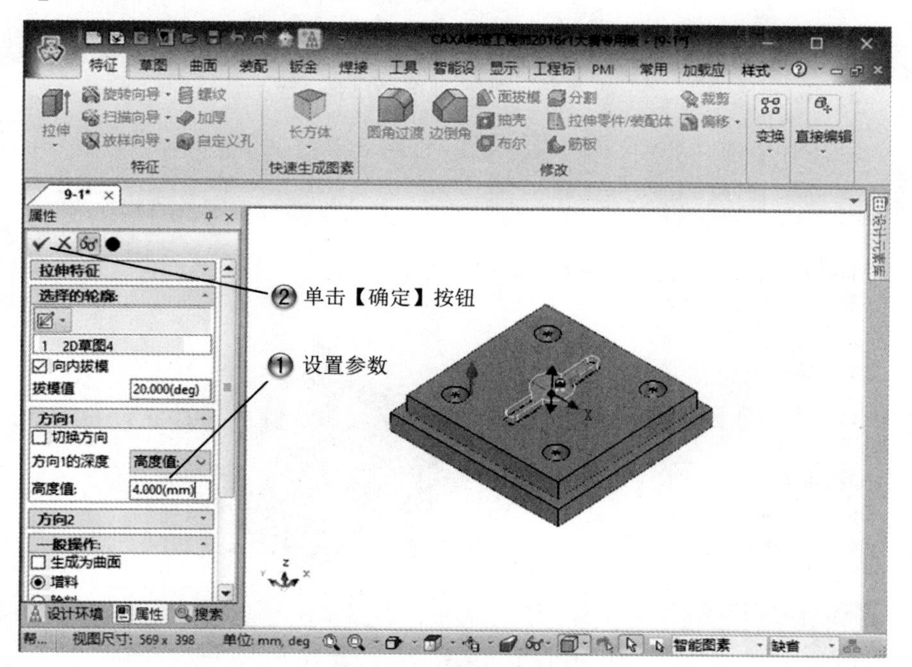

图 9-32　设置拉伸参数

Step23 创建孔特征，如图 9-33 所示。

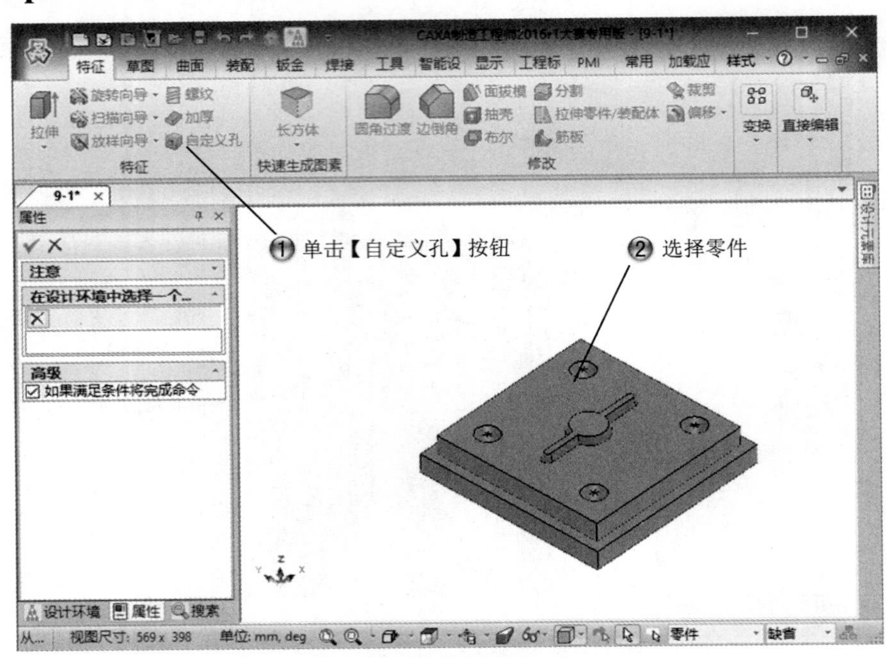

图 9-33　创建孔特征

Step24 选择草绘命令，如图 9-34 所示。

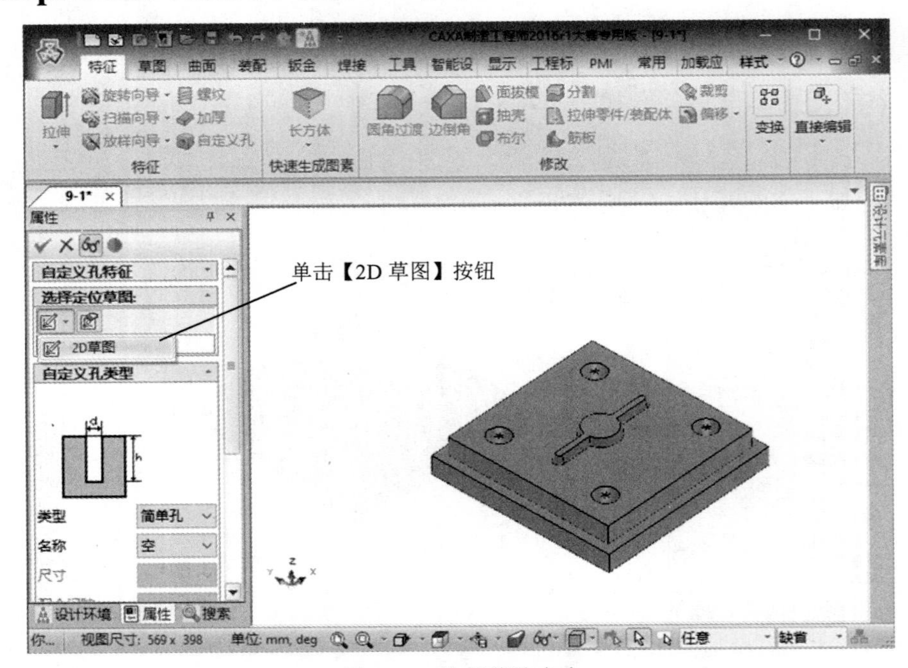

图 9-34　选择草绘命令

Step25 选择草绘面，如图 9-35 所示。

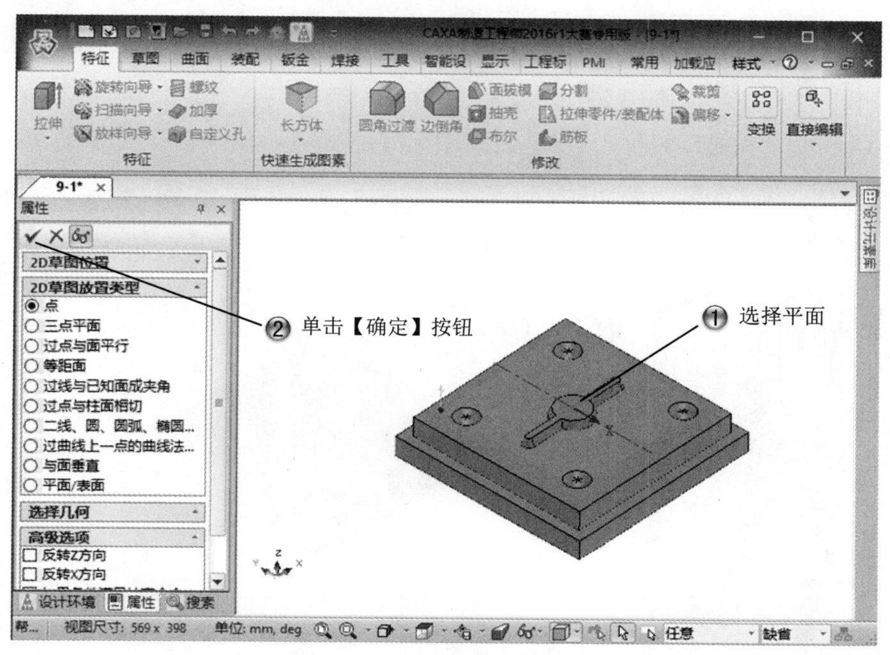

图 9-35　选择草绘面

Step26 绘制点，如图 9-36 所示。

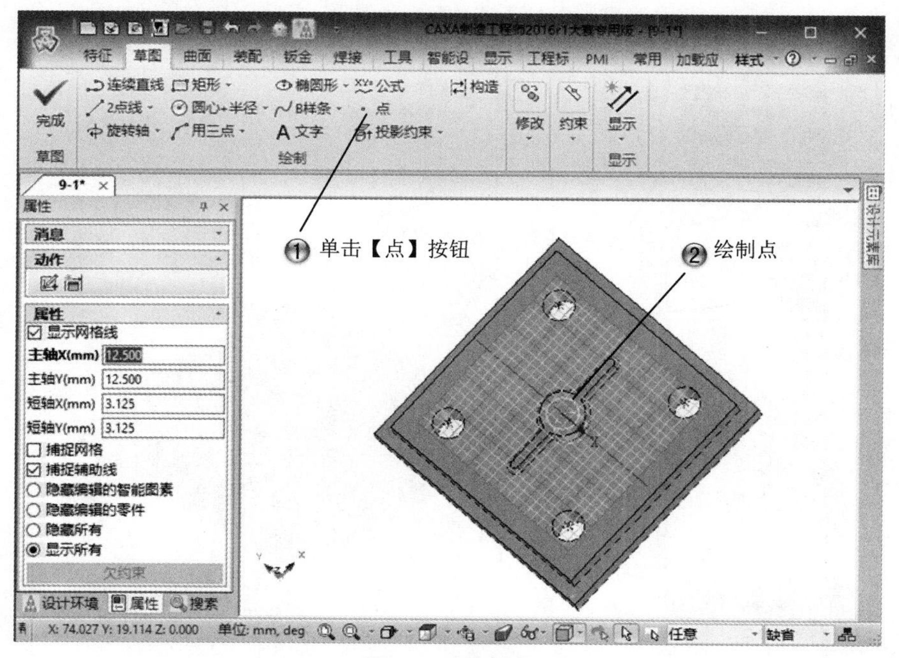

图 9-36　绘制点

Step27 设置孔参数，如图 9-37 所示。

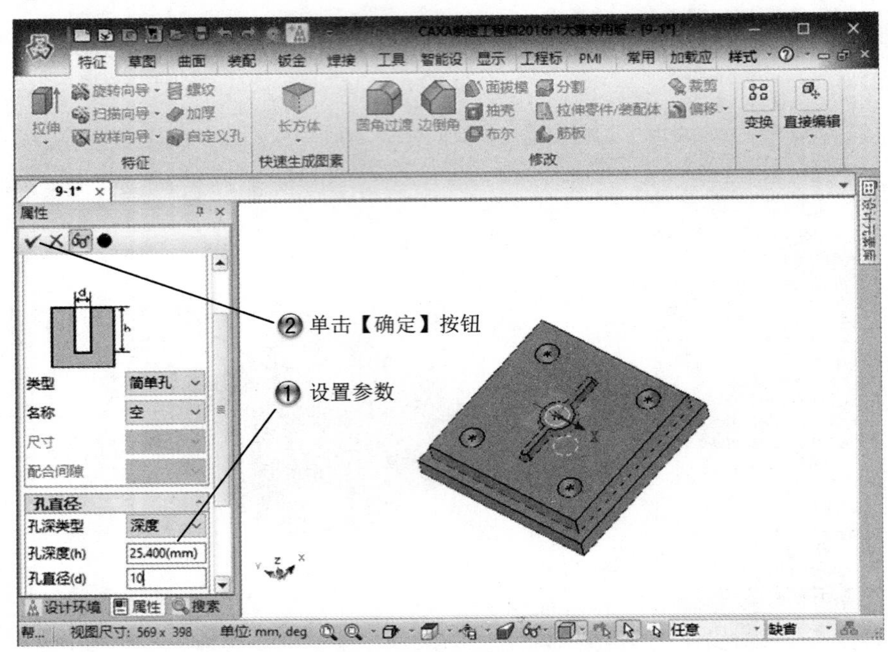

图 9-37　设置孔参数

Step28 进入制造环境，如图 9-38 所示。

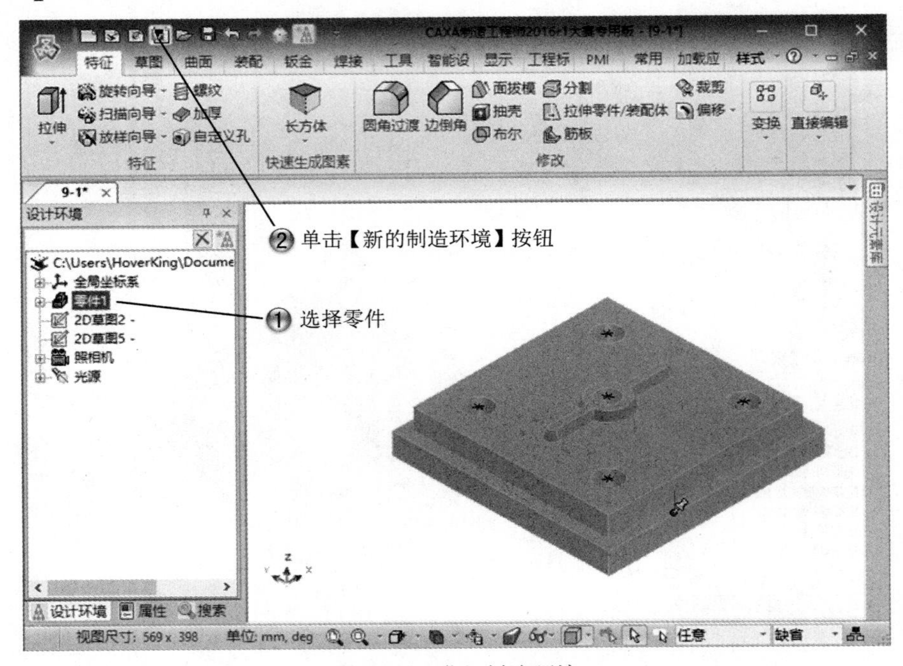

图 9-38　进入制造环境

Step29 设置实体零件，如图 9-39 所示。

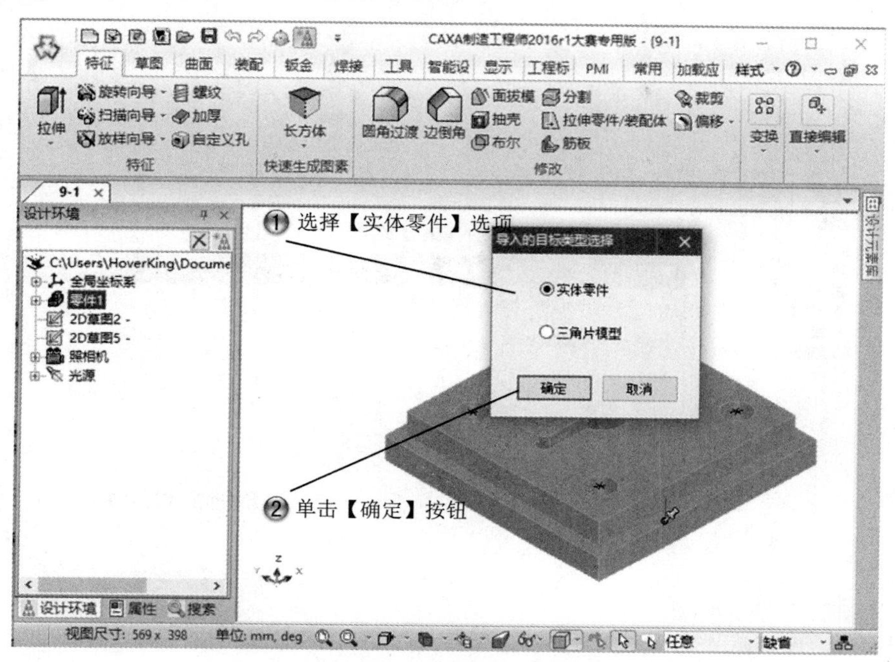

图 9-39　设置实体零件

Step30 创建毛坯，如图 9-40 所示。

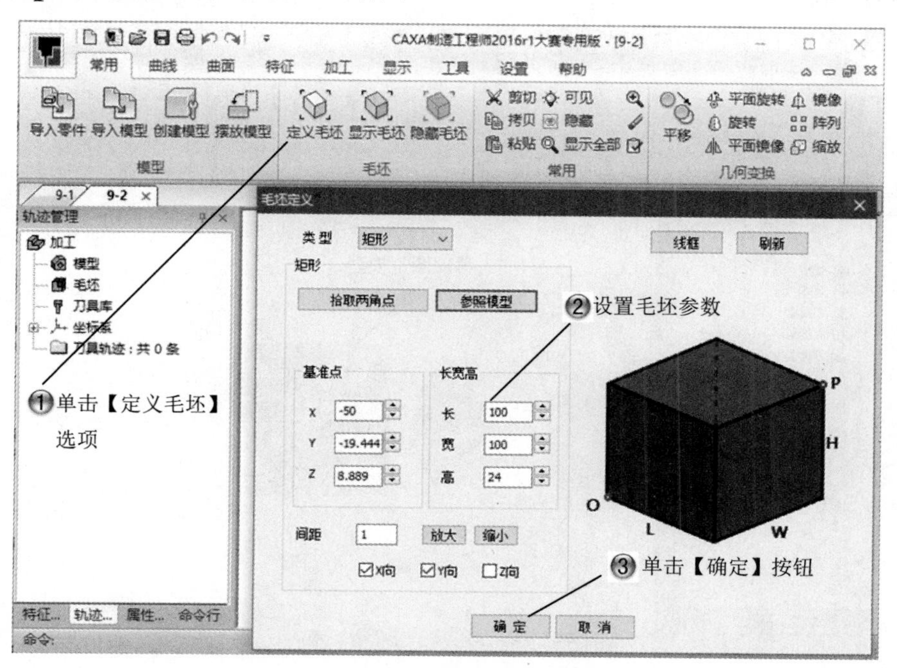

图 9-40　创建毛坯

Step31 导入模型，如图 9-41 所示。

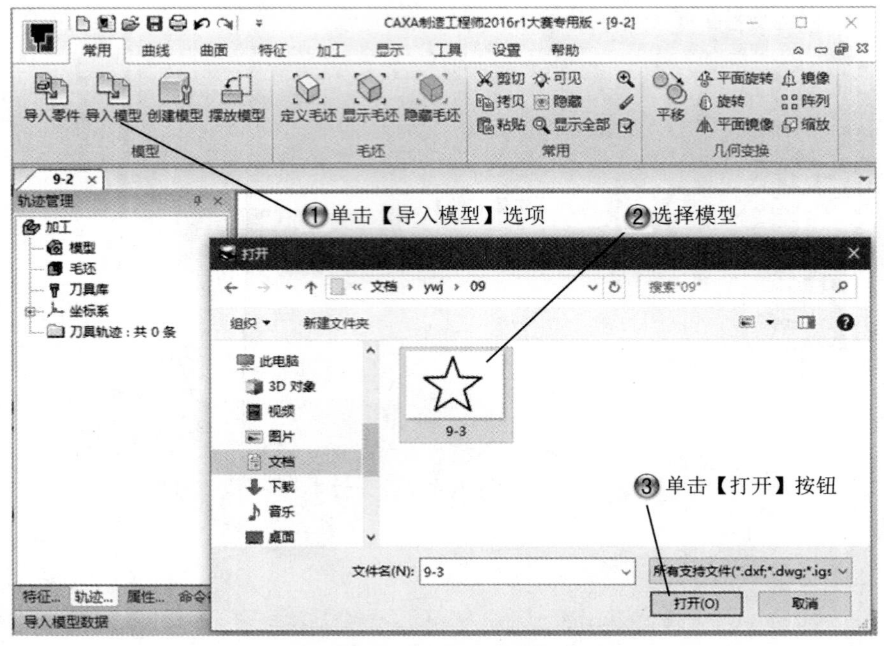

图 9-41　导入模型

Step32 移动图片，如图 9-42 所示。

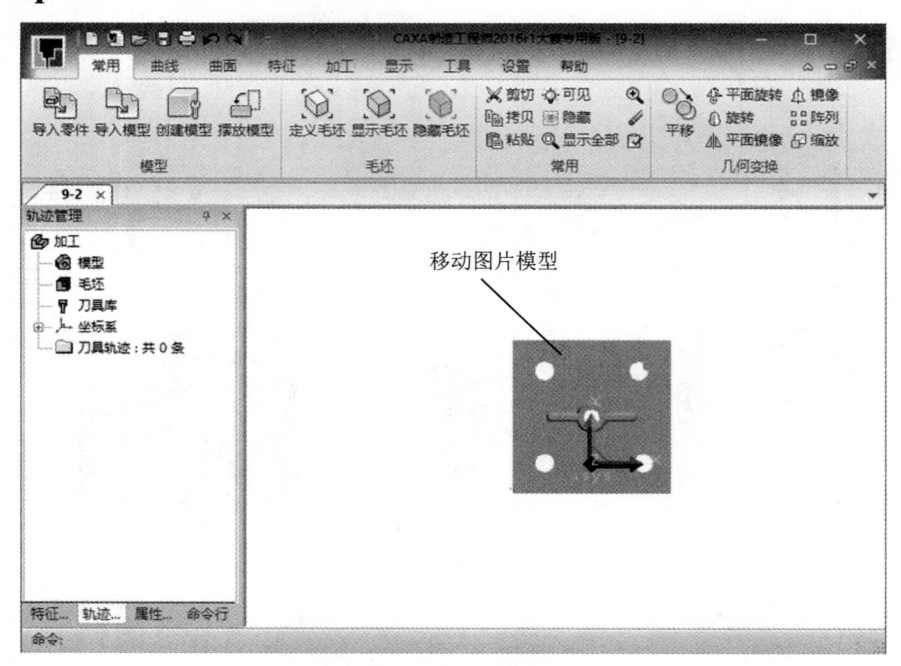

图 9-42　移动图片

Step33 创建图像浮雕加工，如图 9-43 所示。

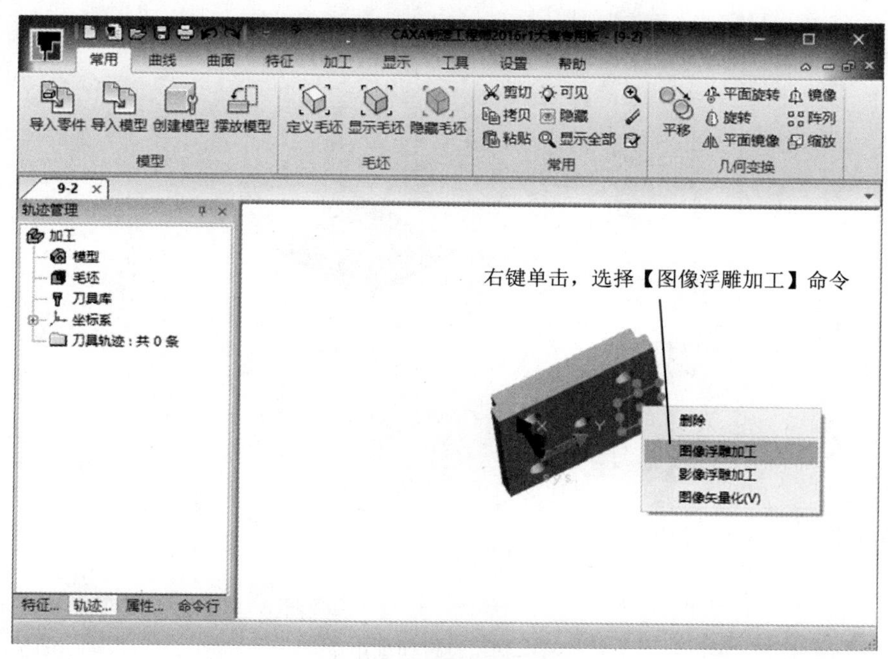

图 9-43　创建图像浮雕加工

Step34 设置加工参数，如图 9-44 所示。

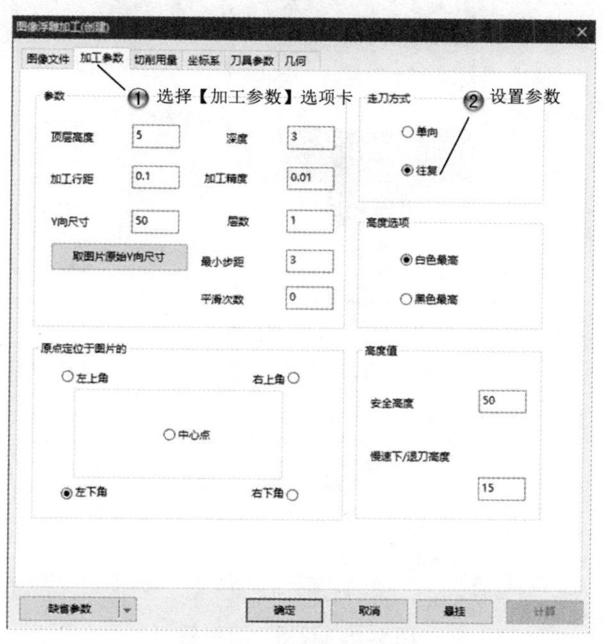

图 9-44　设置加工参数

Step35 设置切削用量，如图 9-45 所示。

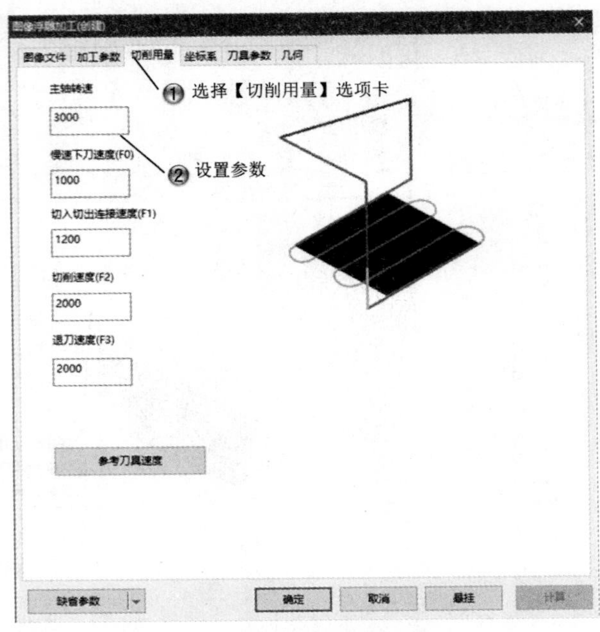

图 9-45　设置切削用量

Step36 设置刀具参数，如图 9-46 所示。

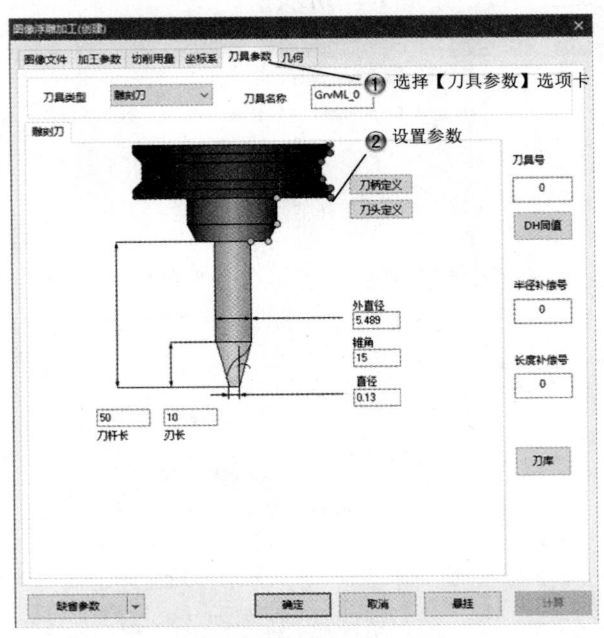

图 9-46　设置刀具参数

Step37 选择定位点命令，如图 9-47 所示。

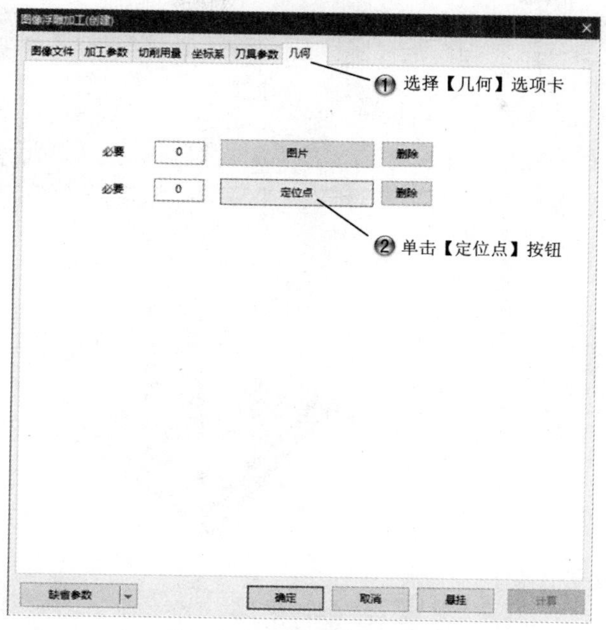

图 9-47　选择定位点命令

Step38 选择定位点，如图 9-48 所示。

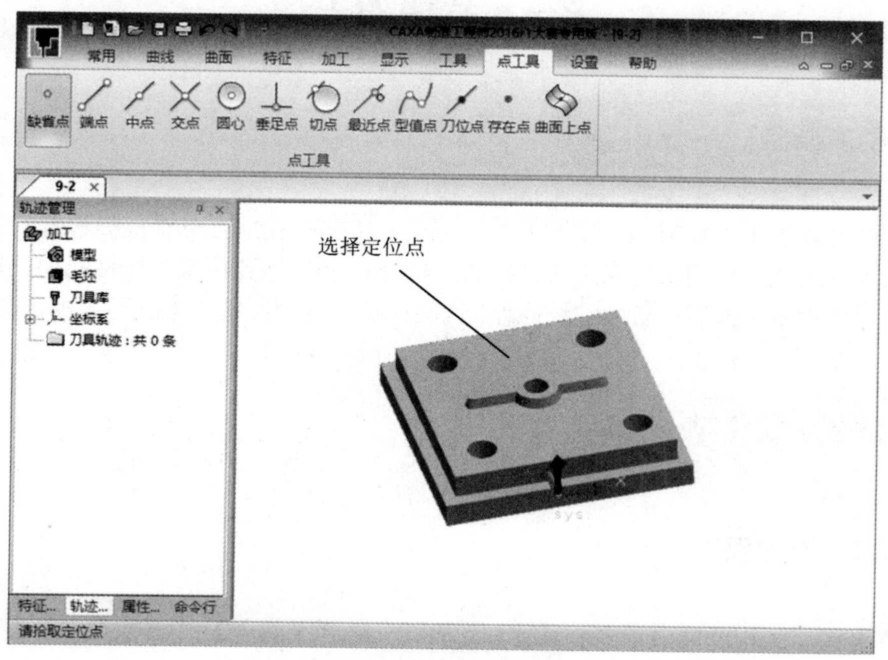

图 9-48　选择定位点

Step39 完成图像浮雕加工，如图 9-49 所示。

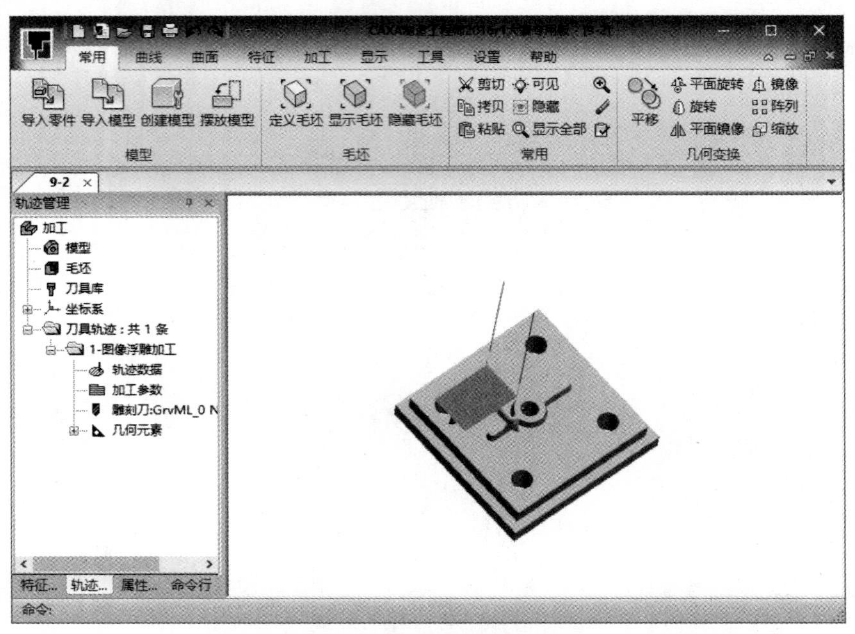

图 9-49 完成图像浮雕加工

9.2 其他加工

基本概念

工艺钻孔设置用来设置工艺钻孔的加工工艺。工艺钻孔加工可以根据设置的工艺钻孔加工工艺来加工孔。孔加工用来生成钻孔加工轨迹。G01 钻孔用来生成钻孔加工轨迹。铣螺纹加工是使用铣刀来进行各种螺纹操作。铣圆孔加工是使用铣刀来进行各种铣圆孔操作。

课堂讲解课时：2 课时

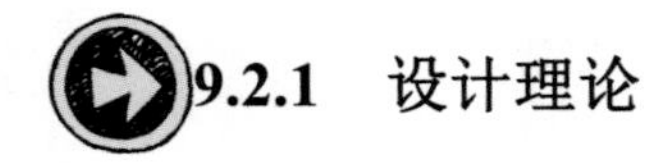

9.2.1 设计理论

CAXA 制造工程师提供了多种其他加工方式，选择【加工】|【其他加工】菜单后，即可打开其他加工方式的子菜单，如图 9-50 所示。其他加工适合加工特殊孔或者螺纹等特征。

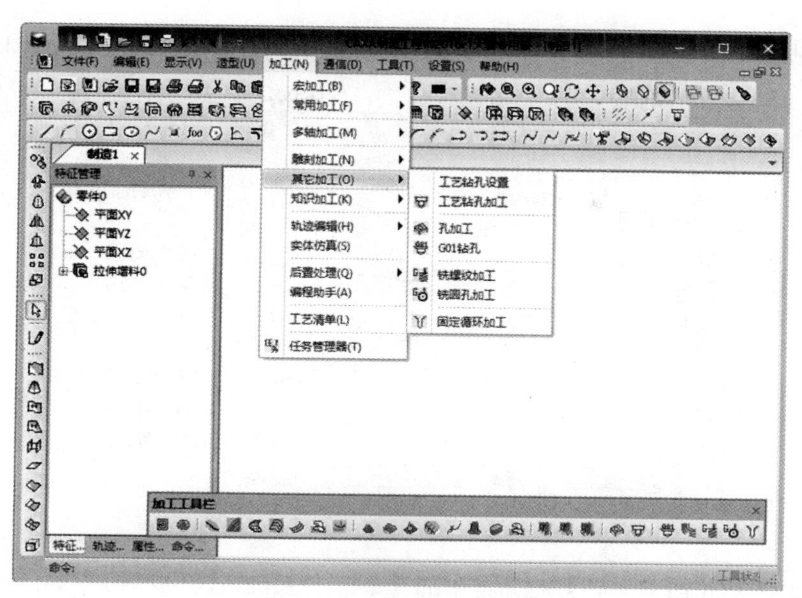

图 9-50　其他加工方式命令

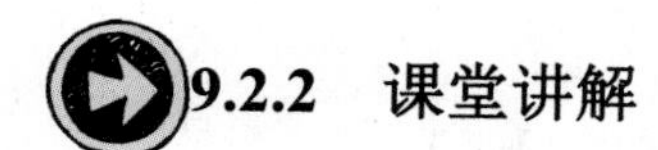

9.2.2　课堂讲解

1. 工艺孔

（1）工艺钻孔设置

选择【加工】|【其他加工】|【工艺钻孔设置】菜单命令，或者单击【加工】工具栏中的【工艺钻孔设置】按钮，弹出【工艺钻孔设置】对话框，如图 9-51 所示。

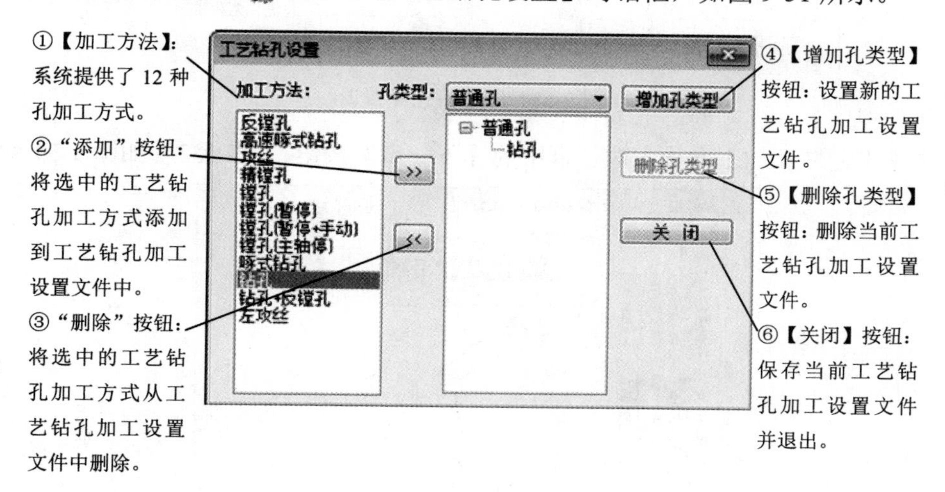

图 9-51　【工艺钻孔设置】对话框

（2）工艺钻孔加工

选择【加工】|【其他加工】|【工艺钻孔加工】菜单命令，或者直接单击【加工工具栏】

中的【工艺钻孔加工】按钮，弹出【工艺钻孔加工向导】对话框，“步骤 1”如图 9-52 所示。

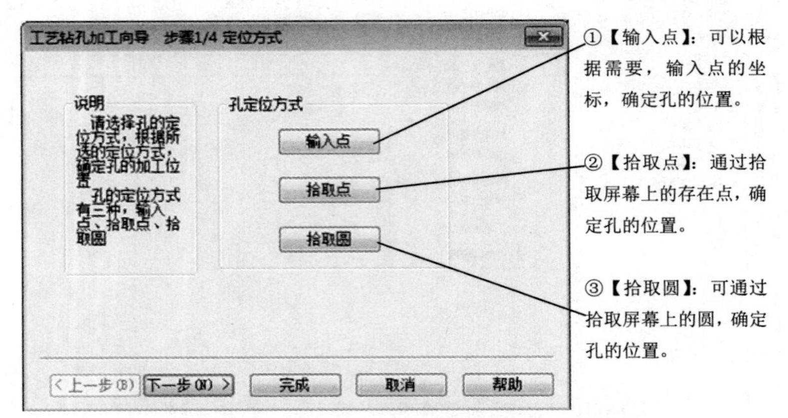

图 9-52 【工艺钻孔加工向导】对话框

单击【工艺钻孔加工向导】对话框中的【下一步】按钮，“步骤 2”如图 9-53 所示。

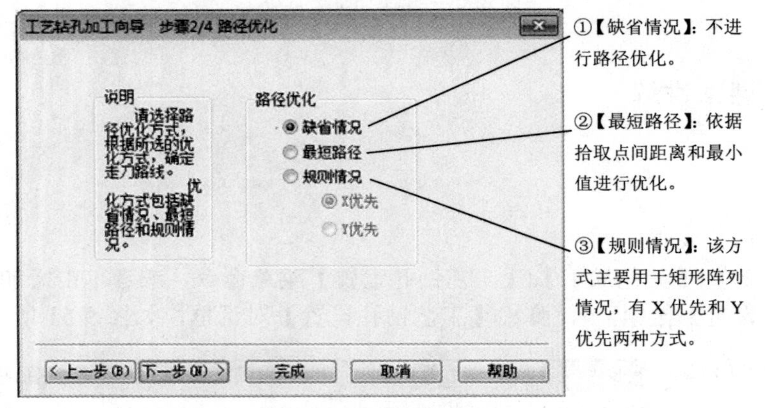

图 9-53 工艺钻孔步骤 2

单击【工艺钻孔加工向导】对话框中的【下一步】按钮，“步骤 3”如图 9-54 所示。

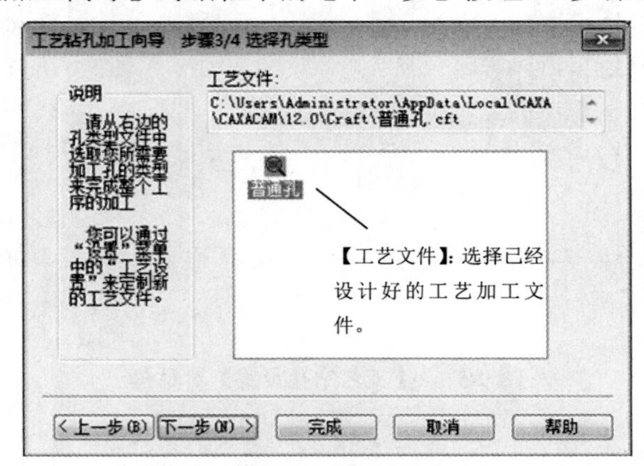

图 9-54 工艺钻孔步骤 3

单击【工艺钻孔加工向导】对话框中的【下一步】按钮，“步骤 4”如图 9-55 所示。

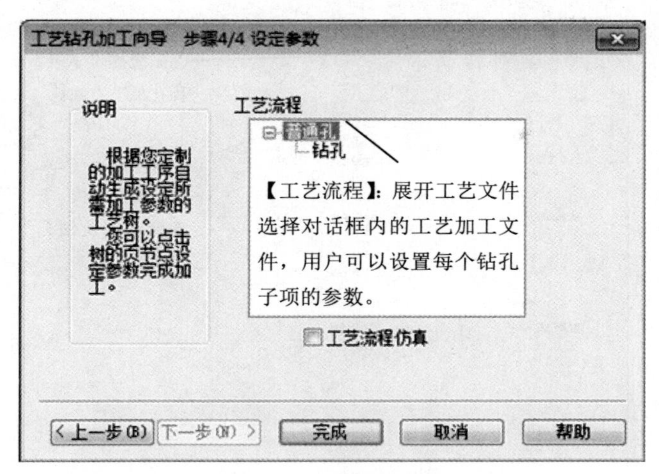

图 9-55　工艺钻孔步骤 4

在圆柱体上生成工艺钻孔加工的刀具轨迹，如图 9-56 所示。

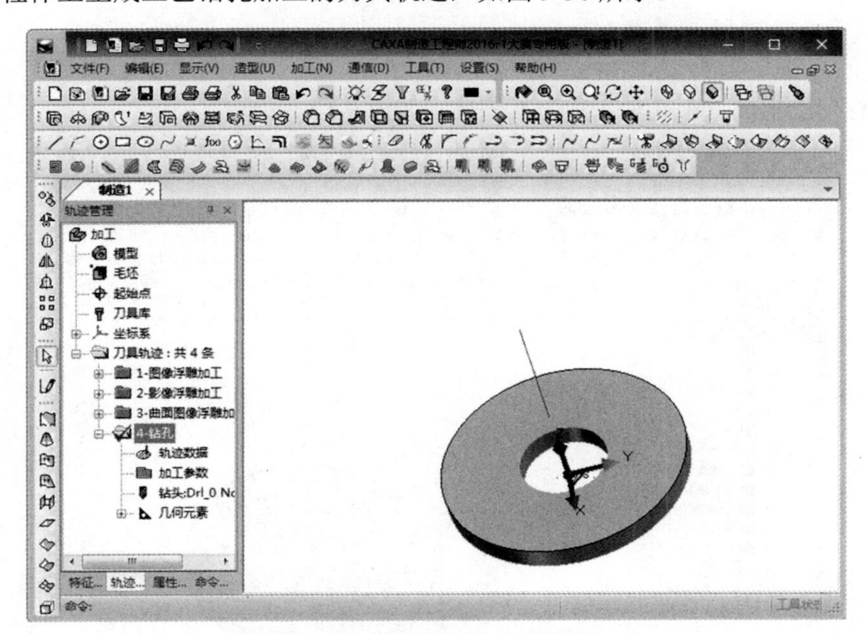

图 9-56　工艺钻孔加工刀具轨迹

2. 孔加工

选择【加工】|【其他加工】|【孔加工】菜单命令，或者直接单击【加工】工具栏中的【孔加工】按钮，弹出【钻孔】对话框，如图 9-57 所示。

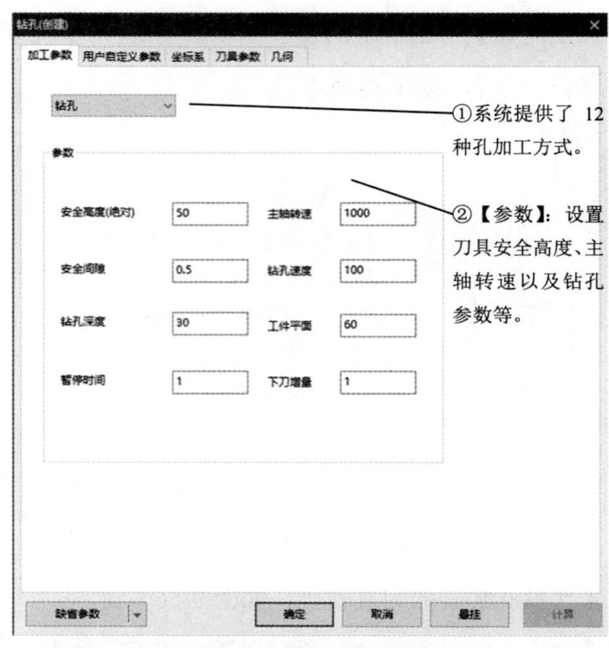

图 9-57 【钻孔】对话框

在圆柱体上生成三个孔加工的刀具轨迹，如图 9-58 所示。

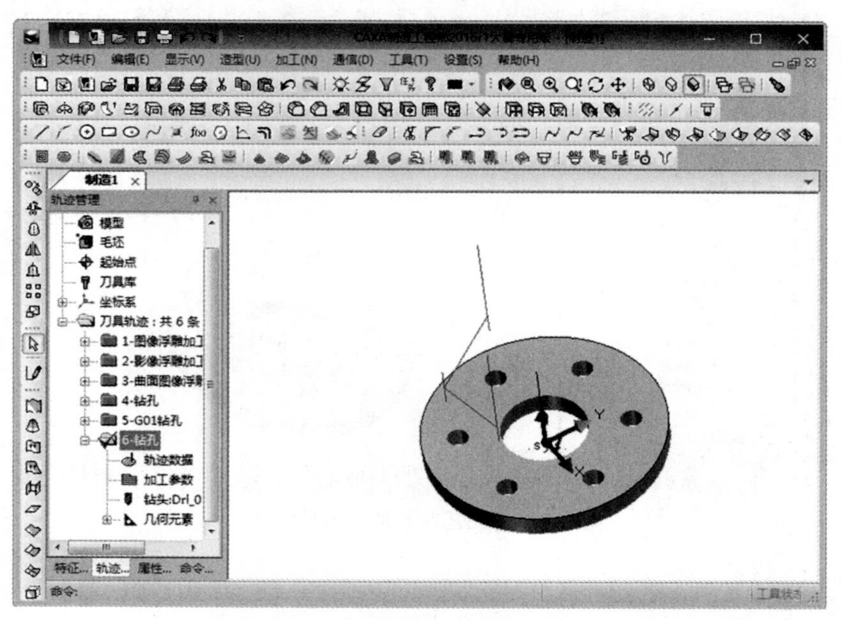

图 9-58 孔加工刀具轨迹

3. G01 钻孔

选择【加工】|【其他加工】|【G01 钻孔】菜单命令，或者直接单击【加工】工具栏中的【G01 钻孔】按钮，弹出【G01 钻孔】对话框，如图 9-59 所示。

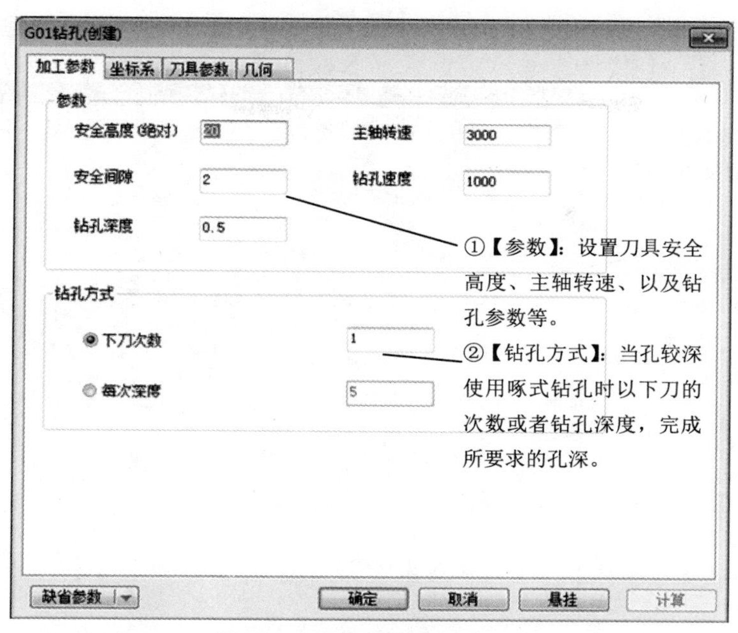

图 9-59　【G01 钻孔】对话框

生成的 G01 钻孔加工刀具轨迹，如图 9-60 所示。

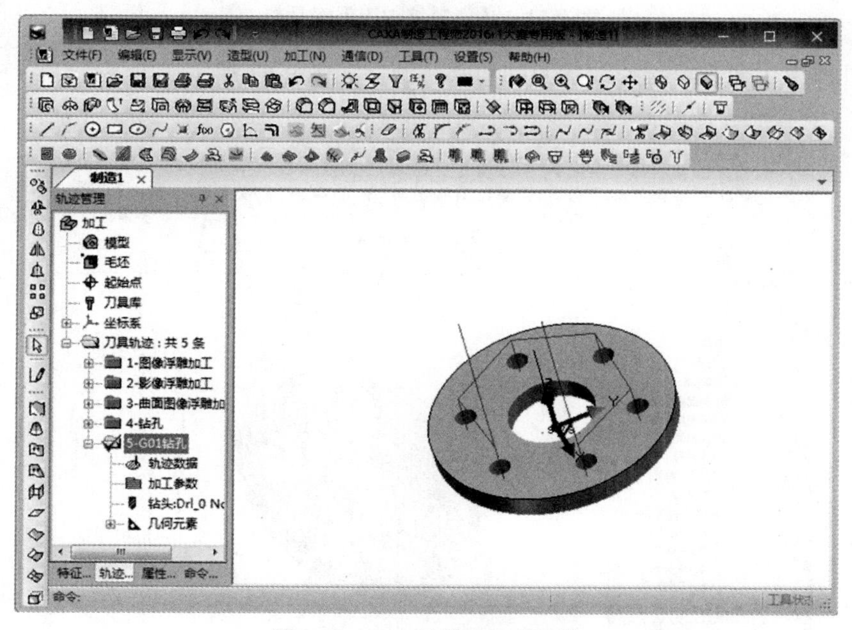

图 9-60　G01 钻孔加刀具轨迹

4. 铣螺纹加工

选择【加工】|【其他加工】|【铣螺纹加工】菜单命令，或者直接单击【加工】工具栏中的【铣螺纹加工】按钮，弹出【铣螺纹加工】对话框，如图 9-61 所示。

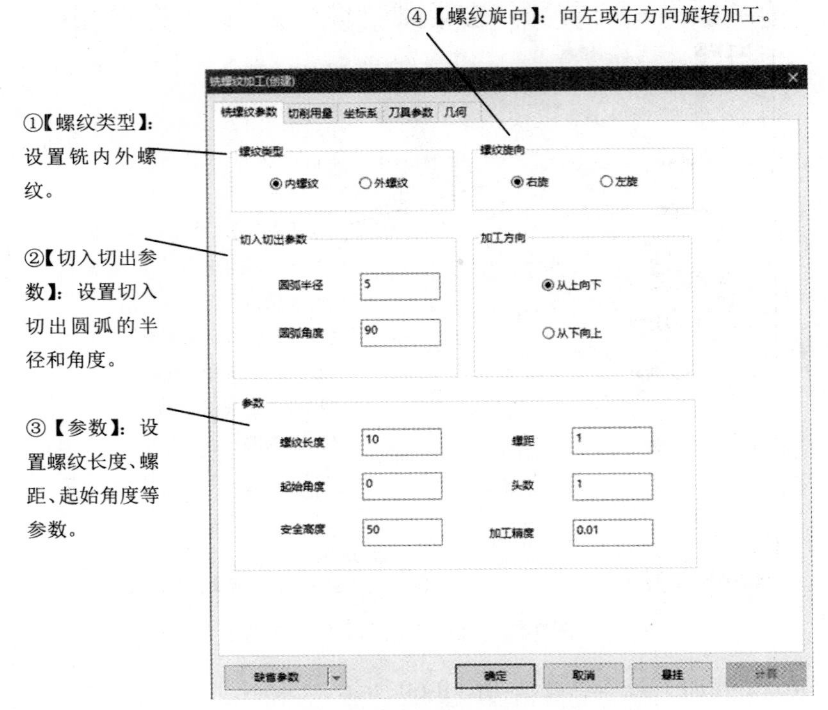

图 9-61　【铣螺纹加工】对话框

在圆柱体上生成三个铣螺纹加工的刀具轨迹，如图 9-62 所示。

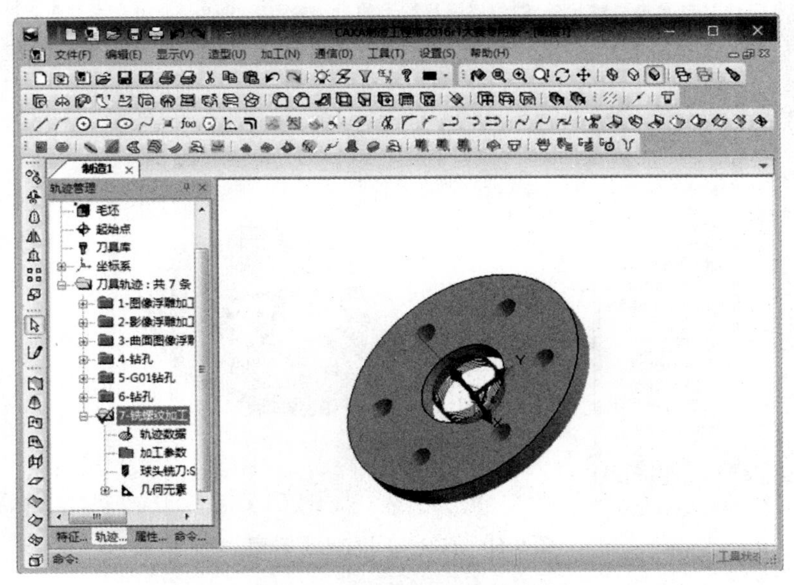

图 9-62　铣螺纹加工刀具轨迹

5. 铣圆孔加工

选择【加工】|【其他加工】|【铣圆孔加工】菜单命令，或者直接单击【加工】工具栏

中的【铣圆孔加工】按钮，弹出【铣圆孔加工】对话框，如图 9-63 所示。

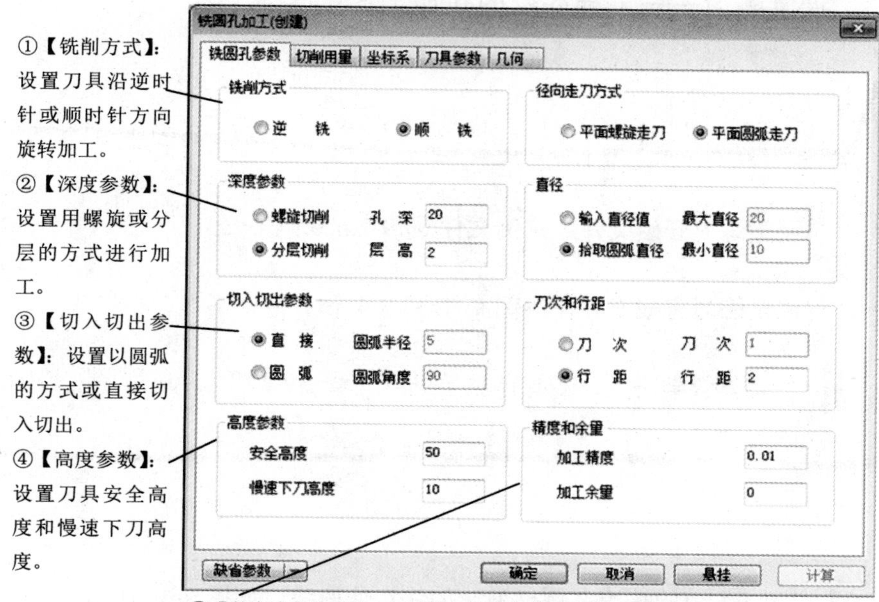

⑤【径向走刀方式】：在平面中用螺旋或圆弧的方式进行加工。

⑥【直径】：输入圆直径的大小，拾取存在的圆弧。

⑦【刀次和行距】：以给定加工的次数来确定走刀的次数，轨迹行间的距离。

⑧【精度和余量】：设置加工精度和余量。

图 9-63 【铣圆孔加工】对话框

在圆柱体上生成铣圆孔加工的刀具轨迹，如图 9-64 所示。

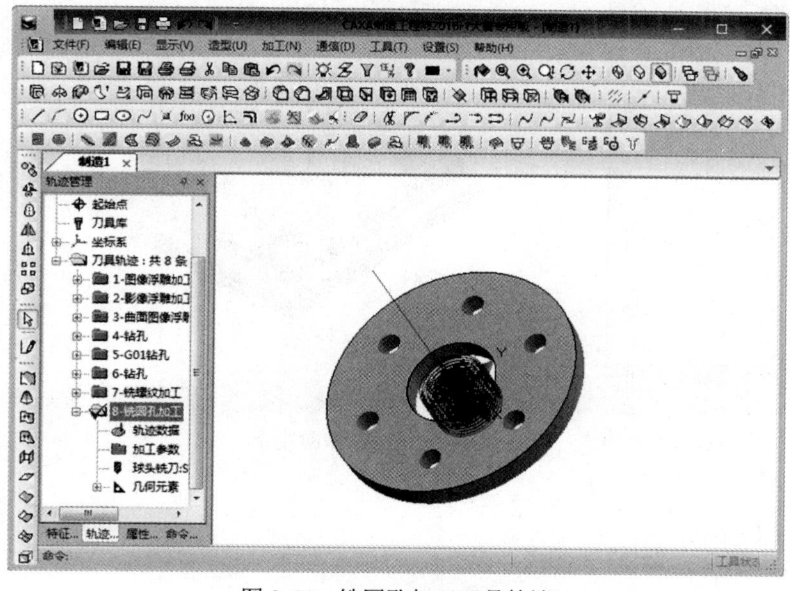

图 9-64 铣圆孔加工刀具轨迹

9.2.3 课堂练习——创建底座的孔加工

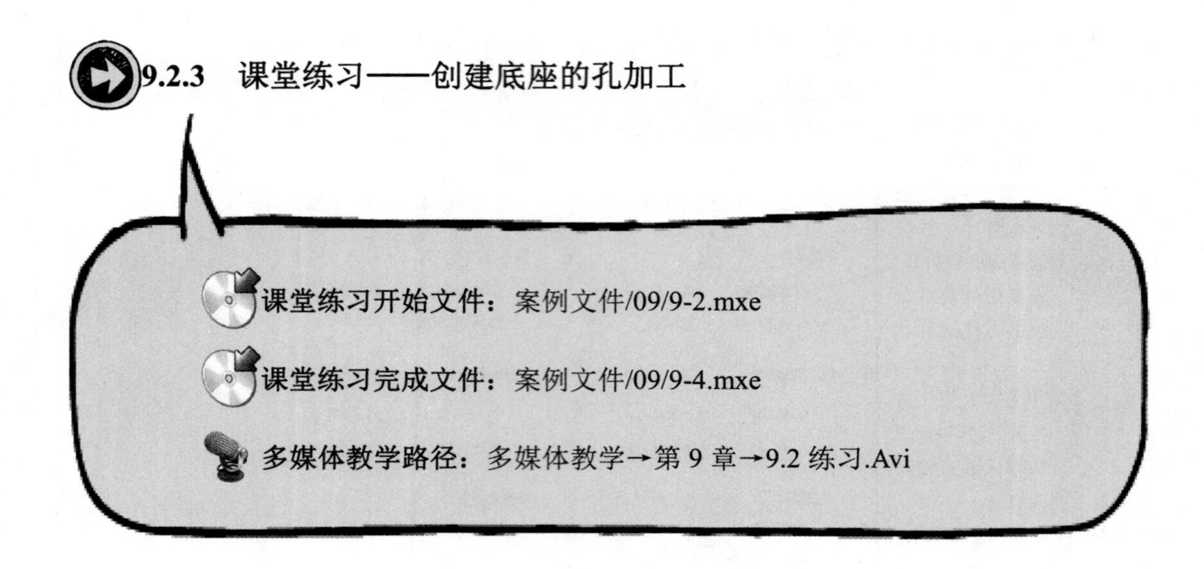

Step1 打开 9.1 节的练习案例模型，创建实体曲线，如图 9-65 所示。

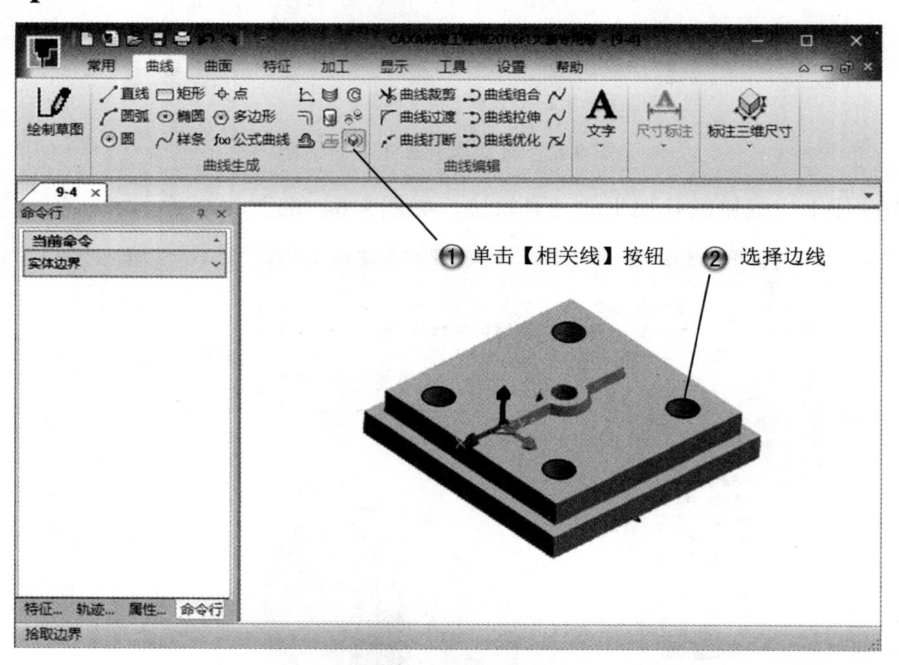

图 9-65 创建实体曲线

Step2 创建孔加工，如图 9-66 所示。

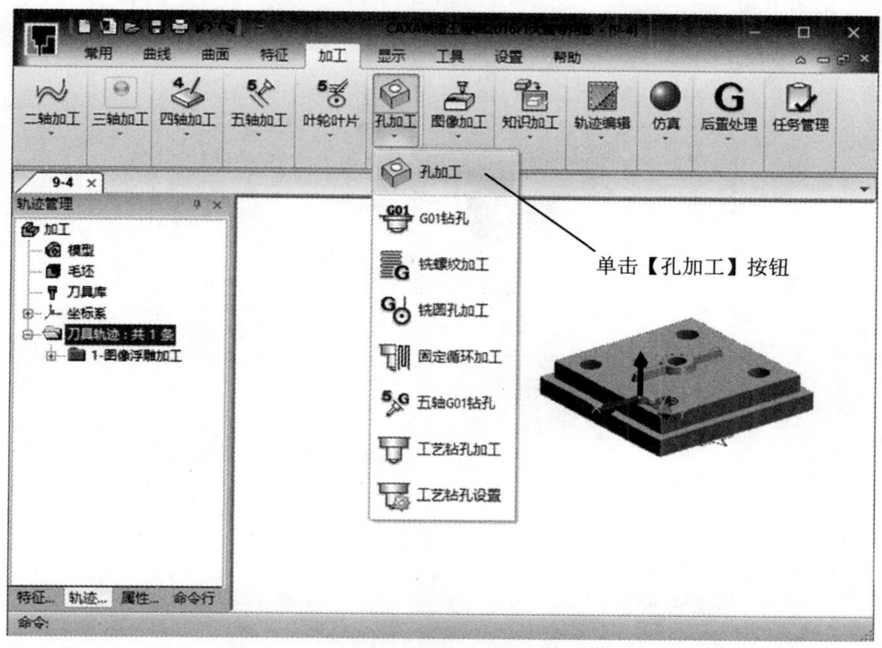

图 9-66　创建孔加工

Step3 设置加工参数，如图 9-67 所示。

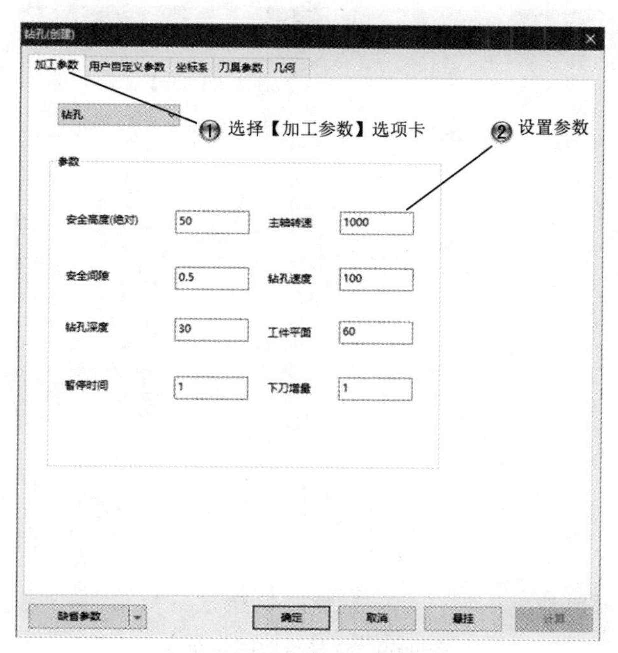

图 9-67　设置加工参数

Step4 设置刀具参数，如图 9-68 所示。

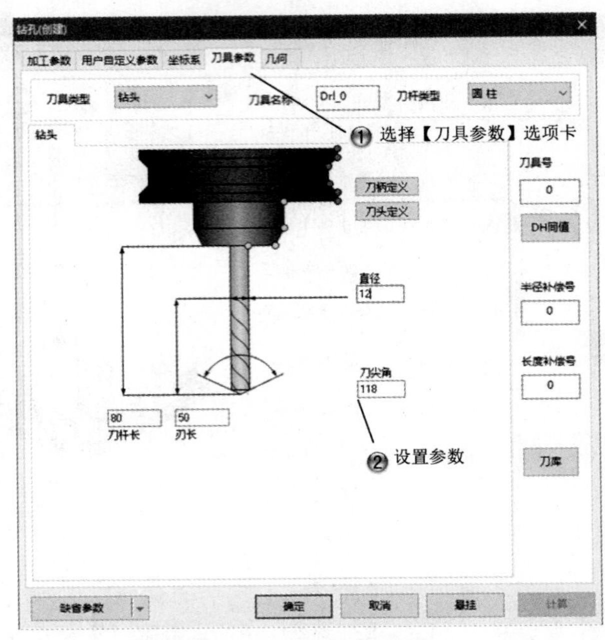

图 9-68　设置刀具参数

Step5 选择拾取圆弧命令，如图 9-69 所示。

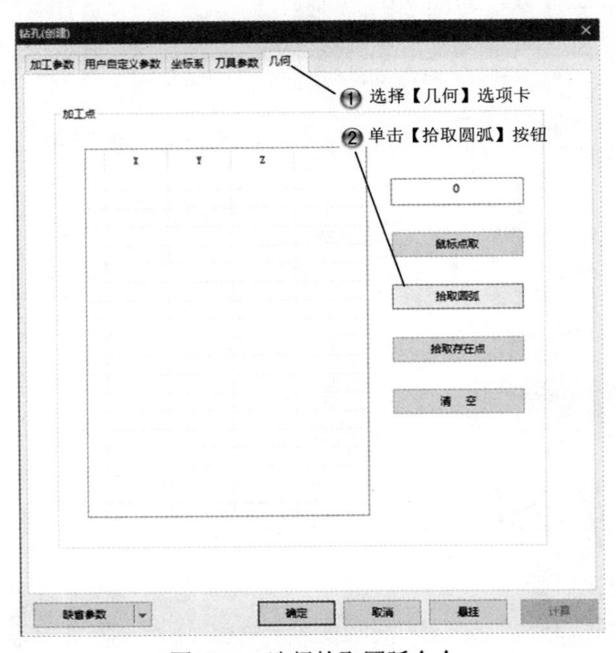

图 9-69　选择拾取圆弧命令

Step6 选择圆弧，如图 9-70 所示。

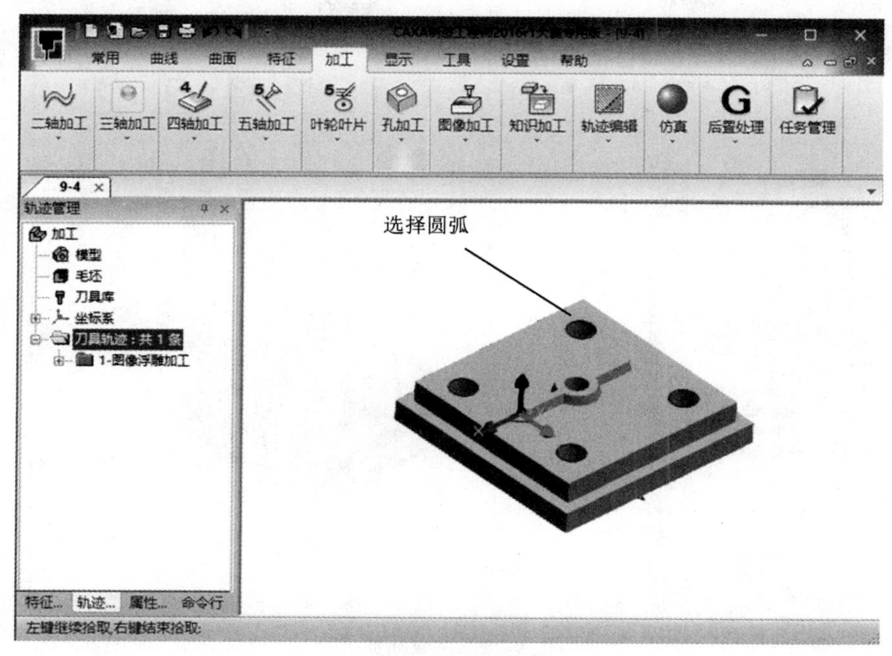

图 9-70　选择圆弧

Step7 完成参数设置，如图 9-71 所示。

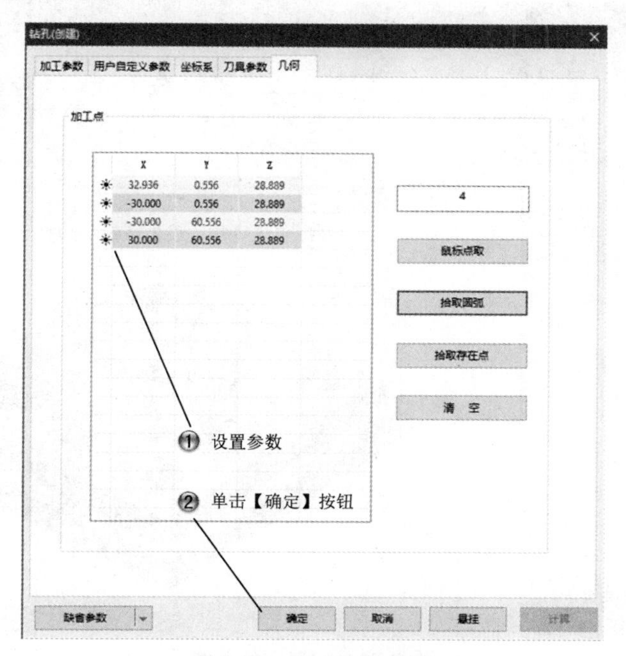

图 9-71　完成参数设置

Step8 完成孔加工，如图 9-72 所示。

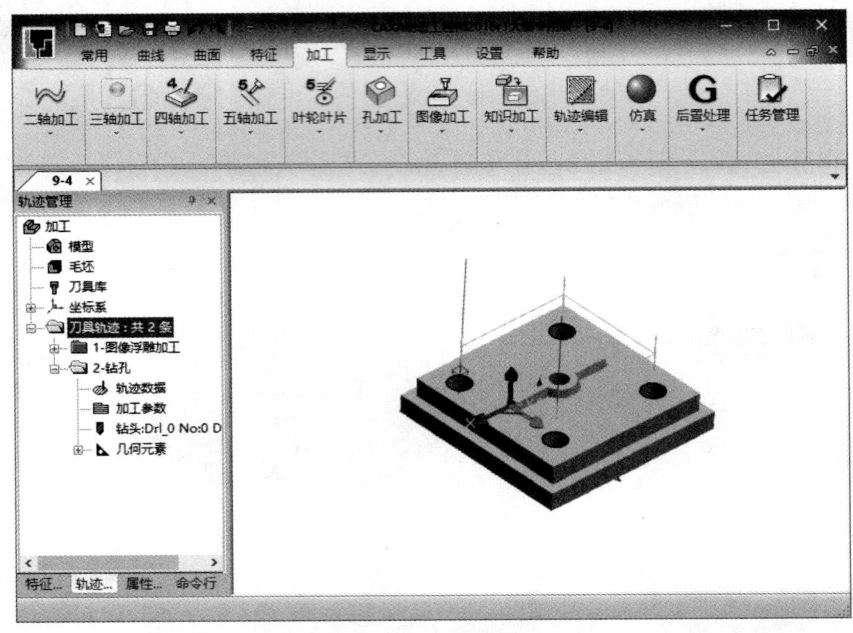

图 9-72 完成孔加工

Step9 创建实体曲线，如图 9-73 所示。

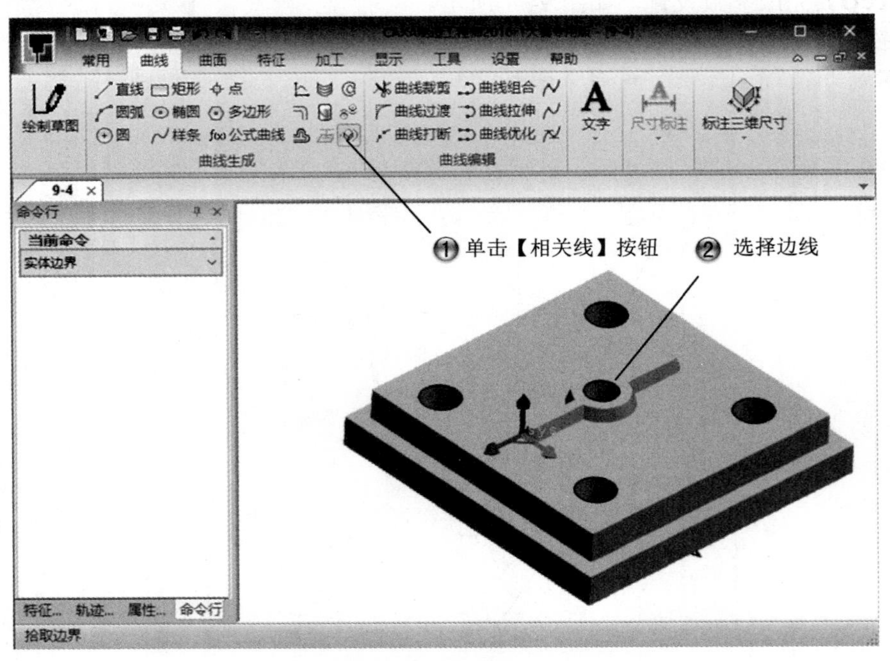

图 9-73 创建实体曲线

Step10 创建铣螺纹加工，如图 9-74 所示。

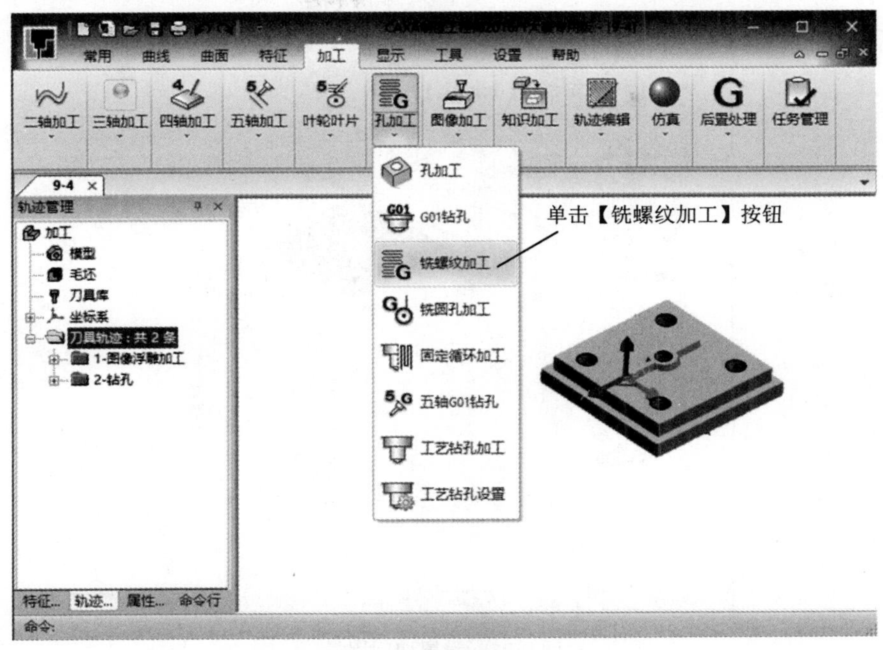

图 9-74　创建铣螺纹加工

Step11 设置螺纹参数，如图 9-75 所示。

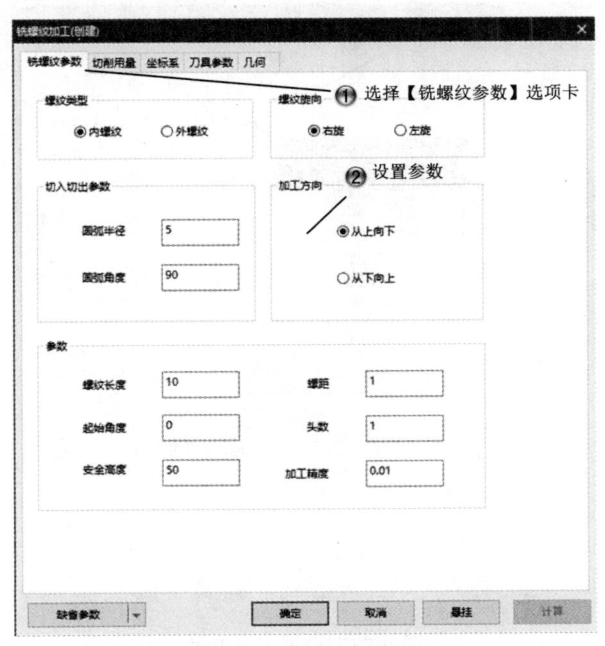

图 9-75　设置螺纹参数

Step12 设置切削用量，如图 9-76 所示。

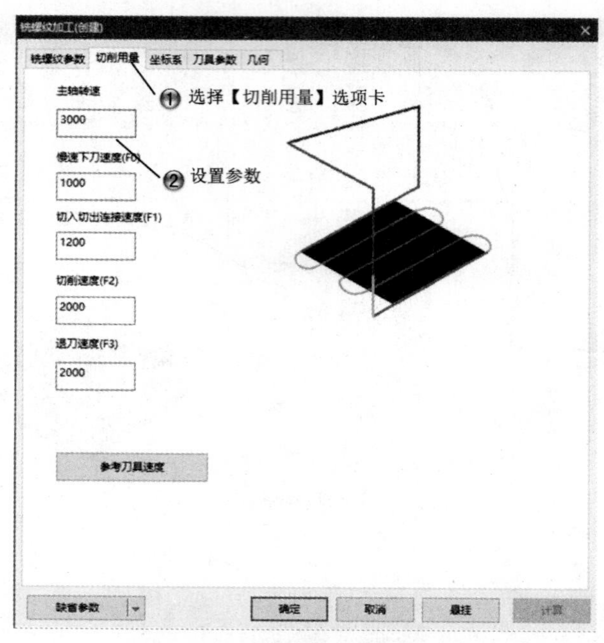

图 9-76　设置切削用量

Step13 设置刀具参数，如图 9-77 所示。

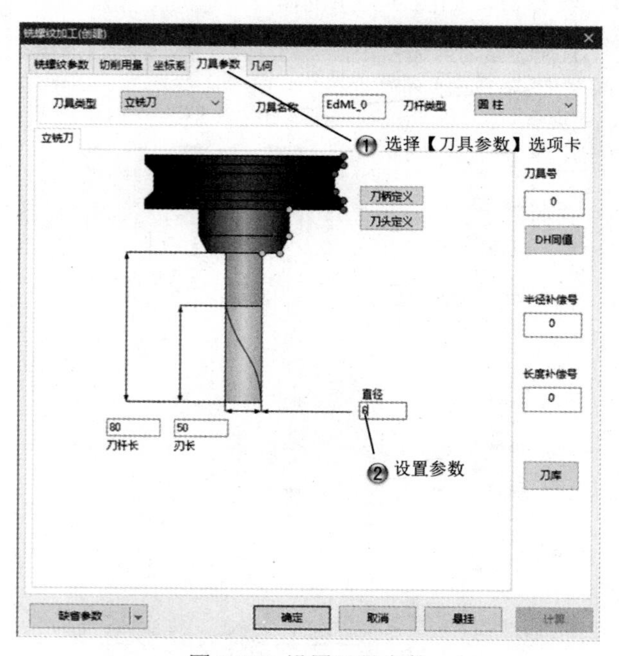

图 9-77　设置刀具参数

Step14 选择孔圆弧命令，如图 9-78 所示。

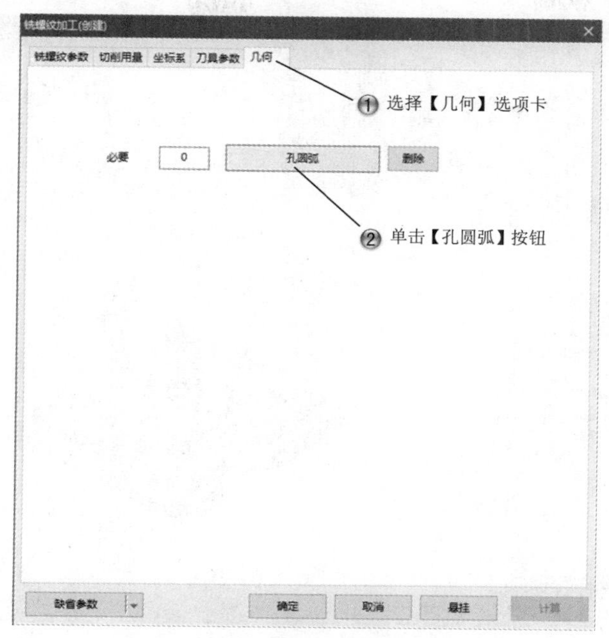

图 9-78　选择孔圆弧命令

Step15 选择圆弧，如图 9-79 所示。

图 9-79　选择圆弧

Step16 完成孔螺纹铣削加工，如图 9-80 所示。

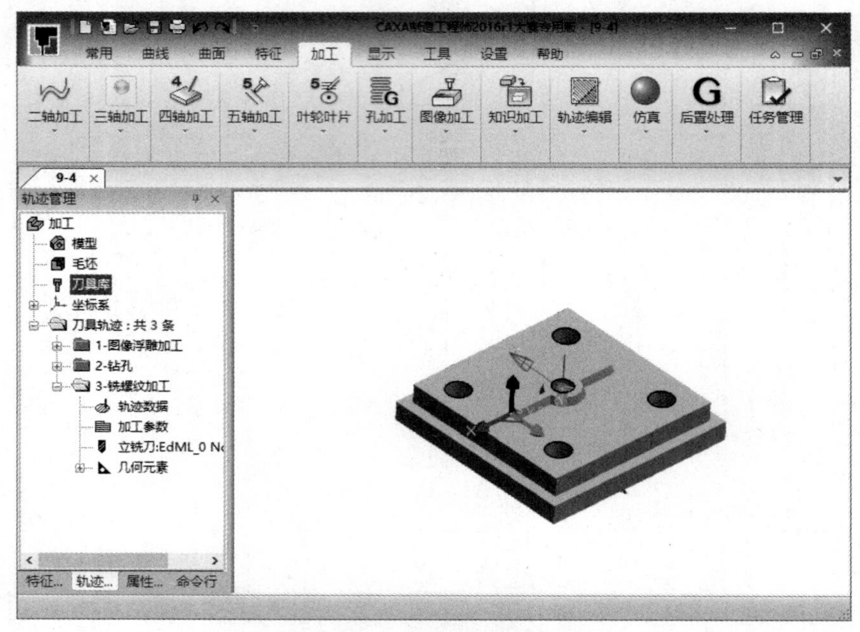

图 9-80　完成孔螺纹铣削加工

9.3　专家总结

本章介绍的浮雕加工、孔和螺纹加工，在工艺品制造方面的应用十分普遍，是 CAXA 软件应用实用化的体现，在进行加工工序创建的时候，使用合适的图片和铣刀，可以得到需要的浮雕模型。

9.4　课后习题

9.4.1　填空题

（1）浮雕加工分为________________。

（2）其他加工分为________种。

（3）孔加工的命令有________________。

9.4.2 问答题

（1）浮雕加工的应用场合是什么？
（2）工艺钻孔和 G01 钻孔的区别是什么？

9.4.3 上机操作题

如图 9-81 所示，使用本章学过的命令来创建轴承上的文字雕刻。
一般创建步骤和方法如下：
（1）创建轴承。
（2）创建文字图。
（3）创建雕刻程序。

图 9-81　文字雕刻

第 10 章　轨迹编辑和后置处理

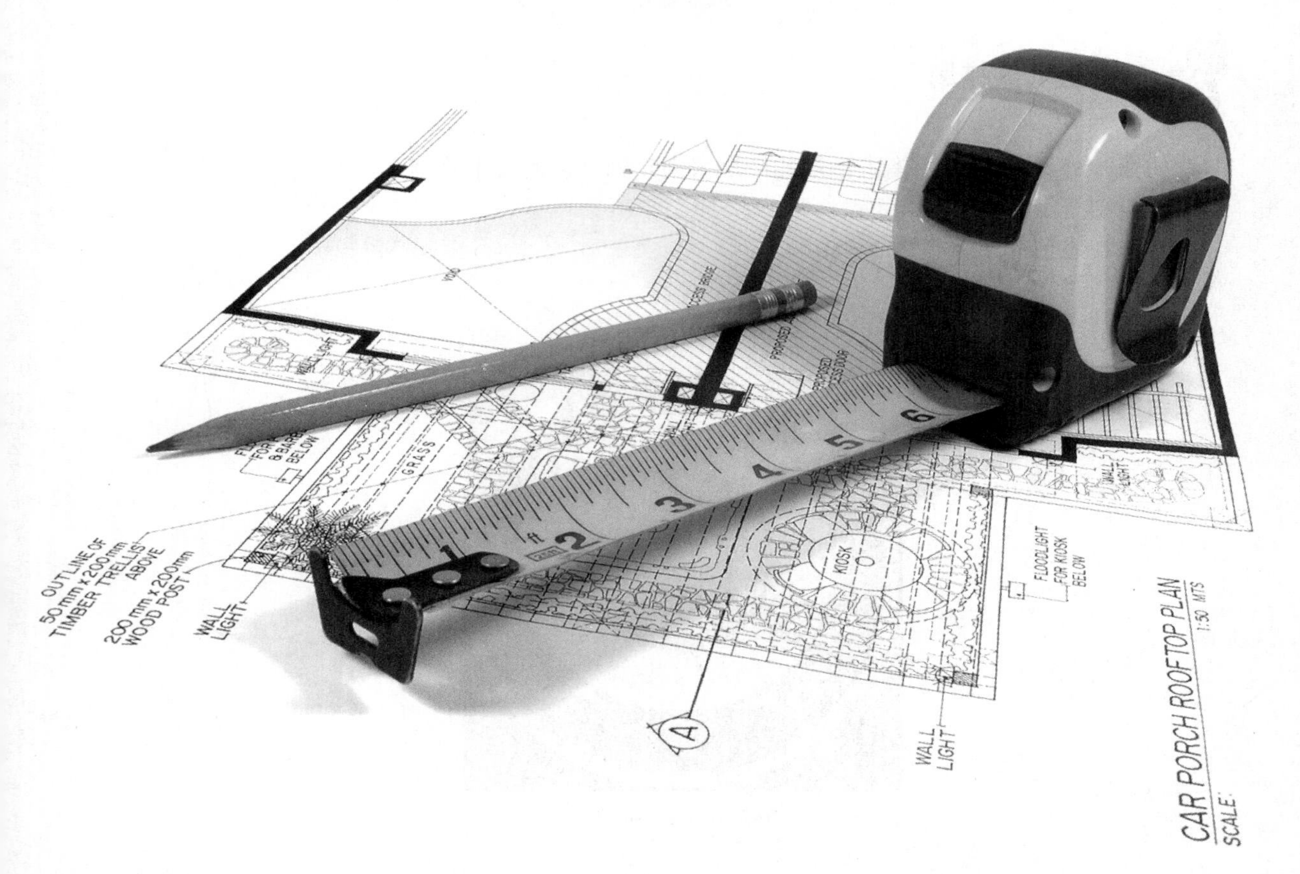

课训目标	内　容	掌握程度	课　时
	轨迹编辑	熟练运用	2
	实体仿真	了解	1
	后置处理和工艺清单	熟练运用	2

课程学习建议

刀具轨迹编辑是对已经生成的刀具轨迹的刀位行或刀位点进行增加、删除、仿真等操作。CAXA 提供多种刀具轨迹编辑和仿真手段，主要用于对生成的刀位进行必要的调整和裁剪，同时提供了轨迹裁剪、轨迹反向、刀位点、抬刀、轨迹连接等多个刀具轨迹的编辑手段。最后介绍程序的后置处理方法和工艺清单。

本课程主要基于软件的轨迹编辑和后置处理方法进行讲解，其培训课程表如下。

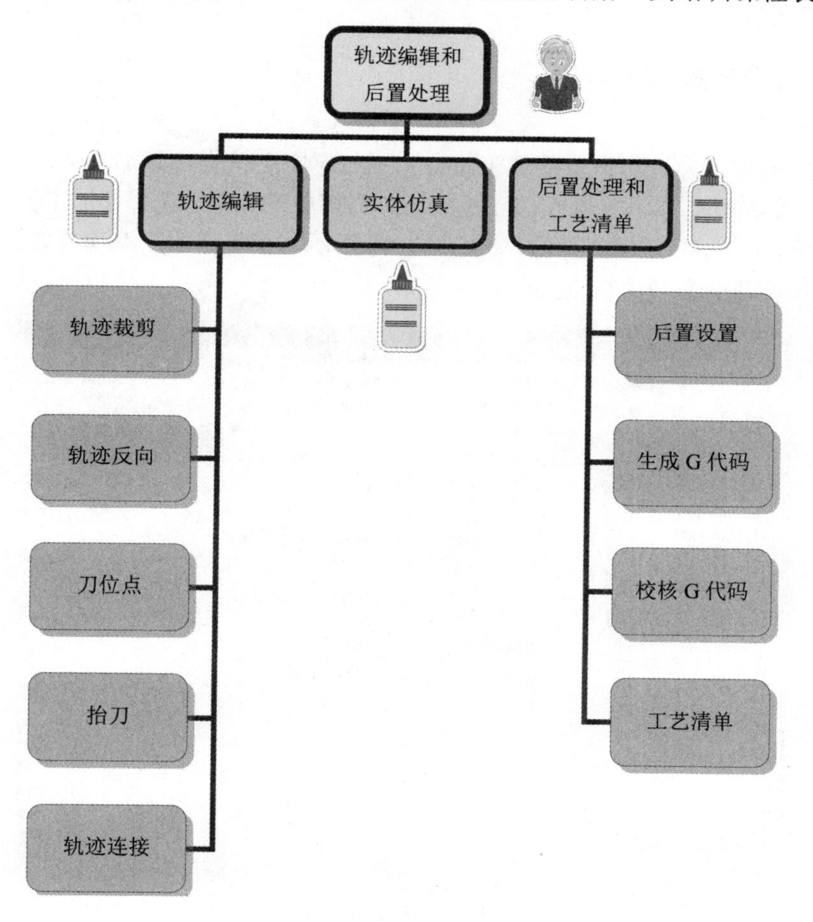

10.1 轨迹编辑

轨迹裁剪是用曲线（称为剪刀曲线）对刀具轨迹进行裁剪，截取其中一部分轨迹。轨

迹反向可以对生成的刀具轨迹中刀具的走向进行反向处理，以实现加工中顺铣和逆铣的互换。插入刀位点是在刀具轨迹上插入一个刀位点，使轨迹发生变化。删除刀位点就是把所选的刀位点删除，并改动相应的刀具轨迹。轨迹打断是在被拾取的刀位点处把刀具轨迹分成两部分。轨迹连接就是把两条不相关的刀具轨迹连接成一条刀具轨迹。

课堂讲解课时：2 课时

10.1.1　设计理论

系统生成的加工方法和设定的加工轨迹，不一定完全符合实际加工情况。用户可以对轨迹进行适当的编辑，以满足数控加工的要求，提高生产效率。选择【加工】|【轨迹编辑】菜单后，即可打开轨迹编辑的子菜单，如图 10-1 所示。在实际加工编程时较常用的轨迹编辑功能是【轨迹裁剪】和【轨迹反向】。

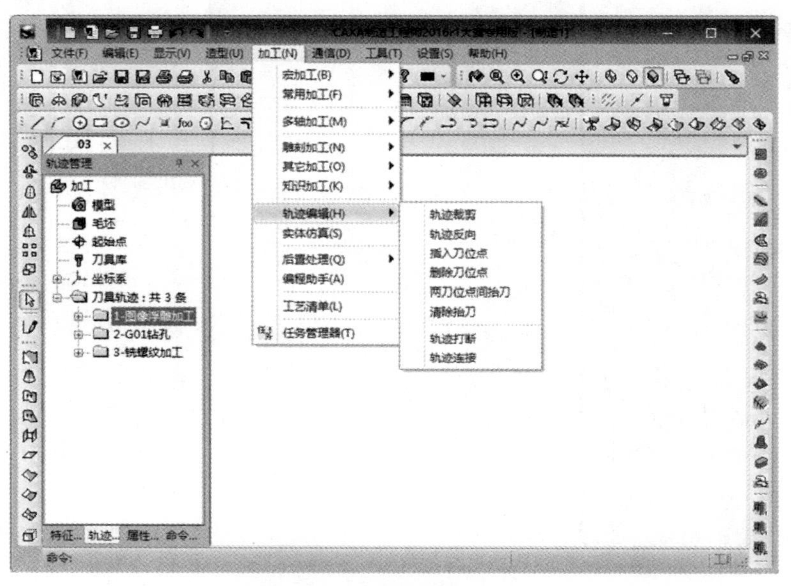

图 10-1　轨迹编辑命令

10.1.2　课堂讲解

1. 轨迹反向

选择【加工】工具栏中【轨迹编辑】下的【轨迹反向】命令，如图 10-2 所示。

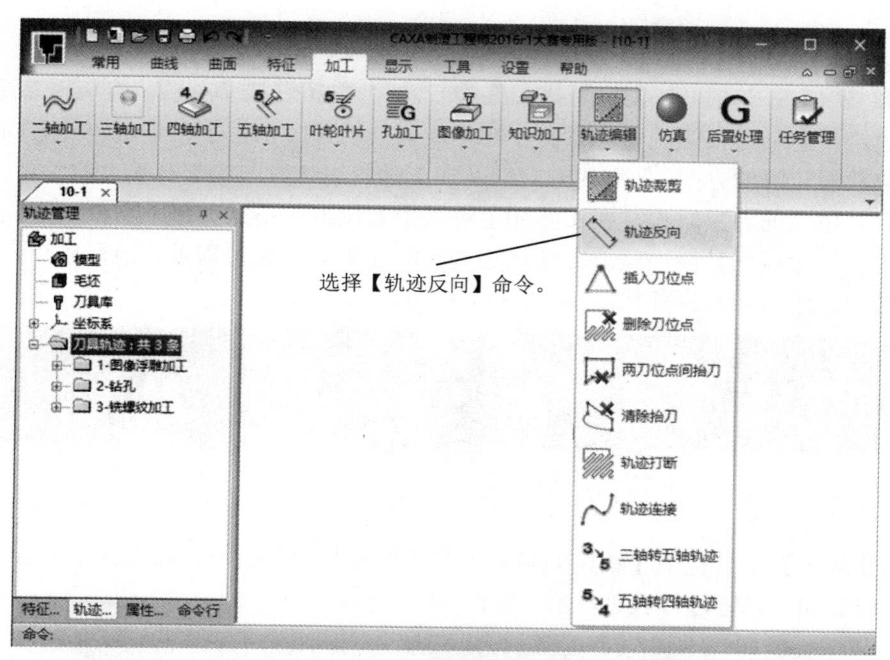

图 10-2　【轨迹反向】命令

按照状态栏提示拾取刀具轨迹后，刀具轨迹的方向为原来刀具轨迹的反方向，如图 10-3 所示。

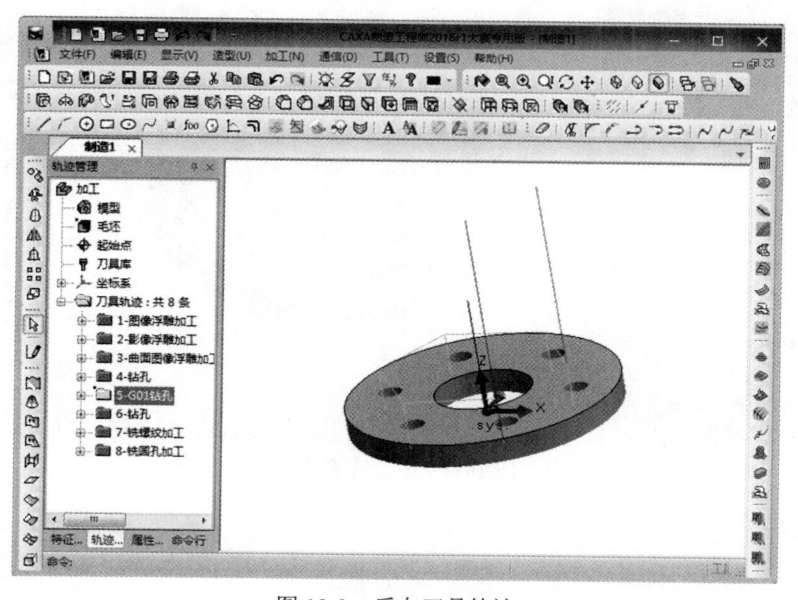

图 10-3　反向刀具轨迹

轨迹反向具有很强的实际意义。在生成刀具轨迹时，由于刀具轨迹的方向与拾取曲面轮廓的方向、岛屿的方向以及加工时的进给方向等都有很大的关系。所以有时生成的刀具轨迹，在实际加工过程中刀位方向不太理想，需要处理，这时利用轨迹反向功能，就能方便地实现实际加工中的这类需求。但反向后，可能会导致进刀点发生变化。

名师点拨

2. 轨迹裁剪

选择【加工】工具栏中【轨迹编辑】下的【轨迹裁剪】命令，即激活轨迹裁剪功能，可对已生成的加工轨迹进行轨迹裁剪，如图 10-4 所示。

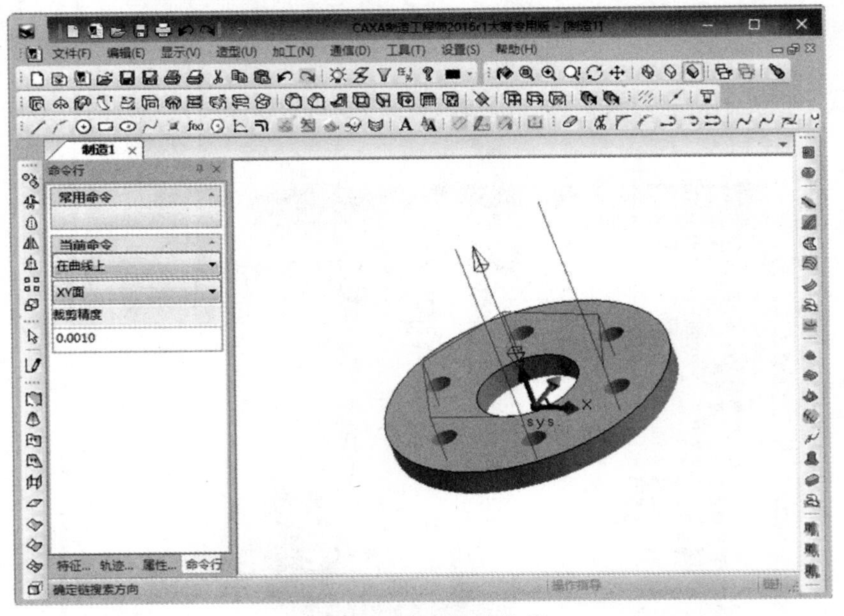

图 10-4 加工轨迹裁剪

3. 刀位点

（1）插入刀位点

选择【加工】工具栏中【轨迹编辑】下的【插入刀位点】命令，如图 10-5 所示。选择【前】或者【后】来决定新的刀位点的位置。

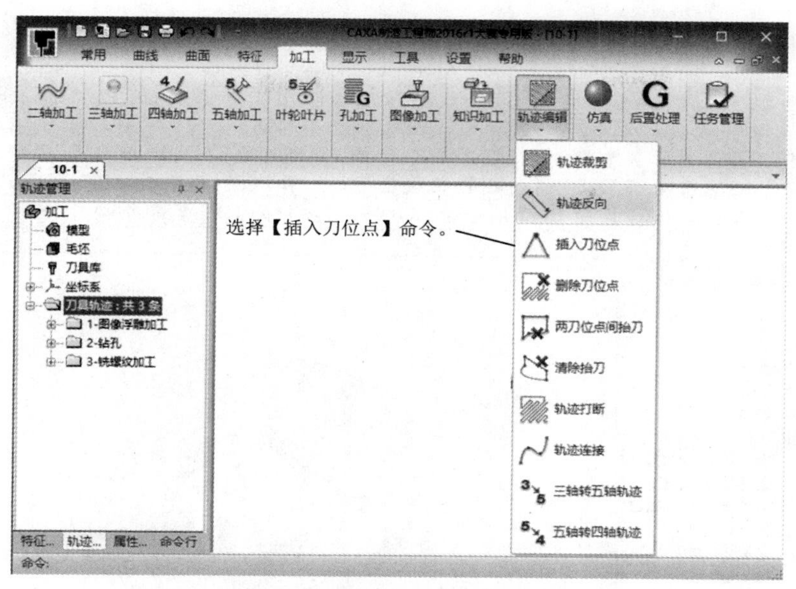

图 10-5 【插入刀位点】命令

插入刀位点只能对三轴刀具轨迹进行操作，用户需保证插入的刀位不至于发生过切。

名师点拨

（2）删除刀位点

选择【加工】工具栏中【轨迹编辑】下的【删除刀位点】命令，如图 10-6 所示。

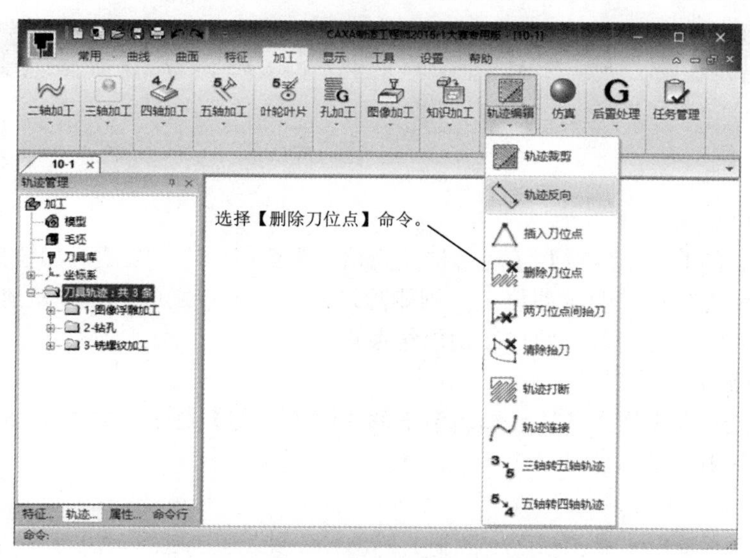

图 10-6 【删除刀位点】命令

插入和删除刀位点的操作，如图 10-7 所示。

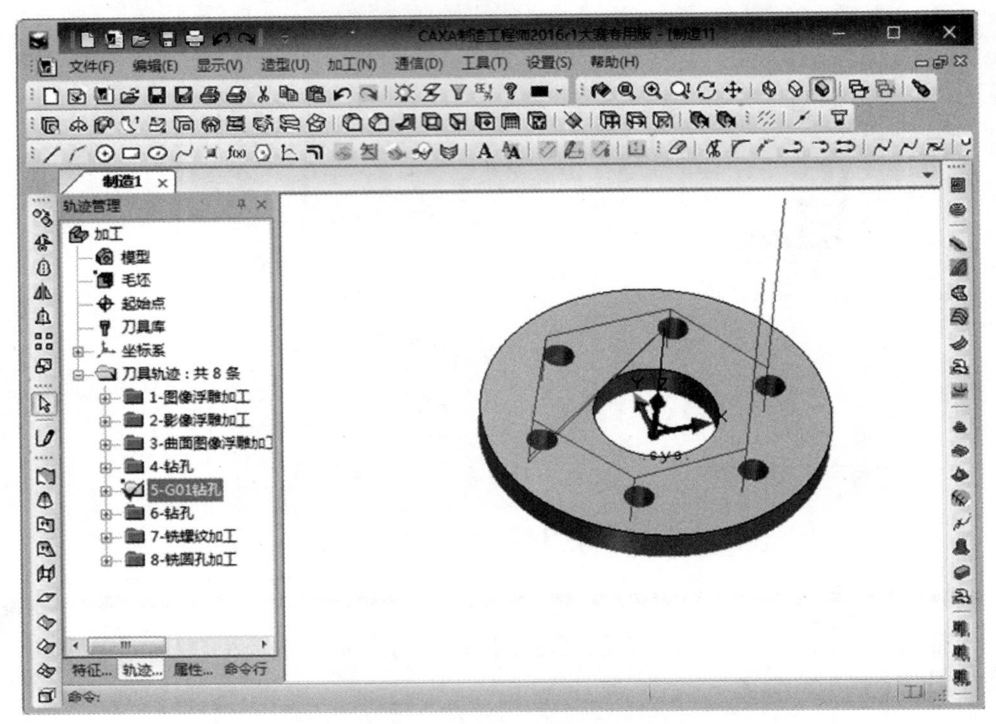

图 10-7　插入和删除刀位点

若刀位点所在的行只有两个刀位点，则不能删除这两个刀位点。

名师点拨

4. *抬刀*

（1）两刀位点间抬刀

选择【加工】|【轨迹编辑】|【两刀位点间抬刀】菜单命令，激活两刀位点间抬刀功能。然后再按照提示先后拾取两个刀位点，则删除这两个刀位点之间的刀具轨迹，并按照刀位点的先后顺序分别成为切入起始点和切出结束点。

（2）清除抬刀

选择【加工】工具栏中【轨迹编辑】下的【清除抬刀】命令，如图 10-8 所示。清除抬刀的操作，如图 10-9 所示。

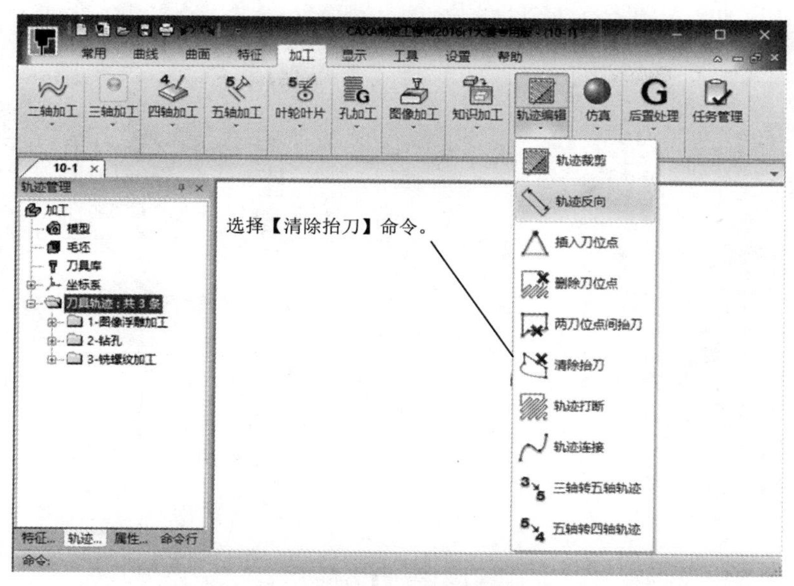

图 10-8 【清除抬刀】命令

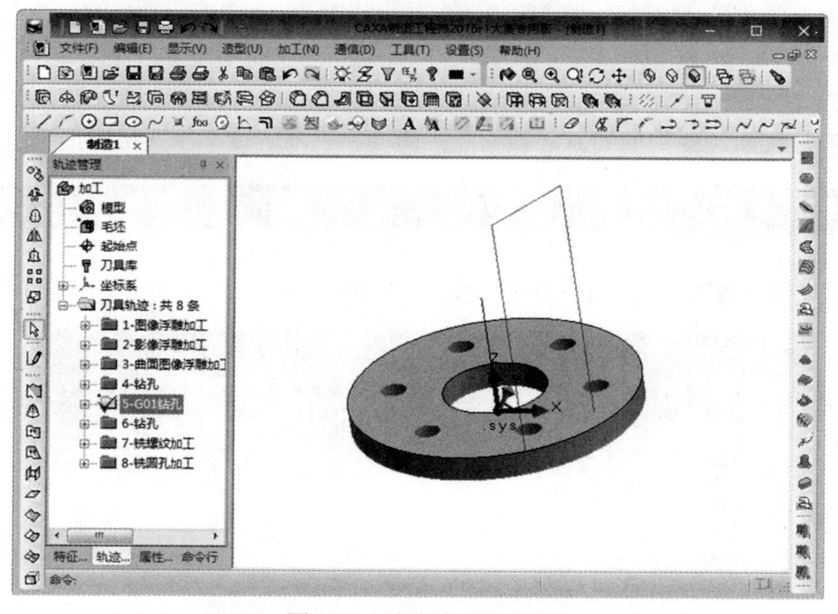

图 10-9 清除抬刀的操作

5. 轨迹连接

（1）轨迹打断

选择【加工】工具栏中【轨迹编辑】下的【轨迹打断】命令，即激活轨迹打断功能。首先拾取刀具轨迹，然后再拾取轨迹要被打断的刀位点。

（2）轨迹连接

选择【加工】工具栏中【轨迹编辑】下的【轨迹连接】命令，如图 10-10 所示，即激活轨迹连接功能，按照提示拾取刀具轨迹。

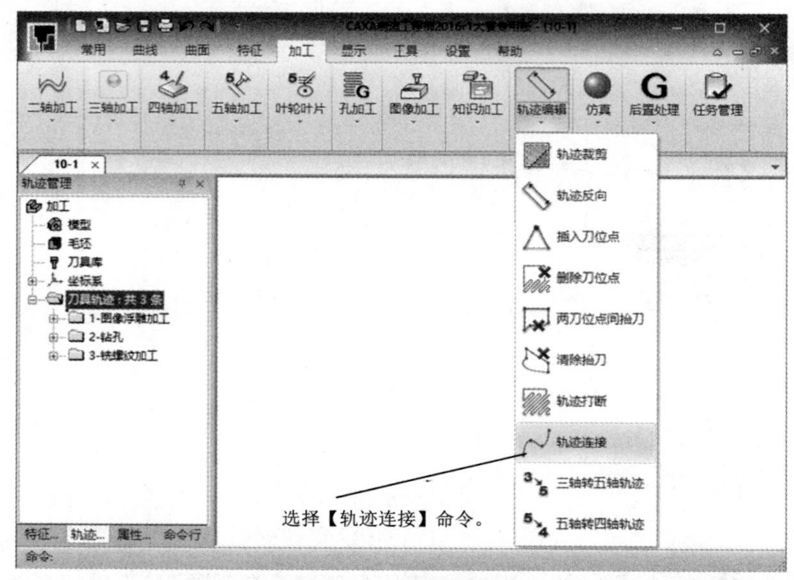

图 10-10　【轨迹连接】命令

> 所有连接轨迹使用的刀具必须相同；两轴和三轴轨迹不能互相连接。
>
> **名师点拨**

将两条刀具轨迹连接成一条刀具轨迹，如图 10-11 所示。

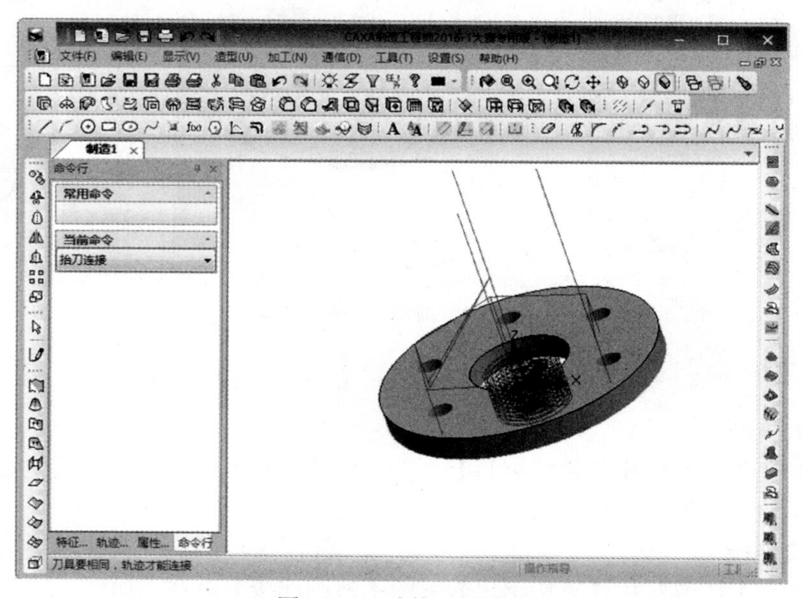

图 10-11　连接刀具轨迹

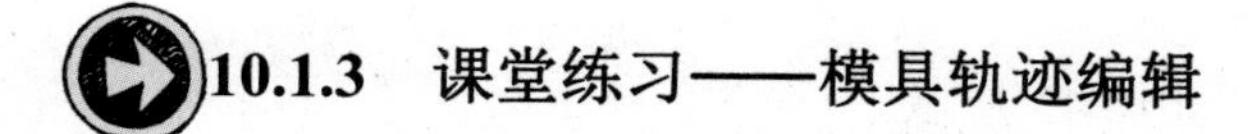

10.1.3 课堂练习——模具轨迹编辑

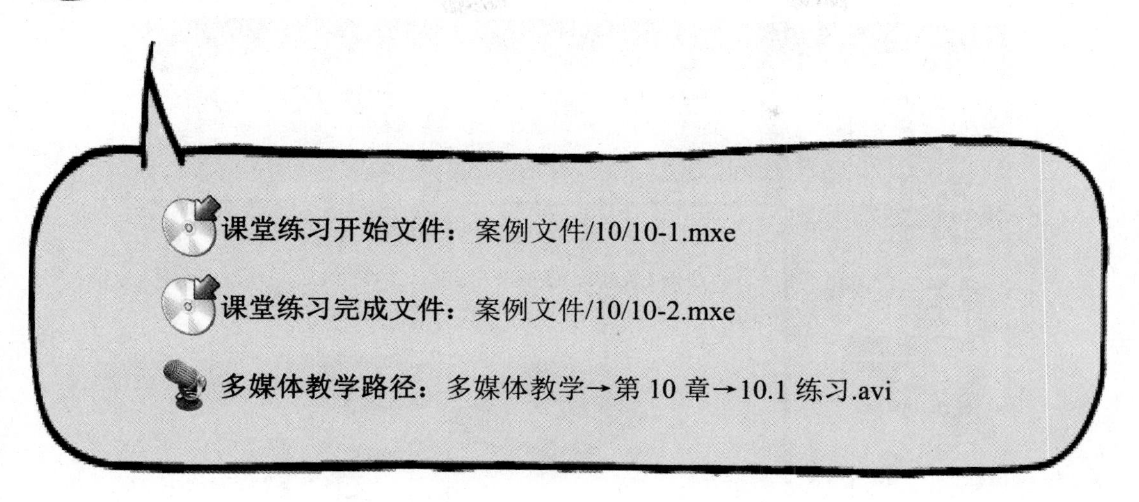

Step1 打开加工模型，如图 10-12 所示。

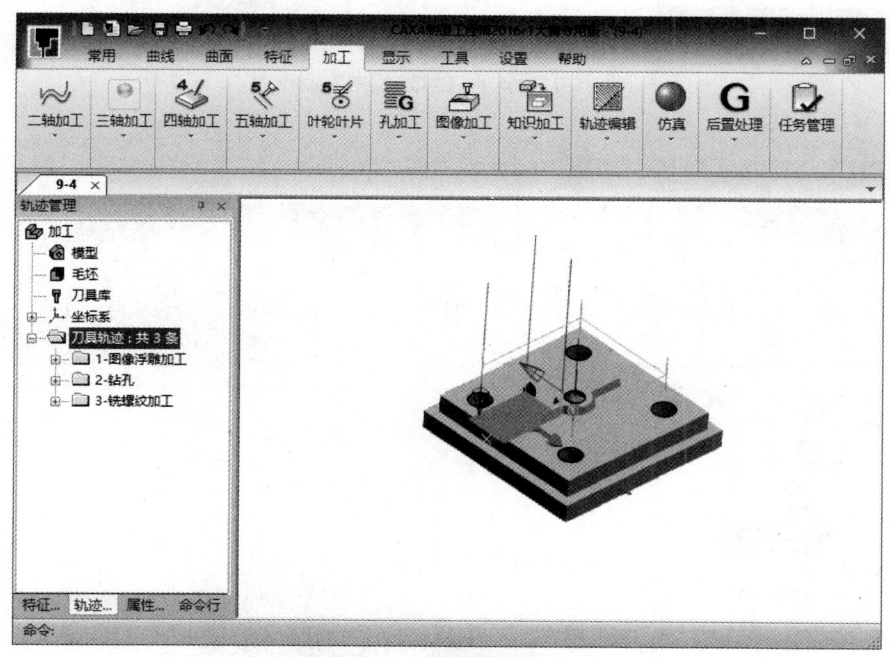

图 10-12　打开加工模型

Step2 选择【轨迹反向】命令，如图 10-13 所示。

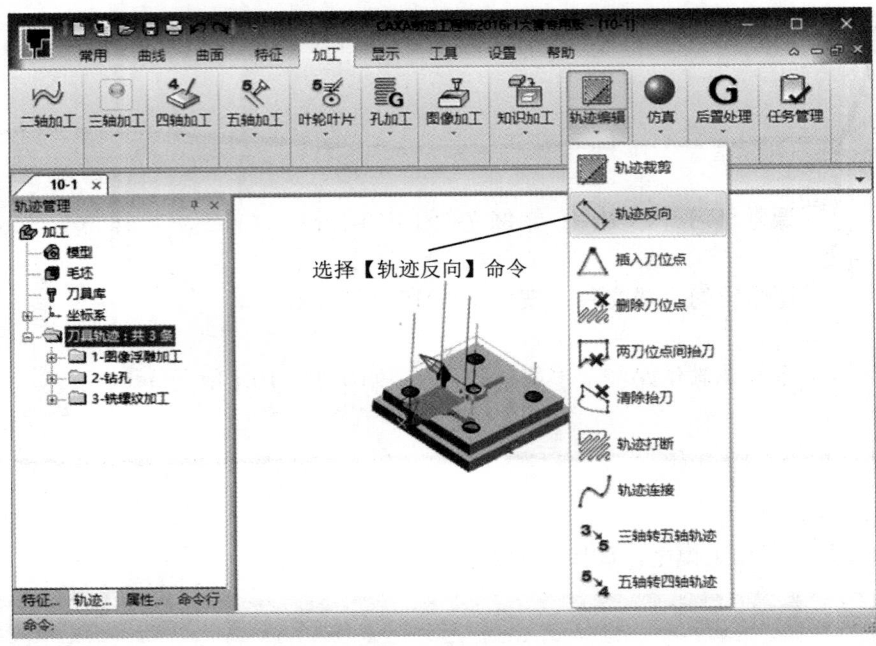

图 10-13 选择【轨迹反向】命令

Step3 选择加工轨迹，如图 10-14 所示。

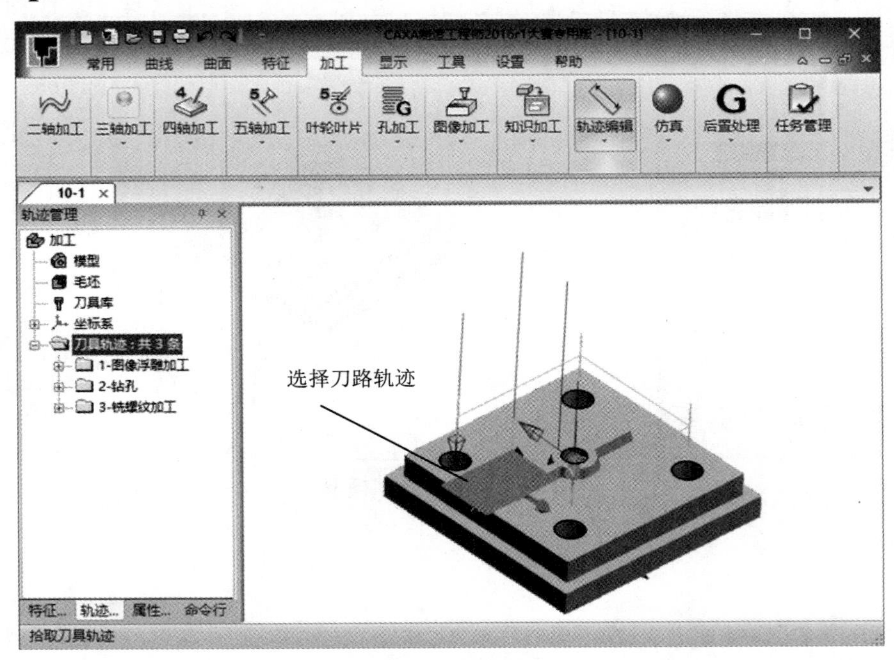

图 10-14 选择加工轨迹

Step4 创建铣螺纹加工，如图 10-15 所示。

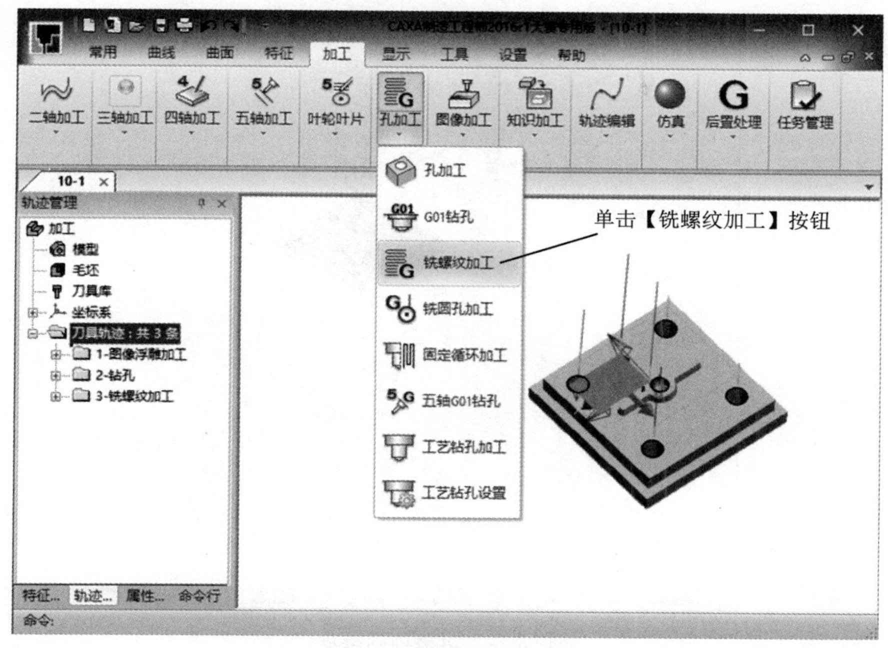

图 10-15　创建铣螺纹加工

Step5 设置铣螺纹参数，如图 10-16 所示。

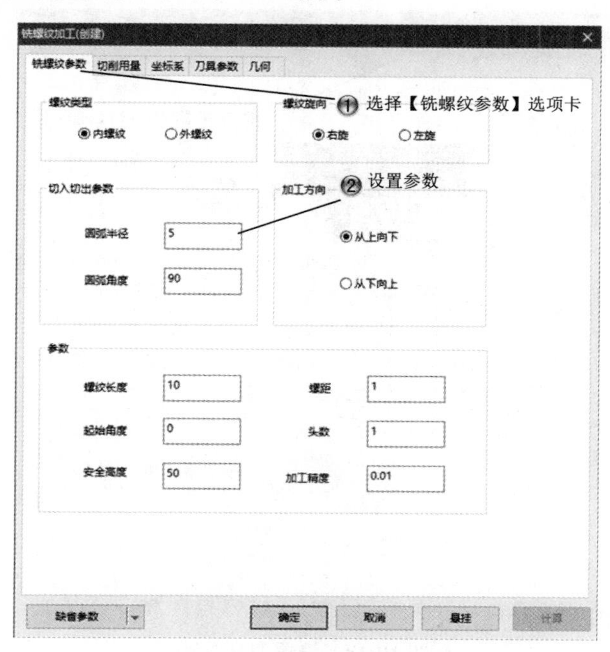

图 10-16　设置铣螺纹参数

Step6 设置切削用量，如图 10-17 所示。

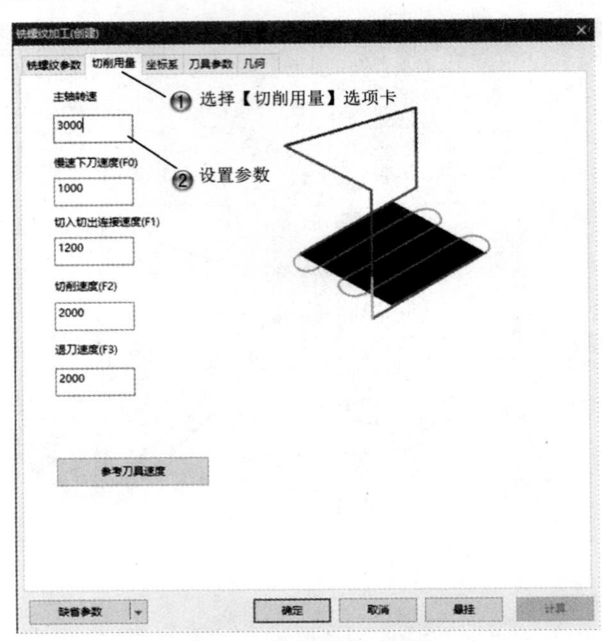

图 10-17　设置切削用量

Step7 设置刀具参数，如图 10-18 所示。

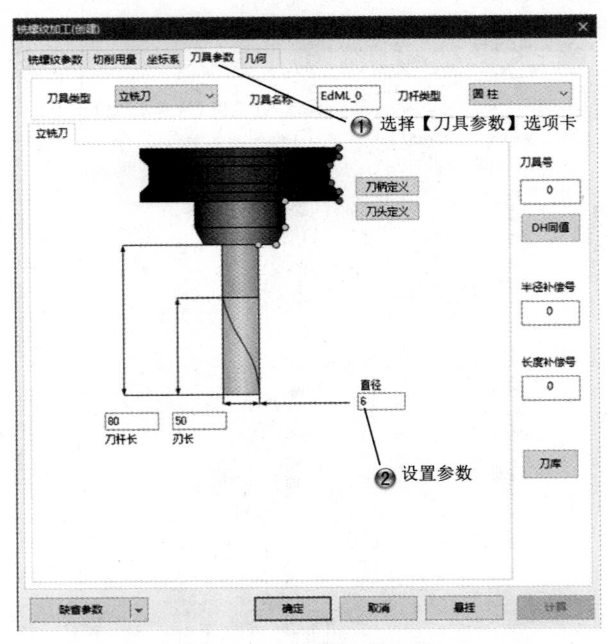

图 10-18　设置刀具参数

Step8 选择孔圆弧命令，如图 10-19 所示。

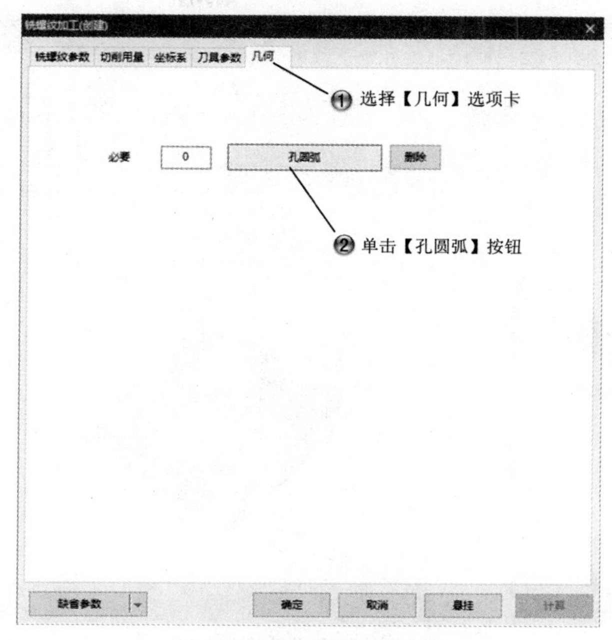

图 10-19 选择孔圆弧命令

Step9 选择圆弧，如图 10-20 所示。

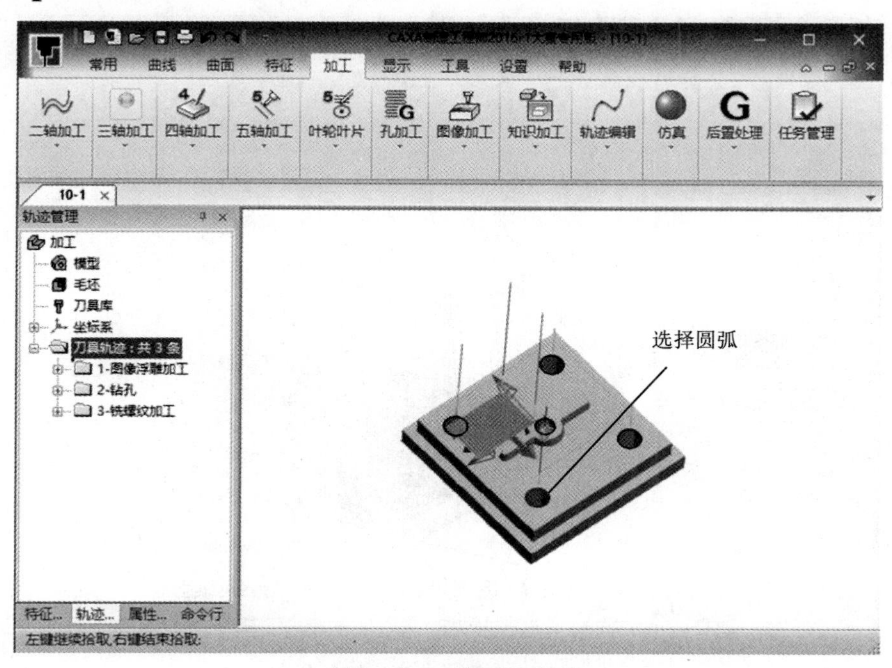

图 10-20 选择圆弧

Step10 完成铣螺纹加工，如图 10-21 所示。

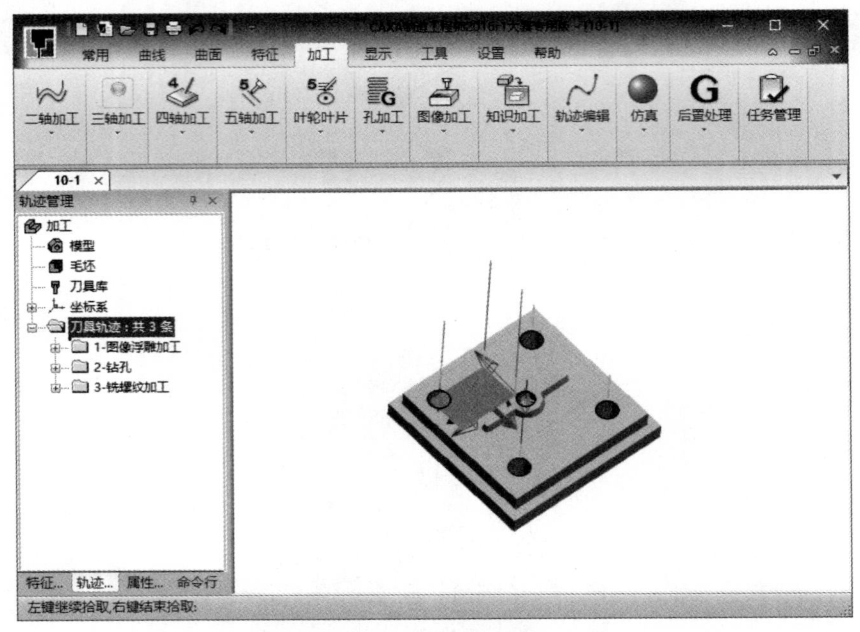

图 10-21　完成铣螺纹加工

Step11 选择【轨迹连接】命令，如图 10-22 所示。

图 10-22　选择【轨迹连接】命令

Step12 选择两个刀路轨迹，如图 10-23 所示。

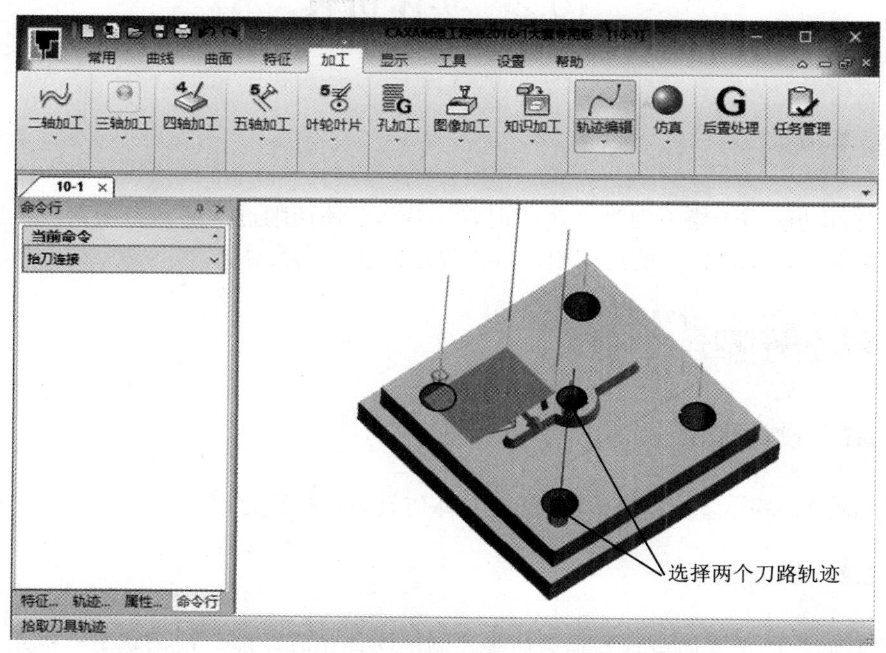

图 10-23　选择两个刀路轨迹

Step13 完成刀路轨迹编辑，如图 10-24 所示，至此完成案例制作。

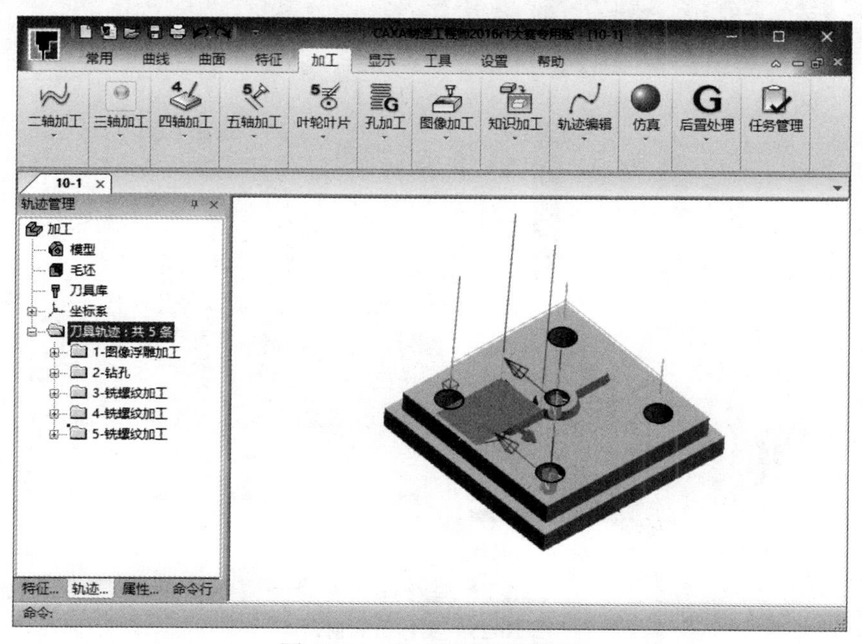

图 10-24　完成刀路轨迹编辑

10.2 实体仿真

实体仿真功能用于模拟刀具沿轨迹走刀，显示毛坯切削过程的动态图像，可以通过轨迹仿真来实现。在轨迹仿真的过程中，零件显示的状态为实体。

课堂讲解课时：1 课时

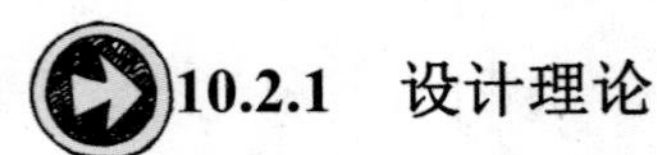

10.2.1 设计理论

刀具轨迹的编辑、修改和仿真，都在实体仿真窗口中进行。

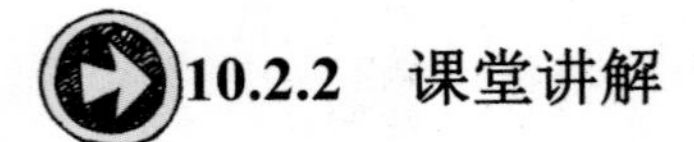

10.2.2 课堂讲解

选择【加工】|【实体仿真】菜单命令，激活实体仿真功能，根据状态栏提示拾取刀具轨迹，再右击，则弹出实体仿真窗口，如图 10-25 所示。

选择【文件】|【退出】菜单命令，即可退出实体仿真，回到软件原来的界面。

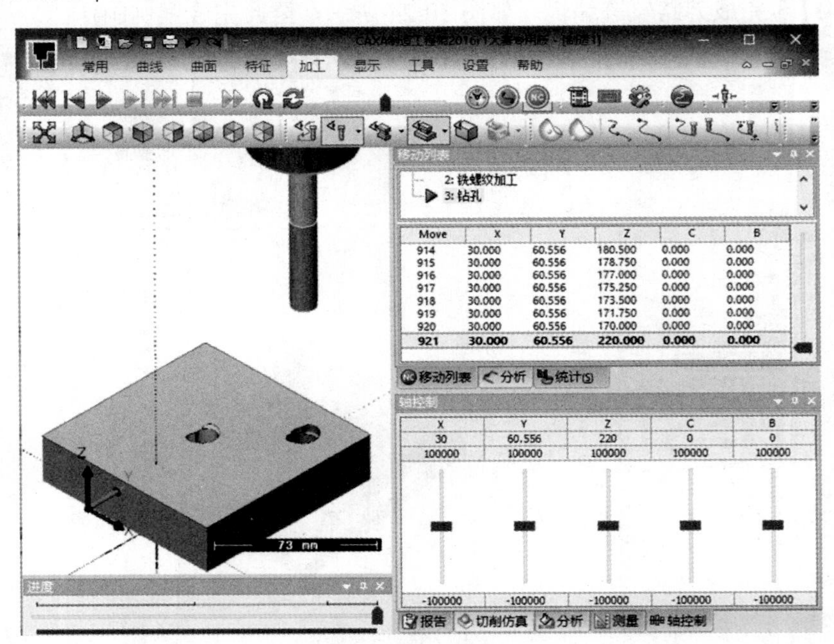

图 10-25　实体仿真窗口

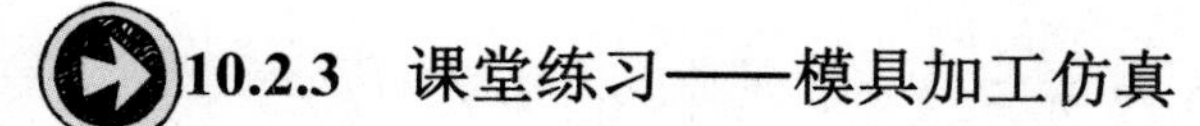

10.2.3 课堂练习——模具加工仿真

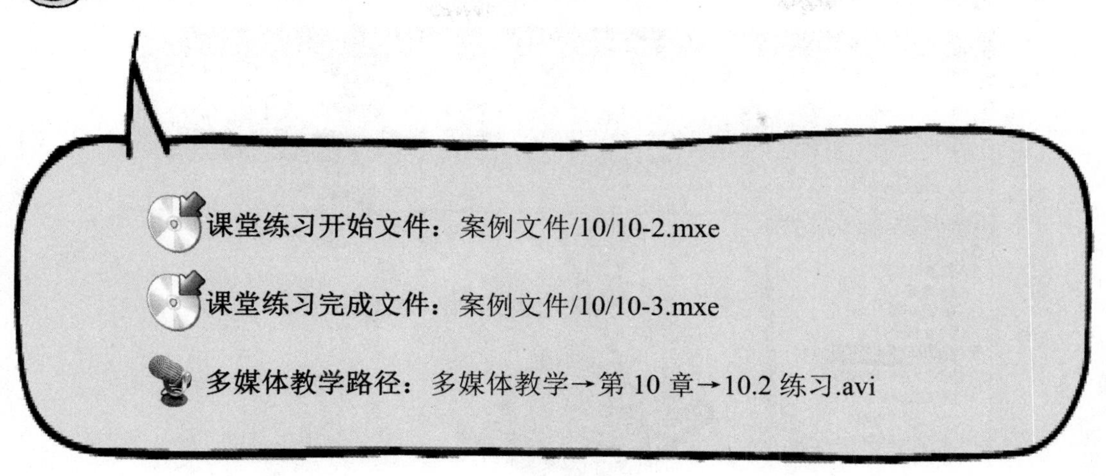

课堂练习开始文件：案例文件/10/10-2.mxe

课堂练习完成文件：案例文件/10/10-3.mxe

多媒体教学路径：多媒体教学→第 10 章→10.2 练习.avi

Step1 打开 10.1 节练习的加工模型，如图 10-26 所示。

图 10-26　打开加工模型

Step2 选择实体仿真命令，如图 10-27 所示。

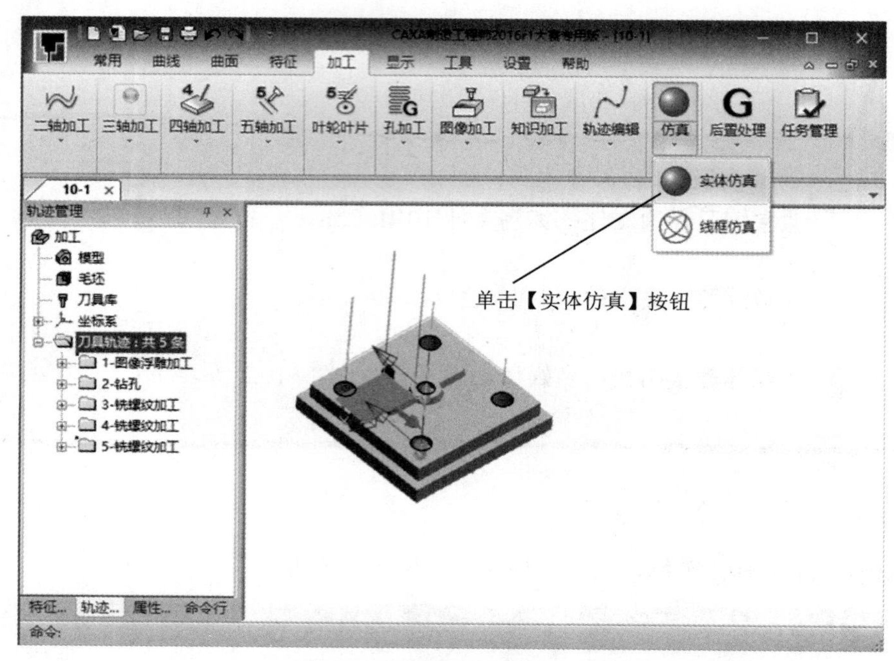

图 10-27　选择实体仿真命令

Step3 选择刀具轨迹，如图 10-28 所示。

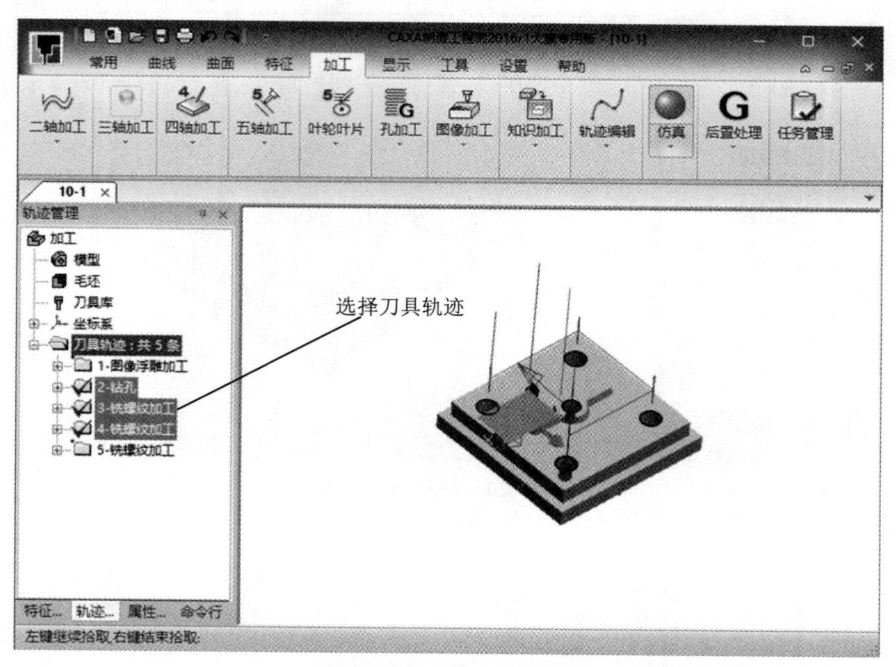

图 10-28　选择刀具轨迹

Step4 进行实体仿真，如图 10-29 所示。

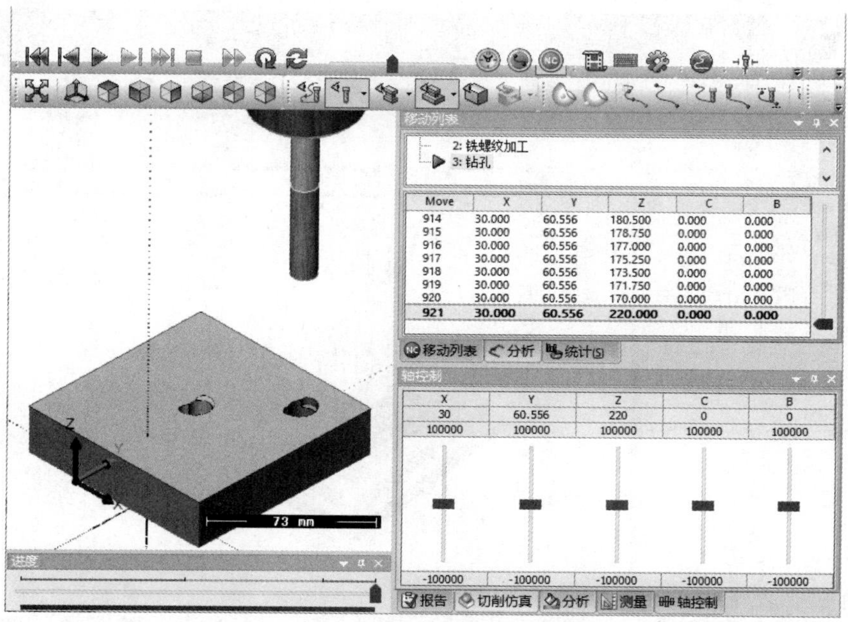

图 10-29　实体仿真

Step5 选择线框仿真命令，如图 10-30 所示。

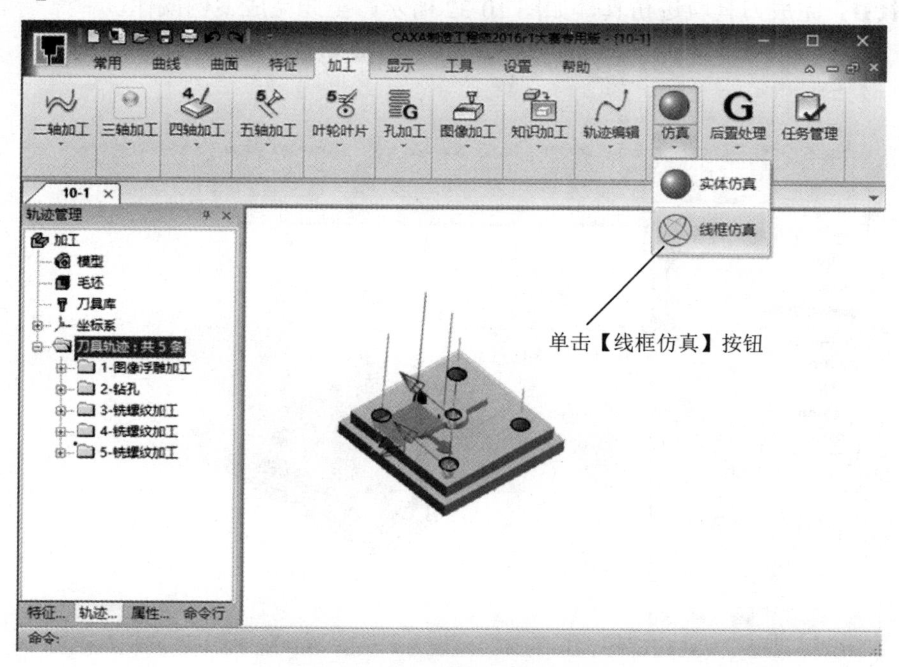

图 10-30　选择线框仿真命令

Step6 选择刀具轨迹，如图 10-31 所示。

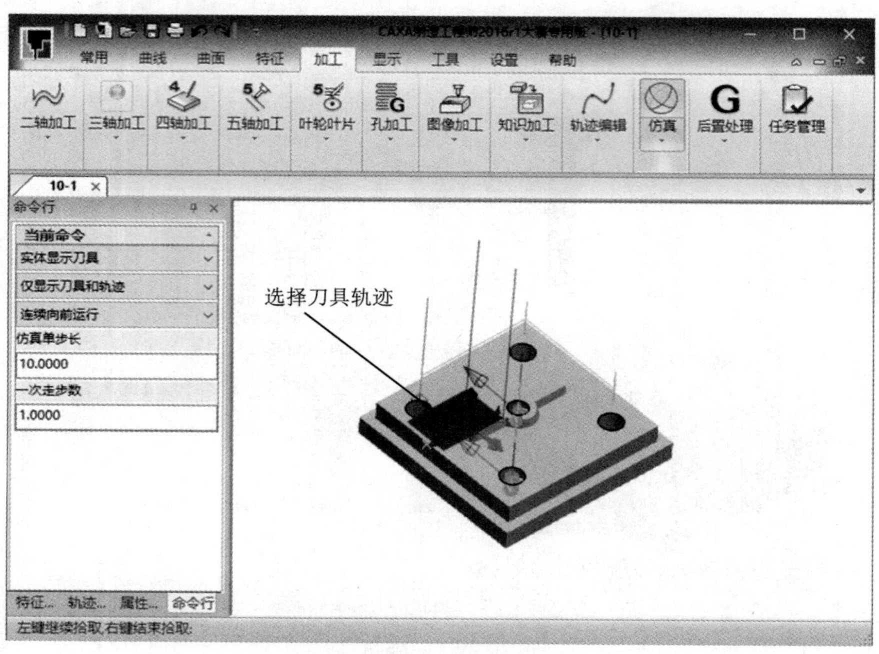

图 10-31　选择刀具轨迹

Step7 完成刀具轨迹仿真，如图 10-32 所示，至此完成案例操作。

图 10-32　完成刀具轨迹仿真

10.3 后置处理和工艺清单

基本概念

后置处理就是结合特定的机床，把系统生成的刀具轨迹转化成机床能够识别的 G 代码指令，生成的 G 代码指令可以直接输入数控机床用于加工。后置处理分为三部分，分别是生成 G 代码、校核 G 代码和后置设置。生成 G 代码就是按照当前机床类型的配置要求，把已经生成的刀具轨迹转化成 G 代码数据文件，即 CNC 数控程序，后置生成的数控程序是数控编程的最终结果，有了数控程序就可以直接输入机床进行数控加工。校核 G 代码就是把生成的 G 代码文件反读进来，生成刀具轨迹，以检查生成的 G 代码的正确性。以 HTML 格式或 EXCEL 格式生成加工工艺清单，便于用户对 G 代码程序的使用和对 G 代码程序的管理。

课堂讲解课时：2 课时

10.3.1 设计理论

后置设置是针对特定的机床，结合已经设置好的机床配置，对数控程序输出的格式，如程序段行号、程序大小、数据格式、编程方式、圆弧控制方式等；考虑到生成程序的通用性，CAXA 制造工程师软件针对不同的机床，可以设置不同的机床参数和特定的数控代码程序格式，同时还可以对生成的机床代码的正确性进行校验。

10.3.2 课堂讲解

1. 后置设置

选择【加工】|【后置处理】|【后置设置】菜单命令，弹出【选择后置配置文件】对话框，如图 10-33 所示。

选择【选择后置配置文件】对话框中的【数控系统文件】，单击【编辑】按钮，即可打开相应的【CAXA 后置配置】对话框，如图 10-34 所示。

图 10-33　【选择后置配置文件】对话框

①【文件大小】：可以对数控程序的大小进行控制。

②【行号设置】：在输出代码中控制行号的一些参数设置，包括行号的位数、行号是否输出、行号是否填满、起始行号以及行号递增数值等。

③【坐标模式】：决定数控程序中数值的格式，有【绝对方式】和【增量方式】两种。

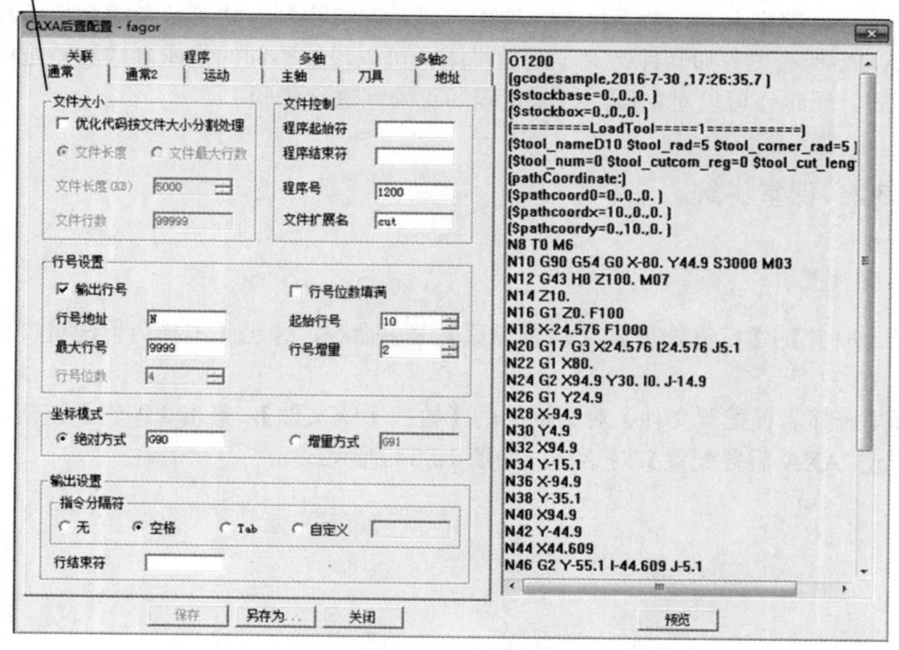

图 10-34　【CAXA 后置配置】对话框

2. 生成 G 代码

在对机床进行了配置，并对后置格式进行了设置后，就很容易生成加工轨迹的后置 G 代码。选择【加工】|【后置处理】|【生成 G 代码】菜单命令，弹出【生成后置代码】对话框，如图 10-35 所示。

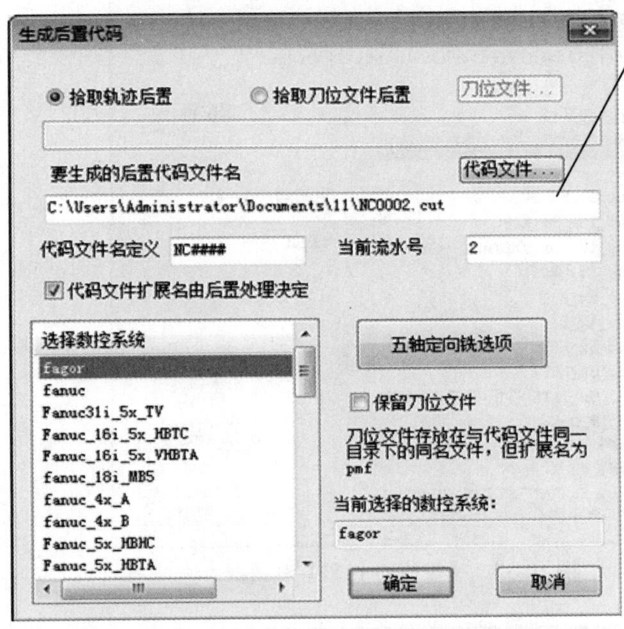

在生成后置代码对话框中输入文件名称和存放的文件目录，选择相应的数控系统，根据状态栏提示选择生成 G 代码刀具轨迹，可以连续选择多条刀具轨迹。

图 10-35 【生成后置代码】对话框

将刀具轨迹生成 G 代码，如图 10-36 所示。

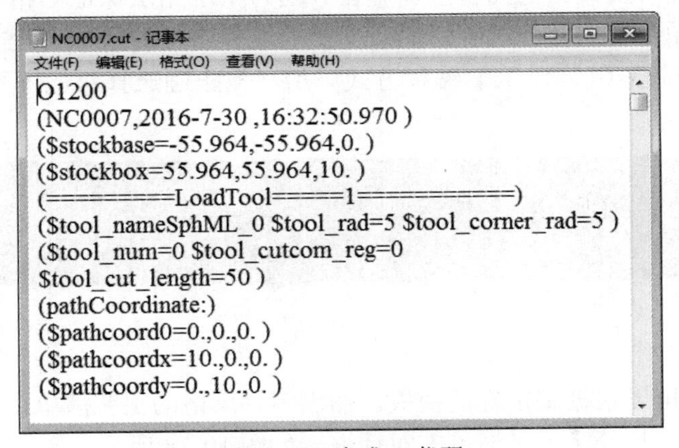

图 10-36 生成 G 代码

3. 校核 G 代码

选择【加工】|【后置处理】|【校核 G 代码】菜单命令，弹出【校核 G 代码】对话框，如图 10-37 所示，在对话框中读入已经保存的 G 代码，选择数控系统，则对 G 代码进行校

核。如果反读的刀位文件中包含圆弧插补，就需用户指定相应的圆弧插补格式，否则可能得到错误的结果。若后置文件中的坐标输出格式为整数，且机床分辨率不为 1 时，反读的结果会不正确。

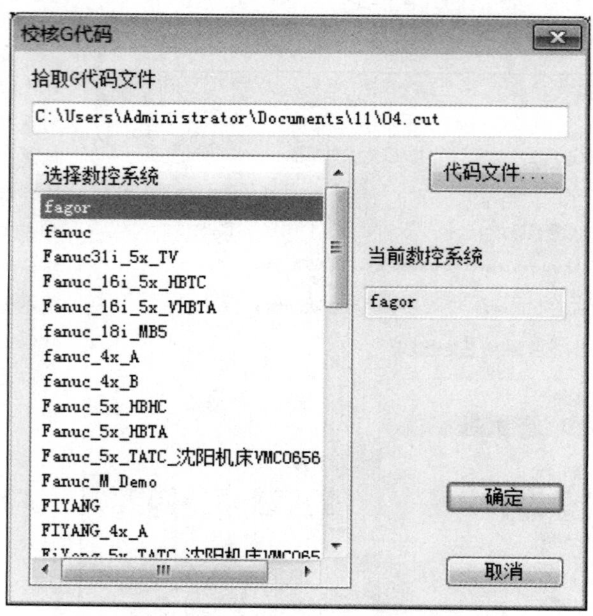

图 10-37　【校核 G 代码】对话框

刀位校核只用于进行对 G 代码的正确性进行检验，由于精度等方面的原因，用户应避免将反读出的刀位重新输出，因为系统无法保证其精度。在校对刀具轨迹时，如果存在圆弧插补，则系统要求选择圆心的坐标编程方式。这个选项针对采用圆心（1，J，K）编程方式。用户应正确选择对应的形式，否则会导致错误。

名师点拨

4. 工艺清单

工艺清单命令可以根据制定好的模板，输出多种风格的工艺清单。选择【加工】|【工艺清单】菜单命令，打开【工艺清单】对话框，如图 10-38 所示。

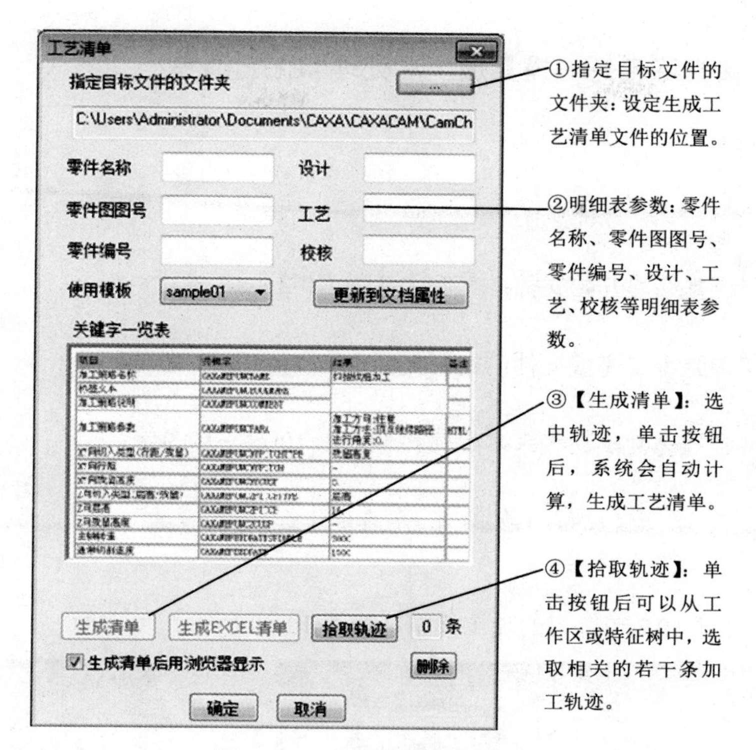

图 10-38 【工艺清单】对话框

将加工轨迹生成工艺清单，如图 10-39 所示。

图 10-39 工艺清单

10.3.3 课堂练习——模具加工后处理和工艺清单

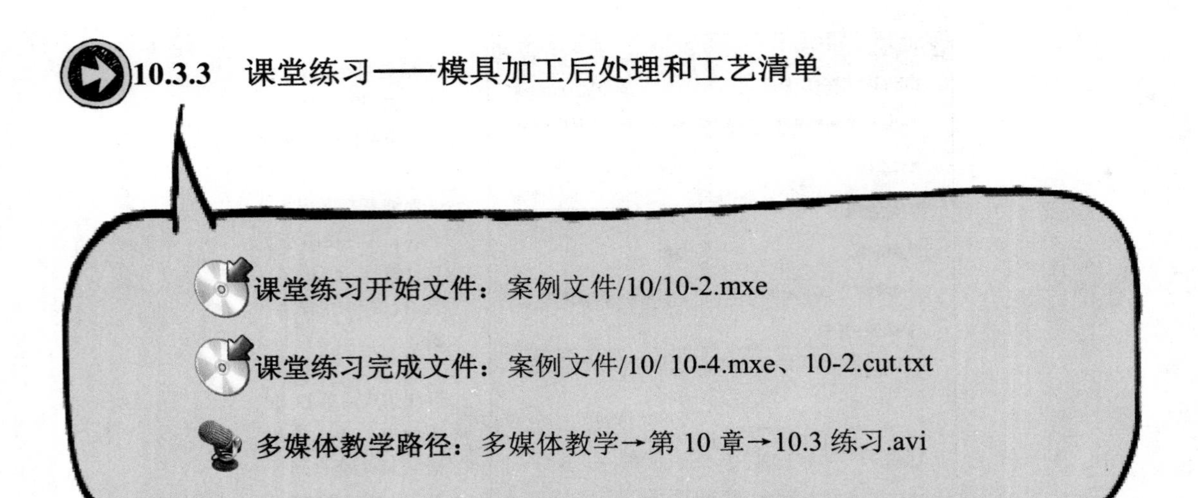

Step1 打开 10.2 节练习的加工模型，如图 10-40 所示。

图 10-40　打开加工模型

Step2 选择生成代码命令，如图 10-41 所示。

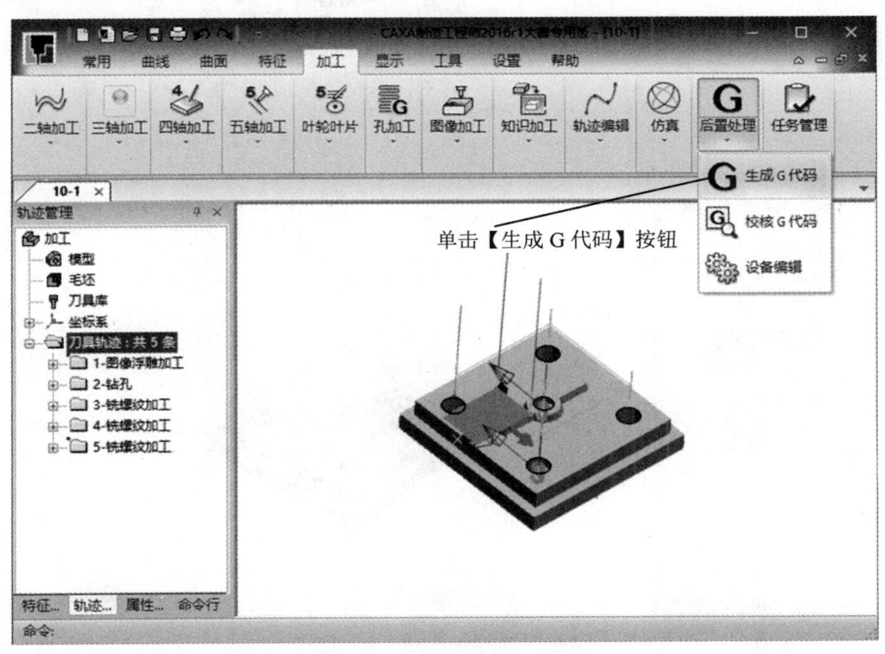

图 10-41　选择生成代码命令

Step3 生成代码，如图 10-42 所示。

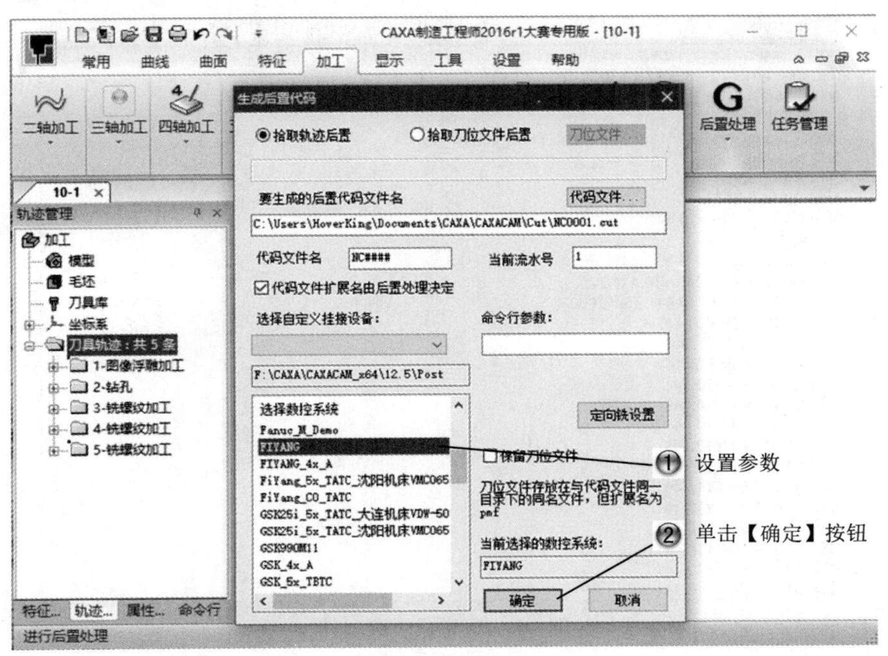

图 10-42　生成代码

Step4 选择刀具轨迹，如图 10-43 所示。

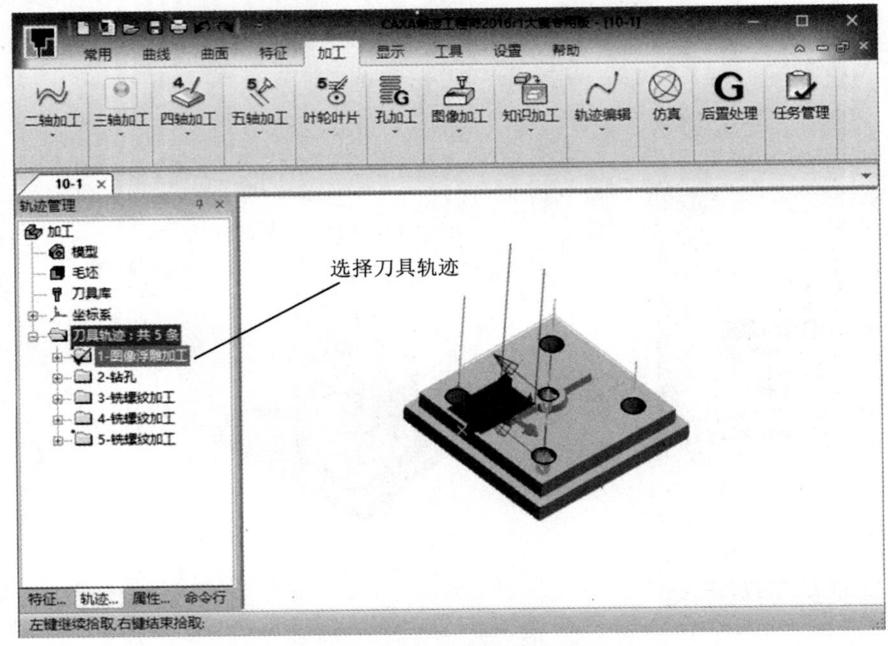

图 10-43　选择刀具轨迹

Step5 生成轨迹文件，如图 10-44 所示。

NC0001.cut - 记事本

文件(F)　编辑(E)　格式(O)　查看(V)　帮助(H)

```
(NC0001,2019-12-18 ,18:7:14.311 )
N10 G55O1
(-1-图像浮雕加工 )
($tool_nameGrvML_0 $tool_rad=0.065 $tool_corner_rad=0 )
N12 M06 T0
N14 S3000 M03
N16 G90 G0 Z100.
N18 G0 X-11.239 Y10.441
N20 M08
N22 G0 G90 X-11.239 Y10.441
N24 G0 G90 X-11.239 Y10.441 Z20.
N26 G1 X-11.239 Y10.441 Z5. F2000
N28 G1 X-8.439 Y10.441
N30 G1 X-5.439 Y10.441
N32 G1 X-2.439 Y10.441
N34 G1 X0.561 Y10.441
N36 G1 X3.561 Y10.441
N38 G1 X6.561 Y10.441
N40 G1 X9.561 Y10.441
N42 G1 X12.561 Y10.441
N44 G1 X15.561 Y10.441
N46 G1 X18.561 Y10.441
N48 G1 X21.561 Y10.441
N50 G1 X24.561 Y10.441
N52 G1 X24.561 Y10.341
N54 G1 X21.761 Y10.341
```

图 10-44　生成轨迹文件

Step6 选择校核代码命令，如图 10-45 所示。

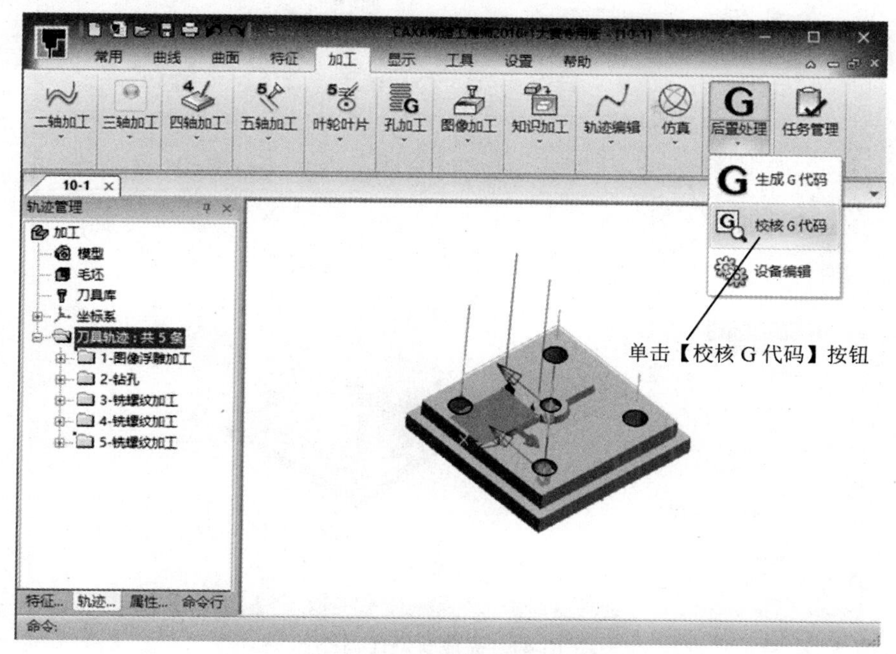

图 10-45　选择校核代码命令

Step7 选择代码文件，如图 10-46 所示。

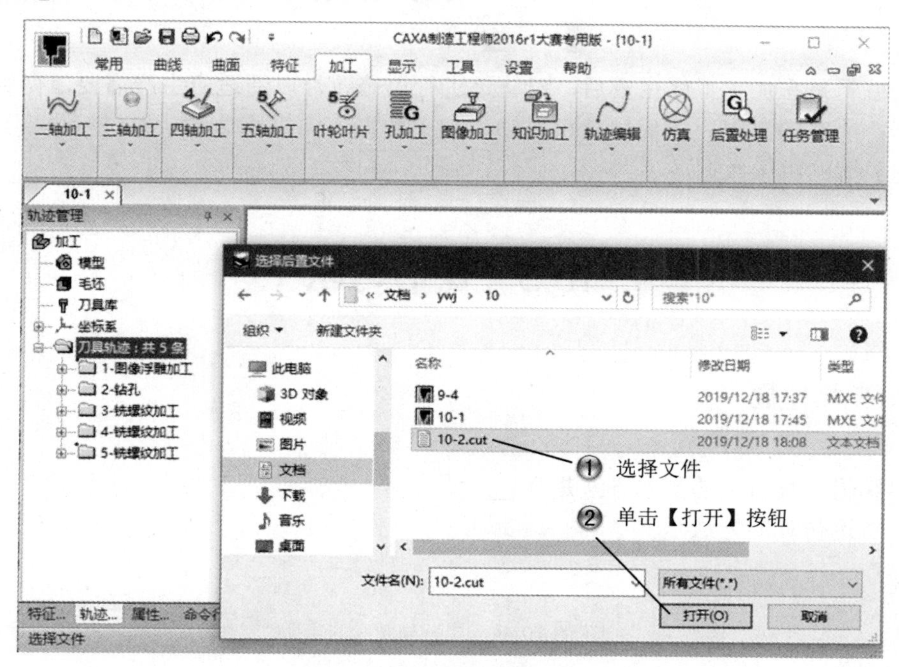

图 10-46　选择代码文件

Step8 完成轨迹代码校核，如图 10-47 所示。

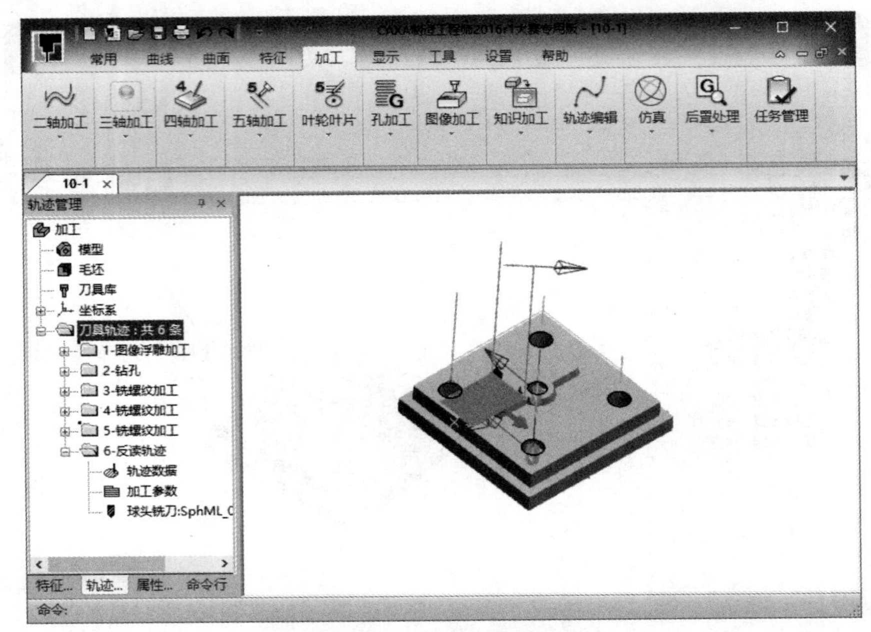

图 10-47　完成轨迹代码校核

10.4　专家总结

轨迹编辑是在加工工序生成后，对轨迹进行再修改，以便适应生产需要，得到需要的加工数据；所有的工序完成后，就可以输出加工数据，向机床传输，以进行生产，CAXA 支持多种类型的机床数据。

10.5　课后习题

10.5.1　填空题

（1）编辑刀具轨迹的基本方法是________。

（2）轨迹仿真的方法是________。

10.5.2 问答题

（1）后置处理的作用是什么？
（2）工艺清单的作用是什么？

10.5.3 上机操作题

使用本章学过的命令，针对之前创建的加工程序，进行轨迹编辑、实体仿真和后置处理。

一般创建步骤和方法如下：
（1）打开加工模型。
（2）创建轨迹编辑。
（3）创建实体仿真。
（4）创建后置处理。